x86汇编语言
从实模式到保护模式
（第2版）

李 忠 王晓波 余 洁 著

電子工業出版社
Publishing House of Electronics Industry
北京・BEIJING

图书在版编目（CIP）数据

x86 汇编语言：从实模式到保护模式 / 李忠，王晓波，余洁著. —2 版. —北京：电子工业出版社，2023.1
ISBN 978-7-121-44755-6

Ⅰ. ①x… Ⅱ. ①李… ②王… ③余… Ⅲ. ①汇编语言－程序设计 Ⅳ. ①TP313

中国版本图书馆 CIP 数据核字（2022）第 244740 号

责任编辑：缪晓红
印　　刷：北京天宇星印刷厂
装　　订：北京天宇星印刷厂
出版发行：电子工业出版社
　　　　　北京市海淀区万寿路 173 信箱　　邮编：100036
开　　本：787×1 092　1/16　印张：28.25　字数：760 千字
版　　次：2012 年 11 月第 1 版
　　　　　2023 年 1 月第 2 版
印　　次：2024 年 6 月第 6 次印刷
定　　价：98.00 元

凡所购买电子工业出版社图书有缺损问题，请向购买书店调换。若书店售缺，请与本社发行部联系，联系及邮购电话：（010）88254888，88258888。

质量投诉请发邮件至 zlts@phei.com.cn，盗版侵权举报请发邮件至 dbqq@phei.com.cn。

本书咨询联系方式：（010）88254760。

第 2 版前言

时间过得真快，从本书第 1 版面市至今，十多年嗖嗖过去了。当初写这本书完全是意气用事，年少轻狂，就是觉得我可以把汇编语言讲得更好，就单纯是为了改变汇编语言的教学现状和教学方法。在我看来，汇编语言不单是一门程序设计语言，学习汇编语言指令、掌握汇编语言程序设计的方法和技巧固然重要，但更重要的是，它是面向硬件的语言，天生是为了控制硬件的。因此，一本好的汇编语言教材一定不是单纯地介绍汇编语言本身，它必须是以如何控制处理器和其他外部硬件为主线的，在这个过程中引入汇编指令和硬件原理方面的内容，最终使读者对计算机工作原理的认识达到熟悉其脉络的程度。

以上就是创作本书的初衷。现在看来，这个目标基本上算是达成了。同时，我还有一个意外的收获，那就是，很多读者认为这本书有助于学习操作系统，认为它对理解操作系统非常有帮助，这也算是无心插柳吧。

为什么一本讲汇编语言的书反而成了操作系统课程的前导教材呢？其实仔细想想也不难理解。对于一台计算机来说，处理器是硬件的核心，而操作系统是软件的灵魂。因此，编写操作系统的人和设计处理器的人拥有共同的客户。为了拉住他们共同的客户，取得客户欢心，编写操作系统的人会给设计处理器的人提意见，告诉他们如何改进处理器的设计以方便操作系统和应用软件的开发。处理器的很多指令是为操作系统设计的，它的一些工作模式也是为了给操作系统提供支持，这一点在 64 位处理器上尤其明显。

基于以上原因，当一名作者以处理器的工作模式为主线，同时融入指令的功能、应用和设计思想而写出一本书时，甚至连他自己都可能惊奇地发现，他写的其实是一本和操作系统密切相关的书。

图书的内容是结构化的，是按照主题来组织和编排的，但如此一来就会失去学习和理解上的连贯性。为此，从 2019 年开始，我推出了与本书配套的视频课程。视频要求学习过程具有很强的连续性，且要求学习曲线更加平滑，而写书则没有这种压力。

图书出版的时间比较早，经过这么多年的沉淀，我自然会有一些新想法。尽管在视频课程里已经体现了这些想法，但图书的第 2 版也就此提上日程。经过一年多的努力，更新之后的第 2 版终于拿在你的手中，可喜可贺！

与第 1 版相比，第 2 版的变化不可谓不大，这首先体现在章节的组织上。第二版增加了新的章节，调整了章节的次序，有新的气象。当然，这只是表面上的变化，细节上的变化和调整就更多了，主要包括：

1. 为了进一步降低汇编语言的学习门槛，新增了处理器工作原理的内容（第 2 章）；
2. 修正了第 1 版中的错误和不严谨的表述；
3. 删除了第 1 版里的过时内容，比如任务门和因中断而发起的硬件任务切换；

4. 对硬件任务切换方面的内容做了削减，因为在现实中没有用，而且在 64 位处理器的 IA-32e 模式下已经不再支持；

5. 新增了在软件中自行执行任务切换的内容；

6. 优化了第 1 版里面的采用平坦内存模型的程序，证明平坦内存模型可以极大地简化编程工作；

7. 像流行的 32 位操作系统那样，通过中断实现系统调用；64 位系统使用快速系统调用，将在我的下一本书中介绍。

8. 根据新的内容和章节组织，对配书代码做了相应的调整和修改。有读者反映配书工具无法在 64 位操作系统上运行，为此编写了 64 位的工具软件。

本书第 1 版侧重于处理器架构、指令集、实地址模式、保护模式、中断、特权级、分段、分页、外围设备和操作系统原理等基础内容，并不包括多处理器、多任务、多线程、高级可编程中断控制器、原子操作、锁和线程同步方面的内容，尽管这些内容非常重要，时下非常流行。这与本书的定位有关，毕竟本书是面向 X86 体系结构和汇编语言的初学者。因此，第 2 版也不包括这些内容。

但是，这些内容又确实非常重要，而且在时下又非常流行，即使是用高级语言编写多处理器环境下的并发程序时，也可能需要了解这些知识。另外，在本书第 1 版面市时，虽然 64 位处理器已经问世多年，但并不普及，而且市面上流行的依然是 32 位操作系统，书中不包括这些内容情有可原。但是，仿佛是一夜间，整个市场迅速过渡到 64 位，64 位处理器和 64 位操作系统大行其道。64 位处理器引入了新的 64 位模式，可看成对保护模式的升级和简化，同时增加了新的特性，也是必须介绍的，这对于从底层理解 64 位系统和 64 位操作系统，是非常有必要的。

在本书第 1 版中，我曾经说还要写一个下册，不过一度没有进展。好的消息是这本书已经开始创作（目前还只是视频课程，图书稍晚一些），名字暂定为《x86 汇编语言：编写 64 位多处理器多线程操作系统》，其内容填补了以上空白。尤其是用汇编语言来演示多处理器多线程，这还是非常罕见的。具体来说，这本新书包括以下内容：

1．与 IA-32 架构进行对比，介绍 64 位处理器的基本架构，包括寄存器的变化、指令集和工作模式的变化、系统表的变化、内存组织和内存访问模式的变化；

2．IA-32e 模式的特点及如何进入 IA-32e 模式，重点介绍其 64 位子模式；

3．IA-32e 模式的 4 级和 5 级分页；

4．IA-32e 模式下的中断和异常处理；

5．64 位模式下的单处理器多任务和任务切换；

6．64 位模式下的多处理器管理和初始化，包括高级可编程中断控制器 APIC；

7．64 位模式下的多处理器多任务和任务切换；

8．64 位模式下的多处理器多线程和线程切换；

9．高速缓存以及与多线程有关的原子操作、锁、线程同步，等等。

传统上，大家都是在流行的操作系统，比如 Windows 和 Linux 上编写并发程序的，而且只能使用高级语言。这使得多处理器环境下的多任务和多线程调度、原子操作、锁、线程同步等内容对很多人来说是笼统的、抽象的，像隔了层纱一样，看不见本质。相反地，如果用汇编语言实现一个简单的操作系统内核，并演示多处理器环境下的多任务、多线程、锁和线程同步，这是可能的吗？我相信没有人会觉得这是个简单的事情。但事实上，如果你想来一个简单的，其实也很容易，这本新书就能告诉你如何实现它。

在过去几年里的另一个变化是我有了自己的网站：http://www.lizhongc.com/，你可以到里面下载配书源码和工具，以及相关的资料。除此之外，我愿意在这个网站上发布自己的想法，也希望能在上面看到你的想法。

李忠

2022 年 12 月 6 日星期二

第 1 版前言

尽管汇编语言也是一种计算机语言，却是与众不同的，与它的同类们格格不入。处理器的工作是执行指令并获得结果，而为了驾驭处理器，汇编语言为每种指令提供了简单好记、易于书写的符号化表示形式。

一直以来，人们对于汇编语言的认识和评价可以分为两种，一种是觉得它非常简单，另一种是觉得它学习起来非常困难。

你认为我会赞同哪一种？说汇编语言难学，这没有道理。学习任何一门计算机语言，都需要一些数制和数制转换的知识，也需要大体上懂得计算机是怎么运作的。在这个前提下，汇编语言是最贴近硬件实体的，也是最自然和最朴素的。最朴素的东西反而最难掌握，这实在说不过去。因此，原因很可能出在我们的教科书上，那些一上来就搞一大堆寻址方式的书，往往以最快的速度打败了本来激情高昂的初学者。

但是，说汇编语言好学，也同样有些荒谬。据我的观察，很多人掌握了若干计算机指令，会编写一个从键盘输入数据，然后进行加减乘除或者归类排序的程序后，就认为自己掌握了汇编语言。还有，直到现在，我还经常在网上看到学生们使用 DOS 中断编写程序，他们讨论的也大多是实模式，而非 32 位或者 64 位保护模式。他们知道如何编译源程序，也知道在命令行输入文件名，程序就能运行了；又或者使用一个中断，就能显示字符。至于这期间发生了什么，程序是如何加载到内存中的，又是怎么重定位的，似乎从来不关汇编语言的事。这样做的结果就是，让人以为汇编语言不过如此，而且非常枯燥。

很难说我已经掌握了汇编语言的要义。但至少我知道，尽管汇编语言不适合用来编写大型程序，但它对于理解计算机原理很有帮助，特别是处理器的工作原理和运行机制。就算是为了这个目的，也应该让汇编语言回归它的本位，那就是访问和控制硬件（包括处理器），而不仅是编写程序，输入几个数字，找出正数有几个、负数有几个，大于 30 的有几个。

事实上，汇编语言对学习和理解高级语言，比如 C 语言，也有极大的帮助。老教授琢磨了好几天，终于想到一个好的比喻来帮助学生理解什么是指针，实际上，这对于懂得汇编语言的学生来说，根本就不算个事儿，并因此能够使老教授省下时间来喝茶。

在这本书之前，我也写过《穿越计算机的迷雾》一书。它们是一个系列，没有基础的读者可以先看那本书，打一点计算机原理的基础再来学习汇编语言。

在计划写这本书的时候，我就给自己画了几条线。首先，不能走老路，一上来就讲指令、寻址方式，而是采用任务驱动的方式来写，每一章都要做点事情，最好是比较有趣，有吸引力；在解决问题的过程中，不断地引入新指令，并进行讲解，一句话，我希望是润物细无声式的。其次，汇编语言和硬件并举，完全抛弃 BIOS 中断和 DOS 中断，直接访问硬件，发挥汇编语言的长处，因为这才是我们学习汇编语言的目的。也只有这样，读者才能深刻体会到汇编语言的妙处。

王晓波和湖北经济学院的余洁共同参与了本书的创作。

本书主要讲述 INTEL x86 处理器的 16 位实模式、32 位保护模式和 64 位模式（INTEL64），至于虚拟 8086 模式，则是为了兼容传统的 8086 程序，现在看来已经完全过时，不再进行讲述。本书的特色之一是提供了大量典型的源代码，这些代码及相配套的工具程序可以到我的个人网站 http://www.lizhongc.com/下载。

很多读者在读书的时候会遇到这种情况：一开始读得很快，一口气读了好几章；随着内容的深入，学习越来越吃力，不得不频繁回到前面重新学习已经讲过的内容，这就是因为前面的知识没有完全掌握。为此，本书每一章都设有检测点，读者应当在通过检测点之后再继续往后阅读。

本书原来有 18 章，后来，考虑到实模式的内容过多，就去掉了 1 章。这一章的标题是《聆听数字的声音》，讲述如何通过直接访问和控制 Sound Blaster 16 声卡来播放声音，感兴趣的朋友可以从下载的配书文件包中找到这部分内容。

好友王南洋、桑国伟、刘维钊、蒋胜友、邱海龙、万利、李文心等负责了本书的一部分校对工作；好友周卫平帮我验证配书代码是否能在他的机器上正常工作，在这里向他们表示感谢，同时也谢谢所有关心和支持本书的朋友们。

感谢我的母亲、我的妻子和我的女儿，她们是我的精神支柱，是我努力创作这本书的动力来源。

在阅读本书的过程中，如果有任何问题，可以通过电子邮件地址 leechung@126.com 给我写信；要了解其他更多的情况，请访问我的个人网站：http://www.lizhongc.com/。

李忠

二〇一二年十一月

目　　录

第 1 部分　预备知识

第 1 章　十六进制计数法 002

1.1　二进制计数法回顾 002
1.1.1　关于二进制计数法 002
1.1.2　二进制到十进制的转换 003
1.1.3　十进制到二进制的转换 003
1.2　十六进制计数法 004
1.2.1　十六进制计数法的原理 004
1.2.2　十六进制到十进制的转换 005
1.2.3　十进制到十六进制的转换 005
1.2.4　为什么需要十六进制 006
1.3　使用 Windows 计算器方便你的学习过程 007
本章习题 008

第 2 章　计算机和汇编语言 009

2.1　用电表示数字 009
2.2　二进制加法机 010
2.3　具有记忆功能的器件——寄存器 011
2.4　带寄存器的加法机 013
2.5　能做四则运算的机器 014
2.6　机器指令 015
2.7　内存 017
2.8　自动计算 021
2.9　处理器 023
2.10　汇编语言的诞生 025
本章习题 027

第 3 章　分段机制和逻辑地址 028

3.1　寄存器和字长 028
3.2　内存访问和字节序 029
3.3　古老的 INTEL 8086 处理器 030
3.3.1　8086 的通用寄存器 030

3.3.2 程序的重定位难题……031
3.3.3 逻辑地址……034
3.3.4 8086 的内存分段机制……037
本章习题……040

第 4 章 汇编语言和汇编软件……041

4.1 汇编语言程序……041
4.2 NASM 编译器……043
4.2.1 NASM 的下载和安装……043
4.2.2 代码的书写和编译过程……044
4.2.3 用 HexView 观察编译后的机器代码……047
4.3 配书文件包的下载和使用……048
本章习题……049

第 2 部分 实模式

第 5 章 虚拟机的安装和使用……052

5.1 计算机的启动过程……052
5.1.1 如何将编译好的程序提交给处理器……052
5.1.2 计算机的加电和复位……053
5.1.3 基本输入输出系统……053
5.1.4 硬盘及其工作原理……055
5.1.5 一切从主引导扇区开始……056
5.2 创建和使用虚拟机……057
5.2.1 别害怕，虚拟机是软件……057
5.2.2 下载和安装 Oracle VM VirtualBox……058
5.2.3 虚拟硬盘简介……059
5.2.4 练习使用 FixVhdWr 工具向虚拟硬盘写数据……060

第 6 章 编写主引导扇区代码……064

6.1 本章代码清单……064
6.2 欢迎来到主引导扇区……064
6.3 注释……065
6.4 在屏幕上显示文字……065
6.4.1 显卡和显存……065
6.4.2 初始化段寄存器……068
6.4.3 显存的访问和 ASCII 代码……068
6.4.4 显示字符……071
6.4.5 mov 指令的格式……072
6.5 显示标号的汇编地址……073
6.5.1 标号……073

6.5.2 如何显示十进制数字 ······ 077
6.5.3 在程序中声明并初始化数据 ······ 078
6.5.4 分解数的各个数位 ······ 079
6.5.5 显示分解出来的各个数位 ······ 083
6.6 使程序进入无限循环状态 ······ 084
6.7 完成并编译主引导扇区代码 ······ 086
6.7.1 主引导扇区有效标志 ······ 086
6.7.2 代码的保存和编译 ······ 087
6.8 加载和运行主引导扇区代码 ······ 087
6.8.1 把编译后的指令写入主引导扇区 ······ 087
6.8.2 启动虚拟机观察运行结果 ······ 088
6.9 程序的调试技术 ······ 088
6.9.1 开源的 Bochs 虚拟机软件 ······ 088
6.9.2 Bochs 下的程序调试入门 ······ 089
本章习题 ······ 095

第 7 章 相同的功能，不同的代码 ······ 096

7.1 代码清单 7-1 ······ 096
7.2 跳过非指令的数据区 ······ 096
7.3 在数据声明中使用字面值 ······ 097
7.4 段地址的初始化 ······ 097
7.5 段之间的批量数据传送 ······ 098
7.6 使用循环分解数位 ······ 100
7.7 计算机中的负数 ······ 102
7.7.1 无符号数和有符号数 ······ 102
7.7.2 处理器视角中的数据类型 ······ 105
7.8 数位的显示 ······ 108
7.9 其他标志位和条件转移指令 ······ 109
7.9.1 奇偶标志位 PF ······ 109
7.9.2 进位标志 CF ······ 110
7.9.3 溢出标志 OF ······ 110
7.9.4 现有指令对标志位的影响 ······ 111
7.9.5 条件转移指令 ······ 111
7.10 NASM 编译器的$和$$标记 ······ 114
7.11 观察运行结果 ······ 115
7.12 本章程序的调试 ······ 115
7.12.1 调试命令“n”的使用 ······ 115
7.12.2 调试命令“u”的使用 ······ 116
7.12.3 用调试命令“info”查看标志位 ······ 118
本章习题 ······ 119

第 8 章 比高斯更快的计算 120
8.1 从 1 加到 100 的故事 120
8.2 代码清单 8-1 120
8.3 显示字符串 120
8.4 计算 1 到 100 的累加和 121
8.5 累加和各个数位的分解与显示 122
8.5.1 栈和栈段的初始化 122
8.5.2 分解各个数位并压栈 122
8.5.3 出栈并显示各个数位 125
8.5.4 进一步认识栈 126
8.6 程序的编译和运行 128
8.6.1 观察程序的运行结果 128
8.6.2 在调试过程中查看栈中内容 128
8.7 8086 处理器的寻址方式 129
8.7.1 寄存器寻址 130
8.7.2 立即寻址 130
8.7.3 内存寻址 130
本章习题 135
第 9 章 硬盘和显卡的访问与控制 136
9.1 本章代码清单 137
9.2 用户程序的结构 137
9.2.1 分段、段的汇编地址和段内汇编地址 137
9.2.2 用户程序头部 141
9.3 加载程序（器）的工作流程 143
9.3.1 初始化和决定加载位置 143
9.3.2 准备加载用户程序 144
9.3.3 外围设备及其接口 146
9.3.4 I/O 端口和端口访问 147
9.3.5 通过硬盘控制器端口读扇区数据 149
9.3.6 过程调用 152
9.3.7 加载用户程序 157
9.3.8 用户程序重定位 158
9.3.9 将控制权交给用户程序 162
9.3.10 8086 处理器的无条件转移指令 162
9.4 用户程序的工作流程 165
9.4.1 初始化段寄存器和栈切换 165
9.4.2 调用字符串显示例程 166
9.4.3 过程的嵌套 166
9.4.4 屏幕光标控制 167

9.4.5 取当前光标位置…………168
9.4.6 处理回车和换行字符…………169
9.4.7 显示可打印字符…………170
9.4.8 滚动屏幕内容…………170
9.4.9 重置光标…………171
9.4.10 切换到另一个代码段中执行…………171
9.4.11 访问另一个数据段…………172
9.5 编译和运行程序并观察结果…………172
本章习题…………173

第 10 章 中断和动态时钟显示…………174

10.1 外部硬件中断…………175
10.1.1 非屏蔽中断…………176
10.1.2 可屏蔽中断…………176
10.1.3 实模式下的中断向量表…………178
10.1.4 实时时钟、CMOS RAM 和 BCD 编码…………179
10.1.5 实时时钟 RTC 的中断信号…………181
10.1.6 代码清单 10-1…………185
10.1.7 初始化 8259、RTC 和中断向量表…………185
10.1.8 使处理器进入低功耗状态…………187
10.1.9 实时时钟中断的处理过程…………187
10.1.10 代码清单 10-1 的编译和运行…………190
10.2 内部中断…………191
10.3 软中断…………191
10.3.1 BIOS 中断…………192
10.3.2 代码清单 10-2…………193
10.3.3 从键盘读字符并显示…………193
10.3.4 代码清单 10-2 的编译和运行…………194
本章习题…………194

第 3 部分 保护模式

第 11 章 32 位 x86 处理器编程架构…………196

11.1 IA-32 架构的基本执行环境…………196
11.1.1 寄存器的扩展…………196
11.1.2 基本的工作模式…………199
11.1.3 线性地址和分页…………200
11.2 现代处理器的结构和特点…………201
11.2.1 流水线…………201
11.2.2 高速缓存…………202
11.2.3 乱序执行…………202

11.2.4 寄存器重命名 ······ 203
11.2.5 分支目标预测 ······ 204
11.3 32 位处理器的寻址方式 ······ 205

第 12 章 进入保护模式 ······ 207

12.1 代码清单 12-1 ······ 208
12.2 全局描述符表 ······ 208
12.3 存储器的段描述符 ······ 209
12.4 安装存储器的段描述符并加载 GDTR ······ 214
12.5 关于第 21 条地址线 A20 的问题 ······ 216
12.6 保护模式下的内存访问 ······ 217
12.7 程序的运行和调试 ······ 222
12.7.1 运行程序并观察结果 ······ 222
12.7.2 处理器刚加电时的段寄存器状态 ······ 223
12.7.3 设置 PE 位后的段寄存器状态 ······ 225
12.7.4 加载段寄存器 DS 之后的状态 ······ 226
12.7.5 查看全局描述符表 GDT ······ 226
12.7.6 查看控制寄存器的内容 ······ 227
本章习题 ······ 227

第 13 章 操作数和有效地址的尺寸 ······ 228

13.1 代码清单 13-1 ······ 228
13.2 INTEL 80286 处理器的 16 位保护模式 ······ 228
13.3 指令的操作尺寸 ······ 229
13.3.1 16 位操作尺寸 ······ 229
13.3.2 32 位操作尺寸 ······ 230
13.3.3 默认操作尺寸 ······ 230
13.3.4 操作尺寸反转前缀 ······ 233
13.3.5 编译时的操作尺寸 ······ 235
13.4 清空流水线并串行化处理器 ······ 236
13.5 有效地址尺寸和内存访问 ······ 238
13.6 一般指令在 32 位操作尺寸下的扩展 ······ 240
本章习题 ······ 242

第 14 章 存储器的保护 ······ 244

14.1 代码清单 14-1 ······ 244
14.2 进入 32 位保护模式 ······ 244
14.2.1 话说 mov ds,ax 和 mov ds,eax ······ 244
14.2.2 创建 GDT 并安装段描述符 ······ 245
14.3 修改段寄存器时的保护 ······ 248

14.4 地址变换时的保护 …… 250
14.4.1 代码段执行时的保护 …… 250
14.4.2 数据访问时的保护 …… 251
14.4.3 栈操作时的保护 …… 252
14.5 使用别名访问代码段对字符排序 …… 254
14.6 程序的编译和运行 …… 257
本章习题 …… 257

第 15 章 程序的动态加载和执行 …… 258

15.1 本章代码清单 …… 259
15.2 内核的结构、功能和加载 …… 259
15.2.1 内核的结构 …… 259
15.2.2 内核的加载 …… 260
15.2.3 安装内核的段描述符 …… 262
15.3 在内核中执行 …… 266
15.4 用户程序的加载和重定位 …… 268
15.4.1 用户程序的结构 …… 268
15.4.2 计算用户程序占用的扇区数 …… 269
15.4.3 简单的动态内存分配 …… 271
15.4.4 段的重定位和描述符的创建 …… 272
15.4.5 重定位用户程序内的符号地址 …… 275
15.5 执行用户程序 …… 279
15.6 代码的编译、运行和调试 …… 280
本章习题 …… 281

第 16 章 任务和特权级保护 …… 282

16.1 任务的隔离和特权级保护 …… 283
16.1.1 任务、任务的 LDT 和 TSS …… 283
16.1.2 全局空间和局部空间 …… 284
16.1.3 特权级保护概述 …… 287
16.2 代码清单 16-1 …… 295
16.3 内核程序的初始化 …… 295
16.3.1 调用门 …… 296
16.3.2 调用门的安装和测试 …… 299
16.4 加载用户程序并创建任务 …… 301
16.4.1 任务控制块和 TCB 链 …… 301
16.4.2 使用栈传递过程参数 …… 304
16.4.3 加载用户程序 …… 306
16.4.4 创建局部描述符表 …… 306
16.4.5 重定位 U-SALT 表 …… 308

16.4.6 创建 0、1 和 2 特权级的栈 …… 309
16.4.7 安装 LDT 描述符到 GDT 中 …… 309
16.4.8 任务状态段 TSS 的格式 …… 310
16.4.9 创建任务状态段 TSS …… 314
16.4.10 安装 TSS 描述符到 GDT 中 …… 315
16.4.11 带参数的过程返回指令 …… 315
16.5 用户程序的执行 …… 316
16.5.1 通过调用门转移控制的完整过程 …… 316
16.5.2 进入 3 特权级的用户程序的执行 …… 320
16.5.3 检查调用者的请求特权级 RPL …… 323
16.5.4 在 Bochs 中调试程序的新方法 …… 324
本章习题 …… 325

第 17 章 协同式任务切换 …… 326

17.1 本章代码清单 …… 326
17.2 任务切换前的设置 …… 326
17.3 任务切换的方法 …… 329
17.4 用 jmp 指令发起任务切换的实例 …… 333
17.5 处理器在实施任务切换时的操作 …… 340
17.6 程序的编译和运行 …… 342
本章习题 …… 342

第 18 章 中断和异常的处理与抢占式多任务 …… 343

18.1 中断和异常 …… 343
18.1.1 中断和异常概述 …… 343
18.1.2 中断描述符表、中断门和陷阱门 …… 346
18.2 本章代码清单 …… 348
18.3 内核的加载和初始化 …… 348
18.3.1 创建中断描述符表 …… 348
18.3.2 8259A 芯片的初始化 …… 352
18.3.3 中断和异常处理程序的保护 …… 354
18.3.4 中断任务 …… 355
18.3.5 错误代码 …… 357
18.3.6 用定时中断实施任务切换 …… 358
18.4 内核任务的创建 …… 360
18.5 用户任务的创建和执行 …… 360
18.6 程序的编译和执行 …… 362
本章习题 …… 362

第 19 章 分页机制和动态页面分配 …… 363

19.1 分页机制概述 …… 364
19.1.1 简单的分页模型 …… 364
19.1.2 页目录、页表和页 …… 373
19.1.3 地址变换的具体过程 …… 375
19.2 本章代码清单 …… 376
19.3 使内核在分页机制下工作 …… 377
19.3.1 创建内核的页目录表和页表 …… 377
19.3.2 任务全局空间和局部空间的页面映射 …… 383
19.4 创建内核任务 …… 389
19.4.1 内核的虚拟内存分配 …… 389
19.4.2 页面位映射串和空闲页的查找 …… 394
19.4.3 内核任务的确立 …… 398
19.5 用户任务的创建和切换 …… 399
19.5.1 用户任务的虚拟内存分配策略 …… 399
19.5.2 用户任务的虚拟地址空间分配 …… 402
19.5.3 创建用户任务的 LDT …… 403
19.5.4 用户程序的加载 …… 405
19.5.5 重定位 U-SALT 并复制页目录表 …… 405
19.5.6 切换到用户任务执行 …… 408
19.6 程序的编译、执行和调试 …… 409
19.6.1 本章程序的编译和运行方法 …… 409
19.6.2 查看 CR3 寄存器的内容 …… 409
19.6.3 查看线性地址对应的物理页信息 …… 410
19.6.4 查看当前任务的页表信息 …… 411
19.6.5 使用线性（虚拟）地址调试程序 …… 411
本章习题 …… 412

第 20 章 平坦内存模型和软件任务切换 …… 413

20.1 多段模型和平坦模型 …… 413
20.1.1 多段模型和段页式内存管理 …… 413
20.1.2 平坦模型 …… 415
20.2 本章代码清单 …… 416
20.3 初始化系统并加载内核 …… 416
20.3.1 定义平坦模型下的段描述符 …… 417
20.3.2 平坦模型下的内核程序 …… 418
20.3.3 加载内核程序 …… 419
20.4 内核的初始化 …… 421
20.4.1 进入内核并初始化中断系统 …… 421
20.4.2 软中断和系统调用 …… 422

20.4.3 系统调用的安装及其工作原理 ······ 423
20.4.4 任务状态段 TSS 的新用法 ······ 424
20.5 用户任务的创建 ······ 427
20.5.1 平坦模型下的用户程序结构 ······ 428
20.5.2 用户任务的创建过程 ······ 428
20.6 软件任务切换 ······ 429
20.6.1 保存当前任务的状态 ······ 430
20.6.2 恢复并执行新任务 ······ 430
20.7 内核任务的执行 ······ 431
20.8 用户任务的执行 ······ 432
本章习题 ······ 433

第 1 部分　预备知识

- ✧ 了解数制的基本知识和数制转换的方法
- ✧ 了解 8086 处理器的结构和工作方式，初步认识所谓的针对处理器编程是针对处理器的哪些部件和哪些方面进行的，理解分段的原理
- ✧ 了解什么是汇编语言，以及如何书写、编译汇编语言源程序；掌握在虚拟机上运行程序的方法

第 1 章

十六进制计数法

电子计算机，顾名思义，就是计算的机器。因此，学习汇编语言，就不可避免地要和数字打交道。在这个过程中，我们要用到三种数制：十进制（这是我们再熟悉不过的）、二进制和十六进制。本章的目标是：

1. 熟悉后两种数制，了解这两种数制的计数特点；
2. 能够在这三种数制之间熟练地进行转换，特别是在看到一个二进制数时，能够口算出它对应的十六进制数，反之亦然；
3. 对于 0～15 之间的任何一个十进制数，能够立即说出它对应的二进制数和十六进制数。

1.1 二进制计数法回顾

1.1.1 关于二进制计数法

在《穿越计算机的迷雾》那本书里我们已经知道，计算机也是一台机器，唯一不同的地方在于它能计算数学题，且具有逻辑判断能力。

与此同时，我们也已经在那本书里学到，机器在做数学题的时候，也面临着一个如何表示数字的问题，比如你采用什么办法来将加数和被加数送到机器里。

同样是在那本书里，我们揭晓了答案，那就是用高、低两种电平的组合来表示数字。如图 1-1 所示，参与计算的数字通过电线送往计算机器，高电平被认为是“1”，低电平被认为是“0”，这样就形成了一个序列“11111010”，这就是一个二进制数，在数值上等于我们所熟知的二百五，换句话说，等于十进制数 250。

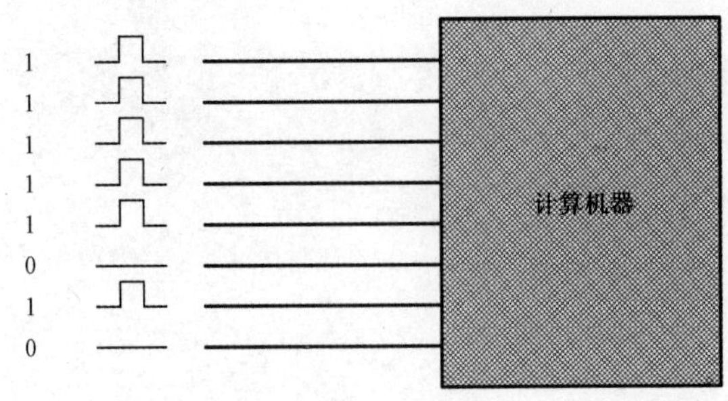

图 1-1 在计算机里，二进制数字对应着高、低电平的组合

从数学的角度来看，二进制计数法是现代主流计算机的基础。一方面，它简化了硬件设计，因为它只有两个符号“0”和“1”，要得到它们，用最少的电路元件来接通或者关断电路就行了；另一方面，二进制数与我们熟悉的十进制数之间有着一对一的关系，任何一个十进制数都对应着一个二进制数，不管它有多大。比如，十进制数 5，它所对应的二进制数是 101，而十进制数 5785478965147 则对应着一长串“0”和“1”的组合，即 1010100001100001001011010110010011110011011。

组成二进制数的每个数位，称为一个比特（bit），而一个二进制数也可以看成一个比特串。很明显，它的数值越大，这个比特串就越长，这是二进制计数法不好的一面。

1.1.2 二进制到十进制的转换

每种计数法都有自己的符号（数符）。比如，十进制有 0、1、2、3、4、5、6、7、8、9 这 10 个符号；二进制呢，则只有 0、1 这两个符号。这些数字符号的个数称为基数。也就是说，十进制有 10 个基数，而二进制只有两个。

二进制和十进制都是进位计数法。进位计数法的一个特点是，符号的值和它在这个数中所处的位置有关。比如，十进制数 356，数字 6 处在个位上，所以是“6 个”；5 处在十位上，所以是“50”；3 处在百位上，所以是“300”，即

$$百位 3、十位 5、个位 6=3\times10^2+5\times10^1+6\times10^0=356$$

这就是说，由于所处的位置不同，每个数位都有一个不同的放大倍数，这称为“权”。每个数位的权是这样计算的（这里仅讨论整数）：从右往左开始，以基数为底，指数从 0 开始递增的幂。正如上面的公式所清楚表明的那样，“6”在最右边，所以它的权是以 10 为底、指数为 0 的幂 10^0；而 3 呢，它的权则是以 10 为底、指数为 2 的幂 10^2。

上面的算式是把**十进制**数“翻译”成**十进制**数。从十进制数又算回到十进制数，这看起来有些可笑，注意这个公式是可以推广的，可以用它来将二进制数转换成十进制数。

比如一个二进制数 10110001，它的基数是 2，所以要这样来计算与它等值的十进制数：

$$10110001B=1\times2^7+0\times2^6+1\times2^5+1\times2^4+0\times2^3+0\times2^2+0\times2^1+1\times2^0=177D$$

在上面的公式里，10110001B 里的“B”表示这是一个二进制数，“D”则表示 177 是一个十进制数。“B”和“D”分别是英语单词 Binary 和 Decimal 的首字母，这两个单词分别表示二进位和十进位的意思。

◆ **检测点 1.1**

将下列二进制数转换成十进制数：

1101、1111、1001110、11111111、10000000、1101101100011011

1.1.3 十进制到二进制的转换

为了将一个十进制数转换成二进制数，可以采用将它不停地除以二进制的基数 2，直到商为 0，然后将每一步得到的余数串起来即可。如图 1-2 所示，如果要将十进制数 26 转换成二进制数 11010，那么可采用如下方法：

第 1 步，将 26 除以 2，商为 13，余数为 0；

第 2 步，用 13 除以 2，商为 6，余数为 1；

第 3 步，用 6 除以 2，商为 3，余数为 0；

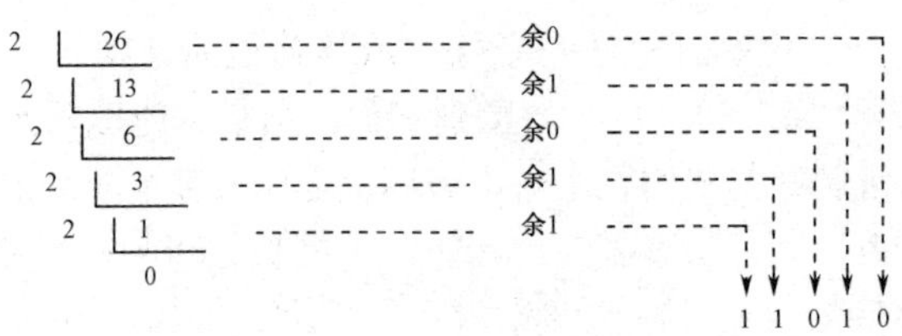

图 1-2　将十进制数 26 转换成二进制数

第 4 步，用 3 除以 2，商为 1，余数为 1；

第 5 步，用 1 除以 2，商为 0，余数为 1，结束。

然后，从下往上，将每一步得到的余数串起来，从左往右书写，就是我们所要转换的二进制数。

◆　**检测点 1.2**

将下列十进制数转换成二进制数：

8、10、12、15、25、64、100、255、1000、65535、1048576

1.2　十六进制计数法

1.2.1　十六进制计数法的原理

二进制数和计算机电路有着近乎直观的联系。电路的状态，可以用二进制数来直观地描述，而一个二进制数，也容易使我们仿佛观察到了每根电线上的电平变化。所以，我们才形象地说，二进制是计算机的官方语言。

即使在平时的学习和研究中，使用二进制也是必需的。一个数字电路输入什么，输出什么，电路的状态变了，是哪一位发生了变化，研究这些，肯定要精确到每比特。这个时候，采用二进制是最直观的。

但是，二进制也有它的缺点。眼下看来，它最主要的缺点就是写起来太长，一点也不方便。为此，人们发明了十六进制计数法。至于为什么要发明另一套计数方法，而不是依旧采用我们熟悉的十进制计数法，下面就要为大家解释。

一旦知道二进制有两个数符“0”和“1”，十进制有十个数符“0”到“9”，那么我们就会很自然地认为十六进制一定有 16 个数符。

一点没错，完全正确。这 16 个数符分别是 0、1、2、3、4、5、6、7、8、9、A、B、C、D、E、F。

你可能会觉得惊讶，字母怎么可以当作数字来用？这样的话，那些熟悉的英语单词，像 Face（脸）、Bad（坏的）、Bed（床）就都成了数。

这又有什么奇怪的？你觉得“0”“5”“9”是数字，而“A”“B”不是数字，这是因为你从小习惯了这种做法。

对于自然数里的前 10 个，十进制和十六进制的表示方法是一致的。但是，9 之后的数，两者的表示方法就大相径庭了，如表 1-1 所示。

表 1-1　部分十进制数和十六进制数对照表

十进制数	十六进制数	十进制数	十六进制数
0	0	17	11
1	1	18	12
2	2	19	13
3	3	20	14
4	4	21	15
5	5	22	16
6	6	23	17
7	7	24	18
8	8	25	19
9	9	26	1A
10	A	27	1B
11	B	28	1C
12	C	29	1D
13	D	30	1E
14	E	31	1F
15	F	32	20
16	10	33	21

很显然，一旦某个数位增加到 9 之后，下一次，它将变成 A，而不是向前进位，因为这里是逢 16 才进位的。进位只发生在某个数位原先是 F 的情况下，比如 1F，它加 1 后将会变成 20。

1.2.2　十六进制到十进制的转换

要把一个十六进制数转换成我们熟悉的十进制数，可以采用和前面一样的方法。只不过，在计算各个数位的权时，幂的底数是 16。将十六进制数 125 转换成十进制数的方法如下：

$$125H=1\times16^2+2\times16^1+5\times16^0=293D$$

在上式中，125 后面的“H”用于表明这是一个十六进制数，它是英语单词 Hexadecimal 的首字母，这个单词的意思是十六进制。

◆　**检测点 1.3**

将下列十六进制数转换成十进制数：

8、A、B、C、D、E、F、10、1F、6CD、3FE、FFC、FFFF

1.2.3　十进制到十六进制的转换

如图 1-3 所示，相应地，要把一个十进制数转换成十六进制数，则可以采取不停地除以 16 并取其余数的策略。

第 1 次，将 293 除以 16，商为 18，余 5；

第 2 次，用 18 除以 16，商为 1，余 2；

第 3 次，再用 1 除以 16，商为 0，余 1，结束。

然后，从下往上，将每次的余数 1、2、5 列出来，得到 125，这就是所要的结果。

图 1-3　将十进制数 293 转换成十六进制数

◆　**检测点 1.4**

将下列十进制数转换成十六进制数：

8、10、12、15、25、64、100、255、1000、65535、1048576

1.2.4　为什么需要十六进制

为什么我们要发明十六进制计数法？为什么我们要学习它？

提出这样的问题，在我看来很有趣，也很有意义，但似乎从来没有人在书上正面回答过。这样一来，学子们只能在掌握了十六进制若干年之后，在某一天自己恍然大悟。

为了搞清楚这个问题，我们不妨来列张表（见表 1-2），看看十进制数、二进制数和十六进制数之间，都有些什么有趣的规律和特点。

表 1-2　部分十进制数、二进制数和十六进制数对照表

十进制数	二进制数	十六进制数	十进制数	二进制数	十六进制数
0	0000	0	10	1010	A
1	0001	1	11	1011	B
2	0010	2	12	1100	C
3	0011	3	13	1101	D
4	0100	4	14	1110	E
5	0101	5	15	1111	F
6	0110	6	16	0001 0000	10
7	0111	7	17	0001 0001	11
8	1000	8	55	0011 0111	37
9	1001	9	195	1100 0011	C3

在上面这张表里（见表 1-2），每个二进制数在排版的时候，都经过了“艺术加工”，全都以 4 比特为一组的形式出现。不足 4 比特的，前面都额外加了“0”，比如 10，被写成 0010 的形式。就像十进制数一样，在一个二进制数的前面加多少个零，都不会改变它的值。

注意观察这张表并开动脑筋，4 比特的二进制数，可以表示的数是 0000～1111，也就是十进制的 0～15，这正好对应于十六进制的 0～F。

在这个时候，如果将它们都各自加 1，那么，下一个二进制数是 0001 0000，与此同时，它对应的十六进制数则是 10，你会发现，它们有如图 1-4（a）所示的奇妙对应关系。

图 1-4　十六进制的每一位与二进制数每 4 比特为一组的对应关系

再比如图 1-4（b）中的二进制数 1100 0011，它与等值的十六进制数 C3 也有着相同的对应关系。

也就是说，如果将一个二进制数从右往左，分成 4 比特为一组的形式，分别将每一组的值转换成十六进制数，就可以得到这个二进制数所对应的十六进制数。

这样一来，如果我们稍加努力，将 0～F 这 16 个数所对应的二进制数背熟，并能换算自如的话，那么，当我们看到一个十六进制数 3F8 时，我们就知道，因为 3 对应的二进制数为 0011，F 对应的二进制数是 1111，8 对应的二进制数是 1000，所以 3F8H＝0011 1111 1000B。

同理，如果一个二进制数是 1101 0010 0101 0001，那么，将它们按 4 比特为一组，分别换算成十六进制数，就得到了 D251。

正如前面所说的，从事计算机的学习和研究（包括咱们马上就要进行的汇编语言程序设计），不可避免地要与二进制数打交道，而且有时还必须针对其中某些比特进行特殊处理。这个时候，如果想保留二进制数的直观性，同时还要求写起来简短，十六进制数是最好的选择。

◆　**检测点 1.5**

1．将下列十六进制数转换成二进制数：

3、A、C、F、20、3F、2FE、FFFF、9FC05D、7CCFFEFF

2．快速说出以下十进制数所对应的二进制数和十六进制数：

1、3、5、7、9、11、13、15、0、2、4、6、8、10、12、14

1.3　使用 Windows 计算器方便你的学习过程

和十进制数一样，二进制数和十六进制数也可以进行加、减、乘、除运算。比如，两个十六进制数 F 和 A 相乘，结果是十六进制数 96。从十进制的角度来看这个计算过程，就是两个十进制数 15 和 10 相乘，结果为 150。

在学习汇编语言程序设计的过程中，出于解决实际问题的需要，经常要在编写程序时做一些计算工作。十进制就不说了，我们都很熟悉，计算起来驾轻就熟。但是，如果是几个二进制数进行加减乘除，或者几个十六进制数加减乘除，就很困难了。想想看，为了做十进制乘法，我们要背九九乘法口诀。而十六进制有 16 个基数，它的乘法口诀就更多了。

这本书的目的不是教会你十六进制四则运算的方法和步骤，不是这样的。相反，我希望你能借助一些工具来快速得到计算结果，从而把更多的精力放到学习汇编语言上。

不是所有知识都应当放在脑子里，要善于利用工具！

为了将较大的数转换成不同的数制，或者进行某种数制的四则运算，可以使用 Windows 计算器。这是一个小软件，每个版本的 Windows 操作系统都有，你应该很熟悉，其界面如图 1-5 所示。注意，如果该程序运行后的界面与此不同，则可以通过选择菜单“查看”→“程序员”进行更改。

计算器软件的使用方法并不复杂，只需要稍加练习即可掌握。比如，选择单选钮“十六进制”，然后输入一个十六进制数。此时，如果你再选择单选钮“十进制”，则刚才输入的内容就会立即变成十进制的形式，这就是进行数制转换的一个例子。

◆　**检测点 1.6**

1．用计算器程序将 FFCH 转换成十进制数和二进制数；

2．用计算器程序计算 FFCH 乘以 27C0H 的结果，并转换成二进制数。

图 1-5　Windows 计算器

本 章 习 题

1. 口算：

5H=___D　　12D=___H　　0FH=___D=___B

0CH=___D=___B　　0AH=___D=___B　　8D=___H=___B

0BH=___D=___B　　0EH=___D=___B　　10H=___D=___B

2. 口算：

10010B=___H　　15H=___B　　8FH=___B　　200H=___B　　111111111B=___H

第 2 章

计算机和汇编语言

亲爱的朋友，从现在开始我们就要进入汇编语言的世界了。就像一个大学生刚到新单位报到，要想快速进入工作状态，首要的任务是熟悉单位的情况和工作环境。同样，在学习汇编语言时，要想快速上手，也必须先了解与汇编语言有关的计算机知识。

汇编语言和处理器是紧密联系的，学习汇编语言的过程，实际上也是洞悉处理器内部构造和工作方式的过程。用汇编语言编程，必须和处理器内部的寄存器打交道，但很多人（包括我本人）在第一次接触汇编语言时，对这些东西感到很迷惑，不知道什么是寄存器，不理解为什么要使用寄存器。因此，了解处理器的内部构造及其工作方式很重要。鉴于此，本章的目标是：

1. 从如何用电来表示数字开始，对电子计算机（尤其是处理器）的工作原理和演进过程进行介绍，重点了解什么是寄存器、内存和指令，以及指令集、字节等基本概念；

2. 在上述过程中，我们将了解到使用机器指令编程的缺点和复杂性，从而知道为什么要发明汇编语言，以及用汇编语言编程的好处。

顺便说一下，在写这本书之前，我写过另一本科普读物《穿越计算机的迷雾》，里面把计算机的原理讲清楚了，有兴趣的同学可以看看。

2.1　用电表示数字

电和数字有关系吗？原本是没有关系的，风马牛不相及。但是，要想发明电子计算机，我们必须让电和数字扯上关系。

如图 2-1 所示，这是两个用开关和导线组成的电路。在初中的时候我们都学过电路，所以，我相信你能够看懂这幅图的意思。线条表示导线。这里有两根导线，每根导线都连着一个开关。当开关断开时，没有电流通过导线；当开关闭合时，有电流通过导线。为了看的时候醒目，我们将有电流通过的导线画成黑色，将没有电流通过的导线画成灰色。

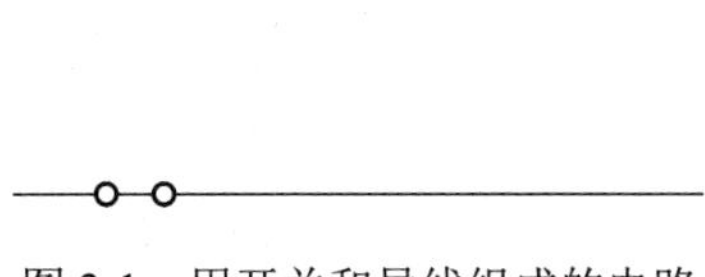

图 2-1　用开关和导线组成的电路

在学这门课程之前，我要求你已经学过二进制，也知道如何用二进制来表示数字。二进制计数法采用 0 和 1 的组合来表示数字。0 和 1 很适合用开关的闭合与断开，以及电流的有和无来体现。比如说，当开关断开时，导线上没有电流，表示 0；当开关闭合时，导线上有电流，表示 1。

现代的电子计算机用二进制来表示数字。这样做有一个好处，那就是，我们可以用一排导线来表示数字，如图 2-2 所示。如果我们依次记下每根导线的状态，没有电流通过记成 0，有电流通过就记成 1，就可以得到一个由 0、1 组成的二进制数。在这里，这个二进制数是 01000100，换算成十进制就是 68。

当然，如果你想用这排导线表示别的数字，只需要拨动开关，将它们设置成适当的状态就可以了。

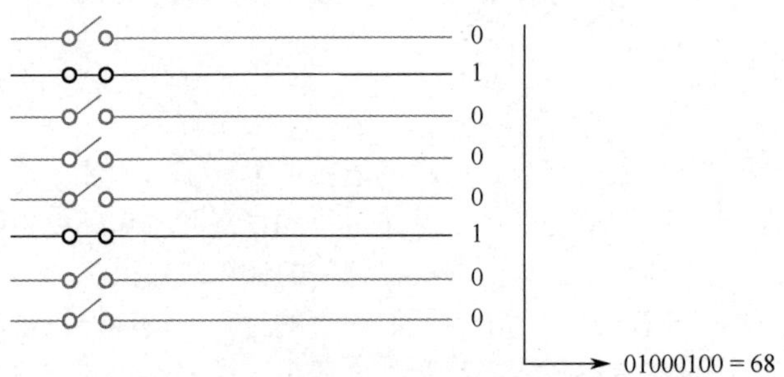

图 2-2　用一排导线上电流的有无来表示二进制数

在现实中，导线上有没有电，我们是看不见的。但是，如图 2-3 所示，我们可以在导线上安装灯泡。当导线上没有电流通过时，灯泡不发光，表示传送的是 0；当导线上有电流通过时，灯泡发光，表示传送的是 1。

我们把灯泡的状态记下来，组合成二进制数字，就知道这排导线上传输的数字是多少了。比如在这里，我们记下灯泡的状态是 01000100，好，这就是它传输的二进制数字，换算成十进制，是 68。

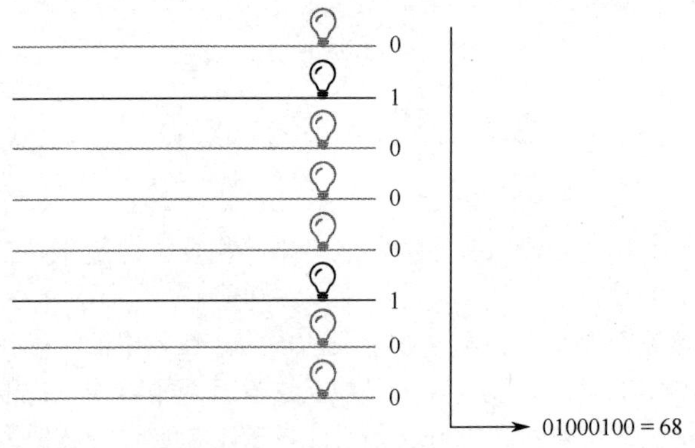

图 2-3　用灯泡是否发光来判断导线上传送的是 1 还是 0

2.2　二进制加法机

在二十世纪三四十年代，还没有计算机，人们更不可能想到计算机会这么有用，能上网、能听歌、能看视频、能聊天、能购物、能打游戏。在那个时候，人们想得很简单，只要能够发明一个简单的计算器，能算加减乘除，就十分满足了，就觉得已经很了不起了。

因此，世界上第一台电子计算机，严格来说是一个如图 2-4 所示的加法器，或者说是一个能做加法的电路。说它是计算机，现在看来挺可笑的，但当时已经是最先进的了，这就是我们人类社会的第一代电子计算机。

注意这个机器，它采用二进制工作。左边的这一部分，有 8 根导线，每根导线都通过开关把电流送到机器里。这 8 根导线通过拨动开关来组成并代表一个 8 位的二进制数。就当前的开关状态来说，它输入的是二进制数 01000100，也就是十进制数 68。

同样的道理，下面这一排带开关的导线也通过拨动开关来组成并代表另一个 8 位的二进制数。就当前的开关状态来说，它输入的是二进制数 01100001，也就是十进制数 97。

这个加法机器的作用是接受左边和下面的输入，把它们当成两个二进制数，并做加法操作，相加得出一个和数。

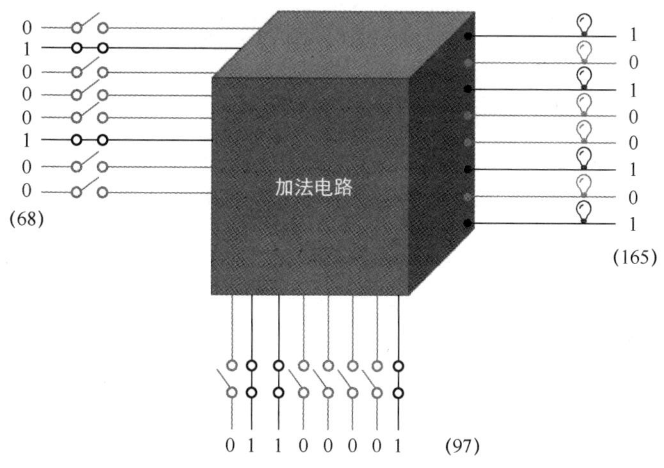

图 2-4　能做加法的电路

相加的结果通过右边的那一排导线送出，当然是以二进制数的形式送出，每根导线都代表这个二进制数中的 1 比特。为了观察导线上是 0 还是 1，我们为它接上了灯泡。从当前灯泡的发光情况来看，结果是二进制数 10100101，也就是十进制数 165。68 加 97 是 165，显然，这个机器工作正常，结果是对的。

注意，这个加法电路的工作是实时的，输入端的任何变化都将立即导致输出端的变化。当你拨动左边或者下边的任何一个开关时，右边的输出也将立即有所变化，某些灯泡会灭掉，而有些灯泡会亮起来。

这个加法电路的内部构造不是我们今天要关心的话题，我们只需要知道它的功能就可以了。如果你实在感到好奇，我推荐你读一读《穿越计算机的迷雾》这本书，里面有你想知道的答案。

2.3　具有记忆功能的器件——寄存器

一般的电路，它们的工作都是非常直接的。在前面的图 2-3 中，一旦我们拉起开关，切断电路，灯泡立马就不亮了，这表明电线上传送的是数字 0；相反，一旦我们闭合开关，接通电路，灯泡立马就亮了，这表明电路上传送的是数字 1。

后来，人们发明了一个装置，叫作触发器。如图 2-5 所示，一个特制的触发器有一个输入端 D，以及一个输出端 Q。触发器的特点是它可以把输入保存起来，这叫作锁存。如果你想用眼睛观察触发器锁存的内容，可以在输出端连接一个灯泡。

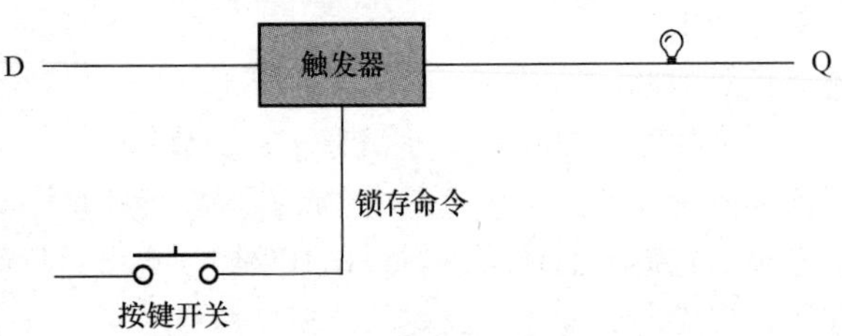

图 2-5　具有记忆能力的触发器

那么，触发器什么时候锁存呢？这是可以控制的。注意下面有一根导线和一个按键开关，按键开关和我们前边讲的那些开关不一样。按键开关有个特点：当你按下它时，它会接通电路；当你松手后，它又会弹起来断开电路。

这个按键开关用于决定是否锁存。平时，按键开关处于断开状态，触发器不会执行锁存动作，无论从输入端 D 来的是 0 还是 1，都不会进入触发器内部，都不会被触发器内部的电路保存，更不会出现在输出端 Q，即不影响输出端 Q 原来的状态。

但是，一旦我们按下按键开关，则触发器会立即执行一个锁存动作，不管输入端是 0 还是 1，都会被触发器锁存起来，并立即出现在输出端Q。锁存之后，无论输入端D再怎么变化，都不会影响到锁存的内容，也不会影响输出端 Q 原来的输出，除非再次按下按键开关发送锁存命令。

一个触发器只能保存 1 比特。为了保存一个比较大的二进制数，如图 2-6 所示，可以使用若干个触发器，将它们组合在一起，这样就形成了一个新的器件，叫作寄存器（Register），或者叫作锁存器。

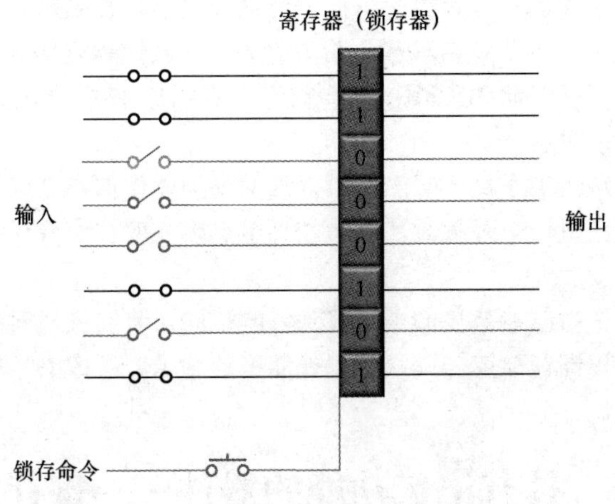

图 2-6　用多个触发器组成的寄存器

寄存器是一个多输入、多输出的器件，它的两边都连着一排导线，左边的导线用来提供输入，右边的导线用来提供输出；下面的按键开关用来向组成寄存器的所有触发器发送锁存命令。

在图 2-6 中，输入端是二进制数字 11000101。当我们按下按键开关时，这个数字立即被锁存。一旦输入的数字或者说电平被锁存，那么，即使这些输入撤销了也没有关系，因为它们已经被锁存在了寄存器内部。与此同时，锁存的数据也会通过输出端送出去。

如果需要，寄存器可以随时锁存新的数字，以前锁存的数字会被新的数字冲掉。从这个意义上来说，任何数字都是临时被保存在这里的，不会长久，属于临时性寄存。这就是“寄存器”一词的由来。

2.4　带寄存器的加法机

人类喜欢简单的操作，他们会不停地改进设备。所以，如图 2-7 所示，这是前面那个加法电路的改进版本。

在这个新的加法电路里，我们加入了一个寄存器。为了方便，我们称之为寄存器 R。加法电路的左侧是一排带有开关的导线，用于输入相加的数字；右边的一排导线用于输出计算结果。实际上，在机器内部，右边这排导线连接在寄存器的输出端上。因此，寄存器 R 当前锁存的内容可以通过灯泡观察到。

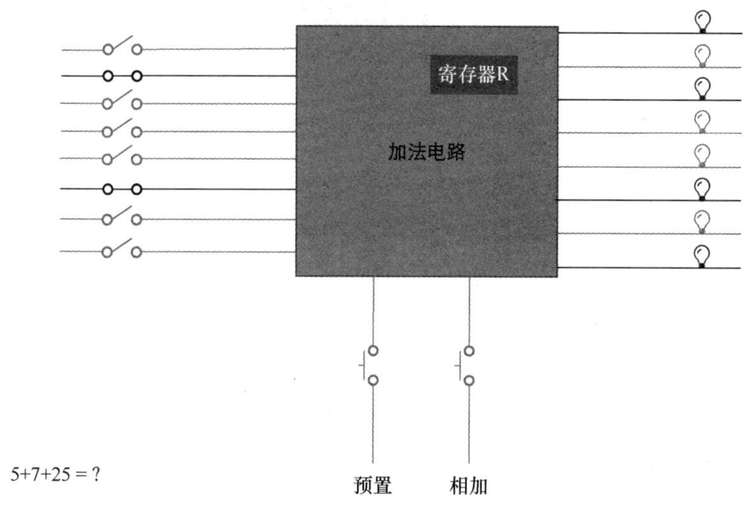

图 2-7　带有寄存器的加法电路

加法电路的另一个变化是，它只有一组输入。这好像是个问题，但实际上这样做是很方便的。在这个电路的下面有两个按键开关，分别是“**预置**”和“**相加**”，它们就是用来解决这个问题的。比如说，如果我们要计算 5 加 7 加 25，该怎么办呢？操作过程是这样的。

首先，拨动左边的一排开关，准备好第一个要相加的数字 5，然后按一下“**预置**”按钮，将这个数字保存到寄存器 R。

接着，再次拨动左侧的那排开关，准备好另一个要相加的数字 7，然后按一下“**相加**”按钮。此时，左边的数字 7 和寄存器 R 里原有的数字 5 相加，相加的结果 12 依然保存在寄存器 R 中。

因为还有一个数字 25 需要相加，于是我们再次拨动左侧的那排开关，准备好要相加的数字 25，准备好之后，按一下“**相加**”按钮，此时，左边的数字 25 和寄存器 R 里原有的数字 12 相加，相加的结果 37 依然保存在寄存器 R 中。

如果还有更多的数字要加，那么，操作过程和上面一样，反正就是准备数字，然后按一下“**相加**”开关。

2.5 能做四则运算的机器

前边我们一直在使用加法机做加法，有些人觉得，只做加法的话，功能太简单了。于是，如图 2-8 所示，他们改进了这个机器，为它增加了减法、乘法和除法功能。现在，我们称之为四则运算电路。

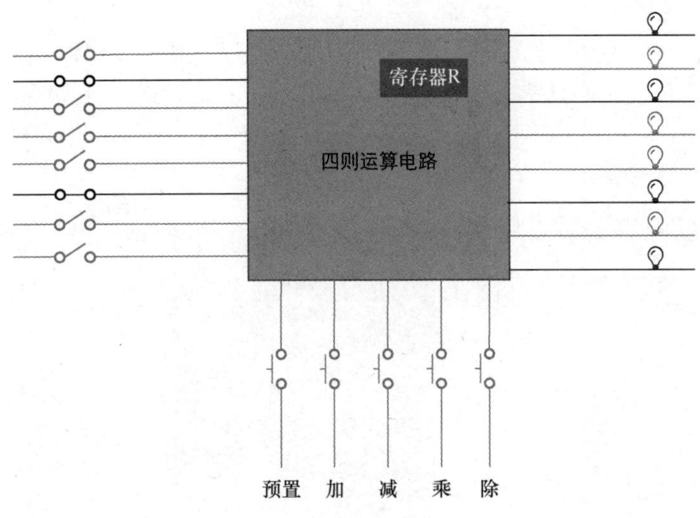

图 2-8 四则运算电路

在这个四则运算电路的下边，有几个按键开关。这几个按键开关用来控制运算器内部的操作，下面我们分别进行说明。

如果按一下“**预置**”开关，那么，将执行锁存操作，左侧这排开关生成的二进制数被锁存到寄存器 R。

如果按一下开关“**加**”，那么，它所指定的操作是用寄存器 R 里原有的数字和左侧这排开关生成的数字相加，相加的结果位于寄存器 R。

如果按一下开关“**减**”，那么，它所指定的操作是用寄存器 R 里原有的数字和左侧这排开关所生成的数字相减，相减的结果位于寄存器 R。

如果按一下开关“**乘**”，那么，它所指定的操作是用寄存器 R 里原有的数字和左侧这排开关所生成的数字相乘，相乘的结果位于寄存器 R。

如果按一下开关“**除**”，那么，它所指定的操作是用寄存器 R 里原有的数字和左侧这排开关生成的数字相除，相除的商位于寄存器 R。

当然，你会觉得功能还是太少。但是你要知道，绝大多数问题都可以归结为基本的加减乘除运算。比如，3 的 2 次方，可以用 3 乘以 3 来完成。其他数学问题也是如此。

这个机器用起来还是很方便的，可以做连续的加减乘除运算。这里有一个实际应用的例子，先给出或者说预置一个数字 7，再加 8，得到 15，然后乘以 3，得到结果 45，最后除以 5，得到 9。

首先，我们先拨动左边的开关准备好第一个数字 7，然后按一下“**预置**”按钮，将这个数字保存到寄存器 R。

接着，再拨动左侧的开关，准备好另一个数字 8，按一下“**加**”按钮，则寄存器中原有的数字 7 和左边的数字 8 相加，相加的结果 15 依然保存在寄存器 R 中。

接着，再拨动左侧的开关，准备好另一个数字 3，按一下“**乘**”按钮，则寄存器中原来的数字 15 和左边的数字 3 相乘，相乘的结果是 45，依然保存在寄存器 R 中。

最后，再拨动左侧的开关，准备好数字 5，按一下“**除**”按钮，则寄存器中原来的数字 45 和左边的数字 5 相除，相除的结果 9 依然保存在寄存器 R 中。

寄存器的作用是参与运算，并临时保存运算结果。但是，如果只有一个寄存器，那么，在进行一些复杂的运算时，肯定是不够用的。比如这一道带括号的计算题：

$$(207 + 9) \div (56 - 48)$$

它很简单，但又有点复杂，因为我们必须先计算 207+9 和 56−48 的结果，再将这两个计算结果相除。我们来试试看。

首先拨动左侧的开关以生成数字 207，然后按一下“**预置**”按钮，将 207 锁存到寄存器 R 中。接着，我们再拨动左侧的开关，生成数字 9，然后按一下“**加**”按钮，这将把寄存器 R 里的数字 207 和左侧输入的数字 9 相加，相加的结果 216 依然保存在寄存器 R 中。

现在的问题是，寄存器 R 被用来保存上一个计算结果，无法再用来计算 56 减去 48。在这种情况下，我们只能把相加的结果 216 用脑子或者笔记下来，腾出寄存器 R，用来计算 56 减 48。

拨动左侧的开关以生成数字 56，再按一下“**预置**”按钮，将 56 锁存到寄存器 R 中。接着，我们再拨动左侧的开关，生成数字 48，然后按一下“**减**”按钮，这将把寄存器 R 里的数字 56 和左侧的数字 48 相减，相减的结果 8 依然保存在寄存器 R 中。现在，用笔或者你的脑子把结果 8 记下来。

最后是把前面已经得到的两个中间结果 216 和 8 相除。拨动左侧的开关以生成数字 216，再按一下“**预置**”按钮，将 216 锁存到寄存器 R 中。接着，我们再拨动左侧的开关，生成数字 8，然后按一下“**除**”按钮，这将把寄存器 R 里的数字 216 和左侧的数字 8 相除，相除的结果 27 依然保存在寄存器 R 中。

2.6 机器指令

从刚才的例子可以看出，因为只有一个寄存器，这使得运算器的功能受到限制，操作也很麻烦。

为此，如图 2-9 所示，我们可以在运算电路里多放几个寄存器，这样就能够倒腾得过来。为了方便说明问题，我们暂时再加入一个寄存器 Z，这样我们就有了两个寄存器。

尽管只是增加了一个寄存器，但是这台机器的操作却复杂了很多。比如，可以将左边的数字传送或者预置到寄存器 R 中，也可以传送到寄存器 Z 中；可以将寄存器 R 中的数字和左边来的数字做加减乘除，也可以将寄存器 Z 中的数字和外来的数字做加减乘除；可以将寄存器 R

中的数字传送或者说复制到寄存器 Z 中，也可以将寄存器 Z 中的数字传送或者说复制到寄存器 R 中；可以用寄存器 R 中的数字和寄存器 Z 中的数字做加减乘除操作，而且可以选择运算的结果保存在哪一个寄存器。

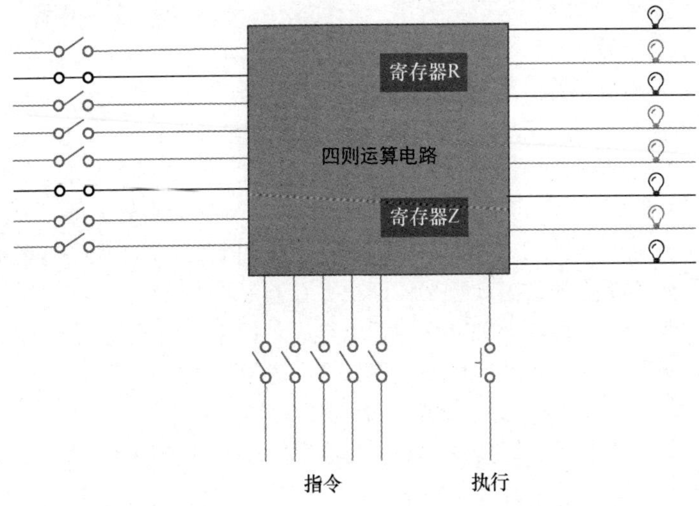

图 2-9　可以接受指令的四则运算电路

我粗略地估计了一下，这里共有大约 20 个动作。对于以上所列举的每个动作或者说每个操作，都需要一个按键开关来触发，所以至少需要 20 个按键开关。这还只是两个寄存器，如果以后再增加寄存器或者别的功能，开关就更多了。这不是长久之计，我们得另想办法。

考虑一下，既然我们可以用一排开关来生成参与加减乘除的数字，也可以用另一排开关来共同组合出我们要执行的操作。

为此，我们在运算电路的下面安装 5 个铡刀开关。和往常一样，开关的闭合代表这根线上是 1，开关的断开代表这根线上是 0，于是可以组合出一个 5 位的二进制数字。不同的二进制数字具有不同的含义，代表不同的操作。当我们拨动这一排开关时，就是指定这台机器所要执行的操作，因此，我们把这些开关所代表的数字叫作指令（Instruction）。指令就是给这台机器下达的操作命令。表 2-1 给出了这 5 个开关可以组合出的指令，以及它们所指定的操作。

表 2-1　不同的指令及其所指定的操作

指　　令	机器动作
00001	将外数传送到寄存器 R
00010	将外数传送到寄存器 Z
00011	将寄存器 R 传送（复制）到寄存器 Z
00100	将寄存器 Z 传送（复制）到寄存器 R
00101	将外数和寄存器 R 相加，结果在寄存器 R
00110	将外数和寄存器 R 相减，结果在寄存器 R
00111	将外数和寄存器 R 相乘，结果在寄存器 R
01000	将外数和寄存器 R 相除，结果在寄存器 R
01001	将外数和寄存器 Z 相加，结果在寄存器 Z
01010	将外数和寄存器 Z 相减，结果在寄存器 Z

续表

指 令	机器动作
01011	将外数和寄存器 Z 相乘，结果在寄存器 Z
01100	将外数和寄存器 Z 相除，结果在寄存器 Z
01101	将寄存器 R 和寄存器 Z 相加，结果在寄存器 R
01110	将寄存器 R 和寄存器 Z 相减，结果在寄存器 R
01111	将寄存器 R 和寄存器 Z 相乘，结果在寄存器 R
10000	将寄存器 R 和寄存器 Z 相除，结果在寄存器 R
10001	将寄存器 Z 和寄存器 R 相加，结果在寄存器 Z
10010	将寄存器 Z 和寄存器 R 相减，结果在寄存器 Z
10011	将寄存器 Z 和寄存器 R 相乘，结果在寄存器 Z
10100	将寄存器 Z 和寄存器 R 相除，结果在寄存器 Z

那么，什么时候开始执行由开关所形成的指令呢？旁边还有一个按键开关，名字叫“**执行**”。当我们按下这个开关时，这台机器就按照指令的指示进行相应的操作。

比如，我们将这组开关设置成“**开、开、开、关、关**”的状态，当按一下“**执行**”开关时，将执行把寄存器 R 中的内容复制并传送到寄存器 Z 中的动作。

那么，现在我们就来用这台新机器计算数学题(207 + 9) ÷ (56 − 48)，看看这个操作过程是怎样的。

首先，拨动左边的开关以生成数字 207，接着，拨动下面的“**指令**”开关，将它们设置成 00001，意思是将外数传送到寄存器 R 中。此时，按一下“**执行**”开关，这将把左边的 207 锁存到寄存器 R 中。

接下来，拨动左边的开关以生成数字 9，接着，拨动下面的“**指令**”开关，将它们设置成 00101，意思是，将寄存器 R 中的数字和外数相加。此时，按一下“**执行**”开关，这将把寄存器 R 中的数字 207 和左边的数字 9 相加，相加的结果 216 依然在寄存器 R 中。

接下来，拨动左边的开关以生成数字 56，接着，拨动下面的“**指令**”开关，将它们设置成 00010，意思是，将外数传送到寄存器 Z。此时，按一下“**执行**”开关，这将把左边 56 锁存到寄存器 Z 中。

再往下看，我们拨动左边的开关以生成数字 48，接着，拨动下面的“**指令**”开关，将它们设置成 01010，意思是，将寄存器 Z 中的数字和外数相减。此时，按一下“**执行**”开关，这将把 56 和 48 相减，相减的结果 8 依然在寄存器 Z 中。

最后，我们拨动下面的“**指令**”开关，将它们设置成 10000，意思是，将寄存器 R 里的数字和寄存器 Z 里的数字相除。此时，按一下“**执行**”开关，这将用寄存器 R 中的数字 216 除以寄存器 Z 中的数字 8，相除的商 27 保存在寄存器 R 中。

2.7 内 存

通过拨动开关来形成指令，然后让运算器执行指令，这很有创意。但是，随着机器功能的增加，手工操作越来越烦琐，这是肯定的。

考虑一下，当我们拨动开关来组合指令时，和生成一个二进制数没有区别，只不过这些数字实际上是指令，用来指定某个操作。那么，能不能把这些代表指令的二进制数保存到某个容器里，让机器自动按顺序一条一条地取出来执行呢？没有问题，这完全可以。

如图 2-10 所示，在左边的容器里就保存着一堆代表指令的二进制数，右边的运算器可以一条一条地取出并加以执行。这样的容器，就是我们今天所要讲的内存。内存是由大量的内存单元堆叠而成的，在这里，组成内存的每一个方块都是一个内存单元。

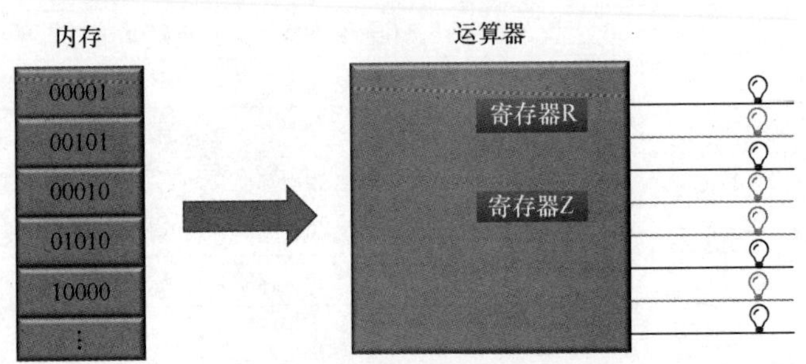

图 2-10　内存

和图 2-10 不同，在主流计算机的内存里，每个内存单元的长度是 8 比特，可以保存一个 8 位的二进制数。比如在图 2-11 中，最下面的那个内存单元，就存储了一个 8 比特的二进制数 10000101。

内存单元很多，我们如何区分它们呢？答案是，每个内存单元都有一个唯一的编号。第一个单元的编号是 0，第二个单元的编号是 1，第三个单元的编号是 2，后面的单元也依次编号。注意，单元的编号是这个单元在内存里的位置，通常称为地址（Address）。

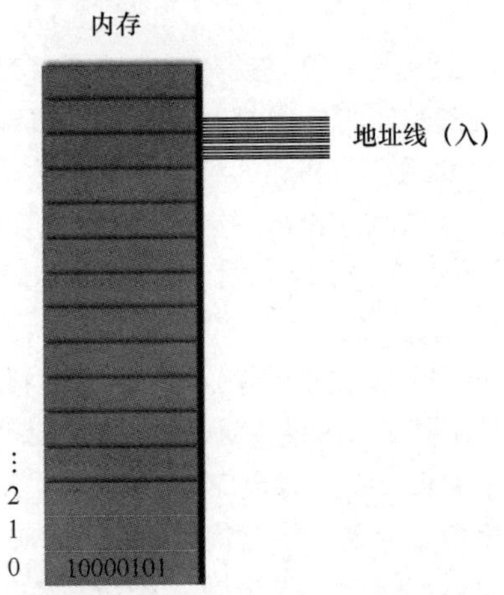

图 2-11　主流计算机上的内存

既然内存是由大量的内存单元组成的，那么，如何指定读写的是哪个单元呢？为此，内存使用一排电线，称为地址线，来指定单元的编号。当我们访问某个内存单元时，就通过这排地址线输入单元的编号。显然，地址线的数量决定了我们最多可以访问几个单元。

比如说，如果内存只有两根地址线，这两根线只能组合出 4 个二进制数，分别是 00、01、10 和 11。这 4 个二进制数代表着 4 个地址，因此，只能访问到 4 个单元。如果用十进制数来表示单元的编号，这几个单元的编号分别是 0、1、2 和 3。

再举个例子，如图 2-12 所示，如果有 8 根地址线，那么，这 8 根地址线可以组合出 256 个二进制数，分别是 00000000、00000001、00000010、…、11111111。这 256 个二进制数代表着 256 个地址。所以，8 根地址线只能访问 256 个内存单元。

内存单元的编号就是它的地址，习惯上，我们用十六进制标注在它的左侧。这里，第一个内存单元的地址是 00H，最后一个内存单元的地址是 FFH。

注意，为了整齐划一，地址 0 被标注为 00，地址 1 被标注为 01。这是可以的，在一个数字的前面加 0，不会改变它的大小。

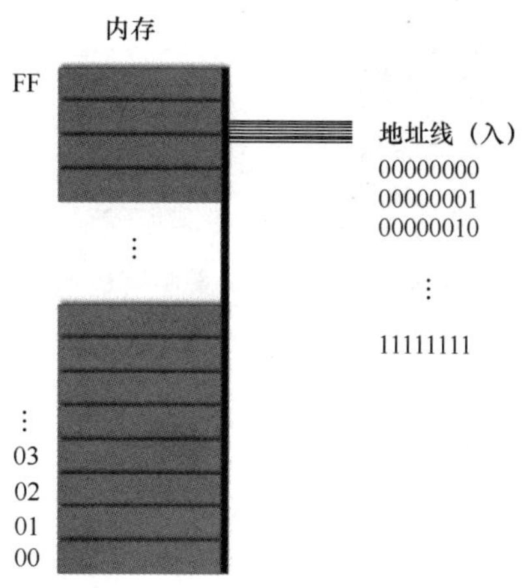

图 2-12 具有 256 个单元的内存

推而广之，如果地址线的数量是 N，那么，可以通过它访问的内存单元的数量是 2 的 N 次方，即 2^N。

在计算机领域，字节的概念被频繁地使用。习惯上，字节是用来描述二进制序列的长度单位，8 比特组成 1 字节。字节的英语单词是 Byte，简写为 B。比如，二进制数 10001101 的长度是 1 字节；二进制数 1101000101111110 的长度是 2 字节。

在主流的计算机上，内存单元的长度是 8 比特。换句话说，每个内存单元的长度都是 1 字节。

内存的容量可以用内存单元的数量来统计。因为每个内存单元的长度是 1 字节，所以经常用字节数来衡量。根据内存的大小，内存的容量是以字节（B）、千字节（KB）、兆字节（MB）、吉字节（GB）和太字节（TB）来标称的，它们之间的换算关系是：

- 1 KB = 1024 B；
- 1 MB = 1024 KB；
- 1 GB = 1024 MB；
- 1 TB = 1024 GB。

内存用来保存或者读出数据。为此，如图 2-13 所示，内存上还需要另一排导线，这排导线叫作数据线。要写入的数据通过数据线进入内存；读出来的数据也通过数据线送到外面。

可以往内存里写数据，也可以从内存里读出数据，读和写统称为“访问”。为了访问内存，还需要一个读写控制线，用来指明是读操作还是写操作。举个例子来说，读写控制线平时没有输入，为 0，表示处于随时可以读取的状态；如果它为 1，则表明执行的是写入操作。

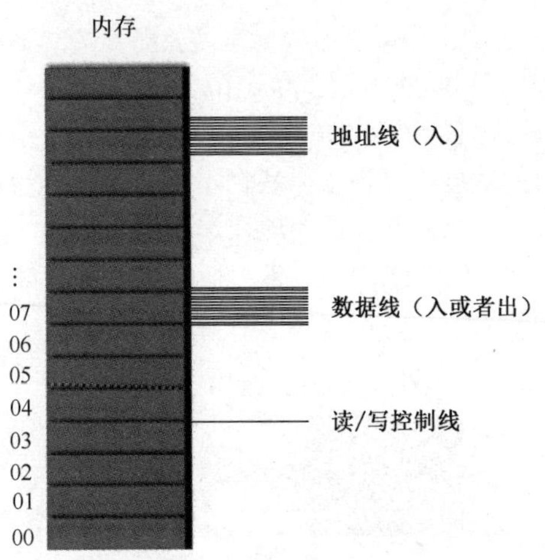

图 2-13　内存都具有地址线、数据线和读写控制线

在写入的时候，我们先在地址线上给出一个地址，在数据线上给出一个要写入的数字，通过读写控制线发出写命令，内存就会把数据线上的数字写入指定的地址。

在读出时，先在地址线上给出一个地址，然后通过读写控制线发出读命令，那么，就会从指定的地址读出数据并送到数据线上。

举个例子来说，假定如图 2-13 所示的内存有 16 根地址线，那么，它可以访问 65536 个内存单元，地址范围是 0000H～FFFFH。

如果发出的地址是二进制数 0000000000000110，那么，由于它等于十六进制的 6，所以将选中内存中地址为 6 的单元。

再假定这个内存有 8 根数据线，通过数据线输入的是二进制数 10001101，并且读写控制线的状态是写入（1）。那么，数据线上的 10001101 会被写入这个地址为 6 的单元。

读的时候也是一样，如果地址是 6，读写控制线的状态是读（0），那么，内存单元里的数字就会被送到数据线上。

内存是存储器（Storage 或 Memory）的一种，而存储器的种类实际上是很多的，包括大家都知道的硬盘和 U 盘等，甚至寄存器就是存储器的一种。如图 2-14 所示，我们这里所讲的内存也叫内存条。这个概念是这么来的：首先，它是计算机内部最主要的存储器，所以叫作内存储器或者主存储器，简称内存或主存；其次，它一般被设计成扁平的条状电路板，所以叫内存条。如果你曾经打开过家里的台式计算机，应该见过它。

图 2-14　个人计算机里使用的内存条

在计算机发展的早期，也就是二十世纪五十年代，受技术限制，制造内存是非常不容易的事，人们使用了能够想到的各种方法，包括磁芯存储器，它用磁场来记录比特 0 和比特 1。具体的原理，请参阅《穿越计算机的迷雾》这本书。

二十世纪七十年代，随着集成电路技术的发展，内存的制造技术也提高了，出现了集成电路存储器。这个时候的内存体积大大缩小，容量大大提高，但以现在的眼光来看还是很小，通常只有几千字节。

到了现在，随着大规模和超大规模集成电路的使用，内存在容量、体积方面都发生了翻天覆地的变化，可以提供几吉字节甚至几十吉字节的存储空间。

2.8 自动计算

在引入了内存之后，人们对运算器也做了改进。如图 2-15 所示，经过改进之后的运算器通过地址线、数据线和读/写控制线与内存相连，而且它现在的最大变化是可自主工作，可自动地从内存里面按顺序取指令并执行指令。

为了跟踪每条需要执行的指令，运算器内部有一个指令指针寄存器，这个寄存器保存着指令的地址。刚开始的时候，它的内容是第一条要执行的指令的内存地址。

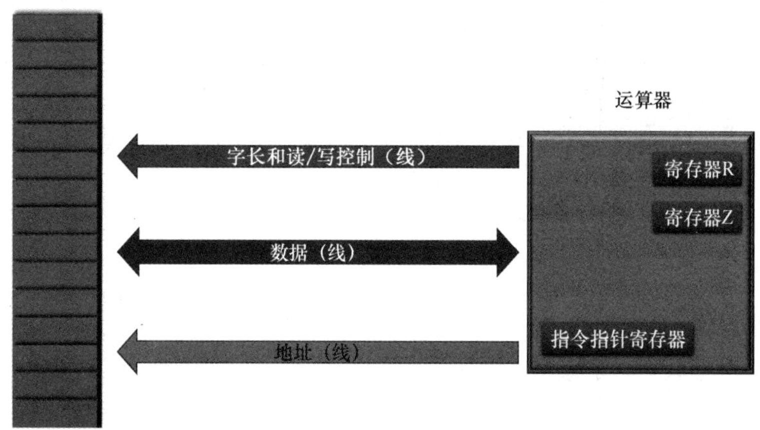

图 2-15　自动计算机器的组成

当运算器开始工作时，它先将指令指针寄存器的内容送到地址线上，这是要执行的第一条指令的地址。然后，运算器通过读/写控制线发出读内存的命令。之后，内存将该地址上的内容放到数据线上。因为现在是取指令阶段，所以，运算器收到数据后，把它当成指令进行译码，然后根据指令的内容做相应的操作，也就是执行指令。

与此同时，指令指针寄存器的内容被修改，修改为下一条指令的地址。问题是，处理器怎么知道下一条指令的地址呢？答案是，它可以根据当前这条指令的地址和长度来计算下一条指令的地址。它怎么知道当前这条指令的长度呢？不同的指令具有不同的功能，也具有固定的长度。最后，在当前指令执行完成后，接着重复以上过程。

来看一个具体的例子。如图 2-16 所示，内存里已经写入了很多指令，这些指令共同组成了完成(207 + 9) ÷ (56 − 48) 这道算术题的步骤和过程，所以叫作“程序”。

第一条指令占用 2 字节的内存空间，第 1 字节 01101001，被称为操作码，它指定了要进行什么操作。对于这个操作码来说，它指定了所要进行操作是将操作码后面的数字传送到寄存器 R 中。

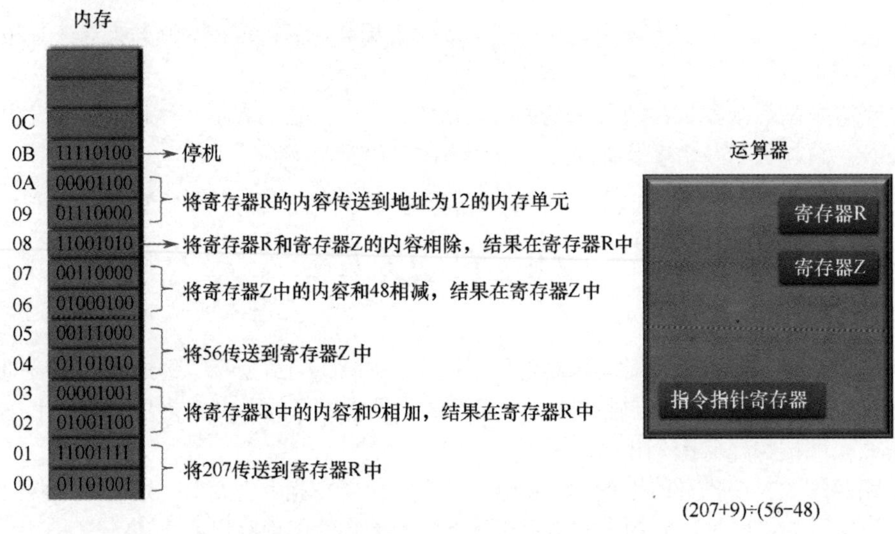

图 2-16　内存中的指令及其指定的操作

操作码后面的数字是 11001111，也就是十进制的 207。所以，这条指令执行时将 207 传送到寄存器 R 中。显然，在这条指令中，被操作的数字，也就是操作数，是直接包含在指令中的，是指令的组成部分。因此，这样的操作数被称为立即数（Immediate），意思是它是直接包含在指令中的，可以**立即**从指令中得到。

第二条指令也是 2 字节，操作码是 01001100，指定的操作是将寄存器 R 中的内容和操作码后面的数字相加，结果依然在寄存器 R 中。操作码后面的数字 00001001，也就是十进制的 9。所以，这条指令执行时将寄存器 R 中的内容和指令中的立即数 9 相加，结果依然在寄存器 R 中。

第三条指令也是 2 字节，操作码是 01101010，指定的操作是将操作码后面的数字传送到寄存器 Z 中。操作码后面的数字 00111000，也就是十进制的 56。所以，这条指令执行时将指令中立即数 56 传送到寄存器 Z 中。

第四条指令也是 2 字节，操作码是 01000100，指定的操作是将寄存器 Z 中的内容和操作码后面的数字相减，结果依然在寄存器 Z 里。操作码后面的数字 00110000，也就是十进制的 48。所以，这条指令执行时将寄存器 Z 中的内容和指令中的立即数 48 相减，结果依然在寄存器 Z 中。

第五条指令只有 1 字节，操作码是 11001010，指定的操作是将寄存器 R 中的内容和寄存器 Z 中内容相除，相除的结果依然在寄存器 R 里。

第六条指令也是 2 字节，操作码是 01110000，指定的操作是将寄存器 R 中的内容传送到由操作码后面的操作数所指定的内存地址处。操作码后面的数字是 00001100，也就是十进制的 12。对于当前的操作码来说，这个操作数是一个内存地址。因此，这条指令是将寄存器 R 中的内容传送到地址为 12 的内存单元。

地址为 12 的内存单元是左侧标注为 0C 的内存单元，因为地址是采用十六进制的，十六进制数 0C 就是十进制数 12。因此，这条指令在执行时，操作数 12 被当成地址，处理器通过地址线发送给内存，然后把寄存器 R 中的内容传送到这个地址上的内存单元。

通过和前面的第一条指令进行比较，很容易分清指令中的“立即数”是什么意思。指令执行和操作的对象是数。如果这个数已经在指令中给出了，不需要再次访问内存，那这个数就是立即数，比如第一条指令中的 207；相反，如果指令中给出的是地址，真正的数还需要用这个地址访问内存才能得到，那它就不能称为立即数，比如这条指令中的 12，它只是一个地址，并不是最终要操作的数字，最终要操作的数字还需要用这个地址再次访问内存才能得到。

运算器一旦开启，它就自动取指令和执行指令。在内存中，有些内容并不是指令。比如在这里，从内存地址 0C 开始，后面的内容都不是指令。但是，机器在工作时，你插不上手，不可能在它恰好执行到最后一条指令时让它停下来。

因此，最好的办法就是设计一条停机指令，让运算器执行这条指令后自动停止工作并保持停止前状态。在这里，我们的最后一条指令是停机指令，它只有 1 字节的长度，操作码是 11110100。当运算器执行这条指令后，停止工作，我们可以从容地检查程序的执行结果。

2.9 处理器

以上，我们从加法机讲到全自动的运算器。运算器功能有限，经过一代又一代的反复改进后，它就变成我们现在所说的处理器（Processor），一些老的图书和教材把它叫作中央处理单元或者干脆称为 CPU。

处理器是一台电子计算机的核心，它会在振荡器脉冲的激励下，从内存中获取指令，并发起一系列由该指令所定义的操作。当这些操作结束后，它接着再取下一条指令。在通常情况下，这个过程是连续不断、循环往复的。大体上，如图 2-17 所示，处理器由总线接口部件、控制部件和指令执行部件组成。

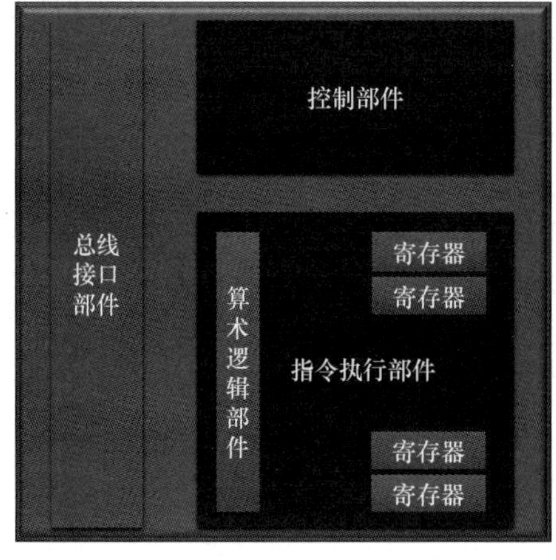

图 2-17　处理器的内部组成

总线接口部件负责同外部的地址线和数据线进行连接，发送地址信号给内存或者其他外部设备，和内存或者其他外部设备交换（发送或者接受）数据，等等。

指令执行部件负责执行指令，它包含了很多寄存器，这些寄存器用于参与算术逻辑运算，并临时保存运算结果。指令执行部件的核心是算术逻辑部件（Arithmetic Logic Unit，ALU），算术运算和逻辑运算在这里进行。

控制部件负责协调和控制整个处理器的运行状态，什么时候取指令，什么时候输出地址，什么时候发送数据，什么时候接收数据，什么时候执行指令，都由它负责协调。

1947 年，美国贝尔实验室的肖克利和同事们一起发明了晶体管。1958 年，也许是受够了在一大堆晶体管里连接那些杂乱无章的导线，另一个美国人杰克·基尔比发明了集成电路。接着，1971 年，在为日本人设计计算器过程中，INTEL 的弗德里科·法金灵机一动，他想，能不能把运算功能和控制功能集成到一起，设计一款可以自动取指令并执行指令的芯片呢？于是他发明了第一款处理器 INTEL 4004，如图 2-18 所示。

紧接着，INTEL 又推出了 8088 和划时代的产品 8086。4004 是 4 位的处理器，8008 是 8 位的处理器，而 8086 是 16 位的处理器。

图 2-18　弗德里科·法金和他设计的 INTEL 4004 处理器

8086 是一款划时代的产品，应用非常广泛。虽然 INTEL 的处理器越来越先进，但它的 x86 系列一直保持对 8086 的兼容性。在本书的前半部分，我们主要针对 8086 进行讲解。

那么，处理器的位数是什么意思呢？4 位的处理器拥有 4 位的寄存器和算术逻辑部件；8 位的处理器拥有 8 位的寄存器和算术逻辑部件；16 位的处理器拥有 16 位的寄存器和算术逻辑部件；32 位的处理器拥有 32 位的寄存器和算术逻辑部件；64 位的处理器拥有 64 位的寄存器和算术逻辑部件。可以肯定的是，位数越多，寄存器就可以保存更大的数字，算术逻辑部件就可以在单次计算中使用更大的数字并产生更大的结果。

在 8086 之后，INTEL 又生产了 80286 和 80386。80386 又是一款划时代的产品，深刻地影响了后续的处理器设计。本书的后半部分是以 80386 为基础讲解的。

在后来的岁月里，INTEL 又推出了更多型号的处理器，这些处理器根据应用领域的不同，发展出多个分支来。图 2-19 中的这一款处理器名字叫 i3-3220，左边是它的正面，右边是它的反面。这些密密麻麻的圆点是它的引脚，用来连接地址线、数据线和读/写控制线。

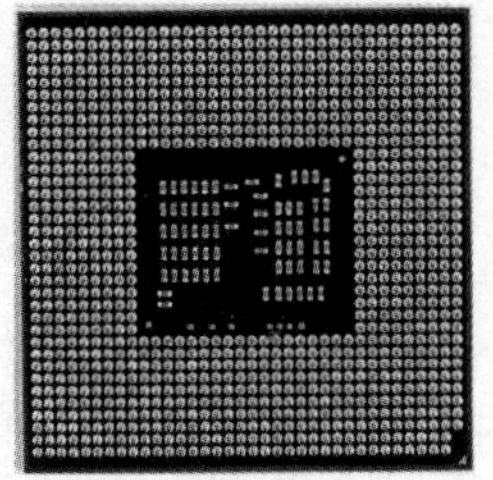

图 2-19　i3-3220 处理器的正面（左）和反面（右）

处理器的工作是自动取指令并执行指令。对于任何一款处理器来说，它可以识别哪些指令，是在设计和制造的时候就已经决定了的。任何一款处理器，它可以识别的所有指令的集合，叫作这款处理器的指令集。

几十年前，处理器的指令集很小，通常只有十几种或者几十种指令。随着技术的发展，处理器的功能大大增强了，指令集也扩展了。现在的处理器，指令集可以包含几百甚至上千种指令。

对于任何一款处理器来说，它所包含的指令都可以分为以下几种：算术运算指令、逻辑运算指令、数据传送指令和处理器状态控制指令。

算术运算指令和逻辑运算指令是最基本的，也最容易理解。数据传送指令在处理器内部的寄存器之间、处理器和内存之间、处理器和外围设备之间传送数据。这些外围设备包括我们常见的显示设备、存储设备（如硬盘）、打印机、鼠标、键盘等。通过和外部设备的数据交换，计算机的功能也变得丰富起来。比如，我们现在可以在显示器上显示文本和图形，于是产生了 Windows 和 Linux 这样的操作系统，可以使用键盘输入文字，进一步地，我们可以用计算机写文档、聊天、购物、玩游戏、看视频。

处理器状态控制指令用于控制处理器内部的工作模式和运行状态，如电源管理、程序的权限管理等。本书后面所要讲的保护模式，也是由这些指令来切换的。

2.10 汇编语言的诞生

我们说过，在内存里写入一些代表特定操作的二进制数（或者说指令），这个过程叫作编程（Programming）。为了给计算机编程，人们最早用的是开关和跳线。

如图 2-20 所示，（a）是用开关编程的机器；（b）是用跳线编程的机器。一排开关代表一个二进制数或者指令，每个开关代表这个二进制数或者指令的某比特，开关的断开与闭合代表着该比特是 0 还是 1，跳线也是如此。

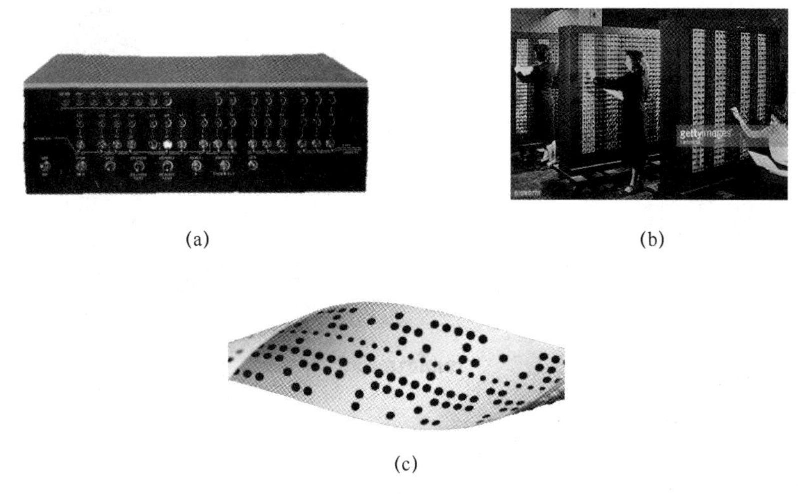

(a) (b) (c)

图 2-20 用开关、跳线和纸带编程的例子

紧接着，为了方便，人们发明了纸带和纸带阅读机，图 2-20（c）就是纸带的一个片段。纸带就是一卷长长的纸条，人们在纸带上打孔，有孔和无孔代表 1 和 0。编写程序时，人们将

指令的二进制形式打成孔，然后由纸带阅读机转换成二进制写入内存，最后由处理器执行。处理器执行的结果也可以在纸带上打孔来呈现。

现在，我们有了显示器和键盘，也有了操作系统。键盘可以打字，可以用来编程。操作系统为我们提供了一个好的环境，我们可以启动一个文本编辑器来编写程序，再也不用开关和纸带了。

图 2-21 显示了一个典型的场景：我们在 Windows 操作系统上的文本编辑器里用键盘输入文本，并且看起来好像在用二进制编程。如果这真的是在用二进制编程，那么，这将是非常抽象、非常痛苦的，难以理解，容易出错。

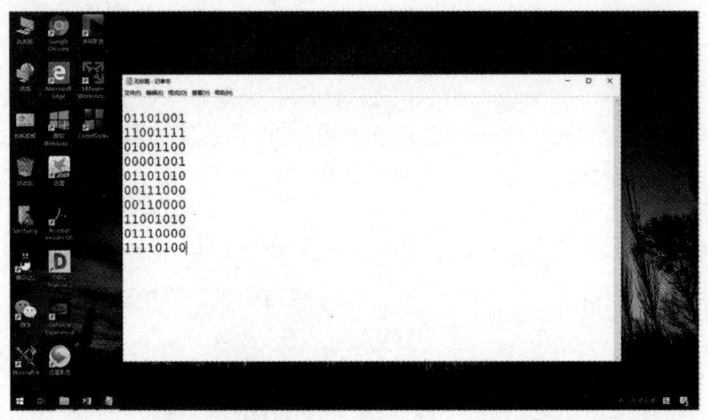

图 2-21　在 Windows 操作系统上用文本编辑器输入文本

为了减轻程序员的负担，人们发明了汇编语言（Assembly Language）。汇编语言使用文本符号来代表处理器指令，由于和人类的自然语言比较接近，所以很容易看懂，也很容易书写。如图 2-22 所示，这是在 Windows 操作系统上用文本编辑器编写汇编语言程序。

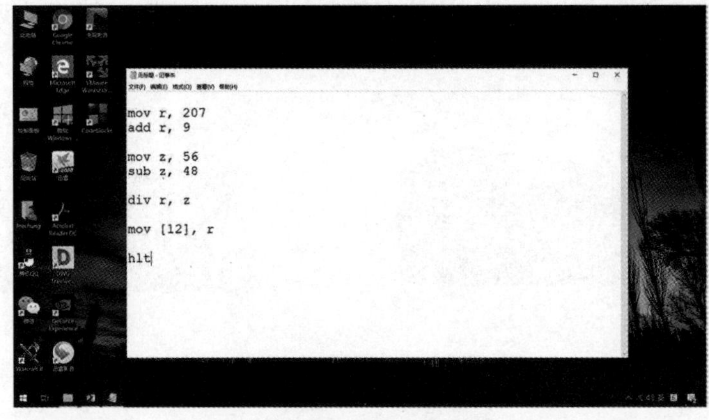

图 2-22　在 Windows 操作系统上用文本编辑器编写汇编语言程序

其中

```
        mov r, 207
```

意思是把指令中的立即数 207 传送到寄存器 r 中；

```
        add r, 9
```

意思是用寄存器 r 中的数字和指令中的立即数 9 相加，结果回送到寄存器 r 中；

```
        mov z,56
```

意思是把指令中的立即数 56 传送到寄存器 z 中；

```
        sub z,48
```
意思是用寄存器 z 中的数字和指令中的立即数 48 相减，结果回送到寄存器 z 中；

```
        div r,z
```
意思是用寄存器 r 中的数字除以寄存器 z 中的数字，商回送到寄存器 r；

```
        mov [12],r
```
意思是，将寄存器 r 中的数字传送到地址为 12 的内存单元里去；

```
        hlt
```
意思是停机。

用汇编语言书写的程序只是一些文本和符号，我们人类能看懂，但处理器是不可能看懂的。为此，需要把汇编语言程序转换为包含了处理器指令的程序。

如图 2-23 所示，这个转换过程是由一个汇编程序来进行的。汇编程序也是人类编写的程序。可以想到，世界上第一个汇编程序肯定是用处理器指令编写的。

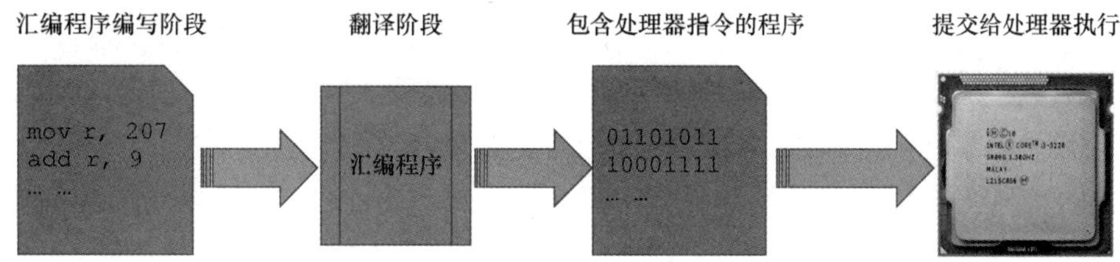

图 2-23 汇编语言编程的基本步骤

汇编程序执行翻译过程，将汇编语言程序转换为包含了处理器指令的程序，也就是将文本符号转换为二进制的机器指令，转换后的结果是一个包含了处理器指令的程序，这个程序可以提交给处理器执行。

时至今日，计算机的性能已经非常强大，种类也很繁多。台式计算机、笔记本电脑我们就不用说了，手机是一部可以拿在手中的计算机，它的构造具有一台计算机的所有要素，而且性能不亚于你桌子上的计算机；一台车床，它的控制器也是计算机，用来控制车床的动作和加工的精度；智能冰箱里也有一个小小的计算机，用来控制冰箱的运行状态。可以说，在我们今天的生活中，计算机是无处不在的。

有赖于集成电路的发展，今天的计算机都是微型化的，封装得很好、很精致。但是，作为有用的机器，它们必须是可以用编程来控制的，而且必须是可以用汇编语言来控制的。

在后面的章节中，我们将看到这个从编写到翻译，再到执行的过程是怎样一步一步地进行的，当然，我们的重点依然是在汇编语言和指令上。

本 章 习 题

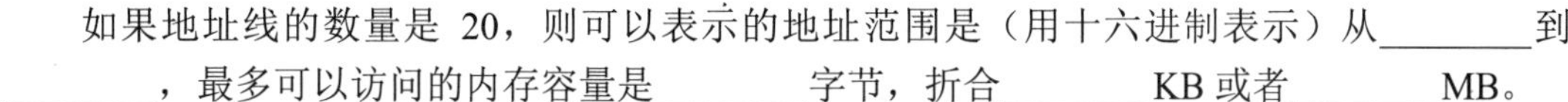

如果地址线的数量是 20，则可以表示的地址范围是（用十六进制表示）从________到________，最多可以访问的内存容量是________字节，折合________KB 或者________MB。

第 3 章

分段机制和逻辑地址

鉴于汇编语言和处理器之间的紧密关系，学习汇编语言的过程，实际上也是洞悉处理器内部构造和工作方式的过程。

在本章中，我们要借助一款早已淘汰的处理器 INTEL 8086 来了解 x86 汇编语言编程的基本环境。不要小看这款处理器，它是整个 INTEL x86 处理器家族的起点和基础。本章的目标是：

1. 了解 INTEL 8086 处理器的通用寄存器和段地址加偏移地址的内存访问方式；
2. 了解分段机制对程序重定位的好处；
3. 理解 INTEL 8086 处理器内存分段的本质，充分认识到这种分段机制的灵活性。

3.1　寄存器和字长

为什么处理器能够自动计算，这个问题已经在第 2 章里做了介绍。处理器的工作依赖其内部的寄存器。早期的处理器，它的寄存器只能保存 4 比特、8 比特或 16 比特，分别叫作 4 位、8 位和 16 位寄存器。现在的处理器，寄存器一般都是 32 位、64 位甚至更多。

如图 3-1 所示，8 位寄存器可以容纳 8 比特，或者说 1 字节。为了方便，我们还要为该字节的每一位编上号，编号是从右往左进行的，从 0 开始，分别是 0、1、2、3、4、5、6、7。在这里，位 0（第 1 位）是最低位，在最右边；位 7（第 8 位）是最高位，在最左边。

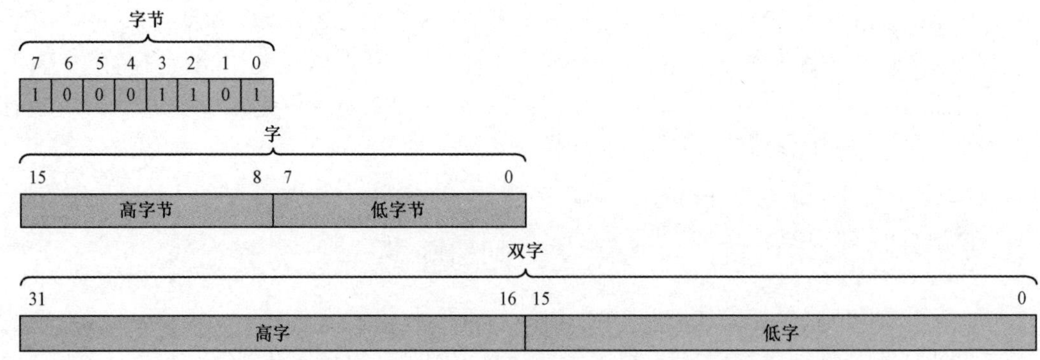

图 3-1　寄存器数据宽度示意

为了更好地理解上面这些概念，图 3-1 假定 8 位寄存器里存放的是二进制数 10001101，即十六进制的 8D。这时，它的最低位和最高位都是 1。

在第 2 章里我们提到了处理器的位数，它是指寄存器和算术逻辑部件的数据宽度，这个宽度也叫作处理器的字长。因此，8 位处理器、16 位处理器、32 位处理器和 64 位处理器的字长也分别是 8 位、16 位、32 位和 64 位。

16 位寄存器可以存放 2 字节，这称为 1 个字（word），各个比特的编号分别是 0～15，其中 0～7 是低字节，8～15 是高字节。

32 位寄存器可以存放 4 字节，这称为 1 个双字（double word），各个数位的编号分别是 0～31，其中，0～15 是低字，16～31 是高字。

尽管图中没有画出，但是 64 位寄存器可以容纳更多的比特，也就是 8 字节，或者 4 个字，简称四字（quad word）。位数越多，寄存器所能保存的数越大，这是显而易见的。

3.2 内存访问和字节序

如图 3-2 所示，和寄存器不同，内存用于保存更多的比特。对于用得最多的个人计算机来说，内存按字节来组织，单次访问的最小单位是 1 字节，这是最基本的存储单元。如图 3-2 所示，每个存储单元中，各位的编号分别是 0～7。

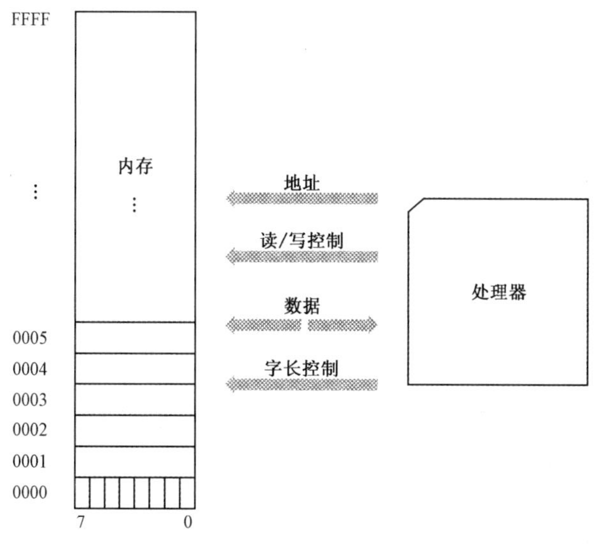

图 3-2 内存和内存访问示意图

内存中的每字节都对应着一个地址，如图 3-2 所示，第 1 字节的地址是 0000H，第 2 字节的地址是 0001H，第 3 字节的地址是 0002H，其他依次类推。注意，图中采用的是十六进制表示法。作为一个例子，因为这个内存的容量是 65536 字节，所以最后一字节的地址是 FFFFH。

为了访问内存，处理器需要给出一个地址。访问包括读和写，为此，处理器还要指明，本次访问是读还是写。如果是写，还要给出待写入的数据。

处理器在工作时，需要在内存和寄存器之间交换数据。尽管内存的最小组成单位是字节，但是，经过精心的设计和安排，它能够按字节、字、双字和四字进行访问。换句话说，仅通过单次访问就能处理 8 位、16 位、32 位或者 64 位的二进制数。注意，这里说的是单次访问，而不是一个一个地取出各字节，然后加以组合。

如图 3-2 所示，处理器发出字长控制信号，以指示本次访问的字长是 8、16、32 还是 64。如果字长是 8，而且给出的地址是 0002H，那么，本次访问只会影响到内存的 1 字节；如果字长是 16，给出的地址依然是 0002H，那么实际访问的将是地址 0002H 处的一个字。对于 INTEL 处理器来说，如果访问内存中的一个字，那么，它规定高字节位于高地址部分，低字节位于低地址部分，这称为低端字节序（Little Endian）。因此，低 8 位在 0002H 中，高 8 位在 0003H 中。至于其他公司的处理器，则可能情况正好相反，称为高端字节序。

◆　**检测点 3.1**

1．一个字含有（　　）字节和（　　）比特？一个双字含有（　　）字节、（　　）个字和（　　）比特？

2．二进制数 10000000 中，位（　　）的那个比特是“1”，也就是第（　　）位。它是最低位还是最高位？

3．一个存储器的容量是 16 字节，地址范围为（　　）～（　　）。用该存储器保存字数据时，可存放（　　）个字，这些字的地址分别是（　　　　　　　　），保存双字呢？

3.3　古老的 INTEL 8086 处理器

任何时候，一旦提到 INTEL 公司的处理器，就不能不说 8086。8086 是 INTEL 公司第一款 16 位处理器，诞生于 1978 年，所以说它很古老。

但是，在 INTEL 公司的所有处理器中，它占有很重要的地位，是整个 INTEL 32 位架构处理器（IA-32）的开山鼻祖。

首先，最重要的一点是，它是一款非常成功的产品，设计先进，功能很强，卖得很好。

其次，8086 的成功使得市场上出现了大量针对它开发的软件产品。这样，当 INTEL 公司要设计新的处理器时，它不得不考虑兼容性的问题。要使得老的软件也能在新的处理器上很好地运行，必须要具备指令集和工作模式上的兼容性和一致性。INTEL 公司很清楚，如果新处理器和老处理器不兼容，那么，新处理器越多，它扔掉的拥趸也就越多，要不了多久，这公司就不用再开了。

所以，当我们讲述处理器的时候，必须要从 8086 开始；另外，要学习汇编语言，针对 8086 的汇编技术也是必不可少的。

3.3.1　8086 的通用寄存器

如图 3-3 所示，8086 处理器内部有 8 个 16 位的通用寄存器，都是由 16 比特组成的，并分别被命名为 AX、BX、CX、DX、SI、DI、BP、SP。“通用”的意思是，它们之中的大部分都可以根据需要用于多种目的。

因为这 8 个寄存器都是 16 位的，所以通常用于进行 16 位的操作。比如，可以在这 8 个寄存器之间互相传送数据，它们之间也可以进行算术逻辑运算；也可以在它们和内存单元之间进行 16 位的数据传送或者算术逻辑运算。

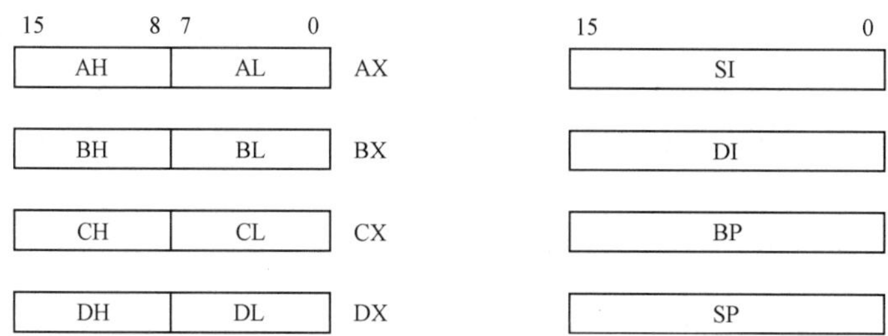

图 3-3 8086 的通用寄存器

同时，如图 3-3 所示，这 8 个寄存器中的前 4 个，即 AX、BX、CX 和 DX，又各自可以拆分成两个 8 位的寄存器来使用，总共可以提供 8 个 8 位的寄存器 AH、AL、BH、BL、CH、CL、DH 和 DL。这样一来，当需要在寄存器和寄存器之间，或者寄存器和内存单元之间进行 8 位的数据传送或者算术逻辑运算时，使用它们就很方便。

将一个 16 位的寄存器当成两个 8 位的寄存器来用时，对其中一个 8 位寄存器的操作不会影响到另一个8位寄存器。举个例子来说，当你操作寄存器AL时，不会影响到AH中的内容。

如图 3-3 所示，以寄存器 AX 为例，它可以分成两个独立的寄存器 AH 和 AL。寄存器 AX 有 16 比特，但是，位 0 到位 7 这 8 比特属于寄存器 AL；位 8 到位 15 这 8 比特属于寄存器 AH。因此，我们说，寄存器 AH 是寄存器 AX 的高字节部分；寄存器 AL 是寄存器 AX 的低字节部分。同时，寄存器 AX 的内容也是由寄存器 AH 的内容和寄存器 AL 的内容组合而成的。

如果寄存器AH的内容是00111110（3EH），寄存器AL的内容是00101111（2FH），那么，寄存器 AX 的内容就是 0011111000101111（3E2FH）。

接着，如果我们改变了寄存器 AH 的内容，将它修改成 00000000（00H），那么，这对寄存器 AL 没有任何影响，还是 00101111（2FH）。但是，寄存器 AX 的内容也跟着改变，变成 0000000000101111（002FH）。

最后，如果我们改变了寄存器 AL 的内容，将它修改成 01011010（5AH），那么，这对寄存器 AH 没有任何影响，还是 00000000（00H），但是寄存器 AX 的值也跟着改变，变成 0000000001011010（005AH）。

◆ **检测点 3. 2**

1．INTEL 8086 有哪几款通用寄存器？这些寄存器的长度是几比特？几字节？

2．如果向寄存器 DH 写入数字 08H，向寄存器 DL 写入数字 3CH，则寄存器 DX 的内容是什么？

3.3.2 程序的重定位难题

我们知道，处理器的设计者用某些数字来指示处理器所进行的操作，这些数字代表指令，或者叫机器指令，因为只有处理器才认得它们。指令是集中存放在内存里的，一条接着一条，处理器的工作是自动按顺序取出并加以执行。处理器内部有寄存器和算术逻辑部件，还有控制器部件，控制器部件“分析”一条条指令，然后确定在哪个时间点让哪些部件进行工作。

对于 INTEL x86 处理器来说，指令的长度不定，短的指令仅有 1 字节，而长的指令则有可能达到 15 字节。在内存中，指令和非指令的普通二进制数是一模一样的，在组成内存的电路中，都是一些高、低电平的组合。因为处理器是自动按顺序取指令并加以执行的，在指令中混杂了非指令的数据会导致处理器不能正常工作。为此，指令和数据要分开存放，分别位于内存中的不同区域，或者说各自形成一个段（Segment），分别叫代码段和数据段。

注意，我们并没有改变内存的物理性质，并不是真的把它分成几块。段的划分是逻辑上的，从本质上来说，是如何看待和组织内存中的数据。

段在内存中的位置并不重要，因为处理器是可控的，我们可以让它从内存的任何位置开始取指令并加以执行。这里有一个例子，如图 3-4 所示，我们有一大堆数字，现在想把它们加起来求出总和。

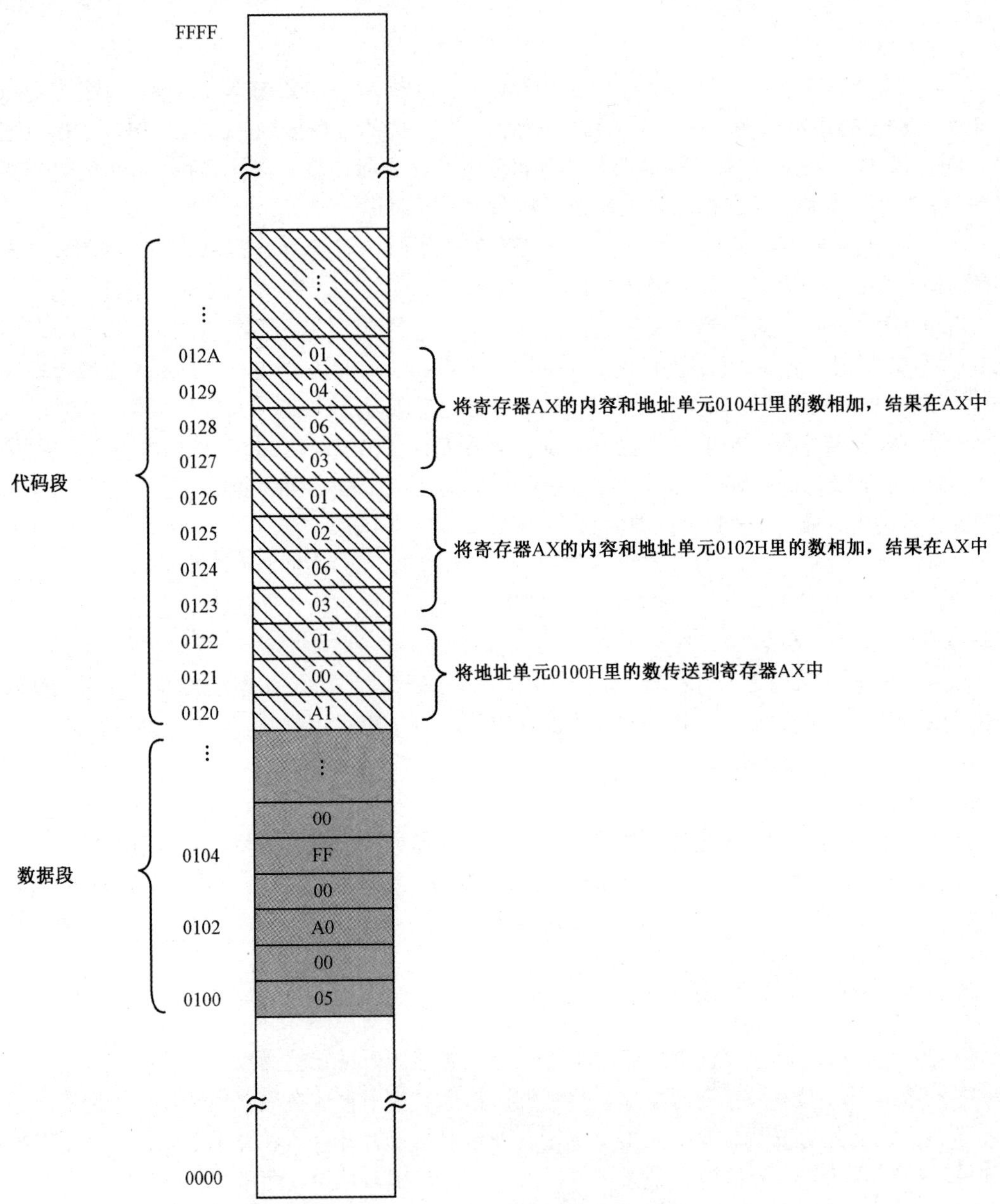

图 3-4　程序的代码段和数据段示例

假定我们有 16 个数要相加，这些数都是 16 位的二进制数，分别是 0005H、00A0H、00FFH、…。为了让处理器把它们加起来，我们应该先在内存中定义一个数据段，将这些数字写进去。数据段可以起始于内存中的任何位置，既然如此，我们将它定在 0100H 处。这样一来，第一个要加的数位于地址 0100H，第二个要加的数位于地址 0102H，最后一个数的地址是 011EH。

一旦定义了数据段，我们就知道了每个数的内存地址。然后，紧挨着数据段，我们从内存地址 0120H 处定义代码段。严格地说，数据段和代码段是不需要连续的，但这里把它们挨在一起更自然一些。为了区别数据段和代码段，我们使用了不同的底色。

代码段是从内存地址 0120H 处开始的，第一条指令是 A1 00 01。其中，A1 是操作码，意思是从指定的内存地址处取出一个字，传送到寄存器 AX；后面的 00 01 是采用低端字节序存放的数字 0100H，代表一个内存地址。所以这条指令的功能是将内存单元 0100H 里的字传送到寄存器 AX。指令执行后，AX 的内容为 0005H。

第二条指令是 03 06 02 01，其中，03 06 是操作码，02 01 是采用低端字节序存放的数字 0102H，这条指令的功能是将 AX 中的内容和内存单元 0102H 里的字相加，结果在 AX 中。由于 AX 的内容为 0005H，而内存地址 0102H 里的数是 00A0H，这条指令执行后，AX 的内容为 00A5H。

第三条指令是 03 06 04 01，其中，03 06 是操作码，04 01 是采用低端字节序存放的数字 0104H，这条指令的功能是将 AX 中的内容和内存单元 0104H 里的字相加，结果在 AX 中。此时，由于 AX 里的内容是 00A5H，内存地址 0104H 里的数是 00FFH，本指令执行后，AX 的内容为 01A4H。

后面的指令没有列出，但和前 2 条指令相似，依次用 AX 的内容和下一个内存单元里的字相加，一直到最后，在 AX 中得到总的累加和。在这个例子中，我们没有考虑寄存器 AX 容纳不下结果的情况。当累加的总和超出了 AX 所能表示的数的范围（最大为 FFFFH，即十进制的 65535）时，就会产生进位，但这个进位被丢弃。

在内存中定义了数据段和代码段之后，我们就可以命令处理器从内存地址 0120H 处开始执行。当所有的指令执行完后，就能在寄存器 AX 中得到最后的结果。看起来没有什么问题，一切都很完美，不是吗？那本节标题中所说的难题又从何而来呢？

这里确实有一个难题。

在前面的例子中，所有在执行时需要访问内存单元的指令，使用的都是真实的内存地址。比如 A1 00 01，这条指令的意思是从地址为 0100H 的内存单元里取出一个字，并传送到寄存器 AX 中。这里，0100H 是一个真实的内存地址，又称物理地址。

整个程序（包括代码段和数据段）在内存中的位置，是由我们自己定的。我们把数据段定在 0100H，把代码段定在 0120H。

问题是，大多数时候，整个程序（包括代码段和数据段）在内存中的位置并不是我们能够决定的。请想一想你平时是怎么使用计算机的，你所用的程序，包括那些用来调整计算机性能的工具、小游戏、音乐和视频播放器等，都是从网上下载的，位于你的硬盘、U 盘或光盘中。即使有些程序是你自己编写的，那又如何？当你双击它们的图标，使它们在 Windows 里启动之前，内存已经被塞了很多东西，就算你是刚刚打开计算机，Windows 自己已经占用了很多内存空间，不然的话，你怎么可能在它上面操作呢？

在这种情况下，你所运行的程序，在内存中被加载的位置是完全随机的，哪里有空闲的地方，它就会被加载到哪里，并从那里开始被处理器执行。所以，前面那段程序不可能恰好如你所愿，被加载到内存地址 0100H，它完全可能被加载到另一个不同的位置，如 1000H。但是，同样是那个程序，一旦它在内存中的位置发生了改变，灾难就出现了。

如图 3-5 所示，因为程序现在是从内存地址 1000H 处被加载的，所以，数据段的起始地址为 1000H。这就是说，第一个要加的数，其地址为 1000H，第二个则为 1002H，其他依次类推。代码段依然紧挨着数据段之后，起始地址相应地是 1020H。

只要所有的指令都是连续存放的，代码段位于内存中的什么地方都可以正常执行。所以，处理器可以按你的要求，从内存地址 1020H 处连续执行，但结果完全不是你想要的。

请看第一条指令 A1 00 01，它的意思是从内存地址 0100H 处取得一个字，将其传送到寄存器 AX 中。但是，由于程序刚刚改变了位置，它要取的那个数，现在实际上位于 1000H，它取的是别人地盘里的数！

这能怪谁呢？发生这样的事情，是因为我们在指令中使用了绝对内存地址（物理地址），这样的程序是无法重定位的。为了让你写的程序在卖给别人之后，可以在内存中的任何地方正确执行，就只能在编写程序的时候使用相对地址或者逻辑地址，而不能使用真实的物理地址。当加载程序时，这些相对地址还要根据程序实际被加载的位置重新计算。

在任何时候，程序的重定位都是非常棘手的事情。当然，也有好几种解决的办法。在 8086 处理器上，这个问题特别容易解决，因为该处理器在访问内存时使用的是段地址和偏移地址，也就是逻辑地址，而不是物理地址。

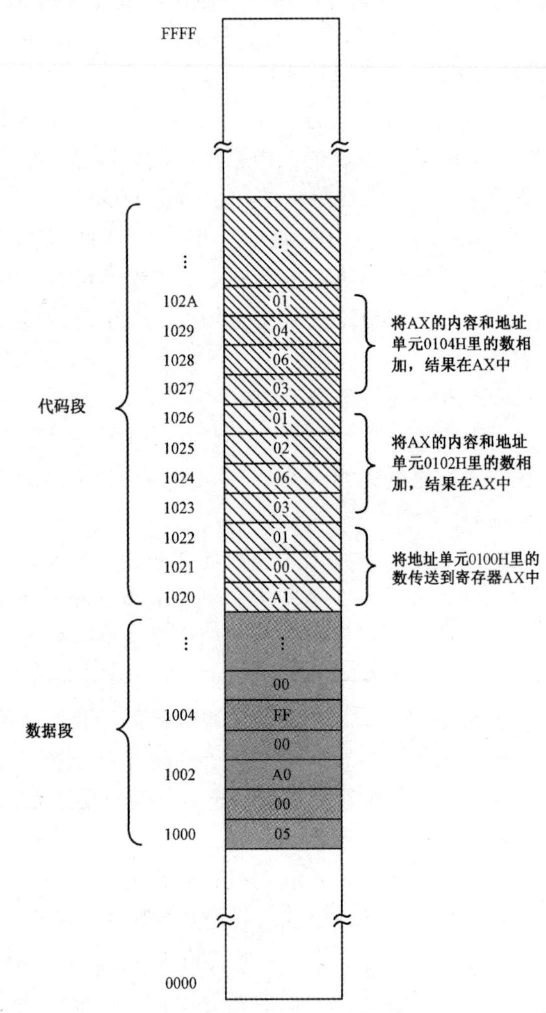

图 3-5　在指令中使用绝对内存地址的程序是不可重定位的

3.3.3　逻辑地址

从传统的视角来看，内存的组织是线性的，是一个由大量内存单元组成的序列，就像长长的纸条。每个内存单元都有自己的物理地址，它是相对于内存起始处的绝对位置。但是请想象一下，如果我们把内存从逻辑上划分为若干部分，也就是分成段，会怎样呢？

如图 3-6 所示，根据需要，段可以开始于内存中的任何位置，比如图中的内存地址 A532H 处，这个起始地址就是段地址。

段的长度不是固定的。图 3-6 中的这个段包含了 6 个存储单元。在分段之前，这些单元在整个内存空间里的物理地址分别是 A532H、A533H、A534H、A535H、A536H、A537H。但是，在分段之后，它们的地址可以只相对于自己所在的段。这样，它们相对于段开始处的距离分别为 0、1、2、3、4、5，这叫作段内偏移，或者叫偏移地址。

于是，当采用分段策略之后，一个内存单元的地址实际上就可以用“段:偏移”或者“段地址:偏移地址”来表示，这就是通常所说的逻辑地址。比如，在图 3-6 中，段内第 1 个存储单元的地址为 A532H:0000H，第 3 个存储单元的地址为 A532H:0002H，而本段最后一个存储单元的地址是 A532H:0005H。

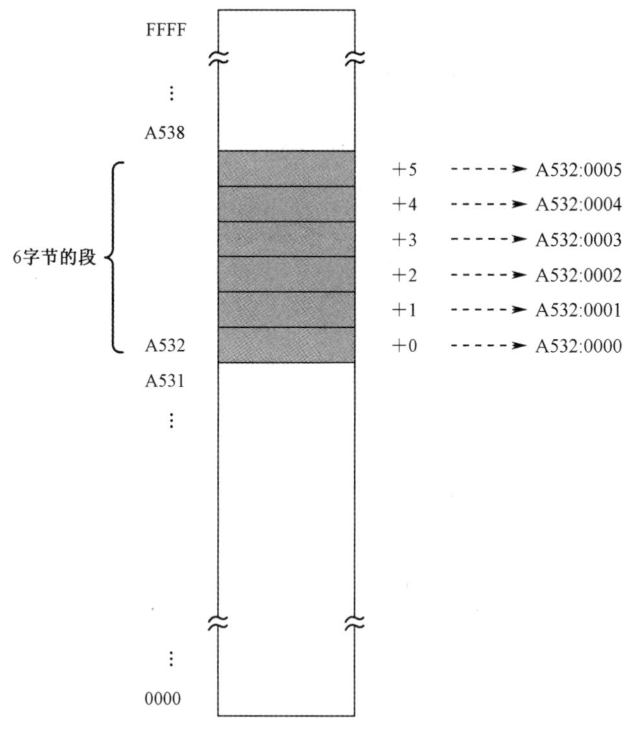

图 3-6 段地址和偏移地址示意图

为了在硬件一级提供对“段地址:偏移地址”内存访问模式的支持，处理器至少要提供两个段寄存器，分别是代码段寄存器（Code Segment，CS）和数据段寄存器（Data Segment，DS）。

对代码段寄存器 CS 的改变将导致处理器从新的代码段开始执行。同样，在开始访问内存中的数据之前，也必须首先设置好数据段寄存器 DS，使之指向数据段。

除此之外，最重要的是，**当处理器访问内存时，它把指令中指定的内存地址看成段内的偏移地址**，而不是物理地址。这样，一旦处理器遇到一条访问内存的指令，它将把 DS 中的数据段起始地址和指令中提供的段内偏移相加，来得到访问内存所需要的物理地址。

如图 3-7 所示，代码段的段地址为 1020H，数据段的段地址为 1000H。在代码段中有一条指令 A1 02 00，它的功能是将地址 0002H 处的一个字传送到寄存器 AX 中。在这里，处理器将 0002H 看成段内的偏移地址，段地址在 DS 中，应该在执行这条指令之前就已经用别的指令传送到 DS 中了。

当执行指令 A1 02 00 时，处理器将把 DS 中的内容和指令中指定的偏移地址 0002H 相加，得到 1002H。这是一个物理地址，处理器用它来访问内存，就可以得到所需要的数 00A0H。

如果下次执行这个程序时，代码段和数据段在内存中的位置发生了变化，只要把它们的段地址分别传送到 CS 和 DS，它也能够正确执行。

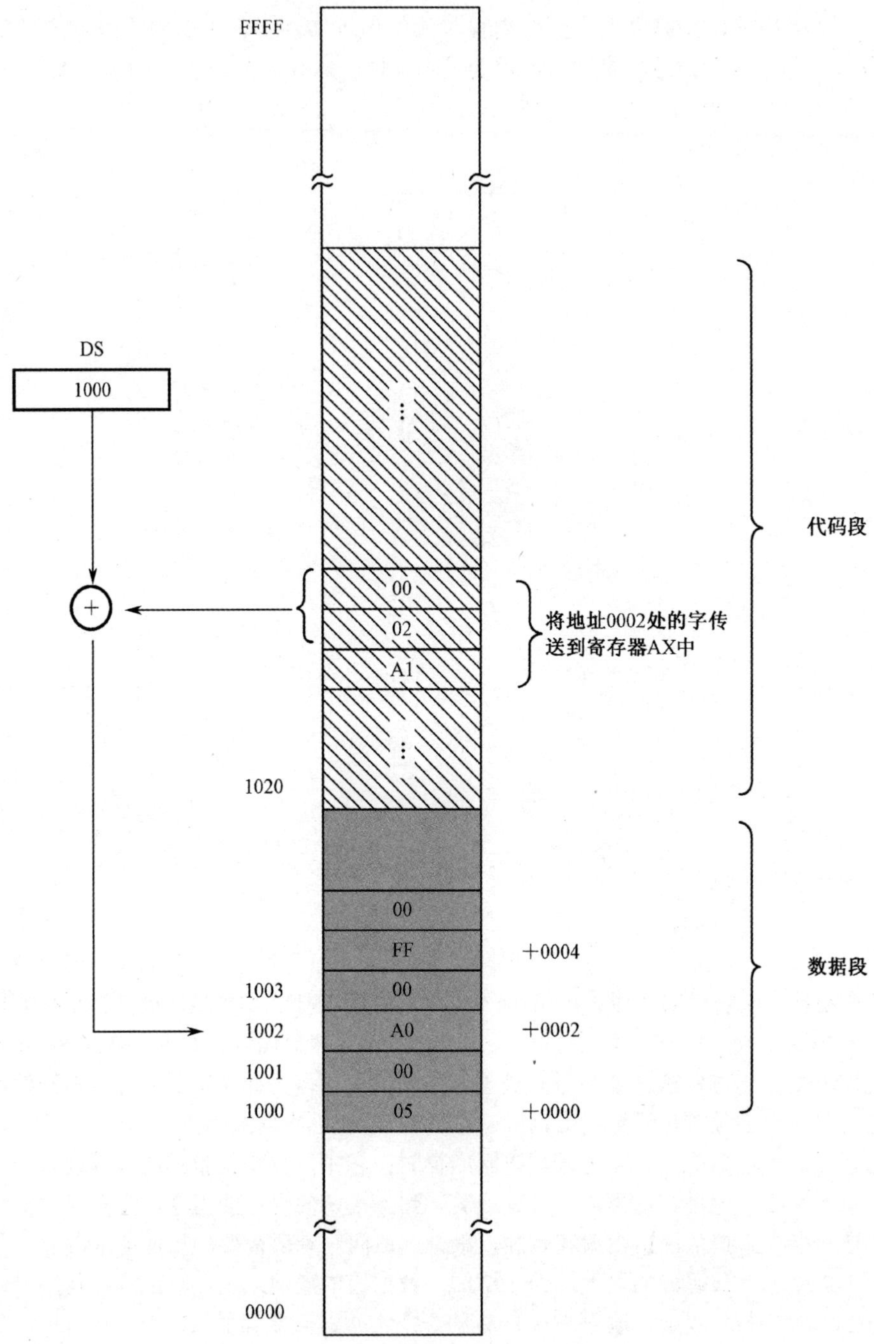

图 3-7　从逻辑地址到物理地址的转换过程

3.3.4 8086 的内存分段机制

前面讲了如何从逻辑地址转换到物理地址，以使程序的运行和它在内存中的位置无关。这种策略在很多处理器中得到了支持，包括 8086 处理器。但是，由于 8086 自身的局限性，它的做法还要复杂一些。

如图 3-8 所示，8086 内部有 8 个 16 位的通用寄存器，分别是 AX、BX、CX、DX、SI、DI、BP、SP。其中，前 4 个寄存器中的每个寄存器都还可以当成 2 个 8 位的寄存器来使用，分别是 AH、AL、BH、BL、CH、CL、DH、DL。

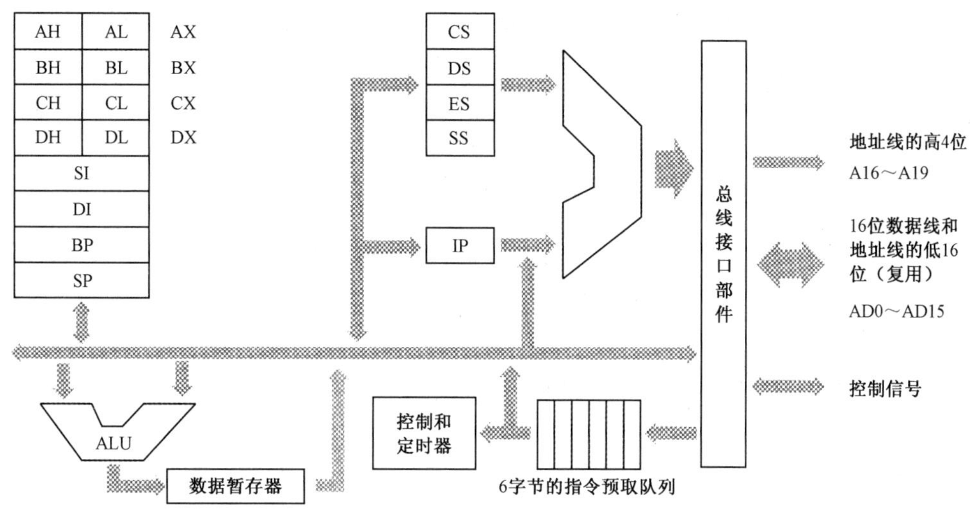

图 3-8 8086 处理器内部组成框图

在进行数据传送或者算术逻辑运算的时候，使用算术逻辑部件（ALU）。比如，将 AX 的内容和 CX 的内容相加，结果仍在 AX 中，那么，在相加的结果返回到 AX 之前，需要通过一个叫数据暂存器的寄存器中转。

处理器能够自动运行，这是控制器的功劳。为了加快指令执行速度，8086 内部有一个 6 字节的指令预取队列，在处理器忙着执行那些不需要访问内存的指令时，指令预取部件可以趁机访问内存预取指令。这时，多达 6 字节的指令流可以排队等待解码和执行。

8086 内部有 4 个段寄存器。其中，CS 是代码段寄存器，DS 是数据段寄存器，ES 是附加段（Extra Segment）寄存器。附加段的意思是，它是额外赠送的礼物，当需要在程序中同时使用两个数据段时，DS 指向一个，ES 指向另一个。可以在指令中指定使用 DS 和 ES 中的哪一个，如果没有指定，则默认使用 DS。SS 是栈段（Stack Segment）寄存器，以后会讲到，而且非常重要。

IP 是指令指针（Instruction Pointer）寄存器，它只和 CS 一起使用，而且只有处理器才能直接改变它的内容。当一段代码开始执行时，CS 保存代码段的段地址，IP 则指向段内偏移。这样，由 CS 和 IP 共同形成逻辑地址，并由总线接口部件变换成物理地址来取得指令。然后，处理器会自动根据当前指令的长度来改变 IP 的值，使它指向下一条指令。

当然，如果在指令的执行过程中需要访问内存单元，那么，处理器将用 DS 的值和指令中提供的偏移地址相加，来形成访问内存所需的物理地址。

8086 的段寄存器和 IP 寄存器都是 16 位的，如果按照原先的方式，把段寄存器的内容和偏移地址直接相加来形成物理地址的话，也只能得到 16 位的物理地址。麻烦的是，8086 却提供了 20 根地址线。换句话说，它提供的是 20 位的物理地址。

提供 20 根地址线的原因很简单，16 位的物理地址只能访问 64KB 的内存，地址范围是 0000H～FFFFH，共 65536 字节。这样的容量，即使在那个年代，也显得捉襟见肘。

所以，65536 字节就是 64KB，而 20 位的物理地址则可以访问多达 1MB 的内存，地址范围从 00000H 到 FFFFFH。问题是，16 位的段地址和 16 位的偏移地址相加，只能形成 16 位的物理地址，怎么得到这 20 位的物理地址呢？

有些内存地址的十六进制形式是以 0 结尾的，如 00000H、00010H、00010H、00020H、A0000H、FFFF0H 等。如果我们将这些地址末尾的 0 去掉，剩下的部分就可以放到段寄存器里了，将来恢复段的物理地址时，只需要添加一个 0 就可以了。

给定一个以 0 结尾的内存地址，如 3C7F0H，将它末尾的 0 去掉，剩下一个 16 位的部分 3C7FH，这相当于将段的物理地址除以 16（10H），也相当于将这个地址的二进制形式整体右移 4 位。

将 3C7F0H 除以 16，得到一个十六进制的结果 3C7FH，这很容易理解。至于右移 4 位，是这样的：3C7F0H 的二进制形式为 00111100011111110000，右移 4 位的意思是将所有比特同时向右移动 4 次。移动之后，最右边的 4 比特被挤掉，结果是一个 16 位的二进制数 0011110001111111，换算成十六进制是 3C7FH。

显然，在 8086 系统中，由于段寄存器长度的限制，段不能起始于任意位置，也不是所有内存地址都可以作为段地址，段只能起始于那些能够被 16 整除的物理内存地址。对 8086 处理器来说，将这样的内存地址除以 16 或者右移 4 位，得到的结果就是逻辑段地址，简称段地址。要访问一个段，需要将段地址传送到段寄存器。

反过来，在用段寄存器的内容访问内存时，只需要在其十六进制形式的内容后面加 0，就可以还原到原先的 20 位物理地址，这相当于乘以 16，或者左移 4 位。如果段地址是 3C7FH，它的二进制形式为 0011110001111111。左移 4 位的意思是将所有比特同时向左移动 4 次，右边空出来的位置用 4 个 0 填充。因此，结果是一个 16 位的二进制数 00111100011111110000，换算成十六进制是 3C7F0H，这就是段的物理地址。

处理器访问内存时，光有段地址不行，还需要有偏移地址，它们共同组成了逻辑地址，而且处理器的总线接口部件负责把逻辑地址转换为物理地址。8086 处理器在形成物理地址时，先将段寄存器的内容乘以 16 或者左移 4 位，形成 20 位的段地址，然后再同 16 位的偏移地址相加，得到 20 位的物理地址。比如，对于逻辑地址 F000H:052DH，处理器在形成物理地址时，将段地址 F000H 左移 4 位，变成 F0000H，再加上偏移地址 052DH，就形成了 20 位的物理地址 F052DH。

这样，因为段寄存器是 16 位的，在段不重叠的情况下，最多可以将 1MB 的内存分成 65536 个段，段地址分别是 0000H、0001H、0002H、0003H，…，FFFFH。在这种情况下，如图 3-9 所示，每个段正好 16 字节，偏移地址从 0000H 到 000FH。

同样在不允许段之间重叠的情况下，每个段的最大长度是 64KB，因为偏移地址也是 16 位的，从 0000H 到 FFFFH。在这种情况下，1MB 的内存，最多只能划分成 16 个段，每段长 64KB，段地址分别是 0000H、1000H、2000H、3000H，…，F000H。

以上所说的只是两种最典型的情况。在通常情况下，段地址的选择取决于内存中哪些区域是空闲的。举个例子来说，假如从物理地址 00000H 开始，一直到 82251H 处都被其他程序占用着，而后面一直到 FFFFFH 的地址空间都是自由的，那么，你可以从物理内存地址 82251H 之后的地方加载你的程序。

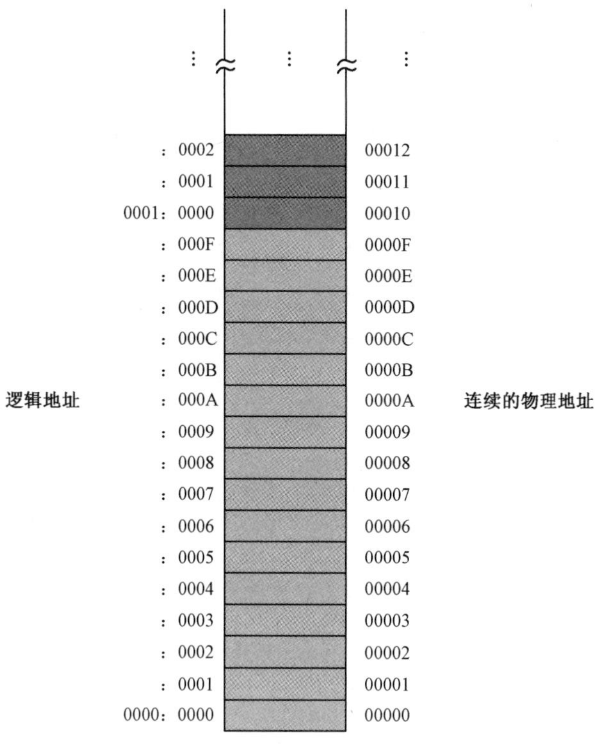

图 3-9　1MB 内存可以划分为 65536 个 16 字节的段

接着，你的任务是定义段地址并设置处理器的段寄存器，其中最重要的是段地址的选取。因为偏移地址总是要求从 0000H 开始，而 82260H 是第一个符合该条件的物理地址，它恰好对应着逻辑地址 8226H:0000H，符合偏移地址的条件，所以完全可以将段地址定为 8226H。

但是，举个例子来说，如果你从物理内存地址 82255H 处加载程序，由于它根本无法表示成一个偏移地址为 0000H 的逻辑地址，所以不符合要求，段不能从这里开始划分。这里面的区别在于，82260H 可以被 16（10H）整除，而 82255H 不能。通过这个例子可以看出，8086 处理器的逻辑分段，起始地址都是 16 的倍数，这称为是按 16 字节对齐的。

段的划分是自由的，它可以起始于任何 16 字节对齐的内存地址，也可以是任意长度，只要不超过 64KB。比如，段可以起始于物理地址 82260H，段的长度可以是 3 字节（此时，该段所对应的逻辑地址范围是 8226H:0000H～8226H:0002H，对应的物理地址范围是 82260H～82262H）、2KB（此时，该段所对应的逻辑地址范围是 8226H:0000H～8226H:07FFH，对应的物理地址范围是 82260H～82A5FH），甚至最多可以达到 64KB（此时，该段所对应的逻辑地址范围是 8226H:0000H～8226H:FFFFH，对应的物理地址范围是 82260H～9225FH）。

同时，正是由于段的划分非常自由，使得 8086 的内存访问也非常随意。同一个物理地址，或者同一片内存区域，根据需要，可以随意指定一个段来访问它，前提是那个物理地址位于该段的 64KB 范围内。也就是说，同一个物理地址，实际上对应多个逻辑地址。比如说，对于一个物理地址 C0533H，它可以用逻辑地址 C053H:0003H 来表示，也可以用逻辑地址

C000H:0530H 来表示，还可以用逻辑地址 C050H:0030H 来表示，甚至用逻辑地址 BFFFH:0540H 来表示，等等。

如图 3-10 所示，对于上述的各种表示方法，实际上说明我们认为物理地址 C0533H 位于不同的段中，段地址分别为 C053H、C050H、C000H 和 BFFFH。

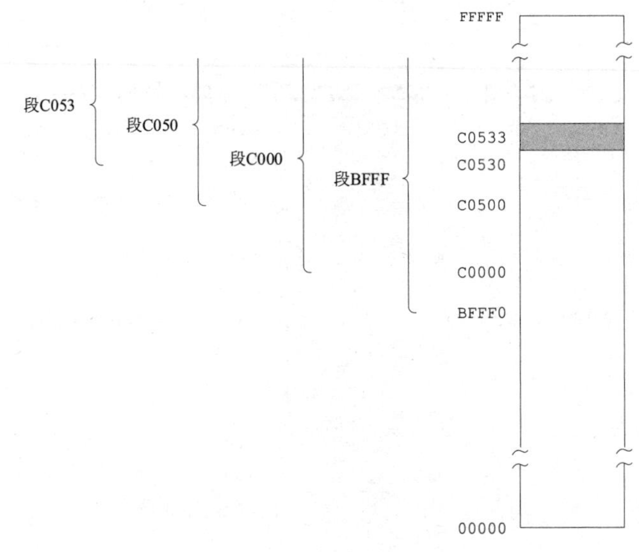

图 3-10　以不同的段来划分逻辑地址

◆　**检测点 3.3**

1．INTEL 8086 处理器有（　）个 16 位通用寄存器，分别是（　　　　　　　　　　）。其中，有些还可以分开来作为两个独立的 8 位寄存器来用，这几个 8 位寄存器分别是（　　　　　　）。

2．选择题（可多选）：INTEL 8086 处理器取指令时，使用段寄存器（　）和指令指针寄存器（　）。方法是，将段寄存器的值（　），加上指令指针寄存器的当前值，形成物理地址访问内存。

A. CS　B. DS　C. IP　D. 左移 4 位　E. 右移 4 位　F. 乘以 16　G. 除以 10H

3．物理地址 132FEH 对应的逻辑地址是（可多选）：

A. 132FH:000EH　　B. 1300H:02FEH　　C. 1000H:32FEH　　D. 1320H:00FEH

E. 102FH:03E0H　　F. 0FE0H:34FEH

本 章 习 题

1．在段与段之间互不重叠的前提下，1MB 内存可以完整地划分为多少个 16KB 的段？

2．数据段寄存器 DS 的值为 25BCH 时，计算 INTEL 8086 可以访问的最大物理地址范围。

第 4 章

汇编语言和汇编软件

处理器依靠机器指令工作，但机器指令从形式上看都是一些没有规律的数字，难以书写、阅读和理解，这样就发明了汇编语言。本章的目标是：

1．进一步了解汇编语言的特点和“汇编”一词的由来；

2．学习如何创建汇编语言源程序；

3．下载 NASM 编译器，并学会用它来编译汇编语言源程序。

4.1　汇编语言程序

前面的章节里已经简单介绍过汇编语言及其产生的背景，所以我们知道，汇编语言提供了机器指令的人工可读形式，或者说助记形式，而且与机器指令是一一对应的。

另外，不同的处理器具有不同的指令集和指令的操作方式，并因此形成了不同的处理器架构，比如英特尔的 x86 架构和摩托罗拉 68K 架构。

因此，针对不同的处理器架构，汇编语言将提供不同的助记形式。实际上，即使是针对同一种处理器架构，也可能会有人使用本质上一样，但风格不同的助记形式。比如说，针对英特尔 x86 架构的处理器，就有 AT&T 和 INTEL 公司自己的风格。在本书中，我们将采用英特尔风格的汇编语言助记形式。

下面来看一下英特尔风格的汇编语言助记形式有什么特点。首先假设下面这些十六进制数字就是存放在内存中的 8086 机器指令：

```
B8 3F 00 01 C3 01 C1
```

对于大多数人来说，他们很难想象上面那一排数字对应着下面几条 8086 指令：

```
将立即数 003FH 传送到寄存器 AX 中；
将寄存器 BX 的内容和寄存器 AX 的内容相加，结果在 BX 中；
将寄存器 CX 的内容和寄存器 AX 的内容相加，结果在 CX 中。
```

这就体现了使用汇编语言的好处。使用汇编语言，以上指令就可以写成：

```
mov ax,3FH
add bx,ax
add cx,ax
```

对于那些有点英语基础的人来说，理解这些汇编语言指令并不困难。比如这句

```
mov ax,3FH
```

首先，mov 是 move 的简化形式，意思是“移动”或者“传送”。至于“ax”，很明显，指的就是寄存器 AX。传送指令需要两个操作数，分别是目的操作数和源操作数，它们之间要用逗号隔开。在这里，AX 是目的操作数，源操作数是 3FH。汇编语言对指令的大小写没有特别的要求。所以，你完全可以这样写：

```
MOV AX,3FH
mov ax,3fh
MOV ax,3FH
mov AX,3fh
```

在很多高级语言中，如果要指示一个数是十六进制数，通常不采用在后面加“H”的做法，而是为它添加一个“0x”前缀，如

```
mov ax,0x3f
```

你可能想问一下，为什么会是这样，为什么会是“0x”？答案是不知道，不知道在什么时候，为什么就这样用了。这不得不让人怀疑，它肯定是一个非常随意的决定，并在以后形成了惯例。如果你知道确切的答案，不妨写封电子邮件告诉我。注意，为了方便，我们将在本书中采用这种形式。

在汇编语言中，使用十进制数是最自然的。因为 3FH 等于十进制数 63，所以你可以直接这样写：

```
mov ax,63
```

当然，如果你喜欢，也可以使用二进制数来这样写：

```
mov ax,00111111B
```

一定要看清楚，在那串“0”和“1”的组合后面，跟着字母“B”，以表明它是一个二进制数。

至于这句：

```
add bx,ax
```

情况也是一样。add 的意思是把一个数和另一个数相加。在这里，是把寄存器 BX 的内容和寄存器 AX 的内容相加。相加的结果在 BX 中，但 AX 的内容并不改变。

像上面那样，用汇编语言提供的符号书写的文本，叫作汇编语言源程序。为此，你需要一个字处理器软件，比如 Windows 记事本，来编辑这些内容。如图 4-1 所示，相信这些软件的使用都是你非常熟悉的。

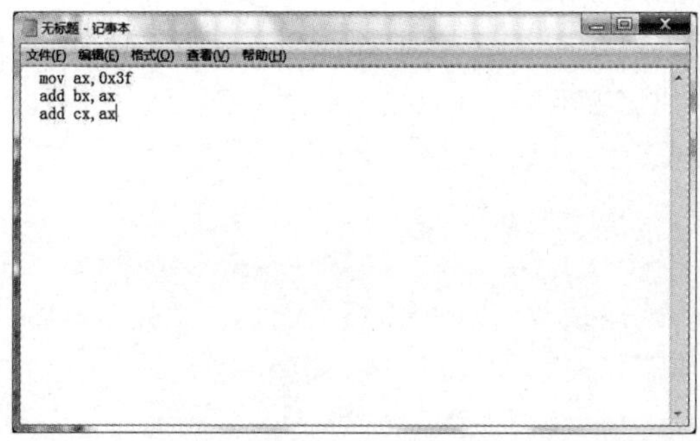

图 4-1　用 Windows 记事本来书写汇编语言源程序

有了汇编语言所提供的符号，这只是方便了你自己。相反地，对人类来说通俗易懂的东西，

处理器是无法识别的。所以，还需要将汇编语言源程序转换成机器指令，这个过程叫作编译（Compile）。在编译的时候，汇编语言编译器的作用是将 mov、add、ax、bx 等这些符号组合起来，转换成类似于数值的机器指令，这个过程叫作汇编，这就是汇编语言的由来，也有人称之为组合语言。

编译肯定还需要依靠一个软件，称为编译器，或编译软件。因为如果需要人类自己去做，还费这周折干嘛。另外，想想看，一个帮助人类生产软件的工具，自己居然也是一个软件，这很有意思。

从字处理器软件生成的是汇编语言源程序文件。编译软件的任务是读取这些文件，将那些符号转变成二进制形式的机器指令代码。它把这些机器指令代码存放到另一个文件中，叫作二进制文件或者可执行文件，比如 Windows 里以“.exe”为扩展名的文件，就是可执行文件。当需要用处理器执行的时候，再加载到内存里。

4.2　NASM 编译器

4.2.1　NASM 的下载和安装

因为汇编语言的助记形式取决于处理器架构及不同的风格，这就需要与之配套的汇编语言编译器。同时，就算是同一款编译器，由于需要运行在不同的平台（比如 Windows 和 Linux）上，也会有不同的版本。

现存的汇编语言编译器有多种，用得比较多的有 MASM、FASM、TASM、AS86、GASM 等，每种汇编器都有自己的特色和局限性，特别是有些还需要付费才能使用。不同于前面所列举的这些，在本书中，我们用的是另一款叫作 NASM 的汇编语言编译器。

NASM 的全称是 Netwide Assembler，它是可免费使用的开源软件。下面是它的官方网站，从这里可以找到它的帮助和开发文档、源代码，以及 DOS、Linux、MacOS、32 位 Windows、64 位 Windows 下的安装包：

```
https://www.nasm.us/
```

需要说明的是，你应该下载与自己平台相适应的版本，而且最好是下载最新版本。如果你是一个 Linux 用户，应该下载 Linux 版本；如果是 Windows 用户，应该下载 Windows 版本，而且还要区分是 32 位还是 64 位。

如图 4-2 所示，这是在笔者的机器上下载并安装 NASM 的截图。笔者的机器使用 64 位的 INTEL x86 处理器，操作系统是 64 位的 Windows 10，所以选择/2.15.05/win64 目录下的安装程序，即下载并执行 nasm-2.15.05-installer-x64.exe 这个可安装包。

如图 4-2 所示，在出现的安装界面中，可供选择的组件包括 NASM 汇编（编译）器和反汇编器模块、完整的 NASM 手册和用于将 NASM 集成到 Visual Studio 2008 的配置文件。

安装好 NASM 之后，还需要将其添加到系统默认的搜索路径中去，这样就可以在任何目录下使用它来编译汇编语言程序，否则只能在 NASM 的安装目录中运行汇编（编译）器来编译你的汇编语言程序。以 Windows 平台为例，如图 4-3 所示，可以在桌面上右击“此电脑”，然后在“高级”选项中单击“环境变量”，并对“Path”进行编辑，将 NASM 的安装目录添加进来。

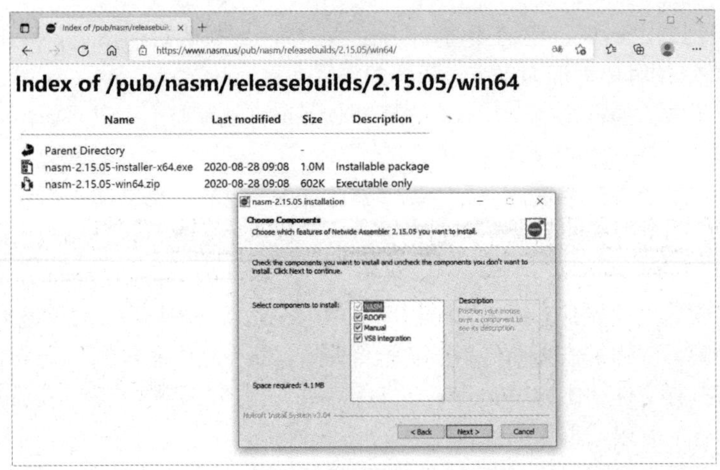

图 4-2　下载并安装 NASM

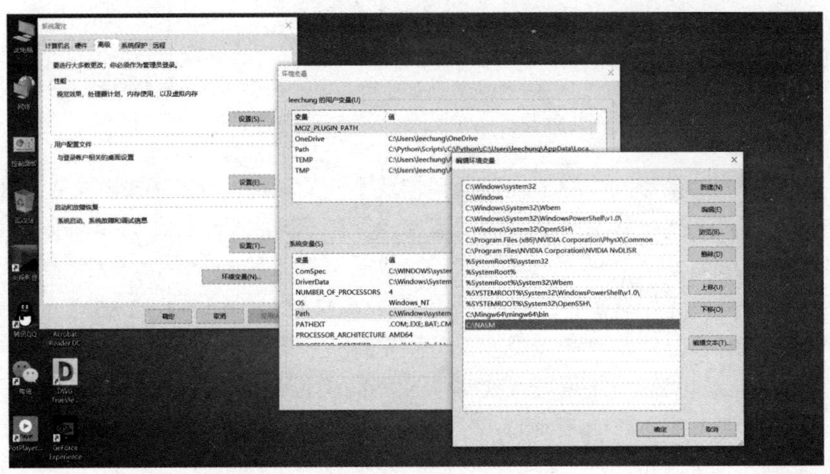

图 4-3　在 Windows 中编辑环境变量 Path 的内容

4.2.2　代码的书写和编译过程

因为 NASM 可以运行在不同的操作系统平台上，但这本书的讲解无法兼顾所有平台，所以只能以用户较多的 Windows 平台为例来介绍。对于其他操作系统平台，其实也都大同小异，可以自行参考相关的资料。

在 Windows 平台上，和你已经司空见惯的其他应用程序不同，NASM 在运行之后并不会显示一个图形用户界面。相反地，它只能通过命令行使用。

比如，我们可以用 Windows 记事本编写一个汇编语言源程序并予以保存，假定保存在 D 盘的 MyAsm 目录下，文件名为 exam.asm。作为惯例，汇编语言源程序文件的扩展名是“.asm”，不过，你当然可以使用其他扩展名。

一旦有了一个源程序，下一步就是将它的内容编译成机器代码。为此你需要打开一个命令行窗口。比如在 Windows 10 中，你需要从启动菜单中选择“Windows 系统”→“命令提示符”，或者直接按 Windows 徽标键+R，在弹出的“运行”对话框中输入 cmd 并回车。

接着，切换到你的工作目录（汇编语言程序所在的目录）。如图 4-4 所示，我们刚才是把源文件 exam.asm 保存在 D 盘的 MyAsm 目录下的，那么，编译这个文件的方法很简单，就是切换到这个目录，然后在命令行提示符后输入“nasm-f bin exam.asm-o exam.bin”并按下 Enter 键。

如图 4-4 所示，在编译之后我们用 DIR 命令查看文件，发现多一个“exam.bin”，这就是编译器生成的文件，它包含了处理器可以识别和执行的机器指令。

图 4-4 在 Windows 命令行编译汇编语言程序

NASM 需要一系列参数才能正常工作。-f 参数的作用是指定输出文件的格式（Format）。这样，-f bin 就是要求 NASM 生成的文件只包含“纯二进制”的内容。换句话说，除了处理器能够识别的机器代码，别的任何东西都不包含。这样一来，因为缺少操作系统所需要的加载和重定位信息，它就很难在 Windows、DOS 和 Linux 上作为一个普通的应用程序运行。不过，这正是本书所需要的。

紧接着，exam.asm 是源程序的文件名，它是将要被编译的对象。

-o 参数指定编译后输出（Output）的文件名。在这里，我们要求 NASM 生成输出文件 exam.bin。

用来编写汇编语言源程序，Windows 记事本并不是一个好工具。同时，在命令行编译源程序也令很多人迷糊。毕竟，很多年轻的朋友都是用着 Windows 成长起来的，他们缺少在 DOS 和 UNIX 下工作的经历。

为了写这本书，我一直想找一个自己中意的汇编语言编辑软件。互联网是个大宝库，上面有很多这样的工具软件，但大多都包含了太多的功能，用起来自然也很复杂。我的愿望很简单，能够方便地书写汇编指令即可，同时还具有编译功能。毕竟我自己也不喜欢在命令行和图形用户界面之间来回切换。

在经历了一系列的失望之后，我决定自己写一个。在本书第一版中，这个小程序叫 Nasmide，但很多读者反映在 Windows 10 下不能运行，于是 2020 年重新编写了两个版本，一个是 32 位版本，名字叫 Nasmide32，专为 32 位 Windows 而设计；一个是 64 版本，名字叫 Nasmide64，专为 64 位 Windows 而设计。可以在 64 位的 Windows 上运行 32 位和 64 位版本，但 32 位版本只能运行在 32 位 Windows 上。这两个版本的程序已在配书文件包中更新，不过遗憾的是，它们并非是用汇编语言书写的。

现在，你可以双击 Nasmide32.exe 或者 Nasmide64.exe 来运行它（方便起见，我们以后统称为 Nasmide 软件）。如图 4-5 所示，这是新版的 Nasmide 软件，它的界面分为三个部分。顶端是菜单，可以用来新建文件、打开文件、保存文件或者调用 NASM 来编译当前文档。

NASMIDE-2020-[D:\assembly\booktool\配书源码和工具\c09\c09_1.asm]
文件(F) 选项(O) 帮助(H)
c09_1.asm c08_mbr.asm

```
        push ax

        mov al,0x0c                            ;寄存器C的索引。且开放NMI
        out 0x70,al
        in al,0x71                             ;读一下RTC的寄存器C，否则只发生一次中断
                                               ;此处不考虑闹钟和周期性中断的情况

        mov ax,0xb800
        mov es,ax

        pop ax
        call bcd_to_ascii
        mov bx,12*160 + 36*2                   ;从屏幕上的12行36列开始显示

        mov [es:bx],ah
        mov [es:bx+2],al                       ;显示两位小时数字

        mov al,':'
        mov [es:bx+4],al                       ;显示分隔符':'
        not byte [es:bx+5]                     ;反转显示属性

        pop ax
        call bcd_to_ascii
        mov [es:bx+6],ah
        mov [es:bx+8],al                       ;显示两位分钟数字

        mov al,':'
```

c09_1.asm:299: warning: uninitialized space declared in stack section: zeroing [-w+other]

编辑器正在使用的内部编码：utf8　源文件的原始编码：cp936

图 4-5　Nasmide 程序的基本界面

中间最大的空白区域是编辑区，用来书写汇编语言源代码。原来的版本只能编辑一个文件，新版可以同时编辑多个文件。

窗口底部那个窄的区域是消息显示区。在编译当前文档时，不管是编译成功，还是发现了文档中的错误，都会显示在这里。

基本上，你现在已经可以在 Nasmide 里书写汇编语句了。不过，在此之前你最好先做一件事情。Nasmide 只是一个文本编辑工具，它自己没有编译能力。不过不要紧，它可以在后台调用 NASM 来编译当前文档，前提是它必须知道 NASM 安装在什么地方。

为此，你需要在菜单上选择“选项”→“编译器路径名设置”来打开“选项设置”窗口。如图 4-6 所示，你需要指定 NASM 汇编器所在的路径，这个路径就是你在前面安装 NASM 时，指定的安装路径，包括可执行文件名 nasm.exe。

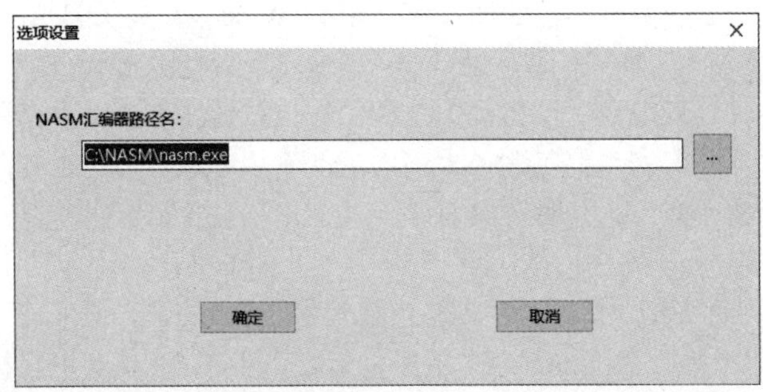

图 4-6　为 Nasmide 指定 NASM 编译器所在路径

不同于其他汇编语言编译器，NASM 最让我喜欢的一个特点是允许在源程序中只包含指令，如图 4-7 所示。用过微软公司 MASM 的人都知道，在真正开始书写汇编指令前，先要穿靴戴帽，在源程序中定义很多东西，比如代码段和数据段等，弄了半天，实际上连一条指令还没开始写呢。

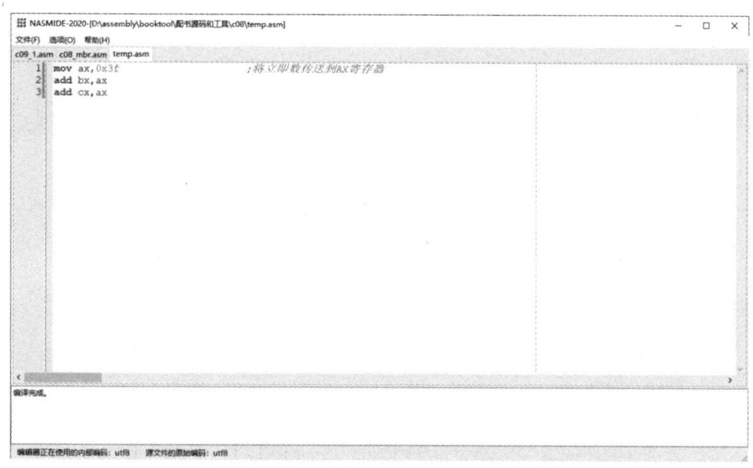

图 4-7 NASM 允许在源文件中只包含指令

如图 4-7 所示，用 Nasmide 程序编辑源程序时，它会自动在每行内容的左边显示行号。对于初学者来说，一开始可能会误以为行号也会出现在源程序中。不要误会，行号并非源程序的一部分，当保存源程序的时候，也不会出现在文件内容中。

让 Nasmide 显示行号，这是一个聪明的决定。一方面，我在书中讲解源程序时，可以说第几行到第几行是做什么用的；另一方面，当编译源程序的时候，如果发现了错误，错误信息中也会说明是第几行有错。这样，因为 Nasmide 显示了行号，所以就很容易快速找到出错的那一行。

在汇编源程序中，可以为每行添加注释。注释的作用是说明某条指令或者某个符号的含义和作用。注释也是源程序的组成部分，但在编译的时候会被编译器忽略。如图 4-7 所示，为了告诉编译器注释是从哪里开始的，注释需要以英文字母的分号“;”开始。

当源程序书写完毕之后，就可以进行编译了，方法是在 Nasmide 中选择菜单“文件”→“编译源文件”。这时，Nasmide 将会在后台调用 NASM 来完成整个编译过程，不需要你额外操心。如图 4-7 所示，即使只有三行的程序也能通过编译。编译完成后，会在窗口底部显示一条消息。

◆ **检测点4. 1**

1．在你的计算机中启动 Nasmide 程序，输入图 4-1 中的三行代码，然后编译它们。看看消息显示区是否有编译成功的提示。

2．选择填空：指令 mov ax,0xf5fc 中，“mov”指示这是一条（　　）指令，0xf5fc 是（　　）。指令执行后，寄存器 AX 中的内容是（　　）。

A. 立即数　B. 传送　C. 0xf5fc　D. 加法　E. 0xfcf5　F. 寄存器

4.2.3 用 HexView 观察编译后的机器代码

编译成功完成之后，将生成对应的二进制文件。尽管我们强调源文件和编译之后的文件具有不同的内容，但如果能用工具看一看，相信印象更为深刻。在前面下载的配书源码和工具里，有一个名为 HexView 的小程序，可以实现这个愿望。HexView 用于打开任意一个文件，以十六进制的形式从头到尾显示它每字节的内容。

双击启动 HexView，然后选择菜单“文件”→“打开文件以显示”，在文件选择对话框里找到你在 4.1 节里编辑并保存的源程序文件。如图 4-8 所示，文件选择之后，HexView 程序将以十六进制的形式显示刚刚选择的文件。

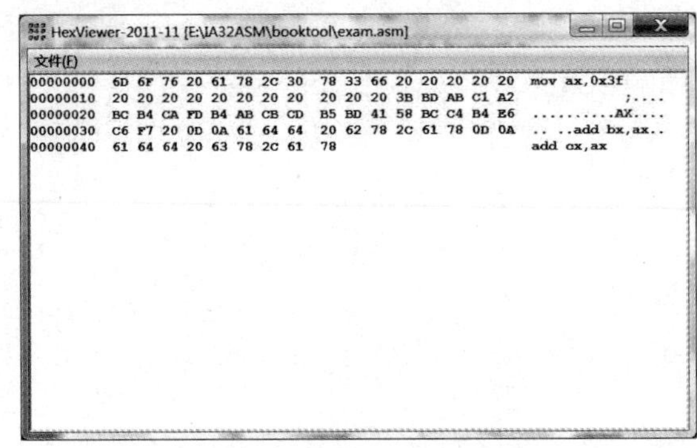

图 4-8　用 HexView 程序显示源程序文件的内容

在 HexView 中，文件的内容以十六进制的形式显示在窗口中间，以 16 字节为一行，字节之间以空白分隔，所以看起来很稀疏。如果文件较大的话，则会分成很多行。

作为对照，每字节还会以字符的形式显示在窗口右侧，如果它确实可显示为一个字符的话。如果该字节并非一个可以显示的字符，则显示一个替代的字符“.”。因为源程序中还有汉字注释，所以，如果细心的话，从图中可以算出每个汉字的编码是 2 字节，比如“将”字的编码是 0xBD 0xAB。由于 HexView 是以单字节的形式来显示每个字符的，所以无法显示汉字。

左边的数字，是每行第一字节相对于文件头部的距离（偏移），也是以十六进制数显示的。字母“m”是整个源程序文件内的第 1 个字符，因此，它的偏移量是 00000000（H），其他字符依次类推，最后一个字符“x”的偏移量是 00000048（H）。

源程序很长，但是，编译之后的机器指令却很简短。如图 4-9 所示，编译之后的文件只有 7 字节，这才是处理器可以识别并执行的机器指令。

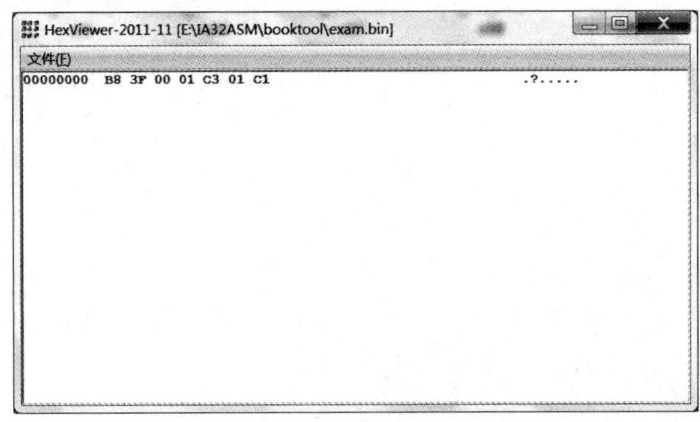

图 4-9　用 HexView 显示编译之后的文件内容

4.3　配书文件包的下载和使用

就像前言里说的，这本书以汇编语言为主，但实际上蕴含了硬件体系和操作系统方面的内容。无论如何，学习这些内容，一靠理论，二靠实例，三靠实践。“理论”是印在这本书上的文字内容；“实例”是本书提供的配套源码，以及本书对源码的讲解；“实践”就要靠读者自己在读书的过程中把理解的知识灵活运用，举一反三。

本书不配光盘，书中用到的源代码及相关的小工具，都需要从我的个人网站中下载，网站的地址是

```
http://www.lizhongc.com/
```

进入网站后，按照说明下载配书文件包即可。本书第 1 版的文件包是 x86pkg1.rar，本版（也就是第 2 版）的文件包是 x86pkg2.rar，请注意鉴别，别弄错了。

文件包的内容包括各章的汇编语言程序、工具软件、相关教程及辅助的软硬件资料，另外还包括一个没有加到实体书中的章节，即“原稿第 10 章内容”。按最初的计划，它是本书第 1 版的第 10 章，讲的是如何用汇编语言来控制老的 Sound Blaster 16 声卡播放声音，但是因为内容太老，决定去掉。

本 章 习 题

如图 4-8 所示，请问：

（1）源程序共有 3 行，每行第一个字符在文件内的偏移量分别是多少？

（2）该源程序文件的大小是多少字节？

第 2 部分　实模式

- ✧ 用 5 章的篇幅，从多个角度展现 8086 处理器分段内存访问的特点，彻底理解分段的本质
- ✧ 学习过程调用、栈、中断和外围设备访问的技术
- ✧ 了解操作系统加载用户程序并实施重定位的一般原理
- ✧ 学会用 Bochs 虚拟机调试程序

第 5 章

虚拟机的安装和使用

和其他所有计算机语言一样，汇编语言程序设计具有很强的实践性，不实际上机操作，不思考，不能举一反三，是无法掌握它的。但是，当程序编译完成后，如何让处理器执行它呢？还有，如何才能知道执行的结果是不是正确呢？这都是非常重要的问题，要在本章解决。本章的目标是：

1．了解计算机的开机启动过程。只有这样，你才能知道我们应当把编译好的程序放到哪里才会被处理器执行到；

2．了解硬盘的构造和作用；

3．了解 VirtualBox 虚拟机的功能，下载和安装 VirtualBox 虚拟机软件，创建一个本书中要用到的虚拟机，学会往虚拟硬盘中写数据，学会 VirtualBox 虚拟机的使用方法。

5.1　计算机的启动过程

5.1.1　如何将编译好的程序提交给处理器

对于绝大多数编译好的程序，要想得到处理器的光顾，让它执行一下，必须借助于操作系统。就拿 Windows 来说，它为你显示每个程序的图标，允许你双击来运行程序。在内部你看不见的层面上，它必须给将要运行的程序分配空闲的内存空间，并在适当的时候将程序提交给处理器执行。

每种操作系统都对它所管理的程序提出了种种格式上的要求。比如，它要求编译好的程序必须在文件的开始部分包含编译日期，是针对哪种操作系统编译的，程序的版本，第一条指令从哪里开始，数据段从哪里开始、有多长，代码段从哪里开始、有多长，等等，Windows 甚至建议你在文件中包含至少一个用于显示的图标。如果你不按它的要求来，它也不会给你面子，并直截了当地弹出一个对话框，如图 5-1 所示，告诉你它不准备也没办法将你的程序提交给处理器。

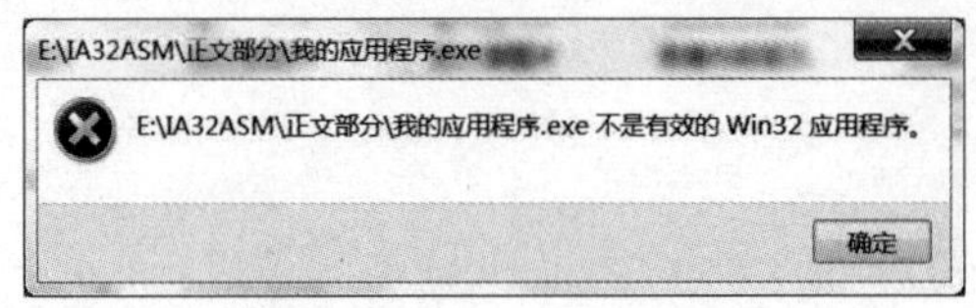

图 5-1　每种操作系统都会定义它自己的可执行文件格式

每种编译器都有能力针对不同的操作系统来生成不同格式的二进制文件，程序员所要做的，就是在源程序中加入一些相关的信息，比如指定每个段的开始和结束，并在编译时指定适当的参数。如果你对此感兴趣，可以阅读 NASM 文档。这是一个 PDF 文件，在安装 NASM 的时候，它也会被安装。

在特定的操作系统上开发软件肯定不是一件容易的事情。但换个角度考虑一下，操作系统也是一个需要在处理器上运行的软件，只不过比起一般的程序，操作系统体积更为庞大，功能更为复杂而已。如果我们能绕过它，或者代替它，让计算机一开机的时候直接执行我们自己的软件，岂不更简单？

好，这个主意完全可行。那就让我们慢慢开始吧。

5.1.2 计算机的加电和复位

在处理器众多的引脚中，有一个是 RESET，用于接受复位信号。每当处理器加电，或者 RESET 引脚的电平由低变高时[①]，处理器都会执行硬件初始化，以及一个可选的内部自测试（Build-in Self-Test，BIST），然后将内部所有寄存器的内容初始化到预置的状态。

比如，对于 INTEL 8086 来说，复位将使代码段寄存器（CS）的内容为 0xFFFF，其他所有寄存器的内容都为 0x0000，包括指令指针寄存器（IP）。8086 之后的处理器并未延续这种设计，但毫无疑问，无论怎么设计，都是有目的的。

处理器的主要功能是取指令和执行指令，加电或者复位之后，它就会立刻尝试去做这样的工作。不过，在这个时候，内存中还没有任何有意义的指令和数据，它该怎么办呢？

在揭开谜底之前，我们先来看看内存的特点。

为了节约成本，并提高容量和集成度，在内存中，每比特的存储都是靠一个极其微小的晶体管，外加一个同样极其微小的电容来完成的。可以想象，这样微小的电容，其泄漏电荷的速度当然也非常快。所以，个人计算机中使用的内存需要定期补充电荷，这称为刷新，这种存储器也称为动态随机访问存储器（Dynamic Random Access Memory，DRAM）。随机访问的意思是，访问任何一个内存单元的速度和它的位置（地址）无关。举个例子来说，从头至尾在一盘录音带上找某首歌曲，它越靠前，找到它所花的时间就越短。但内存就不一样，读写地址为 0x00001 的内存单元，和读写地址为 0xFFFF0 的内存单元，所需要的时间是一样的。

在内存刷新期间，处理器将无法访问它。这还不是最麻烦的，最麻烦的是，在它断电之后，所有保存的内容都会统统消失。所以，每当处理器加电之后，它无法从内存中取得任何指令。

5.1.3 基本输入输出系统

INTEL 8086 可以访问 1MB 的内存空间，地址范围为 0x00000 到 0xFFFFF。出于各方面的考虑，计算机系统的设计者将这 1MB 的内存空间从物理上分为几个部分。

8086 有 20 根地址线，但并非全都用来访问 DRAM，也就是内存条。事实上，这些地址线经过分配，大部分用于访问 DRAM，剩余的部分给了只读存储器（Read Only Memory，ROM）和外围的板卡，如图 5-2 所示。

① 比如，当你按下主机箱面板上的 RESET 按钮时，就会导致 RESET 引脚电平的变化，从而使计算机热启动。

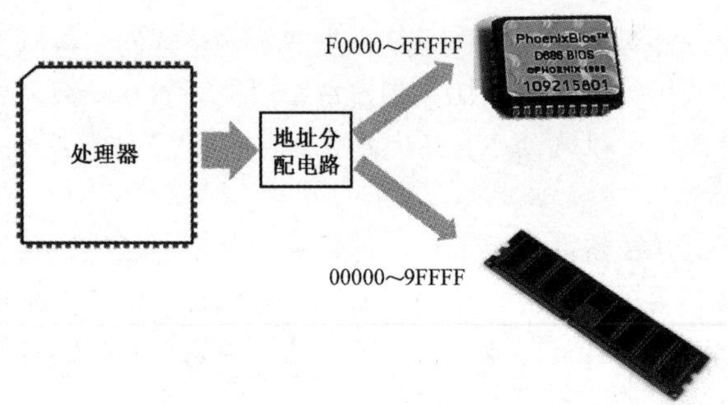

图 5-2　8086 系统的内存空间分配

与 DRAM 不同，ROM 不需要刷新，它的内容是预先写入的，即使掉电也不会消失，但也很难改变。这个特点很有用，比如，可以将一些程序指令固化在 ROM 中，使处理器在每次加电时都自动执行。处理器醒来后不能饿着，这是很重要的。

在以 INTEL 8086 为处理器的系统中，ROM 占据着整个内存空间顶端的 64KB，物理地址范围是 0xF0000～0xFFFFF，里面固化了开机时要执行的指令；DRAM 占据着较低端的 640KB，地址范围是 0x00000～0x9FFFF；中间还有一部分分给了其他外围设备，这个以后再说。因为 8086 加电或者复位时，CS=0xFFFF，IP=0x0000，所以，它取的第一条指令位于物理地址 0xFFFF0，正好位于 ROM 中，那里固化了开机时需要执行的指令。

处理器取指令执行的自然顺序是从内存的低地址往高地址推进。如果从 0xFFFF0 开始执行，这个位置离 1MB 内存的顶端（物理地址 0xFFFFF）只有 16 字节的长度，一旦 IP 寄存器的值超过 0x000F，比如 IP=0x0011，那么，它与 CS 一起形成的物理地址将因为溢出而变成 0x00001，这将回绕到 1MB 内存的最底端。

所以，ROM 中位于物理地址 0xFFFF0 的地方，通常是一个跳转指令，它通过改变 CS 和 IP 的内容，使处理器从 ROM 中的较低地址处开始取指令执行。在 NASM 汇编语言里，一个典型的跳转指令像这样：

```
        jmp 0xf000:0xe05b
```

在这里，“jmp”是跳转（jump）的简化形式；0xf000 是要跳转到的段地址，用来改变 CS 寄存器的内容；0xe05b 是目标代码段内的偏移地址，用来改变 IP 寄存器的内容。因此，目标位置的物理地址是 0xfe05b。一旦执行这条指令，处理器将开始从指定的“段: 偏移”处开始重新取指令执行。

到了本书第 6 章我们就能接触跳转指令了，现在，我们只需要知道，指令的执行并非总是按顺序的，有时候不得不根据某些条件来选择执行哪些指令，不执行哪些指令。这个时候，跳转指令是很有用的。

这块 ROM 芯片中的内容包括很多部分，主要是进行硬件的诊断、检测和初始化。所谓初始化，就是让硬件处于一个正常的、默认的工作状态。最后，它还负责提供一套软件例程，让人们在不必了解硬件细节的情况下从外围设备（比如键盘）获取输入数据，或者向外围设备（比如显示器）输出数据。设备当然是很多的，所以这块 ROM 芯片只针对那些最基本的、对于使用计算机而言最重要的设备，而它所提供的软件例程，也只包含最基本、最常规的功能。正因为如此，这块芯片又叫基本输入输出系统（Base Input & Output System，BIOS）ROM，简称 ROM-BIOS。在读者缺乏基础知识的情况下讲述 ROM-BIOS 的工作只会越讲越糊涂，所以这些知识将会分散在各个章节里予以讲解。

ROM-BIOS 的容量是有限的，当它完成自己的使命后，最后所要做的，就是从辅助存储设备读取指令数据，然后转到那里开始执行。基本上，这相当于接力赛中的交接棒。

5.1.4 硬盘及其工作原理

历史上，有多种辅助存储设备，比如软盘、光盘、硬盘、U 盘等，相对于内存，它们就是人们常说的“外存”，即外存储器（设备）。

从软盘（Floppy Disk）启动计算机，这已经是过去的事了。软盘的尺寸比烟盒稍大一点，但是比较薄，采用塑料作为基片，上面是一层磁性物质，可以用来记录二进制位。这种塑料介质比较柔软，所以称为软盘。

在数据记录原理上和软盘很相似的设备是硬盘（Hard Disk，HDD），而且它们几乎是同一个时代的产物。但是，与软盘不同，硬盘是多盘片、密封、高转速的，采用铝合金作为基片，并在表面涂上磁性物质来记录二进制位。这就使得它的盘片具有较高的硬度，故称为硬盘。

如图 5-3 所示，这是一块被拆开密封盖的硬盘，中间是用于记录数据的铝合金盘片，固定在中心的轴上，由一个高速旋转的马达驱动。附着在盘片表面的扁平锥状物，就是用于在盘片上读写数据的磁头。

图 5-3　一块被拆开密封盖的硬盘

为了进一步搞清楚硬盘的内部构造，图 5-4 给出了更为详细的图示。

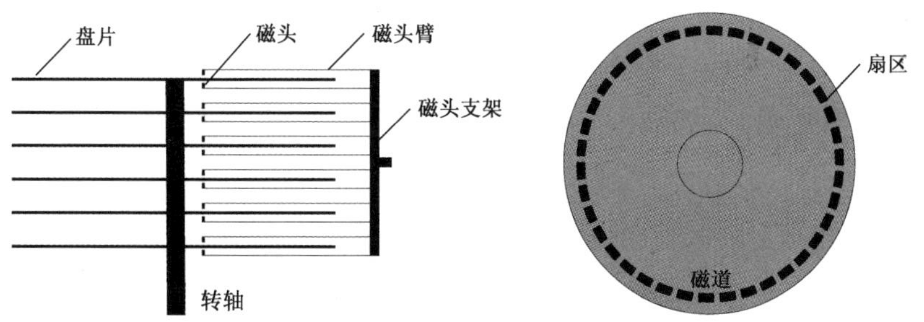

图 5-4　硬盘的内部结构

硬盘可以只有一个盘片（这称为单碟），也可能有好几个盘片。但无论如何，它们都串在同一个轴上，由电动机带动着一起高速旋转。一般来说，转速可以达到每分钟 3600 转或者 7200 转，有的能达到一万多转，这个参数就是我们常说的“转/分”（Round Per Minute，RPM）。

每个盘片都有两个磁头（Head），上面一个，下面一个，经常用磁头来指代盘面。磁头都有编号，第 1 个盘片，上面的磁头编号为 0，下面的磁头编号为 1；第 2 个盘片，上面的磁头编号为 2，下面的磁头编号为 3，依次类推。

每个磁头不是单独移动的。相反，它们都通过磁头臂固定在同一个支架上，由步进电动机带动着一起在盘片的中心和边缘之间来回移动。也就是说，它们是同进退的。步进电动机由脉冲驱动，每次可以旋转一个固定的角度，即可以步进一次。

可以想象，当盘片高速旋转时，磁头每步进一次，都会从它所在的位置开始，绕着圆心

“画”出一个看不见的圆圈，这就是磁道（Track）。磁道是数据记录的轨迹。因为所有磁头都是联动的，故每个盘面上的同一条磁道又可以形成一个虚拟的圆柱，称为柱面（Cylinder）。

磁道，或者柱面，也要编号。编号从盘面最边缘的那条磁道开始，向着圆心的方向，从 0 开始编号。

柱面是一个用来优化数据读写的概念。初看起来，用硬盘来记录数据时，应该先将一个盘面填满后，再填写另一个盘面。实际上，移动磁头是一个机械动作，看似很快，但对处理器来说，却很漫长，这就是寻道时间。为了加速数据在硬盘上的读写，最好的办法就是尽量不移动磁头。这样，当 0 面的磁道不足以容纳要写入的数据时，应当把剩余的部分写在 1 面的同一磁道上。如果还写不下，那就继续把剩余的部分写在 2 面的同一磁道上。换句话说，在硬盘上，数据的访问是以柱面来组织的。

实际上，磁道还不是硬盘数据读写的最小单位，磁道还要进一步划分为扇区（Sector）。磁道很窄，也看不见，但在想象中，它仍呈带状，占有一定的宽度。将它划分为许多段之后，每一部分都呈扇形，这就是扇区的由来。

每条磁道能够划分为几个扇区，取决于磁盘的制造者，但通常为 63 个。而且，每个扇区都有一个编号，与磁头和磁道不同，扇区的编号是从 1 开始的。

扇区与扇区之间以间隙（空白）间隔开来，每个扇区以扇区头开始，然后是 512 字节的数据区。扇区头包含了每个扇区自己的信息，主要有本扇区的磁道号、磁头号和扇区号，用来定位。现代的硬盘还会在扇区头部包括一个指示扇区是否健康的标志，以及用来替换该扇区的扇区地址。用于替换扇区的，是一些保留和隐藏的磁道。

5.1.5 一切从主引导扇区开始

尽管我们使用硬盘的历史很长，但它一直没能退出舞台，这主要是因为它总能通过不断提高自己的容量来打败那些竞争者。20 世纪 90 年代初，40MB 的硬盘算是常见的，能拥有 200MB 的硬盘很让人羡慕。进入 21 世纪之后，500GB 的硬盘也不算稀罕，而且价钱也很便宜。现在，我们也可以花很少的钱买到几 TB 的硬盘。

前面说到，ROM-BIOS 在完成自己的使命之前，最后要做的一件事是从外存储设备读取更多的指令来交给处理器执行。现实的情况是，对于 ROM-BIOS 来说，绝大多数时候，硬盘都是首选的外存储设备。

硬盘的第一个扇区是 0 面 0 道 1 扇区，或者说是 0 头 0 柱 1 扇区，这个扇区称为主引导扇区。如果计算机的设置是从硬盘启动的，那么，ROM-BIOS 将读取硬盘主引导扇区的内容，将它加载到内存地址 0x0000:0x7c00（也就是物理地址 0x07C00），然后用一个 jmp 指令跳到那里接着执行：

```
        jmp 0x0000:0x7c00
```

为什么偏偏是 0x7c00 这个地方？还不太清楚。反正当初定下这个方案的家伙已经被人说了很多坏话，我也就不准备再多说什么了。

通常，主引导扇区的功能是继续从硬盘的其他部分读取更多的内容加以执行。像 Windows 这样的操作系统，就是采用这种接力的方法一步一步把自己运行起来的。

说到这里，我们可以想象，如果我们把自己编译好的程序写到主引导扇区里，不也能够让处理器执行吗？

对于这种想法，我有一个好消息和一个坏消息要告诉你。

好消息是，这是可以的，而且这几乎是在不依赖操作系统的情况下，让我们的程序可以执行的唯一方法。

不过，坏消息是，如果你改写了硬盘的主引导扇区，那么，Windows 和 Linux，以及任何你正在使用的操作系统都会瘫痪，无法启动了。

那么，我们该怎么办呢？答案是在你现有的计算机上，再虚拟出一台计算机来。

◆　**检测点 5.1**

1．硬盘的磁头（盘面）是从数字（　）开始编号的；每个盘面磁道是从数字（　）开始编号的；每磁道/柱面上的扇区是从数字（　）开始编号的，主引导扇区的位置是（　）面（　）道（　）扇区；

2．如果希望处理器从当前位置转移到物理地址 0xc5030 处开始执行，可以使用下面的哪些指令（可多选）：

A. jmp 0xc000:0x5030　　　B. jmp 0xc500:0x0030

C. jmp 0xc503:0x0000　　　D. jmp 0xbb00:0xa030

5.2　创建和使用虚拟机

5.2.1　别害怕，虚拟机是软件

对于第一次听说虚拟机（Virtual Machine，VM）的人来说，可能以为还要再花钱买一台计算机，这恐怕是他们最担心的。所谓虚拟机，就是在你的计算机上再虚拟出另一台计算机来。这台虚拟出来的计算机，和真正的计算机一样，可以启动，可以关闭，还可以安装操作系统、安装和运行各种各样的软件，或者访问网络。总之，你在真实的计算机上能做什么，在它里面一样可以那么做。使用虚拟机，你会发现，在 Windows 操作系统里，居然又可以拥有另一套 Windows。然而本质上，它只是运行在物理计算机上的一个软件程序。

如图 5-5 所示，整个大的背景是 Windows 7 的桌面，它安装在一台真实的计算机上。图中的小窗口，正是虚拟机，运行的是 Windows Server 2003。像这样，我们就得到了两台“计算机”，而且它们都可以操作。

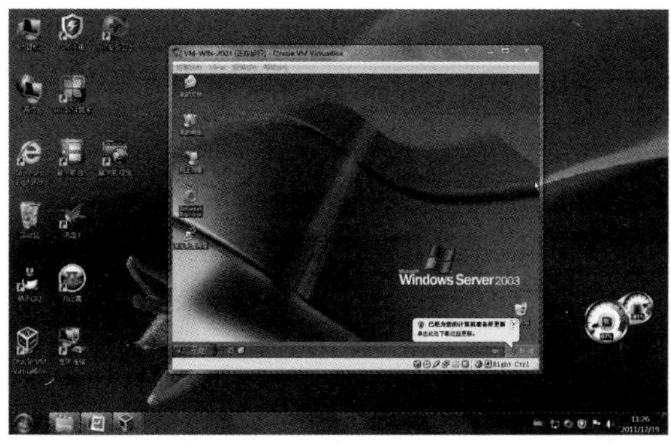

图 5-5　虚拟机的实例

虚拟机仅仅是一个软件，运行在各种主流的操作系统上。它以自己运行的真实计算机为模板，虚拟出另一套处理器、内存和外围设备来。它的处理能力，完全来自背后那台真实的计算机。

尤其重要的是，针对某种真实处理器所写的任何指令代码，通常都可以正确无误地在该处理器的虚拟机上执行。实际上，这也是虚拟机具有广泛应用价值的原因所在。

在过去的若干年里，虚拟机得到了广泛应用。为了研制防病毒软件、测试最新的操作系统或者软件产品，软件公司通常需要多台用于做实验的计算机。采用虚拟机，就可以避免反复重装软件系统的麻烦，当这些软件系统崩溃时，崩溃的只是虚拟机，而真实的物理计算机丝毫不受影响。

利用虚拟机来教学，本书不是第一个，国内外都流行这种教学方式。虚拟机利用软件来模拟完整的计算机系统，无须添加任何新的设备，而且与主计算机系统是隔离的，在虚拟机上的任何操作都不会影响到物理计算机上的操作系统和软件，这对拥有大量计算机的培训机构来说，可以极大地节省维护成本。

5.2.2 下载和安装 Oracle VM VirtualBox

主流的虚拟机软件包括 VMWare、Virtual PC 和 VirtualBox 等，但只有 VirtualBox 是开源和免费的。

要使用 VirtualBox，首先必须从网上下载并安装它。这里是它的主页：

```
https://www.virtualbox.org/
```

通过这个主页，你可以找到最新的版本并下载它。为了方便，下面给出下载页面的链接：

```
https://www.virtualbox.org/wiki/Downloads
```

本书的配书文件包中提供了关于如何下载、安装和配置 VirtualBox 软件的文档，有 WORD 和 PDF 两种版本，请选择使用。注意，要选择最新的版本下载，而且，由于该软件针对不同的操作系统平台开发，因此，要下载适用于 Windows 的安装程序。

VirtualBox 软件安装完毕之后，你需要创建或者说“虚拟”出一台计算机来，并设置该“计算机”的相关参数，包括为它配备一块硬盘。有关的方法和步骤在配书文件包的教程中已有介绍，唯一的建议是选用本书为你准备的虚拟硬盘。

和真实的计算机一样，虚拟机也需要一个或几个辅助存储器（磁盘、光盘、U 盘等）才能工作。不过，为它配备的并非是真正的盘片，而是一个特殊的文件，故称为虚拟盘。这样，当一个软件程序在虚拟机里读写硬盘或者光盘时，虚拟机将把它转换成对文件的操作，而软件程序还以为自己真的是在读写物理盘片。这样的一块磁盘，在需要的时候随时创建，不需要时可以随时删除，这真是非常神奇的磁盘。

前面你已经从网上下载了与本书配套的源码和工具，那是个压缩文件。解压之后，在源代码和工具文件夹里有一个现成的虚拟硬盘文件，文件名是 LEECHUNG.VHD，这是给你额外准备的，而且经过了测试，可以在你无法创建虚拟硬盘的时候派上用场。不管是你自己创建虚拟硬盘，还是选用这个现成的，都应当使虚拟硬盘文件位于源代码所在的文件夹，将来往该虚拟硬盘写数据时比较方便。

正如前面所说的，市面上有好几种流行的虚拟机软件，而每种虚拟机软件都企图制定自己的虚拟硬盘标准。因为虚拟硬盘实际是一个文件，所以，所谓虚拟硬盘标准，实际上就是该文件的格式。正是因为这样，虚拟硬盘类型说白了就是你准备采用哪家的虚拟硬盘文件格式。

通常来说，虚拟硬盘的格式体现在它的文件扩展名上，比如上面的 LEECHUNG.VHD，采用的就是微软公司的 VHD 虚拟硬盘规范。VHD 规范最早起源于 Connectix 公司的虚拟机软件 Connectix Virtual PC，2003 年，微软公司收购了它并改名为 Microsoft Virtual PC。2006 年，微软公司正式发布了 VHD 虚拟硬盘格式规范。在本书配套的源代码和工具包里，有该规范的文档。

VDI 是 VirtualBox 自己的虚拟硬盘规范，VMDK 是 VMWare 的虚拟硬盘规范。采用哪个公司、哪个虚拟机软件的虚拟硬盘格式，对于普通的应用来说，这没什么关系，它们都能很好地工作。但是，对于本书和本书配套的工具来说，你必须选择“VHD（Virtual Hard Disk）”。具体原因，我们将在下一节讲述。

事实上，即使是 VHD，也分为两种类型：固定尺寸的和动态分配的。一个固定尺寸的 VHD，它对应的文件尺寸和该虚拟硬盘的容量是相同的，或者说是一次性分配够了的。比如，一个 2GB 的 VHD 虚拟硬盘，它对应的文件大小也是 2GB。注意，本书及本书配套的工具仅支持固定尺寸的 VHD。

一旦完成了全部的准备工作，刚刚创建的虚拟机就会显示在 VirtualBox 控制台里，如图 5-6 所示，虚拟机的名字叫“LEARN-ASM”。基本上，你现在就可以单击控制台界面上的“开始（t）”来启动这台虚拟机。但是，别忙，你的虚拟硬盘里还没有东西呢。

图 5-6 通过向导程序创建的 LEARN-ASM 虚拟机

5.2.3 虚拟硬盘简介

坦白地说，之所以要采用固定尺寸的 VHD 虚拟硬盘，是因为它的简单性。我们知道，虚拟硬盘实际上是一个文件。固定尺寸的 VHD 虚拟硬盘是一个具有“.vhd”扩展名的文件，它仅包括两个部分，前面是数据区，用来模拟实际的硬盘空间，后面跟着一个 512 字节的结尾（2004 年前的规范里只有 511 字节）。

要访问硬盘，运行中的程序必须至少向硬盘控制器提供 4 个参数，分别是磁头号、磁道号、扇区号，以及访问意图（是读还是写）。

硬盘的读写是以扇区为最小单位的。所以，无论什么时候，要从硬盘读数据，或者向硬盘写数据，至少得是 1 个扇区。

你可能想，我只有 2 字节的数据，不足以填满一个扇区，怎么办呢？

这是你自己的事。你可以用无意义的废数字来填充，凑够一个扇区的长度，然后写入。读取的时候也是这样，你需要自己跟踪和把握从扇区里读到的数据，哪些是你真正想要的。换句话说，硬盘只是机械和电子的组合，它不会关心你都写了些什么。要是手机像人类一样智能，它一定会在坏人使用它的时候无法开机。

在 VHD 规范里，每个扇区是 512 字节。VHD 文件一开始的 512 字节就对应着物理硬盘的 0 面 0 道 1 扇区。然后，VHD 文件的第二个 512 字节，对应着 0 面 0 道 2 扇区，后面的依次类推，一直对应到 0 面 0 道 *n* 扇区。这里，*n* 等于每磁道的扇区数。

再往后，因为硬盘的访问是按柱面进行的，所以，在 VHD 文件中，紧接着前面的数据块，下一个数据块对应的是 1 面 0 道 1 扇区，就这样一直往后排列，当把第一个柱面全部对应完后，再从第二个柱面开始对应。

如图 5-7 所示，为了标志一个文件是 VHD 格式的虚拟硬盘，并为使用它的虚拟机提供该硬盘的参数，在 VHD 文件的结尾，包含了 512 字节的格式信息。为了观察这些信息，我们使用了前面已经介绍过的配书工具 HexView。

如图 5-7 所示，文件尾信息是以一个字符串“conectix”开始的。这个标志用来告诉试图打开它的虚拟机，这的确是一个合法的 VHD 文件。该标志称为 VHD 创建者标识，就是说，该公司（conectix）创建了 VHD 文件格式的最初标准。

```
HexViewer-2011-11 [C:\Users\Administrator\VirtualBox VMs\LEARN-ASM\LEARN-ASM.vhd]
文件(F)
0660D070  00 00 00 00 00 00 00 00  00 00 00 00 00 00 00 00  ................
0660D080  63 6F 6E 65 63 74 69 78  00 00 00 02 00 01 00 00  conectix........
0660D090  FF FF FF FF FF FF FF FF  16 81 CF 77 76 62 6F 78  ...........wvbox
0660D0A0  00 04 00 01 57 69 32 6B  00 00 00 00 06 60 D0 80  ....Wi2k.....`..
0660D0B0  00 00 00 00 06 60 D0 80  03 B1 0D 11 00 00 00 02  .....`..........
0660D0C0  FF FF E4 4A 34 A7 A3 C2  91 7B 3D 4C A5 B1 A7 63  ...J4....{=L...c
0660D0D0  0E 1A 6A 58 00 00 00 00  00 00 00 00 00 00 00 00  ..jX............
0660D0E0  00 00 00 00 00 00 00 00  00 00 00 00 00 00 00 00  ................
0660D0F0  00 00 00 00 00 00 00 00  00 00 00 00 00 00 00 00  ................
0660D100  00 00 00 00 00 00 00 00  00 00 00 00 00 00 00 00  ................
0660D110  00 00 00 00 00 00 00 00  00 00 00 00 00 00 00 00  ................
0660D120  00 00 00 00 00 00 00 00  00 00 00 00 00 00 00 00  ................
0660D130  00 00 00 00 00 00 00 00  00 00 00 00 00 00 00 00  ................
0660D140  00 00 00 00 00 00 00 00  00 00 00 00 00 00 00 00  ................
0660D150  00 00 00 00 00 00 00 00  00 00 00 00 00 00 00 00  ................
0660D160  00 00 00 00 00 00 00 00  00 00 00 00 00 00 00 00  ................
0660D170  00 00 00 00 00 00 00 00  00 00 00 00 00 00 00 00  ................
0660D180  00 00 00 00 00 00 00 00  00 00 00 00 00 00 00 00  ................
0660D190  00 00 00 00 00 00 00 00  00 00 00 00 00 00 00 00  ................
0660D1A0  00 00 00 00 00 00 00 00  00 00 00 00 00 00 00 00  ................
0660D1B0  00 00 00 00 00 00 00 00  00 00 00 00 00 00 00 00  ................
0660D1C0  00 00 00 00 00 00 00 00  00 00 00 00 00 00 00 00  ................
0660D1D0  00 00 00 00 00 00 00 00  00 00 00 00 00 00 00 00  ................
0660D1E0  00 00 00 00 00 00 00 00  00 00 00 00 00 00 00 00  ................
0660D1F0  00 00 00 00 00 00 00 00  00 00 00 00 00 00 00 00  ................
0660D200  00 00 00 00 00 00 00 00  00 00 00 00 00 00 00 00  ................
0660D210  00 00 00 00 00 00 00 00  00 00 00 00 00 00 00 00  ................
0660D220  00 00 00 00 00 00 00 00  00 00 00 00 00 00 00 00  ................
0660D230  00 00 00 00 00 00 00 00  00 00 00 00 00 00 00 00  ................
0660D240  00 00 00 00 00 00 00 00  00 00 00 00 00 00 00 00  ................
0660D250  00 00 00 00 00 00 00 00  00 00 00 00 00 00 00 00  ................
0660D260  00 00 00 00 00 00 00 00  00 00 00 00 00 00 00 00  ................
0660D270  00 00 00 00 00 00 00 00  00 00 00 00 00 00 00 00  ................
0660D280
```

图 5-7　VHD 文件的格式信息

从这个标志开始，后面的数据包含了诸如文件的创建日期、VHD 的版本、创建该文件的应用程序名称和版本、创建该文件的应用程序所属的操作系统、该虚拟硬盘的参数（磁头数、每面磁道数、每磁道扇区数）、VHD 类型（固定尺寸还是动态增长）、虚拟硬盘容量等。

说到这里，也许你已经明白我为什么要在书中使用固定尺寸的 VHD。是的，因为它简单。为了学习汇编语言，我们不得不在硬盘上直接写入程序。因为 VHD 格式简单，所以我只花了很少的时间就开发了一个虚拟硬盘写入程序，作为配书工具让大家使用，这就是下一节将要介绍的 FixVhdWr。

至于为什么要使用 VirtualBox 虚拟机，是因为它支持 VHD，而且是免费的。先前版本的 VirtualBox 可以识别 VHD，但不支持创建新的 VHD，尽管微软公司很早就公开了 VHD 规范。好消息是现在的 VirtualBox 也可以创建 VHD 了。

5.2.4　练习使用 FixVhdWr 工具向虚拟硬盘写数据

通常，VHD 是由虚拟机 VirtualBox 使用的。应用程序像往常一样，直接针对硬盘进行操作，而在底层，虚拟机将这些硬件访问转化为对文件的读写。

为了在处理器加电或者复位之后能够执行我们写的程序，势必要将这些程序写到硬盘的主引导扇区里，也就是 0 面 0 道 1 扇区，即使是在虚拟机工作环境中，也是这样。

为了做到这一点，需要一个专门针对虚拟硬盘进行读写的工具。我自己写了一个，就在配书源代码和工具里。在本书第 1 版中，这个程序叫 FixVhdWr，但是很多读者反映说用起来不方便，操作很麻烦，包括每次都要重新选取虚拟硬盘文件；每次都要选取数据文件，而且只能选取一个数据文件；不能记住上次的文件名；不能在同一界面里启动虚拟机。

综合大家的意见后，我重写了两个版本，一个是用于 32 位 Windows 的版本，名叫 FixVhdWr32；一个是用于 64 位 Windows 的版本，名叫 FixVhdWr64。32 位版本的 FixVhdWr32 可以运行在 32 位或者 64 位 Windows 上，而 64 位版本的 FixVhdWr64 只能工作在 64 位 Windows 上，请注意根据你的实际情况选用。为方便起见，不管是 32 位版本，还是 64 位版本，我们以后统称为 FixVhdWr。

如图 5-8 所示，这是 FixVhdWr 软件的界面。第一次运行这个软件时，你需要在界面顶部选择一个虚拟硬盘文件。FixVhdWr 只针对固定尺寸的 VHD，如果选择的是一个合法的 VHD 文件，它将读取该文件的结尾，并显示该虚拟硬盘的信息。

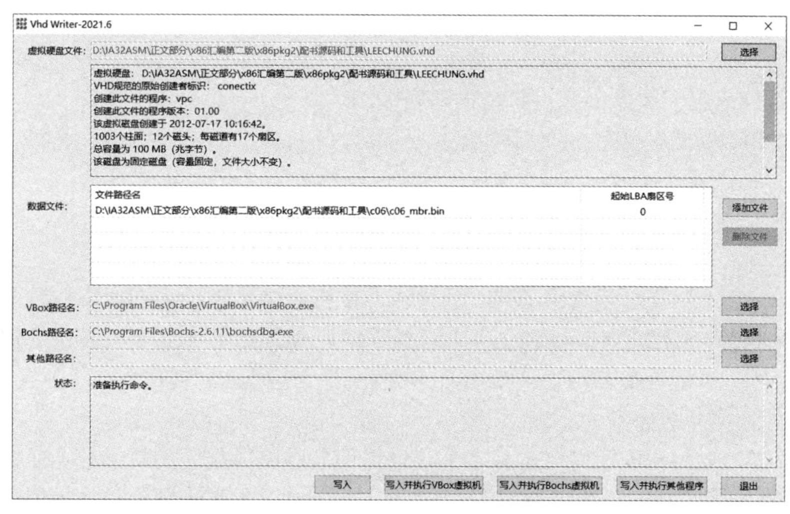

图 5-8 FixVhdWr 软件的界面

在软件界面的中间部分，你可以添加要写入虚拟硬盘的数据文件。在这个过程中，会弹出额外的界面，让你指定文件的位置和名称，以及写入时的起始逻辑扇区号，也就是所谓的起始 LBA 扇区号。那么，什么是 LBA 扇区号呢？

通常，一个扇区的尺寸是 512 字节，可以看成一个数据块。所以，从这个意义上来说，硬盘是一个典型的块（Block）设备。

采用磁头、磁道和扇区这种模式来访问硬盘的方法称为 CHS 模式，但不是很方便。想想看，如果有一大堆数据要写，还得注意磁头号、磁道号和扇区号不要超过界限。所以，后来引入了逻辑块地址（Logical Block Address，LBA）的概念。现在市场上销售的硬盘，无论哪个厂家生产的，都支持 LBA 模式。

LBA 模式由硬盘控制器在硬件一级上提供支持，所以效率很高，兼容性很好。LBA 模式不考虑扇区的物理位置（磁头号、磁道号），而是把它们全部组织起来统一编号。在这种编址方式下，原先的物理扇区被组织成逻辑扇区，且都有唯一的逻辑扇区号。

比如，某硬盘有 6 个磁头，每面有 1000 个磁道，每磁道有 17 个扇区。那么：

逻辑 0 扇区对应着 0 面 0 道 1 扇区；

逻辑 1 扇区对应着 0 面 0 道 2 扇区；

……

逻辑 16 扇区对应着 0 面 0 道 17 扇区；

逻辑 17 扇区对应着 1 面 0 道 1 扇区；

逻辑 18 扇区对应着 1 面 0 道 2 扇区；

……

逻辑 33 扇区对应着 1 面 0 道 17 扇区；

逻辑 34 扇区对应着 2 面 0 道 1 扇区；

逻辑 35 扇区对应着 2 面 0 道 2 扇区；

……

要注意到，扇区在编号时，是以柱面为单位的。即，先是 0 面 0 道，接着是 1 面 0 道，直到把所有盘面上的 0 磁道处理完，再接着处理下一个柱面。之所以这样做，是因为我们讲过，要加速硬盘的访问速度，最好不移动磁头。

因为这里总共有 102000 个扇区，故最后一个逻辑扇区的编号是 101999，它对应着 5 面 999 道 17 扇区，这也是整个硬盘上最后一个物理扇区。

这里面的计算方法是：

```
LBA = C×磁头总数×每道扇区数+H×每道扇区数+(S-1)
```

这里，LBA 是逻辑扇区号，*C*、*H*、*S* 是想求得逻辑扇区号的那个物理扇区所在的磁道、磁头和扇区号。

采用 LBA 模式的好处是简化了程序的操作，使得程序员不用关心数据在硬盘上的具体位置。对于本书来说，VHD 文件是按 LBA 方式组织的，一开始的 512 字节就是逻辑 0 扇区，然后是逻辑 1 扇区；最后一个逻辑扇区排在文件的最后（最后 512 字节除外，那是 VHD 文件的标识部分）。

改进后的 FixVhdWr 程序可以选择多个数据文件，这些数据文件最终都会从指定的起始逻辑扇区号开始写入虚拟硬盘。数据文件添加成功后，会显示在列表框中。如果需要在列表框中去掉某个数据文件，只需要单击选中它，再选择“删除文件”即可。

在软件界面的下部，你可以指定 VirtualBox 虚拟机软件和 Bochs 虚拟机软件的路径名，但前提是你已经安装了这两个虚拟机软件。VirtualBox 虚拟机我们前面已经讲过，Bochs 虚拟机用来调试我们编写的汇编程序，这个工具非常有趣，也非常重要，当程序不能正常工作时，通过调试可以快速地找到出现问题的位置和原因，这个软件的安装和使用方法我们马上就要讲到。

上面设置的一系列文件和参数会被保存在配置文件中，当你下次再启动 FixVhdWr 软件时，这些内容都会自动恢复，不需要你再次选择、添加和设置。

如图 5-8 所示，在界面的底部是一排按钮，“写入”按钮用来将数据文件按顺序写入虚拟硬盘。写入虚拟硬盘之后，通常还要在虚拟机中观察运行结果，或者对程序进行调试。为方便起见，“写入并执行 VBox 虚拟机”按钮用来执行数据文件的写入操作，然后启动 VirtualBox 虚拟机软件。“写入并执行 Bochs 虚拟机”按钮用来执行数据文件的写入操作，然后启动 Bochs 虚拟机软件。需要特别注意的是，VirtualBox 和 Bochs 虚拟机软件所用的虚拟硬盘必须是

FixVhdWr 软件正在操作的虚拟硬盘。

◆ **检测点 5.2**

1．运行 Nasmide 程序，输入以下汇编指令并保存为文件 5-2.asm（不要考虑这些指令的含义和功能）：

```
mov ax,0xb800
mov ds,ax
mov [0x00],'a'
mov [0x02],'s'
mov [0x04],'m'
jmp $
times 510-($-$$) db 0
db 0x55,0xaa
```

2．将上面的 5-2.asm 文件编译，得到二进制文件 5-2.bin，并写入虚拟硬盘的主引导扇区。注意，该虚拟硬盘应当是 VirtualBox 虚拟机的启动硬盘。

3．启动你的 VirtualBox 虚拟机。当虚拟机启动时，会像真实的计算机一样加载硬盘上的主引导扇区代码，并执行。此时，注意观察屏幕上都显示了什么内容。

第 6 章

编写主引导扇区代码

在学习汇编语言程序设计时，如果结合具体的实例来学习，把汇编技术融入一些具体问题的解决过程当中，将能获得很好的学习效果。

初学者在写第一个程序时，都有一种在屏幕上显示点什么的想法，这是很正常的，可以理解，因为屏幕是最直观的，能够看出程序的运行是否正常，是否符合设计时的预期。为此，本章将带你了解如何控制显卡在屏幕上显示字符。当然，这并不是主要目的，真正的目的在于用这个具体的实例，让你学习到以下知识：

1．NASM 汇编语言源程序的一般组成部分，如标号、指令、伪指令和注释等；

2．进一步学习 mov 指令和 jmp 指令的更多用法，以及加法指令 add、除法指令 div 和异或指令 xor 的用法；

3．处理器的工作是取指令、执行指令，包括数据访问。而这一切，都是通过分段机制来完成的。在本章中，通过编写程序、分析程序的执行过程，观察程序的执行结果，进一步加深对内存分段访问机制的感性认识和对处理器工作过程的理解。

6.1　本章代码清单

本章有配套的汇编语言源程序，并围绕这些源程序进行讲解，请对照阅读。

本章代码清单：6-1（主引导扇区程序）

源程序文件：c06_mbr.asm

6.2　欢迎来到主引导扇区

在前面的预备知识里我们已经知道，处理器加电或者复位之后，如果硬盘是首选的启动设备，那么，ROM-BIOS 将试图读取硬盘的 0 面 0 道 1 扇区。传统上，这就是主引导扇区（Main Boot Sector，MBR）。

读取的主引导扇区数据有 512 字节，ROM-BIOS 程序将它加载到逻辑地址 0x0000:0x7c00 处，也就是物理地址 0x07c00 处，然后判断它是否有效。

一个有效的主引导扇区，其最后 2 字节应当是 0x55 和 0xAA。ROM-BIOS 程序首先检测这两个标志，如果主引导扇区有效，则以一个段间转移指令 jmp 0x0000:0x7c00 跳到那里继续执行。

一般来说，主引导扇区是由操作系统负责的。正常情况下，一段精心编写的主引导扇区代码将检测用来启动计算机的操作系统，并计算出它所在的硬盘位置。然后，它把操作系统的自举代码加载到内存，也用 jmp 指令跳转到那里继续执行，直到操作系统完全启动。

在本章中，我们将试图写一段程序，把它编译之后写入硬盘的主引导扇区，然后让处理器执行。当然，仅仅执行还不够，还必须在屏幕上显示点什么，要不然的话，谁知道我们的程序是不是成功运行了呢？

通过本章的学习，我们可以对处理器如何执行指令、如何访问内存及如何进行算术逻辑运算有一个基本的认知。

6.3　注　释

如本章代码清单 6-1 所展示的那样，在汇编语言源程序里，注释用于说明本程序的用途和编写时间等，可以单独成行，也可以放在每条指令的后面，解释本指令的目的和功能。注释不但有助于其他编程人员理解当前程序的编写思路和工作原理，而且也能帮助你自己在以后的某个时间重拾这些记忆。

注释必须以英文字母“;”开始。

在源程序编译阶段，编译器将忽略所有注释。因此，在编译之后，这些和生成机器代码无关的内容都统统消失了。

6.4　在屏幕上显示文字

6.4.1　显卡和显存

本程序首先要做的事是在屏幕上显示一行文字。当然，要想在屏幕上显示文字，就需要先了解文字是如何显示在屏幕上的。

为了显示文字，通常需要两种硬件，一是显示器，二是显卡。显卡的职责是为显示器提供内容，并控制显示器的显示模式和状态，显示器的职责是将那些内容以视觉可见的方式呈现在屏幕上。

一般来说，显卡都是独立生产、销售的部件，需要插在主板上才能工作。当然，像处理器、内存这样的东西，也位于主板上。每台计算机都有主板，它就在机箱内部，有时间你可以打开机箱来观察一下。

当然，显卡未必一定是独立的插卡。为了节省使用者的成本，有的显卡会直接做在主板上，这样的显卡也有个名字，叫集成显卡。

显卡控制显示器的最小单位是像素，一个像素对应着屏幕上的一个点。屏幕上通常有数十万乃至更多的像素，通过控制每个像素的明暗和颜色，我们就能让这大量的像素形成文字和美丽的图像。

不过，一个很容易想到的问题是，如何来控制这些像素呢？

答案是显卡都有自己的存储器，因为它位于显卡上，故称显示存储器（Video RAM，VRAM），简称显存，要显示的内容都预先写入显存。和其他半导体存储器一样，显存并没有什么特殊的地方，也是一个按字节访问的存储器件。

对显示器来说，显示黑白图像是最简单的，因为只需要控制每个像素是亮，还是不亮。如果把不亮当成比特“0”，亮看成比特“1”，那就好办了。因为，只要将显存里的每个比特和显示器上的每个像素对应起来，就能实现这个目标。

如图 6-1 所示，显存的第 1 字节对应着屏幕左上角连续的 8 个像素；第 2 字节对应着屏幕上后续的 8 个像素，后面的依次类推。

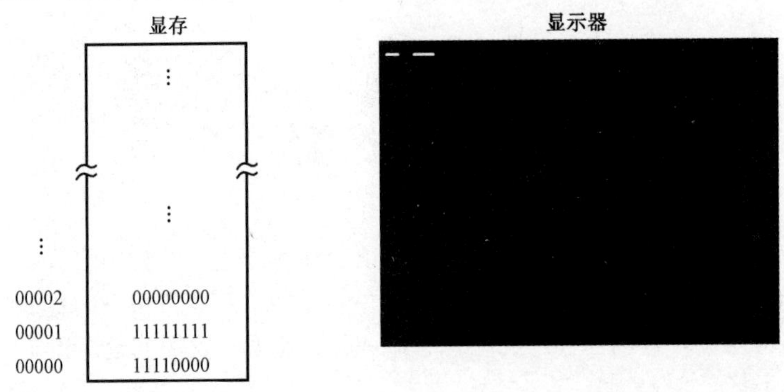

图 6-1　显存内容和显示器内容之间的对应关系

显卡的工作是周期性地从显存中提取这些比特，并把它们按顺序显示在屏幕上。如果是比特“0”，则像素保持原来的状态不变，因为屏幕本来就是黑的；如果是比特“1”，则点亮对应的像素。

继续观察图6-1，假设在显存中，第1字节的内容是11110000，第2字节的内容是11111111，其他所有的字节都是00000000。在这种情况下，屏幕左上角先是显示4个亮点，再显示4个黑点，然后再显示 8 个亮点。因为像素是紧挨在一起的，所以我们看到的先是一条白短线，隔着一定距离（4 个像素）又是一条白长线。

黑色和白色只需要 1 比特就能表示，但要显示更多的颜色，1 比特就不够了。现在最流行的，是用 24 比特，即 3 字节，来对应一个像素。因为 2^{24}=16777216，所以在这种模式下，同屏可以显示 16777216 种颜色，这称为真彩色。有关颜色的显示和它们与字长的关系，在《穿越计算机的迷雾》一书中有详细的介绍，这里不再赘述。

上面所讨论的，是人们常说的图形模式。图形模式是最容易理解的，同时对显示器来说也是最自然的模式。

现在是图形的时代，就连手机的屏幕都是五彩缤纷的。时光倒退到几十年前，在那个时代，真彩色还没有出现，显示器只能提供有限的色彩，处理器也不够强劲（以今天的眼光来看）。在这种情况下，人们不太可能认为图形显示技术有多么重要，因为他们不看高清电影，也没有数码相机，用计算机制作动画片更是不能想象的事。那个时候，人们的愿望很简单，只要能显示文字就行。

不管是显示图片，还是文字，对显示器来说没有什么不同，因为所有的内容都是由像素组成的，区别仅仅在于这些像素组成的是什么。有时候，人们会说，哦，显示的是一棵树；有时候，人们会说，哦，显示的是一个字母“H”。

问题是，操作显存里的比特，使得屏幕上能显示出字符的形状，是非常麻烦、非常烦琐的工作，因为你必须计算该字符所对应的比特位于显存里的什么位置。

为了方便，工程师们想出了一个办法。就像一个二进制数既可以是一个普通的数，也可以代表一条处理器指令一样，他们认为每个字符也可以表示成一个数。比如，数字 0x4C 就代表字符“L”，这个数被称为是字符“L”的 ASCII 代码，后面会讲到。

如图 6-2 所示，可以将字符的代码存放到显存里，第 1 个代码对应着屏幕左上角第 1 个字符，第 2 个代码对应着屏幕左上角第 2 个字符，后面的依次类推。剩下的工作是如何用代码来控制屏幕上的像素，使它们或明或暗以构成字符的轮廓，这是字符发生器和控制电路的事情。

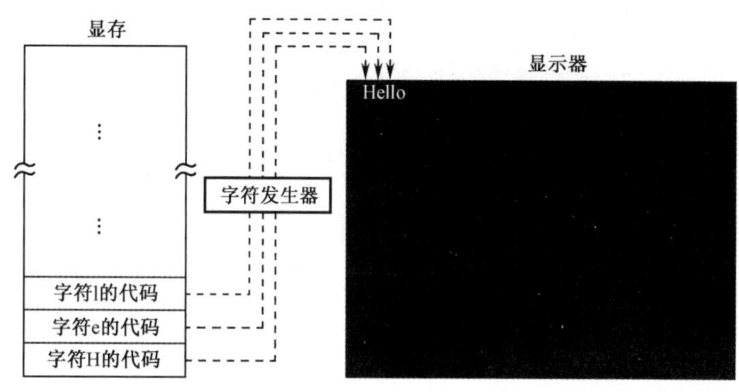

图 6-2 字符在屏幕上的显示原理

传统上，这种专门用于显示字符的工作方式称为文本模式。文本模式和图形模式是显卡的两种基本工作模式，可以用指令访问显卡，设置它的显示模式。在不同的工作模式下，显卡对显存内容的解释是不同的。

为了给出要显示的字符，处理器需要访问显存，把字符的 ASCII 码写进去。但是，显存是位于显卡上的，访问显存需要和显卡这个外围设备打交道。同时，多一道手续自然是不好的，这当中最重要的考量是速度和效率。想想看，你让人传话给父母，和自己亲自往家里打电话，花费的时间是不一样的。为了实现一些快速的游戏动画效果，或者播放高码率的电影，不直接访问显存是办不到的。

为此，计算机系统的设计者们，这些敢想敢干的人，决定把显存映射到处理器可以直接访问的地址空间里，也就是内存空间里。

如图 6-3 所示，我们知道，8086 可以访问 1MB 内存。其中，0x00000～9FFFF 属于常规内存，由内存条提供；0xF0000～0xFFFFF 由主板上的一个芯片提供，即 ROM-BIOS。

这样一来，中间还有一个 320KB 的空洞，即 0xA0000～0xEFFFF。传统上，这段地址空间由特定的外围设备来提供，其中就包括显卡。因为显示的功能对于现代计算机来说实在是太重要了。

由于历史的原因，所有在个人计算机上使用的显卡，在加电自检之后都会把自己初始化为 80×25 的文本模式。在这种模式下，屏幕上可以显示 25 行，每行 80 个字符，每屏总共 2000 个字符。

所以，如图 6-3 所示，一直以来，0xB8000～0xBFFFF 这段物理地址空间，是留给显卡的，由显卡来提供，用来显示文本。除非显卡出了毛病，否则这段空间总是可以访问的。如果显卡出了毛病怎么办呢？很简单，计算机一定不会通过加电自检过程，这就是传说中的严重错误，计算机是无法启动的，更不要说加载并执行主引导扇区的内容了。

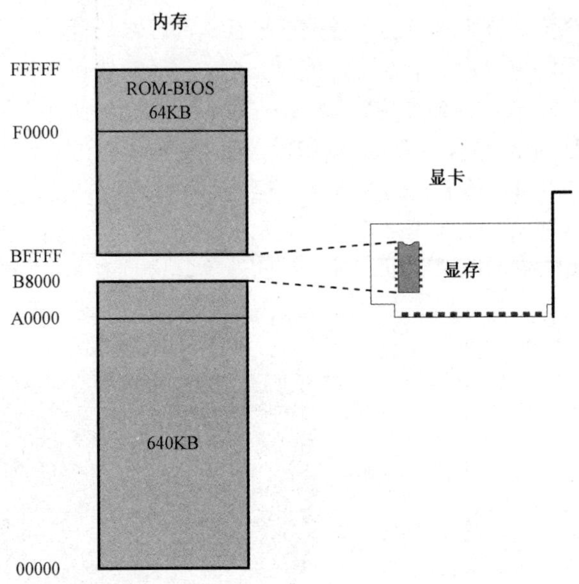

图 6-3　文本模式下显存到内存的映射

6.4.2　初始化段寄存器

和访问主内存一样，为了访问显存，也需要使用逻辑地址，也就是采用“段地址:偏移地址”的形式，这是处理器的要求。考虑到文本模式下显存的起始物理地址是 0xB8000，这块内存可以看成段地址为 0xB800，偏移地址从 0x0000 延伸到 0xFFFF 的区域，因此我们可以把段地址定为 0xB800。

访问内存可以使用段寄存器 DS，但这不是强制性的，也可以使用 ES。因为 DS 还有别的用处，所以在这里我们使用 ES 来指向显存所在的段。

源程序第 6、7 行，首先把立即数 0xB800 传送到 AX，然后再把 AX 的值传送到 ES。这样一来，附加段寄存器 ES 就指向 0xB800 段（段基地址为 0xB800）。

你可能会想，为什么不直接这样写：

```
        mov es, 0xb800
```

而要用寄存器 AX 来中转呢？

原因是不存在这样的指令，INTEL 处理器不允许将一个立即数传送到段寄存器，它只允许这样的指令：

```
        mov 段寄存器, 通用寄存器
        mov 段寄存器, 内存单元
```

没有人能够说清楚这里面的原因，INTEL 公司似乎也从没有提到过这件事，尽管从理论上，这是可行的。我们只能想，也许 INTEL 是出于好心，避免我们无意中犯错，毕竟，段地址一旦改变，后面对内存的访问都会受到影响。理论上，麻烦一点的方法，可以保证你确实知道自己在做什么。

6.4.3　显存的访问和 ASCII 代码

一旦将显存映射到处理器的地址空间，我们就可以使用普通的传送指令（mov）来读写它，这无疑是非常方便的。现在，我们已经把 0xB800 作为段地址传送到附加段寄存器 ES 了，以后就用 ES 来读写显存。这样，段内偏移为 0 的位置就对应着屏幕左上角的字符。

在计算机中，每个用来显示在屏幕上的字符，都有一个二进制代码。这些代码和普通的二进制数字没有什么不同，唯一的区别在于，发送这些数字的硬件和接收这些数字的硬件把它们解释为字符，而不是指令或者用于计算的数字。

这就是说，在计算机中，所有东西都是无差别的数字，它们的意义只取决于生成者和使用者之间的约定。为了在终端和大型主机，以及主机和打印机、显示器之间交换信息，1967 年，美国国家标准学会制定了美国信息交换标准代码（American Standard Code for Information Interchange，ASCII），如表 6-1 所示。

表 6-1 ASCII 表

$b_6b_5b_4$ / $b_3b_2b_1b_0$	000	001	010	011	100	101	110	111
0000	NUL	DLE	SPACE	0	@	P	`	p
0001	SOH	DC1	!	1	A	Q	a	q
0010	STX	DC2	"	2	B	R	b	r
0011	ETX	DC3	#	3	C	S	c	s
0100	EOT	DC4	$	4	D	T	d	t
0101	ENQ	NAK	%	5	E	U	e	u
0110	ACK	SYN	&	6	F	V	f	v
0111	BEL	ETB	'	7	G	W	g	w
1000	BS	CAN	(	8	H	X	h	x
1001	HT	EM	)	9	I	Y	i	y
1010	LF	SUB	*	:	J	Z	j	z
1011	VT	ESC	+	;	K	[	k	{
1100	FF	FS	,	<	L	\	l	|
1101	CR	GS	-	=	M	]	m	}
1110	SO	RS	.	>	N	^	n	~
1111	SI	US	/	?	O	_	o	DEL

在不同设备之间，或者在同一设备的不同模块之间有一个信息传递标准是非常必要的。想想看，当你用手机向朋友发送短消息时，这些文字当然被编码成二进制数字。如果对方的手机使用了不同的编码，那么他将无法正确还原这些消息，而很可能显示为乱码。

值得注意的是，ASCII 是 7 位代码，只用了一字节中的低 7 比特，最高位通常置 0。这意味着，ASCII 只包含 128 个字符的编码。所以，在表中，水平方向给出了代码的高 3 比特，而垂直方向给出了代码的低 4 比特。比如字符“*”，它的代码是二进制数的 010 1010，即 0x2A。

ASCII 表中有相当一部分代码是不可打印和显示的，它们用于控制通信过程。比如，LF 是换行；CR 是回车；DEL 和 BS 分别是删除和退格，在我们平时用的键盘上也是有的；BEL 是振铃（使远方的终端响铃，以引起注意）；SOH 是文头；EOT 是文尾；ACK 是确认。

在计算机发展的早期，还没有显示器和独立的键盘，计算机应用的典型场景是将电传打字机通过通信线路连接到 IBM 大型主机上，来使用主机提供的计算能力。电传打字机集成了键盘、打印和通信功能，可以向远程的主机发送操作命令，并接受主机的远程控制。在这个时候，ASCII 中的控制字符是非常重要的，但现在已经没有什么用处了。

注意，一定要遵从约定。比如，你在处理器上编写程序算了一道数学题 2+3，你也希望把结果 5 显示在屏幕上。这个时候，算出的结果是 0000 0101，即 0x05。但是，数字 5 和字符 5 是不同的，显卡在任何时候都认为你发送的是 ASCII 码。所以，你不应该发送 0x05，而应该发送 0x35。

屏幕上的每个字符对应着显存中连续 2 字节，前一个是字符的 ASCII 代码，后面是字符的显示属性，包括字符颜色（前景色）和底色（背景色）。如图 6-4 所示，字符“H”的 ASCII 代码是 0x48，其显示属性是 0x07；字符“e”的 ASCII 代码是 0x65，其显示属性是 0x07。

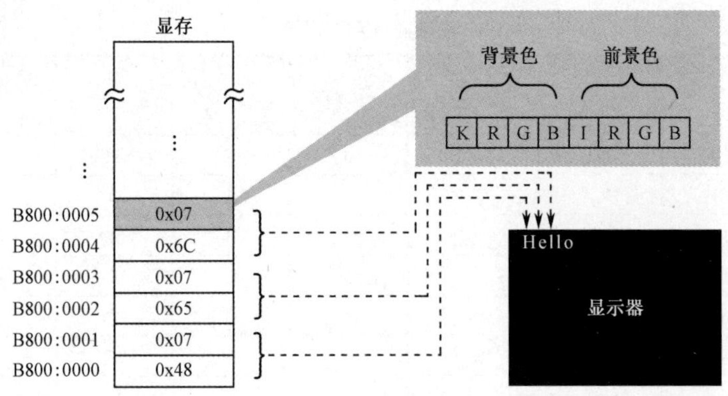

图 6-4　字符代码及字符属性

如图 6-4 所示，字符的显示属性（1 字节）分为两部分，低 4 位定义的是前景色，高 4 位定义的是背景色。色彩主要由 R、G、B 这 3 位决定，毕竟我们知道，可以由红（R）、绿（G）、蓝（B）三原色来配出其他所有颜色。K 是闪烁位，为 0 时不闪烁，为 1 时闪烁；I 是亮度位，为 0 时正常亮度，为 1 时呈高亮。表 6-2 给出了背景色和前景色的所有可能值。

表 6-2　80×25 文本模式下的颜色表

R	G	B	背景色	前景色	
			K=0 时不闪烁，K=1 时闪烁	I=0	I=1
0	0	0	黑	黑	灰
0	0	1	蓝	蓝	浅蓝
0	1	0	绿	绿	浅绿
0	1	1	青	青	浅青
1	0	0	红	红	浅红
1	0	1	品（洋）红	品（洋）红	浅品（洋）红
1	1	0	棕	棕	黄
1	1	1	白	白	亮白

从表 6-2 来看，图 6-4 中的字符属性 0x07 可以解释为黑底白字，无闪烁，无加亮。

你可能觉得奇怪，当屏幕上一片漆黑，什么内容都没有的时候，显存里会是什么内容呢？

实际上，这个时候屏幕上显示的全是黑底白字的空格字符（Space），它的 ASCII 代码是

0x20，当你用大拇指按动键盘上最长的那个键时，就产生这个字符。空格只占用一个字符的位置，但没有图形轮廓，自然就无法在黑底上看到任何痕迹了。

6.4.4 显示字符

从源程序的第 10 行开始，到第 35 行，目的是显示一串字符“Label offset:”。为此，需要把每个字符的 ASCII 码顺序写到显存中。

为了方便，多数汇编语言编译器允许在指令中直接使用字符的字面值来代替数值形式的 ASCII 码，比如源程序第 10 行：

```
        mov byte [es:0x00], 'L'
```

这等效于

```
        mov byte [es:0x00], 0x4c
```

尽管通过查表可以知道字符“L”的 ASCII 代码是 0x4C，但毕竟费事。不过，要在指令中使用字符的字面值，这个字符必须用引号围起来，就像上面一样。在源程序的编译阶段，汇编语言编译器会将它转换成 ASCII 码的形式。

当前的 mov 指令是将立即数传送到内存单元，目的操作数是内存单元，源操作数是立即数（ASCII 代码）。为了访问内存单元，需要给出段地址和偏移地址。在这条指令中，偏移地址为 0x00，段地址在哪里呢？一般情况下，如果没有附加任何指示，段地址默认在段寄存器 DS 中。比如：

```
        mov byte [0x00], 'L'
```

当执行这条指令后，处理器把段寄存器 DS 的内容左移 4 位（相当于乘以十进制数 16 或者十六进制数 0x10），加上这里的偏移地址 0x00，就得到了物理地址。

但实际上，在我们的程序中，显存的段地址位于段寄存器 ES 中，我们希望使用段寄存器 ES 来访问内存。因此，这里使用了段超越前缀“es:”。这就是说，我们明确要求处理器在生成物理地址时，使用段寄存器 ES，而不是默认情况下的段寄存器 DS。

因为指令中给出的偏移地址是 0x00，且段寄存器 ES 的值已经在前面被设为 0xB800，故它指向段寄存器 ES 段中，偏移地址为 0 的内存单元，即 0xB800:0x0000，也就是物理地址 0xB8000，这个内存单元对应着屏幕左上角第一个字符的位置。

还需要注意的是，因为目的操作数给出的是一个内存地址，我们要用源操作数来修改这个地址里的内容，所以，目的操作数必须用方括号围起来，以表明它是一个地址，处理器应该用这个地址再次访问内存，将源操作数写进这个单元。实际上，这类似于高级语言里的指针。

最后，关键字“byte”用来修饰目的操作数，指出本次传送是以字节的方式进行的。在 16 位的处理器上，单次操作的数据宽度可以是 8 位，也可以是 16 位。到底是 8 位，还是 16 位，可以根据目的操作数或者源操作数来判断。遗憾的是，在这里，目的操作数是偏移地址 0x00，它可以是字节单元，也可以是字单元，到底是哪一种，无法判断；而源操作数呢，是立即数 0x4C，它既可以解释为 8 位的 0x4C，也可以解释为 16 位的 0x004C。在这种情况下，编译器将无法搞懂你的真实意图，只能报告错误，所以必须用“byte”或者“word”进行修饰（明确指示）。于是，一旦目的操作数被指明是“byte”的，那么，源操作数的宽度也就明确了。相反地，下面的指令就不需要任何修饰：

```
        mov [0x00], al          ;按字节操作
        mov ax, [0x02]          ;按字操作
```

因为屏幕上的一个字符对应着内存中的 2 字节：ASCII 代码和属性，所以，源程序第 11 行的功能是将属性值 0x07 传送到下一个内存单元，即偏移地址 0x01 处。这个属性可以解释为黑底白字，无闪烁，也无加亮，请参阅表 6-2。

后面，从第 12 行开始，到第 35 行，用于向显存（或者叫显示缓冲区）填充剩余部分的字符。注意，在这个过程中，偏移地址一直是递增的。

6.4.5 mov 指令的格式

到目前为止，我们已经多次接触了 mov 指令。在处理器的整个指令集中，mov 指令是用得最多的一条。

mov 指令用于数据传送。既然是数据传送，那么，目的操作数的作用应该相当于一个“容器”，故必须是通用寄存器或者内存单元；源操作数呢，也可以是和目的操作数具有相同数据宽度的通用寄存器和内存单元，还可以是立即数。传送指令只影响目的操作数的内容，不改变源操作数的内容。比如：

```
mov ah, bh
mov ax, dx
```

以上，第一条指令的目的操作数和源操作数都是 8 位寄存器，指令执行后，寄存器 AH 的内容和寄存器 BH 相同；第二条指令的目的操作数和源操作数都是 16 位寄存器，指令执行后，寄存器 AX 的内容和寄存器 DX 相同。但是，由于数据宽度不同，下面这条指令就是错误的：

```
mov ax, bl
```

再来看下面两条指令：

```
mov [0x02], bh
mov ax, [0x06]
```

以上，第一条指令是把寄存器 BH 中的内容传送到偏移地址为 0x02 的 8 位内存单元；第二条指令是把偏移地址为 0x06 的 16 位内存单元里的内容传送到寄存器 AX 中。由于这两条指令中都有寄存器操作数，故不需要用“byte”或者“word”来修饰。

传送指令的源操作数也可以是立即数。比如：

```
mov ah, 0x05
mov word [0x1c], 0xf000
```

以上，第一条指令是把立即数 0x05 传送到寄存器 AH 中，指令执行后，寄存器 AH 中的内容为 0x05；第二条指令是把立即数 0xf000 传送到偏移地址为 0x1c 的 16 位内存单元中。因为上一节所说的原因，这里要用 word 来修饰。

mov 指令的目的操作数不允许为立即数，而且，目的操作数和源操作数不允许同时为内存单元。因此，下面两条指令都是不正确的：

```
mov 0x1c, al
mov [0x01], [0x02]
```

以上，说第一条指令是错误的，这很好理解。想想看，你把寄存器 AL 中的内容传送给一个立即数，这是什么意思呢？于理不通。至于第二条指令为什么不正确，那是因为处理器不允许在两个内存单元之间直接进行传送操作。事实上，这条指令的功能可以用两条指令实现（假设传送的是一个字）：

```
mov ax, [0x02]
```

```
    mov [0x01], ax
```

就算处理器支持在两个内存单元之间直接传送数据，那么，它依然是在内部按上面的两个步骤进行操作的。而且，支持这种直接传送操作的指令还需要增加额外的电路。

不单是 mov 指令，其他指令都不支持在两个内存单元之间直接进行操作，包括加、减、乘、除和逻辑运算等指令。事情是明摆着的，既然增加了处理器的复杂性和用两条指令没什么区别，干脆就用两条指令好了。

◆ **检测点 6.1**

1．在我们日常使用的个人计算机上，在文本模式下的显示缓冲区被映射到物理内存地址空间，起始地址为（　　　），它对应的段地址为（　　　）。在标准的 80×25 文本模式下，要想在屏幕右下角显示一个绿底白字的字符“H”，那么，应当在该段内偏移量为（　　　）的地方开始，连续写入 2 字节（　　　）和（　　　）。

2．以下指令，哪些是不正确的，不正确的原因是什么？

A. mov al,0x55aa	B. mov ds,0x6000	C. mov ds,al
D. mov [0x06],0x55aa	E. mov ds,bx	F. mov ax,0x02
G. mov word [0x0a],ax	H. mov es,cx	I. mov ax,bl
J. mov byte [0x00],’c’	K. mov [0x02],[0xf000]	L. mov ds,[0x03]

6.5 显示标号的汇编地址

6.5.1 标号

处理器访问内存时，采用的是“段地址:偏移地址”的模式。对于任何一个内存段来说，段地址可以开始于任何 16 字节对齐的地方，偏移地址则总是从 0x0000 开始递增的。

为了支持这种内存访问模式，在源程序的编译阶段，编译器会把代码清单 6-1 整体上作为一个独立的段来处理，并从 0 开始计算和跟踪每条指令的地址。因为该地址是在编译期间计算的，故称为**汇编地址**。汇编地址是在源程序编译期间，编译器为每条指令确定的汇编位置（Assembly Position），指示该指令相对于程序或者段起始处的距离，以字节计。当编译后的程序装入物理内存后，它又是该指令在内存段内的偏移地址。

如表 6-3 所示，在用我们的配书工具 Nasmide 书写并编译代码清单 6-1 后，除了生成一个以“.bin”为扩展名的二进制文件，还会生成一个以“.lst”为扩展名的列表文件。这张表列出的，就是本章代码清单 6-1 编译后生成的列表文件内容。

表 6-3 代码清单 6-1 编译后的列表文件内容

```
                                 ;代码清单 6-1
                                 ;文件名：c06_mbr.asm
                                 ;文件说明：硬盘主引导扇区代码
                                 ;创建日期：2011-3-31 21:15，修订于 2021-09-06 23:05

    00000000    B800B8           mov ax,0xb800                ;指向文本模式的显示缓冲区
    00000003    8EC0             mov es,ax
```

续表

8				
9			;以下显示字符串"Label offset:"	
10	00000005	26C60600004C	mov byte [es:0x00],'L'	
11	0000000B	26C606010007	mov byte [es:0x01],0x07	
12	00000011	26C606020061	mov byte [es:0x02],'a'	
13	00000017	26C606030007	mov byte [es:0x03],0x07	
14	0000001D	26C606040062	mov byte [es:0x04],'b'	
15	00000023	26C606050007	mov byte [es:0x05],0x07	
16	00000029	26C606060065	mov byte [es:0x06],'e'	
17	0000002F	26C606070007	mov byte [es:0x07],0x07	
18	00000035	26C60608006C	mov byte [es:0x08],'l'	
19	0000003B	26C606090007	mov byte [es:0x09],0x07	
20	00000041	26C6060A0020	mov byte [es:0x0a],' '	
21	00000047	26C6060B0007	mov byte [es:0x0b],0x07	
22	0000004D	26C6060C006F	mov byte [es:0x0c],"o"	
23	00000053	26C6060D0007	mov byte [es:0x0d],0x07	
24	00000059	26C6060E0066	mov byte [es:0x0e],'f'	
25	0000005F	26C6060F0007	mov byte [es:0x0f],0x07	
26	00000065	26C606100066	mov byte [es:0x10],'f'	
27	0000006B	26C606110007	mov byte [es:0x11],0x07	
28	00000071	26C606120073	mov byte [es:0x12],'s'	
29	00000077	26C606130007	mov byte [es:0x13],0x07	
30	0000007D	26C606140065	mov byte [es:0x14],'e'	
31	00000083	26C606150007	mov byte [es:0x15],0x07	
32	00000089	26C606160074	mov byte [es:0x16],'t'	
33	0000008F	26C606170007	mov byte [es:0x17],0x07	
34	00000095	26C60618003A	mov byte [es:0x18],':'	
35	0000009B	26C606190007	mov byte [es:0x19],0x07	
36				
37	000000A1	B8[2E01]	mov ax,number	;取得标号 number 的偏移地址
38	000000A4	BB0A00	mov bx,10	
39				
40			;设置数据段的基地址	
41	000000A7	8CC9	mov cx,cs	
42	000000A9	8ED9	mov ds,cx	
43				
44			;求个位上的数字	
45	000000AB	BA0000	mov dx,0	
46	000000AE	F7F3	div bx	
47	000000B0	8816[2E7D]	mov [0x7c00+number+0x00],dl	;保存个位上的数字
48				

续表

		;求十位上的数字
000000B4	31D2	xor dx,dx
000000B6	F7F3	div bx
000000B8	8816[2F7D]	mov [0x7c00+number+0x01],dl ;保存十位上的数字
		;求百位上的数字
000000BC	31D2	xor dx,dx
000000BE	F7F3	div bx
000000C0	8816[307D]	mov [0x7c00+number+0x02],dl ;保存百位上的数字
		;求千位上的数字
000000C4	31D2	xor dx,dx
000000C6	F7F3	div bx
000000C8	8816[317D]	mov [0x7c00+number+0x03],dl ;保存千位上的数字
		;求万位上的数字
000000CC	31D2	xor dx,dx
000000CE	F7F3	div bx
000000D0	8816[327D]	mov [0x7c00+number+0x04],dl ;保存万位上的数字
		;以下用十进制显示标号的偏移地址
000000D4	A0[327D]	mov al,[0x7c00+number+0x04]
000000D7	0430	add al,0x30
000000D9	26A21A00	mov [es:0x1a],al
000000DD	26C6061B0004	mov byte [es:0x1b],0x04
000000E3	A0[317D]	mov al,[0x7c00+number+0x03]
000000E6	0430	add al,0x30
000000E8	26A21C00	mov [es:0x1c],al
000000EC	26C6061D0004	mov byte [es:0x1d],0x04
000000F2	A0[307D]	mov al,[0x7c00+number+0x02]
000000F5	0430	add al,0x30
000000F7	26A21E00	mov [es:0x1e],al
000000FB	26C6061F0004	mov byte [es:0x1f],0x04
00000101	A0[2F7D]	mov al,[0x7c00+number+0x01]
00000104	0430	add al,0x30
00000106	26A22000	mov [es:0x20],al
0000010A	26C606210004	mov byte [es:0x21],0x04

续表

90	00000110	A0[2E7D]	mov al,[0x7c00+number+0x00]	
91	00000113	0430	add al,0x30	
92	00000115	26A22200	mov [es:0x22],al	
93	00000119	26C606230004	mov byte [es:0x23],0x04	
94				
95	0000011F	26C606240044	moy byte [es:0x24],'D'	
96	00000125	26C606250007	mov byte [es:0x25],0x07	
97				
98	0000012B	E9FDFF	infi: jmp near infi	;无限循环
99				
100	0000012E	0000000000	number db 0,0,0,0,0	
101				
102	00000133	00<rept>	times 203 db 0	
103	000001FE	55AA	db 0x55,0xaa	

表 6-3 共分五栏，从左到右依次是行号、指令的汇编地址、指令编译后的机器代码、源程序代码和注释。可以看出，第一条指令 mov ax,0xb800 的汇编地址是 0x00000000，对应的机器代码为 B8 00 B8；第二条指令 mov es,ax 的汇编地址是 0x00000003，机器代码为 8E C0。

从表 6-3 中可以看出，在编译阶段，每条指令都被计算并赋予了一个汇编地址，就像它们已经被加载到内存中的某个段里一样。实际上，如图 6-5 所示，当编译好的程序加载到物理内存后，它在段内的偏移地址和它在编译阶段的汇编地址是相同的。

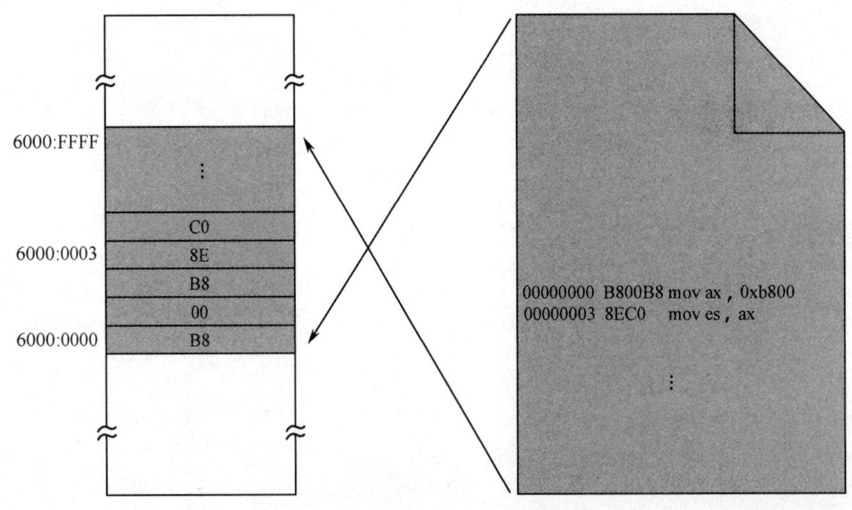

图 6-5　汇编地址和偏移地址的关系

正如图 6-5 所示，编译后的程序是整体加载到内存中某个段的，交叉箭头用于指示它们之间的映射关系。之所以箭头是交叉的，是因为源程序的编译是从上往下的，而内存地址的增长是从下往上的（从低地址往高地址方向增长）。

在图 6-5 中，假定程序是从内存物理地址 0x60000 开始加载的。该物理地址也对应着逻辑地址 0x6000:0x0000，因此我们可以说，该程序位于段 0x6000 内。

在编译阶段，源程序的第一条指令 mov ax,0xb800 的汇编地址是 0x00000000，而它在整个程序装入内存后，在段内的偏移地址是 0x0000，即逻辑地址 0x6000:0000，两者的偏移地址是一致的。

再看源程序的第二条指令，是 mov es,ax，它在编译阶段的汇编地址是 0x00000003。在整个程序装入内存后，它在段内的偏移地址是 0x0003，也没有变化。

这就很好地说明了汇编地址和偏移地址之间的对应关系。理解这一点，对后面的编程很重要。

在 NASM 汇编语言里，每条指令的前面都可以拥有一个标号，以代表和指示该指令的汇编地址。毕竟，由我们自己来计算和跟踪每条指令所在的汇编地址是极其困难的。这里有一个很好的例子，比如源程序第 98 行：

```
        infi: jmp near infi
```

在这里，行首带冒号的是标号是“infi”。请看表 6-3，这条指令的汇编地址是 0x0000012B，故 infi 就代表数值 0x0000012B，或者说是 0x0000012B 的符号化表示。

标号之后的冒号是可选的。所以下面的写法也是正确的：

```
        infi jmp near infi
```

标号并不是必需的，只有在我们需要引用某条指令的汇编地址时，才使用标号。正是因为这样，本章源程序中的绝大多数指令都没有标号。

标号可以单独占用一行的位置，像这样：

```
        infi:
            jmp near infi
```

这种写法和第 98 行相比，效果并没有什么不同，因为 infi 所在的那一行没有指令，它的地址就是下一行的地址，换句话说，和下一行的地址是相同的。

标号可以由字母、数字、“_”、“$”、“#”、“@”、“～”、“.”、“？”组成，但必须以字母、“.”“_”和“？”中的任意一个打头。

注意，汇编器输出的.lst 列表文件通常只是一个初步的编译结果，还需要后续的处理，所以这个文件并不能反映编译后的结果，与编译后的结果可能会有出入，在分析程序的结果时，不要完全依赖于这个文件，而要以实际的编译结果为准。

6.5.2 如何显示十进制数字

我们已经知道，标号代表并指示它**所在位置处的汇编地址**。现在，我们要编写指令，在屏幕上把这个地址的数值显示出来。为此，源程序的第 37 行用于获取标号所代表的汇编地址：

```
        mov ax, number
```

标号“number”位于源程序的第 100 行，只不过后面没有跟着冒号“:”。你当然可以加上冒号，但这无关紧要。注意，传送到寄存器 AX 的值是在源程序编译时确定的，在编译阶段，编译器会将标号 number 转换成立即数。如表 6-3 所示，标号 number 处的汇编地址是 0x012E，因此，这条语句其实就是（等效于）

```
        mov ax,0x012E
```

问题在于，如果不是借助于别的工具和手段，你不可能知道此处的汇编地址是 0x012E。所以，在汇编语言中使用标号的好处是不必关心这些。

因此，当这条指令编译后，得到的机器指令为 B8[2E01]，或者 B8 2E 01。B8 是操作码，后面是字操作数 0x012E，只不过采用的是低端字节序。

十六进制数 0x012E 等于十进制数 302，但是，通过前面对字符显示原理的介绍，我们应该清楚，直接把寄存器 AX 中的内容传送到显示缓冲区，是不可能在屏幕上出现“302”的。

解决这个问题的办法是将它的每个数位单独拆分出来，也就是分解它的每个数位。使用传统的数位分解方法，需要不停地除以 10，每次的余数就是分解出来的数位。什么时候商为 0，分解过程就结束了。

考虑到寄存器 AX 是 16 位的，可以表示的数从二进制的 0000000000000000 到 1111111111111111，也就是十进制的 0～65535，故它可以容纳最大 5 个数位的十进制数，从个位到万位，比如 61238。那么，假如你并不知道它是多少，只知道它是一个 5 位数，如何通过分解得到它的每个数位呢？

首先，用 61238 除以 10，商为 6123，余 8，本次相除的余数 8 就是个位数字；

然后，把上一次的商数 6123 作为被除数，再次除以 10，商为 612，余 3，余数 3 就是十位数字；

接着，再用上一次的商数 612 除以 10，商为 61，余 2，余数 2 就是百位数字；

同上，再用 61 除以 10，商为 6，余 1，余数 1 就是千位数字；

最后，用 6 除以 10，商为 0，余 6，余数 6 就是万位数字。

很显然，只要把 AX 的内容不停地除以 10，只需要 5 次，把每次的余数反向组合到一起，就是原来的数字。同样，如果反向把每次的余数显示到屏幕上，应该就能看见这个十进制数是多少了。

不过，即使是得到了单个的数位，也还是不能在屏幕上显示，因为它们是数字，而非 ASCII 代码。比如，数字 0x05 和字符“5”是不同的，后者实际上是数字 0x35。

观察表 6-1，你会发现，字符“0”的 ASCII 代码是 0x30，字符“1”的 ASCII 代码是 0x31，字符“9”的 ASCII 代码是 0x39。这就是说，把每次相除得到的余数加上 0x30，在屏幕上显示就没问题了。

6.5.3 在程序中声明并初始化数据

可以用处理器提供的除法指令来分解一个数的各个数位，但是每次除法操作后得到的数位需要临时保存起来以备后用。使用寄存器不太现实，因为它的数量很少，且还要在后续的指令中使用。因此，最好的办法是在内存中专门留出一些空间来保存这些数位。

尽管我们的目的仅仅是分配一些空间，但是，要达到这个目的必须初始化一些初始数据来“占位”。这就好比排队买火车票，你可以派任何无关的人去帮你占个位置，真正轮到你买的时候，你再出现。源程序的第 100 行用于声明并初始化这些数据，而标号 number 则代表了这些数据的起始汇编地址。

要放在程序中的数据是用 DB 指令来声明（Declare）的，DB 的意思是声明字节（Declare Byte），所以，跟在它后面的操作数都占一字节的长度（位置）。注意，如果要声明超过一个以上的数据，各个操作数之间必须以逗号隔开。

除此之外，DW（Declare Word）用于声明字数据，DD（Declare Double Word）用于声明双字（两个字）数据，DQ（Declare Quad Word）用于声明四字数据。DB、DW、DD 和 DQ 并不是处理器指令，它只是编译器提供的汇编指令，所以称作伪指令（Pseudo Instruction）。伪指令是汇编指令的一种，它没有对应的机器指令，所以它不是机器指令的助记符，仅仅在编译阶段由编译器执行，编译成功后，伪指令就消失了。所以在程序执行时，伪指令是得不到处理器光顾的。实际上，程序执行时，伪指令已不存在。

声明的数据可以是任何值，只要不超过伪指令所指示的大小。比如，用 DB 声明的数据，不能超过一字节所能表示的数的大小，即 0xFF。我们在此声明了 5 字节，并将它们的值都初始化为 0。

和指令不同，对于在程序中声明的数值，在编译阶段，编译器会在它们被声明的汇编地址处原样保留。有人会问，处理器不是可以访问任何内存位置吗，为啥还要用 DB 声明？处理器当然可以访问任何内存位置，但那个位置可能是其他程序的，伪指令 DB 用来保留只供自己访问的内存位置。

按照标准的做法，程序中用到的数据应当声明在一个独立的段，即数据段中。但是在这里，为方便起见，数据和指令代码是放在同一个段中的。不过，方便是方便了，但也带来了一个隐患：如果安排不当，处理器就有可能执行到那些非指令的数据上。尽管有些数碰巧和某些指令的机器码相同，也可以顺利执行，但毕竟不是我们想要的结果，违背了我们的初衷。

好在我们很小心，在本程序中把数据声明在所有指令之后，在这个地方，处理器的执行流程无法到达。

◆ **检测点 6.2**

找出下面代码片段中的错误。用 Nasmide 程序实际编译一下，看看结果如何。

```
data1 db 0x55,0xf000,0x0f
data2 dw 0x38,0x20,0x55aa
```

6.5.4 分解数的各个数位

源程序第 41、42 行，是把代码段寄存器 CS 的内容传送到通用寄存器 CX，然后再从寄存器 CX 传送到数据段寄存器 DS。在此之后，数据段和代码段都指向同一个段。之所以这么做，是因为我们刚才声明的数据是和指令代码混在一起的，可以认为是位于代码段中的。尽管在指令中访问这些数据可以使用段超越前缀“CS:”，但习惯上，通过数据段来访问它们更自然一些。

前面已经说过，要分解一个数的各个数位，需要做除法。8086 处理器提供了除法指令 div，它可以做两种类型的除法。

第一种类型是用 16 位的二进制数除以 8 位的二进制数。在这种情况下，被除数**必须在寄存器 AX 中**，必须事先传送到寄存器 AX 里。除数可以由 8 位的通用寄存器或者内存单元提供。指令执行后，商在寄存器 AL 中，余数在寄存器 AH 中。比如：

```
div cl
div byte [0x0023]
```

在前一条指令中，寄存器 CL 用来提供 8 位的除数。假如寄存器 AX 中的内容是 0x0005，寄存器 CL 中的内容是 0x02，指令执行后，寄存器 CL 中的内容不变，寄存器 AL 中的商是 0x02，寄存器 AH 中的余数是 0x01。

在后一条指令中，除数位于数据段内偏移地址为 0x0023 的内存单元里。这条指令执行时，处理器将数据段寄存器 DS 的内容左移 4 位，加上偏移地址 0x0023 以形成物理地址。然后，处理器再次访问内存，从那个物理地址处取得一字节，作为除数同寄存器 AX 做一次除法。

任何时候，只要是在指令中涉及内存地址的，都允许使用段超越前缀，比如：

```
div byte [cs:0x0023]
```

```
    div byte [es:0x0023]
```

话又说回来了，在一个源程序中，通常不可能知道汇编地址的具体数值，只能使用标号。所以，指令中的地址部分更常见的形式是使用标号，比如：

```
    dividnd dw 0x3f0
    divisor db 0x3f

    ......

    mov ax, [dividnd]
    div byte [divisor]
```

上面的程序很有意思，首先，声明了标号 dividnd 并初始化了一个字 0x3f0 作为被除数；然后，又声明了标号 divisor 并初始化一字节 0x3f 作为除数。

在后面的 mov 和 div 指令中，用标号 dividnd 和 divisor 来代替被除数和除数的汇编地址。在编译阶段，编译器用具体的数值取代括号中的标号 dividnd 和 divisor。现在，假设 dividnd 和 divisor 所代表的汇编地址分别是 0xf000 和 0xf002，那么，在编译阶段，编译器在生成这两条指令的机器码之前，会先将它们转换成以下的形式：

```
    mov ax,[0xf000]
    div byte [0xf002]
```

当第一条指令执行时，处理器用 0xf000 作为偏移地址，去访问数据段（段地址在段寄存器 DS 中），来取得内存中的一个字 0x3F0，并把它传送到寄存器 AX 中。

当第二条指令执行时，处理器采用同样的方法取得内存中的一字节 0x3F，用它来和寄存器 AX 中的内容做除法。当然，除法指令 div 的功能你是知道的。

说了这么多，其实是在强调标号和汇编地址的对应关系，以及如何在指令中使用符号化的偏移地址。

第二种类型是用 32 位的二进制数除以 16 位的二进制数。在这种情况下，因为 16 位的处理器无法直接提供 32 位的被除数，故要求**被除数的高 16 位在寄存器 DX 中，低 16 位在寄存器 AX 中**。

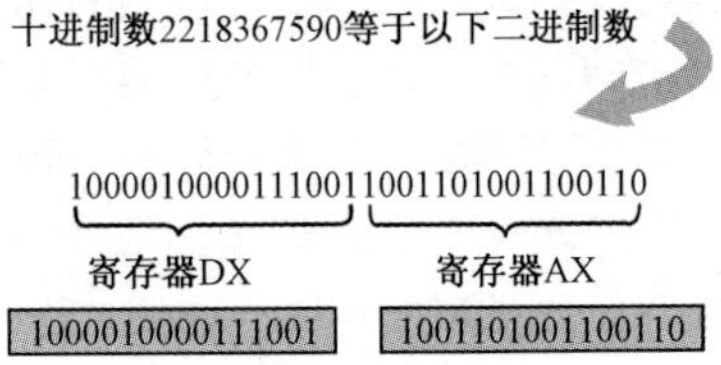

图 6-6　用 DX:AX 分解 32 位二进制数

这里有一个例子，如图 6-6 所示，假如被除数是十进制数 2218367590，那么，它对应着一个 32 位的二进制数 10000100000111001100110100110010。在做除法之前，先要分成两段进行“切割”，以分别装入寄存器 DX 和寄存器 AX。为了方便，我们通常用“DX:AX”来描述 32 位的被除数。

同时，除数可以由 16 位的通用寄存器或者内存单元提供，指令执行后，商在寄存器 AX 中，余数在寄存器 DX 中。比如下面的指令：

```
    div cx
    div word [0x0230]
```

源程序第 45 行把 0 传送到寄存器 DX，这意味着，我们是想把 DX:AX 作为被除数，即被除数的高 16 位全是 0。至于被除数的低 16 位，已经在第 37 行的代码中被置为标号 number 的汇编地址。

回到前面的第 38 行，该指令把 10 作为除数传送到通用寄存器 BX 中。

一切都准备好了，源程序第 46 行，div 指令用 DX:AX 作为被除数，除以寄存器 BX 的内容，执行后得到的商在寄存器 AX 中，余数在寄存器 DX 中。因为除数是 10，余数自然比 10 小，我们可以从寄存器 DL 中取得。

第 1 次相除得到的余数是个位上的数字，我们要将它保存到声明好的数据区中。所以，源程序第 47 行，我们又一次用到了传送指令，把寄存器 DL 中的余数传送到数据段。

可以看到，指令中没有使用段超越前缀，所以处理器在执行时，默认地使用段寄存器 DS 来访问内存。偏移地址是由标号 number 提供的，它是数据区的首地址，也可以说是数据区中第一个数据的地址。因此，number 和 number+0x00 是一样的，没有区别。

因为我们访问的是 number 所指向的内存单元，故要用中括号围起来，表明这是一个地址。

令人不解的是，在第 47 行中，偏移地址并非理论上的 number+0x00，而是 0x7c00+number+0x00。这个 0x7c00 是从哪里来的呢？

标号 number 所代表的汇编地址，其数值是在源程序编译阶段确定的，而且是相对于整个程序的开头，从 0 开始计算的。请看一下表 6-3 的第 37 行，这个在编译阶段计算出来的值是 0x012E。在运行的时候，如果该程序被加载到某个段内偏移地址为 0 的地方，这不会有什么问题，因为它们是一致的。

但是，事实上，如图 6-7 所示，这里显示的是整个 0x0000 段，其中深色部分为主引导扇区所处的位置。主引导扇区代码是被加载到 0x0000:0x7C00 处的，而非 0x0000:0x0000。对于程序的执行来说，这不会有什么问题，因为主引导扇区的内容被加载到内存中并开始执行时，CS=0x0000，IP=0x7C00。

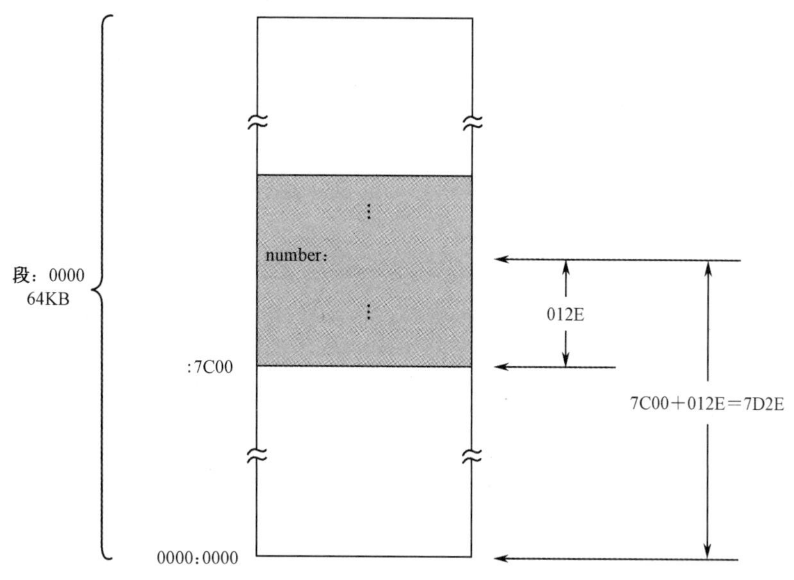

图 6-7 主引导程序加载到内存后的地址变化

加载位置的改变不会对处理器执行指令造成任何困扰，但会给数据访问带来麻烦。要知道，当前数据段寄存器 DS 的内容是 0x0000，因此，number 的偏移地址实际上是 0x012E+0x7C00=0x7D2E。当正在执行的指令仍然用 0x012E 来访问数据时，灾难就发生了。

所以，在编写主引导扇区程序时，我们就要考虑到这一点，必须把代码写成

```
    mov [0x7c00+number+0x00], dl
```

指令中的目的操作数是在编译阶段确定的，因此，在编译阶段，编译器同样会首先将它转

换成以下的形式，再进一步生成机器码：

```
    mov [0x7d2e], dl
```

这样，如表 6-3 的第 47 行所示，在编译后，编译器就会将这条指令编译成 88 16 2E 7D，其中前 2 字节是操作码，后 2 字节是低端字节序的 0x7D2E。当这条指令执行时，处理器将段寄存器 DS 的内容（和寄存器 CS 一样，是 0x0000）左移 4 位，再加上指令中提供的偏移地址 0x7D2E，就得到了实际的物理地址（0x07D2E）。

关于这条指令的另外一个问题是，虽然目的操作数也是一个内存单元地址，但并没有用关键字“byte”来修饰。这是因为源操作数是寄存器 DL，编译器可以据此推断这是一字节操作，不存在歧义。

现在已经得到并保存了个位上的数字，下一步是计算十位上的数字，方法是用上一次得到的商作为被除数，继续除以 10。恰好，寄存器 AX 已经是被除数的低 16 位，现在只需要把寄存器 DX 的内容清零即可。

为此，代码清单 6-1 第 50 行，用了一个新的指令 xor 来将寄存器 DX 的内容清零。

xor，在数字逻辑里是异或（eXclusive OR）的意思，或者叫互斥或、互斥的或运算。在《穿越计算机的迷雾》一书中，已经花了大量的篇幅讲解数字逻辑。在数字逻辑里，如果 0 代表假，1 代表真，那么

```
    0 xor 0 = 0
    0 xor 1 = 1
    1 xor 0 = 1
    1 xor 1 = 0
```

xor 指令的目的操作数可以是通用寄存器和内存单元，源操作数可以是通用寄存器、内存单元和立即数（不允许两个操作数同时为内存单元）。而且，异或操作是在两个操作数相对应的比特之间单独进行的。

一般地，xor 指令的两个操作数应当具有相同的数据宽度。因此，其指令格式可以总结为以下几种情况：

```
    xor 8位通用寄存器，8位立即数，例如：xor al,0x55
    xor 8位通用寄存器，指向8位实际操作数的内存地址，例如：xor cl,[0x2000]
    xor 8位通用寄存器，8位通用寄存器，例如：xor bl,dl

    xor 16位通用寄存器，16位立即数，例如：xor ax,0xf033
    xor 16位通用寄存器，指向16位实际操作数的内存地址，例如：xor bx,[0x2002]
    xor 16位通用寄存器，16位通用寄存器，例如：xor dx,bx

    xor 指向8位实际操作数的内存地址，8位立即数，例如：xor byte[0x3000],0xf0
    xor 指向8位实际操作数的内存地址，8位通用寄存器，例如：xor [0x06],al

    xor 指向16位实际操作数的内存地址，16位立即数，例如：xor word [0x2002],0x55aa
    xor 指向16位实际操作数的内存地址，16位通用寄存器，例如：xor [0x20],dx
```

因为异或操作是在两个操作数相对应的比特之间单独进行的，故以下指令执行后，寄存器 AX 中的内容为 0xF0F3。

```
        mov ax, 0000_0000_0000_0010B
        xor ax, 1111_0000_1111_0001B    ;AX←1111_0000_1111_0011B，即，0xf0f3
```

注意，这两条指令的源操作数都采用了二进制数的写法，NASM 编译器允许使用下划线来分开它们，好处是可以更清楚地观察到那些我们感兴趣的比特。

回到当前程序中，因为指令 xor dx,dx 中的目的操作数和源操作数相同，那么，不管寄存器 DX 中的内容是什么，两个相同的数字异或，其结果必定为 0，故这相当于将寄存器 DX 清零。

值得一提的是，尽管都可以用于将寄存器清零，但是编译后，mov dx,0 的机器码是 BA 00 00；而 xor dx,dx 的机器码则是 31 D2，不但较短，而且，因为 xor dx,dx 的两个操作数都是通用寄存器，所以执行速度最快。

第二次相除的结果可以求得十位上的数字，源程序第 52 行用来将十位上的数字保存到从 number 开始的第 2 个存储单元里，即 number+0x01。

从源程序第 55 行开始，一直到第 67 行，做的都是和前面相同的事情，即分解各位上的数字，并予以保存，这里不再赘述。

6.5.5 显示分解出来的各个数位

经过 5 次除法操作，可以将寄存器 AX 中的数分解成单独的数位，下面的任务是将这些数位显示出来，方法是从寄存器 DS 指向的数据段依次取出这些数位，并写入寄存器 ES 指向的附加段（显示缓冲区）。

在分解并保存各个数位的时候，顺序是“个、十、百、千、万”位，当在屏幕上显示时，却要反过来，先显示万位，再显示千位，等等，因为屏幕显示是从左往右进行的。所以，源程序第 70 行，先从数据段中偏移地址为 number+0x04 处取得万位上的数字，传送到寄存器 AL。当然，因为程序是加载到 0x0000:0x7C00 处的，所以正确的偏移地址是 0x7C00+number+0x04。

然后，源程序第 71 行，将寄存器 AL 中的内容加上 0x30，以得到与该数字对应的 ASCII 代码。在这里，add 是加法指令，用于将一个数与另一个数相加。

add 指令需要两个操作数，目的操作数可以是 8 位或者 16 位的通用寄存器，或者指向 8 位或者 16 位实际操作数的内存地址；源操作数可以是相同数据宽度的 8 位或者 16 位通用寄存器、指向 8 位或者 16 位实际操作数的内存地址，或者立即数，但不允许两个操作数同时为内存单元。相加后，结果保存在目的操作数中。比如：

```
        add al,cl                  ;寄存器 AL 和寄存器 CL 中的内容相加，结果在寄存器 AL 中
        add ax,0x123f              ;寄存器 AX 的内容和立即数 0x123F 相加，结果在寄存器 AX 中
        add [label_a],cx           ;内存单元的字和寄存器 CX 的内容相加，结果写回内存单元
        add ax,[label_a]           ;寄存器 AX 的内容和内存单元的字相加，结果在寄存器 AX 中
        add byte [label_a],0x08 ;内存单元的字节和立即数 0x08 相加，结果写回内存单元
```

源程序第 72 行，将要显示的 ASCII 代码传送到显示缓冲区偏移地址为 0x1A 的位置，该位置紧接着前面的字符串“Label offset:”。显示缓冲区是由段寄存器 ES 指向的，因此使用了段超越前缀。

源程序第 73 行，将该字符的显示属性写入下一个内存位置 0x1B。属性值 0x04 的意思是黑底红字，无闪烁，无加亮。

从源程序的第 75 行开始，到第 93 行，用于显示其他 4 个数位。

源程序第 95、96 行，用于以黑底白字显示字符“D”，意思是所显示的数字是十进制的。

◆ **检测点 6.3**

1．INTEL x86 处理器访问内存时，是按低端字节序进行的。那么，以下程序片段执行后，寄存器 AX 中的内容是多少？

```
            mov word [data],0x2008
            xor byte [data],0x05
            add word [data],0x0101
            mov ax,[data]
       data db 0,0
```

2．对于以上程序片段，如果标号 data 在编译时的汇编地址是 0x0030，那么，当该程序加载到内存后，该程序片段所在段的段地址为 0x9020 时，该标号处的段内偏移地址和物理内存地址各是多少？

3．对于以下指令的写法，说出哪些是正确的，哪些是错误的，错误的原因是什么。

A. mov ax,[data1]　　B. div [data1]　　C. xor ax,dx
D. div byte [data2]　　E. xor al,[data3]　　F. add [data4],0x05
G. xor 0xff,0x55　　H. add 0x06,al　　I. div 0xf0
J. add ax,cl

4．如果寄存器 AX、寄存器 BX 和寄存器 DX 的内容分别为 0x0090、0x9000 和 0x0001，那么，执行 div bh 后，这三个寄存器的内容各是多少？执行 div bx 后呢？

6.6　使程序进入无限循环状态

数字显示完成后，原则上整个程序就结束了，但对处理器来说，它并不知道。对它来说，取指令、执行是永无止境的。程序有大小，执行无停息，它这么做的结果，就是会执行到后面非指令的数据上，然后……

问题在于我们现在的确无事可做。为避免发生问题，源程序第 98 行，安排了一个无限循环：

```
        infi: jmp near infi
```

jmp 是转移指令，用于使处理器脱离当前的执行序列，转移到指定的地方执行，关键字 near 表示目标位置依然在当前代码段内。上面这条指令唯一特殊的地方在于它不是转移到别处，而是转移到自己。也就是说，它将会不停地重复执行自己。不要觉得奇怪，这是允许的。

处理器取指令、执行指令是依赖于段寄存器 CS 和指令指针寄存器 IP 的，8086 处理器取指令时，把寄存器 CS 的内容左移 4 位，加上寄存器 IP 的内容，形成 20 位的物理地址，取得指令，然后执行，同时把 IP 的内容加上当前指令的长度，以指向下一条指令的偏移地址。

但是，一旦处理器取到的是转移指令，情况就完全变了。

很容易想到，指令 jmp near infi 的意图是转移到标号 infi 所在的位置执行。可是，正如我们前面所说的，程序在内存中的加载位置是 0x0000:0x7C00，所以，这条指令应当写成

```
        jmp near 0x7c00+infi
```

实际上，不加还好，加上了 0x7C00，就完全错了。

jmp 指令有多种格式。最典型的，它的操作数可以是直接给出的段地址和偏移地址，这称为绝对地址。比如：

```
        jmp 0x5000:0xf0c0
```

此时，要转移到的目标位置是非常明确的，即段地址为 0x5000，段内偏移地址为 0xf0c0。在这种情况下，指令的操作码为 0xEA，故完整的机器指令是：

```
        EA C0 F0 00 50
```

处理器执行时，发现操作码为 0xEA，于是，将指令中给出的段地址传送到段寄存器 CS；将偏移地址传送到指令指针寄存器 IP，从而转移到目标位置处接着执行。

但是，在此处，jmp 指令使用了关键字“near”，且操作数是以标号（infi）的形式给出的。这很容易让我们想到，这又是另一种形式的转移指令，转移的目标位置处在当前代码段内，指令中的操作数应当是目标位置的偏移地址。实际上，这是不正确的。

实际上，这是一个 3 字节指令，操作码是 0xE9，后跟一个 16 位（2 字节）的操作数。但是，该操作数并非目标位置的偏移地址，而是目标位置相对于当前指令处的偏移量（以字节为单位）。在编译阶段，编译器是这么做的：用标号（目标位置）处的汇编地址减去当前指令的下一条指令[①]的汇编地址，就得到了 jmp near infi 指令的实际操作数。也不是编译器愿意费这个事，这是处理器的要求。这样看来，jmp near infi 的机器指令格式和它的汇编指令格式完全不同，颇具迷惑性，所以一定要认清它的本质。这种转移是相对的，操作数是一个相对量，如果你人为地加上 0x7C00，那反而不对了。

那么，编译器是如何区分这两种不同的转移方式呢？很简单，当它看到 jmp 之后是一个绝对地址，如 0xF000:0x2000 时，它就知道应当编译成使用操作码 0xEA 的直接绝对转移指令。相反地，如果它发现 jmp 之后是一个标号，那么，它就会编译成使用操作码为 0xE9 的相对转移指令。关键字“near”不是最主要的，它仅仅用于指示相对量是 16 位的。

在这里，目标位置就是当前指令自己的位置，假定它的汇编地址是 x，下一条指令（不管实际上有没有）的汇编地址是 x+3。用 x 减去 x+3，即 x-x-3，即 0-3。打开 Windows 计算器程序，实际减一下看看，你会发现，用二进制的 0 减去二进制的 11，结果是

```
        ...... 1111111111111111111111111111111111111101
```

由于是在不断地向左边借位的，除了最右边是 01，左边都是无休止的“1”。

再切换到十六进制计算一下 0x0 减去 0x3，结果是

```
        ...... FFFFFFFFFFFFFFFFFFFFFFFFFFFFFFFFFFFFFFFD
```

同样由于是在不断地向左边借位的，除了最右边是 D，左边都是无休止的 F。

由于在指令中使用了 near 关键字，因此，以上无休止的结果将被截断，只保留右边 16 位，即 0xFFFD。又因为 x86 处理器使用低端字节序，所以，jmp near infi 指令编译后的机器代码为 E9 FD FF。

你可能觉得疑惑：0xFFFD 等于十进制数 65533，而这条指令需要的操作数实际是-3，我们这样做的原理是什么呢？计算机又是怎么表示负数的呢？不要着急，下一章我们就要介绍负数，并回过头来重新认识这个问题。

在指令执行阶段，处理器用指令指针寄存器 IP 的内容（它已经指向下一条指令）加上该指令的操作数，就得到了要转移的实际偏移地址，同时寄存器 CS 的内容不变。因为改变了指令指针寄存器 IP 的内容，这直接导致处理器的指令执行流程转向目标位置。

就 jmp near infi 指令来说，假定它的段内偏移量是 0x7D2B，当它执行时，转移到的目标位置依然是 0x7D2B，而指令指针寄存器 IP 的内容是下一条指令的地址 0x7D2E。用来取代 IP 的

---

① 每当处理器取得一条指令并开始执行的同时，指令指针寄存器也已经被调整以指向下一条指令了。

新值是 IP+操作数，也就是 0x7D2E+0xFFFD。用 Windows 计算器程序实际做一下，0x7D2E+0xFFFD 的结果是 0x17D2B，但处理器只使用 16 位的偏移地址，故只保留 16 位的结果 0x7D2B。因此，传送到指令指针寄存器 IP 的内容依然是这条 jmp 指令自己的地址，这导致处理器再次执行当前指令。

jmp 指令具有多种格式，我们现在所用的，只是其中的一种，叫作相对近转移。有关其他格式，以及这些格式之间的差异，我们将在后面的章节里结合具体的实例进行讲解。

◆ **检测点 6.4**

写出以下程序片段中那两条 jmp 指令的机器指令码，并在 Nasmide 中编译，验证你的答案是否正确：

```
        jmp near start       (                    )
data   db 0x55,0xaa
start: mov ax,0
        jmp 0x2000:0x0005   (                    )
```

6.7 完成并编译主引导扇区代码

6.7.1 主引导扇区有效标志

主引导扇区在系统启动过程中扮演着承上启下的角色，但并非唯一的选择。如果硬盘的主引导扇区不可用，系统还有其他选择，比如可以从光盘和 U 盘启动。

然而，如果不试试水的深浅就一个猛子扎下池塘，这并非明智之举。同样的，如果主引导扇区是无效的，上面并非一些处理器可以识别的指令，而处理器又不加鉴别地执行了它，其结果是陷入宕机状态，更不要提从其他设备启动了。

为此，计算机的设计者们决定，一个有效的主引导扇区，其最后 2 字节的数据必须是 0x55 和 0xAA。否则，这个扇区里保存的就不是一些有意而为的数据。

定义这 2 字节很简单，伪指令 db 和 dw 就可以实现。源程序第 103 行就是 db 版本的实现，但没有标号。标号的作用是提供当前位置的汇编（偏移）地址，供其他指令引用，如果没有任何指令引用这个地址，标号可以省略。这是单独的 2 字节，所以 0x55 在前，0xAA 在后，即使编译之后也是这个顺序。

但是，如果采用 dw 版本，应该这样写：

```
    dw 0xaa55
```

因为，在 INTEL 处理器上，将一个字写入内存时，是采用低端字节序的，低字节 0x55 置入低地址端（在前），高字节 0xAA 置入高地址端（在后）。

麻烦在于，如何使这 2 字节正好位于 512 字节的最后。前面的代码有多少字节我们不知道，那是由 NASM 编译器计算和跟踪的。

我们当然有非常好的办法，但还不宜在这里说明。但是，经过计算和尝试，我们知道，在前面的内容和结尾的 0xAA55 之间，有 203 字节的空洞。因此，源程序的第 102 行，用于声明 203 个为 0 的数值来填补。

为了方便，伪指令 times 可用于重复它后面的指令若干次。比如

```
        times 20 mov ax, bx
```

将在编译时重复生成 mov ax,bx 指令 20 次，即重复该指令的机器码（89 D8）20 次。

因此

```
        times 203 db 0
```

将会在编译时保留 203 个数值为 0 的字节。

6.7.2 代码的保存和编译

本章的代码是现成的，配书源代码解压缩之后，可以在文件夹“c06”里找到，文件名为 c06_mbr.asm。打开该文件，将其编译成 c06_mbr.bin。

该文件的大小为 512 字节，可以用配书工具 HexView 来查看其内容，如图 6-8 所示。

```
HexViewer-2011-11 [E:\IA32ASM\booktool\c05\c05_mbr.bin]
文件(F)
00000000  B8 00 B8 8E C0 26 C6 06  00 00 4C 26 C6 06 01 00  .....&....L&....
00000010  07 26 C6 06 02 00 61 26  C6 06 03 00 07 26 C6 06  .&....a&.....&..
00000020  04 00 62 26 C6 06 05 00  07 26 C6 06 06 00 65 26  ..b&.....&....e&
00000030  C6 06 07 00 07 26 C6 06  08 00 6C 26 C6 06 09 00  .....&....l&....
00000040  07 26 C6 06 0A 00 20 26  C6 06 0B 00 07 26 C6 06  .&.... &.....&..
00000050  0C 00 6F 26 C6 06 0D 00  07 26 C6 06 0E 00 66 26  ..o&.....&....f&
00000060  C6 06 0F 00 07 26 C6 06  10 00 66 26 C6 06 11 00  .....&....f&....
00000070  07 26 C6 06 12 00 73 26  C6 06 13 00 07 26 C6 06  .&....s&.....&..
00000080  14 00 65 26 C6 06 15 00  07 26 C6 06 16 00 74 26  ..e&.....&....t&
00000090  C6 06 17 00 07 26 C6 06  18 00 3A 26 C6 06 19 00  .....&....:&....
000000A0  07 B8 30 01 BB 0A 00 8C  C9 8E D9 BA 00 00 F7 F3  ..0.............
000000B0  88 16 30 7D 81 E2 00 00  F7 F3 88 16 31 7D 31 D2  ..0}........1}1.
000000C0  F7 F3 88 16 32 7D 31 D2  F7 F3 88 16 33 7D 31 D2  ....2}1.....3}1.
000000D0  F7 F3 88 16 34 7D A0 34  7D 04 30 26 A2 1A 00 26  ....4}.4}.0&...&
000000E0  C6 06 1B 00 04 A0 33 7D  04 30 26 A2 1C 00 26 C6  ......3}.0&...&.
000000F0  06 1D 00 04 A0 32 7D 04  30 26 A2 1E 00 26 C6 06  .....2}.0&...&..
00000100  1F 00 04 A0 31 7D 04 30  26 A2 20 00 26 C6 06 21  ....1}.0&. .&..!
00000110  00 04 A0 30 7D 04 30 26  A2 22 00 26 C6 06 23 00  ...0}.0&.".&..#.
00000120  04 26 C6 06 24 00 44 26  C6 06 25 00 07 E9 FD FF  .&..$.D&..%.....
00000130  00 00 00 00 00 00 00 00  00 00 00 00 00 00 00 00  ................
00000140  00 00 00 00 00 00 00 00  00 00 00 00 00 00 00 00  ................
00000150  00 00 00 00 00 00 00 00  00 00 00 00 00 00 00 00  ................
00000160  00 00 00 00 00 00 00 00  00 00 00 00 00 00 00 00  ................
00000170  00 00 00 00 00 00 00 00  00 00 00 00 00 00 00 00  ................
00000180  00 00 00 00 00 00 00 00  00 00 00 00 00 00 00 00  ................
00000190  00 00 00 00 00 00 00 00  00 00 00 00 00 00 00 00  ................
000001A0  00 00 00 00 00 00 00 00  00 00 00 00 00 00 00 00  ................
000001B0  00 00 00 00 00 00 00 00  00 00 00 00 00 00 00 00  ................
000001C0  00 00 00 00 00 00 00 00  00 00 00 00 00 00 00 00  ................
000001D0  00 00 00 00 00 00 00 00  00 00 00 00 00 00 00 00  ................
000001E0  00 00 00 00 00 00 00 00  00 00 00 00 00 00 00 00  ................
000001F0  00 00 00 00 00 00 00 00  00 00 00 00 00 00 55 AA  ..............U.
00000200
```

图 6-8 用配书工具 HexView 查看 c06_mbr.bin 的内容

显而易见，在编译之后，源程序中的标号、注释、伪指令统统消失了，只剩下纯粹的机器指令和数据。那些需要在编译阶段决定的内容，也都有了确切的值。

6.8 加载和运行主引导扇区代码

6.8.1 把编译后的指令写入主引导扇区

在第 5 章，我们已经安装了 VirtualBox 虚拟机软件，并在它里面创建了一台名为 LEARN-ASM 的虚拟计算机。除此之外，还为它创建了一块虚拟硬盘。

虚拟硬盘其实是一个扩展名为“.vhd”的文件，具体的文件名和创建位置只有你自己知道。但是，无论如何，你现在都可以将我们刚刚编译好的代码写入这个虚拟硬盘的主引导扇区里。

首先，启动配书工具 FixVhdWr，然后选择虚拟硬盘文件。如果以前已经选择过，则不必再次选择，FixVhdWr 软件会自动打开它。注意，要写入的那个虚拟硬盘，必须是 VirtualBox 虚拟机使用的硬盘。否则的话，虚拟机怎么可能执行到你写入的程序呢！

接着，要在数据文件选择区域添加刚才编译好的二进制文件 c06_mbr.bin，然后根据实际需求单击界面底部的功能按钮，包括“写入”“写入并执行 VBox 虚拟机”等。

最后要交代一句，千万不要在虚拟计算机 LEARN-ASM 运行的时候进行数据写入操作，因为虚拟硬盘文件正被 VirtualBox 以独占的方式使用。否则的话，会导致数据写入失败。

6.8.2 启动虚拟机观察运行结果

在 Virtual Box 软件的主界面上，选择“LEARN-ASM”计算机，然后单击“运行”按钮。如果一切顺利的话，程序的运行效果如图 6-9 所示。

图 6-9 本章程序在虚拟计算机中的运行效果

6.9 程序的调试技术

6.9.1 开源的 Bochs 虚拟机软件

程序员的工作就像在历险，困难重重，途中不可避免地要遇上暗礁。有时候，少了一个字符，或者多了一个字符，或者拼错了字符，程序就无法成功编译；有时候，尽管能够编译，但程序中存在逻辑错误，要么少写了语句，要么算法不对，运行的时候也得不到正确结果。

有时候，错误的原因很简单，就是因为马虎和误操作，但很难知道问题出在哪里。等到你终于发现的时候，一天，甚至几天的时间已经花掉了。在这种情况下，没有调试工具来找到程序中隐藏的错误是不行的。有时候，即使有调试工具的帮助，也会令人筋疲力尽，不过有总比没有好。在现实的世界里，不管是经验老到的程序设计师，还是刚入门的新手，没有谁敢说自己的程序是不需要调试的。

调试工具并不是智能到可以自动发现程序中的错误，这是不可能的。但是，它可以单步执行你的程序（每执行一条指令后就停下来），或者允许你在程序中设置断点，当它执行到断点位置时就停下来。这时，它可以显示处理器各个寄存器的内容，或者内存单元里的内容。因此，你可以根据机器的状态来判断程序的执行结果是否达到了预期。通过这种方式，你可以逐步逼近出现问题的地方，直到最终发现问题的所在。市面上有多种流行的程序调试工具软件，但它们通常都像你用的其他软件一样工作在操作系统之上。

麻烦的是，本书中的程序全都只能运行在没有操作系统的裸机下。这意味着，所有流行的调试工具都不可用。不过，好消息是，一款叫作 Bochs 的软件可以帮助你。

Bochs 是开源软件，是你唯一可选择的调试器，开源意味着你不用花钱购买就可以使用它。它用软件来模拟处理器取指令和执行指令的过程，以及整个计算机硬件。当它开始运行时，就直接模拟计算机的加电启动过程。正是因为如此，它才有可能做一些调试工作。

很重要的一点是，它本身就是一个虚拟机，类似于 VirtualBox。因此，它也就很容易让你单步跟踪硬盘的启动过程，查看寄存器的内容和机器状态。在本书中，我们的程序都是直接从 BIOS 那里接管处理器的控制权，因此，Bochs 的这个特点正好能够用来完成调试工作。不像本书中使用的其他工具，Bochs 的使用方法在网上很容易搜索到。

要使用 Bochs，首先要从它的官网下载安装程序。下载地址是：

```
http://sourceforge.net/projects/bochs/files/bochs/
```

在本书的配书文件包中，有一个关于如何下载、安装和配置 Bochs 的帮助文档，有 WORD 和 PDF 两种格式可以选用。请按照帮助文档的说明，安装和配置好 Bochs。

一般来说，你会选择 VirtualBox 虚拟机来观察运行结果，而在调试程序时使用 Bochs。因此，最好是它们共用同一个虚拟硬盘文件（VHD 文件）。通过阅读帮助文档，你应该已经知道如何做到这一点，这里不再赘述。

6.9.2 Bochs 下的程序调试入门

Bochs 虚拟机启动后，首先在当前的工作文件夹下寻找并读入配置文件 bochsrc.bxrc，然后按它的参数调整当前虚拟机的各种“软硬件”配置和工作参数。

就像一台真正的计算机一样，Bochs 的“处理器”在加电之后，要开始取指令并执行指令。但是，与真正的处理器不同，如图 6-10 所示，Bochs 在执行它启动之后的第一条指令时，会停下来，等待你的调试命令。

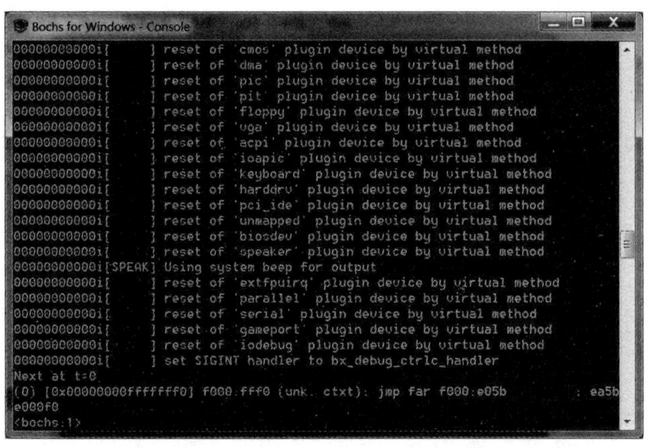

图 6-10 Bochs 调试器的启动和断点命令的使用

如图 6-10 所示，命令窗口的底部显示了当前正在等待执行的那条指令，即“jmp far f000:e05b”。在这条指令中，关键字“far”是不必要的，而且在 Bochs 中，数值默认是十六进制的。因此，该指令就是

```
        jmp 0xf000:0xe05b
```

很显然，转移的目标位置是 ROM-BIOS。

在那一行的左侧，显示了该指令所在的物理内存地址，该地址是用方括号围起来的。你可能会想，它怎么会是 0x00000000FFFFFFF0 呢？

8086 有 20 根地址线，加电启动之后，代码段寄存器 CS 的内容为 0xFFFF，指令指针寄存器 IP 的内容为 0x0000，因此，第一条指令的物理地址是 20 位的 0xFFFF0。但是，8086 处理器已经成为历史，它之后的处理器都能够兼容 8086 的功能，但却拥有超过 32 根的地址线。在当前的这个 Bochs 虚拟机上，地址线的数量超过了 32 根。因此，Bochs 在这里用 64 位的宽度来显示物理地址。但是，它的值应该是 0x00000000000FFFF0，不是吗？

事情是这样的，和 8086 不同，现代处理器在加电启动时，代码段寄存器 CS 的内容为 0xF000，指令指针寄存器 IP 的内容为 0xFFF0，这就使得处理器地址线的低 20 位同样是 0xFFFF0。这还不算完，在刚刚启动时，处理器将其余（高位部分）的地址线强制为高电平。因为当前 Bochs 虚拟机的地址线是 32 根，所以，初始发出的物理内存地址就是 0x00000000FFFFFFF0 了。

之所以这样做，是因为处理器的设计者希望把 ROM-BIOS 放到 4GB（32 根地址线可提供的寻址范围是 $2^{32}=4GB$）可寻址内存范围的最高端，这样，4GB 以下，连同传统的低端 1MB 都是连续的 RAM 区，连续的、不间断的 RAM 能为操作系统管理内存带来方便。

问题在于，计算机制造商会考虑很多现实问题。老的硬件和软件依赖于低端 1MB 的 ROM-BIOS 来工作，这涉及兼容性。最终，这两个地址区段都指向同一块 ROM 芯片。

在物理地址的后边，是逻辑地址，即代码段寄存器 CS 和指令指针寄存器 IP 的内容，是以十六进制显示的，等效于 0xf000:0xfff0。在这一行的右边，Bochs 还以注释的形式显示了指令的机器代码，即 EA 5B E0 00 F0。

现在的情况是，Bochs 还没有执行该指令，它需要你的指示。此时，你可以单步执行指令。单步执行的意思是，每次只执行一条指令，执行完毕后再次停下来等待你的命令。

单步执行命令是“s”（step）。如图 6-11 所示，输入“s”命令后回车，Bochs 执行刚才那条指令，然后停下来，同时显示下一条即将执行的指令。

```
Bochs for Windows - Console
00000000000i[      ] reset of 'floppy' plugin device by virtual method
00000000000i[      ] reset of 'vga' plugin device by virtual method
00000000000i[      ] reset of 'acpi' plugin device by virtual method
00000000000i[      ] reset of 'ioapic' plugin device by virtual method
00000000000i[      ] reset of 'keyboard' plugin device by virtual method
00000000000i[      ] reset of 'harddrv' plugin device by virtual method
00000000000i[      ] reset of 'pci_ide' plugin device by virtual method
00000000000i[      ] reset of 'unmapped' plugin device by virtual method
00000000000i[      ] reset of 'biosdev' plugin device by virtual method
00000000000i[      ] reset of 'speaker' plugin device by virtual method
00000000000i[SPEAK] Using system beep for output
00000000000i[      ] reset of 'extfpuirq' plugin device by virtual method
00000000000i[      ] reset of 'parallel' plugin device by virtual method
00000000000i[      ] reset of 'serial' plugin device by virtual method
00000000000i[      ] reset of 'gameport' plugin device by virtual method
00000000000i[      ] reset of 'iodebug' plugin device by virtual method
00000000000i[      ] set SIGINT handler to bx_debug_ctrlc_handler
Next at t=0
(0) [0x00000000fffffff0] f000:fff0 (unk. ctxt): jmp far f000:e05b        ; ea5b
e000f0
<bochs:1> s
Next at t=1
(0) [0x00000000000fe05b] f000:e05b (unk. ctxt): xor ax, ax               ; 31c0

<bochs:2> _
```

图 6-11　在 Bochs 中单步执行指令

如图 6-11 所示，指令执行后，下一条等待执行的指令为 xor ax,ax，对应的机器指令码为 31 C0，所在的物理内存地址是 0x00000000000FE05B。注意，物理地址变了。

现代的 x86 处理器在加电后，所有高端的地址线都被强制为高电平，直至遇到并执行了第一个段间转移指令。段间转移指令是在两个代码段之间实施控制转移，也就是同时改变代码段寄存器 CS 和指令指针寄存器 IP 的 jmp 指令，像 jmp 0xf000:0xe05b 就是一个典型的例子。因此，当该指令执行后，处理器发出的物理地址就仅仅取决于代码段寄存器 CS 和指令指针寄存器 IP 了。

接下来，你可以继续单步执行。但是，老在 BIOS 中转悠也没什么意思。要知道，你调试的程序位于主引导扇区中，依靠单步执行得什么时候才能执行到主引导扇区代码！

不用担心，Bochs 提供了断点指令“b”（break）。所谓断点，就是事先设置一个（物理）内存地址，当处理器执行到这个地址时，就自动停下来。因为计算机启动后，总是把主引导程序加载到物理内存地址 0x7c00 处，所以，可以将这个地址设为断点。

如图 6-12 所示，输入“b 0x7c00”。意思是，在处理器执行到地址 0x7c00 处的那条指令时，就停下来。然后，再输入命令“c”。

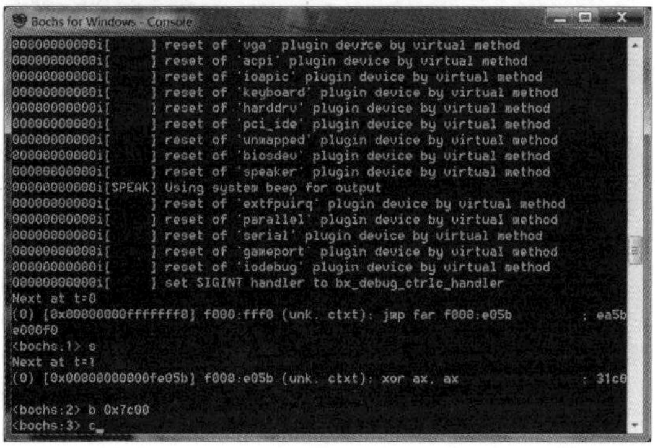

图 6-12　在 Bochs 中设置断点

命令“c”（continue）是持续执行的意思，该命令要求处理器不间断地持续执行指令。但是，如果设置了断点，它就会在断点处停下来。因此，如图 6-13 所示，当“c”命令执行后，它会在执行到物理内存地址 0x7c00 时停下来。

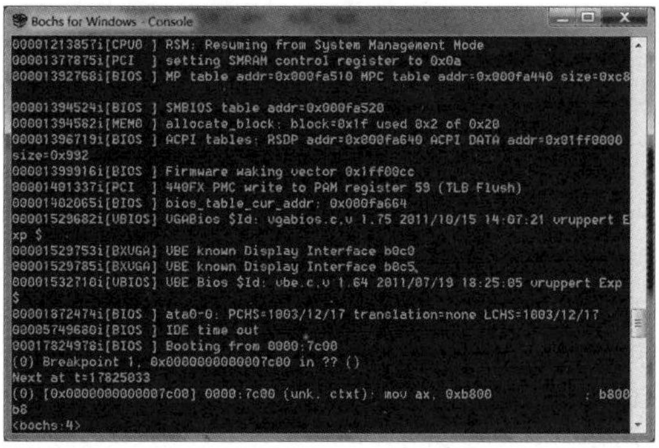

图 6-13　Bochs 执行到主引导扇区代码时的状态

如图 6-13 所示，当前等待执行的指令是 mov ax,0xb800，这就是本章源代码的第一条指令；该指令的物理地址是 0x0000000000007C00，指令的机器代码为 B8 00 B8。

如图 6-14 所示，此时，可以输入命令“r”（register）来显示通用寄存器的内容。

我知道，对于图中的内容，你一定会摇摇头表示看不懂，这其实很正常。我们此时正在介绍 8086 处理器，如图 6-15 所示，它有 8 个 16 位的通用寄存器 AX、BX、CX、DX、SI、DI、BP 和 SP。其中，前 4 个寄存器还可以各自分成两个独立的 8 位寄存器来用，即 AH、AL、BH、BL、CH、CL、DH 和 DL；后 4 个寄存器只能作为 16 位寄存器整体使用。除此之外，从图中可以看出，它的指令指针寄存器 IP 也是 16 位的。

```
Bochs for Windows - Console
00001529682i[VBIOS] VGABios $Id: vgabios.c,v 1.75 2011/10/15 14:07:21 vruppert E
xp $
00001529753i[BXVGA] VBE known Display Interface b0c0
00001529785i[BXVGA] VBE known Display Interface b0c5
00001532710i[VBIOS] VBE Bios $Id: vbe.c,v 1.64 2011/07/19 18:25:05 vruppert Exp
$
00001872474i[BIOS  ] ata0-0: PCHS=1003/12/17 translation=none LCHS=1003/12/17
00005749680i[BIOS  ] IDE time out
00017824978i[BIOS  ] Booting from 0000:7c00
(0) Breakpoint 1, 0x0000000000007c00 in ?? ()
Next at t=17825033
(0) [0x0000000000007c00] 0000:7c00 (unk. ctxt): mov ax, 0xb800           ; b800
b8
<bochs:4> r
rax: 0x00000000_0000aa55 rcx: 0x00000000_00090000
rdx: 0x00000000_00000080 rbx: 0x00000000_00000000
rsp: 0x00000000_0000ffd6 rbp: 0x00000000_00000000
rsi: 0x00000000_000e0000 rdi: 0x00000000_0000ffac
r8 : 0x00000000_00000000 r9 : 0x00000000_00000000
r10: 0x00000000_00000000 r11: 0x00000000_00000000
r12: 0x00000000_00000000 r13: 0x00000000_00000000
r14: 0x00000000_00000000 r15: 0x00000000_00000000
rip: 0x00000000_00007c00
eflags 0x00000082: id vip vif ac vm rf nt IOPL=0 of df if tf SF zf af pf cf
<bochs:5>
```

图 6-14　用“r”命令显示通用寄存器的内容

正如你已经知道的，8086 已经成为历史，现在我们所使用的处理器，都是 32 位或者 64 位的。32 位 x86 处理器对寄存器做了扩展，使之达到 32 位，以处理 32 位的数据。如图 6-15 所示，这 8 个 32 位寄存器分别是 EAX、EBX、ECX、EDX、ESI、EDI、EBP 和 ESP，它们可以在程序中直接作为 32 位寄存器使用。同时，指令指针寄存器 IP 也做了扩展，达到 32 位，即 EIP。为了保持同 8086 的兼容性，这些寄存器的低 16 位依然保持以前的用法，这使得以前的程序可以在 32 位处理器上正常运行。

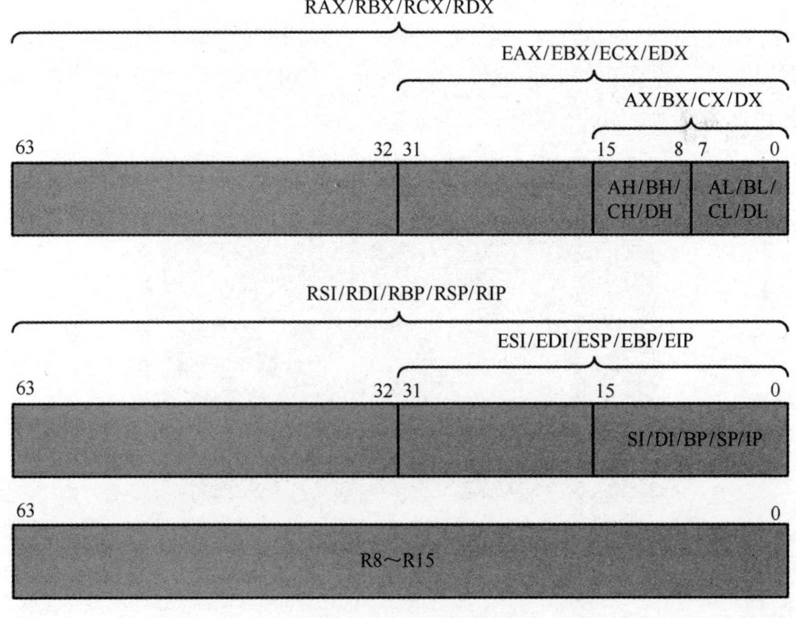

图 6-15　通用寄存器的扩展

在 64 位处理器上，这些寄存器再次被扩展，达到了 64 位，即 RAX、RBX、RCX、RDX、

RSI、RDI、RBP、RSP 和 RIP。同时，它们的低 32 位（包括低 16 位）依然保持从前的用法。

除此之外，64 位的 x86 处理器还新增了 8 个 64 位的通用寄存器 R8、R9、R10、R11、R12、R13、R14 和 R15。

屏幕的底部还显示了标志寄存器 EFLAGS 的状态。有关标志寄存器的内容将在后面的章节里具体阐述，这里先不用管它。有关 32 位处理器的内容，将在本书的后半部分讲解。

注意，尽管 Bochs 把所有寄存器都显示为 64 位的宽度，如 RAX，但这并不表明你的处理器就一定是 64 位的。它的目的很简单，仅仅是希望用同一种最宽的格式来应付所有不同的处理器。

这样一说你就应该很清楚了，如图 6-14 所示，RAX 的内容是 0x000000000000aa55，这就意味着，RAX 的高 48 位是全 0，低 16 位（即 AX）是 0xAA55。

同样在这幅图中，RIP 的内容是 0x0000000000007c00，它表明寄存器 RIP 的高 48 位是全 0，低 16 位（即 IP）是 0x7C00。

我们调试到哪一步了？

如图 6-14 所示，当前正在等待执行指令是 mov ax,0xb800。现在，我们用“s”命令单步执行该指令。如图 6-16 所示，单步执行之后，下一条等待执行的指令是 mov es,ax，该指令的物理内存地址是 0x0000000000007C03。

因为刚才那条指令是将立即数 0xB800 传送到寄存器 AX，那么，我们现在可以用“r”命令来看看寄存器 AX 的内容是否真的发生了改变。如图 6-16 所示，寄存器 AX 的内容是 0xB800，确实符合我们的预期。

图 6-16 观察指令执行后的效果（寄存器 AX 的变化）

接下来，继续用单步指令“s”来执行 mov es,ax 指令。如图 6-17 所示，该指令执行后，下一条即将执行的指令是

```
mov byte ptr es:0x0, 0x4c
```

Bochs 的汇编指令格式和 NASM 相比，在某些方面是不同的。实际上，这条指令就是本章程序中的

```
mov byte [es:0x00], 'L'
```

因为字面值'L'早在程序编译时就被转换成了立即数 0x4c，所以，严格地说，这条指令在 NASM 中的格式是

```
mov byte [es:0x0], 0x4c
```

```
Bochs for Windows - Console
r14: 0x00000000_00000000 r15: 0x00000000_00000000
rip: 0x00000000_00007c03
eflags 0x00000082: id vip vif ac vm rf nt IOPL=0 of df if tf SF zf af pf cf
<bochs:6> s
Next at t=17825035
(0) [0x0000000000007c05] 0000:7c05 (unk. ctxt): mov byte ptr es:0x0, 0x4c ; 26c6
0600004c
<bochs:7> sreg
es:0xb800, dh=0x0000930b, dl=0x8000ffff, valid=1
        Data segment, base=0x000b8000, limit=0x0000ffff, Read/Write, Accessed
cs:0x0000, dh=0x00009300, dl=0x0000ffff, valid=1
        Data segment, base=0x00000000, limit=0x0000ffff, Read/Write, Accessed
ss:0x0000, dh=0x00009300, dl=0x0000ffff, valid=7
        Data segment, base=0x00000000, limit=0x0000ffff, Read/Write, Accessed
ds:0x0000, dh=0x00009300, dl=0x0000ffff, valid=1
        Data segment, base=0x00000000, limit=0x0000ffff, Read/Write, Accessed
fs:0x0000, dh=0x00009300, dl=0x0000ffff, valid=1
        Data segment, base=0x00000000, limit=0x0000ffff, Read/Write, Accessed
gs:0x0000, dh=0x00009300, dl=0x0000ffff, valid=1
        Data segment, base=0x00000000, limit=0x0000ffff, Read/Write, Accessed
ldtr:0x0000, dh=0x00008200, dl=0x0000ffff, valid=1
tr:0x0000, dh=0x00008b00, dl=0x0000ffff, valid=1
gdtr:base=0x00000000000fa1a7, limit=0x30
idtr:base=0x0000000000000000, limit=0x3ff
<bochs:8>
```

图 6-17　在 Bochs 中显示段寄存器的内容

无论如何，这条指令还没有执行，刚才执行的是 mov es,ax 指令。此时，段寄存器 ES 中的内容应当是 0xB800。

为了验证这一点，应当要求 Bochs 显示段寄存器的内容。为此，需要使用“sreg”（segment register）命令。如图 6-17 所示，当输入“sreg”命令后，Bochs 显示了一大堆东西。

在 32 位和 64 位处理器中，除了段寄存器 CS、SS、DS 和 ES，还新增了两个段寄存器 FS 和 GS，这一点首先要明白。

然后，在 32 位和 64 位处理器中，以上 6 个段寄存器都依然是 16 位的，但都额外增加了一个不可访问的部分，叫作段描述符高速缓存器。段描述符高速缓存器由处理器内部使用，不能在程序中访问，里面存放了段的起始地址、段的扩展范围，以及段的各种属性，比如它是代码段还是数据段，是否可以写入，是否被访问过，等等。这些知识，将在本书的后半部分详细讲解。

如图 6-17 所示，Bochs 首先显示了段寄存器 ES 中的内容，是 0xb800，这符合我们的预期。同时，它还显示了段寄存器 ES 描述符高速缓存器的内容，因为还没有讲到，所以暂时不用管它。

接下来，如图 6-18 所示，我们连续单步执行两次。对照本章的源程序，这实际上是执行了以下两条指令：

```
mov byte [es:0x00], 'L'
mov byte [es:0x01], 0x07
```

```
Bochs for Windows - Console
        Data segment, base=0x00000000, limit=0x0000ffff, Read/Write, Accessed
ss:0x0000, dh=0x00009300, dl=0x0000ffff, valid=7
        Data segment, base=0x00000000, limit=0x0000ffff, Read/Write, Accessed
ds:0x0000, dh=0x00009300, dl=0x0000ffff, valid=1
        Data segment, base=0x00000000, limit=0x0000ffff, Read/Write, Accessed
fs:0x0000, dh=0x00009300, dl=0x0000ffff, valid=1
        Data segment, base=0x00000000, limit=0x0000ffff, Read/Write, Accessed
gs:0x0000, dh=0x00009300, dl=0x0000ffff, valid=1
        Data segment, base=0x00000000, limit=0x0000ffff, Read/Write, Accessed
ldtr:0x0000, dh=0x00008200, dl=0x0000ffff, valid=1
tr:0x0000, dh=0x00008b00, dl=0x0000ffff, valid=1
gdtr:base=0x00000000000fa1a7, limit=0x30
idtr:base=0x0000000000000000, limit=0x3ff
<bochs:8> s
Next at t=17825036
(0) [0x0000000000007c0b] 0000:7c0b (unk. ctxt): mov byte ptr es:0x1, 0x07 ; 26c6
06010007
<bochs:9> s
Next at t=17825037
(0) [0x0000000000007c11] 0000:7c11 (unk. ctxt): mov byte ptr es:0x2, 0x61 ; 26c6
06020061
<bochs:10> xp/2 0xb8000
[bochs]:
0x00000000000b8000 <bogus+       0>:    0x0b6c074c      0x0b780b65
<bochs:11>
```

图 6-18　显示内存区域中的内容

我们知道，这是在写文本模式下的显示缓冲区。因此，从物理内存地址 0xB8000 处开始的 2 字节必然是 0x4C 和 0x07。

为了验证这一点，需要显示内存中的内容，这可以使用命令“xp”（eXamine memory at Physical address），即显示指定物理内存地址处的内容。命令 xp 每次只显示一个双字。要显示多个双字，需要用“/”附加一个数量。然后，还应当指定一个物理内存地址。

如图 6-18 所示，在这里，我们要求从物理内存地址 0xB8000 开始，显示 2 个双字。很快，Bochs 做出了回应，显示了两个双字 0x0b6c074c 和 0x0b780b65。

如图 6-19 所示，双字数据在内存中的存放是按低端字节序的。因此，0x0b6c074c 这个双字数据，在内存中对应着从物理地址 0xB8000 开始的 4 字节 0x4C、0x07、0x6C 和 0x0B。

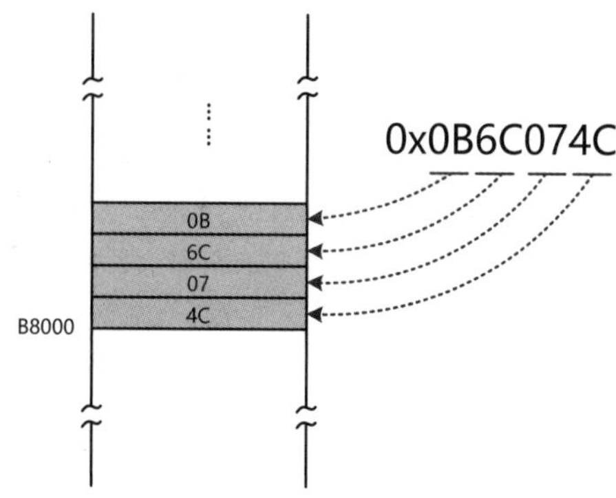

图 6-19　以低端字节序分析双字在内存中的位置

至此，基本的程序调试技术就讲完了，你可以使用“q”（quit）命令退出 Bochs 调试过程。

◆　**检测点 6.5**

1．在你自己的计算机上重现以上的编译、运行（使用 VirtualBox）和调试（使用 bochsdbg）过程。

2．单步执行本章程序，观察 div 指令执行后的寄存器内容变化。

本 章 习 题

1．试找出以下程序片段中隐藏的问题并进行修正：

```
mov ax,21015
mov bl,10
div bl
and cl,0xf0
```

2．本章的程序在内存中的加载地址是 0x0000:0x7C00，此时，指令 jmp near infi 在段内的偏移地址是多少？试修改本章的源程序以显示该值。

3．汇编语言编译器采用助记符来方便指令的书写和阅读，而且在内存里，机器指令以数字的形式存在。比如，mov 是传送指令，div 是除法指令。假如 INTEL 公司新推出一款处理器，该处理器新增了一条指令，其机器码为 2 字节的 0xCD 0x88。因为是新指令，所以你的 NASM 编译器肯定没有一个助记符与之相对应。在这种情况下，如何在你的程序中使用该指令？

第 7 章

相同的功能，不同的代码

汇编语言是最有效率的计算机语言，由于直接面向处理器编程，编译后的机器代码执行起来速度也是最快的。为了进一步讲解汇编语言的指令和语法，在本章里，我们采用不同的方法来实现和上一章相同的功能。本章的学习目标是：

1．用一种不同的分段方法，从另一个不同的角度理解处理器的分段内存访问机制；

2．在计算机中，指令的执行并非总是按照它们的自然排列顺序来进行的，其执行流程也会因为各种原因发生变化。本章将学习两种非顺序的程序流程控制方法，即循环和条件转移；

3．认识几种新指令，包括 movsb、movsw、inc、dec、cld、std、div、neg、cbw、cwd、sub、idiv、jcxz、cmp 等；

4．认识 INTEL 8086 标志寄存器 FLAGS 的各个标志位，了解条件转移指令。

5．认识计算机中的负数；

6．学习用 Bochs 调试程序的更多技巧，包括查看 FLAGS 寄存器各标志位的状态。

7.1 代码清单 7–1

本章有配套的汇编语言源程序，并围绕这些源程序进行讲解，请对照阅读。

本章代码清单：7-1（主引导扇区程序）

源程序文件：c07_mbr.asm

7.2 跳过非指令的数据区

如代码清单 7-1 所示，从源程序第 8 行到第 10 行，声明了非指令的数据。一般来说，所有处理器指令都应当顺序存放，在它们中间不允许夹杂非指令的普通数据，因为它们不能作为指令执行。但是，如果有办法让处理器执行不到这些非指令的内容，则另当别论。为此，在这些数据之前，源程序的第 6 行，是一条转移指令

```
        jmp near start
```

在这里，该指令用来使处理器的执行流程越过这些不可执行的数据，转移到后面标号 start 处的代码接着执行。

正如我们在上一章里讲到的，像 jmp near start 这种指令，机器指令的操作码是 0xE9，操作数是一个 16 位的相对偏移量，这叫作相对近转移，后面我们还要继续讨论这个话题。

7.3 在数据声明中使用字面值

在第 6 章中，显示字符串“Label offset:”的方法是将每个字符的 ASCII 码包含在每条指令中，即它们是作为每条指令的操作数出现的。这种方法很原始，也很笨拙。而且，如果要改变显示的内容，则必须重新编写指令，很不方便。

在本章中，我们将要改变这种做法，使得显示字符串的手段更灵活，具体做法是专门定义一个存放字符串的数据区，当要显示它们的时候，再用指令取出来，一个一个地传送到显示缓冲区。这样一来，负责在屏幕上显示的指令就和要显示的内容无关了。

源程序的第 8、9 行，这两行的目的是声明要显示的内容。在 NASM 里，“\”是续行符，当一行写不下时，可以在行尾使用这个符号，以表明下一行与当前行应该合并为一行。

和上一章相同，在用伪指令 db 声明字符的 ASCII 码数据时也可以使用字面值。在编译阶段，编译器将把“L”“a”等转换成与它们等价的 ASCII 代码。

除了 ASCII 码，这里还声明了每个字符的显示属性值 0x07，都是已经讲过的知识，相信很好理解。

7.4 段地址的初始化

汇编语言源程序的编译符合一种假设，即编译后的代码将从某个内存段中偏移地址为 0 的地方开始加载。这样一来，如果有一个标号“label_a”，它在编译时计算的汇编地址是 0x05，那么，当程序被加载到内存后，它在段内的偏移地址仍然是 0x05，任何使用这个标号来访问内存的指令都不会产生问题。

但是，如果程序加载时，不是从段内偏移地址为 0 的地方开始的，而是 0x7c00，那么，label_a 的实际偏移地址就是 0x7c05。这时，所有访问 label_a 的指令仍然会访问偏移地址 0x05，因为这是在编译时就决定了的。实际上，这样的问题在上一章就遇到过。在那里，因为我们已经知道程序将来的加载位置是 0x0000:0x7c00，所以才有了这样古怪的写法：

```
        mov [0x7c00+number+0x00], dl
```

不得不说，0x7c00 就是理论和现实之间的差距。

在主引导程序中，访问内存的指令很多，如果都要加上 0x7c00 无疑是很麻烦的，这个我们已经看到了。其实，产生这个问题的根源，就是因为程序在加载时，没有从段内偏移地址为 0 的地方开始。

好在 INTEL 处理器的分段策略还是很灵活的，逻辑地址 0x0000:0x7c00 对应的物理地址是 0x07c00，该地址又是段 0x07C0 的起始地址。因此，这个物理地址其实还对应着另一个逻辑地址 0x07c0:0000，如图 7-1 所示。

看到了吧？我们可以把这 512 字节的区域看成一个单独的段，段的基地址是 0x07C0，段长 512 字节。注意，该段的最大长度可以为 64 千字节，但是在这里，我们实际上仅使用 512 个字节。尽管 BIOS 将主引导扇区加载到物理地址 0x07C00 处，但我们却可以认为它是从 0x07C0:0x0000 处开始加载的。

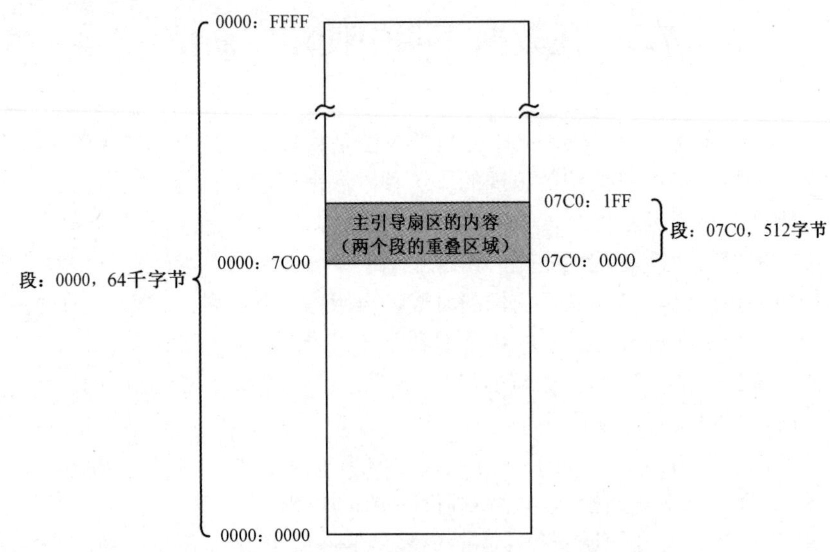

图 7-1　以两个逻辑段的视角看待同一个内存区域

在这种情况下，如果执行指令

```
mov [0x05], dl
```

那么，处理器将把数据段寄存器 DS 的内容（0x07C0）左移 4 位，加上指令中指定的偏移地址（0x05），形成物理内存地址 0x07C05，并将寄存器 DL 中的内容传送到该处。

所以，源程序第 13、14 行，通过传送指令将数据段寄存器 DS 的内容设置为 0x07c0。和以前一样，源程序第 16、17 行，使附加段寄存器 ES 指向显示缓冲区所在的段 0xb800。

7.5　段之间的批量数据传送

在本章中，要在屏幕上显示的内容，连同它们的显示属性值都集中声明在一起。想显示它们？那就要将它们“搬”到 0xB800 段。有多种方法可以做到这一点，但 8086 处理器提供了最好的方法，那就是使用 movsb 或者 movsw 指令。

这两个指令通常用于把数据从内存中的一个地方批量地传送（复制）到另一个地方，处理器把它们看成数据串。但是，movsb 的传送是以字节为单位的，而 movsw 的传送是以字为单位的。

movsb 和 movsw 指令执行时，原始数据串的段地址由 DS 指定，偏移地址由 SI 指定，简写为 DS:SI；要传送到的目的地址由 ES:DI 指定；传送的字节数（movsb）或者字数（movsw）由 CX 指定。除此之外，还要指定是正向传送还是反向传送，正向传送是指传送操作的方向是从内存区域的低地址端到高地址端；反向传送则正好相反。正向传送时，每传送一字节（movsb）或者一个字（movsw），SI 和 DI 加 1 或者加 2；反向传送时，每传送一字节（movsb）或者一个字（movsw）时，SI 和 DI 减去 1 或者减去 2。不管是正向传送还是反向传送，也不管每次传送的是字节还是字，每传送一次，CX 的内容自动减 1，因为 CX 用来指定传送的次数。

如图 7-2 所示，在 8086 处理器里，有一个特殊的寄存器，叫作 FLAGS，翻译过来叫标志寄存器，用来存放各种标志信息。作为一个例子，它的位 6 是 ZF（Zero Flag），即零标志。当处理器执行一条算术或者逻辑运算指令后，算术逻辑部件送出的结果除了送到指定位置（目的操作数指定的位置），还送到一个或非门。学过逻辑电路课程或看过《穿越计算机的迷雾》这本书的人都知道，或非门的输入全为 0 时，输出为 1；输入不全为 0 或全部为 1 时，输出为 0。或非门的输出送到一个触发器，这就是标志寄存器的 ZF 位。这就是说，如果计算结果为 0，这一位被置成 1，表示计算结果为 0 是“真”的；否则清除此位（0）。

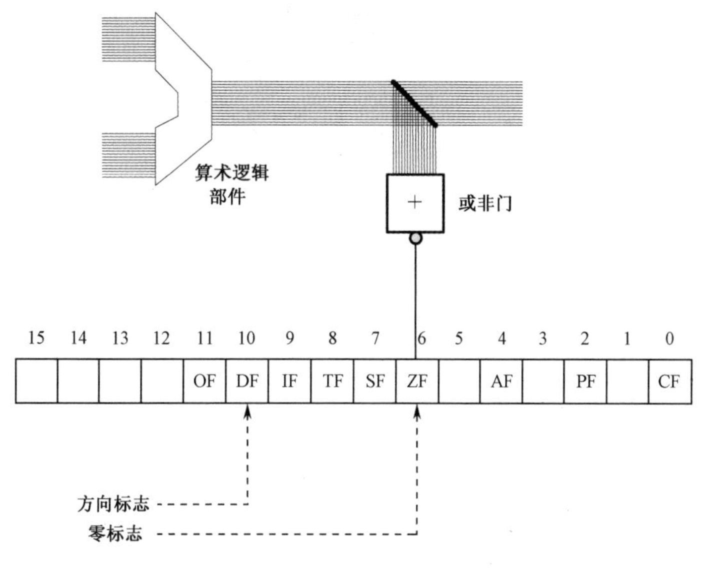

图 7-2 8086 处理器的标志寄存器

除此之外，它也允许通过指令设置一些标志来改变处理器的运行状态。比如，位 10 是方向标志 DF（Direction Flag），通过将这一位清 0 或者置 1，就能控制 movsb 和 movsw 的传送方向。

源程序第 19 行是方向标志清 0 指令 cld。这是个无操作数指令，与其相反的是置方向标志指令 std。cld 指令将 DF 标志清 0，以指示传送是正方向的。和 cld 功能相反的是 std 指令，它将 DF 标志置位（1）。此时，传送的方向是从高地址到低地址。

源程序第 20 行，设置寄存器 SI 的内容到源串的首地址，也就是标号 mytext 处的汇编地址。

源程序第 21 行，设置目的地的首地址到寄存器 DI。屏幕上第一个字符的位置对应着 0xB800 段的开始处，所以设置 DI 的内容为 0。

第 22 行，设置要批量传送的字节数到寄存器 CX。因为数据串是在两个标号 number 和 mytext 之间声明的，而且标号代表的是汇编地址，所以，汇编语言允许将它们相减并除以 2 来得到这个数值。需要说明的是，这个计算过程是在编译阶段进行的，而不是在指令执行的时候。除以 2 的原因是 movsw 每次传送一个字。

第 23 行，是 movsw 指令，操作码是 0xA5，该指令没有操作数。使用 movsw 而不是 movsb 的原因是按字操作比按字节操作要快。

单纯的 movsb 和 movsw 只能执行一次，如果希望处理器自动地反复执行，需要加上指令前缀 rep（repeat），意思是 CX 不为零则重复。rep movsw 的操作码是 0xF3 0xA5，它将重复执行 movsw 直到 CX 的内容为零。

◆ **检测点 7.1**

选择填空：movsb 指令每次传送一（ ），movsw 指令每次传送一个（ ）。原始数据在段内的偏移地址在寄存器（ ）中，要传送的目标位置的偏移地址在寄存器（ ）中。如果要连续传送多个字或多字节，则需要（ ）前缀，在寄存器（ ）中设置传送的次数，并设置传送的方向。其中，（ ）指令指示正向传送，（ ）指令指示反向传送。反向传送时，每传送一次，SI 和 DI 的内容将（ ）。

A. 字节 B. 字 C. DI D. SI E. CX F. rep G. 减小 H. std I. cld J. 增大

7.6 使用循环分解数位

为了显示标号 number 所代表的汇编地址，源程序第 26 行用于将它的数值传送到寄存器 AX，这个和以前是一样的。

我们在程序中声明标号 number 并初始化 5 字节的目的主要是保存数位，标号 number 代表一个数值，这个数值是它在程序中的汇编地址（汇编位置），我们要显示这个数值。所以，源程序的第 26 行，我们获得标号 number 代表的汇编地址。

同时，我们还需要访问在标号 number 处定义的 5 字节，用来保存数位，而标号 number 所代表的汇编地址又是它在程序运行时的偏移地址（段内偏移量）。为此，源程序第 29 行，通过将 AX 的内容传送到 BX，来使 BX 指向该处的偏移地址。实际上，这等效于

```
mov bx, number
```

只不过用寄存器传递来得更快，更方便。

第 29～37 行依旧做的是分解数位的事，但用了和以往不同的方法。简单地说，就是循环。循环依靠的是循环指令 loop，该指令出现在源程序的第 37 行：

```
loop digit
```

loop 指令的功能是重复执行一段相同的代码，处理器在执行它的时候会顺序做两件事：

```
将寄存器 CX 的内容减 1；
如果寄存器 CX 的内容不为零，转移到指定的位置处执行，否则顺序执行后面的指令。
```

和源程序第 6 行的 jmp near start 一样，loop digit 指令也是颇具迷惑性的指令，它的机器指令操作码是 0xE2，后面跟着一字节的操作数，而且也是相对于标号处的偏移量，是在编译阶段，编译器用标号 digit 所在位置的汇编地址减去 loop 指令的下一条指令的汇编地址得到的。

为了使 loop 指令能正常工作，需要一些准备。源程序第 30 行，将循环次数传送到寄存器 CX。因为分解 AX 中的数需要循环 5 次，故传送的值是 5。

源程序第 31 行，将除数 10 传送到寄存器 SI。

源程序第 33～37 行是循环体，每次循环都会执行这些代码，主要是做除法并保存每次得到的余数。每次除法之前都要先将 DX 清零以得到被除数的高 16 位，这是源程序第 33 行所做的事情。

做完除法之后，第 35 行，将 DL 中得到的余数传送到由 BX 所指示的内存单元中去。这是我们第一次接触到偏移地址来自寄存器的情况，而在此之前，我们仅仅是使用类似于下面的指令：

```
        mov [0x05], dl
        mov [number], al
        mov [number+0x02], cl
```

尽管方式不同，但 mov [bx], dl 做相同的事情，那就是把寄存器 DL 中的内容，传送到以寄存器 DS 的内容为段地址，以寄存器 BX 的内容为偏移地址的内存单元中去。注意，指令中的中括号是必需的，否则就是传送到寄存器 BX 中，而不是寄存器 BX 的内容所指示的内存单元了。

在 8086 处理器上，如果要用寄存器来提供偏移地址，只能使用寄存器 BX、SI、DI、BP，不能使用其他寄存器。所以，以下指令都是非法的：

```
        mov [ax], dl
        mov [dx], bx
```

原因很简单，寄存器 BX 最初的功能之一就是用来提供数据访问的基地址，所以又叫基址寄存器（Base Address Register）。之所以不能用寄存器 SP、IP、AX、CX、DX，这是一种硬性规定，说不上有什么特别的理由。而且，在设计 8086 处理器时，每个寄存器都有自己的特殊用途，比如寄存器 AX 是累加器（Accumulator），与它有关的指令还会做指令长度上的优化（较短）；寄存器 CX 是计数器（Counter）；寄存器 DX 是数据（Data）寄存器，除了作为通用寄存器使用，还专门用于和外部设备之间进行数据传送；寄存器 SI 是源索引（Source Index）寄存器；DI 是目标索引（Destination Index）寄存器，用于数据传送操作，我们已经在 movsb 和 movsw 指令的用法中领略过了。

注意，可以在**任何带有内存操作数的指令**中使用寄存器 BX、SI 或者 DI 提供偏移地址。

做完一次除法，并保存了数位之后，源程序第 36 行，用于将寄存器 BX 中的内容加 1，以指向下一个内存单元。inc 是加 1 指令，操作数可以是 8 位或者 16 位的寄存器，也可以是字节或者字内存单元。从功能上讲，它和

```
        add bx, 1
```

是一样的，但前者的机器码更短，速度更快。下面是两个例子：

```
        inc al
        inc byte [bx]
        inc word [label_a]
```

以上，第一条指令执行时，处理器将寄存器 AL 中的内容加 1；第二条指令执行时，将寄存器 BX 所指向的内存单元的内容加 1。就是说，处理器用段寄存器 DS 的内容左移 4 位，加上寄存器 BX 的内容，形成 20 位物理地址。然后，将该地址处的内容（字节）加 1。

第三条指令和第二条指令做相同的事情，但是偏移地址是用标号给出的。关键字“word”表明它操作的是内存中的一个字，段地址在段寄存器 DS 中，偏移地址等于标号 label_a 在编译阶段的汇编地址。

和 inc 指令相对的是 dec 指令，用于将目标操作数的内容减 1，它们的指令格式相同，不再赘述。

源程序第 37 行，正是 loop 指令。就像我们刚才说的，它将寄存器 CX 的内容减 1，并判断是否为 0。如果不为 0，则跳转到标号 digit 所在的位置处执行。

很显然，在指令的地址部分使用寄存器，而不是数值或者标号（其实标号是数值的等价形式，在编译后也是数值）有一个明显的好处，那就是可以在循环体里方便地改变偏移地址，如果使用数值就做不到这一点。

◆ **检测点 7.2**

选择题：下面哪些指令是错误的，为什么？

A. add ax,[bx]　　B. mov ax,[si]　　C. mov ax,[cx]　　D. mov dx,[di]

E. mov dx,[ax]　　F. inc byte [di]　　G. div word [bx]

7.7 计算机中的负数

7.7.1 无符号数和有符号数

为了在讲解后面的内容时能够顺利一些，现在我们离开源程序，来介绍一些题外的知识。

从本书的开篇到现在，我们一直没有提到负数，就好像世界上根本没有负数一样。计算机当然要处理负数，要不然它将没有多少实用价值。

在计算机中使用负数，这是一个容易令人产生迷惑的话题。不信？现在就开始了。

尽管我们从来没有考虑过数的正负问题，但是，事实上，我们在编写程序的时候，既可以使用正数，也可以使用负数。如图 7-3 所示，我们创建了一个源文件 exam.asm，并在这个文件中用伪指令 db 声明了一些正数和一些负数。

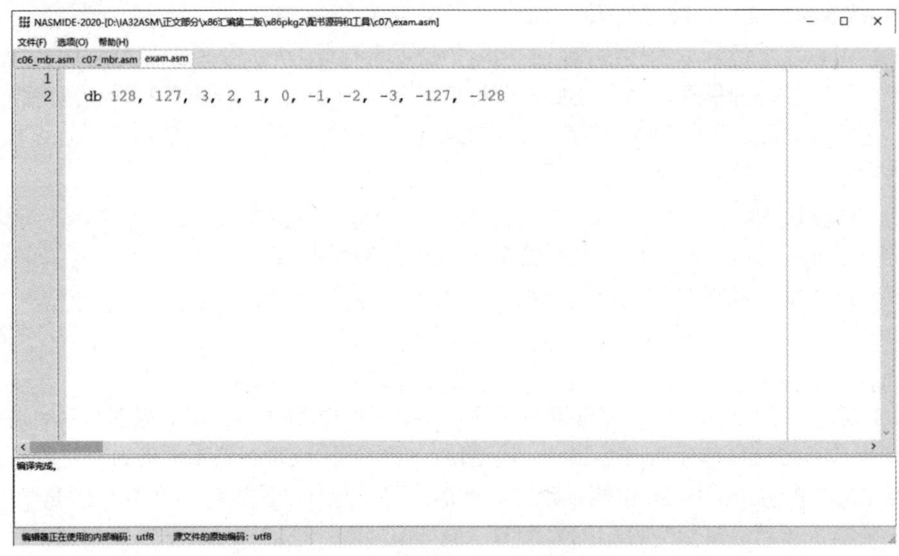

图 7-3　在汇编源程序中使用负数的例子

图 7-4 显示了编译后的结果。用伪指令 db 声明的数据都只有一字节的长度，所以很容易在这两幅图的各个数之间建立对应关系。

前面的正数都很好理解，十进制数 128 对应的二进制数是 10000000，对应的十六进制数是 0x80；十进制数 0 对应的二进制数是 00000000，对应的十六进制数是 0x00。为什么我们对此不感到新鲜？因为这显得非常自然，从本书一开始到现在，我们就是这样工作的。

真正的麻烦在于后面的负数，比如-1，它在编译的时候，编译器会怎么做呢？

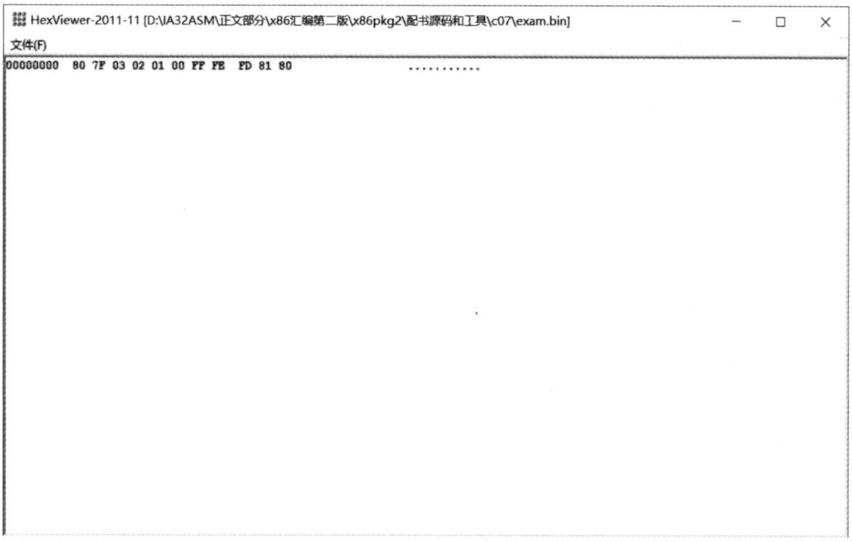

图 7-4 正数和负数编译后的结果

它很笨，但也很聪明。因为-1 其实等于 0-1，它就知道可以做一次减法。当然，这个减法，不是你已经熟悉的十进制减法，这没有用，你得做二进制的减法，也就是用二进制数 0 减去二进制数 1，结果是

```
……1111111111111111111111111111111111
```

注意左边的省略号，这是因为在相减的过程中，不停地向左边借位的结果。因此，可以说，这个数字是很长的，取决于你什么时候停止借位。

再比如十进制数-2，可以用 0-2 来得到，在二进制的世界里，该减法是二进制数 0 减去二进制数 10，结果是

```
……1111111111111111111111111111111110
```

同样，相减的过程要向左借位，所以这个数字相当长。但是，最右边那一位是 0。

在计算机中，数字保存在寄存器里，而在 16 位处理器里，寄存器通常是 8 位和 16 位的。因此，以上相减的结果，只能保留最右边的 8 位或者 16 位。举个例子，十进制数-1 在寄存器 AL 中的二进制形式是

```
11111111
```

即 0xFF；十进制数-2 在寄存器 AL 中的二进制形式是

```
11111110
```

即 0xFE。如果是 16 位的寄存器，则相应地，要保留相减结果的最右边 16 位。因此，十进制数-1 在寄存器 AX 中的二进制形式是

```
1111111111111111
```

即 0xFFFF；十进制数-2 在寄存器 AX 中的二进制形式是

```
1111111111111110
```

即 0xFFFE。

当然，数据还可以保存在内存中，或者编译后的二进制文件中。在二进制文件中，数据是用伪指令 db 或 dw 等定义的。但是，数据的表示形式和它们在寄存器中的形式相同，以下代码片段很清楚地说明了这一点。

```
data0  db  -1          ;初始化为 0xFF
data1  db  -2          ;初始化为 0xFE
data2  dw  -1          ;初始化为 0xFFFF
data3  dw  -2          ;初始化为 0xFFFE
```

这是很令人吃惊的。因为我们知道，0xFF 等于十进制数 255，但现在它又是十进制数-1，哪一个才是正确的呢？我们应该以哪一个为准呢？

好吧，假设这勉强能接受的话，那么，对照一下图 7-3 和图 7-4，你会发现，0x80 既是十进制数 128，又是十进制数-128，到底哪一个是正确的呢？

这真是令人头疼的问题，不单是对我们，对几十年前那些计算机工程师们来说也是如此。

一个良好的解决方案是，将计算机中的数分成两大类：无符号数和有符号数。无符号数的意思是我们不关心这些数的符号，因此也就无所谓正负，反正它们就是数而已，就像小学生一样，眼中只有自然数。在 8 位的字节运算中，无符号数的范围是 00000000～11111111，即十进制的 0～255；在 16 位的字运算中，无符号数的范围是 0000000000000000～1111111111111111，即十进制的 0～65535；在将来要讲到的 32 位运算中，无符号数的范围是 00000000000000000000000000000000～11111111111111111111111111111111，即十进制的 0～4294967295。很显然，我们以前使用的一直是无符号数。

相反地，有符号数是分正负的，而且规定，数的正负要通过它的最高位来辨别。如果最高位是 0，它就是正数；如果是 1，就是负数。如此一来，在 8 位的字节运算环境中，正数的范围是 00000000～01111111，即十进制的 0～127；负数的范围是 10000000～11111111，即十进制的-128～-1。

正的有符号数，和与它同值的无符号数相同，这没什么好说的，毕竟它们形式上相同，按相同的方式处理最为方便。但是，负数就不同了，在这里，10000000～11111111 这些负数，都是用 0 减去它们相对应的正数得到的。想知道它们各自对应的正数是谁吗？很简单，因为“负数的负数”是正数，所以只需要用 0 减去这个负数就行。所以，你可以试试看，因为

```
00000000-10000000＝10000000（十进制数 128）
00000000-11111111＝00000001（十进制数 1）
```

所以，10000000～11111111 这个范围内的有符号数，对应着十进制数-128～-1。

顺便说一下，在 8086 处理器中，有一条指令专门做这件事，它就是 neg。neg 指令带有一个操作数，可以是 8 位或者 16 位的寄存器，或者内存单元。如

```
neg al
neg dx
neg word [label_a]
```

它的功能很简单，用 0 减去指令中指定的操作数。例如，如果寄存器 AL 中的内容是 00001000（十进制数 8），执行 neg al 后，寄存器 AL 中的内容变为 11111000（十进制数-8）；如果寄存器 AL 中的内容为 11000100（十进制数-60），执行 neg al 后，寄存器 AL 中的内容为 00111100（十进制数 60）。

相应地，在 16 位的字运算环境中，正数的范围是 0000000000000000～0111111111111111，即十进制的 0～32767，负数的范围是 1000000000000000～1111111111111111，即十进制的-32768～-1。

不要给计算机和编译器添麻烦。既然你已经知道一字节可以容纳的数据范围是十进制的

-128～127，就不要这样写：

```
    mov al, -200
```

寄存器 AL 只有 8 位，因此，编译后，-200 将被截断，机器码为 B0 38。你可以这样写：

```
    mov ax, -200
```

这时，编译后的机器码为 B8 38 FF。

同样的规则也适用于伪指令 db 和 dw。举例（以下均为十进制数）：

```
    db 255                   ;正确，可以看成声明无符号数
    db -125                  ;正确，数据未超范围
    db -240                  ;错误，超过字节所能容纳的数据范围，会被截断
    dw -240                  ;正确，数据未超范围
    dw -30001                ;正确，数据未超范围
```

32 位有符号数是 16 位和 8 位有符号数的超集，16 位有符号数又是 8 位有符号数的超集，它们互相之间有重叠的部分。正数还好说，十进制数 15，在 8 位运算环境中是 00001111，在 16 位运算环境中是 0000000000001111，没有什么区别。但是，同一个负数，其表现形式略有差别。比如十进制数-3，它在 8 位运算中是 11111101，即 0xFD；在 16 位运算中，则是 1111111111111101，即 0xFFFD。这种差别的来源很简单，我们已经讲过了，在计算机中，-3 是用 0 减去 3 得到的，在 8 位运算中只能保留结果的低 8 位，即 11111101（0xFD）；在 16 位运算中只能保留结果的低 16 位，即 1111111111111101（0xFFFD）。

很显然，一个 8 位的有符号数，要想用 16 位的形式来表示，只需将其最高位，也就是用来辨别符号的那一位（几乎所有的书上都称之为符号位，实际上这并不严谨），扩展到高 8 位即可。为了方便，处理器专门设计了两条指令来做这件事：cbw（Convert Byte to Word）和 cwd（Convert Word to Double-word）。

cbw 没有操作数，操作码为 98。它的功能是，将寄存器 AL 中的有符号数扩展到整个寄存器 AX。举个例子，如果寄存器 AL 中的内容为 01001111，那么执行该指令后，寄存器 AX 中的内容为 0000000001001111；如果寄存器 AL 中的内容为 10001101，执行该指令后，寄存器 AX 中的内容为 1111111110001101。

cwd 也没有操作数，操作码为 99。它的功能是，将寄存器 AX 中的有符号数扩展到 DX:AX。举个例子，如果寄存器 AX 中的内容为 0100111101111001，那么执行该指令后，寄存器 DX 中的内容为 0000000000000000，寄存器 AX 中的内容不变；如果寄存器 AX 中的内容为 1000110110001011，那么执行该指令后，寄存器 DX 中的内容为 1111111111111111，寄存器 AX 中的内容同样不变。

尽管有符号数的最高位通常称为符号位，但并不意味着它仅仅用来表示正负号。事实上，通过上面的讲述和实例可以看出，它既是数的一部分，和其他比特一起共同表示数的大小，同时又用来判断数的正负。

7.7.2 处理器视角中的数据类型

无符号数和有符号数的划分并没有从根本上打消我们的疑虑，即假如寄存器 AX 中的内容是 0xB23C，那么，它到底是无符号数 45628 呢，还是应当将其看成-19908？

答案是，这是你自己的事，取决于你怎么看待它。对于处理器的多数指令来说，执行的结果和操作数的类型没有关系。换句话说，无论你是从无符号数的角度来看，还是从有符号数的

角度来看，指令的执行结果都是正确无误的。比如

```
    mov ah, al
```

这条指令显然根本不考虑操作数的类型。再比如

```
    mov ah, 0xf0
    inc ah
```

在这里，0xf0 的二进制形式是 11110000，它既可以解释为无符号数 240（十进制），也可以解释为有符号数-16，毕竟它的符号位是 1。无论如何，inc 是加一指令，这条指令执行后，寄存器 AH 中的内容是二进制数 11110001，既是无符号数 241，也是有符号数-15。

再考虑加法运算。比如

```
    mov ax, 0x8c03
    add ax, 0x05
```

0x8c03 的二进制形式是 1000110000000011，既可以看作无符号数 35843（十进制），也可以看成有符号数-29693（十进制）。在运算过程中，数的视角要统一，如果把 0x8c03 看成无符号数，那么 0x05 也是无符号数；如果 0x8c03 是有符号数，那么 0x05 也是有符号数。

关键是运算后的结果。很幸运的是，add 指令同样适用于无符号数和有符号数。所以，这两条指令执行后，寄存器 AX 中的内容是 0x8c08，分别可以看成无符号数 35848 和有符号数-29688。

再来考虑一下减法。考虑一下，如果要计算 10-3，这其实可以看成 10＋（-3）。因此，使用以下三条指令就可以完成减法运算：

```
    mov ah, 10
    mov al, -3
    add ah, al
```

因此，很多处理器内部不构造减法电路，而是使用加法电路来做减法。

尽管如此，为了方便起见，处理器还是提供了减法指令 sub，该指令和加法指令 add 相似，目的操作数可以是 8 位或者 16 位通用寄存器，也可以是 8 位或者 16 位的内存单元；源操作数可以是通用寄存器，也可以是内存单元或者立即数（不允许两个操作数同时为内存单元）。比如

```
    sub ah, al
    sub dx, ax
    sub [label_a], ch
```

因为处理器没有减法运算电路，所以，举例来说，sub ah,al 指令实际上等效于下面两条指令：

```
    neg al
    add ah, al
```

可以这么说，几乎所有的处理器指令既能操作无符号数，又能操作有符号数。但是，有几条指令除外，比如除法指令和乘法指令。

我们已经学过除法指令 div。严格地说，它应该叫作无符号除法指令（Unsigned Divide），因为这条指令只能工作于无符号数。换句话说，只有从无符号数的角度来解释它的执行结果才能说得通。举个例子：

```
        mov ax, 0x0400
        mov bl, 0xf0
        div bl                  ;执行后，AL 中的内容为 0x04，即十进制数 4
```

从无符号数的角度来看，0x0400 等于十进制数 1024，0xf0 等于十进制数 240。相除后，寄存器 AL 中的商为 0x04，即十进制数 4，完全正确。

但是，从有符号数的角度来看，0x0400 等于十进制数 1024，0xf0 等于十进制数-16。理论上，相除后，寄存器 AL 中结果应当是 0xc0。因其最高位是“1”，故为负数，即十进制数为-64。

为了解决这个问题，处理器专门提供了一个有符号数除法指令 idiv（Signed Divide）。idiv 的指令格式和 div 相同，除了它是专门用于计算有符号数的。如果你决定要进行有符号数的计算，必须采用如下代码：

```
        mov ax, 0x0400
        mov bl, 0xf0
        idiv bl                  ;执行后，AL 中的内容为 0xc0，即十进制数-64
```

在用 idiv 指令做除法时，需要小心。比如用 0xf0c0 除以 0x10，也就是十进制数的除法-3904÷16。你的做法可能会是这样的：

```
        mov ax, 0xf0c0
        mov bl, 0x10
        idiv bl
```

以上的代码是 16 位二进制数除法，结果在寄存器 AL 中。除法的结果应当是十进制数-244，遗憾的是，这样的结果超出了寄存器 AL 所能表示的范围，必然因为溢出而不正确。为此，你可能会用 32 位的除法来代替以前的做法：

```
        xor dx, dx               ;如此一来，DX:AX 中的数成了正数
        mov ax, 0xf0c0
        mov bx, 0x10
        idiv bx
```

很遗憾，这依然是错的。十进制数-3904 的 16 位二进制形式和 32 位二进制形式是不同的。前者是 0xf0c0，后者是 0xfffff0c0。还记得 cwd 吗？你应该用这条指令把寄存器 AX 中数的符号扩展到 DX。所以，完全正确的写法是这样的：

```
        mov ax, 0xf0c0
        cwd
        mov bx, 0x10
        idiv bx
```

以上指令全部执行后，寄存器 AX 中的内容为 0xff0c，即十进制数-244。

主动权在你自己手上，在写程序的时候，你要做什么，什么目的，你自己最清楚。如果是无符号数计算，必须使用 div 指令；如果你是在做有符号数计算，就应当使用 idiv 指令。

◆　**检测点 7.3**

假如以下声明的是有符号数，那么，其中的负数是（　　　　　　　　　　　　　）。

data0 db 0xf0,0x05,0x66,0xff,0x81

data1 dw 0xfff,0xffff,0x8b,0x8a08

7.8 数位的显示

一旦各个数位都分解出来了，下面的工作就是在屏幕上显示它们。源程序第 40 行，将保存有各个数位的数据区首地址传送到基址寄存器 BX。

一共有 5 个数字要显示，它们在当前数据段内的起始偏移地址就是 number 的汇编地址，且已传送到寄存器 BX。为了依次得到这 5 个数字，程序中使用的指令是

```
        mov al, [bx + si]
```

在这里，我们的意图是，寄存器 BX 的内容是基地址，保持不变，当寄存器 SI 的内容从 0 逐次增加到 4，或者反过来，从 4 递减到 0 时，就可以通过 BX+SI 来连续访问这 5 个数字。在这里，寄存器 SI 的作用相当于索引，因此它被称为索引寄存器（Index Register），或者叫变址寄存器。另一个常用的变址寄存器是 DI。

注意，INTEL8086 处理器只允许以下几种基址寄存器和变址寄存器的组合：

```
        [bx + si]
        [bx + di]
        [bp + si]
        [bp + di]
```

这些组合可以**用于任何带有内存操作数的指令**中。其他任何组合，比如[bx+ax]、[cx+dx]、[ax+cx]等，都是非法的。

因此，源程序第 41 行，把初始的索引值 4 传送到寄存器 SI，这是由于要先显示万位上的数字。

源程序第 43 行，从指定的内存单元取出一字节，传送到寄存器 AL，偏移地址是 BX+SI。但是，它们之间的运算并非是在编译阶段进行的，而是在指令实际执行的时候，由处理器完成的。

源程序第 44 行，将寄存器 AL 中的数字加上 0x30，以得到它对应的 ASCII 码。

源程序第 45 行，将数字 0x04 传送到寄存器 AH。0x04 是显示属性，即前面讲过的黑底红字，无加亮，无闪烁。到此，寄存器 AX 中是一个完整的字，前 8 位显示属性值，后 8 位是字符的 ASCII 码。

源程序第 46 行，将寄存器 AX 中的内容传送到由段寄存器 ES 所指向的显示缓冲区中，偏移地址由寄存器 DI 指定。还记得吗，在前面使用 movsw 传送字符串“Label offset:”到显示缓冲区时，也使用了寄存器 DI，当时寄存器 DI 是指向显示缓冲区首地址的（0），而且每传送一次就自动加 2。传送结束后，寄存器 DI 正好指向字符“:”的下一个存储单元。之后，寄存器 DI 一直没用过，还保持着原先的内容。

注意，如图 7-5 所示，数据的传送是按低端字节序的，寄存器的低字节传送到显示缓冲区的低地址部分（字节），寄存器的高字节传送到显示缓冲区的高地址部分（字节）。

源程序第 47 行，将寄存器 DI 的内容加上 2，以指向显示缓冲区的下一个字单元。

源程序第 48 行，将寄存器 SI 的内容减 1，使得下一次的 BX+SI 指向千位数字。dec 是减 1 指令，和 inc 指令一样，后面跟一个操作数，可以是 8 位或 16 位的通用寄存器或者内存单元。

源程序第 49 行，指令 jns show 的意思是，如果未设置符号位，则转移到标号“show”所在的位置处执行。如图 7-2 所示，INTEL 处理器的标志寄存器里有符号位 SF（Sign Flag），很

多算术逻辑运算都会影响到该位，比如这里的 dec 指令。如果计算结果的最高位是比特“0”，处理器把 SF 位置“0”，否则 SF 位置“1”。

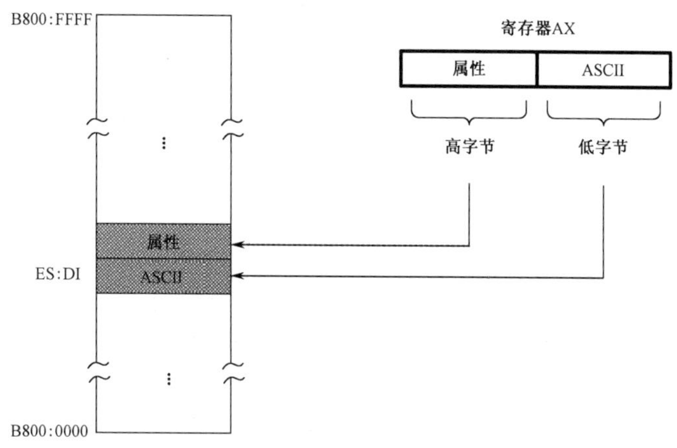

图 7-5 低端字节序的字传送

处理器的任务是忠实地执行指令，多数时候，它不会知道你的意图，也不会知道你进行的是有符号数运算，还是无符号数运算。如果运算结果的最高位是“1”，它唯一能做的，就是将 SF 标志置“1”，以示提醒，剩下的事，你自己看着办，它已经尽力了。

由于寄存器 SI 的初始值为 4，故第一次执行 dec si 后，SI 的内容为 3，即二进制数 0000000000000011，符号位是比特“0”，处理器将标志寄存器的 SF 位清“0”。于是，当执行 jns show 时，符合条件，于是转移到标号“show”所在的位置处执行，等于是开始显示下一个数位。

当显示完最后一个数位后，寄存器 SI 的内容是 0。执行 dec si 指令后，由于产生了借位，实际的运算结果是 0xffff（寄存器 SI 只能容纳 16 比特），因其最高位是“1”，故处理器将标志位寄存器 SF 置“1”，表明当前寄存器 SI 中的结果可以理解为一个负数（-1）。于是，执行 jns show 时，条件不满足，接着执行后面第 51 行的指令。

jns 是条件转移指令，处理器在执行它的时候要参考标志寄存器的 SF 位。除了只是在符合条件的时候才转移之外，它和 jmp 指令很相似，它也是相对转移指令，编译后的机器指令操作数也是一个相对偏移量，是用标号处的汇编地址减去当前指令的下一条指令的汇编地址得到的。

7.9 其他标志位和条件转移指令

在处理器内进行的很多算术逻辑运算，都会影响到标志寄存器的某些位。比如我们已经学过的加法指令 add、逻辑运算指令 xor 等。在下面的讲述中，请自行参考图 7-2。

7.9.1 奇偶标志位 PF

当运算结果出来后，如果最低 8 位中，有偶数个为 1 的比特，则 PF=1；否则 PF=0。例如：

```
        mov ax, 1000100100101110B          ;ax <- 0x892e
```

```
    xor ax, 3                          ;结果为 0x892d（1000100100101101B）
```

顺序执行以上两条指令后，因为结果是 1000100100101101B，低 8 位是 00101101B，有偶数个 1，所以 PF=1。

再如：

```
    mov ah, 00100110B                  ;ah <- 0x26
    mov al, 10000001B                  ;al <- 0x81
    add ah, al                         ;ah <- 0xa7
```

以上，因为最后 ah 的内容是 0xa7（10100111B），包含奇数个 1，故 PF=0。

7.9.2 进位标志 CF

当处理器进行算术操作时，如果最高位有向前进位或借位的情况发生，则 CF=1；否则 CF=0。比如：

```
    mov al, 10000000B              ;al <- 0x80
    add al, al                     ;al <- 0x00
```

这里，寄存器 AL 自己和自己做加法运算，并因为最高位是 1 而产生进位。结果是，进位被丢弃，寄存器 AL 中的最终结果为零。进位的产生，使得 CF=1。同时，ZF=1，PF=1。

下面是因有借位而使得 CF 为 1 的例子：

```
    mov ax, 0
    sub ax, 1
```

CF 标志始终忠实地记录进位或者借位是否发生，但少数指令除外（如 inc 和 dec）。

7.9.3 溢出标志 OF

对于无符号数运算来说，进位标志 CF 通常意味着得到了错误的计算结果，因为目的操作数没能容纳那个进位。这里有一个例子：

```
    mov ah, 0xff
    add ah, 2           ;ah←0x01
```

执行以上两条指令后，进位标志 CF 为 1，这是肯定的了，因为最高位有进位。从无符号数的角度来看，是 255+2，结果应当是 257。但是你看，因为寄存器 AH 只有 8 位，所以进位丢失，得到的结果是 1，这明显是错的。

但是，如果上面进行的是有符号数运算，那么，这实际上是在计算-1+2（十进制），AH 中的最终结果是 1，这是正确的。

很显然，同样的运算，从无符号数和有符号数的视角来看，是不同的。但是，在所有的情况下，处理器都不可能知道你的意图，不知道你进行的是有符号数运算，还是无符号数运算。为此，它提供了溢出标志 OF，该标志的意思是，假定你进行的是有符号数运算，如果运算结果是正确的，那么 OF=0，否则 OF=1。比如上面的例子，因为从有符号数的角度来看，是-1 和 2 相加，结果为 1，未溢出，故 OF=0。简单地说，OF 标志用于指示两个有符号数的运算结果是否错误。

再看一个例子：

```
    mov ah, 0x70
    add ah, ah
```

首先，本次相加，用二进制数来说就是 01110000+01110000＝11100000，最高位没有进位，故 CF＝0。

其次，从无符号数的角度来看（十进制），即 112+112＝224，并未超出一字节所能容纳的数值上限 255，结果是正确的。

但是，从有符号数运算的角度来看（十进制），即 112+112＝-32，两正数相加，结果为负，明显是错的，在这种情况下，OF＝1。错误的原因是，两个正数 112 和 112 相加，理论上的计算结果 224 超出了寄存器 AH 所能容纳的有符号数的范围-128～127，所以破坏了符号位，使得结果变成了负数（-32）。

既然如此，可以使用 16 位寄存器 AX，毕竟它能容纳的数据范围更大一些：

```
mov ax, 0x70
add ax, ax
```

这次，无论它是有符号数运算，还是无符号数运算，结果都是正确的。故 CF＝0，OF＝0。

因为在任何时候，处理器都不可能知道你的意图，不知道你进行的是有符号数运算，还是无符号数运算。因此，它所能做的，就是假定进行的是有符号数运算，并根据结果提供 OF 标志，至于如何处理，是你自己的事。比如说，如果你进行的是无符号数运算，那么，你可以不用理会该标志。

7.9.4 现有指令对标志位的影响

由于刚刚接触标志位，现将前面学过的指令对标志位的影响一一列举如下。在往后的学习中，但凡遇到新的指令，除了讲解指令的功能和用法，也会说明其对标志位的影响。

注意，可以在 Bochs 中查看标志位的状态，具体方法请参见 7.12.3 节。

```
add         OF、SF、ZF、AF、CF 和 PF 的状态依计算结果而定。
cbw         不影响任何标志位。
cld         DF=0，CF、OF、ZF、SF、AF 和 PF 未定义。未定义的意思是到目前为止还不
            打算让该指令影响到这些标志，因此，不要在程序中依赖这些标志。
cwd         不影响任何标志位。
dec         CF 标志不受影响，因为该指令通常在程序中用于循环计数，而且在循环体内通
            常有依赖 CF 标志的指令，故不希望它打扰 CF 标志；对 OF、SF、ZF、AF 和
            PF 的影响依计算结果而定。
div/idiv    对 CF、OF、SF、ZF、AF 和 PF 的影响未定义。
inc         CF 标志不受影响，对 OF、SF、ZF、AF 和 PF 的影响依计算结果而定。
mov/movs    这类指令不影响任何标志位。
neg         如果操作数为 0，则 CF=0，否则 CF=1；对 OF、SF、ZF、AF 和 PF 的影响依计
            算结果而定。
std         DF=1，不影响其他标志位。
sub         对 OF、SF、ZF、AF、PF 和 CF 的影响依计算结果而定。
xor         OF=0，CF=0；对 SF、ZF 和 PF 依计算结果而定；对 AF 的影响未定义。
```

7.9.5 条件转移指令

“jcc”不是一条指令，而是一个指令族（簇），功能是根据某些条件进行转移，比如前面

讲过的 jns，意思是如果 SF≠1（那就是 SF=0 了），则转移。方便起见，处理器一般提供相反的指令，如 js，意思是如果 SF=1，则转移。爱上网的朋友容易把它理解成“奸商”。

在汇编语言源代码里，条件转移指令的操作数是标号。编译成机器码后，操作数是一个立即数，是相对于目标指令的偏移量。在 16 位处理器上，偏移量可以是 8 位（短转移）或者 16 位（相对近转移）。

相似的，jz 的意思是结果为零（ZF 标志为 1）则转移；jnz 的意思是结果不为零（ZF 标志为 0）则转移。

jo 的意思是结果溢出（OF 标志为 1）则转移，jno 的意思是结果未溢出（OF 标志为 0）则转移。

jc 的意思是有进位（CF 标志为 1）则转移，jnc 的意思是没有进位（CF 标志为 0）则转移。

jp 的意思是如果 PF 标志为 1 则转移，jnp 的意思是如果 PF 标志不为 1（为 0）则转移。爱上网的朋友注意了，jp 可不是“极品”的意思。

转移指令必须出现在影响标志的指令之后，比如：

```
dec si
jns show
```

经验证明，像这种水到渠成的情况是很少的，多数时候，你会遇到一些和标志位关系不太明显的问题，比如，当寄存器 AX 里的内容为 0x30 的时候转移，或者当寄存器 AX 里的内容小于 0xf0 的时候转移，再或者，当寄存器 AX 里的内容大于寄存器 BX 里的内容时转移，这该怎么办呢？

好在处理器提供了比较指令 cmp，它需要两个操作数，目的操作数可以是 8 位或者 16 位通用寄存器，也可以是 8 位或者 16 位内存单元；源操作数可以是与目的操作数宽度一致的通用寄存器、内存单元或者立即数，但两个操作数同时为内存单元的情况除外。比如：

```
cmp al, 0x08
cmp dx, bx
cmp [label_a], cx
```

cmp 指令在功能上和 sub 指令相同，唯一不同之处在于，cmp 指令仅仅根据计算的结果设置相应的标志位，而不保留计算结果，因此也就不会改变两个操作数的原有内容。cmp 指令将会影响到 CF、OF、SF、ZF、AF 和 PF 标志位。

比较是拿目的操作数和源操作数比，重点关心的是目的操作数。拿指令 cmp ax,bx 来说，我们关心的是寄存器 AX 中的内容是否等于寄存器 BX 中的内容，寄存器 AX 中的内容是否大于寄存器 BX 中的内容，寄存器 AX 中的内容是否小于寄存器 BX 中的内容，等等，寄存器 AX 是被测量的对象，寄存器 BX 是测量的基准。比较的结果如表 7-1 所示。

表 7-1　各种比较结果和相应的条件转移指令

比较结果	英文描述	指令	相关标志位的状态
等于	Equal	je	相减结果为零才成立，故要求 ZF=1
不等于	Not Equal	jne	相减结果不为零才成立，故要求 ZF=0
大于	Greater	jg	适用于有符号数比较 要求：ZF=0（两个数不同，相减的结果不为 0），并且 SF=OF（如果相减后溢出，则结果必须是负数，说明目的操作数大；如果相减后未溢出，则结果必须是正数，也表明目的操作数大些）

续表

比较结果	英文描述	指令	相关标志位的状态
大于或等于	Greater or Equal	jge	适用于有符号数的比较 要求：SF＝OF
不大于	Not Greater	jng	适用于有符号数的比较 要求：ZF＝1（两个数相同，相减的结果为0），或者SF≠OF（如果相减后溢出，则结果必须是正数，说明源操作数大；如果相减后未溢出，则结果必须是负数，同样表明源操作数大些）
不大于或等于	Not Greater or Equal	jnge	适用于有符号数的比较 要求：SF≠OF
小于	Less	jl	适用于有符号数的比较，等同于“不大于或等于” 要求：SF≠OF
小于或等于	Less or Equal	jle	适用于有符号数的比较，等同于“不大于” 要求：ZF＝1（两个数相同，相减的结果为0），并且SF≠OF（如果相减后溢出，则结果必须是正数，说明源操作数大；如果相减后未溢出，则结果必须是负数，同样表明源操作数大些）
不小于	Not Less	jnl	适用于有符号数的比较，等同于“大于或等于” 要求：SF＝OF
不小于或等于	Not Less or Equal	jnle	适用于有符号数的比较，等同于“大于” 要求：ZF＝0（两个数不同，相减的结果不为 0），并且 SF＝OF（如果相减后溢出，则结果必须是负数，说明目的操作数大；如果相减后未溢出，则结果必须是正数，也表明目的操作数大些）
高于	Above	ja	适用于无符号数的比较 要求：CF＝0（没有进位或借位）而且 ZF＝0（两个数不相同）
高于或等于	Above or Equal	jae	适用于无符号数的比较 要求：CF＝0（目的操作数大些，不需要借位）
不高于	Not Above	jna	适用于无符号数的比较，等同于“低于或等于”（见后） 要求：CF＝1 或者 ZF＝1
不高于或等于	Not Above or Equal	jnae	适用于无符号数的比较，等同于“低于”（见后） 要求：CF＝1
低于	Below	jb	适用于无符号数的比较 要求：CF＝1
低于或等于	Below or Equal	jbe	适用于无符号数的比较 要求：CF＝1 或者 ZF＝1
不低于	Not Below	jnb	适用于无符号数的比较，等同于“高于或等于” 要求：CF＝0
不低于或等于	Not Below or Equal	jnbe	适用于无符号数的比较，等同于“高于” 要求：CF＝0 而且 ZF＝0
校验为偶	Parity Even	jpe	要求：PF＝1
检验为奇	Parity Odd	jpo	要求：PF＝0

非常显而易见的是，如果你英语基础比较好，认识上面那些单词的话，这些指令都可以在

短时间内轻松记住。英语基础不太好的人也不要灰心，事实上，根本不需要记住这些指令和它们的测试条件，因为我们平时很少用得了这么多。需要的时候再回过头来查查，这是个好办法，时间一长，自然就记住了。

最后一个要讲述的条件转移指令是 jcxz（jump if CX is zero），意思是当寄存器 CX 的内容为零时则转移。执行这条指令时，处理器先测试寄存器 CX 是否为零。例如：

```
        jcxz show
```

这里，“show”是程序中的一个标号。执行这条指令时，如果寄存器 CX 的内容为零，则转移；否则不转移，继续往下执行。

◆ **检测点 7.4**

1. ZF 标志位和与该标志位有关的条件转移指令用得非常频繁，但很多人容易在 ZF 标志位上犯糊涂，以为计算结果为零时，ZF 为“0”。为了证明你不糊涂，请填空：当 ZF=（ ）时，表明计算结果为零；jz 指令的意思是当 ZF=（ ），即计算结果为（ ）时转移；je 指令的意思是当 ZF=（ ），即计算结果为（ ）时转移；jnz 指令的意思是当 ZF=（ ），即计算结果不为（ ）时转移；jne 指令的意思是当 ZF=（ ），即计算结果不为（ ）时转移。

2. 写一小段程序，先比较寄存器 AX 和 BX 中的数值，然后，当 AX 的内容大于 BX 的内容时，转移到标号 lbb 处执行；AX 的内容等于 BX 的内容时，转移到标号 lbz 处执行；AX 的内容小于 BX 的内容时，转移到标号 lbl 处执行。

7.10 NASM 编译器的$和$$标记

源程序第 51 行，用于在显示了各个数位之后，再显示一个字符“D”。目的地址是由 ES:DI 给出的，源操作数是立即数 0x0744，其中，高字节 0x07 是黑底白字的显示属性，低字节 0x44 是字符“D”的 ASCII 码。字的写入是按低端字节序的，请自行参照图 7-5。

整个程序到此结束。为了使处理器还有事做，源程序第 53 行，是一个无限循环。NASM 编译器提供了一个标记“$”，该标记等同于标号，你可以把它看成一个隐藏在当前行行首的标号。因此，jmp near $的意思是，转移到当前指令继续执行，它和

```
        infi: jmp near infi
```

是一样的，没有区别，但不需要使用标号，更不必为给标号起一个有意义的名字而伤脑筋。

和第 6 章一样，为了得到不多不少正好 512 字节的编译结果，同时最后 2 字节还必须是 0x55 和 0xAA，需要在最后一条指令的后面填充一些无用的数据。

源程序第 55 行，用于重复伪指令“db 0”若干次，重复的次数是由 510-($-$$)得到的。除去 0x55 和 0xAA 后，剩余的主引导扇区内容是 510 字节；$是当前位置的汇编地址；$$是 NASM 编译器提供的另一个标记，代表当前汇编节（段）的起始汇编地址。当前程序没有定义节或段，就默认地自成一个汇编段，而且起始的汇编地址是 0（程序起始处）。这样，用当前汇编地址减去程序开头的汇编地址（0），就是程序实体的大小。再用 510 减去程序实体的大小，就是需要填充的字节数。

就像处理器把内存划分成逻辑上的分段一样，源程序也应当按段来组织，划分成独立的代码段、数据段等。从本书第 8 章开始，将引入这方面的内容。

7.11 观察运行结果

编译本章的源程序，并用 FixVhdWr 将编译后的二进制文件写入虚拟硬盘的主引导扇区，然后启动 VirtualBox，观察运行后的结果。在你的程序无错的情况下，显示的效果应当如图 7-6 所示。

图 7-6 本章程序的运行结果

7.12 本章程序的调试

7.12.1 调试命令“n”的使用

要调试本章的程序，可以利用上一章里介绍的方法，其中非常重要的一个调试命令是单步执行命令“s”。

单步执行有一个缺点，就是会陷入同一条指令的多次重复执行里，比如 rep movsw 指令。如图 7-7 所示，由于是在两个内存区域之间复制字符，rep movsw 指令要执行很多次，每当输入“s”命令后，执行的依然是 movsw 指令，直到寄存器 CX 的内容为零，复制过程结束后，才开始单步执行下一条指令。注意，在图中，Bochs 使用了 rep movsw 指令的另一种形式“rep movsw word ptr es:[di],word ptr ds:[si]”，它们其实是一回事。

```
<bochs:10> s
Next at t=17825041
(0) [0x000000000000007c33] 0000:7c33 (unk. ctxt): mov cx, 0x000d          ; b90d
00
<bochs:11> s
Next at t=17825042
(0) [0x000000000000007c36] 0000:7c36 (unk. ctxt): rep movsw word ptr es:[di], word
 ptr ds:[si] ; f3a5
<bochs:12> s
Next at t=17825043
(0) [0x000000000000007c36] 0000:7c36 (unk. ctxt): rep movsw word ptr es:[di], word
 ptr ds:[si] ; f3a5
<bochs:13> s
Next at t=17825044
(0) [0x000000000000007c36] 0000:7c36 (unk. ctxt): rep movsw word ptr es:[di], word
 ptr ds:[si] ; f3a5
<bochs:14> s
Next at t=17825045
(0) [0x000000000000007c36] 0000:7c36 (unk. ctxt): rep movsw word ptr es:[di], word
 ptr ds:[si] ; f3a5
<bochs:15> s
Next at t=17825046
(0) [0x000000000000007c36] 0000:7c36 (unk. ctxt): rep movsw word ptr es:[di], word
 ptr ds:[si] ; f3a5
<bochs:16>
```

图 7-7 单步执行 rep movsw 指令时的情景

除了 rep movsw 指令，本章中的 loop 指令也会使单步执行陷入循环体中，直到循环条件不成立，退出循环时，才开始单步执行循环体外的下一条指令。如图 7-8 所示，当单步执行循环指令 loop .-9 时（本指令的物理内存地址是 0x0000000000007C4A），下一条指令马上变成循环体内的第一条指令（xor dx,dx，物理内存地址为 0x0000000000007C43）。只有当寄存器 CX 的内容为零时，才开始单步执行循环体外的下一条指令。

在图中，loop 指令的目标地址是用标号“.-9”表示的，但实际上这条 loop 指令就是本章程序中的

```
        loop digit
```

但是，程序在编译后，所有标号都消失了。当 Bochs 重现这些程序时，不可能知道这里原先是一个标号“digit”。因此，它用 loop 指令的操作数作为标号。我们知道，loop 指令的操作数是一个相对量，是用目标处的汇编（偏移）地址减去 loop 指令的下一条指令的汇编（偏移）地址得到的。在 loop 指令执行时，用指令指针寄存器 IP 的内容（此时 IP 指向 loop 指令的下一条指令）加上操作数-9，得到目标位置的偏移地址。

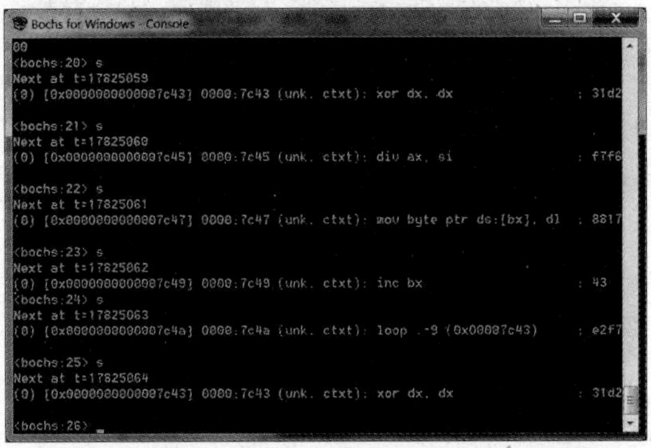

图 7-8　Bochs 单步执行 loop 指令时的情景

可以想象，如果循环的次数很多（有时候，循环成千上万次是很正常的），则我们就无法调试循环体后面的程序。在这种情况下，你应当在执行 rep movsb、repmovsw 和 loop 指令的时候，使用调试命令“n”。此时，Bochs 将自动完成循环过程，并在循环体外的下一条指令前停住。

7.12.2　调试命令“u”的使用

之所以能够使用调试命令“n”来越过循环体，是因为 Bochs 知道控制循环次数的是寄存器 CX，它可以自动监视整个循环过程。

但是，“n”命令对于下面的循环结构无效：

```
        show:
                mov al, [bx+si]
                add al, 0x30
                mov ah, 0x04
                mov [es:di], ax
                add di, 2
                dec si
                jns show
```

原因很简单，条件转移指令（在这里是 jns）不是循环指令，转移到的目标位置一般位于前方（源程序的下面），而不是像这里一样位于后方（上面）。由于是转移到上面重新执行先前已经执行过的指令，于是恰巧组成了一个特殊的循环。

因此，如图 7-9 所示，当用“n”命令执行 jns show（在图中显示的是 jns .-15）后，下一条指令又变成物理地址为 0x0000000000007c52 处的指令 mov al,byte ptr ds:[bx+si]（即 mov al,[bx+si]），因为 SF 标志为“0”。

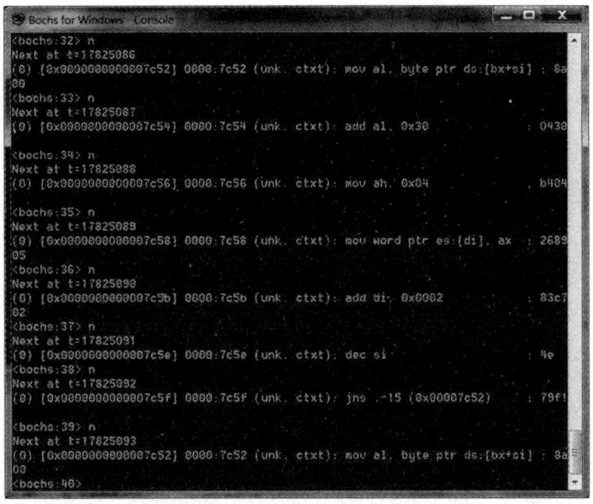

图 7-9　在 Bochs 中用“n”命令执行 jns 指令时的情景

如何越过条件转移指令构造的特殊循环体，往后调试执行呢？要解决这个问题，只需要知道循环体后面那条指令的物理地址即可，这可以使用反汇编命令“u”。

反汇编的意思是根据机器指令代码生成可读的汇编语言指令，正好与汇编过程相反。“u”命令可以使用两个参数，第一个参数是跟在“/”后面的数字，指定反汇编出多少条指令；第二个参数用于指定一个内存地址，Bochs 从这里开始反汇编操作。

如图 7-10 所示，在 jns .-5 指令执行前，用“u”命令反汇编。该命令指示从指令 jns .-15 所在的地址处（0x0000000000007c5f）开始反汇编，而且只需得到 2 条指令即可。注意，如果是从当前地址处开始反汇编，则地址参数可以省略。在这里，只需使用“u/2”即可。

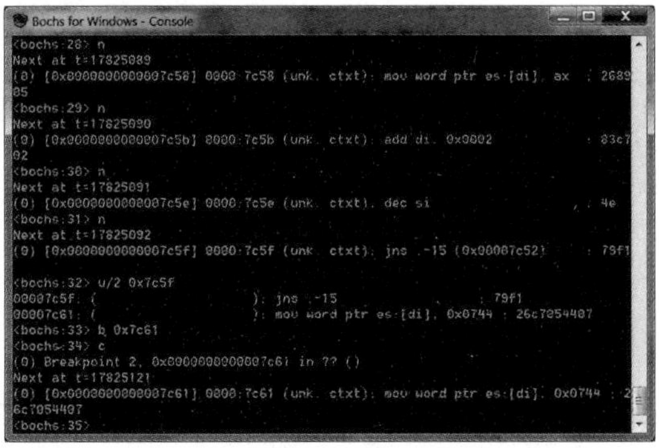

图 7-10　使用反汇编命令显示指定地址处的指令

命令下达后，Bochs 迅速做出回应，给出了两条指令，并显示了各自所在的物理地址。很显然，条件转移指令 jns 之后的那条指令是 mov word ptr es:[di],0x0744，也就是本章程序中的

mov word [es:di],0x0744，其物理地址是 0x7c61。

依然如图 7-10 所示，为了越过这个特殊的循环结构，首先使用“b”命令把 0x7c61 设为断点，然后执行“c”命令来连续执行程序，直至发现已经处于断点位置。

7.12.3 用调试命令“info”查看标志位

为了查看标志寄存器 FLAGS 的状态（各个标志位），可以在 Bochs 中使用命令“info”。使用该命令可以显示多种类型的处理器信息，显示标志寄存器的状态只是其功能之一。

为了显示标志寄存器的状态，可以使用“eflags”参数，即“info eflags”。INTEL8086 的标志寄存器是 16 位的，称作 FLAGS；在 32 位处理器上，该标志寄存器做了扩展，达到了 32 位，称作 EFLAGS。因此，在 Bochs 中，应当输入“info eflags”，而不是“info flags”。

要查看标志寄存器的状态，应当在调试本章程序的过程中进行。如图 7-11 所示，我们在执行第 33 行的 xor dx,dx 指令之前，查看一下标志寄存器的状态。

如图 7-11 所示，当命令输入之后，Bochs 显示一行古怪的文字作为回应，请允许我来解释一下这些东西都是什么。

```
Bochs for Windows - Console
(0) [0x0000000000007c36] 0000:7c36 (unk. ctxt): rep movsw word ptr es:[di], word
 ptr ds:[si] ; f3a5
<bochs:12> n
Next at t=17825055
(0) [0x0000000000007c38] 0000:7c38 (unk. ctxt): mov ax, 0x001d          ; b81d
00
<bochs:13> n
Next at t=17825056
(0) [0x0000000000007c3b] 0000:7c3b (unk. ctxt): mov bx, ax              ; 89c3

<bochs:14> n
Next at t=17825057
(0) [0x0000000000007c3d] 0000:7c3d (unk. ctxt): mov cx, 0x0005          ; b905
00
<bochs:15> n
Next at t=17825058
(0) [0x0000000000007c40] 0000:7c40 (unk. ctxt): mov si, 0x000a          ; be0a
00
<bochs:16> n
Next at t=17825059
(0) [0x0000000000007c43] 0000:7c43 (unk. ctxt): xor dx, dx              ; 31d2

<bochs:17> info eflags
id vip vif ac vm rf nt IOPL=0 of df if tf SF zf af pf cf
<bochs:18>
```

图 7-11　在 Bochs 中查看标志寄存器的状态

首先，像“id、vip、vif、ac、vm、rf、nt、IOPL”这些标志，是 32 位处理器才有的，现在不用管它们。

然后，“of”是溢出标志；“df”是方向标志；“if”和“tf”是和中断有关的标志，第 10 章才能讲到；“sf”是符号标志；“zf”是零标志；“af”是辅助进位标志；“pf”是奇偶标志；“cf”是进位标志。

问题是，光显示标志的名称，怎么知道某个标志位是“0”还是“1”呢？很简单，如果显示的标志名称是小写的，那么，说明该标志为“0”；否则，该标志的状态为“1”。如图 7-11 所示，符号标志是大写的“SF”，因此，该标志当前的状态是“1”。

注意，我们现在关注的是当 xor 指令执行后，标志寄存器的变化情况。接下来，我们单步执行 xor dx,dx 指令，然后再显示一次标志寄存器的内容。

如图 7-12 所示，该指令执行后，符号标志的名称变成小写，零标志和奇偶标志的名称变为大写。请你想一想，这是为什么？

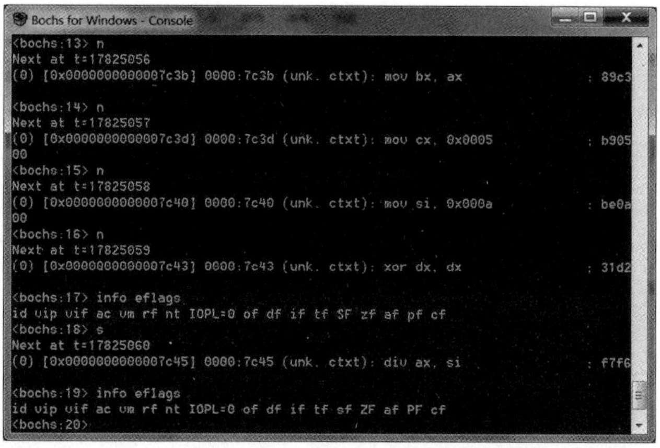

```
Bochs for Windows - Console
<bochs:13> n
Next at t=17825056
(0) [0x0000000000007c3b] 0000:7c3b (unk. ctxt): mov bx, ax                ; 89c3

<bochs:14> n
Next at t=17825057
(0) [0x0000000000007c3d] 0000:7c3d (unk. ctxt): mov cx, 0x0005            ; b905
00
<bochs:15> n
Next at t=17825058
(0) [0x0000000000007c40] 0000:7c40 (unk. ctxt): mov si, 0x000a            ; be0a
00
<bochs:16> n
Next at t=17825059
(0) [0x0000000000007c43] 0000:7c43 (unk. ctxt): xor dx, dx                ; 31d2

<bochs:17> info eflags
id vip vif ac vm rf nt IOPL=0 of df if tf SF zf af pf cf
<bochs:18> s
Next at t=17825060
(0) [0x0000000000007c45] 0000:7c45 (unk. ctxt): div ax, si                ; f7f6

<bochs:19> info eflags
id vip vif ac vm rf nt IOPL=0 of df if tf sf ZF af PF cf
<bochs:20>
```

图 7-12　xor dx,dx 指令对标志寄存器的影响

◆　**检测点 7.5**

调试本章程序。要求：使用反汇编命令定位到源程序第 53 行（jmp near $），然后在这里设置断点，并用“c”命令连续执行到该断点位置。注意，Bochs 会把非指令的数据也视为指令，这将有可能导致反汇编不正确。因此，要小心避开这些数据区，在 Bochs 把物理地址 0x7C00 之后的数据（一大堆零）也反汇编成指令时，不要感到惊讶。

本 章 习 题

1．在某程序中声明和初始化了以下的有符号数。请问，正数和负数各有多少？

```
data1 db 0x05,0xff,0x80,0xf0,0x97,0x30
data2 dw 0x90,0xfff0,0xa0,0x1235,0x2f,0xc0,0xc5bc
```

2．如果可能的话，尝试编写一个主引导扇区程序来做上面的工作。

3．请问下面的循环将执行多少次：

```
       mov cx,0
delay: loop delay
```

第 8 章

比高斯更快的计算

8.1 从 1 加到 100 的故事

伟大的数学家高斯在 9 岁那年，用很短的时间完成了从 1 到 100 的累加。那原本是老师给学生们出的难题，希望他们能老老实实地待在教室里。

高斯的方法很简单，他发现这是 50 个 101 的求和：100+1、99+2、98+3、…、50+51，于是他很快算出结果是 101×50＝5050。从 1 加到 100，高斯发现了其中的规律，当然很快就能算出结果。但是计算机很蠢，它不懂什么规律，只能从 1 老老实实地加到 100。不过，它的强项就是速度，而且不怕麻烦，当高斯还在审题的时候，它就累加出结果了。

计算累加和对计算机来说是小菜一碟，而这也不是本章的目的。本章的目标是：

1．通过计算 1 到 100 的累加和，学习一种重要的数据结构——栈，了解处理器为访问栈提供了怎样的支持；

2．总结 INTEL8086 处理器的寻址方式；

3．学习几个新的处理器指令，它们是 or、and、push 和 pop；

4．学习在 Bochs 中调试程序时查看栈的方法。

8.2 代码清单 8–1

本章有配套的汇编语言源程序，并围绕这些源程序进行讲解，请对照阅读。

本章代码清单：8-1（主引导扇区程序）

源程序文件：c08_mbr.asm

8.3 显示字符串

源程序第 8 行，声明并初始化了一串字符（字符串），它的最终用途是要显示在屏幕上。我们可以直接用单引号把一串字符围起来：

```
        message db '1+2+3+...+100='
```

NASM 支持这样的做法，同前一章相比，以这种方法声明字符串显得更方便、更直接。在编译阶段，编译器将把它们拆开，以形成一个个单独的字节。

为了跳过没有指令的数据区，源程序第 6 行是 jmp near start 指令。

源程序第 11～15 行用于初始化数据段寄存器 DS 和附加段寄存器 ES。

源程序第 18～28 行同样用于显示字符串，但采用了不同的方法，首先是用索引寄存器 SI 指向 DS 段内待显示字符串的首地址，即标号“message”所代表的汇编地址。然后，再用另一个索引寄存器 DI 指向 ES 段内的偏移地址 0 处，ES 指向显示缓冲区，逻辑段地址为 0xB800。

字符串的显示需要依赖循环。本次采用的是循环指令 loop。loop 指令的工作又依赖于寄存器 CX，所以，源程序第 20 行，用于在编译阶段计算一个循环次数，该循环次数等于字符串的长度（字符个数）。

循环体是从源程序第 22 行开始的。首先从数据段中，逻辑地址为 DS:SI 的地方取得第一个字符，将其传送到逻辑地址 ES:DI，后者指向显示缓冲区。

紧接着，源程序第 24 行，将 DI 的内容加 1，以指向该字符在显示缓冲区内的属性字节；第 25 行，在该位置写入属性值 0x07，即黑底白字。

源程序第 26、27 行，分别将寄存器 SI 和 DI 的内容加 1，以指向源位置和目标位置的下一个单元。

源程序第 28 行，执行循环。loop 指令在执行时先将 CX 的内容减 1，然后，处理器根据 CX 是否为零来决定是否开始下一轮循环。当 CX 为 0 的时候，说明所有的字符已经显示完毕。

8.4 计算 1 到 100 的累加和

接下来就是计算 1 到 100 的累加和了。处理器还没有智能到可以理解题意的程度，具体的计算方法和计算步骤只能由人来给出。

要计算 1 到 100 的累加和，可以采取这样的办法：先将寄存器 AX 清零，再用 AX 的内容和 1 相加，结果在 AX 中；接着，再用 AX 的内容和 2 相加，结果依旧在 AX 中……就这样一直加到 100。

为此，源程序第 31 行，用 xor 指令将寄存器 AX 清零；源程序第 32 行，将第一个被累加的数“1”传送到寄存器 CX。

源程序第 34 行就开始累加了，每次相加之后，源程序第 35 行，将 CX 的内容加 1，以得到下一个将要累加的数。

源程序第 36 行，将 CX 的内容同 100 进行比较，看是不是已经累加到 100 了。如果小于或等于 100，则继续重复累加过程，如果大于 100，就不再累加，直接往下执行。

最后，寄存器 AX 中将得到最终的累加和。需要特别说明的是，AX 可以容纳的无符号数最大是 65535，再大就不行了。由于我们已经知道最终的结果是 5050，所以很放心地使用了寄存器 AX。要是你从 1 加到 1000，就得考虑使用两个寄存器来计算了。

8.5　累加和各个数位的分解与显示

8.5.1　栈和栈段的初始化

得到了累加和之后，下面的工作是将它的各个数位分解出来，并准备在屏幕上显示，好让我们知道这个数到底是多少。

和前两章不同，分解出来的各个数位并不保存在数据段中，而保存在一个叫作栈的地方。

栈（Stack）是一种特殊的数据存储结构，数据的存取只能从一端进行。这样，最先进去的数据只能最后出来，最后进去的数据倒是最先出来，这称为后进先出（Last In First Out，LIFO）。如图 8-1 所示，可以把栈看成一个一端开口的塑料瓶，1 号球最先放进去，3 号球最后放进去，只能在 3 号球和 2 号球分别取出后，才能把 1 号球取出来。

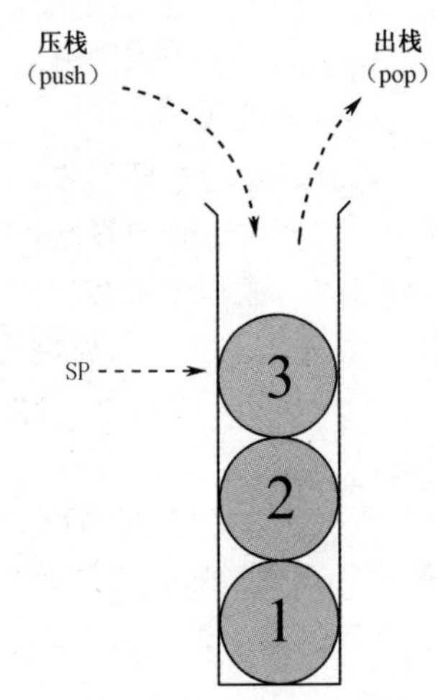

图 8-1　一个说明栈工作原理的类比

听起来像在讲如何往盒子里放东西，或者从盒子里取东西。实际上，我们还是在讲内存，只不过是另一种特殊的读写方式而已。

和代码段、数据段和附加段一样，栈也被定义成一个内存段，叫栈段（Stack Segment），由段寄存器 SS 指向。

针对栈的操作有两种，分别是将数据推进栈（push）和从栈中弹出数据（pop）。简单地说，就是压栈和出栈。压栈和出栈只能在一端进行，所以需要用栈指针寄存器 SP（Stack Pointer）来指示下一个数据应当压入栈内的什么位置，或者数据从哪里出栈。

定义栈需要两个连续的步骤，即初始化段寄存器 SS 和栈指针 SP 的内容。源程序第 40～42 行用于将栈段的段地址设置为 0x0000，栈指针的内容设置为 0x0000。

到目前为止，我们已经定义了 3 个段，图 8-2 是当前的内存布局。总的内存容量是 1MB，物理地址的范围是 0x00000～0xFFFFF，其中，假定数据段的长度是 64KB（实际上它的长度无关紧要），占据了物理地址 0x07C00～0x17BFF，对应的逻辑地址范围是 0x07C0:0x0000～0x07C0:0xFFFF；代码段和栈段是同一个段，占据着物理地址 0x00000～0x0FFFF，对应的逻辑地址范围是 0x0000:0x0000～0x0000:0xFFFF。

虽然代码段和栈段在本质上指向同一块内存区域，但是不要担心，主引导程序只占据着中间的一小部分，我们有办法让它们互不干扰。

8.5.2　分解各个数位并压栈

数位的分解还是得靠做除法。源程序第 44 行用于把除数 10 传送到寄存器 BX。

以往分解寄存器 AX 中的数时，固定是分解 5 次，得到 5 个数位。但这也存在一个缺点，如果 AX 中的数很小时，在屏幕上显示的数左边都是“0”，这当然是很别扭的。为此，本章的源程序做了改善，每次除法结束后，都做一次判断，如果商为 0 的话，分解过程可以提前结束。

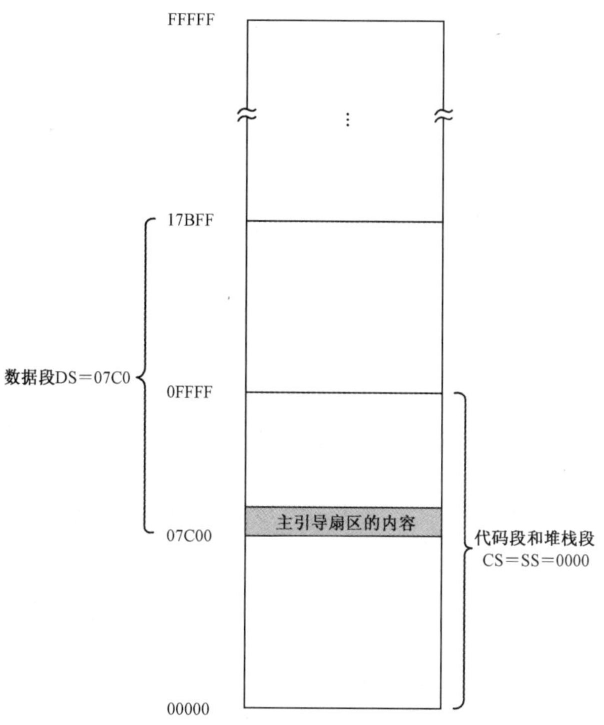

图 8-2　本章程序的内存布局

但是，由于每次得到的数位是压入栈的，将来还要反序从栈中弹出，为此，必须记住实际上到底有多少个数位。源程序第 45 行，将寄存器 CX 清零，并在后面的代码中用于累计有多少个数位。

源程序第 47～53 行也是一个循环体，每执行一次，分解出一个数位。每次分解时，CX 加 1，表明数位又多了一个，这是源程序第 47 行所做的事。

源程序第 48、49 行，将 DX 清零，并和 AX 一起形成 32 位的被除数。

分解出的数位将来要显示在屏幕上，为了方便，源程序第 50 行，直接将 DL 中的余数“加上”0x30，以得到该数字所对应的 ASCII 码。

注意上一段话中的引号。这并不是真正的加法，or 并不是相加的指令，但由于此处的特殊情况，使得 or 指令的执行结果和相加是一样的。

与 xor 一样，or 也是逻辑运算指令。不同之处在于，or 执行的是逻辑“或”。数字逻辑中的“或”用于表示两个命题并列的情况。如果 0 代表假，1 代表真，那么：

```
0 or 0 = 0
0 or 1 = 1
1 or 0 = 1
1 or 1 = 1
```

在处理器内部，or 指令的目的操作数可以是 8 位或者 16 位的通用寄存器，或者包含 8/16 位实际操作数的内存单元，源操作数可以是与目的操作数数据宽度相同的通用寄存器、内存单元或者立即数。比如：

```
or al, cl
or ax, dx
```

```
or [label_a], bx
or byte [bx], 0x55
```

和其他指令一样，or 指令不允许目的操作数和源操作数都是内存单元的情况出现。当 or 指令执行时，两个操作数相对应的比特之间分别进行各自的逻辑“或”运算，结果位于目的操作数中。举个例子，以下指令执行后，寄存器 AL 中的内容是 0xff。

```
mov al, 0x55
or al, 0xaa
```

再来看源程序第 50 行，因为每次是除以 10，所以在寄存器 DL 中得到的余数，其高 4 位必定为 0。又由于 0x30 的低 4 位是 0，高 4 位是 3，所以，DL 中的内容和 0x30 执行逻辑“或”后，相当于是将 DL 中的内容和 0x30 相加。这是用逻辑“或”指令做加法的一个特例。

or 指令对标志寄存器的影响是：OF 和 CF 位被清零，SF、ZF、PF 位的状态依计算结果而定，AF 位的状态未定义。

与 or 相对应的是逻辑与“and”。如果 0 代表假，1 代表真，那么

```
0 and 0 = 0
0 and 1 = 0
1 and 0 = 0
1 and 1 = 1
```

相应的，处理器设计了 and 指令。在 16 位处理器上，and 指令的两个操作数都应当是字节或者字。其中，目的操作数可以是通用寄存器和内存单元；源操作数可以是通用寄存器、内存单元或者立即数，但不允许两个操作数同时为内存单元，而且它们在数据宽度上应当一致。比如：

```
and al, 0x55
and ch, cl
and ax, dx
and [label_a], ah
and word [bx], 0xf0f0
and dx, [bx+si]
```

注意，“label_a”是一个标号，下同。

当这些指令执行时，两个操作数对应的各个比特位分别进行逻辑“与”，结果保存在目的操作数中。因此，下面的这些指令执行后，寄存器 AX 中的结果是二进制数 1000000000000100，即 0x8004：

```
mov ax, 1001_0111_0000_0100B
and ax, 1000_0000_1111_0111B
```

and 指令执行后，OF 和 CF 位被清零，SF、ZF、PF 位的状态依计算结果而定，AF 位的状态未定义。按要求，各个数位的 ASCII 码是压入栈中的。源程序第 51 行，push 指令的作用是将寄存器 DX 的内容压入栈中。在 16 位的处理器上，push 指令的操作数可以是 16 位的寄存器或者内存单元。例如：

```
push ax
push word [label_a]
```

你可能觉得奇怪，push 指令只接受 16 位的操作数，为什么要对内存操作数使用关键字“word”。事实上，8086 处理器只能压入一个字；但其后的 32 位和 64 位处理器允许压入字、双

字或者四字，因此，关键字是必不可少的。

就 8086 处理器来说，因为压入栈的内容必须是字，所以，下面的指令都是非法的：

```
push al
push byte [label_a]
```

处理器在执行 push 指令时，首先将栈指针寄存器 SP 的内容减去操作数的字长（以字节为单位的长度，在 16 位处理器上是 2），然后，把要压入栈的数据存放到逻辑地址 SS:SP 所指向的内存位置（和其他段的读写一样，把栈段寄存器 SS 的内容左移 4 位，加上栈指针寄存器 SP 提供的偏移地址）。

如图 8-3 所示，代码段和栈段是同一个段，所以段寄存器 CS 和 SS 的内容都是 0x0000。而且，栈指针寄存器 SP 的内容在源程序第 42 行被置为 0。所以，当 push 指令第一次执行时，SP 的内容减 2，即 0x0000−0x0002＝0xFFFE，借位被忽略。于是，被压入栈的数据，在内存中的位置实际上是 0x0000:0xFFFE。push 指令的操作数是字，而且 INTEL 处理器是使用低端字节序的，故低字节在低地址部分，高字节在高地址部分，正好占据了栈段的最高两个字节位置。

这只是第一次压栈操作时的情况。以后每次压栈时，SP 都要依次减 2。很明显，不同于代码段，代码段在处理器上执行时，是由低地址端向高地址端推进的，而压栈操作则正好相反，是从高地址端向低地址端推进的。

push 指令不影响任何标志位。

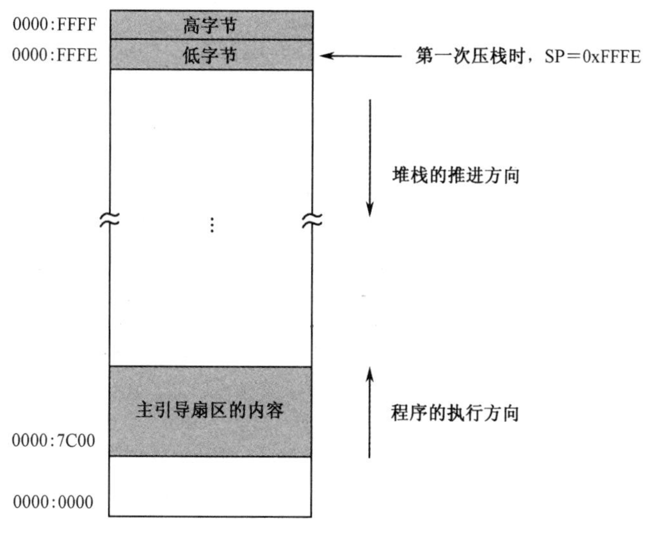

图 8-3 第一次执行压栈操作时的内存状态

源程序第 52、53 行，判断本次除法结束后，商是否为零。如果不为零，则再循环一次；如果为零，则表明不需要再继续分解了。

8.5.3 出栈并显示各个数位

压栈的次数（数位的个数）取决于寄存器 AX 中的数有多大，位于寄存器 CX 中。数位是按“个位”“十位”“百位”“千位”“万位”的顺序依次压栈的（实际情况取决于数的大小），出栈正好相反。所以，可以将它们按顺序弹出栈并显示在屏幕上。

源程序第 57 行，pop dx 指令的功能是将逻辑地址 SS:SP 处的一个字弹出到寄存器 DX，然后将 SP 的内容加上操作数的字长（2）。

和 push 指令一样，pop 指令的操作数可以是 16 位的寄存器或者内存单元。例如：

```
pop ax
pop word [label_a]
```

pop 指令执行时，处理器将栈段寄存器 SS 的内容左移 4 位，再加上栈指针寄存器 SP 的内容，形成 20 位的物理地址访问内存，取得所需的数据。然后，将 SP 的内容加操作数的字长，以指向下一个栈位置。

pop 指令不影响任何标志位。

源程序第 58 行将弹出的数据写入显示缓冲区。索引寄存器 DI 的内容是在前面显示字符串时用过的，期间一直没有改变过，它现在指向显示缓冲区中字符串之后的位置。

接着，源程序第 59～61 行，将字符显示属性写入字符之后的单元，并再次递增 DI 以指向显示缓冲区中下一个字符的位置。

源程序第 62 行，每次执行 loop 指令时，处理器都是先将寄存器 CX 减 1。当所有的数位都弹出和显示以后，CX 必定为零，这将导致退出循环。

当处理器最后一次执行出栈操作后，栈指针寄存器 SP 的内容将恢复到最开始设置时的状态，即它的内容重新为零。

8.5.4 进一步认识栈

学习栈的知识，最好是先有一些感性认识，本章就是这么做的。现在，感性认识已经有了，剩下的，就是总结一下，做几点说明。

第一，push 指令的操作数可以是 16 位寄存器或者 16 位内存单元，push 指令执行后，压入栈中的仅仅是该寄存器或者内存单元里的**数值**，与该寄存器或内存单元不再相干。如果不理解这一点，就容易错误地以为压入了某个寄存器的值，比如 AX 之后，将来还要再弹回 AX 才行，这是不对的。所以，下面的指令是合法而且正确的：

```
push cs
pop ds
```

这两条指令的意思是，将代码段寄存器的内容压栈，并弹出到数据段寄存器 DS。如此一来，代码段和数据段将属于同一个内存段。实际上，这两条指令的执行结果和以下指令的执行结果相同：

```
mov ax, cs
mov ds, ax
```

第二，栈在本质上也只是普通的内存区域，之所以要用 push 和 pop 指令来访问，是因为你把它看成栈而已。实际上，如果你把它看成普通的数据段而忘掉它是一个栈，那么它将不再神秘。

引入栈和 push、pop 指令只是为了方便程序开发。临时保存一个数值到栈中，使用 push 指令是最简洁、最省事的，但如果你不怕麻烦，可以不使用它。所以，下面的代码可以用来取代 push ax 指令：

```
sub sp, 2
mov bx, sp
```

```
mov [ss:bx], ax
```

同样，pop ax 指令的执行结果和下面的代码相同：

```
mov bx, sp
mov ax, [ss:bx]
add sp, 2
```

你可能还有另一种想法，即，我连栈段都不用，SP 也省了，我自己把临时数据都保存在数据段中。好吧，如果是这样的话，你必须在数据段中开辟一些空间，并亲自维护一个指针来跟踪这些数据的存入和取出。当程序变得越来越复杂时，这些维护工作同样让你焦头烂额。

因此，显而易见的是，push 和 pop 指令更方便，毕竟与栈访问有关的一切都是由处理器自动维护的。而且，总有一天你会发现，有些工作不使用栈来进行的话，是非常困难的。

第三，要注意保持栈平衡。如果在做某件事的时候要使用栈，那么，栈指针寄存器 SP 在做这件事之前的值，应当和这件事做完后的值相同。就是说，push 指令和 pop 指令的数量应当是相同的。栈是反复使用的内存区域，如果使用不当，将会出现问题，下面就是一个例子：

```
repeat:
        push ax
        ......                    ;其他非栈操作的指令
        pop bx
        pop ax
        loop repeat
```

以上的循环是干什么用的，这个不重要。因为每次循环时，都要用到寄存器 AX 和 BX 的原始内容，所以，循环体的开头要压栈保存它们，在循环体的末尾要出栈恢复它们。但是你看到了，由于一时疏忽，只压入了寄存器 AX，而在出栈时，却多弹了一个数值到 BX 中。在这种情况下，栈是不平衡的，程序的运行结果当然也不会正确。

第四，在编写程序前，必须充分估计所需要的栈空间，以防止破坏有用的数据。特别是在栈段和其他段属于同一个段的时候。如图 8-3 所示，栈段和代码段属于同一个内存段，段地址都是 0x0000，段的长度都是 64KB。主引导程序的长度是 512（0x200）字节，从偏移地址 0x7c00 延伸到 0x7e00。栈是向下增长的，它们之间有 0xffff-0x7e00+1＝0x8200 字节的空档。通常来说，我们的程序是安全的，因为不可能压入这么多的数据。但是，不能掉以轻心，栈定义得过小，而且程序编写不当，导致栈破坏了有用数据的情况也时有发生。

第五，尽管不能完全阻止程序中的错误，但是，通过将栈定义到一个单独的 64KB 段，可以使错误仅局限于栈，而不破坏其他段的有用数据。假如栈的段地址是 0x0000，大小是 64KB，那么，无论 SP 怎样变化，压栈和出栈操作始终会在该段内进行，而不会影响到其他无关的内存区域。这样，无论任何时候，即使是 push 指令位于一个无限循环中，栈指针寄存器 SP 的内容也永远只会在 0x0000～0xFFFF 之间来回滚动，不会影响到其他内存段。

◆ **检测点 8.1**

1．以下指令执行后，寄存器 AX 中的内容是多少？

```
mov ax, 0xfff0
and [data], ax
or ax, [data]
data db 0x55, 0xaa
```

2．下面的说法中哪些是正确的？

A．8086 处理器执行压栈操作时，是先将 SP 的内容减 2，再访问栈段。

B．8086 处理器执行出栈操作时，是先将 SP 的内容加 2，再访问栈段。

C．如果 SP 的内容为 0xFFFC，则执行 push ax 后，SP 的内容变为 0xFFFA。

3．在空白处补充指令或指令的操作数，使得程序可以把栈段当成数据段访问，并在寄存器 DX 中得到 AX 的压栈值。

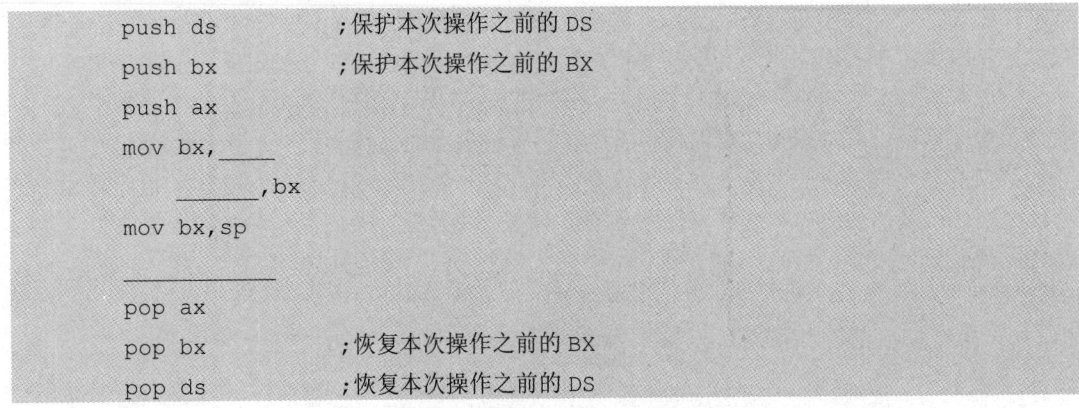

```
push ds             ;保护本次操作之前的 DS
push bx             ;保护本次操作之前的 BX
push ax
mov bx,_____
      _______,bx
mov bx,sp
_____________
pop ax
pop bx              ;恢复本次操作之前的 BX
pop ds              ;恢复本次操作之前的 DS
```

8.6　程序的编译和运行

8.6.1　观察程序的运行结果

编译源程序 8-1，然后将生成的二进制文件 c08_mbr.bin 写入虚拟硬盘的主引导扇区，启动虚拟机观察程序运行结果。如果程序无误，结果应当如图 8-4 所示。

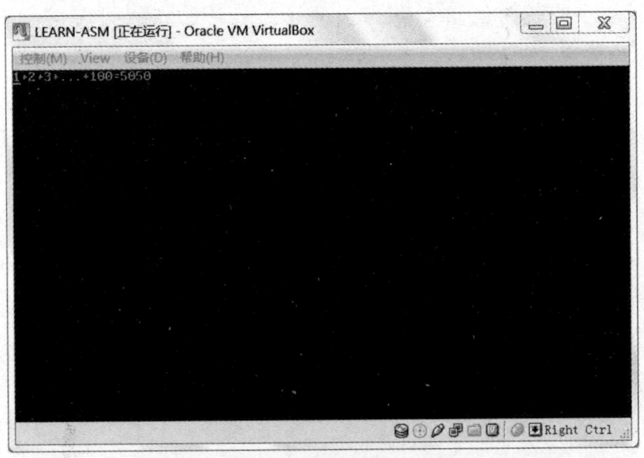

图 8-4　本章程序在虚拟机中的运行结果

8.6.2　在调试过程中查看栈中内容

很多程序错误与栈的不当使用有关。因此，在调试程序的过程中，不可避免地要查看栈的状态，从中发现一些导致程序出错的蛛丝马迹。

在 Bochs 中查看栈的命令是“print-stack”，它可以带一个参数，用于指定显示多少数据。如果不使用参数，则默认显示当前栈中的 16 个字。

如图 8-5 所示，当单步执行了“push dx”指令后，我们立即用“print-stack”命令来查看当前栈。当前栈是由段寄存器 SS 指示的，栈顶是由栈指针寄存器 SP 指示的。

```
Next at t=17825550
(0) [0x000000000007c52] 0000:7c52 (unk. ctxt): push dx                  ; 52
<bochs:3> s
Next at t=17825551
(0) [0x000000000007c53] 0000:7c53 (unk. ctxt): cmp ax, 0x0000           ; 83f8
00
<bochs:4> print-stack
Stack address size 2
 | STACK 0xfffe [0x0030]
 | STACK 0x10000 [0x0000]
 | STACK 0x10002 [0x0000]
 | STACK 0x10004 [0x0000]
 | STACK 0x10006 [0x0000]
 | STACK 0x10008 [0x0000]
 | STACK 0x1000a [0x0000]
 | STACK 0x1000c [0x0000]
 | STACK 0x1000e [0x0000]
 | STACK 0x10010 [0x0000]
 | STACK 0x10012 [0x0000]
 | STACK 0x10014 [0x0000]
 | STACK 0x10016 [0x0000]
 | STACK 0x10018 [0x0000]
 | STACK 0x1001a [0x0000]
 | STACK 0x1001c [0x0000]
<bochs:5>
```

图 8-5　在 Bochs 中查看当前栈中的数据

Bochs 并不知道栈的**实际**大小，因此，它只是显示栈顶（由 SP 指示）以下的 16 个字。如图 8-5 所示，栈顶数据是 0x0030，其物理内存地址是 0xFFFE，这是刚压入的寄存器 DX 的内容。

栈是从高地址向低地址推进的，当前栈段的物理地址范围是 0x00000～0x0FFFF，而且实际上我们只使用 0x07E00～0x0FFFF 之间的区域，但 Bochs 并不知道这些。

8.7　8086 处理器的寻址方式

处理器的一生，是忙碌的一生，只要它工作着，就必定是在取指令和执行指令。它就像勤劳的牛，吃的是电，挤出来的还是电，不过是另一种形式的电。

多数指令操作的是数值。比如：

```
        mov ax, 0x55aa
```

这条指令执行时，把 0x55aa 传送到寄存器 AX。再如：

```
        add dx, cx
```

这是把寄存器 DX 中的数据和寄存器 CX 中的数据相加，并把结果保留在 DX 中，同时保持 CX 中原有的内容不变。

所以，如果你问处理器整天忙什么，它一定会说：“还能有什么，就是和数打交道！”

既然操作和处理的是数值，那么，必定涉及数值从哪里来，处理后送到哪里去，这称为寻址方式（Addressing Mode）。简单地说，寻址方式就是如何找到要操作的数据，以及如何找到存放操作结果的地方。

实际上，大多数的寻址方式我们都已经使用过，现在所做的只是一个完整的总结。当然，这里的讲解仅限于 16 位的处理器。

8.7.1 寄存器寻址

最简单的寻址方式是寄存器寻址。就是说，指令执行时，操作的数位于寄存器中，可以从寄存器里取得。这种寻址方式的例子还是很多的，比如：

```
mov ax, cx
add bx, 0xf000
inc dx
```

以上，第一条指令的两个操作数都是寄存器，是典型的寄存器寻址；第二条指令的目的操作数是寄存器，因此，该操作数也是寄存器寻址；第三条指令就更不用说了。

8.7.2 立即寻址

立即寻址又叫立即数寻址。也就是说，指令的操作数是一个立即数。比如：

```
add bx, 0xf000
mov dx, label_a
```

以上，第一条指令的目的操作数采用了寄存器寻址方式，用于提供被加数；第二个操作数（源操作数）用于给出加数 0xf000。这是一个直接给出的数值，是立即在指令中给出的，最终参与加法运算的就是它，不需要通过其他方式寻找，故称为立即数。这也是一种寻址方式，称为立即寻址。

在第二条指令中，目的操作数也采用的是寄存器寻址方式。尽管源操作数是一个标号，但是，标号是数值的等价形式，代表了它所在位置的汇编地址。因此，在编译阶段，它会被转化为一个立即数。因此，该指令的源操作数也采用了立即寻址方式。

8.7.3 内存寻址

寄存器寻址的操作数位于寄存器中，立即寻址的操作数位于指令中，是指令的一部分。传统上，这是两种速度较快的寻址方式。但是，它们也有局限性。一方面，我们不可能总是知道要操作的数是多少，因此也就不可能总是在指令中使用立即数；另一方面，寄存器的数量有限，不可能总指望在寄存器之间来回倒腾。

考虑到内存容量巨大，所以，在指令中使用内存地址，来操作内存中的数据，是最理想不过了。正是因为内存访问如此重要，处理器才拥有好几种内存寻址方式。

我们知道，8086 处理器访问内存时，采用的是段地址左移 4 位，然后加上偏移地址，来形成 20 位物理地址的模式，段地址由 4 个段寄存器之一来提供，偏移地址要由指令来提供。

因此，所谓的内存寻址方式，就是如何在指令中指定操作数的偏移地址，供处理器访问内存时使用，这个偏移地址也叫有效地址（Effective Address，EA）。换句话说，内存寻址方式就是在指令中指定偏移地址（有效地址）如何计算。

1. 直接寻址

在这种寻址方式中，偏移地址或者说有效地址是直接给出的，是一个用标号或者数字直接给出的具体数值。比如：

```
        mov ax, [0x5c0f]
        add word [0x0230], 0x5000
        xor byte [es:label_b], 0x05
```

但凡是表示内存地址的，都必须用中括号括起来。

以上，在第一条指令中，源操作数使用的是直接寻址方式，当这条指令执行时，处理器将数据段寄存器 DS 的内容左移 4 位，加上这里的 0x5c0f，形成 20 位物理地址。接着，从该物理地址处取得一个字，传送到寄存器 AX 中。

在第二条指令中，目的操作数采用的是直接寻址方式。当这条指令执行时，处理器用同样的方法，访问由段寄存器 DS 指向的数据段，并把指令中的立即数加到该段中偏移地址为 0x0230 的字单元里。

尽管在第三条指令中，目的操作数使用了标号和段超越前缀，但它依然属于直接寻址方式。原因很简单，标号是数值的等价形式，在指令编译阶段，会被转换成数值；而段超越前缀仅仅用来改变默认的数据段。

2. 基址寻址

很多时候，我们会有一大堆的数据要处理，而且它们通常都是挨在一起顺序存放的。比如：

```
        buffer dw 0x20, 0x100, 0x0f, 0x300, 0xff00
```

假如要将这些数据统统加 1 ，那么，使用直接寻址的指令序列肯定是这样的：

```
        inc word [buffer]
        inc word [buffer + 2]
        inc word [buffer + 4]
        … …
```

这样做好吗？当然，程序本身是没有问题的。但是，考虑到它的效率和代码的简洁性，特别是这些工作用循环来完成会更好，可以使用基址寻址。所谓基址寻址，就是先指定一个基准位置，数据的偏移地址（有效地址）取决于它到基准位置的位移或者说距离（Displacement）。

要使用基址寻址的话，必须在指令的地址部分使用基址寄存器 BX 或者 BP 来提供一个基准地址。比如：

```
        mov [bx], dx
        add byte [bx], 0x55
```

以上，第一条指令中的目的操作数采用了基址寻址。在指令执行时，处理器将数据段寄存器 DS 的内容左移 4 位，加上基址寄存器 BX 中的内容，形成 20 位的物理地址。然后，把寄存器 DX 中的内容传送到该地址处的字单元里。

第二条指令中的目的操作数也采用的是基址寻址。指令执行时，将数据段寄存器 DS 的内容左移 4 位，加上寄存器 BX 中的内容，形成 20 位的物理地址。然后，将指令中的立即数 0x55 加到该地址处的字节单元里。

基址寻址的动机是采用“基地址+位移”的方式计算有效地址，对于前面那个将所有数据加一的例子，如果采用基址寻址，则它会是这样的：

```
        mov bx,  buffer
        inc word [bx]
        inc word [bx + 2]
```

```
        inc word [bx + 4]
        ......
```

就以上示例而言，看不出基址寻址有什么好处和优势，但是不要着急，后面我们将展示它的威力。

在基址寻址方式中，基址寄存器也可以是 BP。比如：

```
        mov ax, [bp]
```

这条指令的源操作数采用了基址寻址方式。但是，与前面的指令相比，它稍微有些特殊。原因在于，它采用是基址寄存器 BP，在形成 20 位的物理地址时，默认的段寄存器是SS。也就是说，它经常用于访问栈。这条指令执行时，处理器将栈段寄存器 SS 的内容左移 4 位，加上寄存器 BP 的内容，形成 20 位的物理地址，并将该地址处的一个字传送到寄存器 AX 中。

我们知道，栈是后进先出的数据结构，访问栈的一般方法是使用 push 和 pop 指令。比如我们用以下的指令压入两个数据：

```
        mov ax, 0x5000
        push ax
        mov ax, 0x7000
        push ax
```

很显然，如果要用 pop 指令弹出数据，就必须先弹出 0x7000，才能弹出 0x5000，除非你改变了栈指针 SP 的内容，否则这个顺序是不可能改变的。

但是，有时候我们希望，而且必须得越过这种限制，去访问栈中的内容，还不能破坏栈的状态，特别是栈指针寄存器 SP 的内容，使得 push 和 pop 操作能正常进行。一个典型的例子是高级语言里的函数调用，所有的参数都位于栈中。为了能访问到那些被压在栈底的参数，这时，BP 就能派上用场：

```
        mov ax, 0x5000
        push ax
        mov bp, sp
        mov ax, 0x7000
        push ax
        mov dx, [bp]            ;dx 中的内容为 0x5000
```

以上，在压入 0x5000 之后，立即将栈指针 SP 保存到 BP。后面，尽管栈顶的数据 0x7000 没有出栈，但依然可以用 BP 取出压在栈下面的 0x5000。如此一来，正常的 push 和 pop 操作照样进行，同时，还能访问到栈中的参数。

同样的，可以为基址寄存器 BP 加上一个位移。比如：

```
        mov dx,[bp - 2]
```

处理器在执行时，将段寄存器 SS 的内容左移 4 位，加上 BP 减去 2 以形成物理地址，这里的 2 就是位移。这样一来，在保持基址寄存器 BP 内容不变的情况下，就可以访问栈中的任何元素。这里，位移仅用于在指令执行时形成有效地址，不会改变寄存器 BP 的原有内容。

在基址寻址方式中，基地址原则上是固定不变的。换句话说，通常不改变 BX 和 BP，而是在 BX 和 BP 的基础上加一个位移。但是，有时候为了方便，可以通过增加 BX 和 BP 的方式来访问数据，这可以看成在操作的过程中动态设置新的基地址。以下代码是用循环来完成前面那个加 1 任务：

```
        mov bx, buffer
        mov cx, 5
    lpinc:
        inc word [bx]
        add bx, 2
        loop lpinc
```

在这段代码中，我们令寄存器 BX 指向所有数据的起始位置，这是基准地址。但是在循环的过程中我们不断设置新的基准地址，并通过新的基准地址来访问后面的每一个字。

3. 变址寻址

变址寻址类似于基址寻址，唯一不同之处在于这种寻址方式使用的是变址寄存器（或称索引寄存器）SI 和 DI。例如：

```
    mov [si], dx
    add ax, [di]
    xor word [si], 0x8000
```

和基址寻址一样，当带有这种操作数的指令执行时，除非使用了段超越前缀，处理器会访问由段寄存器 DS 指向的数据段，偏移地址由寄存器 SI 或者 DI 提供。

同样的，变址寻址方式也允许带一个偏移量：

```
    mov [si + 0x100], al
    and byte [di + label_a], 0x80
```

以上第二条指令中，尽管使用的是标号，但本质上属于一个编译阶段确定的数值。

4. 基址变址寻址

让处理器支持多种寻址方式会增加硬件上的复杂性，但可以增强它的数据处理能力，这么做是值得的。说到数据处理，下面是一个稍微复杂一些的任务：

```
    string db 'abcdefghijklmnopqrstuvwxyz'
```

以上声明了标号“string”并初始化了 26 字节的数据。现在，你的任务是，将这 26 字节的数据在原地反向排列。

这个问题不难，所以你可能很快想到使用栈，先将这 26 个数据压栈，再反向出栈，因为栈是后进先出的，正好符合要求。代码是这样的（代码段、栈段初始化的代码统统省略）：

```
        mov cx, 26                    ;循环次数，从 26 到 1，共 26 次
        mov bx, string                ;数据区首地址（基地址）
    lppush:
        mov al, [bx]
        push ax
        inc bx
        loop lppush                   ;循环压栈

        mov cx, 26
        mov bx, string
```

```
lppop:
        pop ax
        mov [bx], al
        inc bx
        loop lppop                      ;循环出栈
```

这的确是个好办法。不过，8086 处理器也支持一种基址加变址的寻址方式，简称基址变址寻址，可能用起来更方便。

使用基址变址的操作数可以使用一个基址寄存器（BX 或者 BP），外加一个变址寄存器（SI 或者 DI）。在这种寻址方式下，基址寄存器 BX 或者 BP 是固定不变的，是真正作为基地址来使用的；变址寄存器 SI 或者 DI 是可变的，用来提供位移。它的基本形式是这样的：

```
mov ax, [bx + si]
add word [bx + di], 0x3000
```

以上，第一条指令的源操作数采用了基址变址寻址。当处理器执行这条指令时，把数据段寄存器 DS 的内容左移 4 位，加上基址寄存器 BX 的内容，再加上变址寄存器 SI 的内容，共同形成 20 位的物理地址。然后，从该地址处取得一个字，传送到寄存器 AX 中。

第二条指令与第一条指令类似，只不过是加法指令，它的目的操作数采用了基址变址寻址，源操作数采用的是立即寻址。这条指令执行时，处理器访问由段寄存器 DS 指向的数据段，加上由 BX 和 DI 相加形成的偏移地址，共同形成 20 位的物理地址，然后将立即数 0x3000 加到该地址处的字单元里。

采用基址变址寻址方式的排序代码如下：

```
        mov bx, string                  ;数据区首地址
        mov si, 0                       ;正向索引
        mov di, 25                      ;反向索引
order:
        mov ah, [bx + si]
        mov al, [bx + di]
        mov [bx + si], al
        mov [bx + di], ah               ;以上 4 行用于交换首尾数据
        inc si
        dec di
        cmp si, di
        jl order                        ;首尾没有相遇，或者没有超越，继续
```

和前面使用栈的代码相比，指令的数量没有明显减少，这说明任务还不够复杂，也许只能这么解释了。但是，它同样很方便，很有效，不是吗？

同样的，基址变址寻址允许在基址寄存器和变址寄存器的基础上再带一个位移，但它必须是一个数值。比如：

```
mov [bx + si + 0x100], al
and byte [bx + di + label_a], 0x80
```

本 章 习 题

1．修改代码清单 8-1 的第 31～37 行，使用 loop 指令来计算累加和。要求：寄存器 CX 既用来控制循环次数，同时还用来作为被累加的数。

2．在 16 位的处理器上，做加法的指令是 add，但它每次只能做 8 位或 16 位的加法。除此之外，还有一个带进位加法指令 adc（Add With Carry），它的指令格式和 add 一样，目的操作数可以是 8 位或 16 位的通用寄存器和内存单元，源操作数可以是与目的操作数宽度一致的通用寄存器、内存单元和立即数（但目的操作数和源操作数同为内存单元的除外）。不过，adc 指令在执行的时候，除了将目的操作数和源操作数相加，还要加上当前标志寄存器的 CF 位。也就是说，视 CF 位的状态，还要再加 0 或者加 1。这样一来，用 adc 指令配合 add 指令，就可以计算 16 位以上的加法。

adc 指令对 OF、SF、ZF、AF、CF 和 PF 的影响视计算结果而定。

现在，请编写一段主引导扇区程序，计算 1 到 1000 的累加和，并在屏幕上显示结果。

第 9 章

硬盘和显卡的访问与控制

总是把目光放在一个小小的主引导扇区上，这没什么意思。现在，是我们离开它向自由天地迈进的时候了。但是，应该迈向哪里呢？

主引导扇区是处理器迈向广阔天地的第一块跳板。离开主引导扇区之后，前方通常就是操作系统的森林，也就是我们经常听说的 DOS、Windows、Linux、UNIX 等。

操作系统也是由一大堆指令组成的，之所以将其比作“森林”，是因为它包含了更多的指令，也许是几万条、几十万条，甚至几千万条的指令。相比之下，我们在前面编写的那些指令代码则相形见绌了。

和主引导扇区程序一样，操作系统也位于硬盘上。操作系统是需要安装到硬盘上的，这个安装过程不但要把操作系统的指令和数据写入硬盘，通常还要更新主引导扇区的内容，好让这块跳板直接连着操作系统。不像我们，一直用主引导扇区来显示字符和做加法。

操作系统通常肩负着处理器管理、内存分配、程序加载、进程（即已经位于内存中的程序）调度、外围设备（显卡、硬盘、声卡等）的控制和管理等任务。举个例子，你每天都要使用的 Windows，它可以让你看到计算机内有几块硬盘，安装了哪些程序（通过图标来显示），并允许你双击图标运行这些程序，这都是托了操作系统（Windows）的福。要不然的话，这都是不可能的事。

凭个人之力，写一个非常完善的操作系统，这几乎是不可能的事。但是，写个小程序，模拟一下它的某个功能，还是可以的。我们知道，编译好的程序通常都存放在像硬盘这样的载体上，需要加载到内存之后才能执行。这个过程并不简单，首先要读取硬盘，然后决定把它加载到内存的什么位置。最重要的是，程序通常是分段的，载入内存之后，还要重新计算段地址，这叫作段的重定位。

程序可以有千千万万个，但加载过程却是固定的。在本章，我们把主引导扇区改造成一个程序加载器，或者说是一个加载程序，它的功能是加载用户程序，并执行该程序（将处理器的控制权交给该程序）。总的说来，本章的目标是：

1．模拟操作系统加载应用程序的过程，演示段的重定位方法，最终使你彻底理解 8086 处理器的分段内存管理机制；

2．学习 x86 处理器过程调用的程序执行机制；

3．以读硬盘扇区和控制屏幕光标为实例，了解 x86 处理器访问外围硬件设备的方法；

4．总结 jmp 和 call 指令的全部格式；

5．认识更多的 x86 处理器指令，如 in、out、shl、shr、rol、ror、jmp、call、ret 等。

9.1 本章代码清单

本章有配套的汇编语言源程序，并围绕这些源程序进行讲解，请对照阅读。

本章代码清单：9-1（主引导扇区程序/加载器），源程序文件：c09_mbr.asm

本章代码清单：9-2（被加载的用户程序），源程序文件：c09.asm

9.2 用户程序的结构

9.2.1 分段、段的汇编地址和段内汇编地址

INTEL 8086 处理器的工作模式是将内存分成逻辑上的段，指令的获取和数据的访问一律按“段地址:偏移地址”的方式进行。相对应的，一个规范的程序，应当包括代码段、数据段、附加段和栈段。这样一来，段的划分和段与段之间的界限在程序加载到内存之前就已经准备好了。

和我们以前编写的源程序不同，代码清单 9-2 很长。当然，真正的不同之处在于，代码和数据是以段的形式组织的。只不过因为清单很长，看起来并不是非常明显。为了清楚起见，图 9-1 给出了整个源程序的组织结构。

NASM 编译器使用汇编指令“SECTION”或者“SEGMENT”来定义段。它的一般格式是

```
SECTION 段名称
```

或者

```
SEGMENT 段名称
```

每个段都要求给出名字，这就是段名称，它主要用来引用一个段，可以是任意名字，只要它们彼此之间不会重复和混淆。

NASM 编译器不关心段的用途，可能也根本不知道段的用途，不知道它是数据段，还是代码段，或是栈段。事实上，这都不重要，段只用来分隔程序中的不同内容。

不过，话又说回来了，作为程序员，每个段的用途你自己是清楚的。所以，为每个段起一个直观好记的名字，那是应该的。如图 9-1 所示，作为一个例子，在这个程序中，第一个段的名字是“header”，表明它是整个程序的开头部分；第二个段的名字是“code”，表明这是代码段；第三个段的名字是“data”，表明这是数据段。

比较重要的是，一旦定义段，那么，后面的内容就都属于该段，除非又出现了另一个段的定义。另外，如图 9-2 所示，有时候，程序并不以段定义语句开始。在这种情况下，这些内容默认地自成一个段。最典型的情况是，整个程序中都没有段定义语句。这时，整个程序自成一个段。

NASM 对段的数量没有限制。一些大的程序，可能拥有不止一个代码段和数据段。

我们知道，INTEL 处理器要求段在内存中的起始物理地址起码是 16 字节对齐的，或者说必须是 16 的倍数，能被 16 整除。编写程序时定义的段迟早要加载到内存中，成为内存中的段，所以在编写源程序时定义的段也必须至少按 16 字节对齐。

要在编写程序时指定段的对齐方式，应该使用“align=”子句，并指定一个具体的对齐。比如说，“align=16”就表示段是 16 字节对齐的，“align=32”就表示段是 32 字节对齐的。

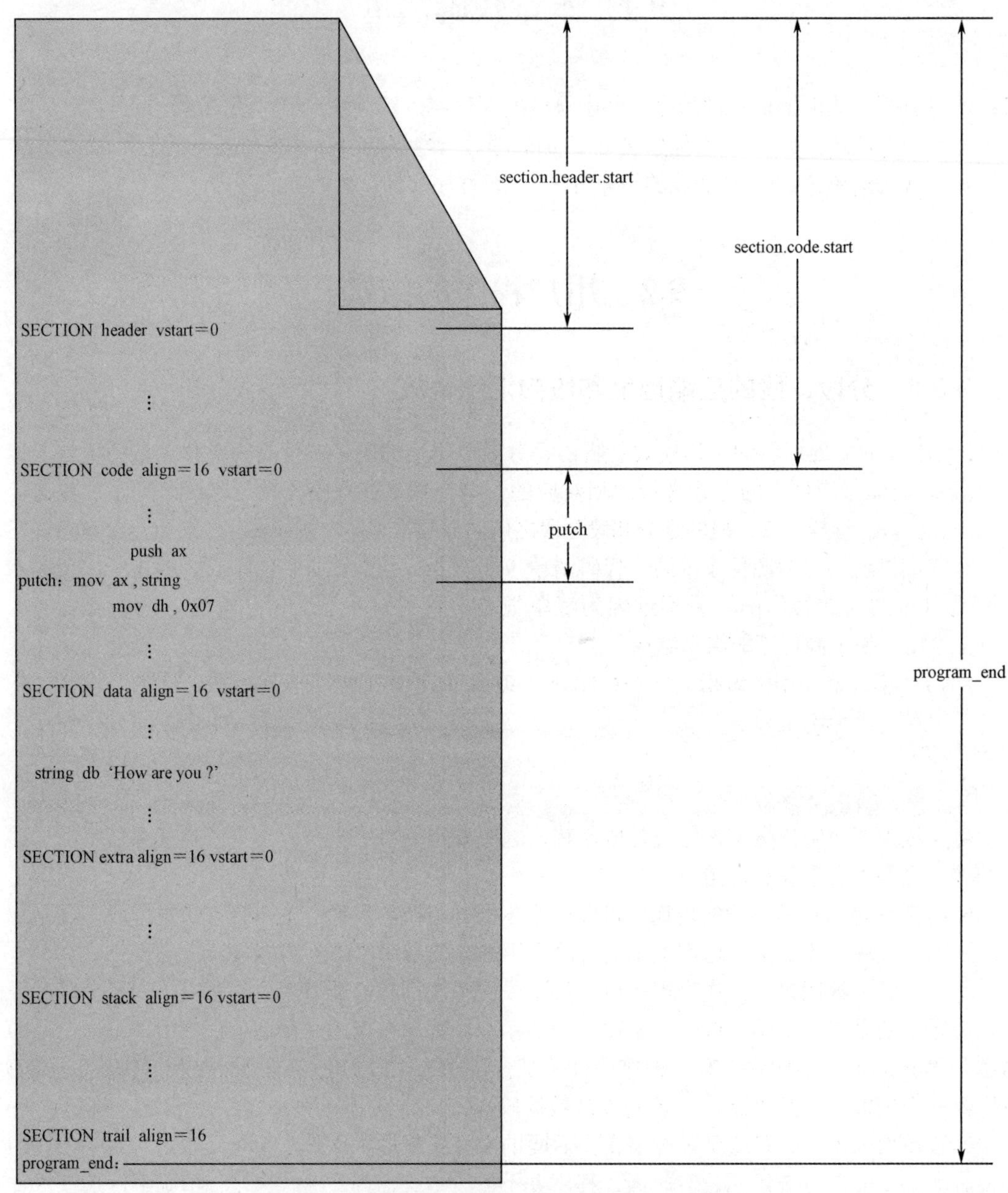

图 9-1　用户程序的一般结构

在程序编译后，每个段都位于二进制文件的特定位置，这个位置可以用它相对于文件起始处的距离来衡量，这就是段的汇编地址。段的汇编地址是段的起始位置，它也是段内第一字节的汇编地址。如图 9-3 所示，在源程序 exam.asm 中定义了三个段，分别是 data1、data2 和 data3，每个段里只有一字节的数据，分别是 0x55、0xaa 和 0x99。

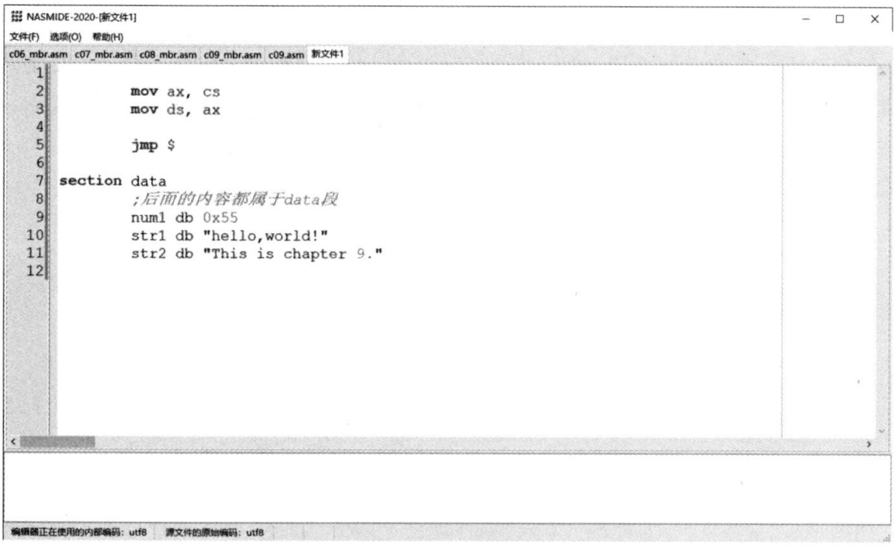

```
        mov ax, cs
        mov ds, ax

        jmp $

section data
        ;后面的内容都属于data段
        num1 db 0x55
        str1 db "hello,world!"
        str2 db "This is chapter 9."
```

图 9-2 程序并非以段定义开始的情况

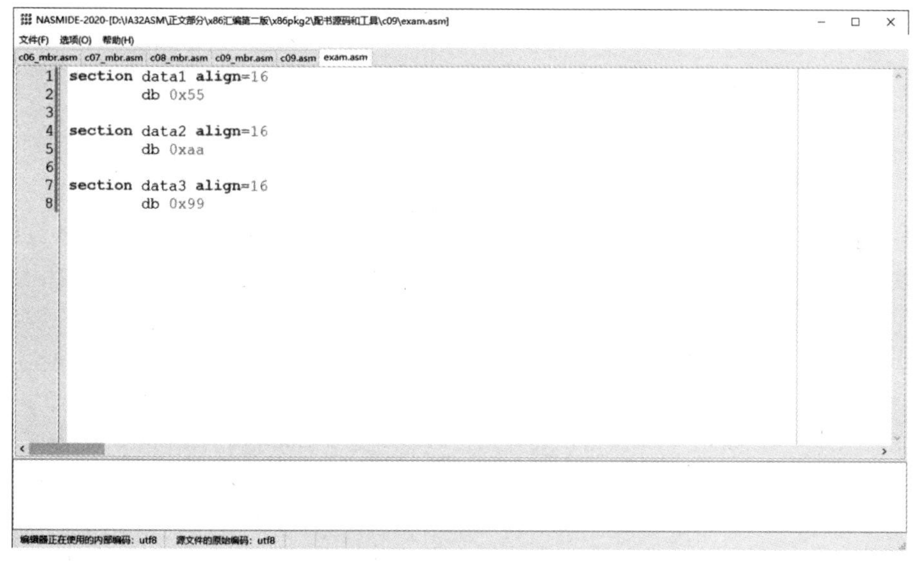

图 9-3 align 子句对段的影响（编译之前的源代码）

理论上，如果不考虑段的对齐方式，那么段 data1 的汇编地址是 0，段 data2 的汇编地址是 1，段 data3 的汇编地址是 2。

但是，在这里，每个段的定义中都包含了要求 16 字节对齐的子句，情况便不同了。如图 9-4 所示，这是编译后的结果，因为在段 data1 之前没有任何内容，故段 data1 的起始汇编地址是 0（在图中是 0x00000000），而且地址 0 本身就是 16 字节对齐的，符合 align 子句的要求。

段的汇编地址其实就是**段内第一个元素**（数据、指令）到整个程序起始处的距离。因此，段 data1 的汇编地址是 0，因段内第一个元素 0x55 距离整个程序起始处的距离是 0。

段 data2 也要求是 16 字节对齐的。问题是，从汇编地址 0x00000001 开始，只有 0x00000010（十进制的 16）才能被 16 整除。于是，编译器将 0x00000010 作为段 data2 的汇编地址，并在前一个段 data1 内填充 15 字节的 0x00。显然，**为了将一个段对齐于特定的汇编地址，可能需**

要在它前面的那个段内填充数据。

段 data3 的处理与前面两个段相同。因为段 data2 只定义了 1 字节的数据，故也需要再额外填充 15 字节。这样，段 data3 的汇编地址就是 0x00000020（十进制的 32）。段 data3 也只定义了 1 字节的数据（0x99），所以，汇编地址 0x00000020 处是 0x99，这也是编译结果中的最后 1 字节。后面没有其他段，所以这个段不需要填充。

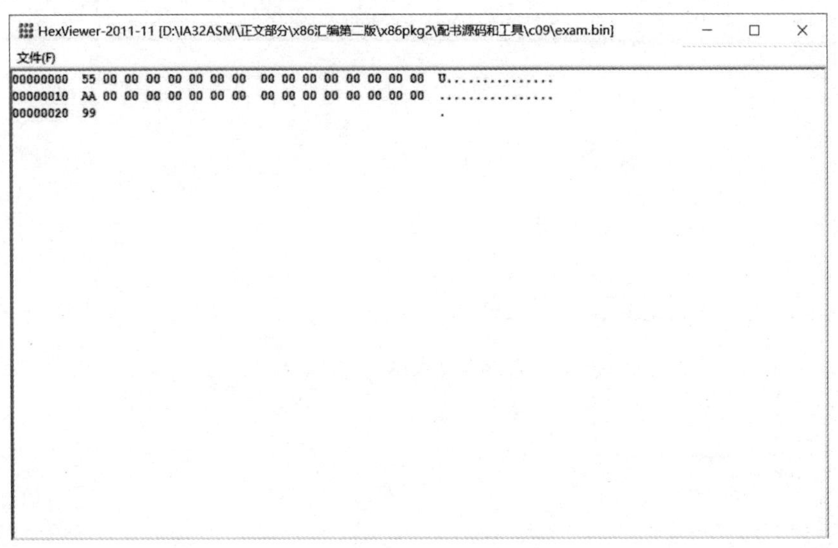

图 9-4　align 子句对段的影响（编译之后的二进制文件）

正如我们刚刚讨论过的，每个段都有一个汇编地址，它是相对于整个程序开头（0）的。为了方便取得该段的汇编地址，NASM 编译器提供了以下的表达式，可以用在你的程序中：

```
section.段名称.start
```

如图 9-1 所示，段“header”相对于整个程序开头的汇编地址是 section.header.start，段“code”相对于整个程序开头的汇编地址是 section.code.start。在这个例子中，因为段“header”是在程序的一开始定义的，它的前面没有其他内容，故 section.header.start=0。

如图 9-1 所示，段定义语句还可以包含“vstart=”子句。在没有 vstart 子句的时候，尽管定义了段，但是，引用某个标号时，该标号处的汇编地址依然是从整个程序的开头计算的，而不是从段的开头处计算的，这就很麻烦（有时候也很有用）。因此，vstart 可以解决这个问题。

如图 9-1 所示，“putch”是段 code 中的一个标号，原则上，该标号代表的汇编地址应该从程序开头计算，而不是从它所在的段开始计算。但是，因为段 code 的定义中有“vstart=0”子句，所以，标号“putch”的汇编地址要从它所在段的开头计算，而且从 0 开始计算。

如图 9-1 所示，同样的情形也出现在段 data 中。段 data 的定义中也有“vstart=0”子句，因此，当我们在段 code 中引用段 data 中的标号“string”时（mov ax,string），尽管在图中没有标明，标号“string”所代表的汇编地址是相对于其所在段 data 的。也就是说，传送到寄存器 AX 中的数值是标号 string 相对于段 data 起始处的距离。

但是，图中最后一个段 trail 的定义中没有包含“vstart=0”子句。那就对不起了，该段内有一个标号“program_end”，它的汇编地址就要从整个程序开头计算。因为它是整个程序中的最后一行，从这个意义上来说，它所代表的汇编地址就是整个程序的大小（以字节计）。

◆ 检测点 9.1

对于以下程序片段，假如 section.data1.start=0x60，则：

1．section.data2.start=（ ）

2．section.data3.start=（ ）

3．执行 mov ax,lba 指令后，寄存器 AX 中的内容是多少？

4．执行 mov ax,lbc 指令后，寄存器 AX 中的内容是多少？

5．执行 mov ax,lbd 指令后，寄存器 AX 中的内容是多少？

```
        ......            ;其他指令
  section data1 align=16 vstart=0
        lba db 0x55,0xf0
  section data2 align=16 vstart=0
        lbb db 0x00,0x90
        lbc dw 0xf000
  section data3 align=16
        lbd dw 0xfff0,0xfffc
```

9.2.2 用户程序头部

在上面，我们已经知道如何在用户程序中分段，也知道各种段定义子句对段的起始汇编地址和段内汇编地址的影响。现在，让我们结合本章中的实例来进一步加深认识。

浏览一下本章代码清单 9-2，你会发现，本章的用户程序实际上定义了 7 个段，分别是第 7 行定义的段 header、第 27 行定义的段 code_1、第 166 行定义的段 code_2、第 176 行定义的段 data_1、第 197 行定义的段 data_2、第 204 行定义的段 stack 和第 211 行定义的段 trail。

一般来说，加载器和用户程序是在不同的时间、不同的地方，由不同的人或公司开发的。这就意味着，它们彼此并不了解对方的结构和功能。事实上，也不需要了解。

如图 9-5 所示，它们彼此看对方都是一个黑盒子，并不了解对方是怎么编写的，是做什么的。但是，也不能完全是黑的，加载器必须了解一些必要的信息，虽然不是很多，但足以知道如何加载用户程序。

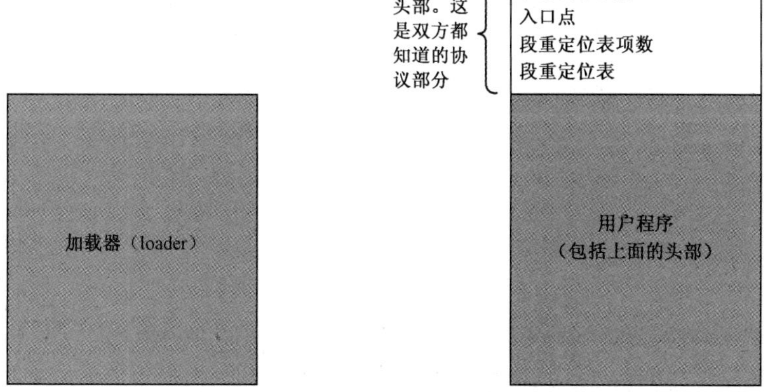

图 9-5 加载器与用户程序之间的协议部分

这就涉及加载器的编写者，以及用户程序的编写者，他们是怎么协商的。他们之间必须有一个协议，或者说协定，比如说，在用户程序内部的某个固定位置，包含一些基本的结构信息，每个用户程序都必须把自己的情况放在这里，而加载器也固定在这个位置读取。经验表明，把这个约定的地点放在用户程序的开头，对双方，特别是对加载器来说比较方便，这就是用户程序头部。

头部需要在源程序以一个段的形式出现。这就是代码清单 9-2 的第 7 行：

```
        SECTION header vstart=0
```

而且，因为它是“头部”，所以，该段当然必须是第一个被定义的段，且总是位于整个源程序的开头。

用户程序头部起码要包含以下信息。

① 用户程序的尺寸，即以字节为单位的大小。这对加载器来说是很重要的，加载器需要根据这一信息来决定读取多少个逻辑扇区（在本书中，所有程序在硬盘上所占用的逻辑扇区都是连续的）。

代码清单 9-2 中第 8 行，伪指令 dd 用于声明和初始化一个双字，即一个 32 位的数据。用户程序可能很大，16 位的长度不足以表示 65535 以上的数值。

程序的长度取自程序中的一个标号“program_end”，这是允许的。在编译阶段，编译器将该标号所代表的汇编地址填写在这里。该标号位于整个源程序的最后，从属于段“trail”。由于该段并没有 vstart 子句，所以，标号“program_end”所代表的汇编地址是从整个程序的开头计算的。换句话说，program_end 所代表的汇编地址，在数值上等于整个程序的长度。

双字在内存中的存放也是按低端序的。如图 9-6 所示，低字保存在低地址，高字保存在高地址。同时，每个字又按低端字节序，低字节在低地址，高字节在高地址。

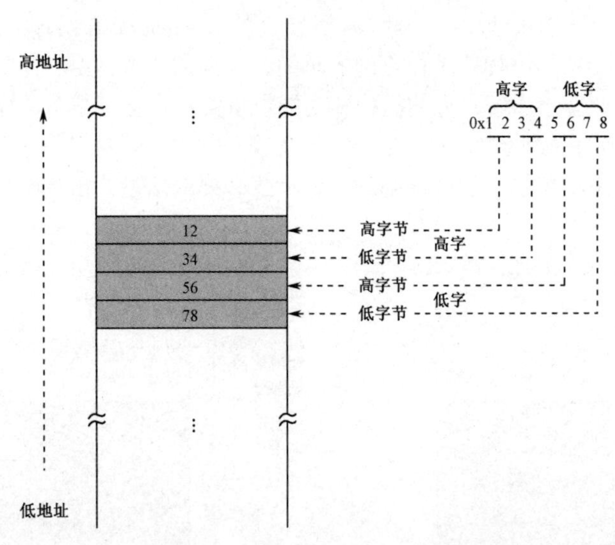

图 9-6　双字数据在内存中的布局

② 应用程序的入口点，包括段地址和偏移地址。加载器并不清楚用户程序的分段情况，更不知道第一条要执行的指令在用户程序中的位置。因此，必须在头部给出第一条指令的段地址和偏移地址，这就是所谓的应用程序入口点（Entry Point）。

在理想情况下，当用户程序开始运行时，执行的第一条指令是其代码段内的第一条指令。

换句话说，入口点位于其代码段内偏移地址为 0 的地方。但是，情况并非总是如此。尤其是，很多程序并非只有一个代码段，比如本章源代码清单 9-2 就包含了两个代码段。所以，需要在用户程序头部明确给出用户程序在刚开始运行时，第一条指令的位置，也就是第一条指令在用户程序代码段内的偏移地址。

代码清单 9-2 第 11、12 行，依次声明并初始化了入口点的偏移地址和段地址。偏移地址取自代码段 code_1 中的标号“start”，段地址是用表达式 section.code_1.start 得到的。

代码段 code_1 是在代码清单 8-2 的第 27 行定义的：

```
        SECTION code_1 align=16 vstart=0
```

显而易见的是，因为段定义中包含了“vstart=0”子句，故标号 start 所代表的汇编地址是相对于当前代码段 code_1 的起始位置，从 0 开始计算的。

入口点的段地址是用伪指令 dd 声明的，并初始化为汇编地址 section.code_1.start，这是一个 32 位的地址。不过，它仅仅是编译阶段确定的汇编地址，在用户程序加载到内存后，需要根据加载的实际位置重新计算（浮动）。

尽管在 16 位的环境中，一个段最长为 64KB，但它却可以起始于任何 20 位的物理地址处。你不可能用 16 位的单元保存 20 位的地址，所以，只能保存为 32 位的形式。

③ 段重定位表。用户程序可能包含不止一个段，比较大的程序可能会包含多个代码段和多个数据段。这些段如何使用是用户程序自己的事，但前提是程序加载到内存后，每个段的地址必须重新确定一下。

段的重定位是加载器的工作，它需要知道每个段在用户程序内的位置，即它们分别位于用户程序内的多少字节处。为此，需要在用户程序头部建立一张段重定位表。

用户程序可以定义的段在数量上是不确定的，因此，段重定位表的大小，或者说表项数是不确定的。为此，代码清单 9-2 第 14 行，声明并初始化了段重定位表的项目数。因为段重定位表位于两个标号 header_end 和 code_1_segment 之间，而且每个表项占用 4 字节，故实际的表项数为

```
        (header_end - code_1_segment) / 4
```

这个值是在程序编译阶段计算的，先用两个标号所代表的汇编地址相减，再除以每个表项的长度 4。

紧接着表项数的，是实际的段重定位表，每个表项用伪指令 dd 声明并初始化为一个双字。代码清单 9-2 一共定义了 7 个段，但实际上只有 5 个需要重定位，所以这里有 5 个表项，依次初始化为这些段的起始汇编地址。

9.3 加载程序（器）的工作流程

9.3.1 初始化和决定加载位置

从大的方面来说，加载器要加载一个用户程序，并使之开始执行，需要决定两件事。第一，看看内存中的什么地方是空闲的，即从哪个物理内存地址开始加载用户程序；第二，用户程序位于硬盘上的什么位置，它的起始逻辑扇区号是多少。如果你连它在哪里都不知道，怎么找得到它呢！

现在，让我们把目光转移到代码清单 9-1，来看看加载器都做了哪些工作。

代码清单 9-1 第 6 行，加载器程序的一开始声明了一个常数（const）：

```
app_lba_start equ 100
```

常数是用伪指令 equ 声明的，它的意思是“等于”。本语句的意思是，用标号 app_lba_start 来代表数值 100，今后，当我们要用到 100 的时候，不这样写（假定要将它传送到寄存器 AL）：

```
mov al, 100
```

而是这样写：

```
mov al, app_lba_start
```

你可能会说，这样不是更麻烦吗？

不会的，实际上这很方便。用某些教材上的话说，程序中不该使用“不可思议的数”。想想看，如果在程序中的多个地方直接使用数值 100，那么，以后要修改它们，把它们改成 500，还得找到所有使用这个数值的位置，一一修改，万一漏掉一个呢？如果使用常量 app_lba_start，则只需要重新把这个常数的声明语句改成下面的形式，并重新编译即可。

```
app_lba_start equ 500
```

常数的意思是在程序运行期间不变的数。和其他伪指令 db、dw、dd 不同，用 equ 声明的数值不占用任何汇编地址，也不在运行时占用任何内存位置。它仅仅代表一个数值，就这么简单。

加载用户程序需要确定一个内存物理地址，这是在代码清单 9-1 第 151 行用伪指令 dd 声明的，并初始化为 0x10000。和前面一样，是用 32 位的单元来容纳一个 20 位的地址：

```
phy_base dd 0x10000
```

尽管我们用了一个好看的数 0x10000，但你完全可以把用户程序加载到其他地方，只要它是空闲的。比如，可以将这个数值改成 0x12340，唯一的要求是该地址的最低 4 位必须是 0，换句话说，加载的起始地址必须是 16 字节对齐的，这样将来才能形成一个有效的段地址。

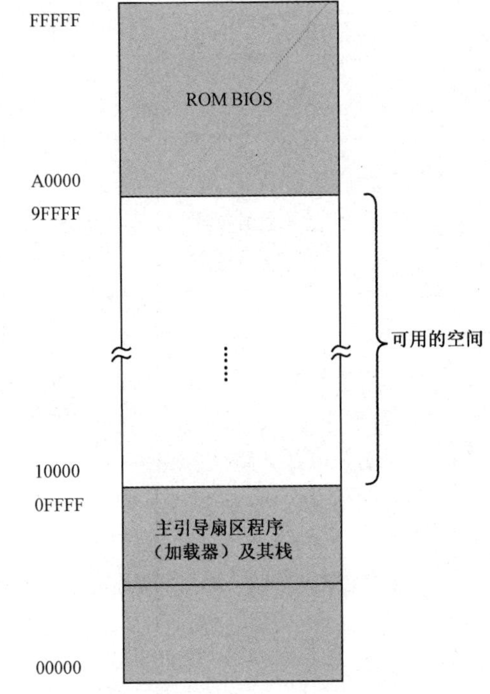

图 9-7　可用于加载用户程序的空间范围

如图 9-7 所示，物理地址 0x0FFFF 以下，是加载器及其栈的势力范围；物理地址 A0000 以上，是 BIOS 和外围设备的势力范围，有很多传统的老式设备将自己的存储器和只读存储器映射到这个空间。

如此一来，可用的空间就位于 0x10000～9FFFF，差不多 500 多 KB。事实上，如果将低端的内存空间合理安排一下，还可以腾出更多空间，但是没有必要，我们用不了多少。

9.3.2　准备加载用户程序

和以往不同，我们将主引导扇区程序定义成一个段。代码清单 9-1 第 9 行：

```
SECTION mbr align=16 vstart=0x7c00
```

整个程序只定义了这一个段，所以它略显多余。之所以这么说，是因为，即使你不定义这个段，编译器也会自动把整个程序看成一个段。

但是，因为该定义中有“vstart=0x7c00”子句，所以，它就不那么多余了。一旦有了该子句，段内所有元素的汇编地址都将从 0x7c00 开始计算。否则，因为主引导程序的实际加载地址是 0x0000:0x7c00，当我们引用一个标号时，还得手工加上那个落差 0x7c00。

代码清单 9-1 第 12～14 行，用于初始化栈段寄存器 SS 和栈指针 SP。之后，栈的段地址是 0x0000，段的长度是 64KB，栈指针将在段内 0xFFFF 和 0x0000 之间变化。

代码清单 9-1 第 16、17 行，用于取得一个地址，用户程序将要从这个地址处开始加载。该地址实际上是保存在标号 phy_base 处的一个双字单元里的。这是一个 32 比特的数值，在 16 位的处理器上，只能用两个寄存器存放。如图 9-8 所示，32 比特的数值在内存中的存放是按低端字节序的，高 16 位处在 phy_base+0x02 处，可以放在寄存器 DX 中；低 16 位处在 phy_base 处，可以用寄存器 AX 存放。

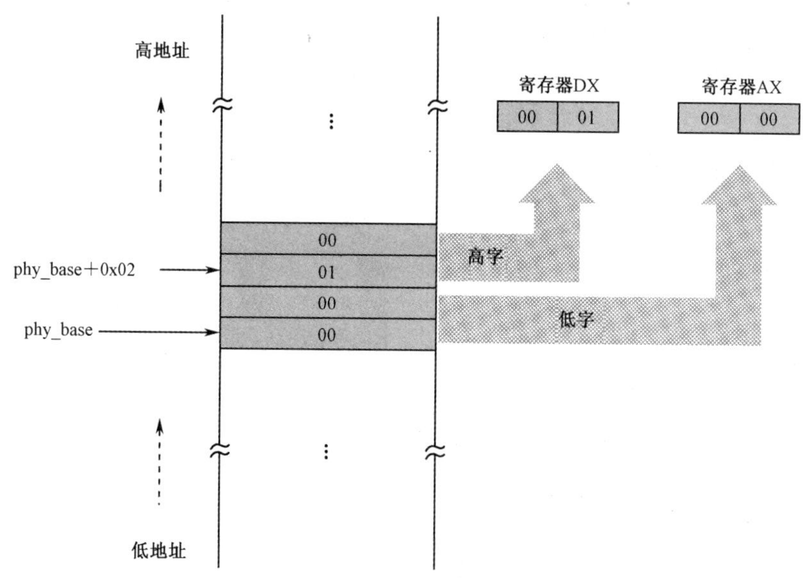

图 9-8 获取用于加载用户程序的物理地址

这两条指令中都使用了段超越前缀“cs:”。这是允许的，意味着在访问内存单元时，使用 CS 的内容作为段基址，而不是默认的 DS。之所以没有使用 DS 和 ES，是因为它们另有安排。

另外注意，因为段寄存器 CS 的内容是 0x0000，而且主引导扇区程序是位于 0x0000:0x7c00 处的，所以，理论上指令中的偏移地址应当是 0x7c00+phy_base。不过，因为我们定义段 mbr 的时候，使用了“vstart=0x7c00”子句，故段内所有汇编地址都是在 0x7c00 的基础上增加的，就不用再加上这个 0x7c00 了，直接是

```
        mov ax, [cs:phy_base]
        mov dx, [cs:phy_base + 0x02]
```

紧接着，代码清单 9-1 第 18～21 行；用于将该物理地址变成 16 位的段地址，并传送到数据段寄存器 DS 和 ES。因为该物理地址是 16 字节对齐的，直接右移 4 位即可。实际上，右移 4 位相当于除以 16（0x10），所以程序中的做法将这个 32 位物理地址（DX:AX）除以 16（在寄存器 BX 中），寄存器 AX 中的商就是得到的段地址（在本程序中是 0x1000）。

9.3.3 外围设备及其接口

加载器的下一个工作是从硬盘读取用户程序，说白了就是访问其他硬件。和处理器打交道的硬件很多，不单是硬盘，还有显示器、网络设备、扬声器（喇叭）和话筒（麦克风）、键盘、鼠标等。有时候，根据应用的场合，还会接一些你不认识和没见过的东西。

所有这些和处理器打交道的设备叫作外围设备（Peripheral Equipment），都围绕在处理器周围，争着跟它说话。一般来说，我们把这些设备分成两种，一种是输入设备，比如键盘、鼠标、麦克风、摄像头等；另一种是输出设备，比如显示器、打印机、扬声器等。输入设备和输出设备统称输入输出（Input/Output，I/O）设备。

每种设备都有自己的怪脾气，都有和别的设备不一样的工作方式。比如，扬声器需要的是模拟信号，每个扬声器需要两根线，用的插头也是无线电行业里的标准，话筒也是如此；老式键盘只用一根线向主机传送按键的字符编码，而且一直采用 PS/2 标准；新式的 USB 键盘尽管也使用串行方式工作，但信号格式却和老式键盘完全不同。至于网络设施，现在流行的是里面有 8 根线芯的五类或者六类双绞线，里面的信号也有专门的标准。

一句话，不同的设备有不同的连线数量，线里面传送的信号也不一样，而且各自的插头和插孔也千差万别，这该如何让处理器跟它们打交道？

话虽这么说，但这些东西不让处理器访问和控制却不行。很明显，这里需要一些信号转换器和变速齿轮，这就是 I/O 接口。举几个例子，麦克风和扬声器需要一个 I/O 接口，即声卡，才能与处理器沟通；显示器也需要一个 I/O 接口，即显卡，才能与处理器沟通；USB 键盘同样需要一个 I/O 接口，即 USB 接口，才能与处理器沟通。很显然，不同的外围设备，都有各自不同的 I/O 接口。

I/O 接口可以是一个电路板，也可能是一块小芯片，这取决于它有多复杂。无论如何，它是一个典型的变换器，或者说是一个翻译器，在一边，它按处理器的信号规程工作，负责把处理器的信号转换成外围设备能接受的另一种信号；在另一边，它也做同样的工作，把外围设备的信号变换成处理器可以接受的形式。

这还没完，后面还有两个麻烦的问题。

① 不可能将所有的 I/O 接口直接和处理器相连，设备那么多，还有些设备现在没有发明出来，将来一定会有。你怎么办？

② 每个设备的 I/O 接口都抢着和处理器说话，不发生冲突都难。你怎么办？

对第 1 个问题的解答是采用总线技术。总线可以认为是一排电线，所有的外围设备，包括处理器，都连接到这排电线上。但是，每个连接到这排电线上的器件都必须拥有电子开关，以使它们随时能够同这排电线连接，或者从这排电线上断开（脱离）。这就好比是公共车道，当路面上有车时，你就必须退避一下，不能硬冲上去。因此，这排公共电线就称为总线（Bus）。

对第 2 个问题的解答是使用输入输出控制设备集中器（I/O Controller Hub，ICH）芯片，该芯片的作用是连接不同的总线，并协调各个 I/O 接口对处理器的访问。在个人计算机上，这块芯片就是所谓的南桥。

如图 9-9 所示，处理器通过局部总线连接到 ICH 内部的处理接口电路。然后，在 ICH 内部，又通过总线与各个 I/O 接口相连。

在 ICH 内部，集成了一些常规的外围设备接口，如 USB、PATA（IDE）、SATA、老式总线接口（LPC）、时钟等，这些东西对计算机来说必不可少，故直接集成在 ICH 内，我们后面还会详细介绍它们的功能。

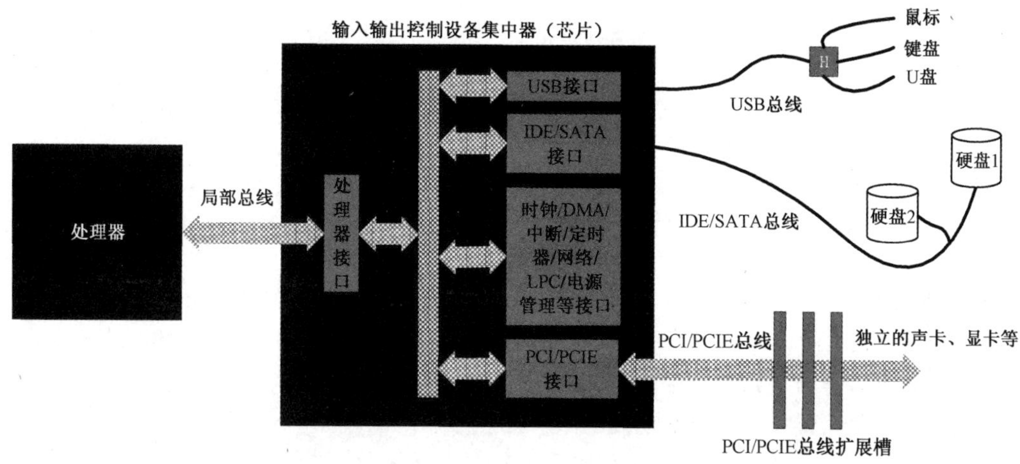

图 9-9 计算机内部总线系统

除了这些常用的、必不可少的设备，有些设备你可能暂时用不上，也有些设备还没有发明出来，但迟早有可能连在计算机上。不管是什么设备，都必须通过它自己的 I/O 接口电路同 ICH 相连。为了方便，最好是在主板上做一些插槽，同时，每个设备的 I/O 接口电路都设计成插卡。这样，想接上该设备时，就把它的 I/O 接口卡插上，不需要时，随时拔下。

为了实现这个目的，或者说为了支持更多的设备，ICH 还提供了对 PCI 或者 PCI Express 总线的支持，该总线向外延伸，连接着主板上的若干个扩展槽，就是刚才说的插槽。举个实例，如果你想连接显示器，那么就要先插入显卡，然后再把显示器接到显卡上。

除了局部总线和 PCI Express 总线，每个 I/O 接口卡可能连接不止一个设备。比如 USB 接口，就有可能连接一大堆东西：键盘、鼠标、U 盘等。因为同类型的设备较多，也涉及线路复用和仲裁的问题，故它们也有自己的总线体系，称为通信总线或者设备总线。比如图 9-9 所示的 USB 总线和 IDE/SATA 总线。

当处理器想同某个设备说话时，ICH 会接到通知。然后，它负责提供相应的传输通道和其他辅助支持，并命令所有其他无关设备闭嘴。同样，当某个设备要跟处理器说话，情况也是一样的。

9.3.4 I/O 端口和端口访问

外围设备和处理器之间的通信是通过相应的 I/O 接口进行的。当然，这么说太过于笼统，所以必须具体到细节上来讲这件事。

具体地说，处理器是通过端口（Port）来和外围设备打交道的。本质上，端口就是一些寄存器，类似于处理器内部的寄存器。不同之处仅仅在于，这些叫作端口的寄存器位于 I/O 接口电路中。

端口是处理器和外围设备通过 I/O 接口交流的窗口，每个 I/O 接口都可能拥有好几个端口，分别用于不同的目的。比如，连接硬盘的 PATA/SATA 接口就有几个端口，分别是命令端口（当向该端口写入 0x20 时，表明是从硬盘读数据；写入 0x30 时，表明是向硬盘写数据）、状态端口（处理器根据这个端口的数据来判断硬盘工作是否正常，操作是否成功，发生了哪种错误）、参数端口（处理器通过这些端口告诉硬盘读写的扇区数量，以及起始的逻辑扇区号）和数据端口（通过这个端口连续地取得要读出的数据，或者通过这个端口连续地发送要写入硬盘的数据）。

端口只不过是位于 I/O 接口上的寄存器，所以，每个端口有自己的数据宽度。在早期的系统中，端口可以是 8 位的，也可以是 16 位的，现在有些端口会是 32 位的。到底是 8 位还是 16 位，这是设备和 I/O 接口制造者的自由。比如，PATA/STAT 接口中的数据端口就是 16 位的，这有助于加快数据传输速率，提高传输效率。

端口在不同的计算机系统中有着不同的实现方式。在一些计算机系统中，端口号是映射到内存地址空间的。比如，0x00000～0xE0000 是真实的物理内存地址，而 0xE0001～0xFFFFF 是从很多 I/O 接口那里映射过来的，当访问这部分地址时，实际上是在访问 I/O 接口。

而在另一些计算机系统中，端口是独立编址的，不和内存发生关系。如图 9-10 所示，在这种计算机中，处理器的地址线既连接内存，也连接每个 I/O 接口。但是，处理器还有一个特殊的引脚 M/IO#，在这里，“#”表示低电平有效。也就是说，当处理器访问内存时，它会让 M/IO#引脚呈高电平，这里，和内存相关的电路就会打开；相反，如果处理器访问 I/O 端口，那么 M/IO#引脚呈低电平，内存电路被禁止。与此同时，处理器发出的地址和 M/IO#信号一起用于打个某个 I/O 接口，如果该 I/O 接口分配的端口号与处理器地址相吻合的话。

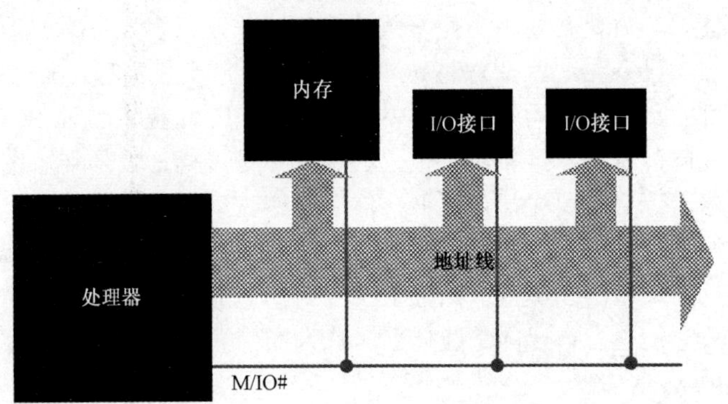

图 9-10　端口的访问和 M/IO#引脚

INTEL 处理器，早期是独立编址的，现在既有内存映射的，也有独立编址的。在本章中，我们只讲独立编址的端口。

所有端口都是统一编号的，比如 0x0001、0x0002、0x0003、…。每个 I/O 接口电路都分配了若干个端口，比如，I/O 接口 A 有 3 个端口，端口号分别是 0x0021～0x0023；I/O 接口 B 需要 5 个端口，端口号分别是 0x0303～0x0307。

一个现实的例子是个人计算机中的 PATA/SATA 接口（见图 9-9），每个 PATA 和 SATA 接口分配了 8 个端口。但是，ICH 芯片内部通常集成了两个 PATA/SATA 接口，分别是主硬盘接口和副硬盘接口。这样一来，主硬盘接口分配的端口号是 0x1f0～0x1f7，副硬盘接口分配的端口号是 0x170～0x177。

在 INTEL 的系统中，只允许 65536（十进制数）个端口存在，端口号从 0 到 65535（0x0000～0xffff）。因为是独立编址，所以，端口的访问不能使用类似于 mov 这样的指令，取而代之的是 in 和 out 指令。

in 指令是从端口读，它的一般形式是

```
    in al, dx
```

或者

```
        in ax, dx
```

这就是说，in 指令的目的操作数必须是寄存器 AL 或者 AX，当访问 8 位的端口时，使用寄存器 AL；访问 16 位的端口时，使用 AX。in 指令的源操作数应当是寄存器 DX，用来指定端口号。

in al,dx 的机器指令码是 0xEC，in ax,dx 的机器指令码是 0xED，都是一字节的。之所以如此简短，是因为 in 指令不允许使用别的通用寄存器，也不允许使用内存地址作为操作数。

也许是为了方便，in 指令还有 2 字节的形式。此时，前一字节是操作码 0xE4 或者 0xE5，分别用于指示 8 位或者 16 位端口访问；后一字节是立即数，指示端口号。

因此，机器指令 E4 F0 就相当于汇编语言指令

```
        in al, 0xf0
```

而机器指令 E5 03 就相当于汇编语言指令

```
        in ax, 0x03
```

很显然，因为这种指令形式的源操作数部分只允许一字节，故只能访问 0～255（0x00～0xff）号端口，不允许访问大于 255 的端口号。所以，下面的汇编语言指令就是非法的：

```
        in ax, 0x5fd
```

in 指令不影响任何标志位。

相应的，如果要通过端口向外围设备发送数据，则必须通过 out 指令。

out 指令正好和 in 指令相反，目的操作数可以是 8 位立即数或者寄存器 DX，源操作数必须是寄存器 AL 或者 AX。下面是一些例子：

```
        out 0x37, al                ;写 0x37 号端口（这是一个 8 位端口）
        out 0xf5, ax                ;写 0xf5 号端口（这是一个 16 位端口）
        out dx, al                  ;这是一个 8 位端口，端口号在寄存器 DX 中
        out dx, ax                  ;这是一个 16 位端口，端口号在寄存器 DX 中
```

和 in 指令一样，out 指令不影响任何标志位。

9.3.5 通过硬盘控制器端口读扇区数据

现在，让我们来看看硬盘。

硬盘读写的基本单位是扇区。就是说，要读就至少读一个扇区，要写就至少写一个扇区，不可能仅读写一个扇区中的几个字节。这样一来，就使得主机和硬盘之间的数据交换是成块的，所以硬盘是典型的块设备。

从硬盘读写数据，最经典的方式是向硬盘控制器分别发送磁头号、柱面号和扇区号（扇区在某个柱面上的编号），这称为 CHS 模式。这种方法最原始，最自然，也最容易理解。

实际上，在很多时候，我们并不关心扇区的物理位置，所以希望所有的扇区都能统一编址。这就是逻辑扇区，它把硬盘上所有可用的扇区都一一从 0 编号，而不管它位于哪个盘面，也不管它属于哪个柱面。

关于硬盘和逻辑扇区的知识前面已经有所介绍，这里不再赘述。最早的逻辑扇区编址方法是 LBA28，使用 28 比特来表示逻辑扇区号，从逻辑扇区 0x0000000 到 0xFFFFFFF，共可以表示 2^{28}=268435456 个扇区。每个扇区有 512 字节，所以 LBA28 可以管理 128 GB 的硬盘。

硬盘技术发展得非常快，最新的硬盘已经达到几百 GB 的容量，LBA28 已经落后了。在这

种情况下，业界又共同推出了 LBA48，采用 48 比特来表示逻辑扇区号。如此一来，就可以管理 131072 TB 的硬盘容量了。

```
1 GB = 1024 MB
1 TB = 1024 GB
```

在本章中，我们将采用 LBA28 来访问硬盘。

前面说过，个人计算机上的主硬盘控制器被分配了 8 位端口，端口号从 0x1f0 到 0x1f7。假设现在要从硬盘上读逻辑扇区，那么，整个过程如下。

第 1 步，设置要读取的扇区数量。这个数值要写入 0x1f2 端口。这是个 8 位端口，因此每次只能读写 255 个扇区：

```
mov dx, 0x1f2
mov al, 0x01            ;1 个扇区
out dx, al
```

注意，如果写入的值为 0，则表示要读取 256 个扇区。每读一个扇区，这个数值就减 1。因此，如果在读写过程中发生错误，该端口包含着尚未读取的扇区数。

第 2 步，设置起始 LBA 扇区号。扇区的读写是连续的，因此只需要给出第一个扇区的编号就可以了。28 位的扇区号太长，需要将其分成 4 段，分别写入端口 0x1f3、0x1f4、0x1f5 和 0x1f6。其中，0x1f3 号端口存放的是 0～7 位；0x1f4 号端口存放的是 8～15 位；0x1f5 号端口存放的是 16～23 位，最后 4 位在 0x1f6 号端口。假定我们要读写的起始逻辑扇区号为 0x02，可编写代码如下：

```
mov dx, 0x1f3
mov al, 0x02
out dx, al              ;LBA 地址 7～0
inc dx                  ;0x1f4
mov al, 0x00
out dx, al              ;LBA 地址 15～8
inc dx                  ;0x1f5
out dx, al              ;LBA 地址 23～16
inc dx                  ;0x1f6
mov al, 0xe0            ;LBA 模式，主硬盘，以及 LBA 地址 27～24
out dx, al
```

注意以上代码的最后 4 行，在现行的体系下，每个 PATA/SATA 接口允许挂接两块硬盘，分别是主盘（Master）和从盘（Slave）。如图 9-11 所示，0x1f6 端口的低 4 位用于存放逻辑扇区号的 24～27 位，第 4 位用于指示硬盘号，0 表示主盘，1 表示从盘。高 3 位是“111”，表示 LBA 模式。

第 3 步，向端口 0x1f7 写入 0x20，请求硬盘读。这也是一个 8 位端口：

```
mov dx, 0x1f7
mov al, 0x20                ;读命令
out dx, al
```

第 4 步，等待读写操作完成。端口 0x1f7 既是命令端口，又是状态端口。在通过这个端口发送读写命令之后，硬盘就忙乎开了。如图 9-12 所示，在它内部操作期间，它将 0x1f7 端口的

第 7 位置“1”，表明自己很忙。一旦硬盘系统准备就绪，它再将此位清零，说明自己已经忙完了，同时将第 3 位置“1”，意思是准备好了，请求主机发送或者接收数据。完成这一步的典型代码如下：

```
        mov dx, 0x1f7
    .waits:
        in al, dx
        and al, 0x88
        cmp al, 0x08
        jnz .waits                    ;不忙，且硬盘已准备好数据传输
```

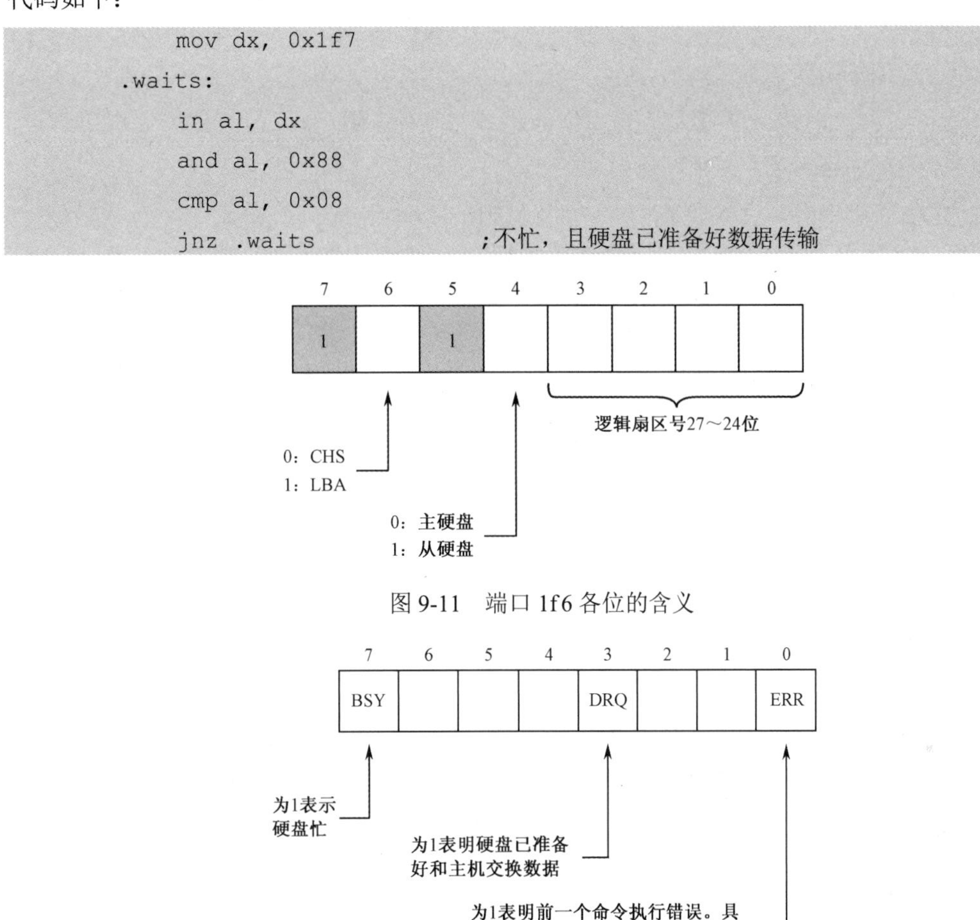

图 9-11　端口 1f6 各位的含义

图 9-12　端口 0x1f7 部分状态位的含义

来看看指令 and al,0x88。0x88 的二进制形式是 10001000，这意味着我们想用这条指令保留住寄存器 AL 中的第 7 位和第 3 位，其他无关的位都清零。此时，如果寄存器 AL 中的二进制数是 00001000（0x08），那就说明可以退出等待状态，继续往下操作，否则继续等待。

第 5 步，连续取出数据。0x1f0 是硬盘接口的数据端口，而且还是一个 16 位端口。一旦硬盘控制器空闲，且准备就绪，就可以连续从这个端口写入或者读取数据。下面的代码假定是从硬盘读一个扇区（512 字节，或者 256 字节），读取的数据存放到由段寄存器 DS 指定的数据段，偏移地址由寄存器 BX 指定：

```
        mov cx, 256                   ;总共要读取的字数
        mov dx, 0x1f0
    .readw:
        in ax, dx
        mov [bx], ax
```

```
        add bx, 2
        loop .readw
```

最后，0x1f1 端口是错误寄存器，包含硬盘驱动器最后一次执行命令后的状态（错误原因）。

9.3.6 过程调用

读写硬盘是经常要做的事，尤其对于操作系统来说。即使在本章的程序中，也多次发生。如果每次读写硬盘都按上面的 5 个步骤写一堆代码，程序势必很大，也会令人烦恼。

好在处理器支持一种叫过程调用的指令执行机制。过程（Procedure）又叫例程，或者子程序、子过程、子例程（Sub-routine），不管怎么称呼，实质都一样，都是一段普通的代码。处理器可以用过程调用指令转移到这段代码执行，在遇到过程返回指令时重新返回到调用处的下一条指令接着执行。

如图 9-13 所示，这是过程和过程调用的示意图。下面结合本章代码清单来具体说明。

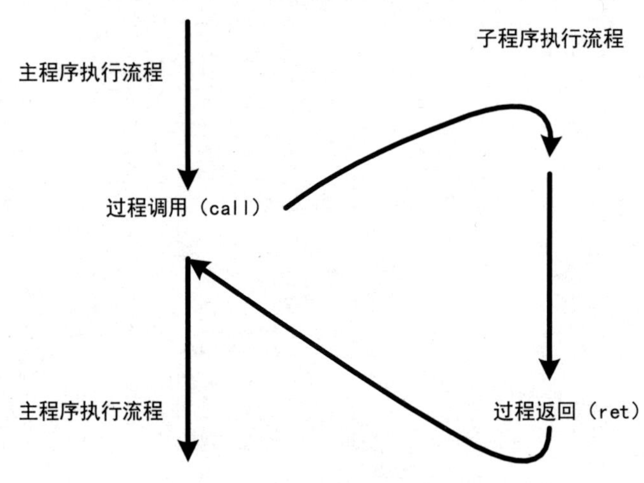

图 9-13　过程和过程调用

在 9.3.1 节里，我们已经定义了常量 app_lba_start，它代表的值是 100，也就是用户程序在硬盘上的起始逻辑扇区号。现在，代码清单 9-1 的第 24～27 行用于从硬盘上读取这个扇区的内容。这很好理解，因为不知道用户程序到底有多大，到底占用了多少个扇区，所以，可以先读它的第一个扇区。该扇区包含了用户程序的头部，而用户程序头部又包含了该程序的大小、入口点和段重定位表。所以，通过分析头部，就知道接着还要再读多少个扇区才能完全加载用户程序。

因为要多次读取硬盘，而每次的步骤又都差不多，所以，我们精心设计了一段通用的代码，它从代码清单 9-1 的第 79 行开始，一直到第 131 行结束，这就是我们所说的过程，或者叫子程序。

要调用过程，需要该过程的地址。一般来说，过程的第一条指令需要一个标号，以方便引用该过程。所以，代码清单 9-1 第 79 行是一个标号“read_hard_disk_0”，意思是读（第一个硬盘控制器的）主盘。

编写过程的好处是只用编写一次，以后只需要“调用”即可。所以，代码的灵活性和通用性尤其重要。具体到这里，就是每次读硬盘时的起始逻辑扇区号和数据保存位置都不相同，这就涉及所谓的参数传递。

参数传递最简单的办法是通过寄存器。在这里，LBA 扇区号是 28 位的，但寄存器的长度都是 16 位的，所以，主程序把起始逻辑扇区号分成高 12 位和低 16 位两部分，高 12 位左侧加 0 扩展到 16 位，存放在寄存器 DI 中，低 16 位存放在寄存器 SI 中，并约定将读出来的数据存放到由段寄存器 DS 指向的数据段中，起始偏移地址在寄存器 BX 中。

在调用过程前，主程序会用到一些寄存器，在过程返回之后，可能还要继续使用。但是，在每个过程内部，也可能会用到一些寄存器。由于可用的寄存器很少，所以有可能用到和主程序相同的寄存器。为了让主程序的执行不失连续性，在过程的开头，应当将本过程要用到（内容肯定会被破坏）的寄存器临时压栈，并在返回到调用点之前出栈恢复。代码清单 9-1 的第 82～85 行，用于将过程中用到的寄存器入栈保存。

后面的指令都很好理解，第 87～89 行，是向 0x1f2 端口写入要读取的扇区数。显而易见，每次读的扇区数是 1 个。

第 91～101 行，用于向硬盘接口写入起始逻辑扇区号的低 24 位。低 16 位在寄存器 SI 中，高 12 位在寄存器 DI 中，需要不停地倒换到寄存器 AL 中，以方便端口写入。

第 105 行，程序执行到这里时，寄存器 AH 的低 4 位是起始逻辑扇区号的 27～24 位，高 4 位是全“0”；寄存器 AL 中是 0xe0。执行 or 指令后，将会在寄存器 AL 中得到它们的组合值，高 4 位是 0xe，低 4 位是逻辑扇区号的 27～24 位。

第 118～124 行，用于反复从硬盘接口那里取得 512 字节的数据，并传送到段寄存器 DS 所指向的数据区中。每传送一个字，BX 的值就增 2，以指向下一个偏移位置。

第 126～129 行，用于把刚进入过程时的压栈内容恢复到它们各自的寄存器。

最后，因为处理器是没有大脑的，所以需要一个明确的指令 ret 促使它离开过程，从哪里来回哪里去，这条指令稍后就会讲到。

有关过程的情况就是这些，下面回到前面，看看过程调用是如何发生的。

代码清单 9-1 第 24、25 行，用于指定用户程序在硬盘上的起始逻辑扇区号。我们定义的过程要求用 DI:SI 来提供这个扇区号，既然它是常数 100，很小的数值，可以直接传送到寄存器 SI，并将 DI 清零即可。

第 26 行用于指定存放数据的内存地址。前面几条指令已经将段寄存器 DS 设置好了，现在只需要将寄存器 BX 清零，以指向该段内偏移地址为 0 的地方，这就是当前指令要做的事。

一切都准备好了，第 27 行，开始调用过程 read_hard_disk_0。以后，我们将把过程所在的标号作为过程的名字，即过程名。但是我们知道，它实际上代表过程的起始汇编地址。

调用过程的指令是“call”。8086 处理器支持四种调用方式。

第一种是 16 位相对近调用。近调用的意思是被调用的目标过程位于当前代码段内，而非另一个不同的代码段，所以只需要得到偏移地址即可。

16 位相对近调用是三字节指令，操作码为 0xE8，后跟 16 位的操作数，因为是相对调用，故该操作数是当前 call 指令相对于目标过程的偏移量。计算过程如下：用目标过程的汇编地址减去当前 call 指令的下一条指令的汇编地址，保留 16 位的结果。举个例子：

```
        call near proc_1
```

近调用的特征是在指令中使用关键字“near”。“proc_1”是程序中的一个标号。在编译阶段，编译器用标号 proc_1 处的汇编地址减去本指令的下一条指令的汇编地址（可以用本指令的汇编地址加上本指令的长度 3 得到），保留 16 位结果，作为机器指令的操作数部分。

关键字“near”不是必需的，如果 call 指令中没有提供任何关键字，则编译器认为该指令是近调用。因此，上面的指令与这条指令等效：

```
        call proc_1
```

因为 16 位相对近调用的操作数是两个汇编地址相减的相对量，所以，如果被调用过程在当前指令的前方（指令执行的方向），也就是说，论汇编地址，它比 call 指令的要大，那么该相对量是一个正数；反之，就是一个负数。所以，它的机器指令操作数是一个 16 位的有符号数。换句话说，被调用过程的首地址必须位于距离当前 call 指令-32768～32767 字节的地方。

在指令执行阶段，处理器看到操作码 0xE8，就知道它应当调用一个过程。于是，它用指令指针寄存器 IP 的当前内容（它已经指向下一条指令）加上指令中的操作数，得到一个新的偏移地址。接着，将指令指针寄存器 IP 的原有内容压入栈。最后，用刚才计算出的偏移地址取代指令指针寄存器 IP 原有的内容。这直接导致处理器的执行流转移到目标位置处。

再看一个例子：

```
        call 0x0500
```

很多人认为 0x0500 会原封不动地出现在该指令编译后的机器码中，我相信这只是他们一时糊涂。在 call 指令后跟一个标号和跟一个数值没有什么不同。标号是数值的等价形式，是代表标号处的汇编地址。在指令编译阶段，它首先会被转化成数值。

所以，你在 call 指令后跟一个数值，只是帮了编译器的忙，帮它省了一个转化步骤，它依然会用这个数值减去当前指令的下一条指令的汇编地址，来得到一个偏移量。

第二种是 16 位间接绝对近调用。这种调用也是近调用，只能调用当前代码段内的过程，指令中的操作数不是偏移量，而是被调用过程的真实偏移地址，故称为**绝对地址**。不过，这个偏移地址不是直接出现在指令中的，而是由 16 位的通用寄存器或者 16 位的内存单元**间接**给出的。比如：

```
        call cx                         ;目标地址在 cx 中。省略了关键字“near”，下同
        call [0x3000]                   ;要先访问内存才能取得目标偏移地址
        call [bx]                       ;要先访问内存才能取得目标偏移地址
        call [bx + si + 0x02]           ;要先访问内存才能取得目标偏移地址
```

以上，第一条指令的机器码为 FF D1，被调用过程的偏移地址位于寄存器 CX 内，在指令执行的时候由处理器从该寄存器取得，并直接取代指令指针寄存器 IP 原有的内容。

第二条指令的机器码为 FF 16 00 30。当这条指令执行时，处理器访问数据段（使用段寄存器 DS），从偏移地址 0x3000 处取得一个字，作为目标过程的真实偏移地址，并用它取代指令指针寄存器 IP 原有的内容。

后面两条指令没什么好说的，只是寻址方式不同而已。

间接绝对近调用指令在执行时，处理器首先按以上的方法计算被调用过程的偏移地址，然后将指令指针寄存器 IP 的当前值压栈，最后用计算出来的偏移地址取代寄存器 IP 原有的内容。

由于间接绝对近调用的机器指令操作数是 16 位的绝对地址，因此，它可以调用当前代码段任何位置处的过程。

第三种是 16 位直接绝对远调用。这种调用属于段间调用，即调用另一个代码段内的过程，所以称为远调用（far call）。很容易想到，远调用既需要被调用过程所在的段地址，也需要该过程在段内的偏移地址。

“16 位”是针对偏移地址来说的，而不是限定段地址，尽管段地址事实上也是 16 位的；

“直接”的意思是，段地址和偏移地址**直接**在 call 指令中给出了。当然，这里的地址也是绝对地址。比如：

```
        call 0x2000:0x0030
```

这条指令编译后的机器码为 9A 30 00 00 20，0x9A 是操作码，后面跟着的两个字分别是偏移地址和段地址，按规定，偏移地址在前，段地址在后。

处理器在执行时，首先将代码段寄存器 CS 的当前内容压栈，接着再把指令指针寄存器 IP 的当前内容压栈。紧接着，用指令中给出的段地址代替 CS 原有的内容，用指令中给出的偏移地址代替指令指针寄存器 IP 原有的内容。这直接导致处理器从新的位置开始执行。

处理器是没有脑子的。如果被调用过程位于当前代码段内，而你又用这种指令格式来调用它，那么，处理器也会不折不扣地从当前代码段“转移”到当前代码段。

第四种是 16 位间接绝对远调用。这也属于段间调用，被调用过程位于另一个代码段内，而且，被调用过程所在的段地址和偏移地址是**间接**给出的。还有，这里的“16 位”同样是用来限定偏移地址的。下面是这种调用方式的几个例子：

```
        call far [0x2000]
        call far [proc_1]
        call far [bx]
        call far [bx + si]
```

间接远调用必须使用关键字“far”，这一点务必牢记。

因为是远调用，也就是段间调用，所以，必须给出被调用过程的段地址和偏移地址。但是，段地址和偏移地址在内存中的其他位置，指令中仅仅给出的是该位置的偏移地址，需要处理器在执行指令的时候自行按图索骥，找到它们。

以上，前两条指令是等效的，不同之处仅仅在于，第一条指令直接给出的是数值，而第二条指令用的是标号。但这无关紧要，在编译后，标号也会变成数值。

为了进一步说清间接远调用是怎么发生的，下面是一个实例。

假如在数据段内声明了标号 proc_1 并初始化了两个字：

```
        proc_1 dw 0x0102, 0x2000
```

这两个字分别是某个过程的段地址和偏移地址。按处理器的要求，偏移地址在前，段地址在后。也就是说，0x0102 是偏移地址；0x2000 是段地址。

那么，为了调用该过程，可以在代码段内使用这条指令：

```
        call far [proc_1]
```

当这条指令执行时，处理器访问由段寄存器 DS 指向的数据段，从指令中指定的偏移地址（由标号 proc_1 提供）处取得两个字（分别是段地址 0x2000 和偏移地址 0x0102）；接着，将代码段寄存器 CS 和指令指针寄存器 IP 的当前内容分别压栈；最后，用刚才取得的段地址和偏移地址分别取代 CS 和 IP 的原值。

至于后面的两条指令 call far [bx]和 call far [bx+si]，仅仅是寻址方式上有所区别，指令执行过程大体上是一样的。

接着回到代码清单 9-1 第 27 行，很明显，

```
        call read_hard_disk_0
```

就是我们刚刚讲的 16 位相对近调用，编译后的机器指令操作数是一个相对偏移量。由于这是段内调用，处理器执行这条指令时，用指令指针寄存器 IP 的内容加上指令中的偏移量，算出

被调用过程的绝对偏移地址。接着，将指令指针寄存器 IP 的现行值压栈。最后，用刚刚计算出的偏移地址替代指令指针寄存器 IP 的当前内容。

过程 read_hard_disk_0 的功能和工作流程前面已经讲过了，不再赘述。这里只关心一个最重要的问题，那就是过程返回。

“过程”就是例行公事，可以随时根据需要调用，但过程执行完了呢，还得返回到调用点继续执行下一条指令，这称为过程返回（Procedure Return）。

处理器是个大笨蛋，你不提醒它，它就一直稀里糊涂地闷头工作。幸好，处理器的发明者们设计了返回指令 ret 和 retf。

ret 和 retf 经常用作 call 和 call far 的配对指令。ret 是近返回指令，当它执行时，处理器只做一件事，那就是从栈中弹出一个字到指令指针寄存器 IP 中。

retf 是远返回指令（return far），它的工作稍微复杂一点点。当它执行时，处理器分别从栈中弹出两个字到指令指针寄存器 IP 和代码段寄存器 CS 中。

如图 9-14 所示，在 call read_hard_disk_0 执行前，栈指针位于箭头①所指示的位置；call 指令执行后，由于压入了指令指针寄存器 IP 的内容，故栈指针移动到箭头②所指示的位置处；进入过程后，出于保护寄存器的目的，压入了 4 个通用寄存器 AX、BX、CX、DX，此时，栈指针继续向低地址方向推进到箭头③所指示的位置。

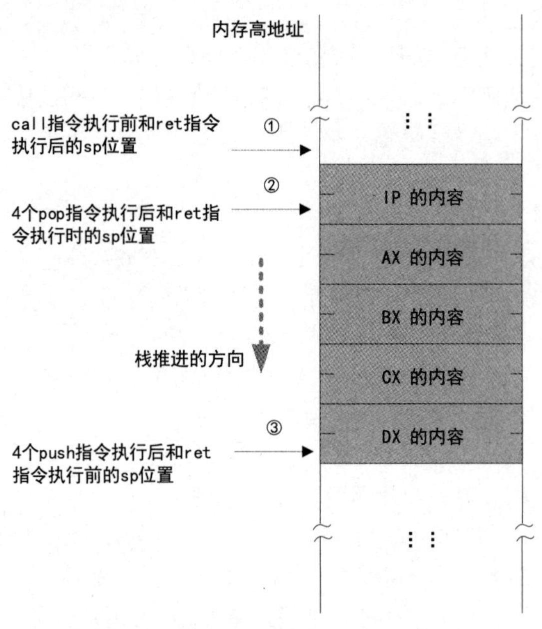

图 9-14　过程调用前后的栈变化

在过程的最后，是恢复寄存器的原始内容，连续反序弹出 4 个通用寄存器的内容。此时，栈指针又回到刚进入过程内部时的位置，即箭头②处。最后，ret 指令执行时，由于处理器自动弹出一个字到指令指针寄存器 IP，故，过程返回后的瞬间，栈指针仍旧回到过程调用前，即箭头①所指示的位置。

需要说明的是，尽管 call 指令通常需要 ret/retf 和它配对，遥相呼应，但 ret/retf 指令却并不依赖于 call 指令，这一点你马上就会看到。

call 指令在执行过程调用时不影响任何标志位，ret/retf 指令对标志位也没有任何影响。

◆ 检测点 9.2

按题目的要求写出相应的指令：

1．调用当前段内标号 label_proc 处的过程；

2．调用当前段内的过程，过程的偏移地址在寄存器 BX 中；

3．调用当前段内的过程，过程的偏移地址保存在当前数据段内由寄存器 BX 所指向的内存单元中；

4．调用过程，过程的段地址为 0xf000，偏移地址为 0x0002；

5．调用过程，过程的段地址和偏移地址存放在当前数据段内偏移地址为 0x80 的地方，低字是过程的偏移地址，高字为过程的段地址；

6．调用过程，过程的段地址和偏移地址存放在当前数据段内，低字为过程的偏移地址，高字为过程的段地址，这两个字在当前数据段内的偏移地址可以用 BX+DI+0x08 得到。

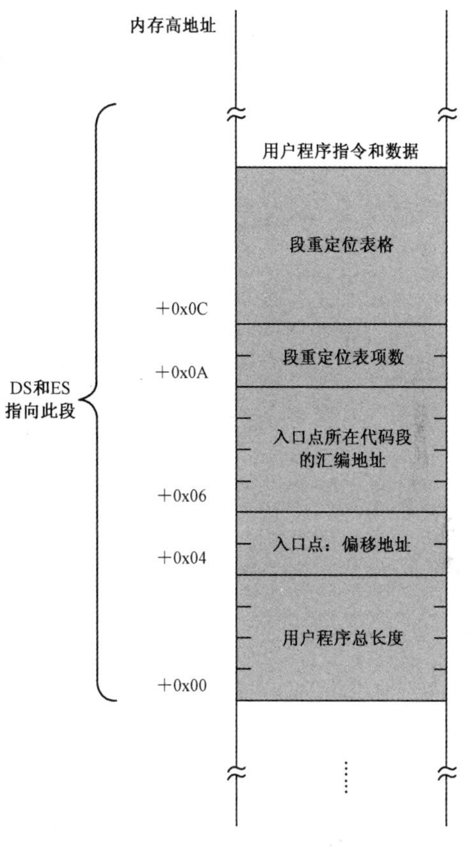

图 9-15 用户程序头部结构

9.3.7 加载用户程序

第一次读硬盘将得到用户程序最开始的 512 字节，这 512 字节包括最开始的用户程序头部，以及一部分实际的指令和数据。

为了将用户程序全部读入内存，需要知道它的大小，然后再进一步转换成它所用的扇区数。如图 9-15 所示，用户程序最开始的双字，就是整个程序的大小。

为此，代码清单 9-1 第 30、31 行，分别将该数值的高 16 位和低 16 位传送到寄存器 DX 和 AX。第 32 行，因为每扇区有 512 字节，故将 512 传送到 BX 寄存器，并在第 33 行用它来做除法运算。

在凑巧的情况下，用户程序的大小正好是 512 的整数倍，做完除法后，在寄存器 AX 中是用户程序实际占用的扇区数。但是，绝大多数情况下，这个除法会有余数。有余数意味着最后一个扇区因为没有填满而落下了，没有纳入总扇区数。

关于这个问题，我们稍微解释一下。硬盘的读写是以扇区为单位的，如果要写入 513 字节，那么，它将只能填满一个扇区，还剩 1 字节。硬盘不管这些，它每次总是说："来，给我 512 字节！"为此，软件的责任是，保证给硬盘的是 512 字节，如果不够，凑也要凑够。因此，513 字节会占用两个扇区，第二个扇区只有 1 字节是有用的，其他 511 字节都是用来填充的。至于某个扇区里，哪些数据是有用的，哪些是填充的，不是硬盘的责任，是软件的责任。就像本章的用户程序一样，通过构造一个头部，自行来跟踪自己的大小。

所以，代码清单 9-1 第 34 行，判断是否除尽。如果没有除尽，则转移到后面的代码，去读剩余的扇区；如果除尽了，则总扇区数减 1。

为什么？为什么除不尽不管，除尽了还要减 1？因为刚才已经预读了一个扇区。

注意，用户程序的长度有可能小于 512 字节，或者恰好等于 512 字节。在这两种情况下，当程序执行到第38行时，寄存器AX中的内容必然为零。所以，第38行是算术比较指令cmp，第 39 行是条件转移指令，当寄存器 AX 中的内容为零时，就意味着用户程序已经全部读取，不再继续读了，毕竟用户程序只占用一个扇区，而刚才也已经读过了。

用户程序被加载的位置是由寄存器 DS 和 ES 所指向的逻辑段。一个逻辑段最大也才 64KB，当用户程序特别大的时候，根本容纳不下。想想看，段内偏移地址从 0x0000 开始，一直延伸到最大值 0xffff。再大的话，又绕回到 0x0000，以至于把最开始加载的内容给覆盖掉了。

其实，要解决这个问题最好的办法是，每次往内存中加载一个扇区前，都重新在前面的数据尾部构造一个新的逻辑段，并把要读取的数据加载到这个新段内。如此一来，因为每个段的大小是 512 字节，即十六进制的 0x200，右移 4 位（相当于除以 16 或者 0x10）后是 0x20，这就是各个段地址之间的差值。每次构造新段时，只需要在前面段地址的基础上增加 0x20 即可得到新段的段地址。

这种做法好比，尺子很短，树很高，想只量一次是不可能的，于是只好分几次量，每量一次，将尺子往后挪一挪。

段地址的改变是临时的，毕竟只是为了读取硬盘，所以，代码清单 9-1 第 42 行，将当前数据段寄存器 DS 的内容压栈保存以便将来恢复。

第 44 行，将用户程序剩余的扇区数传送到寄存器 CX，供后面的 loop 指令使用，因为我们准备采用循环的办法来读完用户程序。

第 46～48 行，将当前数据段寄存器 DS 的内容在原来的基础上增加 0x20，以构造出下一个逻辑段，为从硬盘上读取下一个 512 字节的数据做准备。

第 50 行，将寄存器 BX 清零。BX 被用作数据传输时的段内偏移，而且每次传输都是在一个新的段内进行，故偏移地址在每次传输前都应当是零。

第 51 行，每次读硬盘前，将寄存器 SI 的内容加 1，以指向下一个逻辑扇区。

第 52～53 行，调用读硬盘的过程 read_hard_disk_0，并开始下一轮循环，直到所有的扇区都读完（寄存器 CX 的内容为 0）。

9.3.8 用户程序重定位

用户程序在编写的时候是分段的。因此，加载器下一步的工作是计算和确定每个段的段地址。

如图 9-16 所示，用户程序定义了 6 个段，在编译阶段，编译器为每个段计算了一个汇编地址。第一个段 header 位于整个程序的开头，所以其汇编地址为 0。从第二个段开始，每个段的汇编地址都是其相对于整个程序开头的偏移量，以字节为单位。因为我们不知道各个段的汇编地址到底是多少，故用字母来表示。这样，第二个段 code_1 的汇编地址是 v，第三个段 code_2 的汇编地址是 w，以此类推，最后一个段 stack 的汇编地址是 z。

现在，用户程序已经全部加载到内存里了，而且是从物理地址 phy_base 开始的。如此一来，每个段在内存中的物理地址都是基于 phy_base 的，第一个段 header 在内存中的起始物理地址是 phy_base（phy_base+0），第二个段在内存中的起始物理地址是 phy_base+v，以此类推，最后一个段 stack 则是 phy_base+z。

用于加载用户程序的物理地址 phy_base 是 16 字节对齐的，而用户程序中，每个段的汇编地址也是 16 字节对齐的。因此，每个段在内存中的起始地址也是 16 字节对齐的，将它们分别右移 4 位，就是它们各自的逻辑段地址。

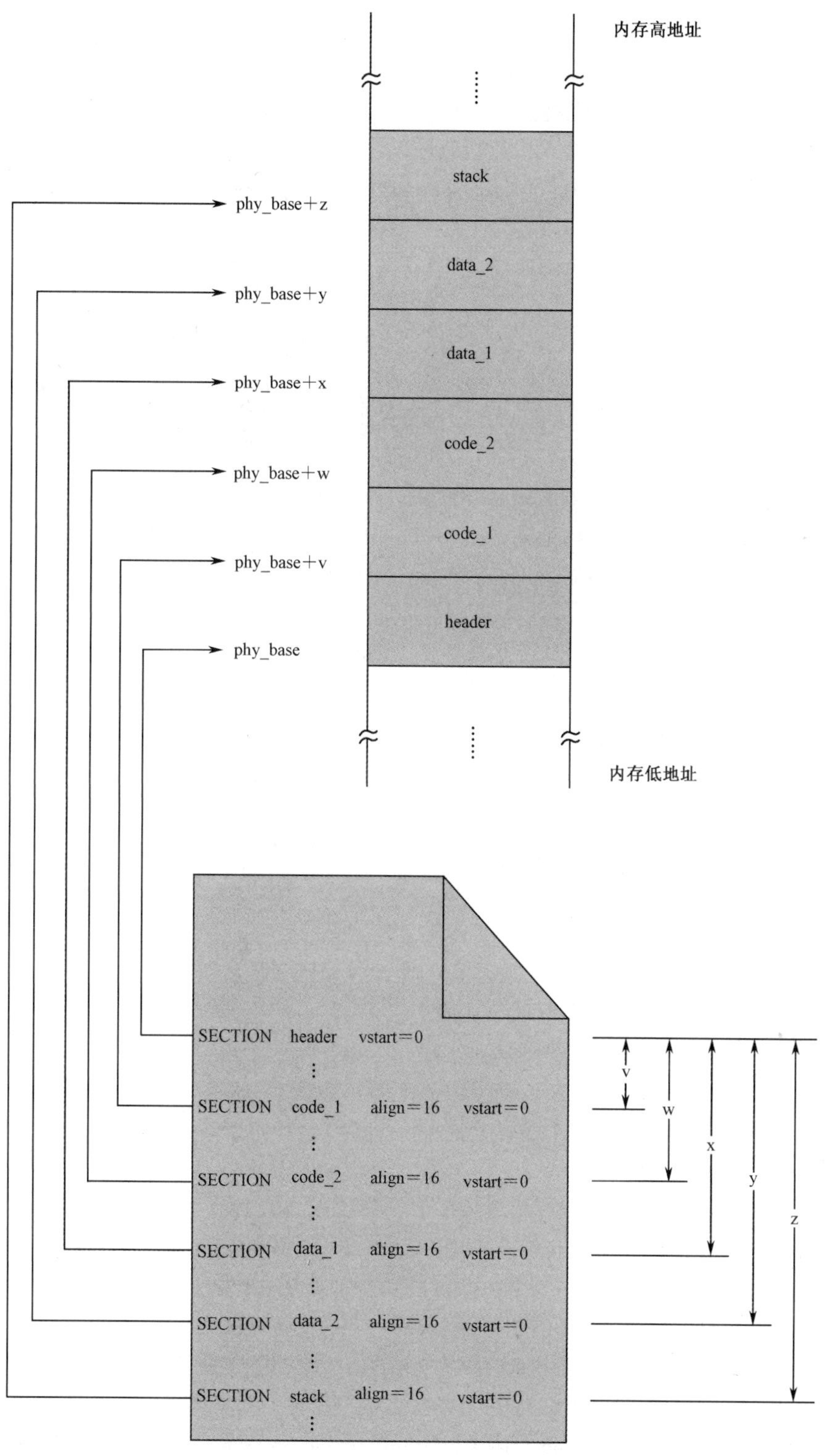

图 9-16 段的偏移地址和它在内存中的物理地址

为此，代码清单 9-1 第 55 行，从栈中恢复数据段寄存器 DS 的内容，使其指向用户程序被加载的起始位置，也就是用户程序头部。

第 58～62 行用于重定位用户程序入口点的代码段。请参考图 9-15，在用户程序头部内，偏移为 0x06 处的双字，存放的是入口点代码段的汇编地址。加载器首先将高字和低字分别传送到寄存器 DX 和 AX，然后调用过程 calc_segment_base 来计算该代码段在内存中的段地址。

过程 calc_segment_base（计算段基址）是在代码清单 9-1 的第 134 行定义的。它接受一个 32 位的汇编地址（位于寄存器 DX:AX 中），并在计算完成后向主程序返回一个 16 位的逻辑段地址（位于寄存器 AX 中）。

因为计算过程中要破坏寄存器 DX 的内容，所以第 137 行用于将其压栈保存。

在 16 位的处理器上，每次只能进行 16 位数的运算。第 139 行，先将用户程序在内存中物理起始地址的低 16 位加到寄存器 AX 中。该指令的地址部分使用了段超越前缀“cs:”，而且也没有加上 0x7c00。原因前面已经解释过了，在本程序中，数据段和代码段是分离的，而且当前代码段的定义部分使用了“vstart=0x7c00”子句。

然后，第 140 行，再将该起始地址的高 16 位加到寄存器 DX 中。adc 是带进位加法，它将目的操作数和源操作数相加，然后再加上标志寄存器 CF 位的值（0 或者 1）。这样，分两步就可以完成 32 位数的加法运算。

现在，我们已经在 DX:AX 中得到了入口点代码段的起始物理地址，只需要将这个 32 位数右移 4 位即可得到逻辑段地址。麻烦在于它们分别在两个寄存器中，如何移动？

答案是分别移动，然后拼接。代码清单 8-1 第 141 行，使用逻辑右移指令 shr（SHift logical Right）将寄存器 AX 中的内容右移 4 位。

如图 9-17 所示，逻辑右移指令执行时，会将操作数连续地向右移动指定的次数，每移动一次，“挤”出来的比特被移到标志寄存器的 CF 位，左边空出来的位置用比特“0”填充。

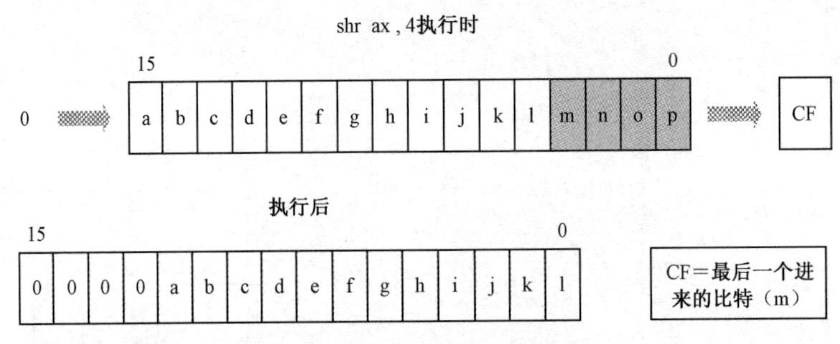

图 9-17　逻辑右移

shr 指令的目的操作数可以是 8 位或 16 位的通用寄存器或者内存单元，源操作数可以是数字 1、8 位立即数或者寄存器 CL。我们已经介绍过寻址方式，往后，我们要用新的方法来表示指令的格式。就当前指令来说，该指令的格式为：

```
shr r/m8, 1          ;目的操作数是 8 位通用寄存器/内存单元，源操作数是 1
shr r/m16, 1         ;目的操作数是 16 位通用寄存器/内存单元，源操作数是 1
shr r/m8, imm8       ;目的操作数是 8 位通用寄存器/内存单元，源操作数是 8 位立即数
shr r/m16, imm8      ;目的操作数是 16 位通用寄存器/内存单元，源操作数是 8 位立即数
shr r/m8, cl         ;目的操作数是 8 位通用寄存器/内存单元，源操作数是寄存器 CL
shr r/m16, cl        ;目的操作数是 16 位通用寄存器/内存单元，源操作数是寄存器 CL
```

以上，第一种指令格式的意思是，目的操作数可以是 8 位寄存器，或者 8 位的内存单元；源操作数是 1。对于内存地址的情况，可以使用任何一种我们讲过的内存寻址方式。举三个例子：

```
shr ah, 1
shr byte [0x2000], 1
shr byte [bx + si + 0x02], 1
```

第二种指令格式和第一种相似，只是目的操作数的长度不一样。注意，源操作数为 1 的逻辑右移指令是特殊设计的优化指令，比如以上的 shr ah,1，它的机器码是 D1 E8；而类似的指令 shr ah,5 则拥有完全不同的机器码 C1 E8 05。

第三种指令格式的意思是，目的操作数可以是 8 位寄存器，或者 8 位的内存单元；源操作数是 8 位立即数。下面是两个例子：

```
shr al, 0x20                          ;右移 32（0x20）次
shr byte [bx + 0x06], 0x05            ;右移 5 次
```

第四种指令格式和第三种类似，只是数据宽度不同。

第五种指令格式的目的操作数可以是 8 位的寄存器，或者 8 位的内存单元；源操作数在寄存器 CL 中。如果 shr 指令的源操作数是寄存器，则只能使用 CL。和一般的指令不同，寄存器 CL 只用来提供移动次数，而不用于限定和暗示目的操作数的字长。因此，对于目的操作数是内存地址的情况，必须用关键字 byte 或者 word 等来加以限定。比如：

```
shr al, cl
shr byte [bx], cl
```

最后一种指令格式适用于目的操作数的长度为字的情况。

注意，和 8086 处理器不同，80286 之后的 IA-32 处理器在执行本指令时，会先将源操作数的高 3 位清零。也就是说，最大的移位次数是 31。

shr 的配对指令是逻辑左移指令 shl（SHift logical Left），它的指令格式和 shr 相同，只不过它是向左移动的。

尽管 DX:AX 中是 32 位的用户程序起始物理内存地址，理论上，它只有 20 位是有效的，低 16 位在寄存器 AX 中，高 4 位在寄存器 DX 的低 4 位。寄存器 AX 经右移后，高 4 位已经空出，只要将 DX 的最低 4 位挪到这里，就可以得到我们所需要的逻辑段地址。为此，可以使用以下指令：

```
shl dx, 12
or ax, dx
```

很显然，代码清单 9-1 并不是这么做的，为的是演示另一个不同的指令 ror（第 142 行），也就是循环右移（ROtate Right）。如图 9-18 所示，循环右移指令执行时，每右移一次，移出的比特既送到标志寄存器的 CF 位，也送进左边空出的位。

ror 的配对指令是循环左移指令 rol（ROtate Left）。ror、rol、shl、shr 的指令格式都是相同的。

因为是循环移位，移位后，寄存器 DX 的低 12 位是我们不需要的，所以，代码清单 9-1 的第 143 行用 and 指令将其清零。

第 144 行，正式将寄存器 AX 和 DX 的内容合并，这就是我们要的段地址。

过程的最后，第 146～148 行，恢复寄存器 DX 的原始内容，并返回到调用程序那里。

现在，回到代码清单 9-1 的第 62 行，那条指令的功能是将刚刚计算出来的逻辑段地址回写到原处，仅覆盖低 16 位，高 16 位不用理会。

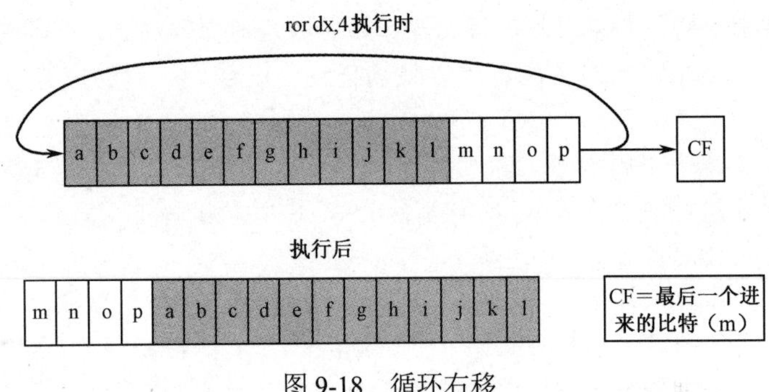

图 9-18　循环右移

现在仅仅是处理了入口点代码段的重定位，下面开始正式处理用户程序的所有段，它们位于用户程序头部的段重定位表中。

重定位表的表项数存放在用户程序头部偏移 0x0a 处，如图 9-15 所示。代码清单 9-1 第 65 行，用于将它从该内存地址处传送到寄存器 CX，供后面的循环指令使用。

段重定位表的首地址存放在用户程序头部偏移 0x0c 处，因此，第 66 行，将 0x0c 传送到基址寄存器 BX 中。以后，每次只要将 BX 的内容加上 4，就指向下一个重定位表项。

第 68～74 行是循环体，每次循环开始后，BX 总是指向需要重定位的段的汇编地址，而且都是双字，需要分别传送到寄存器 DX 和 AX。然后调用过程 calc_segment_base 计算相应的逻辑段地址，并覆盖到原来的位置（低字），最后将基址寄存器的内容加上4，以指向下一个表项。当寄存器 CX 的内容为 0 时，循环结束，所有的段都处理完毕。

9.3.9　将控制权交给用户程序

现在，用户程序已经在内存中准备就绪，剩下的工作就是把处理器的控制权交给它。交接工作很简单，代码清单 9-1 第 76 行，加载器通过一个 16 位的间接绝对远转移指令，跳转到用户程序入口点。

如图 9-15 所示，入口点是两个连续的字，低字是偏移地址，位于用户程序头部内偏移为 0x04 的地方；高字是段地址，位于用户程序头部内偏移为 0x06 的地方。而且，因为加载器的辛勤工作，该段地址是已经重定位过的。

处理器执行指令

```
        jmp far [0x04]
```

时，会访问段寄存器 DS 所指向的数据段，从偏移地址为 0x04 的地方取出两个字，并分别传送到代码段寄存器 CS 和指令指针寄存器 IP，以替代它们原先的内容。于是，处理器就像被洗脑了一样，自行转移到指定的位置处开始执行。

处理器已经跑到用户程序内部去执行了，所以接下来的工作是跟踪用户程序的工作流程。不过，在此之前，还是先总结一下无条件转移指令 jmp 的用法。

9.3.10　8086 处理器的无条件转移指令

（1）相对短转移

相对短转移的操作码为 0xEB，操作数是相对于目标位置的偏移量，仅 1 字节，是个有符号数。由于这个原因，该指令属于段内转移指令，而且只允许转移到距离当前指令-128～127

字节的地方。相对短转移指令必须使用关键字“short”。例如：

```
        jmp short infinite
```

在源程序编译阶段，编译器会检查标号 infinite 所代表的值，如果数值超过了 1 字节所能允许的数值范围，则无法通过编译。否则，编译器用目标位置的汇编地址减去当前指令的下一条指令的汇编地址，保留 1 字节的结果，作为机器指令的操作数。

相对短转移指令的汇编语言操作数只能是标号和数值。下面是直接使用数值的情况：

```
        jmp short 0x2000
```

但数值和标号是等价的。在编译阶段，都被用来计算一个 8 位的偏移量。

在指令执行时，处理器把指令中的操作数加到指令指针寄存器 IP 上，这会导致指令的执行流程转向目标地址处。

（2）16 位相对近转移

和相对短转移不同，16 位相对近转移指令的转移范围稍大一些。它的机器指令操作码为 0xE9，而且，该指令的长度为 3 字节，操作码 0xE9 后面还有一个 16 位（2 字节）的操作数。

因为是近转移，故其属于段内转移。“相对”的意思同样是指它的操作数是一个相对量，是相对于目标位置处的偏移量。在源程序编译阶段，编译器用目标位置的汇编地址减去当前指令的下一条指令的汇编地址，保留 16 位的结果，作为机器指令的操作数。由于这是一个 16 位的有符号数，故可以转移到距离当前指令-32768～32767 字节的地方。

16 位相对近转移指令应当使用关键字“near”，比如

```
        jmp near infinite
        jmp near 0x3000
```

在早先的 NASM 版本中，关键字 near 是可以省略的。若没有指定 short 或者 near，那么，编译器自动默认是“near”的。但是最近的版本改变了这一规则。如果没有指定关键字 short 或者 near，那么，如果目标位置距离当前指令-128～127 字节，则自动采用 short；否则，采用 near。

（3）16 位间接绝对近转移

这种转移方式也是近转移，即只在段内转移。但是，转移到的目标偏移地址不是在指令中直接给出的，而是用一个 16 位的通用寄存器或者内存地址来间接给出的。比如：

```
        jmp near bx
        jmp near cx
```

指令中的关键字“near”可以省略，间接绝对近转移原本就是 near 的。以上两条指令执行时，处理器将用寄存器 BX 或者 CX 的内容来取代指令指针寄存器 IP 的当前内容。

以上是目标偏移地址位于通用寄存器的情况。当然，该偏移地址也可位于内存中，而且这是最常见的情况。假如在某程序的数据段中声明了标号 jump_dest 并初始化了一个字：

```
        jump_dest dw 0xc000
```

而且假定我们已经知道它是转移目标的起始偏移地址，那么，在该程序的代码段内，就可以使用以下的 16 位间接绝对近转移指令：

```
        jmp [jump_dest]                 ;省略关键字“near”，本小节内下同
```

当这条指令执行时，处理器访问由段寄存器 DS 指向的数据段，从指令中指定的偏移地址处取得一个字（在这里是 0xc000），并用该字取代指令指针寄存器 IP 的当前内容。

当然，既然是间接地寻找目标位置的偏移地址，其他寻址方式也是可以的。比如：

```
        jmp [bx]
```

```
jmp [bx + si]
```

注意，jmp bx 和 jmp [bx]是完全不同的，不要犯迷糊。前者，要转移的绝对偏移地址位于寄存器 BX 中；后者，偏移地址位于由 BX 所指向的内存字单元中。

（4）16 位直接绝对远转移

很早以前，我们曾经见过这样的指令：

```
jmp 0x0000:0x7c00
```

在这里，0x0000 和 0x7c00 分别是段地址和偏移地址，符合“段地址:偏移地址”的表达习惯。在编译之后，其机器指令为

```
EA 00 7C 00 00
```

0xEA 是操作码，后面是操作数。注意，字的存放是按照低端字节序的。而且，在编译之后，偏移地址在前，段地址在后。执行这条指令后，处理器用指令中给出的段地址代替段寄存器 CS 的原有内容，用给出的偏移地址代替 IP 寄存器的原有内容，从而跳转到另一个不同的代码段中，即执行一个段间转移。

像这种直接在指令中给出段地址和偏移地址的转移指令，就是直接绝对远转移指令。“16 位”仅仅用来限定偏移地址部分，指偏移地址是 16 位的。

（5）16 位间接绝对远转移（jmp far）

远转移的目标地址可以通过访问内存来间接得到，这叫间接远转移，但是要使用关键字“far”。假如在某程序的数据段内声明了标号 jump_far，并在其后初始化了两个字：

```
jump_far dw 0x33c0, 0xf000
```

这不是两个普通的数值，它们分别是某个程序片段的偏移地址和段地址。为了转移到该程序片段上执行，可以使用下面的转移指令：

```
jmp far [jump_far]
```

关键字“far”的作用是告诉编译器，该指令应当编译成一个远转移。处理器执行这条指令后，访问段寄存器 DS 所指向的数据段，从指令中给出的偏移地址处取出两个字，分别用来替代段寄存器 CS 和指令指针寄存器 IP 的内容。

其实，最好的例子还是本章代码清单 9-1 的第 76 行：

```
jmp far [0x04]
```

16 位间接绝对远转移指令的操作数可以是任何一种内存寻址方式。除了上面的例子，下面再给出几个：

```
jmp far [bx]
jmp far [bx + si]
```

最后，“16 位”的意思是，要转移到的目标位置的偏移地址是 16 位的。

◆ **检测点 9.3**

1．以下指令执行后，寄存器 AX 中的内容是多少？

```
mov ax,0x55aa
ror ax,8
shr ax,2
```

2．按题目的要求写出相应的指令：

a．无条件转移到当前段内标号 label_proc 处；

b．无条件转移到当前段内的另一个位置，偏移地址在寄存器 BX 中；

c．无条件转移到当前段内的另一个位置，偏移地址保存在当前附加段内由寄存器 BX 所指向的内存单元中；

d．无条件转移，段地址为 0xf000，偏移地址为 0x0002；

e．无条件转移，段地址和偏移地址存放在当前数据段内偏移地址为 0x80 的地方，低字是目标处的偏移地址，高字为目标处段地址；

f．无条件转移，段地址和偏移地址存放在当前附加段内，低字为目标的偏移地址，高字为目标的段地址，这两个字在当前附加段内的偏移地址可以用 BX+DI+0x08 得到。

9.4 用户程序的工作流程

9.4.1 初始化段寄存器和栈切换

现在轮到用户程序在处理器上执行了。

用户程序的入口点在代码清单 9-2 的第 138 行。因为加载器已经完成了重定位工作，所以用户程序的头等大事是初始化处理器的各个段寄存器 DS、ES、SS，以便访问专属于自己的数据。段寄存器 CS 就不用初始化了，那是加载器负责做的事。要不然用户程序怎么可能执行呢。

在刚刚进入用户程序时，段寄存器 DS 和 ES 依然指向段 header，而栈段寄存器 SS 依然指向加载器的栈空间。代码清单 9-2 的第 140、141 行，用于从头部取得用户程序自己的栈段的段地址，并传送到段寄存器 SS 中。

第 142 行，将标号 stack_end 所代表的数值传送到栈指针寄存器 SP。该标号是在第 208 行声明的，在它的前面，是伪指令 resb，用来保留 256 字节的栈空间。

伪指令 resb（REServe Byte）的意思是从当前位置开始，保留指定数量的字节，但不初始化它们的值。在源程序编译时，编译器会保留一段内存区域，用来存放编译后的内容。当它看到这条伪指令时，它仅仅是跳过指定数量的字节，而不管里面的原始内容是什么。内存是反复使用的，谁也无法知道以前的使用者在这里留下了什么。也就是说，跳过的这段空间，每个字节的值是不确定的。

因此，

```
        resb 256
```

将在编译后的内容中保留 256 字节。resb 不是唯一用来声明未初始化数据的指令。以下是另外一些：

```
        resw 100                ;声明 100 个未初始化的字
        resd 50                 ;声明 50 个未初始化的双字
```

栈段 stack 的定义中有“vstart=0”子句保留的 256 字节，其汇编地址分别是 0～255。所以，标号 stack_end 处的汇编地址实际上是 256。也就是说，代码清单 9-2 的第 142 行和以下指令等价：

```
        mov sp, 256
```

栈切换完毕之后，第 144、145 行，从用户程序头部取得数据段 data_1 的段地址，传送到段寄存器 DS 中。从此，DS 不再指向段 header，不能再用它访问用户程序头部了。

据此也可以看出，各个段寄存器的初始化顺序很重要。如果先初始化数据段和附加段，那么，段 header 中的数据将无法访问。

9.4.2 调用字符串显示例程

紧接着，用户程序要在屏幕上显示东西了。

要显示的内容位于段 data_1 中，该段当前正由段寄存器 DS 指向。代码清单 9-2 第 178 行，声明了标号 msg0，并初始化了一大堆字符。当然，因为字符太多，行太长，而我们还想能大致看到显示效果，所以分成了多行来初始化。

为太长的行使用续行符“\”当然是一个好主意，不过我们现在的做法是将太长的行分成几段，分别用伪指令 db 来初始化。在编译之后，它们仍然是紧挨在一起的，可以用唯一的标号 msg0 来引用。

在屏幕上显示字符，所做的仅仅是填充显存，只要所填充的内容不超过一屏所能显示的字符数，其他的事不需要你操心。当字符在一行上显示不下时，显示系统会自动移到下一行接着显示，这也和你无关。

不过，有时候我们希望有自行换行的能力，而不管那一行是否已经到头（屏幕最右边）。这么做的目的通常是格式化文本段落。

再来回顾一下 ASCII 码。在 128 个 ASCII 代码中，大部分是可显示和打印的字符，还有一部分用于控制显示和打印那些字符的设备。比如 0x0d 是回车，0x0a 是换行。

回车和换行的概念最早起源于老式打字机。那种打字机上有滚筒，用于使纸张上下卷动，每敲击一个按键，字车往右移动一格，位于下一个可打印的位置。在这种古老而不失先进性的设备上，将字车推到最左边，也就是一行的开始，叫作回车（Carriage Return）；而拧一下滚筒，将纸上卷一行，叫作换行（Line Feed）。如果既回车，又换行，那么，字车将位于下一行的行首。这个过程通常叫作回车换行（CRLF）。

在刚刚有了电子计算机的时候，因为它又大又贵，只能通过远程终端来分享它的计算能力。这时候，用的是电传打字机，主机将处理的结果回传到用户端的电传打字机打印出来。在打印的过程中需要回车和换行，怎么办？那就是用 ASCII 码中的控制字符来命令电传打字机来做这件事。不知怎么回事，回车分配的 ASCII 码是 0x0d，换行分配的则是 0x0a。奇怪吗？没什么好奇怪的。

在个人计算机时代，为了在屏幕上显示字符，ASCII 码也被引入显示系统。不过，当我们向显存里写入 0x0d 和 0x0a 时，并不起任何作用，也没有任何效果，没有任何硬件对解释它们的意义负责。不过无所谓，对回车换行代码的解释可以由我们自己负责，现在所要做的，就是在字符串中，需要回车换行的地方按照老传统插入这两个代码。

正是由于以上的原因，在代码清单 9-2 的第 178～194 行，凡是需要回车换行的地方，都使用了 0x0d 和 0x0a。而且，在第 194 行，也就是所有要显示内容最后，是数值 0，用来标志字符串的结束，这样的字符串称为是 0 终止的字符串，在高级语言里经常使用。

段 data_1 的定义中包括“vstart=0”子句，故标号 msg0 的汇编地址是从该段的起始处（0）开始计算的。代码清单 9-2 的第 147、148 行，将该字符串的偏移地址传送到基址寄存器 BX，并调用过程 put_string。

9.4.3 过程的嵌套

过程 put_string 是在当前代码段定义的，位于代码清单 9-2 的第 28 行，用于显示给定的字符串。它接受两个参数 DS 和 BX，分别是字符串所在的段地址和偏移地址。另外，它要求字符串的最后一个数值是 0，作为终止的标记。

过程 put_string 的工作很简单，它循环从 DS:BX 中取得单个字符，判断它是否为 0。不为 0 则调用另一个过程 put_char 来显示这个字符，为 0 则返回主程序。

为此，代码清单 9-2 第 30 行，从当前数据段中取得一个字符，段地址在 DS 中，偏移地址由 BX 提供。

第 31 行，通过 or 指令来促成标志的产生，它的功能类似于

```
        cmp cl, 0
```

在这里，or 指令的两个操作数相同，都是寄存器 CL，一个数和它自己做“或”运算，结果还是它自己，但计算结果会影响标志寄存器中的某些位。如果 ZF 置位，说明取到了串结束标志 0，转移到第 38 行返回主程序；否则，将取到的字符作为参数调用另一个过程 put_char。

当过程 put_char 返回后，第 34 行，将寄存器 BX 的内容加 1 以指向下一个要显示的字符。

第 35 行，无条件转移到当前过程的开始处，重复取字符过程。

允许在一个过程中调用另一个过程，这称为过程嵌套。因为每次调用过程时，处理器都把返回地址压在栈中，返回时从栈中取得返回地址，所以，只要栈是安全的，嵌套的过程都能层层返回。

过程嵌套的层数在原则上是没有限制的，唯一的限制是栈的大小。不要忘了，实模式下，栈的空间最大是 64KB，每执行一次过程调用需要 2 字节或 4 字节，这还没有包括在每个过程内部消耗的栈空间。

9.4.4 屏幕光标控制

过程 put_char 用于显示一个字符。但它与常规方法的不同之处在于，它能判断回车和换行，还能在超过屏幕上最后一行的时候上滚内容，就是我们经常说的卷屏或者滚屏。除此之外，它还使用了光标跟随技术。

光标（Cursor）是在屏幕上有规律地闪动的一条小横线，通常用于指示下一个要显示的字符位置，这对很多年龄比较大的人来说很熟悉（前提是他们以前也用过计算机）。在那个时代，还没有基于图形显示技术的 Windows，所有的软件都在文本模式下工作，而基于硬件的光标只在文本模式下才会出现。

计算机技术发展得很快，很多硬件都已经或者即将淘汰，但显卡是个例外。即使是现在，多年前形成的 VGA 显示标准在每块显卡中都完好地保留下来了，包括对光标的支持。原因很简单，在显卡中集成一块支持 128 个 ASCII 代码的字符发生器非常方便，在程序中显示一个字符也只要给出它的 ASCII 码。显示图形的代价太大，在计算机加电启动的时候，以及其他一些根本没必要也没条件使用图形模式的场合，这是最好的选择。

光标在屏幕上的位置保存在显卡内部的两个光标寄存器中，每个寄存器是 8 位的，合起来形成一个 16 位的数值。比如，0 表示光标在屏幕上第 0 行第 0 列，80 表示它在第 1 行第 0 列，因为标准 VGA 文本模式是 25 行，每行 80 个字符。这样算来，当光标在屏幕右下角时，该值为 25×80−1=1999。

光标寄存器是可读可写的。你可以从中读出光标的位置，也可以通过它设置光标的位置。能够通过写入一个数值来设定光标的位置，这不是恩赐，而是责任，因为显卡从来不自动移动光标位置，这个任务是你的。现在你总算明白为什么它是可写的了吧？

9.4.5 取当前光标位置

显卡的操作非常复杂，内部的寄存器也不是一般的多。为了不过多占用主机的 I/O 空间，很多寄存器只能通过索引寄存器间接访问。

索引寄存器的端口号是 0x3d4，可以向它写入一个值，用来指定内部的某个寄存器。比如，两个 8 位的光标寄存器，其索引值分别是 14（0x0e）和 15（0x0f），分别用于提供光标位置的高 8 位和低 8 位。

指定了寄存器之后，要对它进行读写，这可以通过数据端口 0x3d5 来进行。

好，现在言归正传。过程 put_char 看起来并不太复杂，但实际上判断和分支较多。为了便于读者理解这段代码，也为了方便讲解，图 9-19 给出了它的工作流程图。

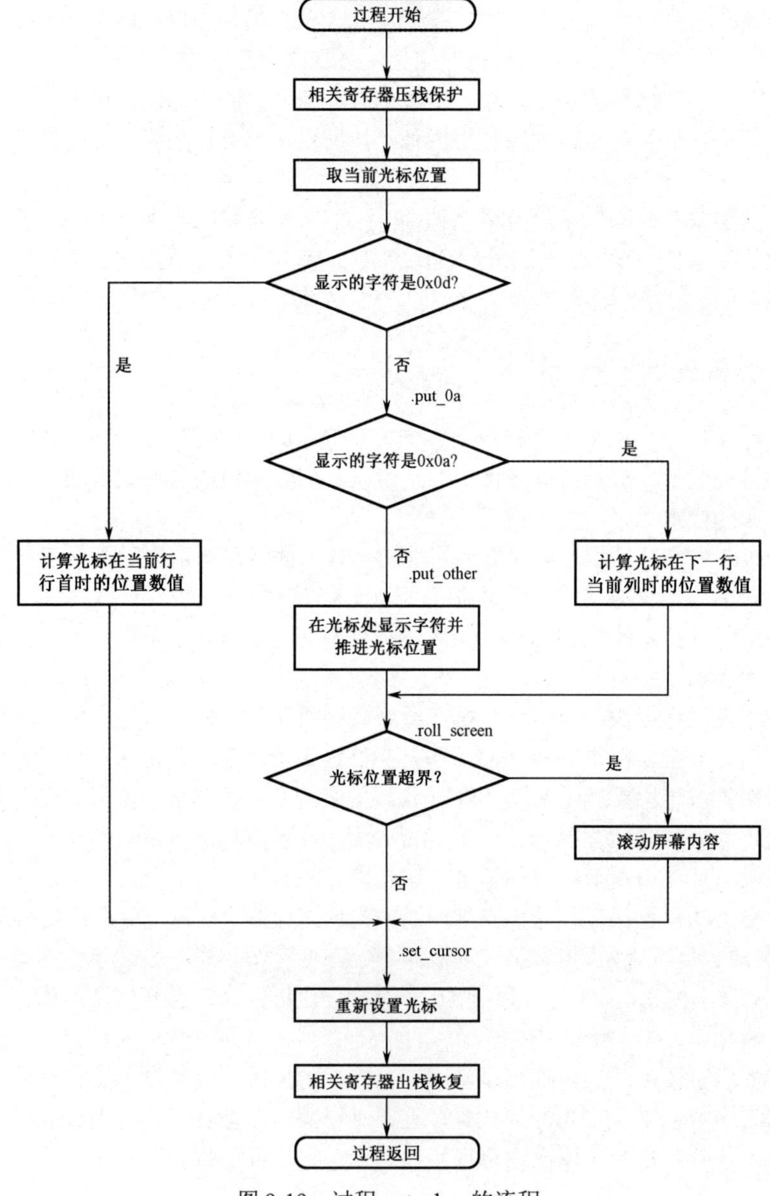

图 9-19　过程 put_char 的流程

庞大复杂的建筑必须得有图纸才能施工，而绘制图纸的过程中你经常发现自己有更好的设计思路，更能知道如何盖这栋房子。编写复杂的程序前先画一画流程图，是程序员的基本素养，这有助于问题的解决。

代码清单 9-2 第 43～48 行，在过程 put_char 的开始部分先将用到的部分寄存器压栈保存，其中包括两个段寄存器 DS 和 ES。

第 51～53 行，通过索引端口告诉显卡，现在要操作 0x0e 号寄存器。

第 54～56 行，通过数据端口从 0x0e 号端口读出 1 字节的数据，并传送到寄存器 AH 中，这是屏幕光标位置的高 8 位。

同样的，第 58～62 行，从 0x0f 号寄存器读出光标位置的低 8 位。现在，寄存器 AX 中是完整的光标位置数据。第 63 行，将这个数值传送到寄存器 BX 中保存，因为马上就要用到寄存器 AX。

9.4.6 处理回车和换行字符

过程 put_char 仅接受一个寄存器参数 CL，用于提供要显示的 ASCII 码。常规字符和回车、换行符将不同对待，为此，需要首先识别出它们。

代码清单 9-2 第 65、66 行，先判断是不是回车符 0x0d。如果是的话，继续往下执行，如果不是，则转移到标号.put_0a 处执行。

先来看看如果是 0x0d 的情况。

如果是回车符 0x0d，那么，应将光标移动到当前行的行首。每行有 80 个字符，那么，用当前光标位置除以 80，余数不要，就可以得到当前行的行号。接着，再乘以 80，就是当前行行首的光标数值。

很好，代码清单 9-2 第 67～69 行，用寄存器 AX 中的光标位置除以寄存器 BL 中的 80，在寄存器 AL 中得到的是当前行的行号。

接着，第 70、71 行，将寄存器 AL 中的内容乘以寄存器 BL 中的 80，会在寄存器 AX 中得到当前行行首的光标值。该值依然传送到寄存器 BX 中保存。

和 div 指令相反，mul 是乘法指令，格式如下：

```
mul r/m8                  ;AX=AL×r/m8
mul r/m16                 ;DX:AX=AX×r/m16
```

以上，“r”表示通用寄存器，“m”表示内存单元。就是说，mul 指令可以用 8 位的通用寄存器或者内存单元中的数和寄存器 AL 中的内容相乘，结果是 16 位，在 AX 寄存器中；也可以用 16 位的通用寄存器或者内存单元中的数和寄存器 AX 中的内容相乘，结果是 32 位，高 16 位和低 16 位分别在 DX 和 AX 中。

举几个例子：

```
mul bx
mul dx
mul byte [bx]             ;8 位内存单元
mul byte [bx + di]        ;8 位内存单元
mul word [0x2000]         ;16 位内存单元
```

mul 指令执行后，要是结果的高一半为全 0，则 OF 和 CF 清零，否则置 1。对 SF、ZF、AF 和 PF 标志的影响未定义。

第 72 行，转移到标号.set_cursor 处设置光标在屏幕上的位置。

如果要显示的字符不是 0x0d，那么，它有可能是 0x0a，或者是正常的可打印字符。这里的“打印”，可以理解为在屏幕上打印。

为此，第 75～77 行，先判断是不是 0x0a，如果不是，那就转移到标号.put_other 处，去正常显示可打印字符。如果是，那么，换行的意图是向下挪一行，只需要将寄存器 BX 的内容增加 80，即可得到新的光标位置数据。但是，不像回车，如果光标原先就在屏幕最后一行，那么，换行之后，会怎样呢？所以，第 78 行，立即转移到标号.roll_screen 处执行。在那里，将根据情况决定是否需要滚屏。

9.4.7 显示可打印字符

下面开始正常显示可打印字符。

第 81、82 行，将附加段寄存器 ES 设置为指向显存。注意，在过程开始处，已经将 ES 的内容压栈保存了，这里可以随意使用该寄存器。

在标准模式下，屏幕上可以同时显示 2000 个字符。光标占用一个字符的位置，但整个屏幕只有一个，只能出现在 2000 个字符位置中的一个上。典型的，程序员要用光标位置来记载和跟踪下一个字符应当显示在什么位置。光标用来指示字符位置，而一个字符在显存中对应 2 字节。如此一来，可以将光标位置乘以 2，来得到该位置（字符）在显存中的偏移地址。

第 83 行，将寄存器 BX 的内容逻辑左移 1 次，这相当于将其乘以 2。毕竟只是乘以 2，而且 BX 中的数值不大，这样做，比使用乘法指令 mul 来得方便。

第 84 行，用 BX 的内容作为偏移地址，来访问段寄存器 ES 所指向的显存，来写入要显示的字符。你可能觉得奇怪，为什么后面没有写显示属性字节。原因很简单，在写入其他内容之前，显存里全是黑底白字的空白字符，所以不需要重写黑底白字的属性。过程 put_char 是以黑底白字来显示字符的。

第 87、88 行，将寄存器 BX 的内容除以 2，恢复它的光标位置身份。接着，将其增加 1（在数值上，将光标推进到下一个位置，毕竟还没开始设置光标呢）。指令 shr 是已经讲过的逻辑右移指令，相当于除以 2。

假定显示字符之前，光标的当前位置在屏幕右下角。那么，在这里打印一个字符之后，光标向后移动，超出屏幕之外。此时，寄存器 BX 的光标位置数值是 2000，必须将屏幕内容向上滚动一行，并将光标置于最后一行的行首。

不管是换行，还是正常显示字符后推进光标，都会使寄存器 BX 的内容超过 1999。下面，就来判断这个情况，并决定是否滚动屏幕内容。

9.4.8 滚动屏幕内容

第 91、92 行，比较寄存器 BX 中的内容是否小于 2000。如果是的话，很好，很正常，直接转移到标号.set_cursor 处设置光标；否则继续往下执行以滚动屏幕内容。

滚动屏幕内容，实质上就是将屏幕上第 2～25 行的内容整体往上提一行，最后用黑底白字的空白字符填充第 25 行，使这一行什么也不显示。

为了加快速度，提高效率，程序里采用的是将数据从一个内存区域（块）搬运到另一个内存区域（块）的做法，核心指令是 movsw。

第 94 行，先将 BX 中的光标位置数值压栈保存，因为在数据传送时要用到这个寄存器，需要将它的原始内容保护起来。

第 96～103 行，设定源区域从显存内偏移地址为 0xa0（屏幕第 2 行第 1 列的位置）的地方开始，该区域的段地址在段寄存器 DS 中，偏移地址在变址寄存器 SI 中；目标区域从显存内偏移地址为 0x00（屏幕第 1 行第 1 列的位置）的地方开始，该区域的段地址在段寄存器 ES 中，偏移地址在变址寄存器 DI 中。同时，设置方向标志，并在寄存器 CX 中设置要传送的字数 1920（24 行乘以 80 个字符/行，再乘以每个字符占用的字节数 2，再除以 2 字节/字）。最后，执行 rep movsw 以完成传送工作。

屏幕最下面一行（第 25 行）还有原来的内容，必须予以清除。屏幕上第 25 行第 1 列在显存中的偏移地址是 3840。为此，第 106～109 行，使用黑底白字的空白字符循环写入这一行。

最后，第 111～112 行，滚屏之后，pop 指令从栈中恢复 bx 的原始光标位置数值，然后将它减去 80。这是为什么呢？如果滚屏是换行引起的，那么，滚屏之后，光标应当在原来的位置，也就是最后一行的某一列。但是我们在前边第 77 行已经将它加上了 80，所以还要减去 80 才对。如果滚屏是由于光标超出了屏幕右下角，那么它的当前值是 2000，必须在滚屏之后，移到最后一行的行首。行首的光标值是 1920，所以也必须将当前光标值 2000 减去 80。

9.4.9 重置光标

不管是回车、换行，还是显示可打印的字符，上面的各处都给出了光标位置的新数值。下面的工作就是按给出的数值在屏幕上设置光标。

第 115～126 行，还是依照老规矩，通过索引端口指定光标寄存器 0x0e 和 0x0f，并分别将寄存器 BX 中的高 8 位和低 8 位通过数据段口 0x3d5 写入它们。

最后，第 128～133 行，从栈中依次弹出并恢复各个寄存器的原始内容。

第 135 行，指令 ret 从栈中恢复指令指针寄存器 IP 的内容，返回到调用者 put_string 过程。当字符串 msg0 中所有的字符都显示完毕后，过程 put_string 返回到用户主程序，从第 150 行接着往下执行。

9.4.10 切换到另一个代码段中执行

在一个程序中，对段的数量没有限制。可以有多个代码段和多个数据段，甚至可以有多个栈段。在用户程序工作时，可以从一个代码段转到另一个代码段中执行，也可以根据需要，访问不同的数据段。

我们知道，ret 和 retf 指令分别用于近返回和远返回。人类最大的问题就是思维有定势，有时候不够开阔。尽管说是“返回”，但最重要的还是弄清它的原理和本质，才能灵活运用。

返回指令的动作是从栈中弹出内容到指令指针寄存器 IP，如果是远返回的话，还要接着弹出内容到代码段寄存器 CS。假如在此之前，栈顶的内容并非用于返回的偏移地址和段地址，那么处理器当时就会傻了。

还是回到正题上来。假如要想切换到另一个代码段中执行，可以使用远调用指令（call far）或者远转移指令（jmp far），这是最正常不过的途径了。

问题在于，为了实现段间控制转移，必须事先开辟两个连续的内存单元，存放另一个代码段的入口点偏移地址和段地址，代价似乎有点高，这么做好像不太值得。

为了省事，可以使用指令retf来模拟段间返回，以实现段间转移。代码清单9-2第150行，先在栈中压入代码段 code_2 的段地址；接着，第 151、152 行，压入偏移地址，该偏移地址就是标号 begin 在编译阶段的汇编地址。8086 处理器不能在栈中压入立即数，所以只能通过寄存器 AX 来间接做这件事，现在的处理器都支持压入立即数：

```
        push word 0x55ff
```

当然，这是后话。

第 154 行，当处理器执行指令 retf 时，这个被蒙在鼓里的家伙从栈中将偏移地址和段地址分别弹出到代码段寄存器 CS 和指令指针寄存器 IP，于是控制立即转移到段 code_2 中，从标号 begin 处开始执行。

这段代码很好地证明了，尽管 call 和 call far 指令分别依赖于 ret 和 retf 指令，但后者却并不依赖于前者。它们经常在一起，但并不是“夫妻”。

9.4.11 访问另一个数据段

你可以在代码段 code_2 中做任何事。但是，我们这里什么也没干，仅仅是用相同的方法，再次返回到段 code_1 中。具体的做法，可以参考代码清单 9-2 第 150～154 行。

回到第 157、158 行，自从进入用户程序之后，段寄存器 ES 一直是指向头部段 header 的，所以，这两条指令用于将第二个数据段 data_2 的段地址传送到段寄存器 DS，这等于是换了一个数据段。

第二个数据段 data_2 是在第 197 行定义的，而且包含了“vstart=0”子句。在该段内，仅仅声明了标号 msg1 并初始化了一个字符串。当然，它也是 0 结尾的。

接着回到前面的第 160 行，将刚才那个字符串的起始偏移地址传送到寄存器 BX。第 161 行，调用过程 put_string 从屏幕的光标处开始显示该字符串。

9.5 编译和运行程序并观察结果

通常，用户程序执行完毕后，应当重新将控制返回到加载器，加载器可以重新加载和运行其他程序，所有的操作系统都是这么做的。

遗憾的是，我们的加载器不提供这样的功能，而用户程序也没有将控制返回到加载器，而是直接进入无限循环：

```
        jmp $
```

当然，这不是什么了不得的事情，将控制返回到加载器，其实现也不复杂。如果你有兴趣，可以试一试。但是，唯一麻烦的地方是栈，将控制返回的同时，也必须切换到加载器自己的栈，一定要小心！

对本章源代码的讲解到此结束。你可以在配书工具中找到源代码 c09_mbr.asm 和 c09.asm，或者自己手工编辑这两个文件。

首先编译源程序 c09_mbr.asm，将编译后得到的 c09_mbr.bin 文件写入虚拟硬盘主引导扇区（逻辑 0 扇区）。然后，编译源程序 c09.asm，并将生成的 c09.bin 文件写入虚拟硬盘的逻辑 100 扇区。

注意，在编译 c09.asm 时，编译器将会产生警告信息：

```
    c09.asm:206: warning: uninitialized space declared in stack section: zeroing [-w+zeroing]
```

这句话的意思是，源程序 c09.asm 的第 206 行声明了未初始化的空间。还记得吗？在那里，我们用 resb 伪指令保留了 256 字节的栈空间，这段空间是未初始化的。

源程序的编译过程也是排错过程，你该感到高兴，而不是害怕，只有合乎规范的程序才能最终获得通过。编译器通常会有两种提示，一种是错误，另一种是警告。

错误（Error）表明程序中有编译器不认识的指令、不正确的语法和无法解释的内容，在这种情况下，编译器简单地告诉你是哪一行有错误，以及什么性质的错误，并停止编译。

警告（Warning）通常表示程序中有一些不规范的指令用法。在这种情况下，编译器继续完成编译工作，生成编译结果。通常情况下，编译后的结果也能正常运行。

现在，启动虚拟机，正常情况下，运行结果应当如图 9-20 所示。

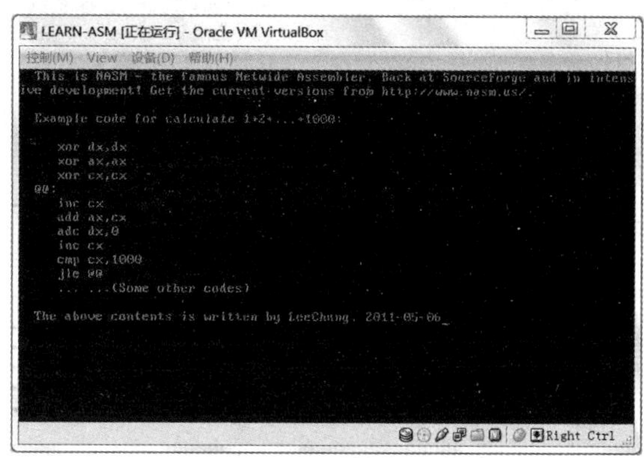

图 9-20　本章程序运行结果

本 章 习 题

1．修改本章源程序 9-2，在不使用 retf 指令的情况下，从段 code_1 转移到段 code_2 执行。

2．思考一下，如果去掉代码清单 9-1 的第 38、39 行，会发生什么情况？

第 10 章

中断和动态时钟显示

在享受计算机给我们带来的便利和乐趣的同时，我仍然会时不时地说它的坏话。人们都说处理器是整个计算机的大脑，可是，处理器是一个非常精确的速度很快的“傻子”。

在计算机上执行的程序通常需要一些输入，输入可能来自键盘、鼠标、硬盘、话筒、数码相机等，同时，处理后还需要输出，要送到输出设备，如显示器、硬盘、打印机、网络设备等。

一个程序只做自己的事，当它等待输入，或者等待输出时，它面对的是比处理器慢得多的外部设备。典型的情况下，硬盘的工作速度比处理器至少慢几千万甚至几亿倍，像打印机这类设备就更不用说了。

以读硬盘为例，如果程序需要从硬盘上读它需要的数据，那么，按照执行流程，它必须向硬盘接口发送读命令，然后等待硬盘发出一个数据已经准备好的信号，程序在接到这个信号后继续往下执行，来操作这些数据。从发出读硬盘的命令，到硬盘准备好数据，这个过程虽然短暂，但对于处理器来说却是一段漫长的等待时间。在等待的这段时间，处理器唯一能做的，就是不停地观察外部设备的状态变化。

计算机革命的早期，硬件资源极其昂贵和稀少。据说 20 世纪 60 年代，一台计算机的价格抵得上 300 辆野马跑车，月租金超过 1 万美元。这么昂贵的东西，不好好利用它就是一种罪过。显然，还是以从硬盘上读数据为例，在硬盘准备数据的这段时间里，处理器应该去做别的事情，去执行别的程序。硬盘准备好数据后，向处理器发送一个信号，然后处理器再回到原来的程序继续往下执行。

随着处理器性能的增强，人们希望它能执行多个程序。即使只有一个处理器，在同一时间只能执行一个程序，但是，因为它的性能很强，速度很快，也可以轮流执行多个程序，而且因为它速度很快，给人的感觉是在同时执行多个程序。举个例子来说，你平时可以一边玩游戏，一边和朋友们在网上聊天，可能还同时看着电影听着音乐。

为了分享计算能力，处理器应当能够为多用户多任务提供硬件一级的支持。在单处理器的系统中，允许同时有多个程序在内存中等待处理器的执行。

如何把多个程序调入内存，是操作系统的事情，这个可以先放一放。现在的问题是，当一个程序执行时，它是不会知道还有别的程序正眼巴巴地等着执行的。在这种情况下，就需要打断处理器当前的执行流程，去执行另外一些程序。执行完之后，还可以返回到原来的程序继续执行。这就好比你正在用手机听歌，突然来电话了，处理器（当然，手机也是有处理器的）必须中断歌曲的播放，来处理这件更为重要的事件。

为了在需要的时候打断处理器当前的执行流程，去做另外的事情，执行别的代码，或者去执行另一个程序，中断（Interrupt）这种工作机制就应运而生了。

自从中断这种工作机制产生之后，它就一直是各种处理器必须具备的。中断是怎么发生的，处理器又是怎么处理中断的，在这个过程中，我们又能做些什么，这都是本章将要告诉你的。总体来说，本章的任务是：

1．了解中断的原理和分类，用两个具体的实例来学习如何在中断机制下工作，包括如何使用 BIOS 中断工作；

2．学会在 Bochs 中观察中断向量表和中断标志位 IF 的变化；

3．学习一些新的 x86 处理器指令，包括 into、int3、int *n*、iret、cli、sti、hlt、not 和 test 等。

10.1 外部硬件中断

顾名思义，外部硬件中断，就是从处理器外面来的中断信号。当外部设备发生错误，或者有数据要传送（比如，从网络中接收到一个针对当前主机的数据包），或者处理器交给它的事情处理完了（比如，打印已经完成），又或者一个定时器到达指定的时间间隔时，它们都会拍一下处理器的肩膀，告诉它应当先把手头上的事情放一放，来临时处理一下。

如图 10-1 所示，外部硬件中断是通过两个信号线引入处理器内部的。从很早的时候起，也就是 8086 处理器的时代，这两根线的名字就叫 NMI 和 INTR。

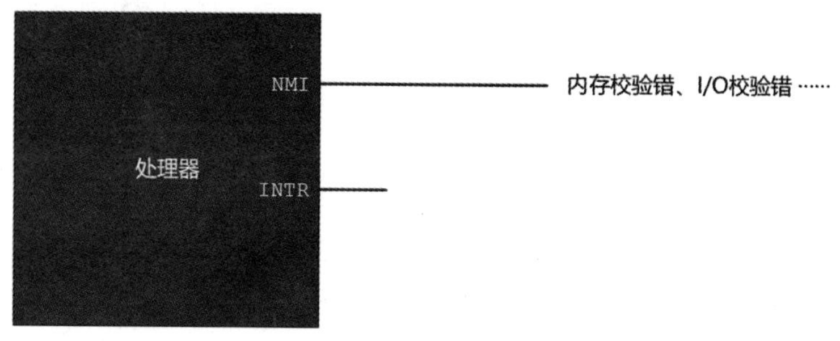

图 10-1 INTEL 处理器上的非屏蔽中断

在某些具有怀疑精神的人眼里，用两根信号线来接受外部设备的中断信号可能是多余的，也许只需要一根就可以了。这似乎有些道理，但是，中断的原因很多，有些中断信号不是那么紧急，不用着急处理，或者，在处理器忙的时候，干脆就拒绝处理。但是，有些中断在任何时候都必须及时处理，因为事关整个系统的安全性。比如，在使用不间断电源的系统中，当电池电量很低的时候，不间断电源系统会发出一个中断，通知处理器快掉电了。再比如，内存访问电路发现了一个校验错误，这意味着，从内存读取的数据是错误的，处理器再努力工作也是没有意义的。在所有这些情况下，处理器必须针对这些中断采取必要的措施，隐瞒真相必然会对用户造成不可挽回的损失。

在这种情况下，处理器的设计者希望通过两个引脚来区别对待不同的中断信号。对于那些不紧急，不用着急处理的中断信号，应该从 INTR 引脚输入。在处理器内部，根据需要，可以屏蔽掉从这个引脚来的中断信号，不对它们进行处理。因此，从 INTR 输入的中断信号叫作可屏蔽中断。

相反地，所有严重事件都必须无条件地加以处理，由这类事件引发的中断信号应当通过 NMI 引脚送入处理器，这些严重的事件包括不间断电源的后备电池即将耗尽、内存校验错误、I/O 检验错误，等等。在处理器内部，对于从 NMI 引脚来的中断信号不会作屏蔽和过滤，而是必须进行处理。因为这个原因，从 NMI 引脚来的中断信号称为非屏蔽中断（Non Maskable Interrupt，NMI）。

10.1.1 非屏蔽中断

尽管非屏蔽中断在处理器内部是不可屏蔽的（这也是“非屏蔽中断”这个名称的由来），但是，在处理器外部却有一个开关来控制非屏蔽中断信号能否进入处理器，这一点在后面还要详细说明，现在先不用管它。

INTEL 处理器规定，NMI 中断信号由 0 跳变到 1 后，至少要维持 4 个以上的时钟周期才算是有效的，才能被识别。

当一个中断发生时，处理器将会通过中断引脚 NMI 和 INTR 得到通知。除此之外，它还应当知道发生了什么事，以便采取适当的处理措施。每种类型的中断都被统一编号，这称为中断类型号、中断向量或者中断号。但是，由于不可屏蔽中断的特殊性——几乎所有触发 NMI 的事件对处理器来说都是致命的，甚至是不可纠正的。在这种情况下，努力去搞清楚发生了什么，通常没有太大的意义，这样的事最好留到关机之后，让专业维修人员来做。

也正是这个原因，在实模式下，NMI 被赋予了统一的中断号 2，不再进行细分。一旦发生 2 号中断，处理器和软件系统通常会放弃继续正常工作的“念头”，也不会试图纠正已经发生的问题和错误，很可能只是由软件系统给出一个提示信息。

10.1.2 可屏蔽中断

前面说过，可屏蔽中断是通过 INTR 引脚进入处理器内部的。像 NMI 一样，不可能为每一个中断源都提供一个引脚，但与 NMI 不同的是，需要区分中断的类型和来源。在这种情况下，需要一个代理，来接受外部设备发出的中断信号。还有，多个设备同时发出中断请求的概率也是很高的，所以该代理的任务还包括对它们进行仲裁，以决定让它们中的哪一个优先向处理器提出服务请求。

如图 10-2 所示，在个人计算机中，最早使用的中断代理就是 8259 芯片，它就是通常所说的中断控制器，从 8086 处理器开始，它就一直提供着这种服务。即使是现在，在绝大多数单处理器的计算机中，也依然有它的存在。

INTEL 处理器允许 256 个中断，中断号的范围是 0～255，8259 负责提供其中的 15 个，但中断号并不固定。之所以不固定，是因为当初设计的时候，允许软件根据自己的需要灵活设置中断号，以防止发生冲突。该中断控制器芯片有自己的端口号，可以像访问其他外部设备一样用 in 和 out 指令来改变它的状态，包括各引脚的中断号。正是因为这样，它又叫可编程中断控制器（Programmable Interrupt Controller，PIC）。

不知道是怎么想的，反正每片 8259 只有 8 个中断输入引脚，而在个人计算机上使用它，需要两块。如图 10-2 所示，第一块 8259 芯片的代理输出 INT 直接送到处理器的 INTR 引脚，这是主片（Master）；第二块 8259 芯片的 INT 输出送到第一块的引脚 2 上，是从片（Slave），两块芯片之间形成级联（Cascade）关系。

如此一来，两块 8259 芯片可以向处理器提供 15 个中断信号。当时，接在 8259 上的 15 个设备都是相当重要的，如 PS/2 键盘和鼠标、串行口、并行口、软磁盘驱动器、IDE 硬盘等。现在，这些设备很多都已淘汰或者正在淘汰中，根据需要，这些中断引脚可以被其他设备使用。

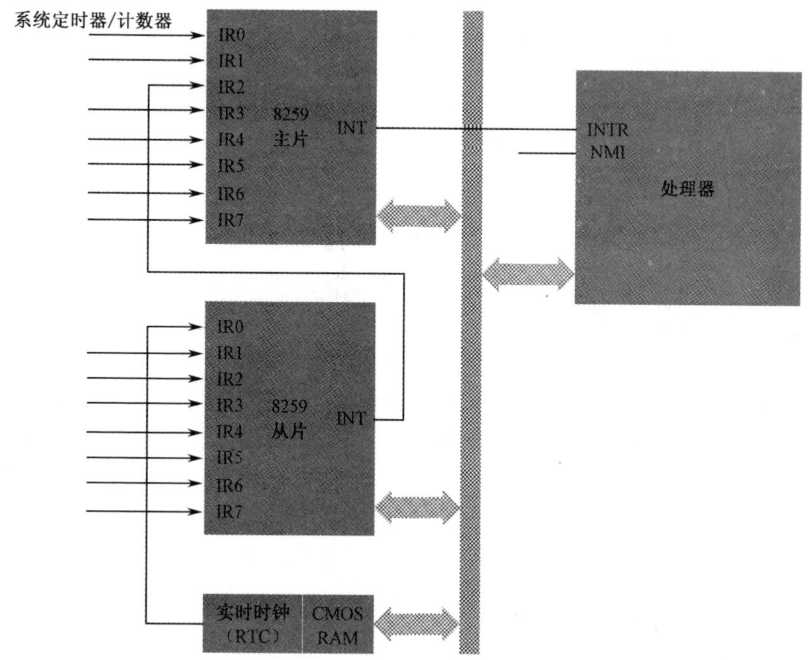

图 10-2 单处理器系统的中断机制

如图 10-2 所示，8259 主片的引脚 0（IR0）接的是系统定时器/计数器芯片；从片的引脚 0（IR0）接的是实时时钟芯片 RTC，该芯片是本章的主角，很快就会讲到。总之，这两块芯片的固定连接即使是在硬件更新换代非常频繁的今天，也依然没有改变。

在 8259 芯片内部，有中断屏蔽寄存器（Interrupt Mask Register，IMR），这是个 8 位寄存器，对应着该芯片的 8 个中断输入引脚，对应的位是 0 还是 1，决定了从该引脚来的中断信号是否能够通过 8259 送往处理器（0 表示允许，1 表示阻断，这可能出乎你的意料）。当外部设备通过某个引脚送来一个中断请求信号时，如果它没有被 IMR 阻断，那么，它可以被送往处理器。注意，8259 芯片是可编程的，主片的端口号是 0x20 和 0x21，从片的端口号是 0xa0 和 0xa1，可以通过这些端口访问 8259 芯片，设置它的工作方式，包括 IMR 的内容。

中断能否被处理，除了要看 8259 芯片的脸色，最终的决定权在处理器手中。回到前面第 7 章，参阅图 7-2，你会发现，在处理器内部，标志寄存器有一个标志位 IF，这就是中断标志（Interrupt Flag）。当 IF 为 0 时，所有从处理器 INTR 引脚来的中断信号都被忽略掉；当其为 1 时，处理器可以接受和响应中断。

IF 标志位可以通过两条指令 cli 和 sti 来改变。这两条指令都没有操作数，cli（CLear Interrupt flag）用于清除 IF 标志位；sti（SeT Interrupt flag）用于置位 IF 标志。

中断信号的来源，或者说，产生中断的设备，称为中断源。在计算机内部，中断发生得非常频繁，当一个中断正在处理时，其他中断也会陆续到来，甚至会有多个中断同时发生的情况，这都无法预料。不过不用担心，8259 芯片会记住它们，并按一定的策略决定先为谁服务。总体上来说，中断的优先级和引脚是相关的，主片的 IR0 引脚优先级最高，IR7 引脚优先级最低，从片也是如此。当然，还要考虑到从片是级联在主片的 IR2 引脚上的。

最后，当一个中断事件正在处理时，如果来了一个优先级更高的中断事件时，允许暂时中止当前的中断处理，先为优先级较高的中断事件服务，这称为中断嵌套。

◆ **检测点 10.1**

写一个小的主引导程序，在程序中使用 sti 和 cli 指令，并用 Bochs 观察 IF 位的变化。

10.1.3 实模式下的中断向量表

所谓中断处理，归根结底就是处理器要执行一段与该中断有关的程序（指令）。处理器可以识别 256 个中断，那么理论上就需要 256 段程序。这些程序的位置并不重要，重要的是，在实模式下，处理器要求将它们的入口点集中存放到内存中从物理地址 0x00000 开始到 0x003ff 结束，共 1KB 的空间内，这就是所谓的中断向量表（Interrupt Vector Table，IVT）。

如图 10-3 所示，每个中断在中断向量表中占 2 个字，分别是中断处理程序的偏移地址和逻辑段地址。中断 0 的入口点位于物理地址 0x00000 处，也就是逻辑地址 0x0000:0x0000；中断 1 的入口点位于物理地址 0x00004 处，即逻辑地址 0x0000:0x0004；其他中断依次类推，总之是按顺序的。

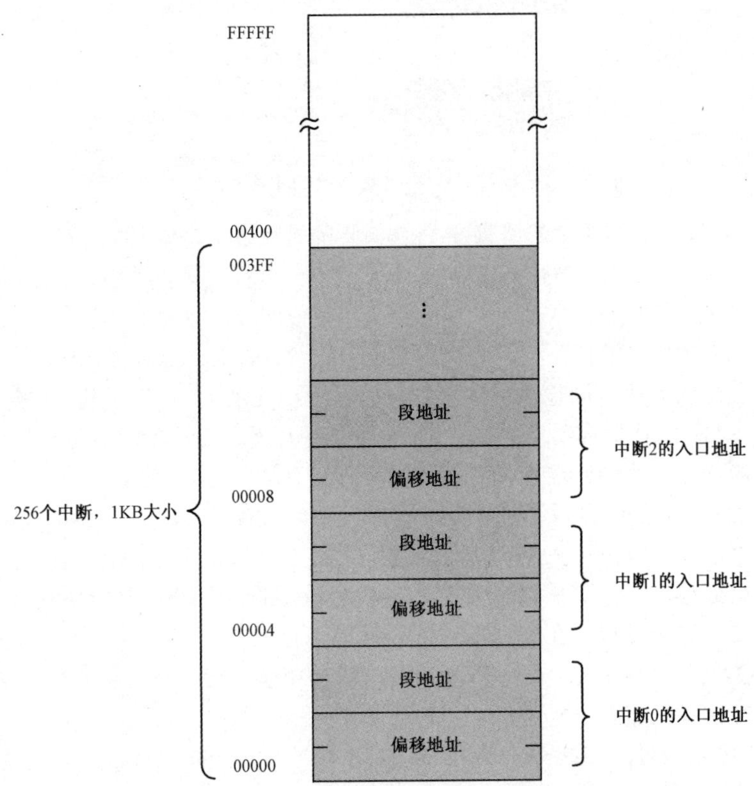

图 10-3 实模式下的中断向量表

当中断发生时，如果从外部硬件到处理器之间的道路都是畅通的，那么，**处理器在执行完当前的指令后**，会立即着手为硬件服务。它首先会响应中断，告诉 8259 芯片准备着手处理该中断。接着，它还会要求 8259 芯片把中断号送过来。

在 8259 芯片那里，每个中断输入引脚都赋予了一个中断号。而且，这些中断号是可以改变的，可以对 8259 编程来灵活设置，但不能单独进行，只能以芯片为单位进行。比如，可以指定主片的中断号从 0x28 开始，那么它每个引脚 IR0～IR7 所对应的中断号分别是 0x28～0x2f。

中断信号来自哪个引脚，8259 芯片是最清楚的，所以它会把对应的中断号告诉处理器，处理器拿着这个中断号，要按顺序做以下几件事。

① 保护断点的现场。首先要将标志寄存器 FLAGS 压栈，然后清除它的 IF 位和 TF 位。TF 是陷阱标志，这个以后再讲。接着，再将当前的代码段寄存器 CS 和指令指针寄存器 IP 压栈。

② 执行中断处理程序。由于处理器已经拿到了中断号，它将该号码乘以 4（毕竟每个中断在中断向量表中占 4 字节），就得到了该中断入口点在中断向量表中的偏移地址。接着，从表中依次取出中断程序的偏移地址和段地址，并分别传送到 IP 和 CS，处理器就开始执行中断处理程序了。

注意，由于 IF 标志被清除，在中断处理过程中，处理器将不再响应硬件中断。如果希望更高优先级的中断嵌套，可以在编写中断处理程序时，适时用 sti 指令开放中断。

③ 返回到断点接着执行。所有中断处理程序的最后一条指令必须是中断返回指令 iret。这将导致处理器依次从栈中弹出（恢复）IP、CS 和 FLAGS 的原始内容，于是转到主程序接着执行。

iret 同样没有操作数，执行这条指令时，处理器依次从栈中弹出数值到 IP、CS 和标志寄存器。如果没有这条指令，处理器将无法返回到被中断的位置。

顺便提醒一句，由于中断处理过程返回时，已经恢复了 FLAGS 的原始内容，所以 IF 标志位也自动恢复。也就是说，可以接受新的中断。

和可屏蔽中断不同，NMI 发生时，处理器不会从外部获得中断号，它自动生成中断号码 2，其他处理过程和可屏蔽中断相同。

中断随时可能发生，中断向量表的建立和初始化工作是由 BIOS 在计算机启动时负责完成的。BIOS 为每个中断号填写入口地址，因为它不知道多数中断处理程序的位置，所以，一律将它们指向一个相同的入口地址，在那里，只有一条指令：iret。也就是说，当这些中断发生时，只做一件事，那就是立即返回。当计算机启动后，操作系统和用户程序再根据自己的需要，来修改某些中断的入口地址，使它指向自己的代码。马上你就会看到，我们在本章也是这样做的。

10.1.4 实时时钟、CMOS RAM 和 BCD 编码

也许你曾经觉得奇怪，为什么计算机能够准确地显示日期和时间？原因很简单，如图 10-2 所示，在外围设备控制器芯片 ICH 内部，集成了实时时钟电路（Real Time Clock，RTC）和两小块由互补金属氧化物（CMOS）材料组成的静态存储器（CMOS RAM）。实时时钟电路负责计时，而日期和时间的数值则存储在这块存储器中。

实时时钟是全天候跳动的，即使是在你关闭了计算机的电源之后，原因在于它由主板上的一个小电池提供能量。它为整台计算机提供一个基准时间，为所有需要时间的软件和硬件服务。不像 8259 芯片，有关 RTC CMOS 的资料相当少见，很不容易完整地找到，而 8259 的内容则铺天盖地，到处都是。所以，本章只是简要地介绍 8259，而尽量多说一些和 RTC 有关的知识。

早期的计算机没有 ICH 芯片，各个接口单元都是分立的，单独地焊在主板上，并彼此连接。早期的 RTC 芯片是摩托罗拉（Motorola）MS146818B，现在直接集成在 ICH 内，并且在信号上与其兼容。除了日期和时间的保存功能，RTC 芯片也可以提供闹钟和周期性的中断功能。

日期和时间信息是保存在 CMOS RAM 中的，通常有 128 字节，而日期和时间信息只占了一小部分容量，其他空间则用于保存整机的配置信息，比如各种硬件的类型和工作参数、开机密码和辅助存储设备的启动顺序等。这些参数的修改通常在 BIOS SETUP 开机程序中进行。要进入该程序，一般需要在开机时按 DEL、ESC、F1、F2 或者 F10 键。具体按哪个键，视计算

机的厂家和品牌而定。

RTC 芯片由一个振荡频率为 32.768kHz 的石英晶体振荡器（晶振）驱动，经分频后，用于对 CMOS RAM 进行每秒一次的时间刷新。

如表 10-1 所示，常规的日期和时间信息占据了 CMOS RAM 开始部分的 10 字节，有年、月、日和时、分、秒，报警的时、分、秒用于产生到时间报警中断，如果它们的内容为 0xC0～0xFF，则表示不使用报警功能。

表 10-1 CMOS RAM 中的时间信息

偏移地址	内容	偏移地址	内容
0x00	秒	0x07	日
0x01	闹钟秒	0x08	月
0x02	分	0x09	年
0x03	闹钟分	0x0A	寄存器 A
0x04	时	0x0B	寄存器 B
0x05	闹钟时	0x0C	寄存器 C
0x06	星期	0x0D	寄存器 D

CMOS RAM 的访问，需要通过两个端口来进行。0x70 或者 0x74 是索引端口，用来指定 CMOS RAM 内的单元；0x71 或者 0x75 是数据端口，用来读写相应单元里的内容。举个例子，以下代码用于读取今天是星期几：

```
mov al, 0x06
out 0x70, al
in al, 0x71
```

不得不说的是，尽管处理器始终会无条件地处理从 NMI 引脚来的非屏蔽中断，但是，非屏蔽中断能否到达处理器的 NMI 引脚，却是受控制的。

如图 10-4 所示，从很早的时候开始，端口 0x70 的最高位（bit 7）是控制 NMI 中断的开关。当它为 0 时，允许 NMI 中断到达处理器，为 1 时，则阻断所有的 NMI 信号，其他 7 个比特，即 0～6 位，则实际上用于指定 CMOS RAM 单元的索引号，这种规定直到现在也没有改变。为了方便记忆，你可以形象化地认为，如果 0x70 号端口的位 7 是 1，则图中的开关被“顶开”，断开了 NMI 引脚的输入；如果这一位是 0，则开关“落下”，接通 NMI 引脚的输入。

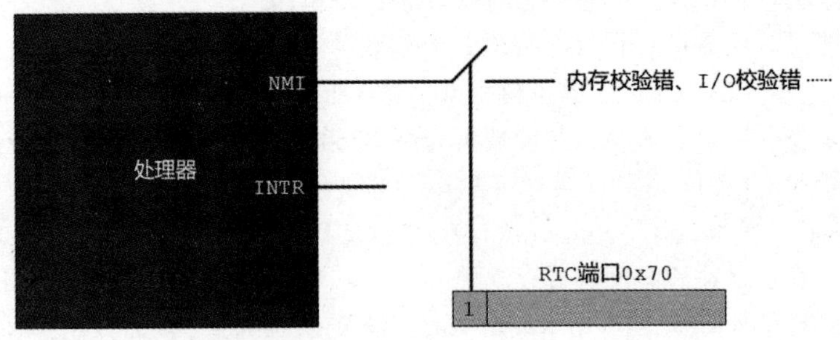

图 10-4 端口 0x70 的位 7 用于禁止或允许 NMI（仅为示意图）

通常来说，在往端口 0x70 写入索引时，应当先读取 0x70 原先的内容，然后将它用于随后的写索引操作中。但是，该端口是只写的，不能用于读出。在早期的系统中，计算机的制造成本很高，为了最大化地利用硬件资源，导致出现很多稀奇古怪的做法，这就是一个活生生的例子。

为了解决这个问题，同时也为了兼容以前的老式硬件，ICH 芯片允许通过切换访问模式来临时取得那些只写寄存器的内容，但这涉及更高层次的知识，已经超出了当前的话题范畴。现在，我们只想把问题搞得简单些，这么说吧，NMI 中断应当始终是允许的，在访问 RTC 时，我们直接关闭 NMI，访问结束后，再打开 NMI，而不管它以前到底是什么样子。

在早期，CMOS RAM 只有 64 字节，而最新的 ICH 芯片内则可能集成了 256 字节，新增的 128 字节称为扩展的 CMOS RAM。当然，在此之前，要先确保 ICH 内确实存在扩展的 CMOS RAM。

CMOS RAM 中保存的日期和时间通常是以二进制编码的十进制数（Binary Coded Decimal，BCD），这是默认状态，如果需要，也可以设置成按正常的二进制数来表示。要想说明什么是 BCD 编码，最好的办法是举个例子。比如十进制数 25，其二进制形式是 00011001。但是，如果采用 BCD 编码的话，则一字节的高 4 位和低 4 位分别独立地表示一个 0 到 9 之间的数字。因此，十进制数 25 对应的 BCD 编码是 00100101。由此可以看出，因为十进制数里只有 0～9，故用 BCD 编码的数，高 4 位和低 4 位都不允许大于 1001，否则就是无效的。

单元 0x0A～0x0D 不是普通的存储单元，而是 4 个寄存器，而且用 A、B、C 和 D 命名，这 4 个寄存器也是通过 0x70 和 0x71 这两个端口访问的，用于设置实时时钟电路的参数和工作状态。

10.1.5 实时时钟 RTC 的中断信号

实时时钟 RTC 电路可以产生三种中断信号，分别是：周期性中断（Periodic Interrupt，PF）、更新周期结束中断（Update-ended Interrupt，UI）和闹钟中断（Alarm Interrupt，AI）。

周期性中断，顾名思义，就是每隔一段时间重复发生一次。这个速度是可以调节的，最慢可以 500ms 发生一次，最快可以 30.517μs 发生一次。那么，如何调节这个速率呢？

首先，在计算机里，振荡器是很重要的，实时时钟电路 RTC 是由振荡器来驱动的，有三种频率可供选择，分别是 4.194304MHz、1.048576MHz 和 32.768kHz。所以，我们需要先进行时基选择，选择这三种外部频率中的一个。

时基选择之后，还需要用分频器来分频，将它们变成较低的频率，分频之后得到的频率就是周期性中断发生的间隔时间，或者说每隔多久发生一次周期性中断。

我们说过，在 CMOS RAM 里有 4 个寄存器，寄存器 A 用来控制时基选择和周期性中断发生的速率，其各位的含义和用途如表 10-2 所示。从表中可知，寄存器 A 的位 6～位 4 用来选择外部时钟频率，而位 3～位 0 则用来选择周期性中断信号发生的速率。

表 10-2 寄存器 A 各位功能说明

比特位	功能
7	正处于更新过程中（Update In Progress，UIP）。该位可以作为一个状态进行监视。CMOS RAM 中的时间和日期信息会由 RTC 周期性地更新，在此期间，用户程序不应当访问它们。对当前寄存器的写入不会改变此位的状态 0：更新周期至少在 488μs 内不会启动。换句话说，此时访问 CMOS RAM 中的时间、日历和闹钟信息是安全的

续表

比 特 位	功　　能
7	1：正处于更新周期，或者马上就要启动 如果寄存器 B 的 SET 位不是 1，而且在分频电路已正确配置的情况下，更新周期每秒发生一次。在此期间，会增加保存的日期和时间、检查数据是否因超出范围而溢出（比如，31 号之后是下月 1 号，而不是 32 号），还要检查是否到了闹钟时间，最后，更新之后的数据还要写回原来的位置 更新周期至少会在 UIP 置 1 后的 488μs 内开始，而且整个周期的完成时间不会多于 1984 μs，在此期间，和日期时间有关的存储单元（0x00～0x09）会暂时脱离外部总线。为避免更新和数据遭到破坏，可以有两次安全地从外部访问这些单元的机会：当检测到更新结束中断发生时，可以有差不多 999ms 的时间用于读写有效的日期和时间数据；如果检测到寄存器 A 的 UIP 位为低（0），那么这意味着在更新周期开始前，至少还有 488μs 的时间
6～4	分频电路选择（Division Chain Select）。这 3 位控制晶体振荡器的分频电路。系统将其初始化到 010，为 RTC 选择一个 32.768kHz 的时钟频率
3～0	速率选择（Rate Select，RS）。选择分频电路的分节点。如果寄存器 B 的 PIE 位被设置的话，此处的选择将产生一个周期性的中断信号，否则将设置寄存器 C 的 PF 标志位 0000：从不触发中断 0001：3.90625 ms 0010：7.8125 ms 0011：122.070 μs 0100：244.141 μs 0101：488.281 μs 0110：976.5625 μs 0111：1.953125 ms 1000：3.90625 ms 1001：7.8125 ms 1010：5.625 ms 1011：1.25 ms 1100：62.5 ms 1101：125 ms 1110：250 ms 1111：500 ms

如表 10-3 所示，周期性中断是否允许发生，是由寄存器 B 的位 6 控制。这一位是周期性中断允许位（Periodic Interrupt Enable，PIE）。如果此位是 0，表示不允许周期性中断；如果是 1，表示允许发生周期性中断信号。

表 10-3　寄存器 B 各位功能说明

比 特 位	功　　能
7	更新周期禁止（Update Cycle Inhibit，SET）。允许或者禁止更新周期 0：更新周期每秒都会正常发生 1：中止当前的更新周期，并且此后不再产生更新周期。此位置 1 时，BIOS 可以安全地初始化日历和时间

续表

比 特 位	功 能
6	周期性中断允许（Periodic Interrupt Enable，PIE） 0：不允许 1：当达到寄存器 A 中 RS 所设定的时间基准时，允许产生中断
5	闹钟中断允许（Alarm Interrupt Enable，AIE） 0：不允许 1：允许更新周期在到达闹点并将 AF 置位的同时，发出一个中断
4	更新结束中断允许（Update-Ended Interrupt Enable，UIE） 0：不允许 1：允许在每个更新周期结束时产生中断
3	方波允许（Square Wave Enable，SQWE） 该位空着不用，只是为了和早期的 Motorola 146818B 实时时钟芯片保持一致
2	数据模式（Data Mode，DM） 该位用于指定二进制或者 BCD 的数据表示形式 0：BCD 1：Binary
1	小时格式（Hour Format，HOURFORM） 0：12 小时制。在这种模式下，第 7 位为 0 表示上午（AM），为 1 表示下午（PM） 1：24 小时制
0	老软件的夏令时支持（Daylight Savings Legacy Software Support，DSLSWS） 该功能已不再支持，该位仅用于维持对老软件的支持，并且是无用的

如前所述，如果寄存器 B 的 PIE 位是 1，允许周期性中断，且可以通过寄存器 A 选择周期性中断信号发生的速率。但如果选择的是 0000，则寄存器 B 的 PIE 位被自动置 0。

再来看更新周期结束中断。每隔一秒，实时时钟电路将更新 CMOS RAM 里面的时间和日期。更新操作包括很多步骤，主要是读取并增加日期和时间、检查数据是否因超出范围而溢出（比如，31 号之后是下月 1 号，而不是 32 号），还要检查是否到了闹钟时间，设置相关寄存器的状态，最后，更新之后的数据还要写回原来的位置，这些步骤和这个过程叫作更新周期。

在每个更新周期结束时，如果允许的话，实时时钟电路可以发出一个中断信号，表示本次更新周期已经结束，这就叫更新周期结束中断。

更新周期是否会进行，是由寄存器 B 的最高位，也就是位 7 来控制的。这一位叫作 SET，用来允许或者禁止更新周期，有关其功能的描述已经在表 10-2 中说得很清楚了。

实时时钟电路 RTC 可以产生的第三种中断信号是闹钟中断，类似于我们日常用的闹钟，当实时时钟到达指定的闹点时，如果允许的话，将产生闹钟中断信号。

闹钟中断信号是否会产生，是由寄存器 B 的位 5 来控制的，这一位叫作闹钟中断允许（Alarm Interrupt Enable，AIE）位。如果此位是 0，意味着不产生闹钟中断；如果此位是 1，意味着允许产生闹钟中断信号。

实时时钟芯片的中断信号通过一根线连接到 8259A 从片的第一个引脚 IR0。在计算机启动后，BIOS 程序将它的中断号初始化为 0x70。问题在于，有三个中断信号，但是只有一根中断信号线和一个中断号 0x70。当中断发生时，如何知道发生的是哪一种中断呢？

如表 10-4 所示，要想知道中断是否发生，以及发生的是什么中断，可以通过读寄存器 C 来做出判断。

寄存器 C 的位 7 是中断请求标志（Interrupt Request Flag，IRQF），如果有中断发生，则位 7 是 1，否则是 0。如果位 7 是 1，有中断发生，则还需要判断位 4、位 5 和位 6 来检查是哪种中断。对寄存器 C 的读操作将导致此位清零。

寄存器 C 的位 6 是周期性中断标志（Periodic Interrupt Flag，PF），如果此位是 1，意味着发生了周期性中断；0 意味着不是周期性中断。对寄存器 C 的读操作将导致此位清零。

寄存器 C 的位 5 是闹钟标志（Alarm Flag，AF），如果此位是 1，意味着发生了闹钟中断；0 意味着不是闹钟中断。对寄存器 C 的读操作将导致此位清零。

寄存器 C 的位 4 是更新结束标志（Update-ended Flag，UF）。如果此位是 1，意味着发生了更新周期结束中断；0 意味着不是更新周期结束中断。对寄存器 C 的读操作将导致此位清零。

寄存器 C 的低 4 位，即位 0 到位 3 是保留的，始终为 0。注意，寄存器 C 是只读的，不能写入。寄存器 C 对读操作是敏感的，读操作将导致所有比特清零。

寄存器 C 和 D 是标志寄存器，这些标志反映了 RTC 的工作状态，寄存器 C 是只读的，寄存器 D 则可读可写，它们也都是 8 位寄存器，其各位的含义如表 10-4 和表 10-5 所示。特别是寄存器 C，因为 RTC 可以产生中断，当中断产生时，可以通过该寄存器来识别中断的原因，比如，是周期性的中断，还是闹钟中断。

表 10-4　寄存器 C 各位功能说明

比 特 位	功　　能
7	中断请求标志（Interrupt Request Flag，IRQF） IRQF=（PF×PIE）+（AF×AIE）+（UF×UFE） 以上，加号表示逻辑或，乘号表示逻辑与。该位被设置时，表示肯定要发生中断。对寄存器 C 的读操作将导致此位清零
6	周期性中断标志（Periodic Interrupt Flag，PF） 若寄存器 A 的 RS 位为 0000，则此位是 0，否则是 1。对寄存器 C 的读操作将导致此位清零 注：程序可以根据此位来判断 RTC 的中断原因
5	闹钟标志（Alarm Flag，AF） 当所有闹点同当前时间相符时，此位是 1。对寄存器 C 的读操作将导致此位清零 注：程序可以根据此位来判断 RTC 的中断原因
4	更新结束标志（Update-Ended Flag，UF） 紧接着每秒一次的更新周期之后，RTC 电路立即将此位置 1。对寄存器 C 的读操作将导致此位清零 注：程序可以根据此位来判断 RTC 的中断原因
3～0	保留，总是报告 0

表 10-5　寄存器 D 各位功能说明

比 特 位	功　　能
7	有效 RAM 和时间位（Valid RAM and Time Bit，VRT） 在写周期，此位应当始终写 0。不过，在读周期，此位回到 1。在 RTC 加电正常时，此位被硬件强制为 1
6	保留。总是返回 0。并且在写周期总是置 0
5～0	日期闹钟（Date Alarm），这些位保存着闹钟的月份数值

讲了这么多 8259 和 RTC 有关的内容，现在，我们想让 RTC 芯片定期发出一个中断，当这个中断发生的时候，还能执行我们自己编写的代码，来访问 CMOS RAM，在屏幕上显示一个动态走动的时钟。

10.1.6 代码清单 10-1

本章有配套的汇编语言源程序，并围绕这些源程序进行讲解，请对照阅读。

本章代码清单：10-1（被加载的用户程序），源程序文件：c10_1.asm

10.1.7 初始化 8259、RTC 和中断向量表

本章提供的代码清单中，没有加载器程序。这是因为可以利用上一章提供的加载器来加载用户程序，只要符合规则，加载器是通用的。

用户程序的入口点在代码清单 10-1 的第 119 行，从这一行开始，到第 124 行，用于初始化各个段寄存器的内容。下面开始在中断向量表中安装实时时钟中断的入口点。既然本章的主题是中断，那么就很有必要强调一件事：当处理器执行任何一条改变栈段寄存器 SS 的指令时，它会在这条指令和下一条指令执行完期间禁止中断。

栈无疑是很重要的，不能被破坏。要想改变代码段和数据段，只需要改变段寄存器就可以了。但栈段不同，因为它除了有段寄存器，还有栈指针。因此，绝大多数时候，对栈的改变是分两步进行的：先改变段寄存器 SS 的内容，接着又修改栈指针寄存器 SP 的内容。

想象一下，如果刚刚修改了段寄存器 SS，在还没来得及修改 SP 的情况下，就发生了中断，会出现什么后果，而且要知道，中断是需要依靠栈来工作的。

因此，处理器在设计的时候就规定，当遇到修改段寄存器 SS 的指令时，在这条指令和下一条指令执行完毕期间，禁止中断，以此来保护栈。换句话说，你应该在修改段寄存器 SS 的指令之后，紧跟着一条修改栈指针 SP 的指令。

就代码清单 10-1 来说，在第 121、122 行执行期间，处理器禁止中断。再比如以下指令：

```
push cs
pop ss
mov sp,0
```

在后面两行指令执行期间，处理器禁止中断。

RTC 芯片的中断信号，通向中断控制器 8259 从片的第 1 个中断引脚 IR0。在计算机启动期间，BIOS 会初始化中断控制器，将主片的中断号设为从 0x08 开始，将从片的中断号设为从 0x70 开始。所以，计算机启动后，RTC 芯片的中断号默认是 0x70。尽管我们可以通过对 8259 编程来改变它，但是没有必要。

◆ **检测点 10.2**

在 Bochs 中使用“xp”命令显示实模式下的中断向量表，并找出 0x70 号中断处理过程的段地址和偏移地址。

在安装中断向量之前，应该先显示些什么。第 126～130 行，显示两行提示信息，表明正在安装中断向量。这两个字符串位于第 286 行的数据段中。对于过程 put_string 没有什么好说的，它的代码和上一章相同，工作过程更没有区别。

为了修改某中断在中断向量表中的登记项，需要先找到它。第 132～135 行，将中断号 0x70 乘以 4，就是它在中断向量表内的偏移。

第 137 行，修改中断向量表时，需要先用 cli 指令清中断。当表项信息只修改了一部分时，如果发生 0x70 号中断，则会产生不可预料的问题。

第 139～141 行，将段寄存器 ES 压栈暂时保存，并使它指向中断向量表（所在的段）。

接着，第 142～145 行，访问中断向量表内 0x70 号中断的表项，分别写入新中断处理过程的偏移地址和段地址。新的中断处理过程是从标号 new_int_0x70 处开始的，而且位于当前代码段内。所以，该中断处理过程的偏移地址就是标号 new_int_0x70 的汇编地址（注意，段 code 的定义中带有 vstart=0 子句），段地址就是当前段寄存器 CS 的内容。表项修改完毕，从栈中恢复段寄存器 ES 的原始内容。

接下来，我们要设置 RTC 的工作状态，使它能够产生中断信号给 8259 中断控制器。

RTC 到 8259 的中断线只有一根，而 RTC 可以产生多种中断。比如闹钟中断、更新结束中断和周期性中断（参见表 10-3 和表 10-4）。RTC 的计时（更新周期）是独立的，产生中断信号只是它的一个赠品。所以，如果希望它能产生中断信号，需要额外设置。

以上所说的三种中断，我们只要设置一种就可以了。其实，最简单的就是设置更新周期结束中断。每当 RTC 更新了 CMOS RAM 中的日期和时间后，将发出此中断。更新周期每秒进行一次，因此该中断也每秒发生一次。

为了设置该中断，代码清单 10-1 第 147 行，将 RTC 寄存器 B 的索引 0x0b 传送到寄存器 AL。在访问 RTC 期间，最好是阻断 NMI，因此，第 148、149 行，先用 or 指令将 AL 的最高位置 1，再写端口 0x70。

第 150、151 行，用于通过数据端口 0x71 写寄存器 B。写的内容是 0x12，其二进制形式为 00010010，对照表 10-3，其意义不难理解：允许更新周期照常发生，禁止周期性中断，禁止闹钟功能，允许更新周期结束中断，使用 24 小时制，日期和时间采用 BCD 编码。

每次当中断实际发生时，可以在程序（中断处理过程）中读寄存器 C 的内容来检查中断的原因。比如，每当更新周期结束中断发生时，RTC 就将它的第 4 位置 1。该寄存器还有一个特点，就是每次读取它后，所有内容自动清零。而且，如果不读取它的话（换句话说，相应的位没有清零），同样的中断将不再产生。

为此，第 153～155 行，读一下寄存器 C 的内容，使之开始产生中断信号。注意，在向索引端口 0x70 写入的同时，也打开了 NMI。毕竟，这是最后一次在主程序中访问 RTC。

当然，如果采用周期性中断而不是更新周期结束中断，则稍微麻烦一些，因为要设置分频电路的分节点。以下代码片段用于产生 2 次/秒的周期性中断：

```
        mov al, 0x0a
        or al, 0x80
        out 0x70, al
        in al, 0x71
        or al, 0x0f                    ;设置 RTC 寄存器 A，使其每秒发生 2 次中断
        out 0x71, al
```

除此之外，还要设置寄存器 B 的 PIE 位，以允许周期性中断。

RTC 芯片设置完毕后，再来打通它到 8259 的最后一道屏障。正常情况下，8259 是不会允许 RTC 中断的，所以，需要修改它内部的中断屏蔽寄存器 IMR。IMR 是一个 8 位寄存器，位 0 对

应着中断输入引脚IR0，位7对应着引脚IR7，相应的位是0时，允许中断，为1时，关掉中断。

8259 芯片是我见过的芯片中，访问起来最麻烦，也是我最讨厌的一个。好在有关它的资料非常好找，这里就简单地进行讲解。代码清单 10-1 第 157～159 行，通过端口 0xa1 读取 8259 从片的 IMR 寄存器，用 and 指令清除第 0 位，其他各位保持原状，然后再写回去。于是，RTC 的中断可以被 8259 处理了。

第 161 行，sti 指令将标志寄存器的 IF 位置 1，开放设备中断。从这个时候开始，中断随时都会发生，也随时会被处理。

10.1.8 使处理器进入低功耗状态

RTC 更新周期结束中断的处理过程可以看成另一个程序，是独立的处理过程，是额外的执行流程，它随时都会发生，但和主程序互不相干。关于它的执行过程，马上就要讲到，现在继续来看主程序。

在为中断过程做了初始化工作之后，主程序还是要继续执行的。代码清单 10-1 第 163～167 行，用于显示中断处理程序已安装成功的消息。

接着，第 169～171 行，使段寄存器 DS 指向显示缓冲区，并在屏幕上的第 12 行 33 列显示一个字符“@”，该位置差不多是整个屏幕的中心。表达式 12×160 + 33×2 是在指令编译阶段计算的，是该字符在显存中的位置。每个字符在显存中占 2 字节的位置，每行 80 个字符。

在此之后，主程序就无事可做了。第 174 行，hlt 指令使处理器停止执行指令，并处于停机状态，这将降低处理器的功耗。处于停机状态的处理器可以被外部中断唤醒并恢复执行，而且会继续执行 hlt 后面的指令。

所以，第 174～176 行用于形成一个循环，先是停机，接着某个外部中断使处理器恢复执行。一旦处理器的执行点来到 hlt 指令之后，则立即使它继续处于停机状态。

第 175 行，使用 not 指令将字符@的显示属性反转。not 是按位取反指令，其格式为

```
not r/m8
not r/m16
```

not 指令执行时，会将操作数的每一位反转，原来的 0 变成 1，原来的 1 变成 0。比如：

```
mov al,0x1f
not al          ;执行后，AL 的内容为 0xe0
```

从显示效果上看，循环将显示属性反转将取得一个动画效果，可以很清楚地看到处理器每次从停机状态被唤醒的过程。not 指令不影响任何标志位。

相对于 jmp $指令，使用 hlt 指令会大大降低处理器的占用率。Windows 7 操作系统有一个叫作 CPU 仪表盘的小工具，当使用 jmp $指令时，你会看到处理器占用率是 100%；而在一个循环中使用 hlt 指令时，该占用率马上降到 10%左右，这还是在虚拟机环境下，毕竟宿主操作系统还要占用处理器时间。

10.1.9 实时时钟中断的处理过程

主程序就是这样了，停机，执行，接着停机。与此同时，中断也在不停地发生着，处理器还要抽出空来执行中断处理过程，下面就来看看 RTC 的更新周期结束中断处理，该中断处理过程从代码清单 10-1 的第 27 行开始。

第 28～32 行，先保护好那些在中断处理过程中会用到的寄存器，将它们压栈保存。这一点特别重要，中断处理过程必须无痕地执行，你不知道中断会在什么时候发生，也不知道中断发生时，哪一个程序正在执行，所以，必须保证中断返回时，能还原中断前的状态。

第 34～40 行，用于读 RTC 寄存器 A，根据 UIP 位的状态来决定是等待更新周期结束，还是继续往下执行。UIP 位为 0 表示现在访问 CMOS RAM 中的日期和时间是安全的。注意第 36 行，用于把寄存器 AL 的最高位置 1，从而阻断 NMI。当然，这是不必要的，当 NMI 发生时，整个计算机都应当停止工作，也不在乎中断处理过程能否正常执行。

第 38 行从数据端口读取寄存器 A 的内容；第 39 行，test 指令用于测试寄存器 AL 的第 7 位是否为 1。

“test”的意思是“测试”。顾名思义，可以用这条指令来测试某个寄存器，或者内存单元里的内容是否带有某个特征。

test 指令在功能上和 and 指令是一样的，都是将两个操作数按位进行逻辑“与”，并根据结果设置相应的标志位。但是，test 指令执行后，运算结果被丢弃（不改变或破坏两个操作数的内容）。

test 指令需要两个操作数，在 16 位处理器上，其指令格式为

```
test r/m8, imm8
test r/m16, imm16
test r/m8, r8
test r/m16, r16
```

和 and 指令一样，test 指令执行后，OF=CF=0；对 ZF、SF 和 PF 的影响视测试结果而定；对 AF 的影响未定义。对于 test 指令的应用，这里有一个例子，比如，我们想测试 AL 寄存器的第 3 位是“0”还是“1”，可以这样编写代码：

```
test al, 0x04
```

0x04 的二进制形式为 00000100，它的第 3 位是“1”，表明我们关注的是这一位。不管寄存器 AL 中的内容是什么，只要它的第 3 位是“0”，这条指令执行后，结果一定是 00000000，标志位 ZF=1；相反，如果寄存器 AL 的第 3 位是“1”，那么结果一定是 00001000，ZF=0。于是，根据 ZF 标志位的情况，就可以判定寄存器 AL 中的第 3 位是“0”还是“1”。

第 40 行，如果 UIP 位是 0，那么测试的结果是 ZF=1，继续往下执行第 42 行；否则，说明 UIP 位是 1，需要返回到第 34 行继续等待 RTC 更新周期结束。

如图 10-5 所示，我们来看一下更新周期的时间线。更新周期的间隔时间是 1s，在更新周期即将开始的时候，RTC 首先将寄存器 A 的最高位 UIP 置 1，经过至少 488μs 之后，更新周期就开始了。

更新周期要做一系列工作，但总时间不会超过 1984 微秒。更新周期结束后，将寄存器 A 的最高位 UIP 清零。并且，如果允许的话，立即发出一个更新周期结束中断信号。从此以后，到下一次更新周期开始，至少有 999 毫秒的时间。对于处理器这种高速设备来说，这一段时间是非常漫长的。

正常情况下，访问 CMOS RAM 中的日期和时间，必须等待 RTC 更新周期结束，所以上面的判断过程是必需的，而这些代码也适用于正常的访问过程。但是，当前中断处理过程是针对更新周期结束中断的，而当此中断发生时，本身就说明对 CMOS RAM 的访问是安全的，毕竟留给我们的时间是 999 毫秒，这段时间非常充裕，这段时间能执行千万条指令。所以，在这种

特定的情况下，上面的判断过程是不必要的。当然，加上倒也无所谓。

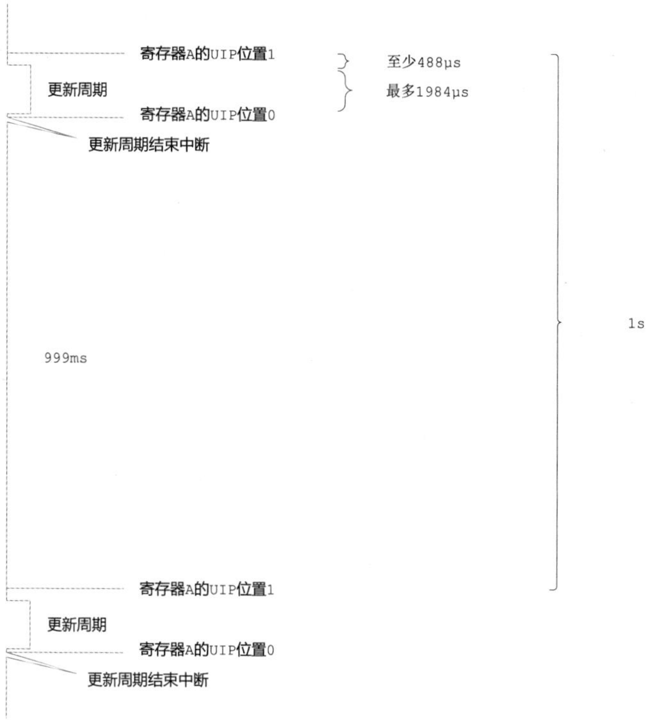

图 10-5 更新周期的时间线

第 42～58 行，分别访问 CMOS RAM 的 0、2、4 号单元，从中读取当前的秒、分、时数据，按顺序压栈等待后续操作。

第 60～62 行，读一下 RTC 的寄存器 C，使得所有中断标志复位。这等于是告诉 RTC，中断已经得到处理，可以继续下一次中断。否则的话，RTC 看到中断未被处理，将不再产生中断信号。RTC 产生中断的原因有多种，可以在程序中通过读寄存器 C 来判断具体的原因。不过这里不需要，因为除了更新周期结束中断，其他中断都被关闭了。

现在，终于可以在屏幕上显示时间信息了。

第 64、65 行，临时将段寄存器 ES 指向显示缓冲区。

第 67、68 行，首先从栈中弹出小时数，调用过程 bcd_to_ascii 来将用 BCD 码表示的“小时”转换成 ASCII。该过程是在第 105 行定义的，调用该过程时，寄存器 AL 中的高 4 位和低 4 位分别是“小时”的十位数字和个位数字。

第 108 行，将寄存器 AL 中的内容复制一份给 AH，以方便下一步操作。

第 109、110 行，将寄存器 AL 中的高 4 位清零，只留下“小时”的个位数字。接着，将它加上 0x30，就得到该数字对应的 ASCII 码。

十位上的数字在寄存器 AH 的高 4 位。第 112 行，用右移 4 位的方法，将它“拉”到低 4 位，高 4 位在移动的过程中自动清零。

接着，第 113、114 行，用同样的办法来得到十位数字的 ASCII 码。此时，寄存器 AH 中是十位数字的 ASCII 码，AL 中是个位数字的 ASCII 码，它们将作为结果返回给调用者。

最后，第 116 行用于返回调用者。

接着回到第 69 行，为了连续在屏幕上显示内容，最好是采用基址寻址来访问显存。这一行用于指定显示的内容位于显存的什么位置。实际上，这里指定的是第 12 行 36 列。同以前一样，每个字符在显存中占 2 字节，每行 80 个字符，所以这里使用了表达式 12×160 + 36×2，该表达式的值是在编译阶段计算的。

第 71、72 行，分别将“小时”的两个数位写到显存中，段地址在 ES 中，偏移地址分别是由寄存器 BX 和 BX+2 提供的。这里没有写入显示属性，这是因为我们希望采用默认的显示属性（屏幕是黑的，默认的显示属性是 0x07，即黑底白字）。

第 74、75 行，用于在下一个屏幕位置显示冒号“:”，这是在显示时间时都会采用的分隔符。当然，通过寄存器 AL 中转是多余的，这两句可以直接写成

```
        mov byte [es:bx + 4], ':'
```

遗憾的是，等我发现这个问题时，本章已经快要写完了，重新排版实在太费工夫。其实，这不算是个问题，无伤大雅，难道不是吗？

为了验证 RTC 更新结束中断是每秒发生一次的，第 76 行，将冒号的显示属性（颜色）用 not 指令反转。就像手掌的两面一样，每次发生中断时，冒号的颜色将和上一次相反，但永远在两个属性之间来回变化。到程序运行的时候你就会发现，变化的频率是每秒一次。

剩下的指令都很好理解，因为它们的工作是按相同的方法显示分钟数和秒数。第 78～90 行，依次从栈中弹出分钟和秒的数值，并转换成 ASCII 码，然后显示在屏幕上，中间用冒号间隔。

在 8259 芯片内部，有一个中断服务寄存器（Interrupt Service Register，ISR），这是一个 8 位寄存器，每一位都对应着一个中断输入引脚。当中断处理过程开始时，8259 芯片会将相应的位置 1，表明正在服务从该引脚来的中断。

一旦响应了中断，8259 中断控制器无法知道该中断什么时候才能处理结束。同时，如果不清除相应的位，下次从同一个引脚出现的中断将得不到处理。在这种情况下，需要程序在中断处理过程的结尾，显式地对 8259 芯片编程来清除该标志，方法是向 8259 芯片发送中断结束命令（End Of Interrupt，EOI）。

中断结束命令的代码是 0x20。代码清单 10-1 第 92～94 行就用来做这件事。需要注意的是，如果外部中断是 8259 主片处理的，那么，EOI 命令仅发送给主片即可，端口号是 0x20；如果外部中断是由从片处理的，就像本章的例子，那么，EOI 命令既要发往从片（端口号 0xa0），也要发往主片。

最后，第 96～102 行，从栈中恢复早先被压入的内容到它们原始的寄存器，并用中断返回指令 iret 回到中断之前的地方继续执行。iret 的意思是 Interrupt Return。

10.1.10 代码清单 10-1 的编译和运行

本章的代码不包括加载器，也就是负责加载用户程序的主引导扇区代码，因为第 9 章已经提供了一个加载器，它同样可以加载本章的用户程序。

在完全理解了代码清单 10-1 的基础上，可以自行编辑和编译它，生成二进制文件。然后，使用 FixVhdWr 工具将其写入虚拟硬盘。和第 9 章一样，写入时的起始逻辑扇区号是 100，毕竟加载器每次要从这个地方读取和加载用户程序。

一旦所有工作都准备停当，即可启动虚拟机来观察运行结果。通常情况下，运行结果会如图 10-6 所示。

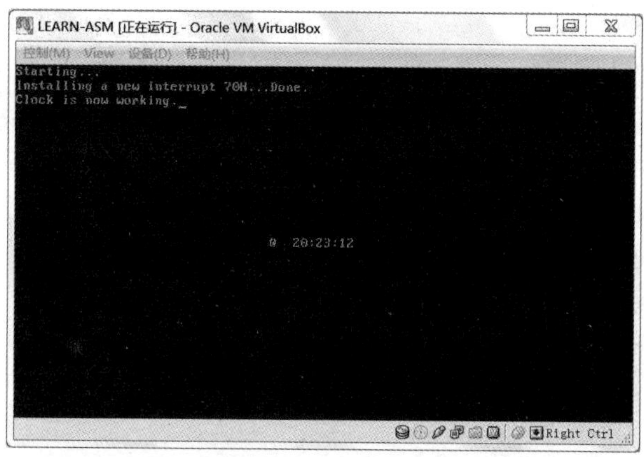

图 10-6　代码清单 10-1 编译和运行后的显示效果

在你欣赏程序的运行结果时，你一定会发现时间每秒更新一次，这从冒号的显示属性每秒反转一次可以看出来。与此不同的是，字符“@”却以很快的速度在闪烁。这意味着，把处理器从停机状态唤醒的不单是实时时钟的更新周期结束中断，还有其他硬件中断，只不过我们不知道是谁而已。

10.2　内部中断

和硬件中断不同，内部中断发生在处理器内部，是在执行指令的过程中出现了问题或者故障引起的。比如，当处理器检测到 div 或者 idiv 指令的除数为 0 时，或者除法的结果溢出时，将产生中断 0（0 号中断），这就是除法错中断。

再比如，当处理器遇到非法指令时，将产生中断 6。非法指令是指指令的操作码没有定义，或者指令超过了规定的长度。操作码没有定义通常意味着那不是一条指令，而是普通的数。

内部中断不受标志寄存器 IF 位的影响，也不需要中断识别总线周期，它们的中断类型是固定的，可以立即转入相应的处理过程。

10.3　软中断

在编写程序的时候，我们可以随时用指令来产生中断，这种类型的中断叫作软中断。软中断也不需要中断识别总线周期，中断号在指令中给出。

产生软中断的指令包括以下几种：

```
int3
int imm8
into
```

int3 是断点中断指令，机器指令码为 0xCC。这条指令在调试程序的时候很有用，当程序运行不正常时，多数时候希望在某个地方设置一个检查点，也称断点，来查看寄存器、内存单元或者标志寄存器的内容，这条指令就是为这个目的而设的。

指令都是连续存放的，因此，所谓的断点，就是某条指令的起始地址。int3 是单字节指令，这是有意设计的。当需要设置断点时，可以将断点处那条指令的第一字节改成 0xcc，原字节予以保存。当处理器执行到 int3 时，即发生 3 号中断，转去执行相应的中断处理程序。中断处理程序的执行也要用到各个寄存器，这会破坏它们的内容，但 push 指令不会。我们可以在该程序内先压栈所有相关寄存器和内存单元，然后分别取出予以显示，它们就是中断前的现场内容。最后，再恢复那条指令的第一字节，并修改位于栈中的返回地址，执行 iret 指令。

int 指令的机器码为 2 字节，第一字节是操作码 0xCD，第 2 字节给出了中断号。举几个例子：

```
int 0x00            ;机器码为 CD 00，引发 0 号中断
int 0x15            ;机器码为 CD 15，引发 0x15 号中断
int 0x16            ;机器码为 CD 16，引发 0x16 号中断
```

注意，int3 和 int 3 是不同的指令，它们的机器码不同，前者是 0xCC，后者是 0xCD 0x03，但它们都会产生 3 号中断。换句话说，它们的中断处理过程是相同的。

into 是溢出中断指令，机器码为 0xCE，也是单字节指令。当处理器执行这条指令时，如果标志寄存器的 OF 位是 1，那么，将产生 4 号中断。否则，这条指令什么也不做。

10.3.1 BIOS 中断

可以为所有的中断类型自定义中断处理过程，包括内部中断、硬件中断和软中断。特别是考虑到处理器允许 256 种中断类型，而且大部分都没有被硬件和处理器内部中断占用。

编写自己的中断处理程序有相当大的优越之处。不像 jmp 和 call 指令，int 指令不需要知道目标程序的入口地址。远转移指令 jmp 和远调用指令 call 必须直接或者间接给出目标位置的段地址和偏移地址，如果所有这一切都是自己安排的，倒也不成问题，但如果想调用别人的代码，比如操作系统的功能，这就很麻烦了。举个例子来说，假如你想读硬盘上的一个文件，因为操作系统有这样的功能，所以就不必在自己的程序中再写一套代码，直接调用操作系统例程就可以了。

但是，操作系统通常不会给出或者公布硬盘读写例程的段地址和偏移地址，因为操作系统也是经常修改的，经常发布新的版本。这样一来，例程的入口地址也会跟着变化。而且，也不能保证每次启动计算机之后，操作系统总待在同一个内存位置。

因为有了软中断，这是个利好条件。每次操作系统加载完自己之后，以中断处理程序的形式提供硬盘读写功能，并把该例程的地址填写到中断向量表中。这样，无论在什么时候，用户程序需要该功能时，直接发出一个软中断即可，不需要知道具体的地址。

最有名的软中断是 BIOS 中断，之所以称为 BIOS 中断，是因为这些中断功能是在计算机加电之后，BIOS 程序执行期间建立起来的。换句话说，这些中断功能在加载和执行主引导扇区之前，就已经可以使用了。

BIOS 中断，又称 BIOS 功能调用，主要是为了方便地使用最基本的硬件访问功能。不同的硬件使用不同的中断号，比如，使用键盘服务时，中断号是 0x16，即

```
int 0x16
```

通常，为了区分针对同一硬件的不同功能，使用寄存器 AH 来指定具体的功能编号。举例来说，以下指令用于从键盘读取一个按键：

```
mov ah, 0x00          ;从键盘读字符
```

```
        int 0x16                ;键盘服务。返回时，字符代码在寄存器AL中
```

在这里，当寄存器 AH 的内容是 0x00 时，执行 int 0x16 后，中断服务例程会监视键盘动作。当它返回时，会在寄存器 AL 中存放按键的 ASCII 码。

BIOS 中断很多，它们是在 BIOS 执行期间安装的，当主引导程序开始执行时，就可以在程序中使用了。本准备给出一张 BIOS 功能调用列表，但是考虑到现在网络技术很发达，上网很方便，大家可以自行从互联网上寻找相关的 BIOS 功能调用资料，然后在自己的程序中做实验。

你可能觉得奇怪，BIOS 是怎么建立起这套功能调用中断的？它又是怎么知道如何访问硬件的？毕竟，即使是它，要访问硬件也得通过端口一级的途径。

答案是，BIOS 可能会为一些简单的外围设备提供初始化代码和功能调用代码，并填写中断向量表，但也有一些 BIOS 中断是由外部设备接口自己建立的。

首先，每个外部设备接口，包括各种板卡，如网卡、显卡、键盘接口电路、硬件控制器等，都有自己的只读存储器（Read Only Memory，ROM），类似于 BIOS 芯片，在这些 ROM 中有它自己的功能调用例程，以及本设备的初始化代码。按照规范，前两个单元的内容是 0x55 和 0xAA，第三个单元是本 ROM 中以 512 字节为单位的代码长度；从第四个单元开始，就是实际的 ROM 代码。

其次，我们知道，从内存物理地址 A0000 开始，到 FFFFF 结束，有相当一部分空间是留给外围设备的。如果设备存在，那么，它自带的 ROM 会映射到分配给它的地址范围内。

在计算机启动期间，BIOS 程序会以 2KB 为单位搜索内存地址 C0000～E0000 之间的区域。当它发现某个区域的头 2 字节是 0x55 和 0xAA 时，那意味着该区域有 ROM 代码存在，是有效的。接着，它对该区域做累加和检查，看结果是否和第三个单元相符。如果相符，就从第四个单元进入。这时，处理器执行的是硬件自带的程序指令，这些指令初始化外部设备的相关寄存器和工作状态，最后，填写相关的中断向量表，使它们指向自带的中断处理过程。

10.3.2 代码清单 10-2

本章有配套的汇编语言源程序，并围绕这些源程序进行讲解，请对照阅读。

本章代码清单：10-2（被加载的用户程序/BIOS 中断演示程序），源程序文件：c10_2.asm

10.3.3 从键盘读字符并显示

代码清单 10-2 在框架上和前面的用户程序是一致的，差别在于代码段的功能上。

代码清单 10-2 第 28～32 行用于初始化各个段寄存器，这和以前的做法是相同的。

第 34～42 行用于在屏幕上显示字符串，采用的是循环的方法。循环用的是 loop 指令，为此，第 34 行用于计算字符串的长度，并传送到寄存器 CX 中，以控制循环的次数。第 35 行用于取得字符串的首地址。

向屏幕上写字符使用的是 BIOS 中断，具体说就是中断 0x10 的 0x0e 号功能，该功能用于在屏幕上的光标位置处写一个字符，并推进光标位置。第 38～40 行分别按规范的要求准备各个参数，执行软中断。

第 41、42 行将递增寄存器 BX 中的偏移地址，以指向下一个字符在数据段中的位置。然后，loop 指令将寄存器 CX 的内容减 1，并在其不为零的情况下返回到循环体开始处，继续显示下一个字符。

剩下的工作内容既复杂，又简单。复杂是指，从键盘读取你按下的那个键，并把它显示在屏幕上，需要访问硬件，写一大堆指令。简单是指，因为有了 BIOS 功能调用，这只需几条语句就能完成。

第 45、46 行使用软中断 0x16 从键盘读字符，需要在寄存器 AH 中指定 0x00 号功能。该中断返回后，寄存器 AL 中为字符的 ASCII 码。

第 48～50 行又一次使用了 int 0x10 的 0x0e 号功能，把从键盘取得的字符显示在屏幕上。

第 52 行，执行一个无条件转移指令，重新从键盘读取新的字符并予以显示。

10.3.4 代码清单 10-2 的编译和运行

将代码清单 10-2 编辑并编译后，用 FixVhdWr 程序将生成的二进制文件写入虚拟硬盘，起始的逻辑扇区号同样为 100。

如图 10-7 所示，启动虚拟机后，会看到一段欢迎的话。现在，你可以按下任何按键，它们将原样显示在“→”之后。慢慢试验，细细体会，你会发现某些按键的特点。比如，回车键（Enter）仅仅是将光标移到行首，退格键（Backspace）仅仅是将光标退后，并不破坏该位置上的字符。

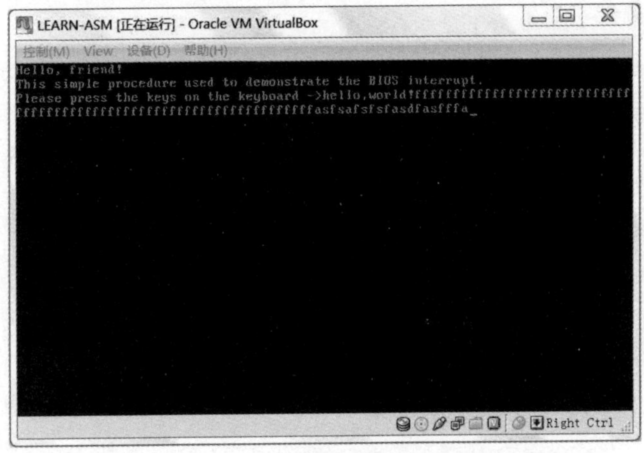

图 10-7 代码清单 10-2 编译并运行后的效果

本 章 习 题

1．修改代码 10-1，对 8259 芯片编程，屏蔽除 RTC 外的其他所有中断，观察字符“@”的变化速度。

2．修改代码 10-1，使之用一种新的方法来产生中断信号。建议的方法是采用周期性中断。不过，这涉及选择分频电路的分节点，比如，你可以选择 250ms 或者 500ms，它们分别会在 1s 内产生 4 次或 2 次中断。

第 3 部分　保护模式

- ✧ 学习保护模式的工作原理，包括分段、分页、特权级、保护、中断和异常中断等。
- ✧ 学习保护模式下的汇编语言程序设计技术
- ✧ 通过多个实例了解操作系统如何在保护模式下加载应用程序，并提供任务切换在内的各种管理服务
- ✧ 学会用 Bochs 虚拟机调试保护模式下的程序

第 11 章

32 位 x86 处理器编程架构

所谓处理器架构，或者处理器编程架构，是指一整套的硬件结构，以及与之相适应的工作状态，这其中的灵魂部分就是一种设计理念，决定了处理器的应用环境和工作模式，也决定了软件开发人员如何在这种模式下解决实际问题。架构内的资源对程序员来说是可见的、可访问的，受程序的控制以改变处理器的运行状态；非架构的资源取决于具体的硬件实现。

处理器架构实际上是不断扩展的，新处理器必须延续旧的设计思路，并保持兼容性和一致性；同时还会有所扩充和增强。

INTEL 32 位处理器架构简称 IA-32（INTEL Architecture，32-bit），是以 1978 年的 8086 处理器为基础发展起来的。在那个时候，他们只是想造一款特别牛的处理器，也没考虑到架构。尽管那帮人是专家，但和我们一样不是千里眼，这是很正常的。

正如我们已经知道的，8086 有 20 根地址线，可以寻址 1MB 内存。但是，它内部的寄存器是 16 位的，无法在程序中访问整个 1MB 内存。所以，它也是第一款支持内存分段模型的处理器。还有，8086 处理器只有一种工作模式，即实模式。当然，在那时，还没有实模式这一说。

由于 8086 处理器的成功，推动着 INTEL 公司不断地研发更新的处理器，32 位的时代就这样到来了。到目前为止，到底有多少种类型，我也说不清楚。尽管 8086 是 16 位的处理器，但它也是 32 位架构内的一部分。原因在于，32 位的处理器架构是从 8086 那里发展来的，是基于 8086 的，具有延续性和兼容性。

32 位的处理器有 32 根数据线，以及至少 32 根地址线。因此，它至少可以访问 2^{32}，即 4GB 的内存，而且每次可以读写连续的 4 字节，这称为双字（Double Word）。当然，如果你希望像 8086 处理器那样，按字节或者字来访问内存，也是允许的。

我总说，处理器虽小，功能却异常复杂。要想把 32 位处理器的所有功能都解释清楚，不是一件简单的事情。它不单是地址线和数据线的扩展，实际上还有更多的部分，包括高速缓存、流水线、浮点处理部件、多处理器（核）管理、多媒体扩展、乱序执行、分支预测、虚拟化、温度和电源管理等。在这本书里，我的一个基本原则是，如果你不能讲清楚，干脆就不要提它。因此，我只讲那些现在用得上的东西。

11.1 IA-32 架构的基本执行环境

11.1.1 寄存器的扩展

在 16 位处理器内，有 8 个通用寄存器 AX、BX、CX、DX、SI、DI、BP 和 SP，其中，前

4 个还可以拆分成两个独立的 8 位寄存器来用，即 AH、AL、BH、BL、CH、CL、DH 和 DL。如图 11-1 所示，32 位处理器在 16 位处理器的基础上，扩展了这 8 个通用寄存器的长度，使之达到 32 位。

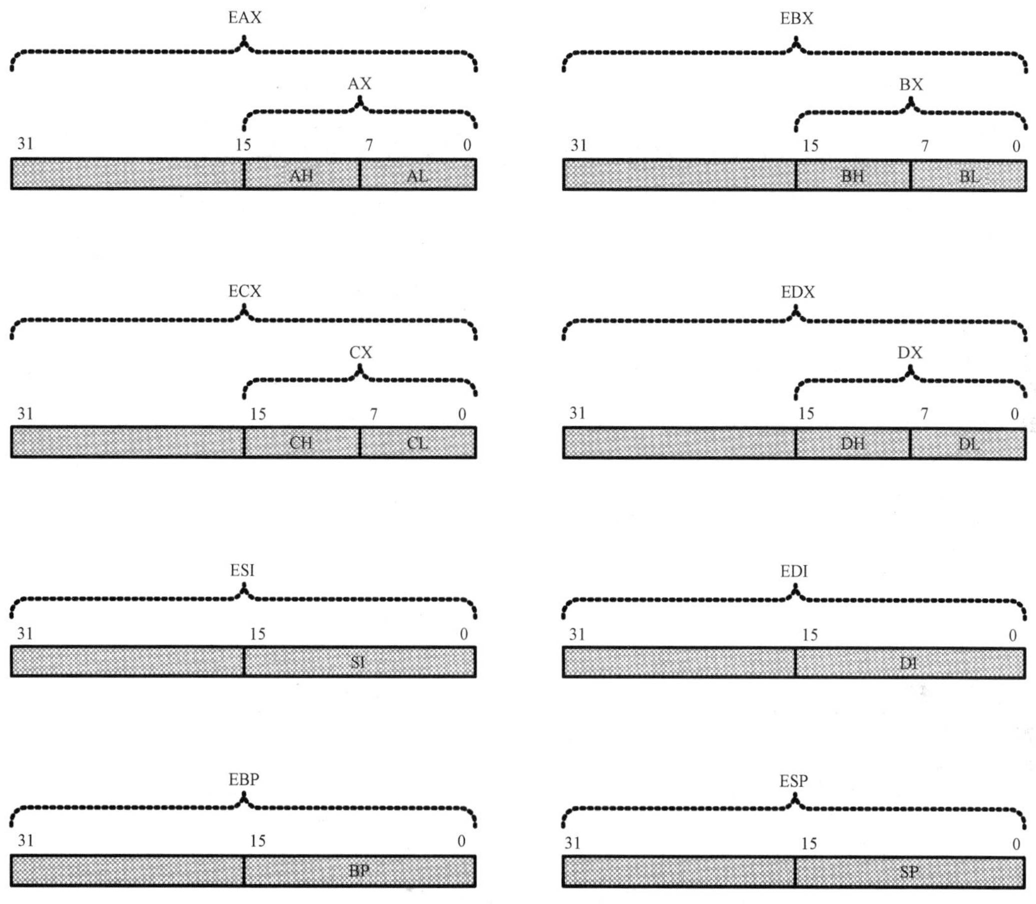

图 11-1 32 位处理器内部的通用寄存器

为了在汇编语言程序中使用经过扩展（Extend）的寄存器，需要给它们命名，它们的名字分别是 EAX、EBX、ECX、EDX、ESI、EDI、ESP 和 EBP。可以在程序中使用这些寄存器，即使是在实模式下：

```
        mov eax, 0xf0000005
        mov ecx, eax
        add edx, ecx
```

但是，就像以上指令所示的那样，指令的源操作数和目的操作数必须具有相同的长度，个别特殊用途的指令除外。因此，像这样的搭配是不允许的，在程序编译时，编译器会报告错误：

```
        mov eax, cx             ;错误的汇编语言指令
```

如果目的操作数是 32 位寄存器，源操作数是立即数，那么，立即数被视为 32 位的：

```
        mov eax, 0xf5           ;EAX←0x000000f5
```

32 位通用寄存器的高 16 位是不可独立使用的，但低 16 位保持同 16 位处理器的兼容性。

因此，在任何时候它们都可以像往常一样使用：

```
    mov ah, 0x02
    mov al, 0x03
    add ax, si
```

可以在 32 位处理器上按照 8086 的实模式来运行，执行 16 位处理器上的软件。但是，它并不是 16 位处理器的简单增强。事实上，32 位处理器有自己的 32 位工作模式，在本书中，32 位模式特指 32 位保护模式。在这种模式下，可以完全、充分地发挥处理器的性能。同时，在这种模式下，处理器可以使用它全部的 32 根地址线，能够访问 4GB 内存。

如图 11-2 所示，在 32 位模式下，为了生成 32 位物理地址，处理器需要使用 32 位的指令指针寄存器。为此，32 位处理器扩展了 IP，使之达到 32 位，即 EIP。当它工作在 16 位模式下时，依然使用 16 位的 IP；工作在 32 位模式下时，使用的是全部的 32 位 EIP。和往常一样，即使是在 32 位模式下，EIP 寄存器也只由处理器内部使用，程序中是无法直接访问的。对 IP 和 EIP 的修改通常是用某些指令隐式进行的，此指令包括 jmp、call、ret 和 iret 等。

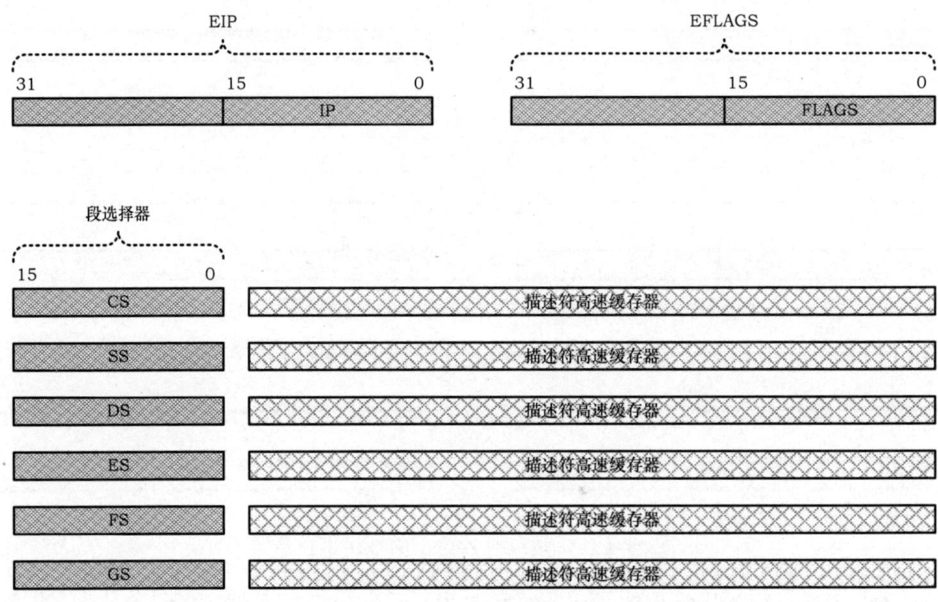

图 11-2　32 位处理器的指令指针、标志和段寄存器

另外，在 16 位处理器中，标志寄存器 FLAGS 是 16 位的，在 32 位处理器中，扩展到了 32 位，低 16 位和原先保持一致。关于 EFLAGS 中的各个标志位，将在后面的章节中逐一介绍。

在 32 位模式下，对内存的访问从理论上来说不需要再分段，因为它有 32 根地址线，可以自由访问任何一个内存位置。但是，IA-32 架构的处理器是基于分段模型的，因此，32 位处理器依然需要以段为单位访问内存，即使它工作在 32 位模式下。

不过，它也提供了一种变通的方案，即只分一个段，段的基地址是 0x00000000，段的长度（大小）是 4GB。在这种情况下，可以视为不分段，即平坦模型（Flat Mode）。

每个程序都有属于自己的内存空间。在 16 位模式下，一个程序可以自由地访问不属于它的内存位置，甚至可以对那些地方的内容进行修改。这当然是不安全的，也不合法，但却没有任何机制来限制这种行为。在 32 位模式下，处理器要求在加载程序时，先定义该程序所拥有的段，然后才允许使用这些段。定义段时，除基地址（起始地址）外，还附加了段界限、特权级别、类型等属性。当程序访问一个段时，处理器将用固件实施各种检查工作，以防止对内存的违规访问。

如图 11-2 所示，在 32 位模式下，传统的段寄存器，如 CS、SS、DS、ES，保存的不再是 16 位逻辑段地址，而是段的选择子，即用于选择所要访问的段，因此，这一部分也叫作段选择器。除段选择器外，每个段寄存器还包括一个不可见部分，称为描述符高速缓存器，里面有段的基地址和各种访问属性。这部分内容程序不可访问，由处理器自动使用。

有关 32 位模式下的段和段的访问方法，将在后面的章节中予以详述，你在看这段文字的时候，也许有迷迷糊糊的感觉，没关系，这是正常的，到后面你就会感觉豁然开朗了。

最后，32 位处理器增加了两个额外的段寄存器 FS 和 GS。对于某些复杂的程序来说，多出两个段寄存器可能会令它们感到高兴。

11.1.2 基本的工作模式

8086 具有 16 位的段寄存器、指令指针寄存器和通用寄存器（CS、SS、DS、ES、IP、AX、BX、CX、DX、SI、DI、BP、SP），因此，我们称它为 16 位的处理器。尽管它可以访问 1MB 的内存，但是只能分段进行，而且由于只能使用 16 位的段内偏移量，故段的长度最大只能是 64KB。8086 只有一种工作模式，即实模式。当然，这个名称是后来才提出来的。

1982 年的时候，INTEL 公司推出了 80286 处理器。这也是一款 16 位的处理器，大部分的寄存器都和 8086 处理器一样。因此，80286 和 8086 一样，因为段寄存器是 16 位的，而且只能使用 16 位的偏移地址，在实模式下只能使用 64KB 的段；尽管它有 24 根地址线，理论上可以访问 2^{24}，即 16MB 的内存，但依然只能分成多个段来进行。

但是，80286 和 8086 不一样的地方在于，它第一次提出了保护模式的概念。在保护模式下，段寄存器中保存的不再是逻辑段地址，而是段选择子，真正的段地址位于段寄存器的描述符高速缓存中，是 24 位的。因此，运行在保护模式下的 80286 处理器可以访问全部 16MB 内存。

80286 处理器访问内存时，不再需要将段地址左移，因为在段寄存器的描述符高速缓存器中有 24 位的段物理基地址。这样一来，段可以位于 16MB 内存空间中的任何位置，而不再限于低端 1MB 范围内，也不必非得是位于 16 字节对齐的地方。不过，由于 80286 的通用寄存器是 16 位的，只能提供 16 位的偏移地址，因此，和 8086 一样，即使是运行在保护模式下，段的长度依然不能超过 64KB。对段长度的限制妨碍了 80286 处理器的应用，这就是 16 位保护模式很少为人所知的原因。

实模式等同于 8086 模式，在本书中，实模式和 16 位保护模式统称 16 位模式。在 16 位模式下，数据的大小是 8 位或者 16 位的；控制转移和内存访问时，偏移量也是 16 位的。

1985 年的 80386 处理器是 INTEL 公司的第一款 32 位产品，而且获得了极大成功，是后续所有 32 位产品的基础。本书中的绝大多数例子可以在 80386 上运行。和 8086、80286 不同，80386 处理器的寄存器是 32 位的，而且拥有 32 根地址线，可以访问 2^{32}，即 4GB 的内存。

80386，以及所有后续的 32 位处理器，都兼容实模式，可以运行实模式下的 8086 程序。而且，在刚加电时，这些处理器都自动处于实模式下，此时，它相当于一个非常快速的 8086 处理器。只有在进行一番设置之后，才能运行在保护模式下。

在保护模式下，所有的 32 位处理器都可以访问多达 4GB 的内存，它们可以工作在分段模型下，每个段的基地址是 32 位的，段内偏移量也是 32 位的，因此，段的长度不受限制。在最典型的情况下，可以将整个 4GB 内存定义成一个段来处理，这就是所谓的平坦模式。在平坦模式下，可以执行 4GB 范围内的控制转移，也可以使用 32 位的偏移量来访问 4GB 范围内的任何位置。

除了保护模式，32 位处理器还提供虚拟 8086 模式（V86 模式），在这种模式下，IA-32 处理器被模拟成多个 8086 处理器并行工作。V86 模式是保护模式的一种，可以在保护模式下执行多个 8086 程序。传统上，要执行 8086 程序，处理器必须工作在实模式下。在这种情况下，为32位保护模式写的程序就不能运行。但是，V86模式提供了让它们在一起同时运行的条件。

V86 模式曾经很有用，因为在那个时候，8086 程序很多，而 32 位应用程序很少，这个过渡期是必需的。现在，这种工作模式已经基本无用了。

在本书中，32 位模式特指 IA-32 处理器上的 32 位保护模式。不存在所谓的 32 位实模式，实模式的概念实质上就是 8086 模式。

11.1.3 线性地址和分页

为 IA-32 处理器编程，访问内存时，需要在程序中给出段地址和偏移量，因为分段是 IA-32 架构的基本特征之一。传统上，段地址和偏移地址称为逻辑地址，偏移地址叫作有效地址（Effective Address，EA），在指令中给出有效地址的方式叫作寻址方式（Addressing Mode）。比如：

```
        inc word [bx + si + 0x06]
```

在这里，指令中使用的是基址加变址的方式来寻找最终的操作数，有效地址就是 BX 的内容加上 SI 的内容再加上 0x06 来得到的。

段的管理是由处理器的段部件负责进行的，段部件将段地址和偏移地址相加，得到访问内存的地址。一般来说，段部件产生的地址就是物理地址。

IA-32 处理器支持多任务。在多任务环境下，任务的创建需要分配内存空间；当任务终止后，还要回收它所占用的内存空间。在分段模型下，内存的分配是不定长的，程序大时，就分配一大块内存；程序小时，就分配一小块。时间长了，内存空间就会碎片化，就有可能出现一种情况：内存空间是有的，但都是小块，无法分配给某个任务。为了解决这个问题，IA-32 处理器支持分页功能，分页功能将物理内存空间划分成逻辑上的页。页的大小一般为 4KB，通过使用页，可以简化内存管理。

如图 11-3 所示，当页功能开启时，段部件产生的地址就不再是物理地址了，而是线性地址（Linear Address），线性地址还要经页部件转换后，才是物理地址。

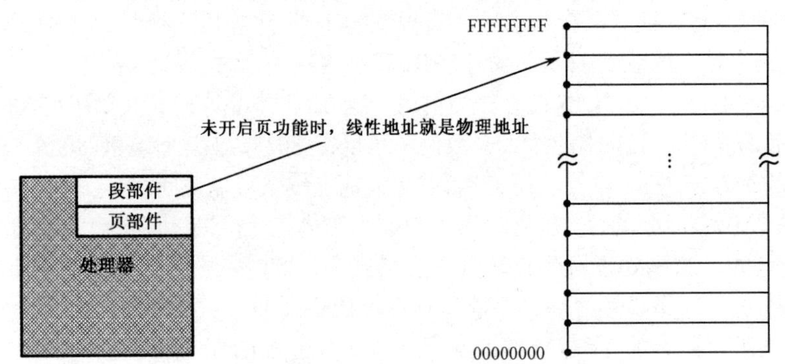

图 11-3　线性地址和线性地址空间

线性地址的概念用来描述任务的地址空间。如图 11-3 所示，IA-32 处理器上的每个任务都拥有 4GB 的虚拟内存空间，这是一段长 4GB 的平坦空间，就像一段平直的线段，因此叫线性地址空间。相应的，由段部件产生的地址，就对应着这条线段上的每个点，这就是线性地址。

IA-32 架构下的任务、分段、分页等内容，是本书的重点，要在后半部分详细论述。

11.2　现代处理器的结构和特点

11.2.1　流水线

处理器的每一次更新换代，都会增加若干新特性，这是很自然的。同时我们也会发现，老软件在新的处理器上跑得更快。这里面的原因很简单，处理器的设计者总是在想尽办法加快指令的执行速度。

早在 8086 时代，处理器就已经有了指令预取队列。当指令执行时，如果总线是空闲的（没有访问内存的操作），就可以在指令执行的同时预取指令并提前译码，这种做法是有效的，能大大加快程序的执行速度。

处理器可以做很多事情，换言之，能够执行各种不同的指令，完成不同的功能，但这些事情大都不会在一个时钟周期内完成。执行一条指令需要从内存中取指令、译码、访问操作数和结果，并进行移位、加法、减法、乘法及其他任何需要的操作。

为了提高处理器的执行效率和速度，可以把一条指令的执行过程分解成若干个细小的步骤，并分配给相应的单元来完成。各个单元的执行是独立的、并行的。如此一来，各个步骤的执行在时间上就会重叠起来，这种执行指令的方法就是流水线（Pipe-Line）技术。

比如，一条指令的执行过程分为取指令、译码和执行三个步骤，而且假定每个步骤都要花 1 个时钟周期，那么，如图 11-4 所示，如果采用顺序执行，则执行三条指令就要花 9 个时钟周期，每 3 个时钟周期才能得到一条指令的执行结果；如果采用 3 级流水线，则执行这三条指令只需 5 个时钟周期，每隔一个时钟周期就能得到一条指令的执行结果。

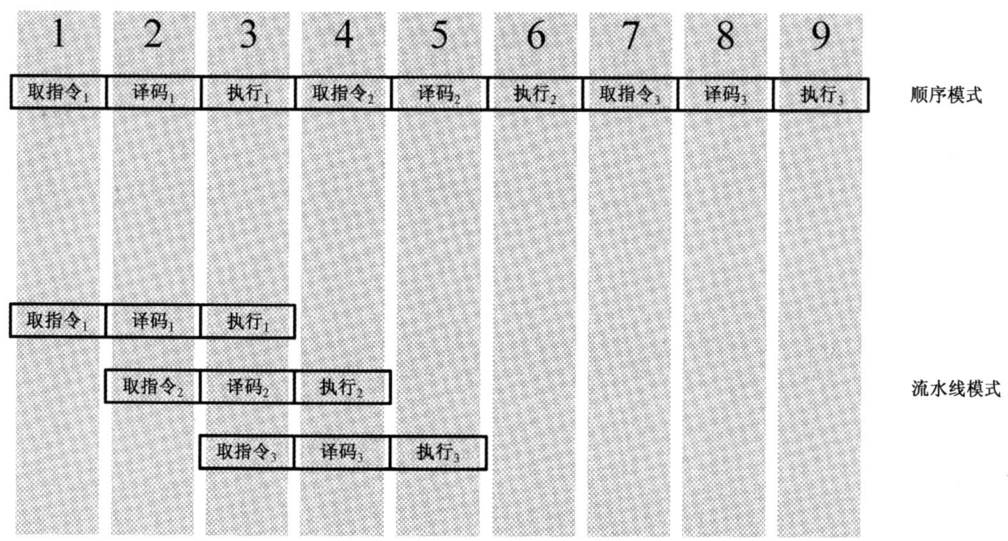

图 11-4　流水线的基本原理

一个简单的流水线其实不过如此，但是，它仍有很大的改进空间。原因很简单，指令的执行过程仍然可以继续细分。一般来说，流水线的效率受执行时间最长的那一级的限制，要缩短各级的执行时间，就必须让每一级的任务减少，与此同时，就需要把一些复杂的任务再进行分解。比如，2000 年之后推出的 Pentium 4 处理器采用了 NetBurst 微结构，它进一步分解指令的执行过程，采用了 31 级超深流水线。

11.2.2 高速缓存

影响处理器速度的因素还有存储器。从处理器内部向外看，它们分别是寄存器、内存和硬盘。当然，现在有的计算机已经用上了固态磁盘。

寄存器的速度是最快的，原因在于它使用了触发器，这是一种利用反馈原理制作的存储电路，在《穿越计算机的迷雾》那本书里，介绍得很清楚。触发器的工作速度是纳秒（ns）级别的，当然也可以用来作为内存的基本单元，即静态存储器（SRAM），缺点是成本太高，价格也不菲。所以，制作内存芯片的材料一般是电容和单个的晶体管，由于电容需要定时刷新，使得它的访问速度变得很慢，通常是几十纳秒。因此，它也获得了一个恰当的名字：动态存储器（DRAM），我们所用的内存芯片，大部分都是 DRAM。最后，硬盘是机电设备，是机械和电子的混合体，它的速度最慢，通常在毫秒级（ms）。

在这种情况下，因为需要等待内存和硬盘这样的慢速设备，处理器便无法全速运行。为了缓解这一矛盾，高速缓存（Cache）技术应运而生。高速缓存是处理器与内存（DRAM）之间的一个静态存储器，容量较小，但速度可以与处理器匹配。

高速缓存的用处源于程序在运行时所具有的局部性规律。首先，程序常常访问最近刚刚访问过的指令和数据，或者与它们相邻的指令和数据。比如，程序往往是序列化地从内存中取指令执行的，循环操作往往是执行一段固定的指令。当访问数据时，要访问的数据通常都被安排在一起；其次，一旦访问了某个数据，那么，不久之后，它可能会被再次访问。

利用程序运行时的局部性原理，可以把处理器正在访问和即将访问的指令和数据块从内存调入高速缓存中。于是，每当处理器要访问内存时，首先检索高速缓存。如果要访问的内容已经在高速缓存中，那么，很好，可以用极快的速度直接从高速缓存中取得，这称为命中（Hit）；否则，称为不中（miss）。在不中的情况下，处理器在取得需要的内容之前必须重新装载高速缓存，而不只是直接到内存中去取那个内容。高速缓存的装载是以块为单位的，包括那个所需数据的邻近内容。为此，需要额外的时间来等待块从内存载入高速缓存，在该过程中所损失的时间称为不中惩罚（miss penalty）。

高速缓存的复杂性在于，每一款处理器可能都有不同的实现。在一些复杂的处理器内部，会存在多级 Cache，分别应用于各个独立的执行部件。

11.2.3 乱序执行

为了实现流水线技术，需要将指令拆分成更小的可独立执行部分，即拆分成微操作（micro-operations），简写为 μops。

有些指令非常简单，因此只需要一个微操作。如：

```
    add eax, ebx
```

再比如：

```
add  eax, [mem]
```

可以拆分成两个微操作，一个用于从内存中读取数据并保存到临时寄存器，另一个用于将 EAX 寄存器和临时寄存器中的数值相加。

再举个例子，这条指令：

```
add [mem], eax
```

可以拆分成三个微操作，一个从内存中读数据，一个执行相加的动作，还有一个用于将相加的结果写回到内存中。

一旦将指令拆分成微操作，处理器就可以在必要的时候乱序执行（Out-Of-Order Execution）程序。考虑以下例子：

```
mov eax, [mem1]
shl eax, 5
add eax, [mem2]
mov [mem3], eax
```

这里，指令 add eax,[mem2]可以拆分为两个微操作。如此一来，在执行逻辑左移指令的同时，处理器可以提前从内存中读取 mem2 的内容。典型的，如果数据不在高速缓存中（不中），那么处理器在获取 mem1 的内容之后，会立即开始获取 mem2 的内容，与此同时，shl 指令的执行早就开始了。

将指令拆分成微操作，也可以使得栈的操作更有效率。考虑以下代码片段：

```
push eax
call func
```

这里，push eax 指令可以拆分成两个微操作，即可以表述为以下的等价形式：

```
sub esp, 4
mov [esp], eax
```

这就带来了一个好处，即使寄存器 EAX 的内容还没有准备好，微操作 sub esp,4 也可以执行。call 指令执行时需要在当前栈中保存返回地址，在以前，该操作只能等待 push eax 指令执行结束，因为它需要 ESP 的新值。感谢微操作，现在，call 指令在微操作 sub esp,4 执行结束时就可以无延迟地立即开始执行。

11.2.4　寄存器重命名

考虑以下例子：

```
mov eax, [mem1]
shl eax, 3
mov [mem2], eax
mov eax, [mem3]
add eax, 2
mov [mem4], eax
```

以上代码片段做了两件事，但互不相干：将 mem1 里的内容左移 3 次（乘以 8），并将 mem3 里的内容加 2。如果我们为最后三条指令使用不同的寄存器，那么将更明显地看出这两件事的无关性。并且，处理器实际上也是这样做的。处理器为最后三条指令使用了另一个不同的临时寄存器，因此，左移（乘法）和加法可以并行地处理。

IA-32 架构的处理器只有 8 个 32 位通用寄存器，但通常都会被我们全部派上用场（甚至还觉得不够）。因此，我们不能奢望在每个计算当中都使用新的寄存器。不过，在处理器内部，却有大量的临时寄存器可用，处理器可以重命名这些寄存器以代表一个逻辑寄存器，比如 EAX。

寄存器重命名以一种完全自动和非常简单的方式工作。每当指令写逻辑寄存器时，处理器就为那个逻辑寄存器分配一个新的临时寄存器。再来看一个例子：

```
mov eax, [mem1]
mov ebx, [mem2]
add ebx, eax
shl eax, 3
mov [mem3], eax
mov [mem4], ebx
```

假定现在 mem1 的内容在高速缓存里，可以立即取得，但 mem2 的内容不在高速缓存中。这意味着，左移操作可以在加法之前开始（使用临时寄存器代替 EAX）。为左移的结果使用一个新的临时寄存器，其好处是寄存器 EAX 中仍然是以前的内容，它将一直保持这个值，直到寄存器 EBX 中的内容就绪，然后同它一起做加法运算。如果没有寄存器重命名机制，左移操作将不得不等待从内存中读取 mem2 的内容到寄存器 EBX 及加法操作完成。

在所有的操作都完成之后，那个代表寄存器 EAX 最终结果的临时寄存器的内容被写入真实的寄存器 EAX 中，该处理过程称为引退（Retirement）。

所有通用寄存器、栈指针、标志、浮点寄存器，甚至段寄存器都有可能被重命名。

11.2.5 分支目标预测

流水线并不是百分之百完美的解决方案。实际上，有很多潜在的因素会使得流水线不能达到最佳的效率。一个典型的情况是，如果遇到一条转移指令，则后面那些已经进入流水线的指令就都无效了。换句话说，我们必须清空（Flush）流水线，从要转移到的目标位置处重新取指令放入流水线。

在现代处理器中，流水线操作分为很多步骤，包括取指令、译码、寄存器分配和重命名、微操作排序、执行和引退。指令的流水线处理方式允许处理器同时做很多事情。在一条指令执行时，下一条指令正在获取和译码。

流水线的最大问题是代码中经常存在分支。举个例子，一个条件转移允许指令流前往任意两个方向。如果这里只有一个流水线，那么，直到那个分支开始执行，在此之前，处理器将不知道应该用哪个分支填充流水线。流水线越长，处理器在用错误的分支填充流水线时，浪费的时间越多。

随着复杂架构下的流水线变得越来越长，程序分支带来的问题开始变得很大。让处理器的设计者不能接受，毕竟不中处罚的代价越来越高。

为了解决这个问题，在 1996 年的 Pentium Pro 处理器上，引入了分支预测技术（Branch Prediction）。分支预测的核心问题是，转移会发生还是不会发生。换句话说，条件转移指令的条件会不会成立。举个例子来说：

```
jne branch5
```

在这条指令还没有执行的时候，处理器就必须提前预测相等的条件在这条指令执行的时候是否成立。这当然是很困难的，几乎不可能。想想看，如果能够提前知道结果，还执行这些指令干嘛。

但是，从统计学的角度来看，有些事情一旦出现，下一次还会出现的概率较大。一个典型的例子就是循环，比如下面的程序片段：

```
        xor si, si
    lops:
        ......
        cmp si, 20
        jnz lops
```

当 jnz 指令第一次执行时，转移一定会发生。那么，处理器就可以预测，下一次它还会转移到标号 lops 处，而不是顺序往下执行。事实上，这个预测通常是很准的。

在处理器内部，有一个小容量的高速缓存器，叫分支目标缓存器（Branch Target Buffer，BTB）。当处理器执行了一条分支语句后，它会在 BTB 中记录当前指令的地址、分支目标的地址，以及本次分支预测的结果。下一次，在那条转移指令实际执行前，处理器会查找BTB，看有没有最近的转移记录。如果能找到对应的条目，则推测执行和上一次相同的分支，把该分支的指令送入流水线。

当该指令实际执行时，如果预测是失败的，那么，清空流水线，同时刷新 BTB 中的记录。这个代价较大。

11.3　32 位处理器的寻址方式

在 16 位处理器上，指令中的操作数可以来自 8 位或者 16 位的寄存器、位于内存里的 8 位或者 16 位数据，以及 8 位或 16 位的立即数。

如果指令的操作数需要通过访问内存才能取得，则必须在指令中提供它的有效地址，有效地址就是我们通常所说的段内偏移量，对于 16 位处理器来说，它的长度是 16 位的。通过有效地址，可以间接取得 8 位或者 16 位的实际操作数。指定有效地址可以使用基址寄存器 BX、BP，变址（索引）寄存器 SI 和 DI，同时还可以加上一个 8 位或 16 位的位移。比如：

```
    mov ax, [bx]
    mov ax, [bx + di]
    mov al, [bx + si + 0x02]
```

以上第 1 条指令，寄存器 BX 中的内容是指向 16 位实际操作数的 16 位地址；第 2 条指令，寄存器 BX 和 DI 的内容相加，形成指向 16 位实际操作数的 16 位地址；第 3 条指令，寄存器 BX、SI 和 8 位位移共同形成指向 8 位实际操作数的 16 位地址。

如图 11-5 所示，这是 16 位处理器的内存寻址方式示意图。从图中可以看出，允许使用基址寄存器 BX 或者 BP，同变址寄存器 SI 或者 DI 结合，再加上 8 位或者 16 位的位移来寻址内存操作数。

32 位处理器兼容 16 位处理器的寻址方式，可以运行传统的 16 位代码。但是，由于 32 位的处理器都拥有 32 位的寄存器和算术逻辑部件，而且同内存芯片之间的数据通路至少是 32 位的，因此，所有需要从寄存器或者内存地址处取得操作数的指令都被扩充，以适应 32 位的算术逻辑操作，比如 mov 和 add 指令现在也可以操作 32 位数据：

```
mov eax, 0xf05b       ;源操作数是 32 位的（0x0000f05b）
add eax, edx
```

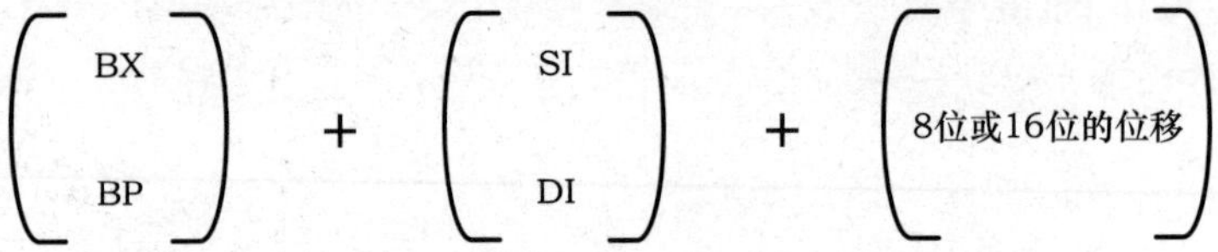

图 11-5　16 位处理器的内存寻址方式

同时，32 位处理器也有自己独立的内存寻址方式。如图 11-6 所示，指定有效地址可以使用全部的 32 位通用寄存器作为基址寄存器。同时，还可以再加上一个除 ESP 外的 32 位通用寄存器作为变址寄存器。变址寄存器还允许乘以 1、2、4 或者 8 作为比例因子。最后，还允许加上一个 8 位或者 32 位的位移。

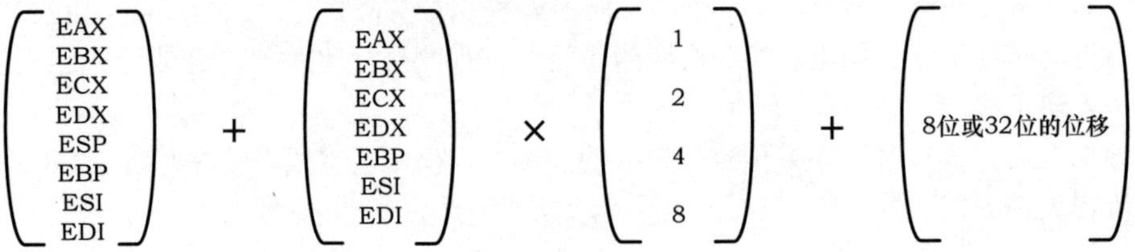

图 11-6　32 位处理器的内存寻址方式

以下是几个例子：

```
add eax, [0x2008]                    ;有效地址是 32 位的（0x00002008）
sub eax, [eax+0x08]                  ;有效地址是 32 位的
mov ecx, [eax + ebx * 8 + 0x02]      ;有效地址是 32 位的
```

值得说明的是，16 位处理器的内存寻址方式不允许在指令中使用栈指针寄存器 SP。因此，像这条指令就是不正确的：

```
mov ax, [sp]
```

但是，在 32 位处理器上，允许在内存操作数中使用栈指针寄存器 ESP。因此，下面的指令形式是合法的：

```
mov eax, [esp]
```

第 12 章

进入保护模式

一般来说，操作系统负责整个计算机软、硬件的管理，它做任何事情都是可以的。但是，用户程序却应当有所限制，只允许它访问属于自己的数据，即使是转移，也只允许在自己的各个代码段之间进行。

问题在于，在实模式下，用户程序对内存的访问非常自由，没有任何限制，随随便便就可以修改任何一个内存单元。比如以下代码片段，这个程序首先将段地址设置到 0xb800，传统上，这是文本模式下的显存。所以，它通过指令向显存写入一个字符 H。然后，它又将段地址切换到 0x8000，向这个段内偏移地址为 6 的地方写入一字节 0xc7。紧接着，又将段地址切换到 0，向段内偏移地址为 0x30 的地方写入一字节 0。事实上我们知道，段地址为 0 的这 1KB 内存是中断向量表，它这样做实际上是破坏了中断向量表的内容，但是它这样做是不受限制的，没有人可以阻止。最后，它又向端口 0x60 发送一字节的数据，用来控制设备。

```
mov ax, 0xb800
mov ds, ax
mov byte [0xb0], 'H'
mov ax, 0x8000
mov ds, ax
mov byte [0x06], 0xc7
mov ax, 0
mov ds, ax
mov byte [0x30], 0
mov al, 0
out 0x60, al
```

通过这一段程序可以看出，在实模式下，程序是可以“为所欲为”的。它想访问内存的哪一部分，都可以很轻松地通过设置段地址和偏移地址来办到。

很显然，即使某个内存位置不属于当前程序，它照样可以切换到那里，并随意修改其中的内容。最恐怖的是，如果那个地方是操作系统或其他用户程序的“地盘”，那将带来不可预料的后果。通过这个例子，你就知道为什么很多人能通过修改内存中的数据来提升游戏人物的法力和生命值，并获得各种道具。

在多用户、多任务时代，内存中会有多个用户（应用）程序在同时运行。为了使它们彼此隔离，防止因某个程序的编写错误或者崩溃而影响到操作系统和其他用户程序，使用保护模式是非常有必要的。

本章学习目标：

1．了解 x86 处理器的保护模式需要先定义全局描述符表 GDT，认识段描述符的各个组成部分，以及它们的含义和作用；

2．认识 32 位处理器的全局描述符表寄存器 GDTR、段寄存器（由段选择器和描述符高速缓存器组成）、控制寄存器 CR0 和段选择子；

3．了解进入 32 位保护模式的方法和步骤；

4．学习保护模式下的一些程序调试技术，如查看全局描述符表 GDT、段寄存器和控制寄存器等；

5．学习一条 x86 处理器的新指令 lgdt。

12.1 代码清单 12-1

本章有配套的汇编语言源程序，并围绕这些源程序进行讲解，请对照阅读。

代码清单 12-1（主引导扇区程序），对应于源程序文件：c12_mbr.asm

12.2 全局描述符表

我们知道，为了让程序在内存中能自由浮动而又不影响它的正常执行，处理器将内存划分成逻辑上的段，并在指令中使用段内偏移。在保护模式下，对内存的访问仍然使用段地址和偏移地址，但是，在每个段能够访问之前，必须先进行登记。

这种情况就像开公司做生意，在实模式下，开公司不需要登记，卖什么都没有人管，随时都可以开张。但在保护模式下就不行了，开公司之前必须先登记，登记的信息包括住址（段的起始地址）、经营项目（段的界限等各种访问属性）。这样，每当你做的买卖和你的注册项目不符时，就会被阻止。对段的访问也是一样，当你访问的偏移地址超出段的界限时，处理器就会阻止这种访问，并产生一个叫作内部异常的中断。

和一个段有关的信息需要 8 字节来**描述**，所以称为段描述符（Segment Descriptor），每个段都需要一个描述符。为了存放这些描述符，需要在内存中开辟出一段空间。在这段空间里，所有的描述符都是挨在一起集中存放的，这就构成了一个描述符表。

最主要的描述符表是全局描述符表（Global Descriptor Table，GDT），所谓全局，意味着该表是为整个软硬件系统服务的。在进入保护模式前，必须要定义全局描述符表。

如图 12-1 所示，为了跟踪全局描述符表，处理器内部有一个 48 位的寄存器，称为全局描述符表寄存器（GDTR）。该寄存器分为两部分，分别是 32 位的线性地址和 16 位的边界。32 位的处理器具有 32 根地址线，可以访问的地址范围是 0x00000000 到 0xFFFFFFFF，共 2^{32} 字节的内存，即 4GB 内存。所以，GDTR 的 32 位线性基地址部分保存的是全局描述符表在内存中的起始线性地址，16 位边界部分保存的是全局描述符表的边界（界限），其在数值上等于表的大小（总字节数）减一。

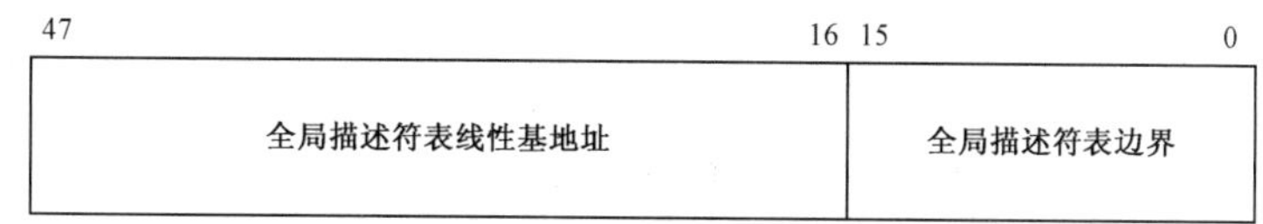

图 12-1 全局描述符表寄存器 GDTR

换句话说，全局描述符表的界限值就是表内最后 1 字节的偏移量。第 1 字节的偏移量是 0，最后 1 字节的偏移量是表大小减一。如果界限值为 0，表示表的大小是 1 字节。

因为 GDT 的界限是 16 位的，所以，该表最大是 2^{16} 字节，也就是 65536 字节（64KB）。又因为一个描述符占 8 字节，故最多可以定义 8192 个描述符。实际上，不一定非得这么多，到底有多少，视需要而定，但最多不能超过 8192 个。

理论上，全局描述符表可以位于内存中的任何地方。但是，如图 12-2 所示，由于在进入保护模式之后，处理器要立即按新的内存访问模式工作，所以，必须在进入保护模式之前定义 GDT。但是，由于在实模式下只能访问 1MB 的内存，故 GDT 通常都定义在 1MB 以下的内存范围中。当然，允许在进入保护模式之后换个位置重新定义 GDT。

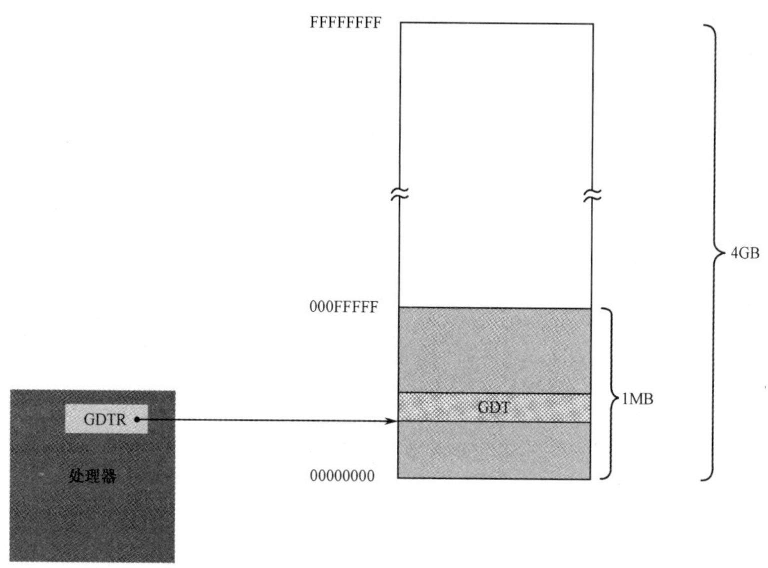

图 12-2 GDT 和 GDTR 的关系

12.3 存储器的段描述符

和往常一样，在程序的开始部分要初始化各个段寄存器。代码清单 12-1 第 7～9 行用于初始化栈，使栈段的逻辑段地址和代码段相同，并使栈指针寄存器 SP 指向 0x7c00。这是个分界线，从这里，代码向上扩展，而栈向下扩展。

要进入保护模式，必须先定义全局描述符表 GDT 并在其中安装段描述符。但是，把 GDT 定义在哪里呢？这个位置可以随意选择。

为了方便我们根据自己的喜好来指定GDT的起始位置，代码清单 12-1 第 71 行，声明了标号 gdt_base 并用伪指令dd开辟了一个双字的位置，用来填写GDT的起始物理地址。尽管这个位置是可以随意指定的，但我们还是在程序中指定了一个默认的位置：0x00007e00，如果不喜欢这个位置，你可以修改它。

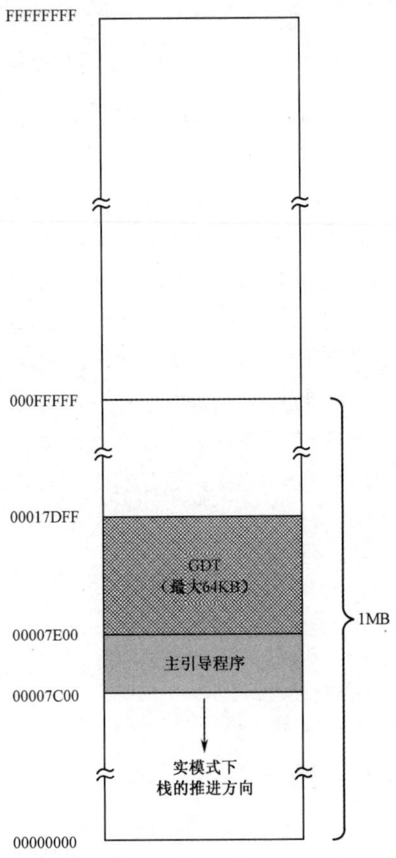

在主引导程序中将GDT的位置设置为0x00007e00是有意的，如图 12-3 所示，在实模式下，主引导程序的加载位置是 0x0000:0x7c00，也就是物理地址 0x07c00。因为现在的地址是 32 位的，所以它现在对应着物理地址 0x00007c00。主引导扇区程序共 512（0x200）字节，所以，我们决定把GDT设在主引导程序之后，也就是物理地址 0x00007e00 处。因为 GDT 最大可以为 64KB，所以，理论上，它的尺寸可以扩展到物理地址 0x00017dff 处。

图 12-3　进入保护模式前的内存映象

相应的，因为栈指针寄存器 SP 被初始化为 0x7c00，和 CS 一样，栈段寄存器 SS 被初始化为 0x0000，而且栈是向下扩展的，所以，从 0x00007c00 往下的区域是实际上可用的栈区域。只不过，该区域包含了很多 BIOS 数据，包括实模式下的中断向量表，所以一定要小心。这是没有办法的事，在实模式下，处理器不会为此负责，只能靠你自己。

实模式和保护模式在内存访问上是有区别的，在保护模式下，你不能说访问哪个段就访问哪个段，在访问之前，必须先在 GDT 内定义这个段的描述符。也许你觉得多此一举，“想访问哪段内存，我就在 GDT 中定义一个描述符，这和直接访问有什么区别？反正也能随心所欲，只不过多了一道手续，这又谈何限制和保护呢？”

实际上并非如此。如果整个计算机系统中只有一个程序在工作，那当然是正确的，没什么可说的。问题在于，应用程序是在操作系统的支持下运行的，而且会有很多程序共同在操作系统上运行。想想你平时玩的电子游戏、音视频播放器、文字处理软件，以及各种各样的其他程序，它们都依靠Windows的支撑才能运行。所以，描述符不是由用户程序自己建立的，而是在加载时，由操作系统根据你的程序结构而建立的，而用户程序通常是无法建立和修改 GDT 的，也就只能老老实实地在操作系统为它划定的地盘上工作。在这种情况下，操作系统为你的程序建立了几个段，你就只能在这些段内工作，超出这个范围，或者未按预定的方法访问这些段，都将被处理器阻止。

一旦确定了 GDT 在内存中的起始位置，下一步的工作就是确定要访问的段，并在 GDT 中为这些段创建各自的描述符。

如图 12-4 所示，每个描述符在 GDT 中占 8 字节，也就是 2 个双字，或者说是 64 位。图中，下面是低 32 位（低双字），上面是高 32 位（高双字）。

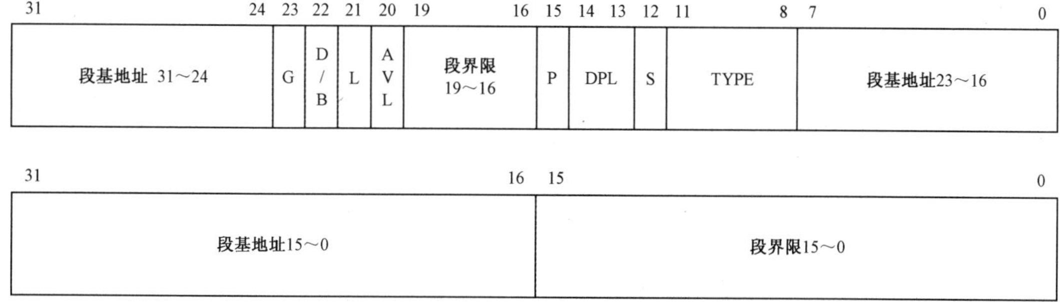

图 12-4 存储器的段描述符格式

很明显，描述符中指定了 32 位的段起始地址，以及 20 位的段边界。在实模式下，段地址并非真实的物理地址，在计算物理地址时，还要左移 4 位（乘以 16）。和实模式不同，在 32 位保护模式下，段地址是 32 位的线性地址，如果未开启分页功能，该线性地址就是物理地址。页功能将在后面的章节里专门讲解，而且开启页功能需要做很多准备工作。目前，如果没有特别说明，线性地址就是物理地址。

描述符中的段基地址和段界限不是连续的，把它们分成几段似乎不科学。但这也是没有办法的事，这是从 80286 处理器上带来的后遗症。80286 也是 16 位的处理器，也有保护模式，但属于 16 位的保护模式。而且，其地址是 24 位的，允许访问最多 16MB 的内存。尽管 80286 的 16 位保护模式从来也没形成气候，但是，32 位处理器为了保持同 80286 的兼容，只能在旧描述符的格式上进行扩充，这是不得已的做法。

段基地址可以是 0～4GB 范围内的任意地址，不过，还是建议应当选取那些 16 字节对齐的地址。尽管对于 INTEL 处理器来说，允许不对齐的地址，但是，对齐能够使程序在访问代码和数据时的性能最大化。这一点，对于那些学过计算机原理，特别是了解内存芯片组织的人来说，是最清楚不过的。

20 位的段界限用来指定段的边界，实际上也决定了段的大小。因为访问内存的方法是用段基地址加上偏移量，所以，这里有两种决定段大小的方法。一种是规定偏移量从 0 开始，那么偏移量的最大值就是段边界。这种方法适用于任何类型的段，包括代码段、数据段和栈段。另一种决定段大小的方法则正好相反，段内偏移量是从最大值开始往下递减的，而且这种方法是为栈段设计的。访问栈段时，取决于段描述符中的 B 位（马上就要讲到），可能使用 SP，也可能使用 ESP。如果是使用 SP，段内偏移量的最大值是 0xFFFF；如果是使用 ESP，段内偏移量的最大值是 0xFFFFFFFF。无论如何，对于这种段，描述符中的段界限就是段内不可使用的最小偏移量。

G 位是粒度（Granularity）位，用于解释段界限的含义。当 G 位是“0”时，段界限以字节为单位。此时，段的扩展范围是从 1 字节到 1 兆字节（1B～1MB），因为描述符中的界限值是 20 位的。相反，如果该位是“1”，那么，段界限是以 4KB 为单位的。这样，段的扩展范围（段的大小）是从 4KB 到 4GB。

S 位用于指定描述符的类型（Descriptor Type）。当该位是“0”时，表示是一个系统段；为“1”时，表示是一个代码段或者数据段（栈段也是特殊的数据段）。系统段将在以后介绍。

DPL 表示描述符的特权级（Descriptor Privilege Level，DPL）。共有 4 种处理器支持的特权级别，分别是 0、1、2、3，其中 0 是最高特权级别，3 是最低特权级别。

特权级是一个数字，可以赋给一个程序，用来决定该程序能够执行哪些指令，或者能够访问哪些系统资源；也可以赋给系统资源，用来决定哪些程序可以访问它们。

刚进入保护模式时执行的代码具有最高特权级 0（可以看成从实模式那里继承来的），这些代码通常都是操作系统代码，因此它的特权级别最高。每当操作系统加载一个用户程序时，它通常都会指定一个稍低的特权级，比如 3 特权级。不同特权级别的程序是互相隔离的，其互访是严格限制的，而且有些处理器指令（特权指令）只能由 0 特权级的程序来执行，为的就是安全。

在这里，描述符的特权级用于指定要访问该段所必须具有的最低特权级。如果这里的数值是 2，那么，只有特权级别为 0、1 和 2 的程序才能访问该段，而特权级为 3 的程序访问该段时，处理器会予以阻止。特权级将在以后专门讲解，谁也不希望自己的特权级最低，何况现在有随便决定段特权级别的权力和自由。那么，好吧，我们现在一律将特权级设定为最高的 0。

P 是段存在位（Segment Present）。P 位用于指示描述符所对应的段是否存在。一般来说，描述符所指示的段都位于内存中。但是，当内存空间紧张时，有可能只是建立了描述符，对应的内存空间并不存在，这时，就应当把描述符的 P 位清零，表示段并不存在。另外，同样是在内存空间紧张的情况下，会把很少用到的段换出到硬盘中，腾出空间给当前急需内存的程序使用（当前正在执行的），这时，同样要把段描述符的 P 位清零。当再次轮到它执行时，再装入内存，然后将 P 位置 1。

P 位是由处理器负责检查的。每当通过描述符访问内存中的段时，如果 P 位是“0”，处理器就会产生一个异常中断。通常，该中断处理过程是由操作系统提供的，该处理过程的任务是负责将该段从硬盘换回内存，并将 P 位置 1。在多用户、多任务的系统中，这是一种常用的虚拟内存调度策略。当内存很小而运行的程序很多时，如果计算机的运行速度变慢，并伴随着繁忙的硬盘操作，说明这种情况正在发生。

D/B 位是“默认操作尺寸”（Default Operation Size）或者“默认的栈指针尺寸”（Default Stack Pointer Size），又或者“上部边界”（Upper Bound）标志。

设立该标志位，主要是为了能够在 32 位处理器上兼容运行 16 位保护模式的程序。尽管这种程序现在已经非常罕见了，但它毕竟存在过。兼容，这是 INTEL 公司能够兴旺发达的重要因素。

该标志位对不同的段有不同的效果。对于代码段，此位称作“D”位，用于指示指令中默认的有效地址和操作数尺寸。D=0 表示指令中的有效地址或者操作数是 16 位的；D=1，指示 32 位的有效地址或者操作数。

举个例子，如果代码段描述符的 D 位是 0，那么，当处理器在这个段上执行时，将使用 16 位的指令指针寄存器 IP 来取指令，访问内存时，强制使用 16 位的有效地址；否则，使用 32 位的 EIP，访问内存时，使用 32 位的有效地址。

对于栈段和向下扩展的数据段来说，该位被叫作“B”位，用于指定在进行隐式的栈操作时，是使用寄存器 SP 还是寄存器 ESP，隐式的栈操作指令包括 push、pop 和 call 等。如果该位是“0”，在访问那个段时，使用寄存器 SP，否则就是使用寄存器 ESP。

对于向下扩展的段来说，如果 B 位是 0，段的下部边界由前面所说的段界限确定，段的上部边界是 0xFFFF；如果 B 位是 1，段的下部边界也由前面所说的段界限确定，段的上部边界是 0xFFFFFFFF。

对于本书来说，它应当为“1”。本书不过多涉及 16 位保护模式，它已经非常罕见了。

L 位是 64 位代码段标志（64-bit Code Segment），保留此位给 64 位处理器使用。目前，我们将此位置“0”即可。

TYPE 字段共 4 位，用于指示描述符的子类型，或者说是类别。如表 12-1 所示，对于数据段来说，这 4 位分别是 X、E、W、A 位；而对于代码段来说，这 4 位则分别是 X、C、R、A 位。

表 12-1 代码段和数据段描述符的 TYPE 字段

X	E	W	A	描述符类别	含 义
0	0	0	×	数据	只读
0	0	1	×		读、写
0	1	0	×		只读，向下扩展
0	1	1	×		读、写，向下扩展
X	C	R	A	描述符类别	含 义
1	0	0	×	代码	只执行
1	0	1	×		执行、读
1	1	0	×		只执行，依从的代码段
1	1	1	×		执行、读，依从的代码段

在表 12-1 中，X 表示是否可以执行（eXecutable）。数据段总是不可执行的，X=0；代码段总是可以执行的，X=1。

对于数据段来说，E 位指示段的扩展方向。E=0 是向上扩展的，也就是向高地址方向扩展的，是普通的数据段；E=1 是向下扩展的，也就是向低地址方向扩展的，通常是栈段。

在这里有一点需要特别说明，段的扩展方向和栈的推进方向不是一回事。栈始终是从高地址方向往低地址方向推进的，这一点没有改变。但是，可以使用向上扩展的段作为栈段，也可以使用向下扩展的段作为栈段。**段的扩展方向仅仅用来决定段界限的含义，同时也决定了段内偏移量的范围。**有关这部分内容，我们将会在后面进一步详细阐述。

W 位指示段的读写属性，或者说段是否可写，W=0 的段是不允许写入的，否则会引发处理器异常中断；W=1 的段是可以正常写入的。

对于代码段来说，C 位指示段是否为特权级依从的（Conforming）。C=0 表示非依从的代码段，这样的代码段可以从与它特权级相同的代码段调用，或者通过门调用；C=1 表示允许从低特权级的程序转移到该段执行。关于特权级和特权级检查的知识将在第 16 章介绍。R 位指示代码段是否允许读出。代码段总是可以执行的，但是，为了防止程序被破坏，它是不能写入的。至于是否有读出的可能，由 R 位指定。R=0 表示不能读出，如果企图去读一个 R=0 的代码段，会引发处理器异常中断；如果 R=1，则代码段是可以读出的，即可以把这个段的内容当成 ROM 一样使用。

也许有人会问，既然代码段是不可读的，那处理器怎么从里面取指令执行呢？事实上，这里的 R 属性并不是用来限制处理器的，而是用来限制程序和指令的行为的。一个典型的例子是使用段超越前缀“CS:”来访问代码段中的内容。

数据段和代码段的 A 位是已访问（Accessed）位，用于指示它所指向的段最近是否被访问过。在描述符创建的时候，应该清零。之后，每当该段被访问时，处理器自动将该位置“1”。对该位的清零是由软件（操作系统）负责的，通过定期监视该位的状态，就可以统计出该段的使用频率。当内存空间紧张时，可以把不经常使用的段退避到硬盘上，从而实现虚拟内存管理。

AVL 是软件可以使用的位（Available），通常由操作系统来用，处理器并不使用它。如果你把它理解成“好吧，该安排的都安排了，最后多出这么一位，不知道干什么用好，就给软件用吧”，我也不反对，也许 INTEL 公司也不会说些什么。

12.4 安装存储器的段描述符并加载 GDTR

现在开始安装各个描述符，让我们回到代码清单 12-1。

不要忘了，我们现在还处于实模式下。因此，在 GDT 中安装描述符，必须将 GDT 的线性地址（物理地址）转换成逻辑段地址和偏移地址。

前面说过，我们在标号 gdt_base 处开辟了一个双字来保存 GDT 的线性地址。代码清单的第 12 行，将 GDT 线性基地址的低 16 位传送到寄存器 AX 中。和从前一样，这里使用了段超越前缀“cs:”，表明是访问代码段中的数据。此时，代码段的逻辑段地址为 0，主引导程序就位于这个段中且偏移地址是 0x7c00。标号 gdt_base 代表的数值是它相对于主引导程序起始处的位移量，故这个数据的有效地址是 0x7c00+gdt_base。

同样的，第 13 行将 GDT 线性基地址的高 16 位传送到寄存器 DX。

第 14～15 行将取得的线性基地址转换成逻辑地址，也就是将 GDT 所在的内存位置当成一个段来进行操作。方法是将 DX:AX 除以 16，得到的商是逻辑段地址，余数是偏移地址。接着，第 17～18 行将寄存器 AX 中的逻辑段地址传送到数据段寄存器 DS 中，将偏移地址传送到寄存器 BX 中。

处理器规定，GDT 中的第一个描述符必须是空描述符，或者叫“哑描述符”、NULL 描述符，相信后者对于有 C 语言经历的读者来说更容易接受。

在后面我们将使用描述符选择子（简称选择子）来选择一个段描述符，并加载到段寄存器。描述符选择子包含了描述符在描述符表中的序号（索引号），如果选择的是 GDT 中的第一个描述符（0 号描述符），则选择子为 0。但是，一个未初始化的选择子往往也是 0，使用这样的描述符将默认选择 GDT 中的 0 号描述符，但未必是我们的本意。因此，处理器要求将第一个描述符定义成空描述符。

为此，第 21、22 行将两个全 0 的双字分别写入偏移地址为 BX 和 BX+4 的地方。

进入保护模式之后我们希望在屏幕上显示一行文本，表明我们“到此一游”。显示文本需要访问显存，要访问显存就必须将它定义成一个段，并创建一个描述符。第 25、26 行，用于安装一个数据段的描述符。

如图 12-5 所示，这是描述符各字节在内存中的映像。INTEL 处理器是低端字节序的，所以低双字在低地址端，高双字在高地址端；低字在低地址端，高字在高地址端；低字节在低地址端，高字节在高地址端。

同时，对照图 12-4，很明显，这个段具有以下性质：

```
线性基地址为 0x000B8000。
段界限为 0x0FFFF，粒度为字节（G=0）。即，该段的长度为 64KB。
属于存储器的段（S=1）。
这是一个 32 位的段（D=1）。
该段目前位于内存中（P=1）。
段的特权级为 0（DPL=00）。
这是一个可读可写、向上扩展的数据段（TYPE=0010）。
```

好了，现在所有的描述符都已经安装完毕，接下来的工作是加载描述符表的线性基地址和界限到寄存器 GDTR，这要使用 lgdt 指令，该指令的格式为

```
lgdt m              ;在有效地址 m 处，包含了 GDT 的 32 位线性地址和 16 位界限值，共 6 字节
```

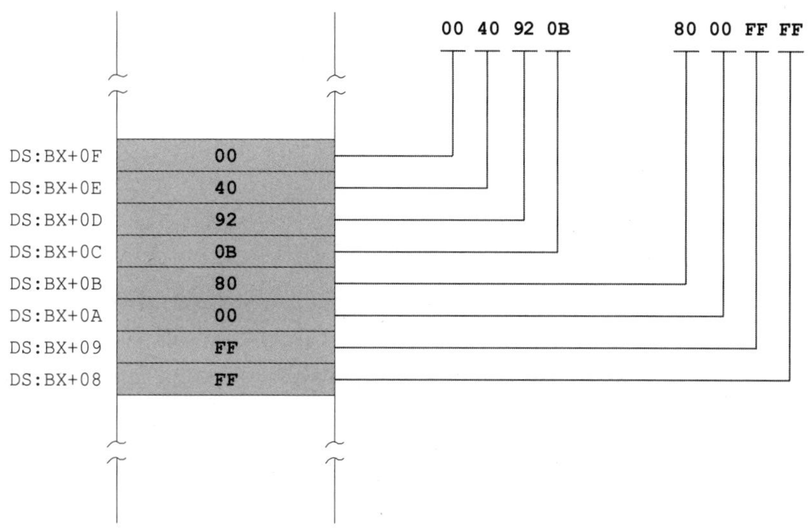

图 12-5 描述符各字节在内存中的映象

lgdt 指令从指定的内存地址处加载 6 字节的数据到寄存器 GDTR，其中包括 32 位的 GDT 线性地址及 16 位的界限值。该指令在实模式和保护模式下都可以执行，但是在实模式下使用 16 位的有效地址 m 访问内存；在 32 位保护模式下使用 32 位的有效地址 m 访问内存。

在这 6 字节的内存区域中，要求前（低）16 位是 GDT 的界限值，后（高）32 位是 GDT 的基地址。在初始状态下（计算机启动之后），寄存器 GDTR 的基地址被初始化为 0x00000000；界限值为 0xFFFF。

该指令不影响任何标志位。

为此，代码清单 12-1 第 29 行，将 GDT 的界限值 15 写入标号 gdt_size 所在的内存单元。与访问标号 gdt_base 处的数据一样，标号 gdt_size 处的这个字，其有效地址为 gdt_size+0x7c00。

这里共有 2 个描述符（包括空描述符），每个描述符占 8 字节，一共是 16 字节。GDT 的界限值是表的总字节数减去 1，所以是 15。

接着，第 31 行，把从标号 gdt_size 开始的 6 字节加载到寄存器 GDTR：

```
lgdt [cs: gdt_size+0x7c00]
```

因为 gdt_size 和 gdt_base 是连续声明的，紧挨在一起，所以，从 gdt_size 处读取 6 字节，就包括了 gdt_base。注意，到目前为止，我们依然工作在实模式下，而且不要忘了，指令中的偏移地址都要加上 0x7c00，这和前面访问 gdt_base 是一样的道理。

可以在 Bochs 中查看全局描述符表 GDT 的内容，具体方法参见本章 12.7.5 节。

◆ **检测点 12.1**

1．某描述符是 64 位的 0x004F9AFFFFFFFFFF，请问，段基地址是多少？段界限是多少？G、D、L、AVL、P、DPL、S 和 TYPE 各是什么？

2．32 位保护模式下，某段为数据段，基地址为 0x002FC0F0，段的长度为 2MB，粒度为 4KB，已经位于物理内存中，请给出其描述符的低 32 位和高 32 位。

12.5 关于第 21 条地址线 A20 的问题

在即将进入保护模式之前，这里还涉及一个历史遗留问题，那就是处理器的第 21 根地址线，编号 A20。“A”是 Address 的首字符，就是地址，A0 是第一根地址线，A31 是第 32 根地址线，所以，A20 就是第 21 根地址线。在 8086 处理器上运行程序不存在 A20 问题，因为它只有 20 根地址线。

实模式下的程序只能寻址 1MB 内存，那是因为它依赖 16 位的段地址左移 4 位，加上 16 位的偏移地址来访问内存。当逻辑段地址达到最大值 0xFFFF 时，再加 1，就会因进位而绕回到 0x0000，因为段寄存器只能保留 16 位的结果。至于段内偏移地址，也是如此。

这个问题可以从另一个角度来解释得更清楚一点。无论如何，从 8086 处理器外部来看，每次当物理地址达到最高端 0xFFFFF 时，再加 1，结果为 0x100000。但因为它只能维持 20 位的地址，故进位自然丢失，地址又绕回最低地址端 0x00000。程序员，你是知道的，他们喜欢钻研，更喜欢利用硬件的某些特性来展示自己的技术，很难说在当年有多少程序在依赖这个回绕特性工作着。

到了 80286 时代，处理器有 24 条地址线，地址回绕好像不灵了，因为比 0x0FFFFF 大的数是 0x100000，80286 处理器可以维持 24 位的地址数据，进位不会被丢弃。那个时代，正是商业机器公司 IBM 生意火红的时候，主导着个人计算机市场。为了能在 80286 处理器上运行 8086 程序而不会因地址线而产生问题，它们决定在主板上动一动手脚。

其实问题的解决办法很简单，只需要强制第 21 根地址线恒为“0”就可以了。这样，0x0FFFFF 加 1 的进位被强制为“0”，结果是 0x000000；再加 1，是 0x000001……永远和实模式一样。

于是，如图 12-6 所示，IBM 公司使用一个与门来控制第 21 根地址线 A20，并把这个与门的控制阀门放在键盘控制器内，端口号是 0x60。向该端口写入数据时，如果第 1 位是“1”，那么，键盘控制器通向与门的输出就为“1”，与门的输出就取决于处理器 A20 是“0”还是“1”。

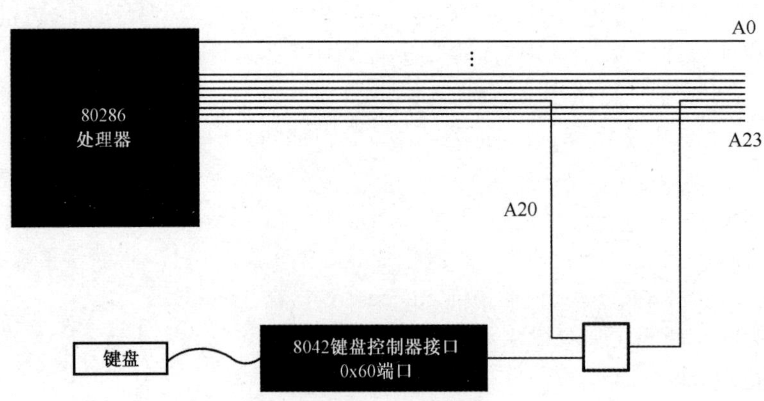

图 12-6　早期的 A20 控制策略

不过，这种做法非常烦琐，因为要访问键盘控制器，需要先判断状态，要等待键盘控制器不忙，至少需要十几个步骤，需要的指令数量比本章的代码清单 12-1 还多。

这种做法持续了若干年，直到 80486 处理器推出后，才有了更快速的办法。相信在此期间，INTEL 公司和 IBM 公司都听到了不少的抱怨，为什么进入保护模式这么麻烦，一定要改改。从 80486 处理器开始，处理器本身就有了 A20M#引脚，意思是 A20 屏蔽（A20 Mask），它是低电平有效的。

如图 12-7 所示，输入输出控制器集中芯片 ICH 的处理器接口部分，有一个用于兼容老式设备的端口 0x92，第 7～2 位保留未用，第 0 位叫作 INIT_NOW，意思是“现在初始化”，用于初始化处理器，当它从 0 过渡到 1 时，ICH 芯片会使处理器 INIT#引脚的电平变低（有效），并保持至少 16 个 PCI 时钟周期。通俗地说，向这个端口写 1，将会使处理器复位，导致计算机重新启动。

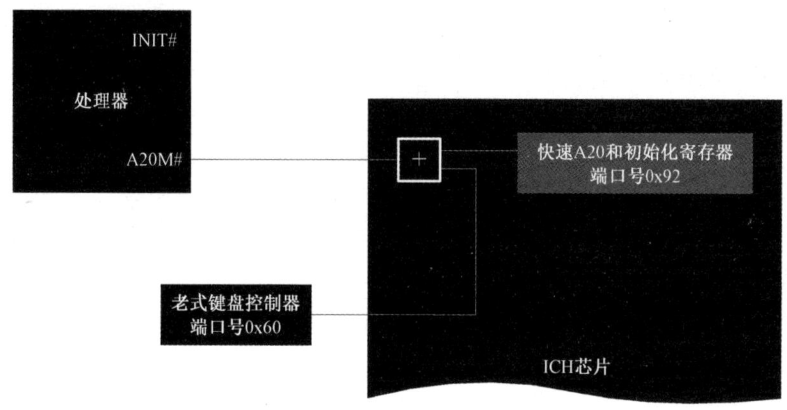

图 12-7 改进后的 A20 控制策略

端口 0x92 的位 1 用于控制 A20，叫作替代的 A20 门控制（Alternate A20 Gate，ALT_A20_GATE），它和来自键盘控制器的 A20 控制线一起，通过或门连接到处理器的 A20M#引脚。和使用键盘控制器的端口不同，通过 0x92 端口显得非常迅速，也非常方便快捷，因此称为 Fast A20。

当 INIT_NOW 从 0 过渡到 1 时，ALT_A20_GATE 将被置“1”。这就是说，计算机启动时，第 21 根地址线是自动启用的。A20M#信号仅用于单处理器系统，多核处理器一般不用。特别是考虑到传统的键盘控制器正逐渐被 USB 键盘代替，这些老式设备也许很快就会消失。

接着来看代码清单 12-1。

端口 0x92 是可读写的，第 33～35 行，先从该端口读出原数据，接着，将第 2 位（位 1）置“1”，然后再写入该端口，这样就打开了 A20。

12.6 保护模式下的内存访问

一路披荆斩棘之后，你已经到达实模式和保护模式的分界线了。同时，你会发现，控制这两种模式切换的开关原是在一个叫 CR0 的寄存器。

CR0 是处理器内部的控制寄存器（Control Register，CR）。之所以有个“0”后缀，是因为还有 CR1、CR2、CR3 和 CR4 控制寄存器，甚至还有 CR8。

CR0 是 32 位的寄存器，包含了一系列用于控制处理器操作模式和运行状态的标志位。如图 12-8 所示，它的第 1 位（位 0）是保护模式允许位（Protection Enable，PE），是开启保护模式大门的门把手，如果把该位置“1”，则处理器进入保护模式，按保护模式的规则开始运行。你可能会问，为什么只标识了一个 PE 位，还把图画那么大。很简单，随着讲解的深入，我们还要接触其他标志位，把图的比例画得一致更好一些。

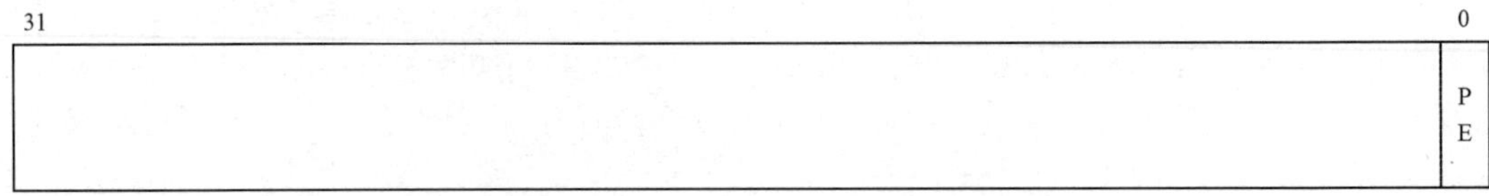

图 12-8　控制寄存器 CR0 的 PE 位

保护模式下的中断机制和实模式不同，因此，原有的中断向量表不再适用，而且，必须要知道的是，在保护模式下，BIOS 中断都不能再用，因为它们是 16 位的代码。在重新设置保护模式下的中断环境之前，必须关中断，这就是第 37 行的用意。

第 39 行，将 CR0 寄存器中的原有内容传送到寄存器 EAX，准备修改它；第 40 行，将它的第 1 位（位 0）置“1”，其他各位保持原来的状态不变；第 41 行，将修改之后的内容重新写回 CR0，这直接导致处理器的运行变成保护模式。

可以在 Bochs 调试窗口中察看各个控制寄存器的内容，具体方法参见本章 12.7.6 节。你可以在 mov cr0,eax 指令执行前和执行后各查看一次，重点关注 CR0 寄存器 PE 位的前后变化。

我们知道，在实模式下，处理器访问内存的方式是将段寄存器的内容左移 4 位，再加上偏移地址，以形成 20 位的物理地址。

8086 处理器的段寄存器是 16 位的，共有 4 个：CS、DS、ES 和 SS。而在 32 位处理器内，在原先的基础上又增加了两个段寄存器 FS 和 GS。

如图 12-9 所示，在 32 位处理器上，这 6 个段寄存器还各自包括一个不可见的部分，叫作描述符高速缓存器，用来存放段的线性基地址、段界限和段属性。既然不可见，那就是处理器不希望我们访问它。事实上，我们也没有任何办法来访问这些不可见的部分，它是由处理器内部使用的。

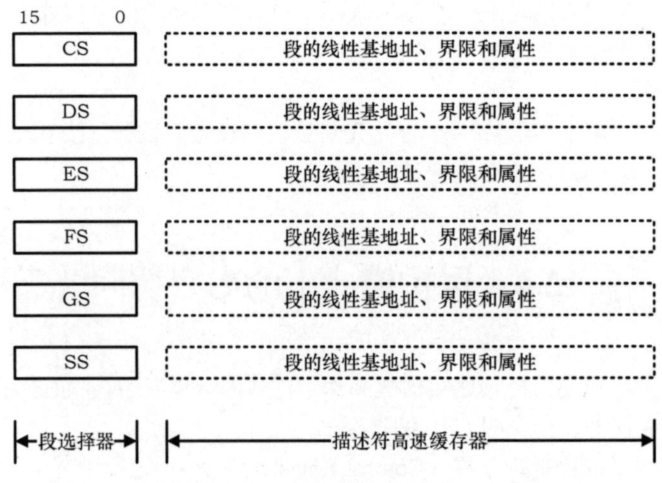

图 12-9　32 位处理器内的段寄存器

在实模式下，段寄存器的使用和 8086 相同，所以使得 8086 的程序可以继续在 32 位处理器上运行。在实模式下，访问内存用的是逻辑地址，即将段地址乘以 16，再加上偏移地址。下面是一个例子：

```
mov cx, 0x2000
mov ds, cx
mov [0xc0], al
mov cx, 0xb800
mov ds, cx
mov [0x02], ah
```

以上，首先将段寄存器 DS 的内容置为 0x2000，这是逻辑段地址。接着，向该段内偏移地址为 0x00c0 的地方写入 1 字节（在寄存器 AL 中），写入时，处理器将 DS 的内容左移 4 位，加上偏移地址，实际写入的物理地址是 0x200c0。

在 8086 处理器上，这是正确的。但是，在 32 位处理器上，即使是在实模式下，这个过程也稍有不同。首先，每当引用一个段时，处理器自动将段地址左移 4 位，并传送到描述符高速缓存器。此后，就一直使用描述符高速缓存器的内容作为段的线性基地址。所谓引用一个段，就是执行将段地址传送到段寄存器的指令。如

```
jmp 0xf000:0x5000
```

以上是引用代码段的一个例子，因为代码段的修改通常是用转移和调用指令进行的。如果是引用数据段，则一般采用以下形式：

```
mov ax, 0x2000
mov ds, ax
```

这两条指令执行后，只要不改变段寄存器 DS 的内容，以后每次内存访问都直接使用 DS 描述符高速缓存器中的内容。但是，在实模式下只能向段寄存器传送 16 位的逻辑段地址（即，处理器不把它看成描述符选择子），故，处理器仍然只能访问 1MB 内存。也就是说，在实模式下，段寄存器描述符高速缓存器的内容仅低 20 位有效，高 12 位全部是零。

如图 12-9 所示，在保护模式下，段寄存器 CS、DS、ES、FS、GS 和 SS 用作段选择器。在保护模式下，尽管访问内存时也需要指定一个段，但传送到段寄存器的内容不是逻辑段地址，而是段描述符在描述符表中的索引号。

如图 12-10 所示，在保护模式下访问一个段时，传送到段寄存器的是段选择子。它由三部分组成，第一部分是描述符的索引号，用来在描述符表中选择一个段描述符。TI 是描述符表指示器（Table Indicator），TI＝0 时，表示描述符在 GDT 中；TI＝1 时，描述符在 LDT 中。LDT 的知识将在后面进行介绍，它也是一个描述符表，和 GDT 类似。RPL 是请求特权级，表示给出当前选择子的那个程序的特权级别，正是该程序要求访问这个内存段。每个程序都有特权级别，也将在后面慢慢介绍，现在只需要将这两位置成“00”即可。

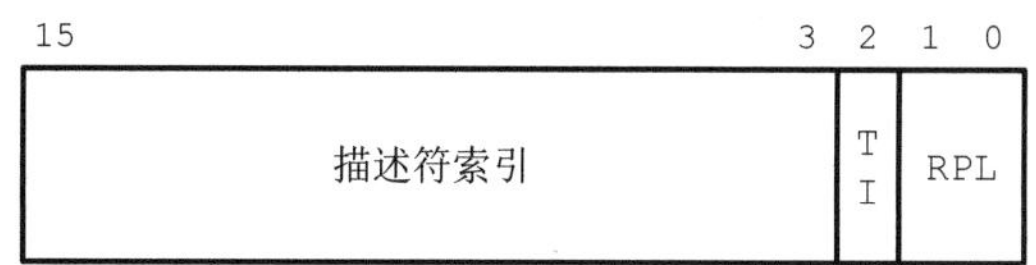

图 12-10 段选择子的组成

为了说明保护模式下的内存访问，让我们回到代码清单 12-1。前面已经创建了全局描述符表（GDT），而且在表中定义了 1 个段描述符。因为表内描述符的编号是从 0 开始的，所以它的索引号（或者叫编号、槽位号）是 1。

代码清单 12-1 第 45、46 行，将描述符选择子 0x0008（二进制数 0000_0000_00001_0_00）传送到段选择器 DS 中。从选择子的二进制形式可以看出，指定的描述符索引号是 1，指定的描述符表是 GDT，请求特权级 RPL 是 00。

GDT 的线性基地址在 GDTR 中，又因为每个描述符占 8 字节，因此，描述符在表内的偏移地址是索引号乘以 8。如图 12-11 所示，当处理器在执行任何改变段选择器的指令时（比如 pop、mov、jmp far、call far、iret、retf），就将指令中提供的索引号乘以 8 作为偏移地址，同 GDTR 中提供的线性基地址相加，以访问 GDT。如果没有发现什么问题（比如超出了 GDT 的界限），就自动将找到的描述符加载到不可见的描述符高速缓存部分。

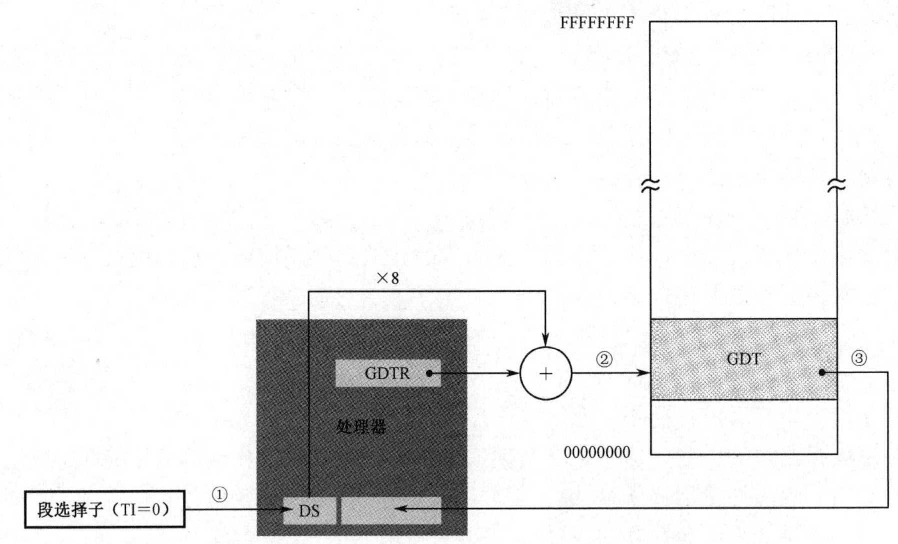

图 12-11　段选择器和描述符高速缓存器的加载过程

加载的部分包括段的线性基地址、段界限和段的访问属性。在当前的例子中，线性基地址是 0x000b8000，段界限是 0x0ffff，段的属性是向上扩展，可读写的数据段，粒度为字节。

此后，每当有访问内存的指令时，就不再访问 GDT 中的描述符，直接用当前段寄存器描述符高速缓存器提供线性基地址。因此，第 49 行，因为指令中没有段超越前缀，故默认使用数据段寄存器 DS。如图 12-12 所示，执行这条指令时，处理器用 DS 描述符高速缓存中的线性基地址加上指令中给出的偏移量 0x00，形成 32 位物理地址 0x000b8000，并将字符“P”的 ASCII 码写入该处。

不单是访问数据段，即使在处理器取指令执行时，也采用了相同的方法。如图 12-13 所示，在 32 位保护模式下，处理器使用的指令指针寄存器是 EIP。假设已经从描述符表中选择了一个段描述符，CS 描述符高速缓存器已经装载了正确的 32 位线性基地址，那么，当处理器取指令时，会自动用描述符高速缓存器中的 32 位线性基地址加上指令指针寄存器 EIP 中的 32 位偏移量，形成 32 位物理地址，从内存中取得指令并加以执行。同时，EIP 的内容自动增加以指向下一条指令。当前指令执行完毕之后，处理器接着按上述方式取下一条指令加以执行。

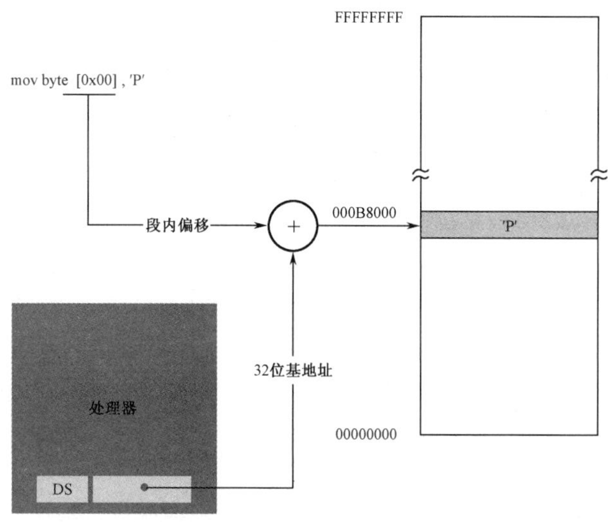

图 12-12 保护模式下的内存访问

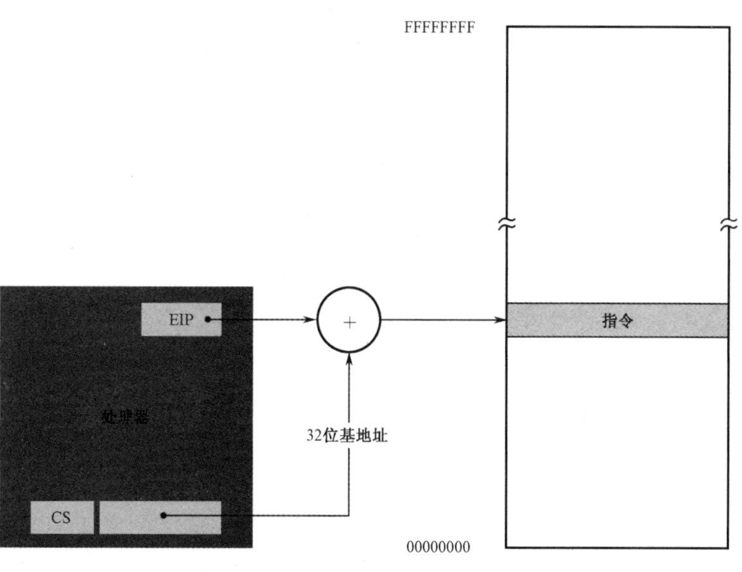

图 12-13 保护模式下处理器取指令的过程

尽管我们一直强调，保护模式下的段访问机制和实模式不同，而且我们在进入保护模式之后立即用新的机制访问显存并写入字符，但并没有重新设置段寄存器 CS。不过我们发现，处理器照样能够往下执行，照样从先前的代码段取指令并执行指令，似乎并不需要使用新的段访问机制也能工作，这是怎么回事呢？

我们刚才说过，在 32 位处理器上，即使是在实模式下，在执行访问内存的指令时（包括取指令时）也并非是将逻辑段地址左移 4 位，加上指令中提供的有效地址。相反，它同样是用段描述符高速缓存器中的 32 位线性基地址加上指令中提供的有效地址。至于说段描述符高速缓存器中的基地址是怎么来的，那是在我们访问内存之前，通常要执行一条将逻辑段地址代入段寄存器的指令。此时，处理器将逻辑段地址左移 4 次，形成 20 位地址，左侧补 0，补足 32 位后再传送到段描述符高速缓存器。此后，就直接使用这个 32 位的段地址访问内存（包括取指令）。

因此，在进入保护模式之前，处理器就已经在使用 CS 描述符高速缓存器里的基地址从代码段取指令并执行指令。在进入主引导程序后，段寄存器 CS 的内容已经被设置为 0，可以想见，在当初设置 CS 的时候，处理器用逻辑段地址 0 左移 4 次，再零扩展到 32 位，传送到 CS 描述符高速缓存器。此后，处理器就直接用 CS 描述符高速缓存器中的基地址取指令、执行指令，除非是执行一条改变 CS 内容的指令。

在整个主引导程序中，我们没有执行任何改变 CS 的指令（即使是在进入保护模式后，也没有执行这样的指令）。所以，进入保护模式后，处理器依然是用 CS 描述符高速缓存器里的 32 位基地址来取指令和执行指令。当然，你必须清楚，一旦进入保护模式，如果要修改 CS 的内容，就不能是逻辑段地址了，而必须是代码段描述符选择子。

实模式属于 16 位的工作模式，默认的数据操作尺寸是 16 位的，而且使用 16 位的有效地址访问内存。在 32 位处理器出现之前，80286 处理器也支持保护模式，但由于这款处理器也是 16 位处理器，所以它的保护模式属于 16 位保护模式。

实模式和 16 位保护模式都是 16 位的工作模式，在这两种工作模式下，指令的格式和寻址方式相同，执行相同的操作，默认的数据操作尺寸都是 16 位的，使用 16 位有效地址访问内存。唯一不同的地方在于，实地址模式下传送到段寄存器的是逻辑段地址，而 16 位保护模式下传送到段寄存器的是段选择子。

在我们的主引导程序中，进入保护模式后，因为没有刷新 CS 描述符高速缓存器，所以处理器直接从实模式进入 16 位保护模式。之所以会这样，其实和 CS 描述符高速缓存器中的 D 位有关。我们知道，段描述符中的 D 位决定了段的默认操作尺寸，D=0 表明默认操作尺寸是 16 位的。如果是在保护模式下，D=0 就是 16 位保护模式；D=1 表明默认操作尺寸是 32 位的。

在开机之后，CS 描述符高速缓存器中的 D 位就是 0，处理器按 16 位进行操作。进入保护模式之后，如果用一个 D 位是 1 的描述符来刷新 CS 描述符高速缓存器，则处理器进入 32 位保护模式工作。

但实际的情况是，进入保护模式后，我们没有刷新 CS 描述符高速缓存器，所以 CS 描述符高速缓存器中的 D 位依然是 0，处理器工作在 16 位保护模式下。

我们刚才说了，进入保护模式后，虽然没有刷新 CS 及其描述符高速缓存器，但它残留的内容依然可用于取指令和执行指令。另外，实模式和 16 位保护模式都是 16 位工作模式，机器指令的格式相同，这就保证了处理器能够在进入保护模式后，继续执行后面的 16 位代码。

但是，在后续的代码中，要在屏幕上显示字符，就必须切换到显示缓冲区所在的段。因为是在保护模式下，就不能用逻辑段地址来刷新 DS，而必须使用段选择子。

12.7 程序的运行和调试

12.7.1 运行程序并观察结果

编译代码清单 12-1，生成二进制文件 c12_mbr.bin。先用 FixVhdWr 工具将此文件写入虚拟硬盘的主引导扇区，然后启动虚拟机，如果没有问题的话，显示的结果应当如图 12-14 所示。

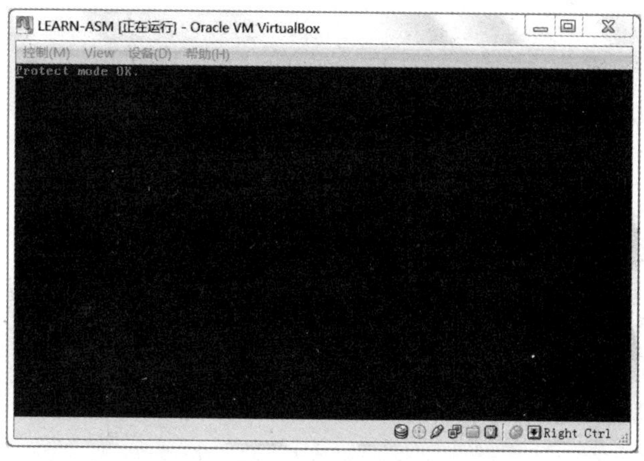

图 12-14 本章程序的运行结果

12.7.2 处理器刚加电时的段寄存器状态

在 x86 处理器加电后，它的固件会对自身进行初始化，还可以选择执行一个内置的自测试（Build-In Self-Test，BIST）。如果执行了 BIST，那么，当测试通过后，寄存器 EAX 被清零，否则，EAX 的内容为非零。如果不执行 BIST，那么，寄存器 EAX 的内容默认也是 0。在这些工作完成后，才开始取指令和执行指令。

不管怎样，当处理器初始化完成后，它内部的各个寄存器，包括通用寄存器、段寄存器、控制寄存器、指令指针寄存器 EIP、栈指针寄存器 ESP，以及我们尚未接触过的其他寄存器，都会有一个预置的值。至于它们的初始值是什么，可以查阅相关资料，比如 INTEL 公司的手册 Intel® 64 and IA-32 Architectures Software Developer's Manual，它和本书一起，是你案头必备的资料（网上有大量的下载链接）。当然，如果不想查阅手册，Bochs 也能帮上你的忙。

Bochs 用软件来模拟处理器的工作，所以它有这个能力。要想知道处理器加电后，各个寄存器都预置了什么内容，可以选择在它执行第一条指令之前，使用调试命令来显示它们。比如，可以用“r”命令显示各个通用寄存器的初始内容。当然，我们现在只想知道各个段寄存器中都有些什么。

如图 12-15 所示，在处理器开始执行它本次加电以来的第一条指令前，可以用“sreg”命令查看各个段寄存器此时的状态。显然，段寄存器 CS 的内容是 0xF000，而其他段寄存器都是 0。

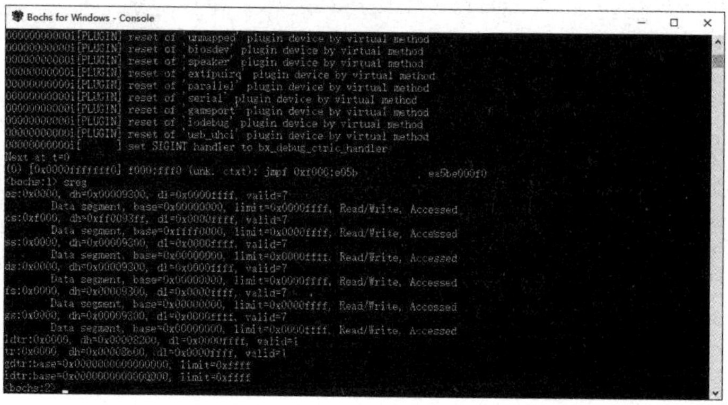

图 12-15 x86 处理器加电后的段寄存器状态

图中还显示了段寄存器描述符高速缓存器的内容，这些内容也是加电之后预置的。首先，“dh”是段描述符的高 32 位；“dl”是段描述符的低 32 位。因为是加电预置的内容，并非来自描述符表，所以，“dh”和“dl”的内容是 Bochs 根据段寄存器描述符高速缓存器的内容构造的。

与此同时，Bochs 还根据各个段寄存器描述符高速缓存器的内容，给出了摘要信息。其中，“Data segment”表示该段是数据段；“base”指示段的基地址；“limit”指示段的界限；“Read/Write”表示段可读可写；“Accessed”指示段曾经被访问过。

8086 处理器访问内存时，是把 16 位段寄存器的内容左移 4 位，加上 16 位偏移地址，比如

```
    mov ax, [0x06]
```

在 32 位处理器上，每次向段寄存器传送逻辑段地址时，处理器即在段寄存器描述符高速缓存器中存放一个左移后的 20 位基地址。一个典型的例子是

```
    mov ds, ax
```

因此，即使在实模式下，处理器也是用段寄存器描述符高速缓存器的 32 位基地址加上 16 位偏移地址访问内存，只不过基地址的高 12 位通常是 0。当然，也有一个例外，那就是在处理器刚加电时，CS 段描述符高速缓存器中的基地址被预置为 0xFFFF0000，这使得处理器取第一条指令时，地址线的高位部分被强制为“1”。又因为加电后，EIP 的预置内容是 0x0000FFF0，故，处理器第一次取指令时发出的地址是 0xFFFFFFF0。之所以这样做，是因为处理器的设计者希望把 ROM-BIOS 放到 4GB 可寻址内存范围的最高端，这样，4GB 以下，连同传统的低端 1MB 都是连续的 RAM 区，连续的、不间断的 RAM 能为操作系统管理内存带来方便。

问题在于，计算机制造商们会考虑很多现实问题。老的硬件和软件依赖于低端 1MB 的 ROM-BIOS 来工作，这涉及兼容性。最终，这两个地址区段都指向同一块 ROM 芯片。

从图 12-16 中可以看到，即将执行的第一条指令是 jmp far f000:e05b（jmp 0xf000:0xe05b），这是处理器加电后，第一次发出地址时将会取到的指令。当这条指令执行后，处理器用 0xF000 的值左移 4 位，存放到段寄存器描述符高速缓存器。于是，处理器地址线的高位部分不再为“1”，这又转到低地址端的 BIOS 执行了。如图 12-16 所示，当执行远转移指令后，CS 描述符高速缓存器中的基地址变为 0x000F0000，下一条指令 xor ax,ax 的物理地址是 0x000FE05B。

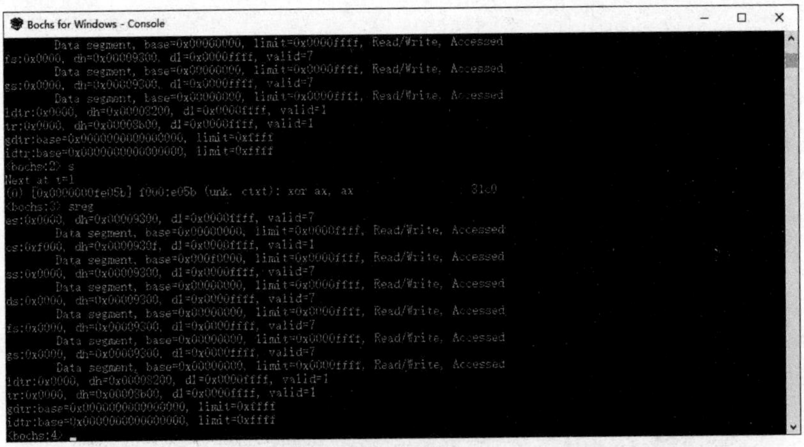

图 12-16　处理器加电并执行第一个远转移指令后的段寄存器内容

图中还显示了全局描述符表寄存器 GDTR 的内容。很显然，GDT 的基地址是 0，表界限是 0xFFFF，这是处理器加电后的默认值。

注意，在进入主引导程序时，这些段寄存器的内容（包括 GDTR）和处理器刚加电时不再相同。原因很简单，BIOS 的加电自检程序在执行期间要进入保护模式进行测试，这将改变相关段寄存器的内容。

12.7.3 设置 PE 位后的段寄存器状态

一旦设置了控制寄存器 CR0 的 PE 位，处理器就进入了保护模式。但是，除非我们主动刷新段寄存器的内容，否则，段寄存器依然保持实模式下的内容不变。这就是说，设置了 PE 位之后，刚进入保护模式时的段寄存器内容，就是实模式下的段寄存器内容。

如图 12-17 所示，我们在执行 mov cr0,eax 指令之后立即显示各个段寄存器的内容。实际上，尽管进入了保护模式，但显示的依然是实模式的内容。

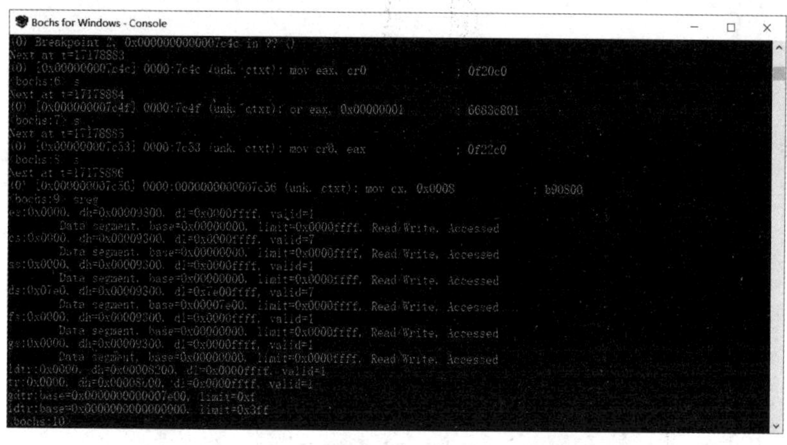

图 12-17 刚进入保护模式时的段寄存器状态

从图 12-17 中可以看出，代码段寄存器 CS 描述符高速缓存器的 dh 为 0x00009300，即，G=0，D=0，L=0，P=1，DPL=00，S=1，TYPE=0011。通俗地说，这是一个粒度为字节的数据段。在实模式下，这些属性信息多数是没有作用的，定义成数据段也无所谓。

一旦设置了 CR0 寄存器的 PE 位，进入了保护模式，那么，理论上，这些属性信息就变得有用了，有意义了，但有些内容有效，有些内容无效。比如，它应当是一个代码段，而不是数据段。

尽管如此，这对处理器继续取指令和执行指令没有影响。原因是，在保护模式下，对描述符有效与否的检查，通常只在加载段寄存器（选择器），并刷新描述符高速缓存器的时候进行。对代码段来说，典型的例子是远转移或者远过程调用，比如

```
    jmp 0x0008:0x0002
```

而对于数据段来说，典型的例子是加载段选择子，比如

```
    mov ds, ax
```

当这类指令执行时，处理器用指令中给出的选择子找到描述符，如果描述符有效，就将选择子加载到段寄存器（选择器），并把描述符加载到描述符高速缓存器。因此，一个不合格的、无效的描述符不可能被加载到段寄存器的描述符高速缓存器。不过，当前这个情况比较特殊，因为它是进入保护模式前遗留下来的。

另外，我们前面说过，处理器是直接用描述符高速缓存器中的线性基地址来访问内存的。

进入保护模式后，CS 描述符高速缓存器中的 D 位是 0，所以是工作在 16 位保护模式下。只要处理器执行的是 16 位代码，就不会有问题。

12.7.4 加载段寄存器 DS 之后的状态

x86 处理器的保护模式分为两种：16 位保护模式和 32 位保护模式。处理器加电、设置 CR0 寄存器的 PE 位后，CS 描述符高速缓存器中的 D 位是 0，处理器根据此位将自己的状态设置为 16 位保护模式。同时，CS 描述符高速缓存器中的基地址依然可用于读取和执行后续的指令。

16 位保护模式和实模式相比，在指令格式和寻址方式上是相同的。因此，如果进入保护模式后的指令是 16 位指令，从理论上来说不会有什么问题。

和代码段不同，我们希望采用全新的方式来访问数据段，即使用我们定义的段描述符来访问显存，在屏幕上显示字符。

为此，我们用段选择子 0x0008 来加载段寄存器 DS。这导致处理器用这个选择子从全局描述符表 GDT 中取出对应的描述符，并刷新 DS 描述符高速缓存器。

如图 12-18 所示，这两条传送指令执行后，我们又一次显示了段寄存器的状态。从图中可以看出，段寄存器 DS 及其描述符高速缓存器的内容都已更新为有效内容，DS 的内容是 0x0008，这是段选择子；dh 和 dl 则显示了描述符的内容。

```
Bochs for Windows - Console
gs:0x0000, dh=0x00009300, dl=0x0000ffff, valid=1
        Data segment, base=0x00000000, limit=0x0000ffff, Read/Write, Accessed
ldtr:0x0000, dh=0x00008200, dl=0x0000ffff, valid=1
tr:0x0000, dh=0x00008b00, dl=0x0000ffff, valid=1
gdtr:base=0x0000000000007e00, limit=0xf
idtr:base=0x0000000000000000, limit=0x3ff
<bochs:10> s
Next at t=17178887
(0) [0x000000007c59] 0000:0000000000007c59 (unk. ctxt): mov ds, cx                ; 8ed9
<bochs:11> s
Next at t=17178888
(0) [0x000000007c5b] 0000:0000000000007c5b (unk. ctxt): mov byte ptr ds:0x0000, 0x50 ; c606000050
<bochs:12> sreg
es:0x0000, dh=0x00009300, dl=0x0000ffff, valid=1
        Data segment, base=0x00000000, limit=0x0000ffff, Read/Write, Accessed
cs:0x0000, dh=0x00009300, dl=0x0000ffff, valid=7
        Data segment, base=0x00000000, limit=0x0000ffff, Read/Write, Accessed
ss:0x0000, dh=0x00009300, dl=0x0000ffff, valid=1
        Data segment, base=0x00000000, limit=0x0000ffff, Read/Write, Accessed
ds:0x0008, dh=0x0040930b, dl=0x8000ffff, valid=1
        Data segment, base=0x000b8000, limit=0x0000ffff, Read/Write, Accessed
fs:0x0000, dh=0x00009300, dl=0x0000ffff, valid=1
        Data segment, base=0x00000000, limit=0x0000ffff, Read/Write, Accessed
gs:0x0000, dh=0x00009300, dl=0x0000ffff, valid=1
        Data segment, base=0x00000000, limit=0x0000ffff, Read/Write, Accessed
ldtr:0x0000, dh=0x00008200, dl=0x0000ffff, valid=1
tr:0x0000, dh=0x00008b00, dl=0x0000ffff, valid=1
gdtr:base=0x0000000000007e00, limit=0xf
idtr:base=0x0000000000000000, limit=0x3ff
<bochs:13>
```

图 12-18 将段选择子传送到 DS 后的段寄存器状态

12.7.5 查看全局描述符表 GDT

可以查看全局描述符表的内容，但前提是必须加载了全局描述符表寄存器 GDTR 才行，因为 Bochs 要先访问 GDTR 取得 GDT 的基地址和界限信息。

如图 12-19 所示，在保证已经执行了 lgdt 指令的前提下，我们可输入“info gdt”命令，来显示 GDTR 的内容。

如图 12-19 所示，在显示的信息中，第一行告诉我们 GDT 的线性地址基地址（0x7e00）及界限值（15），从第二行开始，Bochs 给出了每个描述符的索引和相关信息。第一个表项的索引号是 0，它是空描述符；第二个表项的索引号是 0x0008，在中括号里给出了。在这一行里，“Data segment”表明这是数据段的描述符；“base”表示段的 32 位基地址；“limit”表示段界限值；“Read/Write”表示段是可读可写的；“Accessed”表示段被访问过。

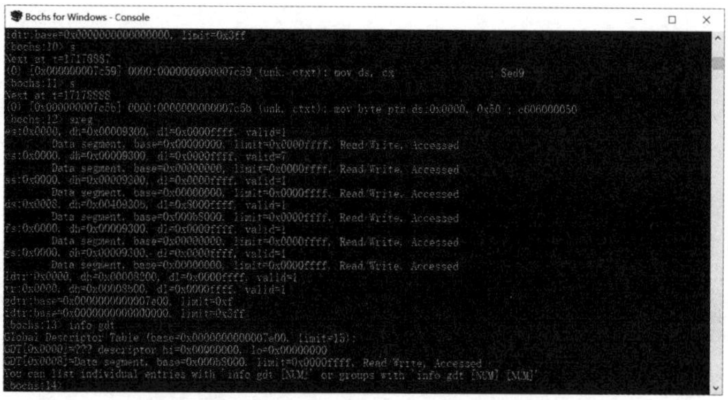

图 12-19　查看全局描述符表 GDT 的内容

12.7.6　查看控制寄存器的内容

本章在进入保护模式前，需要设置控制寄存器 CR0 的 PE 位。在往后的学习过程中，有可能要查看控制寄存器的状态，这里简单做一下介绍。

如图 12-20 所示，可以用命令“creg”（control register）来查看控制寄存器的内容。32 位处理器有多个控制寄存器，不单是 CR0。所以，它会显示所有控制寄存器的内容。

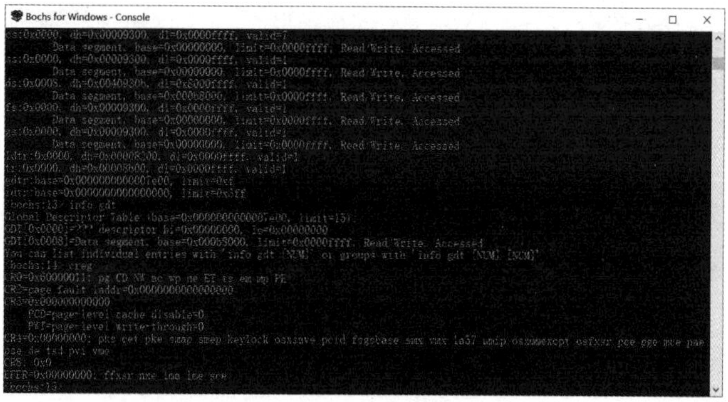

图 12-20　查看控制寄存器的内容

如图 12-20 所示，CR0 的内容是 0x60000011，为了方便起见，Bochs 以大小写的形式给出了各个控制位的状态，小写表示该位是“0”，大写表示该位是“1”，即处于置位状态。显然，图中显示了大写的“PE”，表明此位是“1”，处理器工作在保护模式下。如果在执行 mov cr0,eax 指令前显示 CR0 的内容，则必定显示小写的“pe”，意味着该位是 0，处理器未进入保护模式。至于其他控制寄存器，以及 CR0 其他各控制位的含义，我们将在后面慢慢接触，这里不用理会。

本 章 习 题

如果一个数据段描述符的 G 位是 1，E 位是 0，段的基地址为 0，段界限为 1，该段一共有多少字节？段的线性地址范围是什么？

第 13 章

操作数和有效地址的尺寸

从 16 位处理器到 32 位处理器，寄存器的宽度增加了，指令集也扩展了（增加了可以操作 32 位数据和地址的指令），处理器的工作模式也增加了（在实模式的基础上增加了 16 位保护模式和 32 位保护模式）。

处理器的工作模式对指令的功能和执行没有影响。但是，16 位操作尺寸的指令和 32 位操作尺寸的指令可能具有相同的机器码。为了区分这两种不同操作尺寸的指令，32 位处理器引入了默认操作尺寸的概念。

本章学习目标：

1．了解什么是操作尺寸，包括 16 位操作尺寸和 32 位操作尺寸；

2．了解什么是默认操作尺寸，以及为什么要引入默认操作尺寸；

3．知道如何通过代码段描述符设置处理器的默认操作尺寸，以及如何在程序中生成不同操作尺寸的代码；

4．学习如何在保护模式下通过刷新段寄存器 CS 来改变默认的操作尺寸；

5．了解传统指令在 32 位处理器上执行的特点。

13.1　代码清单 13-1

本章有配套的汇编语言源程序，并围绕这些源程序进行讲解，请对照阅读。

本章代码清单：

13-1（主引导扇区程序），对应于源程序文件：c13_mbr.asm

13.2　INTEL 80286 处理器的 16 位保护模式

说到保护模式，我们可能不得不提一下 80286 处理器，是 80286 第一次引入了保护模式。和 8086 一样，80286 也是 16 位的处理器，它们具有完全相同的寄存器，在取指令时，80286 也是使用 16 位的指令指针寄存器 IP 的。

80286 是兼容 8086 的，在 80286 上运行 8086 的程序时，访问内存的方法也是将段寄存器的值左移 4 位，加上偏移地址来形成物理地址。按照这种方法，只能形成 20 位的地址，只能访问 1MB 的内存。

但是，80286 有 24 根地址线，可以访问 16MB 的内存。为了访问 1MB 以上的内存，同时为了支持多用户和多任务的系统，并加强对内存和程序的保护，80286 引入了保护模式。

32 位处理器的描述符格式是从 80286 进化来的，如图 13-1 所示，80286 处理器上的描述符比较简单，以存储器的段描述符为例，描述符的高 32 位只用了一半，左边一半当初是不用的，是为后面的 80386 保留的。因此，可以看出，描述符中的基地址只有 24 位，对应于 24 根地址线的宽度。

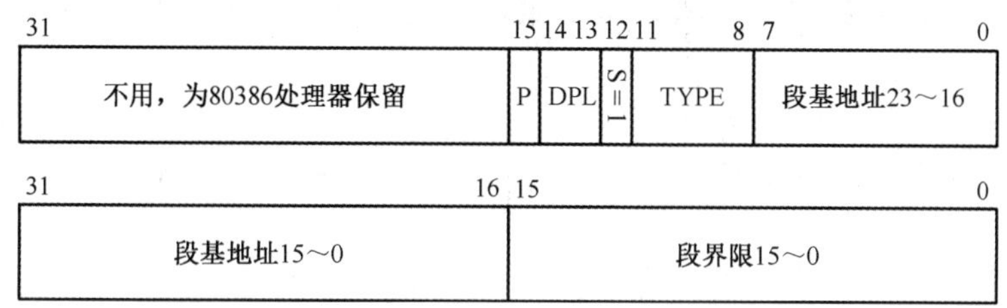

图 13-1 INTEL 80286 处理器上的段描述符格式

80286 的段寄存器和 8086 一样，只有 4 个（CS、SS、DS 和 ES）。但是，80286 的段寄存器做了扩展，包括一个段选择器，以及一个不可见的描述符高速缓存器。在 80286 的保护模式下，传送到段寄存器里的值不是逻辑段地址，而是段选择子，用来在描述符表中选择一个段描述符。

一旦把段选择子代入段选择器，处理器自动用它在描述符表中选择一个描述符，然后，把描述符中的基地址等内容传送到段描述符高速缓存器。以后，就直接使用描述符高速缓存器的基地址访问内存。

13.3 指令的操作尺寸

处理器的多数指令用来访问内存并操作数据，所谓操作尺寸（Operation Size），是指令操作的数据长度及指令在访问内存时的有效地址长度。因为处理器使用段地址加段内偏移量来访问内存，所以有效地址也是段内偏移量。

13.3.1 16 位操作尺寸

在传统的 16 位处理器上，指令的操作尺寸是 16 位的。16 位操作尺寸意味着指令的操作数长度是 8 位或者 16 位的，有效地址长度是 16 位的。

典型的，16 位处理器包括 8086 和 80286，因为它们拥有 16 位的寄存器和算术逻辑部件，每条指令可用来操作 8 位或者 16 位的数据；指令中的有效地址是 16 位的。这里有几个例子：

```
mov al, cl                    ①
mov bx, [0x2e]                ②
add dx, [bx]                  ③
push dx                       ④
sub dx, [bx + si + 0x03]      ⑤
```

在第一条指令中，两个操作数都是 8 位的，因为它使用了两个 8 位的寄存器；在第二条指令中，两个操作数都是 16 位的。其中，目的操作数是 16 位的 BX，源操作数在内存里，它的长度要依从于目的操作数，因此也是 16 位的。访问内存时，使用 0x2e 作为有效地址，这个有效地址的长度是 16 位的。

在第三条指令中，两个操作数都是 16 位的。其中，目的操作数是 16 位的 DX，源操作数在内存里，它的长度要依从于目的操作数，因此也是 16 位的。访问内存时，用 BX 提供 16 位有效地址。

第四条指令是压栈指令，操作数是 16 位的，在 DX 中。压栈和出栈默认使用栈段寄存器 SS，有效地址（段内偏移量）也是 16 位的，由栈指针寄存器 SP 提供。

在最后一条指令中，两个操作数的尺寸都是 16 位的，有效地址是用寻址方式 BX+SI+0x03 计算得到的，而且长度是 16 位的。

13.3.2 32 位操作尺寸

在 32 位处理器上，可以兼容执行 16 位操作尺寸的指令，16 位程序依然可以在 32 位处理器上正确执行。但是，32 位处理器具有 32 位的寄存器和至少 32 根地址线（地址线的数量和处理器的位数没有关系），所以指令的操作尺寸还可以是 32 位的。**32 位操作尺寸意味着指令的操作数长度是 8 位或者 32 位的，有效地址长度是 32 位的**。这里有几个例子。

```
mov al, [0x2e]                 ①
mov edx, eax                   ②
add al, [eax]                  ③
and edx, [eax + esi * 8 + 3]   ④
push edx                       ⑤
```

假定处理器使用 32 位操作尺寸执行上述指令，那么，在第一条指令中，两个操作数都是 8 位的，目的操作数在 AL 中，长度是 8 位的，源操作数在内存中，它的长度依从于目的操作数，所以也是 8 位的。访问内存时，使用 32 位的有效地址 0x2e（0x0000002e）。

在第二条指令中，两个操作数都是 32 位的，而且都在寄存器中。

在第三条指令中，两个操作数都是 8 位的。其中，目的操作数是 8 位的 AL，源操作数在内存里，它的长度要依从于目的操作数，因此也是 8 位的。但是，访问内存时，使用 32 位的有效地址，在这里是由寄存器 EAX 提供。

在第四条指令中，两个操作数都是 32 位的。其中，目的操作数是 32 位的 EDX，源操作数在内存里，它的长度要依从于目的操作数，因此也是 32 位的。访问内存时，使用 32 位的有效地址，这个地址来自寻址方式 `eax + esi * 8 + 3`。

在第五条指令中，操作数是 32 位的，位于 EDX 中。这是一条压栈指令，在执行时，要使用栈指针寄存器 ESP 来提供 32 位有效地址。

13.3.3 默认操作尺寸

INTEL 处理器的指令系统比较复杂，这种复杂性来源于两个方面，一是指令的数量较多，二是寻址方式也很多。

在 16 位处理器的时代，指令是按照 16 位操作尺寸编码的，已经非常复杂。到了 32 位处理器的时代，寄存器和有效地址的宽度增加了，指令集也必须扩充以适应 32 位的操作尺寸。

理想中，16 位操作尺寸的指令和 32 位操作尺寸的指令使用不同的机器码，但是这样做的后果就是让机器指令变得更长、更复杂，译码时间变得更慢，同时要增加处理器的体积和成本。

为了简化指令的编码，使它的复杂性不会随着处理器的升级换代而大规模增加，另一种可行的方法就是让 16 位操作尺寸的指令和 32 位操作尺寸的指令使用相同的编码。比如机器指令

```
89 C8
```

如果把它看成一个 16 位操作尺寸的指令，它执行的操作可以用汇编语言指令表示成

```
mov ax, cx
```

如果把它看成一个 32 位操作尺寸的指令，则它执行的操作可以用汇编语言指令表示成

```
mov eax, ecx
```

指令的编码不是随意的，而是遵循着一套精心定义的范式。尤其是寻址方式部分，就像查表一样，使用的是哪个寄存器，用的是哪种内存寻址形式，都有固定的编码与之对应。如图 13-2 所示，x86 处理器的机器指令大体上可由五大部分组成。

前缀	操作码	寻址方式和操作数类型	立即数	位移

图 13-2 IA-32 的指令格式

每个处理器指令都可以拥有前缀，比如重复前缀（REP/REPE/ REPNE）、段超越前缀（如 ES:）、总线封锁前缀（LOCK）等。前缀是可选的，每个前缀的长度是 1 字节，每条指令可以有 1～4 个前缀，或者不使用前缀。

前缀（如果有的话）的后面是操作码部分，指示执行什么样的操作，比如传送、加法、减法、乘法、除法、移位等。根据指令的不同，操作码的长度是 1～3 字节。同时，即使是执行相同的操作，也可能对不同的操作数长度使用不同的操作码。

操作码之后是寻址方式和操作数类型部分。这部分是可选的，简单的指令不包含这一部分，稍微复杂一点的指令，这一部分只有 1 字节；最复杂的指令，可能有 2 字节。这部分给出了指令的寻址方式，以及寄存器的编号（用的是哪个寄存器）。

指令的最后是立即数和位移。如果指令中使用了立即数，比如将一个立即数传送到寄存器的指令，或者是将一个立即数和寄存器相加的指令，那么立即数就在这一部分给出；位移则是有效地址的一部分。取决于指令所操作的数据长度，立即数可以是 1、2 或者 4 字节；对于 16 位操作尺寸的指令来说，位移可以是 8 位或者 16 位的（参见第 11 章的图 11-5）；对于 32 位操作尺寸的指令来说，位移可以是 8 位或者 32 位（参见第 11 章的图 11-6）。

上述的指令编码格式发源于 16 位处理器时代，并在 32 位处理器出现之后做了扩充，所以 16 位操作尺寸的指令和 32 位操作尺寸的指令是在同一个框架下进行编码的，不同的寄存器可能具有相同的编号，从而导致 16 位操作尺寸的指令和 32 位操作尺寸的指令具有相同的机器码。

举个例子来说，对于汇编语言指令

```
mov dx, [bx + si + 0x02]
```

很显然，这是一条 16 位处理器时代的指令，其操作尺寸是 16 位的。在按照 16 位操作尺寸进行编码时，这种内存到寄存器的传送指令使用了操作码 0x8B。如图 13-3（a）所示，在操作码 0x8B 之后是 1 字节的寻址方式和操作数类型部分。位 7 和位 6 的值是 01，表示使用了基地址变址的寻址方式，而且带有 8 位偏移量；位 5～位 3 的值是 010，指示目的操作数为

寄存器 DX；位 2～位 0 的值是 000，表示寻址方式为“BX+SI+8 位位移”。在该字节之后，是 1 字节的位移 0x02。因此，这条汇编语言指令编译后的机器码是

```
8B 50 02
```

再来看另一条汇编语言指令

```
mov edx, [eax + 0x02]
```

由于使用 32 位寄存器，所以，一眼就可以看出，这是 32 位处理器时代的指令，它的操作尺寸是 32 位的。在按照 32 位操作尺寸进行编码时，使用相同的操作码。但是，寻址方式和寄存器的定义却是“另起炉灶”的。

如图 13-3（b）所示，寻址方式部分的位 7 和位 6 是 01，表示使用了基址寻址方式，而且带有 8 位位移；位 5～位 3 的值是 010，指示目的操作数为寄存器 EDX；位 2～位 0 的值是 000，表示寻址方式为 EAX+8 位位移。在该字节之后，是 1 字节的位移 0x02。因此，这条汇编语言指令编译之后的机器码是

```
8B 50 02
```

对比一下这两条汇编语言指令，以及它们编译后的结果，你会发现，同一条机器指令，对应着不同操作尺寸的汇编语言指令。或者反过来说，不同操作尺寸的汇编语言指令，在编译后可能具有相同的机器码。

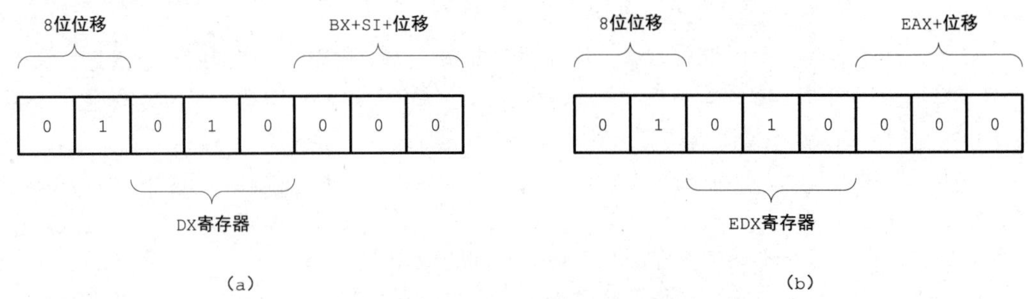

图 13-3　16 位操作尺寸和 32 位操作尺寸的指令编码对比

那么，对于处理器来说，机器指令

```
8B 50 02
```

到底是

```
mov dx, [bx + si + 0x02]
```

还是

```
mov edx, [eax + 0x02]
```

呢？毕竟它们执行的是完全不同的操作。

在 16 位处理器上，不存在这个问题，因为它们总是按照 16 位操作尺寸来执行指令的。在 32 位处理器上，指令如何解释和执行，取决于 CS 描述符高速缓存器中的 D 位，这一位决定了处理器当前的操作尺寸。即，它用来指定处理器当前默认的操作尺寸（Default Operation Size）。

当处理器取得一条机器指令后，如果 CS 描述符高速缓存器中的 D 位是 0，则按照 16 位操作尺寸来解释和执行；否则，按照 32 位操作尺寸来解释和执行。

那么，在 32 位处理器上，CS 描述符高速缓存器中的 D 位是从哪里来的呢？在处理器刚加电的时候，它由处理器的固件设置为 0。因此，在刚开机时，处理器实际上是按照 16 位操作尺寸来取指令和执行指令的。

进入保护模式之后，CS 描述符高速缓存器的内容来自段描述符，所以它的 D 位也来自段描述符。如果在进入保护模式后未刷新 CS 的内容，则 CS 描述符高速缓存器依然残留着以前的内容，而它的 D 位通常依然是 0。此时，处理器工作在 16 位保护模式下。16 位保护模式的意思是虽然现在处于保护模式下，但处理器的操作尺寸依然是 16 位的，就像 80286 的保护模式一样。

通过用段描述符来刷新 CS 描述符高速缓存器，可以让处理器在一个新的代码段内执行。但是，在新代码段内执行时，是按照 16 位操作尺寸执行呢，还是按照 32 位操作尺寸执行，取决于段描述符中的 D 位。**如果 D 位是 0，则按照 16 位操作尺寸执行，使用指令指针寄存器 IP，**此时就是实模式或者 16 位保护模式；**如果 D 位是 1，则按照 32 位操作尺寸执行，使用指令指针寄存器 EIP，**此时就是 32 位保护模式。

13.3.4 操作尺寸反转前缀

通过以上讲述你可能以为，如果默认的操作尺寸是 16 位的，只能执行 16 位操作；如果默认操作尺寸是 32 位的，只能执行 32 位操作。其实事情并不是这样的。

在传统的 16 位处理器上，比如 8086 和 80286 处理器，确实只能执行 16 位操作，因为它们默认操作尺寸只能是 16 位的，而且这些处理器只能识别 16 位操作尺寸的指令。

但是在 32 位处理器上，既能执行 16 位操作，也能执行 32 位操作。我们知道，如果当前默认的操作尺寸是 16 位的，即，CS 描述符高速缓存器中的 D 位是 0，则机器指令

```
89 C8
```

被处理器当成 16 位操作尺寸的汇编指令

```
mov ax, cx
```

来执行。如果当前默认的操作尺寸是 32 位的，即，CS 描述符高速缓存器中的 D 位是 1，则上述机器指令被处理器当成是 32 位操作尺寸的汇编指令

```
mov eax, ecx
```

来执行。

但是，如果当前默认的操作尺寸是 16 位的，而我们又想执行 32 位的

```
mov eax, ecx
```

或者，如果当前默认的操作尺寸是 32 位的，而我们又想执行 16 位的

```
mov ax, cx
```

该怎么办呢？很简单，只需要添加反转操作数尺寸的前缀 0x66 即可，就像这样：

```
66 89 C8
```

如此一来，如果当前默认的操作尺寸是 16 位的，即，CS 描述符高速缓存器中的 D 位是 0，则机器指令

```
89 C8
```

被处理器当成 16 位操作尺寸的汇编指令

```
mov ax, cx
```

来执行，而机器指令

```
66 89 C8
```

被处理器当成 32 位操作尺寸的汇编指令

```
mov eax, ecx
```

来执行。

相反的，如果当前默认的操作尺寸是 32 位的，即，CS 描述符高速缓存器中的 D 位是 1，则机器指令

```
    89 C8
```

被处理器当成 32 位操作尺寸的汇编指令

```
    mov eax, ecx
```

来执行，而机器指令

```
    66 89 C8
```

被处理器当成 16 位操作尺寸的汇编指令

```
    mov ax, cx
```

来执行。

再举一个例子，如果当前默认的操作尺寸是 16 位的，即，CS 描述符高速缓存器中的 D 位是 0，则机器指令

```
    40
```

被处理器当成 16 位操作尺寸的汇编指令

```
    inc ax
```

来执行，而机器指令

```
    66 40
```

被处理器当成 32 位操作尺寸的汇编指令

```
    inc eax
```

来执行。

相反的，如果当前默认的操作尺寸是 32 位的，即，CS 描述符高速缓存器中的 D 位是 1，则机器指令

```
    40
```

被处理器当成 32 位操作尺寸的汇编指令

```
    inc eax
```

来执行，而机器指令

```
    66 40
```

被处理器当成 16 位操作尺寸的汇编指令

```
    inc ax
```

来执行。因此，指令前缀 0x66 具有反转当前默认操作数大小的作用。

操作尺寸包括操作数尺寸和有效地址尺寸。指令前缀 0x66 用来反转操作数的尺寸，另一个前缀 0x67 则用来反转有效地址尺寸。

举个例子来说，如果当前默认的操作尺寸是 16 位的，即，CS 描述符高速缓存器中的 D 位是 0，则机器指令

```
    8B 50 02
```

被处理器当成 16 位操作尺寸的汇编指令

```
    mov dx, [bx + si + 0x02]
```

来执行，操作数的尺寸和有效地址的尺寸都是 16 位的，而机器指令

```
    66 67 8B 50 02
```

被处理器当成 32 位操作尺寸的汇编指令

```
        mov edx, [eax + 0x02]
```

来执行。因为操作数的尺寸和有效地址的尺寸都是 32 位的，所以，0x66 用来反转操作数的尺寸，而 0x67 用来反转有效地址的尺寸。

相反的，如果当前默认的操作尺寸是 32 位的，即，CS 描述符高速缓存器中的 D 位是 1，则机器指令

```
        8B 50 02
```

被处理器当成 32 位操作尺寸的汇编指令

```
        mov edx, [eax + 0x02]
```

来执行，操作数的尺寸和有效地址的尺寸都是 32 位的，而机器指令

```
        66 67 8B 50 02
```

被处理器当成 16 位操作尺寸的汇编指令

```
        mov dx, [bx + si + 0x02]
```

来执行。因为操作数的尺寸和有效地址的尺寸都是 16 位的，所以，0x66 用来反转操作数的尺寸，而 0x67 用来反转有效地址的尺寸。

13.3.5 编译时的操作尺寸

通过上面的学习我们已经知道，汇编语言指令

```
        mov edx, [eax + 0x02]
```

既可以被编译成机器指令

```
        8B 50 02
```

也可以被编译成机器指令

```
        66 67 8B 50 02
```

那么，它到底应该被编译成哪一个呢？

这要取决于处理器在执行这条指令时 CS 描述符高速缓存器中的 D 位。如果 D 位是 0，它应该被编译成

```
        66 67 8B 50 02
```

如果 D 位是 1，它应该被编译成

```
        8B 50 02
```

但是，我们如何知道处理器在执行这条指令时，CS 描述符高速缓存器中的 D 位是多少呢？或者说处理器的默认操作尺寸是多少呢？

答案你必须知道！你是一个汇编语言程序员，是处理器的控制者，处理器在什么时候处于什么状态，你必须清楚，而且你最清楚。

因此，在编写程序的时候，就应当考虑到处理器在执行这些指令时的默认操作尺寸，同时还要把它告诉编译器，让编译器编译成正确的机器指令。为了方便我们将处理器在执行这些指令时的默认操作尺寸通知编译器，编译器提供了伪指令 bits，它的用法是在关键字“bits”的后面跟数字“16”“32”或者“64”。

在下面这个例子中，伪指令“bits 16”通知编译器，编译后面的指令时，应当假定处理器的默认操作尺寸是 16 位的；伪指令“bits 32”通知编译器，编译后面的指令时，应当假定处理器的默认操作尺寸是 32 位的。

```
bits 16
mov cx, dx        ;89 D1
mov eax, ebx      ;66 89 D8

bits 32
mov cx, dx        ;66 89 D1
mov eax, ebx      ;89 D8
```

注意，bits 16 或者 bits 32 可以放在方括号中，也可以没有方括号。以下两种方式都是允许的：

```
[bits 32]
mov ecx, edx

bits 16
mov ax, bx
```

最后，如果没有指定指令编译时的处理器默认操作尺寸，则默认是“bits 16”的。

为方便起见，从现在开始，**用 bits 16 编译生成的程序代码叫作 16 位代码；用 bits 32 编译生成的程序代码叫作 32 位代码**。

13.4 清空流水线并串行化处理器

让我们回到代码清单 13-1。

和上一章一样，我们首先初始化栈段和栈指针，然后计算全局描述符表 GDT 的位置，接下来安装描述符。

和上一章相比，本章多了一个段描述符。第 28、29 行，安装保护模式下的代码段描述符，该描述符的低 32 位是 0x7c0001ff，高 32 位是 0x00409800。结合段描述符的格式可以分析出，该段的基本情况为：

```
线性基地址为 0x00007C00。
段界限为 0x001FF，粒度为字节（G=0）。该段的长度为 512 字节。
属于存储器的段（S=1）。
默认的操作尺寸是 32 位的（D=1）。
该段目前位于内存中（P=1）。
段的特权级为 0（DPL=00）。
这是一个只能执行的代码段（TYPE=1000）。
```

很明显，该描述符所指向的段，就是现在正在执行的主引导程序所在的区域。对于代码段来说，描述符中的 D/B 位实际上是 D 位，表示默认的操作尺寸。这一位是 1，表明是 32 位的操作尺寸。当处理器执行这个段时，将使用 32 位的默认操作尺寸。

接下来，我们加载全局描述符表寄存器 GDTR，这和以前是一样的，只不过描述符表的界限值是 23，3 个描述符，总字节数是 24，再减 1 是 23。

接下来依然是进入保护模式，和上一章不同，进入保护模式之后，立即执行了一条远转移指令

```
        jmp 0000000000010_0_00B:flush
```

这是一个直接绝对远转移指令，在实模式下，需要在指令中直接给出目标位置的逻辑段地址和段内偏移量（有效地址），但现在已经处于保护模式下，所以 0000000000010_0_00B 是段描述符的选择子，只不过它是以二进制形式给出的，这条指令等价于

```
        jmp 0x0010:flush
```

在汇编指令中使用二进制形式是为了便于观察选择子的每个组成部分。在这个选择子中，表指示器位 TI 等于 0，指向 GDT；描述符的索引号是二进制的 10，即十进制的 2，用来选择 2 号描述符。

在前面定义 GDT 的时候，它的第 3 个（2 号）描述符对应着保护模式下的代码段。因此，这条远转移指令执行时，处理器加载段选择器 CS，从 GDT 中取出相应的描述符加载到 CS 描述符高速缓存器。

保护模式下的代码段，基地址为 0x00007c00，段界限为 0x1ff，长度为 0x200，正好对应着当前程序（主引导程序）在内存中的区域。在这种情况下，如图 13-4 所示，jmp 指令执行时，CS 描述符高速缓存器里的基地址会变成 0x00007c00，指向这个段。在这个段内，标号 flush 代表的数值是它相对于段起始处的这么一段距离，故直接用作段内偏移量（有效地址）。

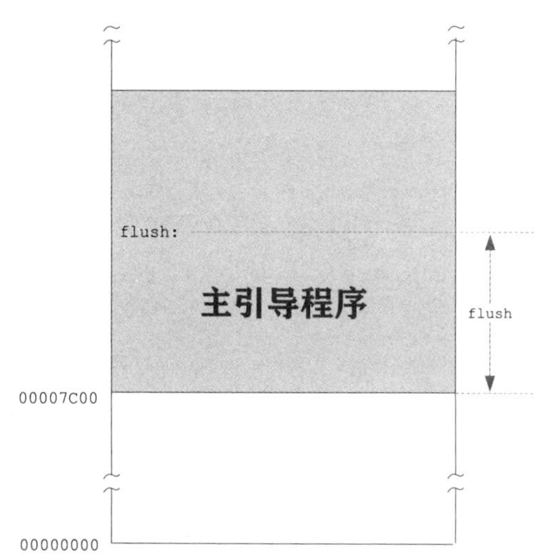

图 13-4　标号 flush 代表的数值就是它在代码段内的偏移量

在这个转移的过程中，需要注意的另一个问题是代码段描述符的 D 位。在保护模式下执行远转移指令将导致段寄存器 CS 被修改，同时，CS 描述符高速缓存器的内容要用描述符的内容刷新。在我们的代码段描述符中，D 位是 1，因此，在从新的位置（标号 flush 处）开始执行时，处理器的默认操作尺寸是 32 位的，这就要求后面的指令必须也是按 32 位操作尺寸编译的。为了适应这一要求，你看，我们在 jmp 指令的后面使用了伪指令 bits 32。

你可能会问，在描述符中，D 位是 1，说明整个代码段，也就是我们的整个主引导程序，都应该按 32 位操作尺寸来编译，但是，在我们这里，现实是，只有一半的程序是按 32 位操作尺寸来编译的。

这没有关系，前面的指令虽然是用默认的 bits 16 来编译的，和描述符中的说明不匹配，但是前面的代码已经执行过了，不会再执行，所以也就无所谓了。

在执行 jmp 指令时，后面的很多指令已经进了流水线，而且是用默认的 16 位操作尺寸译码的，包括后面那些按 32 位默认操作尺寸编译的指令。但是，jmp 指令的执行导致处理器清空流水线。同时，那些通过乱序执行得到的中间结果也是无效的，也会被清理掉，让处理器串行化执行，即，重新按指令的自然顺序执行。

因为已经用代码段描述符刷新了 CS 描述符高速缓存器，而且 D 位是 1，所以，处理器开始按照 32 位操作尺寸重新填充流水线并进行译码和推测性执行。

最后需要说明的是，**CS 描述符高速缓存器中的 D 位决定了处理器是使用 IP 还是 EIP 来取指令和执行指令**。在用直接绝对远转移指令刷新 CS 之前，D 位是 0，处理器用的是 IP；而在刷新之后，由于 D 位变成 1，所以是使用 EIP。

代码清单 13-1 第 52～71 行，用于把描述符选择子 0x0008 加载到段选择器 DS，并自动加载描述符高速缓存器。因为该数据段实际上是文本模式下的显示缓冲区，故大部分指令都用于在屏幕上显示字符串“Protect mode OK.”。保护模式下的数据段访问已经在上一节里讨论过了，这里不再赘述。另外，处理器模式的变化对外围设备没有影响，它们是无法感知的，而且只按自己的方式工作。

注意，在保护模式下，不允许使用 mov 指令改变段寄存器 CS 的内容，比如：

```
mov cs,ax
```

企图这样做将导致处理器产生一个无效操作码的异常中断（有关异常中断的内容，将在本书后面详细介绍）。

检测点 13.1：

1．如果将代码段描述符中的基地址部分设置为 0，则这条 jmp 指令该如何编写?

2．参照上一章的方法，在 Bochs 中观察段寄存器在各个阶段的状态，包括计算机加电后、设置 CR0 寄存器的 PE 位后和执行 jmp 指令后的状态。通过了解这些状态变化，可以进一步加深对处理器如何进入保护模式的理解。

13.5 有效地址尺寸和内存访问

在 32 位处理器上，大多数指令都执行规定的功能，这些指令的执行与处理器的工作模式没有关系。例如

```
add edx, eax
```

不管处理器是工作在实模式下，还是保护模式下，都执行相同的动作，即，将寄存器 EAX 的内容加到寄存器 EDX 中。当然，也有少部分指令会受处理器工作模式的影响，比如

```
jmp 0x0008:0x7c00
```

在实模式下，0x0008 被处理器当成逻辑段地址代入 CS，同时将其左移 4 位，传送到 CS 描述符高速缓存器的基地址部分；在保护模式下，0x0008 被处理器当成段选择子，从描述符表中选择一个段描述符，传送到 CS 描述符高速缓存器。

再比如以下指令：

```
add dx, [bx]          ①
mov ecx, [bx]         ②
mov ah, [esi]         ③
```

```
mov esi, [eax]          ④
```

这些指令既可以在实模式下执行，也可以在保护模式下执行。尤其是那几条访问内存的指令，在执行时，都是用段描述符高速缓存器里的基地址加上 16 位或者 32 位的段内偏移量（有效地址）。但是，段描述符高速缓存器里的基地址是怎么来的，在实模式下和保护模式下是不一样的。在实模式下，是当初将逻辑段地址代入段寄存器时，用代入的逻辑段地址乘以 16 得到的；但是在保护模式下，来自段描述符，是当初将段选择子代入段寄存器时，用代入的段选择子从描述符表中的描述符里取出的。

这就引出了一个问题，比如第③条指令和第④条指令，在实模式下也可以使用 32 位的段内偏移量，而且 DS 描述符高速缓存器里的基地址也是 32 位的，那不就意味着，在实模式下，只要我的偏移量足够大，也可以访问全部的 4GB 内存？

在某种情况下，确实是这样的，确实可以做到。但是，在通常的情况下，这是不可能的。因为在段描述符高速缓存器里不单单有基地址，还有段界限。当计算机启动，处理器复位时，这个段界限会被处理器预置成 0xFFFF。而且，每当一条指令访问内存时，处理器会用指令中的有效地址和这个界限值进行比较，如果超出这个界限值，就会被处理器阻止。

我们来看一个实际的例子，这是一个主引导程序，虽然很小很简单，但能说明问题。

```
        mov ax, 0x2000
        mov ds, ax

        mov eax, 0xffff
        mov dl, [eax]              ;①
        mov edx, [eax]             ;②

        cli
        hlt

        times 510-($-$$)    db 0
                                db 0x55, 0xaa
```

像往常一样，将这个程序编译后写入主引导扇区并在 Bochs 中单步执行，你会发现，指令①可以正常执行，但指令②会导致虚拟机崩溃。

如图 13-5 所示，在执行了段寄存器 DS 的传送指令后，用调试命令 sreg 显示各个段寄存器的内容，可以发现，在实模式下，段寄存器 DS 的内容是 0x2000，描述符高速缓存器里的基地址是 0x20000，段界限是默认值 0x0000ffff。也就是说，在实模式下，默认的段长度是 64KB。

在执行指令①的时候，是从段内偏移量为 0xffff 的位置读一字节到寄存器 DL。即使是在实模式下，处理器也要检查有效地址是否小于或等于段界限。此时，因为是读取一字节，而且有效地址正好等于段界限，所以允许访问。

但是指令②就不同了。执行指令②的时候，是从段内偏移量为 0xffff 的位置读一个双字长度的数据到寄存器 EDX。此时，只有第一字节位于边界上，其他三字节都位于边界之外。因此，处理器无法正常执行这条指令。

通过这个实例可以看出，在实模式下，处理器将段界限预置成 0xFFFF，用这种方法来保证程序的行为能够和传统的实模式程序一致。在保护模式下，段描述符高速缓存器里的段界限

不是处理器预置的，而是来自段描述符。

不过在实模式下也有可能访问全部 4GB 内存，这需要一点技巧，通常是先从实模式进入保护模式，为段寄存器（比如 DS）选择一个基地址部分高于 1MB 的段描述符，然后从保护模式退回到实模式，就可以利用段寄存器中的残留内容来访问超过 1MB 以上的内存。

```
Bochs for Windows - Console
00017718131i[BIOS  ] ata0-0: PCHS=602/4/17 translation=none LCHS=602/4/17
00005205777i[BIOS  ] IDE time out
00017178813i[BIOS  ] Booting from 0000:7c00
(0) Breakpoint 1, 0x0000000000007c00 in ?? ()
Next at t=17178868
(0) [0x000000007c00] 0000:7c00 (unk. ctxt): mov ax, 0x2000            ; b80020
<bochs:3> s
Next at t=17178869
(0) [0x000000007c03] 0000:7c03 (unk. ctxt): mov ds, ax                ; 8ed8
<bochs:4> s
Next at t=17178870
(0) [0x000000007c05] 0000:7c05 (unk. ctxt): mov eax, 0x0000ffff       ; 66b8ffff0000
<bochs:5> sreg
es:0x0000, dh=0x00009300, dl=0x0000ffff, valid=1
        Data segment, base=0x00000000, limit=0x0000ffff, Read/Write, Accessed
cs:0x0000, dh=0x00009300, dl=0x0000ffff, valid=1
        Data segment, base=0x00000000, limit=0x0000ffff, Read/Write, Accessed
ss:0x0000, dh=0x00009300, dl=0x0000ffff, valid=7
        Data segment, base=0x00000000, limit=0x0000ffff, Read/Write, Accessed
ds:0x2000, dh=0x00009302, dl=0x0000ffff, valid=1
        Data segment, base=0x00020000, limit=0x0000ffff, Read/Write, Accessed
fs:0x0000, dh=0x00009300, dl=0x0000ffff, valid=1
        Data segment, base=0x00000000, limit=0x0000ffff, Read/Write, Accessed
gs:0x0000, dh=0x00009300, dl=0x0000ffff, valid=1
        Data segment, base=0x00000000, limit=0x0000ffff, Read/Write, Accessed
ldtr:0x0000, dh=0x00008200, dl=0x0000ffff, valid=1
tr:0x0000, dh=0x00008b00, dl=0x0000ffff, valid=1
gdtr:base=0x00000000000f9ad7, limit=0x30
idtr:base=0x0000000000000000, limit=0x3ff
<bochs:6>
```

图 13-5　实地址模式下的段界限

13.6　一般指令在 32 位操作尺寸下的扩展

由于 32 位的处理器都拥有 32 位的寄存器和算术逻辑部件，而且同内存芯片之间的数据通路至少是 32 位的，因此，所有以寄存器或者内存单元为操作数的指令都被扩充，以适应 32 位的算术逻辑操作。而且，这些不同操作数长度的指令可以共存。比如加法指令 add，在 32 位处理器上，除了允许 8 位或者 16 位的操作数，32 位的操作数现在也是可用的：

```
add al, bl
add ax, bx
add eax, ebx
add dword [ecx], 0x0000005f
```

除了双操作数指令，单操作数指令也同样允许 32 位操作数，比如：

```
inc al
inc dword [0x2000]
dec dword [eax * 2]
```

我们已经接触过的逻辑移动指令，如 shl、shr 等，目的操作数也扩展至 32 位，但用于指定移动次数的源操作数足够应付 32 位的环境，没有变化，比如：

```
shl eax, 1
shl eax, 9
shl dword [eax * 2 + 0x08], cl
```

和 16 位时代一样，在 32 位处理器上，逻辑移动指令的源操作数如果是寄存器的话，则依然必须使用 CL。同时，32 位处理器在实际执行时，要先将源操作数（在寄存器 CL 内）同 0x1F 做逻辑与。也就是说，仅保留源操作数的低 5 位，因此，实际移动的次数最大为 31。

如果当前的默认操作尺寸是 16 位的，loop 指令的循环次数在寄存器 CX 中；如果当前的默认操作尺寸是 32 位的，则使用的是寄存器 ECX。

在 16 位处理器上，无符号数乘法指令 mul 的格式为

```
mul r/m8        ;AX ← AL×r/m8
mul r/m16       ;DX:AX ← AX×r/m16
```

在 32 位处理器上，除了依然支持上述操作，还支持以下扩展的格式：

```
mul r/m32       ;EDX:EAX ← EAX×r/m32
```

这样，两个 32 位的数相乘，得到一个 64 位的结果。这里有个例子：

```
mov eax, 0x10000
mov ebx, 0x20000
mul ebx
```

有符号数乘法指令 imul 与此相同。

相应的，无符号数和有符号数除法也做了 32 位扩展：

```
div r/m32
idiv r/m32
```

在这里，被除数是 64 位的，高 32 位在寄存器 EDX；低 32 位在寄存器 EAX。除数是 32 位的，位于 32 位的寄存器，或者存放有 32 位实际操作数的内存地址。指令执行后，32 位的商在寄存器 EAX，32 位的余数在寄存器 EDX。

32 位处理器的栈操作指令 push 和 pop 也有所扩展，允许压入双字操作数。特别是，它现在支持立即数压栈操作。立即数压栈操作的指令格式为

```
push imm8         ;操作码为 6A
push imm16        ;操作码为 68
push imm32        ;操作码为 68
```

举个例子可能更清楚一些。比如：

```
push byte 0x55
```

在这里，关键字“byte”仅仅是给编译器用的，告诉它，压入的是字节（毕竟立即数 0x55 可以解释为字 0x0055 或者双字 0x00000055），而不是用来在编译后的机器指令前添加指令前缀。

这条指令的 16 位形式（用 bits 16 编译）和 32 位形式（用 bits 32 编译）是一样的，机器代码都是

```
6A 55
```

但是，当它执行时，就不同了。注意，无论在什么时候，处理器都不会真的压入一字节，要么压入字，要么压入双字。因此，在 16 位模式下，默认的操作数字长是 16，处理器在执行时，将该字节的符号位扩展到高 8 位，然后压入栈，压栈时使用 SP 寄存器，且先将 SP 的内容减去 2。这就是说，实际压入栈中的数值是 0x0055；在 32 位模式下，压入的内容是该字节操作数符号位扩展到高 24 位的结果，即 0x00000055。压栈时使用寄存器 ESP，且先将 ESP 的内容减去 4。

如果压入的是字操作数，则必须用关键字“word”来修饰。如：

```
push word 0xfffb
```

在 16 位模式下，默认的操作数字长是 16，处理器在执行时，直接压入该字，压栈时使用寄存器 SP，且先将 SP 的内容减去 2；在 32 位模式下，压入的内容是该操作数符号位扩展到高

16 位的结果，即 0xFFFFFFFB，压栈时使用寄存器 ESP，且先将 ESP 的内容减去 4。

如果压入的是双字操作数，则必须用关键字“dword”来修饰。如：

```
push dword 0xfb
```

则无论是在 16 位模式下，还是在 32 位模式下，压入的都是 0x000000FB，而且栈指针寄存器（SP 或者 ESP）都先减去 4。

对于实际操作数位于通用寄存器，或者位于内存单元的情况，只能压入字或者双字，指令格式为：

```
push r/m16
push r/m32
```

如果是寄存器，则可以使用 16 位或者 32 位的通用寄存器，比如：

```
push ax
push edx
```

如果被压入的 16 位或者 32 位操作数位于内存单元中，则必须用关键字“word”或者“dword”修饰，以指示操作数的大小：

```
push word [0x2000]
push dword [ecx + esi * 2 + 0x02]
```

无论被压入的数位于寄存器，还是位于内存单元，在 16 位模式下，如果压入的是字操作数，那么先将 SP 的内容减去 2；如果压入的是双字，应当先将 SP 的内容减去 4。在 32 位模式下，如果压入的是字操作数，那么先将 ESP 的内容减去 2；如果压入的是双字，应当先将 ESP 的内容减去 4。

压入段寄存器的操作比较特殊。以下是压入段寄存器的 push 指令格式：

```
push cs            ;机器指令为 0E
push ds            ;机器指令为 1E
push es            ;机器指令为 06
push fs            ;机器指令为 0F A0
push gs            ;机器指令为 0F A8
push ss            ;机器指令为 16
```

在 16 位模式下，先将 SP 的内容减去 2，然后直接压入段寄存器的内容；在 32 位模式下，要先将段寄存器的内容用零扩展到 32 位，即高 16 位为全零，然后，将 ESP 的内容减去 4，再压入扩展后的 32 位值。

本 章 习 题

1．在编译阶段，如果指定的是 bits 16，那么，

```
mov bx, 16
```

的机器码为 BB 10 00。相反，

```
mov ebx, 16
```

的机器码为 66 BB 10 00 00 00。

试问，如果指定了 bits 32，这两条指令编译后的机器码又分别是什么？

2．以下程序片段：

```
bits 16
mov bx, 16        ;BB 10 00
mul bx            ;F7 E3
```

将生成机器指令序列 BB 10 00 F7 E3。当处理器在 32 位保护模式下执行这些代码时，会有什么问题？

第 14 章

存储器的保护

处理器引入保护模式的目的是提供保护功能，其中很重要的一个方面就是存储器保护。存储器的保护功能可以禁止程序的非法内存访问，比如，向代码段写入数据、访问段界限之外的内存位置等。很多时候，这类问题都是由于编程疏漏引起的，属于有缺陷的软件，但也不排除软件的功能本身就是恶意的。不过，一旦能够及时发现和禁止这些非法操作，在程序失去控制之前引发异常中断，就可以提高软件的可靠性，降低整个计算机系统的安全风险。

凡事都有两面性。利用存储器的保护功能，也可以实现一些有价值的功能，比如虚拟内存管理。当处理器访问一个实际上不存在的段时，会引发异常中断。操作系统可以利用这一点，通过接管异常处理过程，并用硬盘来进行段的换入和换出，从而实现在较小的内存空间运行尽可能大、尽可能多的程序。本章的学习目标是：

1．通过实例来认识处理器是如何进行存储器的保护的；

2．了解别名段的意义和作用；

3．以一个字符串排序过程作为例子，演示保护模式下的内存数据访问，体验一下它们与在实模式下访问数据段有什么不同。同时，在这个过程中学习用汇编语言实现冒泡排序算法，以及一条新的 x86 处理器指令 xchg。

14.1　代码清单 14-1

本章有配套的汇编语言源程序，并围绕这些源程序进行讲解，请对照阅读。

本章代码清单：14-1（主引导程序），源程序文件：c14_mbr.asm

14.2　进入 32 位保护模式

14.2.1　话说 mov ds,ax 和 mov ds,eax

本章代码清单 14-1 和上一章有几分类似，但实质上有很大区别。

我们知道，段寄存器（选择器）的值只能用内存单元或者通用寄存器来传送，一般的指令格式为

```
mov sreg, r/m16
```

这里有一个常见的例子：

```
mov ds, ax
```

在实模式下，传送到 DS 中的值是逻辑段地址；在保护模式下，传送的是段描述符的选择子。无论传送的是什么，都不重要，重要的是，在不同的操作尺寸下，一些老式的编译器会生成不同的机器代码。下面是一个例证：

```
[bits 16]
mov ds, ax          ;8E D8

[bits 32]
mov ds, ax          ;66 8E D8
```

由于在 16 位操作尺寸下默认的操作数大小是字（16 位，2 字节），而这条指令的操作数也正好是 16 位的，故生成 8E D8 也不难理解。在 32 位操作尺寸下，默认的操作数大小是双字（32 位，4 字节）。由于指令中的源操作数是 16 位的 AX，故编译后的机器码前面应当添加前缀 0x66 以反转默认的操作尺寸，即 66 8E D8。

很遗憾，由于这一点点区别，有前缀的和没有前缀的相比，处理器在执行时会多花一个额外的时钟周期。问题在于，这样的指令用得很频繁，而且牵扯到内存段的访问，自然也很重要。因此，它们在 16 位操作尺寸和 32 位操作尺寸下的机器指令被设计为相同，即都是 8E D8，不需要指令前缀。

这可难倒了很多编译器，它们固执地认为，在 32 位操作尺寸下，源操作数是 16 位的寄存器 AX 时，应当添加指令前缀。好吧，为了照顾它们，很多程序员习惯使用这种看起来有点别扭的形式：

```
mov ds, eax
```

你别说，还真有效，果然生成的是不加前缀的 8E D8。

说到这里，我觉得 NASM 编译器还是非常优秀的，起码它不会有这样的问题。因此，不管操作尺寸如何变化，也不管指令形式如何变化，以下代码编译后的结果都一模一样：

```
[bits 16]
mov ds,ax           ;8E D8
mov ds,eax          ;8E D8

[bits 32]
mov ds,ax           ;8E D8
mov ds,eax          ;8E D8
```

和这个示例一样，其他从通用寄存器到段寄存器的传送也符合这样的编译规则。因此，代码清单 14-1 第 7、8 行，用于通过寄存器 EAX 来初始化栈段寄存器 SS。

14.2.2　创建 GDT 并安装段描述符

准备进入保护模式。

首先是创建 GDT，并安装刚进入保护模式时就要使用的描述符。第 12～15 行，首先计算 GDT 在实模式下的逻辑地址。在上一章里，GDT 的大小和线性基地址分别是用两个标号

gdt_size 和 gdt_base 声明和初始化的：

```
        gdt_size dw 0
        gdt_base dd 0x0000007e00
```

但是，如后面的第 107、108 行所示，现在已经改成

```
        pdgt dw 0
                dd 0x00007e00
```

另外一个区别是计算 GDT 逻辑地址的方法。在 32 位处理器上，即使是在实模式下，也可以使用 32 位寄存器。所以，第 12 行，直接将 GDT 的 32 位线性基地址传送到寄存器 EAX 中。

我们知道，32 位处理器可以执行以下除法操作：

```
        div r/m32
```

其中，64 位的被除数在 EDX:EAX 中，32 位被除数可以在 32 位通用寄存器中，也可以在 32 位内存单元中。因此，第 13～15 行，用 64 位的被除数 EDX:EAX 除以 32 位的除数 EBX。指令执行后，EAX 中的商是段地址，仅低 16 位有效；EDX 中的余数是段内偏移地址，仅低 16 位有效。

第 17、18 行，初始化段寄存器 DS，使其指向 GDT 所在的逻辑段，同时设置 GDT 所在的段内偏移量。

第 21、22 行，安装空描述符。该描述符的槽位号是 0，处理器不允许访问这个描述符，任何时候，使用索引字段为 0 的选择子来访问该描述符，都会被处理器阻止，并引发异常中断。在现实中，一个忘了初始化的指针往往默认值就是 0，所以空描述符的用意就是阻止不安全的访问。很多人喜欢用这个槽位来记载一些私人信息，做一些特殊的用途，认为反正处理器也不用它。但是，这样做可能是不安全的，还没有证据表明 INTEL 公司保证决不会使用这个槽位。

第 25、26 行，安装保护模式下的数据段描述符。参考前面的段描述符格式，可以看出，该段的线性基地址位于整个内存的最低端，为 0x00000000；段界限是 0xFFFFF。但是要注意，段的粒度是以 4KB 为单位的。对于以 4KB（十进制数 4096 或者十六进制数 0x1000）为粒度的段，描述符中的界限值加 1，就是该段有多少个 4KB。因此，其实际使用的段界限为

```
        (描述符中的段界限值+1）×0x1000-1
```

将其展开后，即

```
        描述符中的段界限值×0x1000+0x1000-1
```

因此，在换算成实际使用的段界限时，其公式为

```
        描述符中的段界限值×0x1000+0xFFF
```

这就是说，实际使用的段界限是

```
        0xFFFFF×0x1000+0xFFF=0xFFFFFFFF
```

也就是 4GB。就 32 位处理器来说，这个地址范围已经最大了。一旦使用这个段，就可以访问 0 到 4GB 空间内的任意一个单元，这是本书开篇以来，从来没有过的事情。

第 29、30 行，安装保护模式下的代码段描述符。该段的线性基地址为 0x00007C00；段界限为 0x001FF，粒度为字节。对于向上扩展的段来说，段界限在数值上等于段的长度减去 1，因此该段的长度是 0x200，即 512 字节。由于描述符中的 D 位是 1，故它的默认操作尺寸是 32 位的。

根据上一章的经验，该段实际上就是当前程序所在的段（正在安装该描述符呢），也就是主引导程序所在的区域。尽管在描述符中把它定义成默认操作尺寸为 32 位的段，但它实际上

既包含用伪指令 bits 16 编译的代码，也包含用伪指令 bits 32 编译的代码。不过，在处理器使用该描述符执行这个代码段时，默认操作尺寸是 32 位的，而执行的指令恰好也是用 32 位操作尺寸编译的。

第 33、34 行，安装保护模式下的数据段描述符。该段的线性基地址为 0x00007C00；段界限为 0x001FF，粒度为字节。可以看出，该描述符和前面的代码段描述符，描述和指向的是同一个段。你可能很想知道，这样做的用意何在？

参见第 12 章的表 12-1，我们都已经知道，在保护模式下，代码段是不可写入的。所谓不可写入，并非是说改变了内存的物理性质，使得内存写不进去，而是说，通过该段的描述符来访问这个区域时，处理器不允许向里面写入数据或者更改数据。

但是，很多时候，又需要对代码段做一些修改。比如在调试程序时，需要加入断点指令 int3。不管怎么样，如果需要访问代码段内的数据，只能重新为该段安装一个新的描述符，并将其定义为可读可写的数据段。这样，当需要修改代码段内的数据时，可以通过这个新的描述符来进行。

像这样，当两个以上的描述符都描述和指向同一个段时，把另外的描述符称为别名（alias）描述符。注意，别名技术并非仅仅用于读写代码段，如果两个程序想共享同一个内存区域，可以分别为每个程序都创建一个描述符，而且它们都指向同一个内存段，这也是别名应用的例子。

第 36、37 行，安装保护模式下的栈段描述符。该段的线性基地址是 0x00007C00，段界限为 0xFFFFE，粒度为 4KB，向下扩展。

尽管该段和代码段使用同一个线性基地址，但这不会有什么问题，代码段的访问是向上（高地址方向）推进的，而栈段的访问是向下（低地址方向）推进的。至于段界限为 0xFFFFE，粒度为 4KB，我知道你可能会有某些疑问，这些事情马上就会讲到。

第 40 行，设置 GDT 的界限值为 39，因为这里共有 5 个描述符，总大小为 40 字节，界限值为 39。后面的代码用于进入保护模式，差不多和上一章相同，不再赘述。GDT 和 GDT 内的描述符，以及本章程序，它们在内存中的映象如图 14-1 所示。

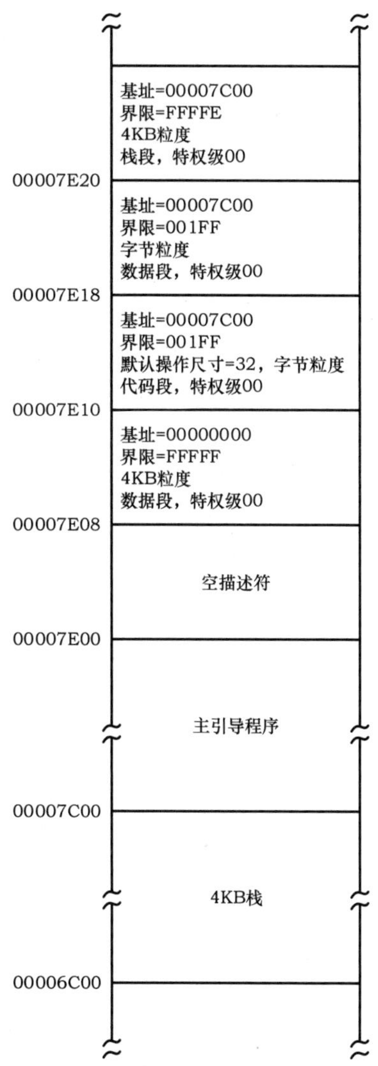

图 14-1 本章程序中各个部分在内存中的映象

14.3 修改段寄存器时的保护

随着程序的执行，经常要对段寄存器进行修改。此时，处理器在变更段寄存器及隐藏的描述符高速缓存器的内容时，要检查其代入值的合法性。

代码清单 14-1 第 55 行，这是一条直接绝对远转移指令：

```
        jmp 0x0010: dword flush
```

这条指令会隐式地修改段寄存器 CS。我们在上一章里用的不是这条指令，而是

```
        jmp 0x0010: flush
```

实际上这两条指令都是可以的。但是，添加一个“dword”是将简单的事情复杂化，我在程序中这样做仅仅是为了展示我们可以这样做。

32 位 x86 处理器支持两种有效地址长度的直接绝对远转移指令（选择子或者逻辑段地址部分始终是 16 位的），一种是采用 16 位有效地址，另一种是采用 32 位有效地址。如果使用上述不带关键字“dword”的形式，那么有效地址 flush 默认是 16 位的；如果使用的是带有关键字“dword”的这种形式，那么，这个关键字使得有效地址 flush 的长度是 32 位的。

在程序的前半部分没有伪指令“bits”，因此，编译器假定处理器的默认操作尺寸是 16 位的，以上采用 16 位有效地址形式（不带关键字“dword”）的汇编语言指令在编译后的机器码是

```
        EA A2 00 10 00
```

而采用 32 位有效地址形式（带有关键字“dword”）的汇编语言指令在编译时需要用前缀 0x66 反转为当前默认的操作尺寸（16）：

```
        66 EA A2 00 00 00 10 00
```

在这里，A2 00 00 00 是 32 位的有效地址，前缀 66 告诉处理器，尽管当前默认的操作尺寸是 16 位的，但必须使用 32 位有效地址，所以说这种写法其实是不必要的，小题大做。

回到正题，同样要修改段寄存器的指令还出现在第 59～68 行（以下粗体部分）：

```
        mov eax,0x0018
        mov ds,eax

        mov eax,0x0008          ;加载数据段（0:4GB）选择子
        mov es,eax
        mov fs,eax
        mov gs,eax

        mov eax,0x0020          ;0000 0000 0010 0000
        mov ss,eax
```

以上的指令涉及所有段寄存器，当这些指令执行时，处理器把指令中给出的选择子传送到段寄存器的选择器部分。但是，处理器的固件在完成传送之前，要确认选择子是正确的，并且该选择子选择的描述符也是正确的。

在当前程序中，选择子的 TI 位都是 0，故所有的描述符都在 GDT 中。如图 14-2 所示，GDT 的基地址和界限都在寄存器 GDTR 中。描述符在内存中的地址，是用索引号乘以 8，再和

描述符表的线性基地址相加得到的，而这个地址必须在描述符表的地址范围内。换句话说，索引号乘以 8 得到的数值，必须位于描述符表的边界范围之内。具体地说，处理器从 GDT 中取某个描述符时，就要求描述符的8字节都在GDT边界之内，也就是索引号× 8 +7小于或等于边界。

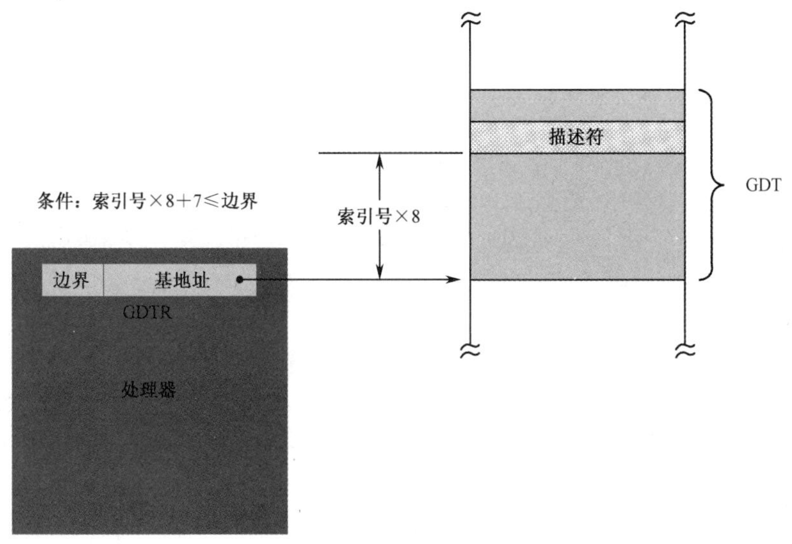

图 14-2 索引号的检查

如果检查到指定的段描述符，其位置超过表的边界时，处理器中止处理，产生异常中断 13，同时段寄存器中的原值不变。

以上仅仅是检查的第一步。要是通过了上述检查，并从表中取得描述符后，紧接着还要对描述符的类别进行确认。举个例子来说，若描述符的类别是只执行的代码段（第 12 章的表 12-1），则不允许加载到除 CS 外的其他段寄存器中。

具体地说，首先，描述符的类别字段必须是有效的值，0000 是无效值的一个例子。

然后，检查描述符的类别是否和段寄存器的用途匹配。其规则如表 14-1 所示。

表 14-1 段的类别检查

段寄存器	数据段（X=0）		代码段（X=1）	
	只读（W=0）	读写（W=1）	只执行（R=0）	执行、读（R=1）
CS	N	N	Y	Y
DS	Y	Y	N	Y
ES	Y	Y	N	Y
FS	Y	Y	N	Y
GS	Y	Y	N	Y
SS	N	Y	N	N

最后，除了按表 14-1 进行段的类别检查，还要检查描述符中的 P 位。如果 P=0，表明虽然描述符已被定义，但该段实际上并不存在于物理内存中。此时，处理器中止处理，引发异常中断 11。一般来说，应当定义一个中断处理程序，把该描述符所对应的段从硬盘等外部存储器调入内存，然后置 P 位。中断返回时，处理器将再次尝试刚才的操作。

如果 P=1，则处理器将描述符加载到段寄存器的描述符高速缓存器，同时置 A 位（仅限于当前讨论的存储器的段描述符）。

注意，如表 14-1 所指示的那样，可读的代码段类似于 ROM。可以用段超越前缀“cs:”来读其中的内容，也可以将它的描述符选择子加载到 DS、ES、FS、GS 来作为数据段访问。代码段在任何时候都是不可写的。

一旦上述规则全部验证通过，处理器就将选择子加载到段寄存器的选择器。显然，只有可以写入的数据段才能加载到 SS 的选择器，寄存器 CS 只允许加载代码段描述符。另外，对于 DS、ES、FS 和 GS 的选择器，可以向其加载数值为 0 的选择子，即

```
xor eax, eax        ;eax = 0
mov ds, eax         ;ds <- 0
```

尽管在加载的时候不会有任何问题，但在真正要用来访问内存时，就会导致一个异常中断。这是一个特殊的设计，处理器用它来保证系统安全，这在后面会讲到。不过，对于 CS 和 SS 的选择器来说，不允许向其传送为 0 的选择子。

继续回到代码清单 14-1 中来，第 55～68 行的指令执行之后，段寄存器 CS 指向 512 字节的 32 位代码段，基地址是 0x00007C00；DS 指向 512 字节的数据段，该段是上述代码段的别名，因此基地址也是 0x00007C00；ES、FS 和 GS 指向同一个段，该段是一个 4GB 的数据段，基地址为 0x00000000；SS 指向 4KB 的栈段，基地址为 0x00007C00。

◆ **检测点 14.1**

1．若某段描述符中的段界限是 0xFFFFC，当粒度为字节和 4KB 时，实际使用的段界限是多少？

2．若 GDT 的界限为 0x87，寄存器 AX 的内容为 0x0088，则执行指令 mov ds,ax 时，处理器会产生异常吗？

14.4 地址变换时的保护

14.4.1 代码段执行时的保护

如果当前默认的操作尺寸是 32 位的，那么，尽管段的信息在描述符表中，但只要是相应的描述符被加载到段寄存器的描述符高速缓存器，则处理器取指令和执行指令时，将不再访问描述符表，而是直接使用段寄存器的描述符高速缓存器，从中取得线性基地址，同指令指针寄存器 EIP 的内容相加，共同形成 32 位的物理地址从内存中取得下一条指令。不过，在指令实际开始执行之前，处理器必须检验其存放地址的有效性，以防止执行超出允许范围之外的指令。

每个代码段都有自己的段界限，位于其描述符中。实际使用的段界限，其数值和粒度（G）位有关，如果 G=0，则实际使用的段界限就是描述符中记载的段界限；如果 G=1，则实际使用的段界限为

```
描述符中的段界限值×0x1000＋0xFFF
```

该计算公式已经在前面出现过，不再解释。

代码段是向上（高地址方向）扩展的，因此，实际使用的段界限就是当前段内最后一个允许访问的偏移量。当处理器在该段内取指令执行时，偏移量由 EIP 提供。指令很有可能是跨越

边界的，一部分在边界之内，一部分在边界之外，或者一条单字节指令正好位于边界上。因此，要执行的那条指令，其长度减 1 后，与 EIP 寄存器的值相加，结果必须小于或等于实际使用的段界限，否则引发处理器异常。即：

```
0≤（EIP＋指令长度－1）≤实际使用的段界限
```

在本章中，代码段描述符中给出的界限值是 0x001FF，粒度是字节，可以认为它就是段内最后一个允许访问的偏移量。如图 14-3 所示，在处理器取得一条指令后，寄存器 EIP 的数值加上该指令的长度减 1，得到的结果必须小于或等于 0x000001FF，如果等于或者超出这个数值，必然引发异常中断。

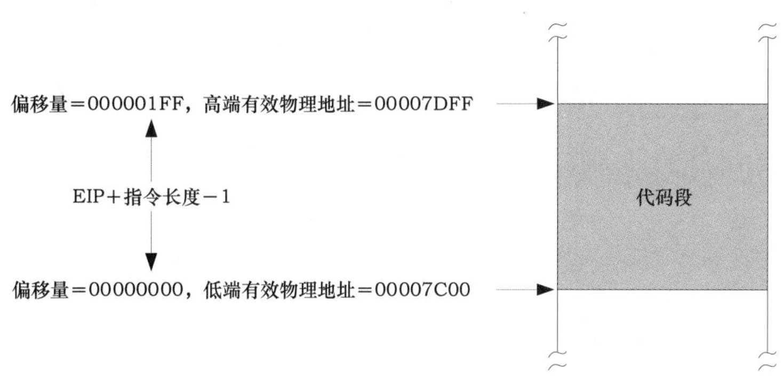

图 14-3 对代码段偏移量的检查

作为一个额外的例子，现在，假设当前代码段的粒度是 4KB，那么，因为描述符中的段界限值是 0x001FF，故实际使用的段界限是

```
0x1FF×0x1000＋0xFFF＝0x001FFFFF
```

可以认为，此数值就是当前段内最后一个允许访问的偏移量。任何时候，寄存器 EIP 的内容加上取得的指令长度减 1，都必须小于或等于 0x001FFFFF，否则将引发处理器异常中断。

任何指令都不允许，也不可能向代码段写入数据。而且，只有在代码段可读的情况下（由其描述符指定），才能由指令读取其内容。

14.4.2 数据访问时的保护

和代码段不同，数据段分为向上扩展的数据段和向下扩展的数据段。**段的扩展方向和段的访问与操作没有关系，处理器只是用它来区别两种不同的段界限检查方法。**代码段始终是向上扩展的（所以不需要在描述符中指定），而这里所说的数据段，特指向上扩展的数据段。向上扩展的数据段可以是一般的数据段，也可用做栈段，而向下扩展的数据段总是用作栈段。

因为是向上扩展的，所以代码段的检查规则同样适用于数据段。不同之处仅仅在于，对于取指令来说，是否越界取决于指令的长度；而对于数据段来说，则取决于操作数的尺寸。考虑以下指令：

```
mov [0x2000], edx
```

这条指令将访问内存，并将寄存器 EDX 的内容写入当前段内偏移量为 0x2000 的双字单元。指令中给出了内存单元的有效地址 EA（0x2000），也给出了操作数的大小（4）。

很好，现在，当处理器访问数据段时，要依据以下规则进行检查：

```
0≤（EA+操作数大小－1）≤实际使用的段界限
```

在任何时候，段界限之外的访问企图都会被阻止，并引发处理器异常中断。

在 32 位处理器上，尽管段界限的检查总在进行着，但如果段界限具有最大值，则对任何内存地址的访问都将不会违例。比如本章就定义了一个具有 4GB 长的段，段的基地址是 0x00000000，段界限是 0xFFFFF，粒度为 4KB。因此，实际使用的段界限是

```
0xFFFFF×0x1000+0xFFF=0xFFFFFFFF
```

在这样的段内，访问任何一个内存单元都是允许的，针对段界限的检查都会获得通过。

如果当前的默认操作尺寸是 32 位的，处理器使用 32 位的段基地址加上 32 位的偏移量，共同形成 32 位的线性地址来访问内存。段基地址由段描述符指定，而偏移量由指令给出。很显然，在段最大的时候，可以自由访问 4GB 空间内的任何一个单元。

代码清单 14-1 第 71～74 行，从物理地址 0x000B8000 开始写入 16 字节的内容，用于演示 4GB 内存地址空间的访问。段寄存器 ES 当前正指向 0 到 4GB 的内存空间，其描述符高速缓存器中的基地址是 0x00000000，加上指令中提供的 32 位偏移量，所访问的地方正是显示缓冲区（显存）所在的区域。这其中的道理很简单，首先，内存的寻址依赖于段基地址和偏移量，段基地址是 0，所以，可以把任何要访问的物理地址作为偏移量。

这 16 字节的内容是 8 个字符的 ASCII 码，以及它们各自的显示属性（颜色）。如图 14-4 所示，和往常一样，双字在内存中的写入依然是低端字节序的，这里再次展示一下，以帮助理解。

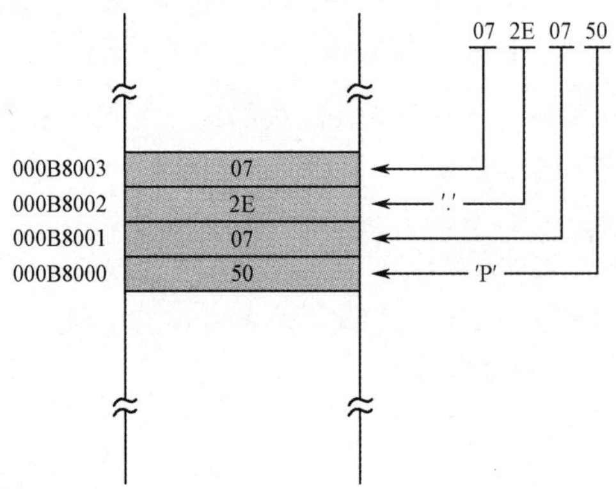

图 14-4　以低端字节序向内存中写入双字

要理解 32 位默认操作尺寸下的内存寻址，以及数据访问时的保护机制，这是一个很好的例子。

14.4.3　栈操作时的保护

本质上，栈段也是数据段。任何数据段，只要它是可读可写的，都可以用作栈段。在保护模式下，可以用向上扩展的数据段作为栈段，也可以用向下扩展的数据段作为栈段，但向下扩展的数据段是专为栈段设计的。

注意，段的扩展方向和栈的推进方向不是一回事。栈本身始终是向下增长的，即，向低地址方向推进。段的扩展方向用于处理器的界限检查，而对栈的性质及在栈上进行的操作没有关系。

在后面的章节中，我们会接触到用向上扩展的段作为栈段的情况，在本章中，我们用向下

扩展的数据段作为栈段，这就使得段界限的检查和向上扩展的数据段及代码段不同。

对向上扩展的段来说，段界限的最小值是固定的，等于 0，但最大值不确定，需要在段描述符中指定。但是，对于向下扩展的段来说却正好相反，段界限的最大值是固定的，最小值不确定，需要在段描述符中指定。

那么，对于向下扩展的段来说，段界限的最大值是固定的，它是多少呢？这取决于段描述符中的 D/B 位。这一位对代码段来说，是 D 位，用来指定默认的操作尺寸，但对于向下扩展的数据段来说，它是 B 位。**如果 B 位是 0，表示段界限的最大值是 0xFFFF；如果 B 位是 1，表示段界限的最大值是 0xFFFFFFFF。**

对栈操作的指令一般是 push、pop、ret、iret 等。这些指令在代码段中执行，但实际操作的却是栈段。不管是向上扩展的数据段，还是向下扩展的数据段，如果它被用作栈段，则段描述符中的 D/B 位是 B 位。**如果 B 位是 0，表示栈操作时使用栈指针寄存器 SP；如果 B 位是 1，表示栈操作时使用栈指针寄存器 ESP。**

和前面刚刚讨论过的代码段一样，在栈段中，实际使用的段界限也和粒度（G）位相关，如果 G=0，实际使用的段界限就是描述符中记载的段界限；如果 G=1，则实际使用的段界限为

描述符中的段界限值×0x1000+0xFFF

栈是向下推进的，每当往栈中压入数据时，SP 或者 ESP 的内容要减去操作数的长度。所以，和向高地址方向扩展的段相比，非常重要的一点就是，实际使用的段界限就是段内**不允许访问的**最小偏移量。至于最高端的地址，则没有限制，最大可以是 0xFFFF 或者 0xFFFFFFFF。也就是说，在进行栈操作时，如果段描述符的 B 位是 0，必须符合以下规则：

实际使用的段界限+1≤（SP 的内容－操作数的长度）≤0xFFFF

如果段描述符中的 B 位是 1，必须符合以下规则：

实际使用的段界限+1≤（ESP 的内容－操作数的长度）≤0xFFFFFFFF

在本章中，看代码清单 14-1 第 36、37 行，这三行安装了一个数据段描述符，我们用它作为栈段。这个段的线性基地址为 0x00007C00，是一个向下扩展的段（描述符的 E 位是 1），指定的段界限为 0xFFFFE，粒度为 4KB，描述符中的 B 位是 1，表明栈操作时使用 ESP，而且段界限的最大值为 0xFFFFFFFF。

因为段界限的粒度是 4KB（G=1），故实际使用的段界限为

0xFFFF**E**×0x1000+0xFFF=0xFFFF**E**FFF

又因为 ESP 的最大值是 0xFFFFFFFF，因此，如图 14-5 所示，在执行压栈和出栈操作时，处理器的检查规则是：

0xFFFFF000≤（ESP 的内容－操作数的长度）≤0xFFFFFFFF

栈指针寄存器 ESP 的内容仅仅是在压栈和出栈时提供有效地址，操作数的物理地址要用段寄存器的描述符高速缓存器中的段基址和 ESP 的内容相加得到。因此，该栈最低端的有效物理地址是

0x00007C00+0xFFFFF000=0x00006C00

最高端的有效物理地址是

0x00007C00+0xFFFFFFFF=0x00007BFF

也就是说，当前程序所定义的栈空间介于地址为 0x00006C00～0x00007BFF 之间，大小是 4KB。

代码清单 14-1 的第 67～69 行设置栈段寄存器 SS 和栈指针寄存器 ESP，ESP 的初值应当设

置为段界限的最大值加 1，即，初值为 0。

现在结合该栈段，用一个实例来说明处理器的检查过程。代码清单第 69 行将 ESP 的初始值设定为 0，因此，当第一次进行压栈操作时，假如压入的是一个双字（4 字节）：

```
        push ecx
```

因为压栈操作是先减 ESP，然后再访问栈，故 ESP 的新值是（可以自行用 Windows 计算器算一下）

```
        0－4＝0xFFFFFFFC
```

这个结果符合上面的限制条件，允许操作。此时，被压入的那个双字，其线性地址为

```
        0x00007C00＋0xFFFFFFFC＝0x00007BFC
```

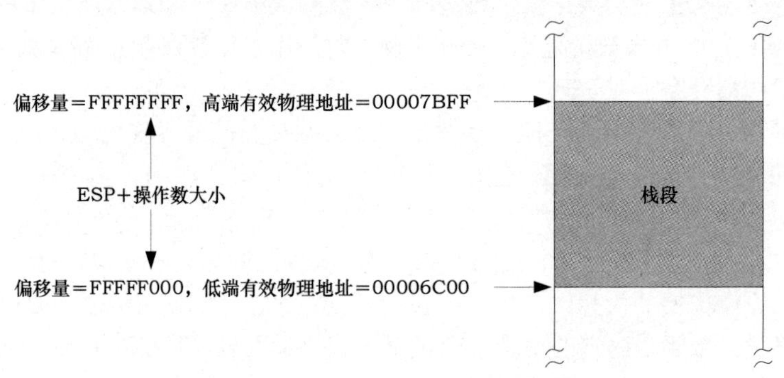

图 14-5　栈操作时的偏移量检查规则

该双字的各个字节分别占据以下线性地址：0x00007BFC、0x00007BFD、0x00007BFE 和 0x00007BFF。

尽管这里讨论的是 push 指令，但对于其他隐式操作栈的指令，比如 pop、call、ret 等，情况也没有什么不同，也要根据操作数的大小来检查是否违反了段界限的约束，以防止出现访问越界的情况。

◆　**检测点 14.2**

当前栈段描述符的 B 位是 1，基地址为 0x00700000，界限值为 0xFFFFE。那么，在 32 位模式下，该栈段的有效地址范围是 0x00700000～（　　　　　）。当 ESP 的内容为 0xFFFFF002 时，还能压入一个双字吗？为什么？

14.5　使用别名访问代码段对字符排序

接下来要做的事情是对一串散乱的字符进行排序。坦白地说，排序是假，主要目的是演示如何在保护模式下使用别名段。

字符串位于代码清单 14-1 的第 105 行，用标号 string 声明，并初始化为以下字符：

```
        s0ke4or92xap3fv8giuzjcy5l1m7hd6bnqtw.
```

这串字符是主引导程序的一部分，在进入保护模式时，它就位于 32 位代码段中。代码段是用来执行的，能不能读出，取决于其描述符的类别字段。但是无论如何，它都不允许写入。

这可就难办了。我们想就地把这串字符按 ASCII 码从小到大排列，涉及原地写入数据的操

作。好在前面已经建立了代码段的别名描述符，而且用段寄存器 DS 指向它。参见代码清单 14-1 第 59、60 行。

冒泡排序是比较容易理解的排序算法，但却并不是效率最高的，因此，速度自然也就很慢。如果字符串的长度（字符的数量）是 *n* 个，而且要从小到大排序，那么，可以将它们从头至尾两两比较，需要比较 *n*-1 次。但是，不要高兴太早，这一次遍历只会使最大的那个字符慢慢地、像气泡一样移动到最右边。

所以，你需要多次进行这样的遍历才能完成所有字符的排序，每一次遍历都会使一个字符冒泡到正确的位置。可以计算，共需要 *n*-1 次这样的遍历。有关冒泡排序算法的更多信息，请参考其他资料。

可见，这需要两个循环，一个外循环，用于控制遍历次数；一个内循环，用于控制每次遍历时的比较次数。由于当前的默认操作尺寸是 32 位的，loop 指令所用的计数器不是 CX，而是 ECX。两个循环需要共用 ECX，这需要点技巧，那就是利用栈：

```
        mov ecx,n-1                 ;控制遍历次数，内、外循环都用它
    external:
        xor ebx,ebx                 ;清零，从字符串开头处比较
        push ecx

    internal:
        …                           ;对字符串两两比较
        inc ebx
        loop internal

        pop ecx
        loop external
```

我相信这段框架性的代码还是很好理解的。外循环总共执行 *n*-1 次。每执行一次外循环，内循环就会将一个数排到正确的位置，从而使下一次内循环少一次两两比对（少执行一次）。也就是说，寄存器 ECX 的当前值总是内循环的次数，这就是为什么内循环的 loop 指令要使用外循环的 ECX 值。

代码清单 14-1 第 77 行，用后面的标号 pdgt 减去声明字符串的标号 string，就是字符串的长度，再减 1，就是控制循环的次数。

第 79 行，将循环次数压栈，因为内循环会改变 ECX 的内容。

第 80 行，清零寄存器 BX。该寄存器在每次内部循环之前清零，用于从字符串的开始处进行比对。之所以没有使用 EBX，是因为要让你知道，即使当前的默认操作尺寸是 32 位的，也可以使用 16 位的寄存器来寻址，只不过它的机器指令包含前缀 0x66。相似的，在 32 位操作尺寸下，如果要在指令中使用 16 位的有效地址，那么，必须为该指令添加前缀 0x67。因此，当指令

```
    mov eax, [bx]
```

用 bits 32 编译后，会有指令前缀 0x67；在按照 32 位的默认操作尺寸执行时，处理器会用数据段描述符中给出的 32 位数据段基地址，加上寄存器 BX 的 16 位偏移量，形成 32 位线性地址。

实际进行字符比对的代码是第 81～91 行。首先一次性读取两个字符到寄存器 AX 中。当前的数据段是由段寄存器 DS 指向的，其描述符给出的基地址为 0x00007C00，字符串的首地址就是标号 string 的汇编地址，寄存器 BX 用来指定字符串内的偏移量。

接着，对寄存器 AH 和 AL 的内容进行比较。如图 14-6 所示，AL 中存放的是前一个字符，AH 中存放的是后一个字符。如果前一个字符较大，则交换 AH 和 AL 的内容，然后重新写回原来的字单元。然后，将 BX 寄存器的内容加 1，以指向下一个字符。

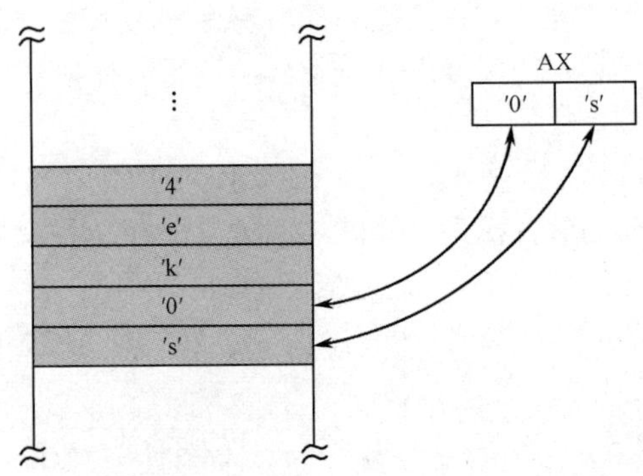

图 14-6　通过寄存器 AX 比对和排序相邻字符

xchg 是交换指令，用于交换两个操作数的内容，源操作数和目的操作数都可以是 8/16/32 位的寄存器，或者指向 8/16/32 位实际操作数的内存单元地址，但不允许两者同时为内存地址。其格式为

```
xchg r/m8 , r8
xchg r/m16 , r16
xchg r/m32 , r32
xchg r8 , m8
xchg r16 , m16
xchg r32 , m32
```

举个例子：

```
mov ecx, 0xf000f000
mov edx, 0xabcdef00
xchg ecx, edx
```

以上指令执行后，寄存器 ECX 中的内容为 0xABCDEF00，EDX 中的内容为 0xF000F000。

第 93～100 行用于显示最终的排序结果，同样使用了循环，循环次数就是字符串的长度。和排序的时候不同，现在终于使用 EBX 了，这将提供 32 位的偏移量。

第 96 行，向寄存器 AH 传送的是字符的显示属性（颜色），0x07 表示黑底白字，我们已经无数次重复说过了。

第 98 行是向显存中传送字符及其显示属性：

```
mov [es:0xb80a0+ebx*2], ax
```

段寄存器 ES 是在刚进入保护模式时设置的，它指向 0～4GB 内存的段。0xb80a0 等于 0xb8000 加上十进制数 160（0xa0）。在显存中，偏移量为 160 的地方对应着屏幕第 2 行第 1 列。32 位处理器提供了强大的寻址方式，可以在基址寄存器的基础上使用比例因子，这里是将寄存器 EBX 的内容乘以 2。当 EBX 的内容为 0、1、2、3、…时，计算出来的有效地址分别是 0xb80a0、0xb80a2、0xb80a4、0xb80a6、…，后面的依次类推，很容易看到使用比例因子的好处。注意，该表达式的值是在本指令执行时，由处理器来计算的。

最后，在完成了所有的工作之后，第 102 行，hlt 指令使处理器处于停机状态。

14.6 程序的编译和运行

本章代码清单 14-1 所对应的源程序文件是 c14_mbr.asm，用 Nasmide 工具将它打开并编译，生成二进制文件 c14_mbr.bin 并写入虚拟硬盘的主引导扇区。

然后，启动虚拟机LEARN-ASM，观察运行结果。正常情况下，屏幕显示如图 14-7 所示。

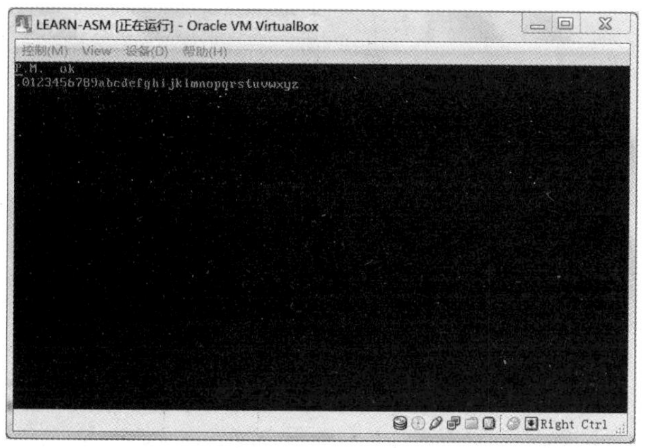

图 14-7 本章程序运行结果

本 章 习 题

1. 修改本章代码清单，使之可以检测 1MB 以上的内存空间（从地址 0x00100000 开始，不考虑高速缓存的影响）。要求：对内存的读写按双字的长度进行，并在检测的同时显示已检测的内存数量。建议对每个双字单元用两个花码 0x55AA55AA 和 0xAA55AA55 进行检测。

2. 有一个向下扩展的段，描述符中的 B 位和 G 位都是“1”。请问，如果希望段的大小为 8KB，那么，描述符中的界限值应当是多少？

第 15 章

程序的动态加载和执行

像我一样，很多人在了解了保护模式的基本工作原理之后，会产生一个疑问：既然任何一个段在使用之前，都必须以描述符的形式在描述符表中进行定义，那么，操作系统又怎么能够加载和执行其他各种用户程序呢？毕竟，这需要知道用户程序都定义了哪些段，每个段的类型是什么、有多长。

未必所有人都会产生这样的疑惑，但我确实算一个，可能我还不够聪明。事实上，这仅是一层窗户纸，一旦捅破了，才发现原来竟是那么简单。从某种意义上来说，保护模式的工作机制对用户程序的加载和执行非但没有增加困难，反而带来了很大的便利。

一套能够充分说明问题的例子需要很大的代码量，也许把本书的汉字都去掉，全部换成代码也不够。不过，想说明问题，也不一定非得完善周全、面面俱到。因此，本章中用于加载和处理用户程序的做法，不一定甚至根本就不是操作系统采用的方法。这一点，务必明了。

在计算机硬件之上是软件。软件分两个层次，一是操作系统，二是应用（用户）程序。通常，用户程序只关心问题的解，就是采用各种算法来解决实际问题。至于软件是怎么加载到内存的，怎么定位的，不是它所操心的事。但是，它有义务提供一些必要的信息，来帮助操作系统将自己加载到内存中。

相反，操作系统则必须考虑采用什么方法来加载用户程序，并在适当的时候将处理器的执行流转移到用户代码中去。同时，为了减轻用户程序编写的工作量，操作系统还应当管理硬件，并提供大量的例程供用户程序使用。比如，显示一个字符串，就不要让用户自己来写代码了，直接调用操作系统的代码即可。但操作系统和用户程序应当协商一种机制，让用户程序能够在使用这些例程时，不必考虑和关心它们的位置。

本章提供了一个小小的“操作系统”，因为当不起这么大的名称，所以叫“内核”或者“核心”。即使是这样，它依然当不起，因为它实在是太简单了。不过，也没有办法，就这么凑合着叫吧。

内核不能放到主引导扇区里，毕竟它们都很大。所以，计算机首先从主引导程序开始执行，主引导程序负责加载内核，并转交控制权。然后，内核负责加载用户程序，并提供各种例程给用户程序调用。提供给用户程序调用的例程也叫应用程序接口（Application Programming Interface，API），本章用简单的方法来允许用户程序使用 API 工作。

本章学习目标：

1．了解保护模式是为操作系统提供的技术，并没有给普通应用程序的编程带来负担（这从本章的程序实例中就可以看出来）；

2．学习操作系统在保护模式下加载和重定位应用程序的一般原理，学习简单的内存动态分配，了解应用程序接口 API 的简单原理，学习字符串的比较算法；

3．学习若干 x86 处理器的新指令，包括 bswap、cpuid、cmov*cc*、sgdt、movzx、movsx、cmpsb、cmpsw、cmpsd 和 xlat 等。

15.1 本章代码清单

本章有配套的汇编语言源程序，并围绕这些源程序进行讲解，请对照阅读。

本章代码清单：15-1（主引导扇区程序），源程序文件：c15_mbr.asm

本章代码清单：15-2（微型内核），源程序文件：c15_core.asm

本章代码清单：15-3（被加载的用户程序），源程序文件：c15_app.asm

15.2 内核的结构、功能和加载

15.2.1 内核的结构

内核分为四个部分，分别是初始化代码、内核代码段、内核数据段和公共例程段，主引导程序也是初始化代码的组成部分。

初始化代码用于从 BIOS 那里接管处理器和计算机硬件的控制权，安装最基本的段描述符，初始化最初的执行环境。然后，从硬盘上读取和加载内核的剩余部分，创建组成内核的各个内存段。初始化代码大部分位于代码清单 15-1 中。

内核的代码和数据位于代码清单 15-2 中。如图 15-1 所示，内核代码段是在第 389 行定义的，用于分配内存，读取和加载用户程序，控制用户程序的执行。

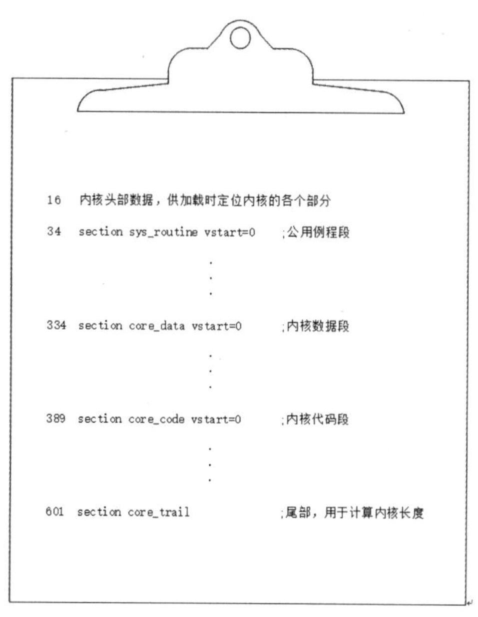

图 15-1 内核程序的各个组成部分

内核数据段是在第 334 行定义的，提供了一段可读写的内存空间，供内核自己使用。

公共例程段是在第 34 行定义的，用于提供各种用途和功能的子过程以简化代码的编写。这些例程既可以用于内核，也供用户程序调用。

除了以上的内容，内核文件还包括一个头部，记录了各个段的汇编位置，这些统计数据用于告诉初始化代码如何加载内核。

回到代码清单 15-2 的开头。

从第 7 行开始，一直到第 12 行，用于声明常数。很明显，这是一些内存段的选择子，它们对应的描述符会在内核初始化的时候创建。这些段是内核的段，供内核代码使用，对内核代码是透明的，内核代码“知道”每个段选择子的具体数值，就像你知道自己办公室里有哪些人，可以直接喊他的名字让他做某件事一样。但是，段选择子的具体数值是和它们在 GDT 中的位置相关的。为了不至于在往后因为调整段的位置而修改程序代码，将它们声明成常数是最好的。我们知道，伪指令 equ 仅是允许我们用符号代替具体的数值，但声明的数值并不占用空间。

内核文件的真正开始部分是头部，偏移量为 0x00 的地方是一个双字，可以通过标号 core_length 引用，记录了整个内核文件的大小，以字节为单位；偏移量为 0x04 的地方是公用例程段的起始汇编地址，是一个双字，可以通过标号 sys_routine_seg 引用；偏移量为 0x08 的地方是核心数据段的起始汇编地址，也是一个双字，可以通过标号 core_data_seg 引用。注意，不要忘了这个表达式，我们以前学过的，它用来得到段的起始汇编地址：

```
section.<段名称>.start
```

偏移量为 0x0C 的地方是核心代码段的起始汇编地址，双字大小，可以通过标号 core_code_seg 引用；从偏移量为 0x10 开始的地方用于指示内核入口点，可以通过标号 core_entry 引用，在主引导程序加载了内核之后，从这里把处理器的控制权交给内核代码。

入口点共有 6 字节，低地址部分是一个双字，指示段内偏移，将来会传送到指令指针寄存器 EIP，它来自一个标号 start，位于第 531 行；高地址部分是一个字，指定一个内存代码段的选择子。在这里，填充的是刚刚在第 7 行声明过的常数 core_code_seg_sel，在数值上等于 0x38。

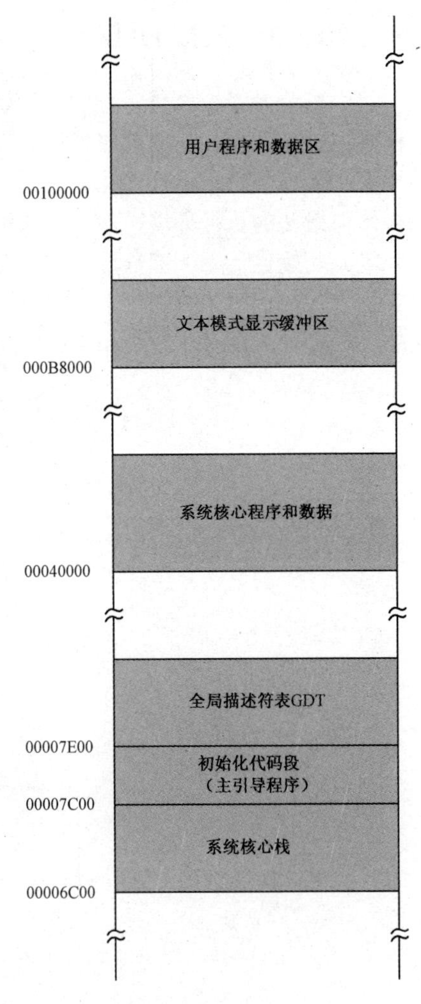

图 15-2　本章内存布局

15.2.2　内核的加载

现在来看代码清单 15-1，也就是主引导程序。

第 6 行和第 7 行声明了两个常数，分别是内核程序在硬盘上的位置，以及它将要被加载的物理内存地址。声明常数的好处你也知道，将来改起来方便。

接下来，从第 9 行开始，一直到第 55 行，是为进入保护模式做准备。如图 15-2 所示，因为主引导程序的加载位置是物理地址 0x00007C00，所以，从这个位置往上是 512 字节的初始化代码段，从这个位置往下是 4KB 的内核栈。

全局描述符表（GDT）是不可或缺的，和从前一样，我们将它定义在从物理地址 0x00007E00 开始的地方，紧挨着初始化代码段。GDT 可大可小，最大能达到 64KB，所以，它的空间一定要留够。

和 GDT 一样，内核程序的大小也是不定的，但可以规定它的起始位置。在这里，我们决定将它加载到从物理内存地址 0x00040000 开始的地方。从这个地方往上，一直到 0x0009FFFF，都是它的地盘，取决于它到底有多大，想用多少就用多少。从 0x000A0000 往上，是 ROM BIOS，硬件专有的。

显示器是窥视程序工作的窗口，显示功能自然少不了。因此，从 0x000B8000 往上的 32KB，是文本模式的显示缓冲区。

最后，从 1MB 开始的大量空间是留给用户程序用的，具体数量取决于你到底安装了多少物理内存。对于本章来说，程序都很小，功能都很简单，用不了多少内存空间，都才几 KB、几十 KB；但是，你平时所用的 Windows、Linux 和 MacOS，以及运行于其上的程序，都是 VIP、大客户，动辄几 MB、几百 MB，现在都要几个 GB。

在进入保护模式之前，初始化程序（主引导程序）已经在全局描述符表（GDT）中安装了几个必要的描述符。如图 15-3 所示，第一个是用于访问 0～4GB 内存的数据段，它很重要，内核只有在具备了访问全部 4GB 内存空间的能力时，才能随心所欲地做任何事情。

第二个是初始化代码段，也就是主引导程序所在的段。进入保护模式后，要继续执行主引导程序的后半部分代码，必须按处理器的要求，为它创建描述符。

最后两个分别是初始的栈段和显示缓冲区的描述符。这里定义的栈在初始化过程中就要使用，而在进入内核之后，它又是内核的栈。

创建这些描述符的代码位于代码清单 15-1 的第 19～40 行，这几个描述符都和上一章差不多，而且用于创建它们的代码也基本相同，不再逐个讲解。

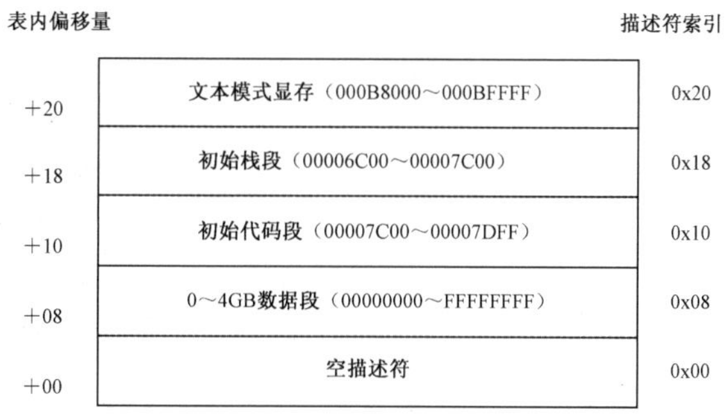

图 15-3　进入保护模式前创建的描述符

下面开始加载内核。

首先是初始化各个段寄存器以访问相应的内存段。第 59、60 行，使 DS 指向全部 4GB 的内存空间；第 62～64 行，使 SS 指向初始的栈空间，并初始化栈指针寄存器 ESP 的内容为 0。第一个数据压入时，因为栈的操作是先减 ESP 的值，再保存数据，所以，如果是压入一个字，ESP 的内容为 0xFFFFFFFE；如果压入的是双字，ESP 的内容为 0xFFFFFFFC。

接下来是从硬盘把内核程序读入内存，第 67～69 行，它在硬盘上的起始逻辑扇区号和物理内存地址已经由两个常数给出，现分别将它们传送到寄存器 EAX 和 EDI。

初始化代码并不知道内核有多大，所以也就不知道应该读多少个扇区。不过，它可以先读一个扇区，因为那里包含着内核的头部数据，根据这些数据，就可以知道内核的总扇区数。

和以前一样，我们把读硬盘扇区的指令归拢到一起，做成可以反复调用的过程 read_hard_disk_0，它位于第 138～192 行。基本上，它的工作过程和具体的代码都和从前一样，但略有不同。首先，该过程要求使用寄存器 EAX 来传入 28 位的逻辑扇区号。我们现在已经可以使用 32 位的寄存器了，再也不会因为 16 位寄存器太小，无法容纳 28 位的逻辑扇区号而发愁。

其次，这里使用寄存器 EBX 来传入段内偏移量。因为在 32 位模式下，可以访问全部 4GB 内存，允许使用 32 位的偏移量。这是好事，我们再也不需要为 64KB 的段而受折磨了。

最后一个不同之处在于，每次过程返回时，会使寄存器 EBX 的值比原来多 512。这是有意的，因为在 32 位保护模式下，内存的访问不再受 64KB 限制，所以就能够连续访问。这里，每次将寄存器 EBX 的内容加上 512，目的是指向下一个内存块，我相信这种工作方式会给调用它的主程序带来方便。

接下来是取得内核的长度，并计算它所占用的扇区数。

因为段寄存器 DS 是指向 4GB 内存段的，其描述符高速缓存中的基地址是 0x00000000，故，第 74 行，可以直接用寄存器 EDI 中的数值作为偏移量来访问内存。因为段的基地址上为 0，故最终生成的线性地址在数值上和寄存器 EDI 的内容相同。当前指令的功能是取得内核的总长度，因为它就位于内核的偏移 0 处。

第 75～77 行，将取得的总字节数除以 512，就能在寄存器 EAX 中得到内核所占用的扇区数。不过，在没能整除的情况下，实际的扇区总数要比寄存器 EAX 中的值多一。

但是，我们要的是剩余扇区数，毕竟已经读了一个。为此，第 79～81 行，先判断寄存器 EDX 中的余数是否为零。取决于 EDX 的实际内容，or 指令会影响 ZF 标志位。如果 EDX 不为零，则寄存器 EAX 里实际上就是剩余的扇区数，因为它比实际的扇区数少一。相反，如果 EDX 的内容为零，则 EAX 中的内容就是总扇区数，还要用 dec 指令减一才行。

无论是哪种情况，指令的执行流程都会到达第 83 行。这个地方的指令是

```
        or eax, eax
```

这条指令的工作是检查寄存器 EAX，看它的内容是否为零。第 84 行，如果为零，说明内核就占用了一个扇区（确实够小的，但一般不太可能），于是不再读硬盘，直接转到标号 setup 处执行。

第 87～93 行，用于从硬盘读取剩余的扇区，用的是 loop 指令循环读取，循环的次数在寄存器 ECX 中。再重复一遍，**如果当前的默认操作尺寸是 32 位的，执行 LOOP 指令需要使用寄存器 ECX**，而不是 CX。如果没有第 83、84 行的条件判断，而且剩余扇区数为 0，那么，这里的循环将执行 0xFFFFFFFF＋1 次，显然不是我们希望的。

15.2.3 安装内核的段描述符

要使内核工作起来，首要的任务是为它的各个段创建描述符。换句话说，还要为 GDT 续添新的描述符。进入保护模式前，我们在代码清单 15-1 的第 42 行使用指令

```
        lgdt [cs: pgdt + 0x7c00]
```

来加载全局描述符表寄存器（GDTR），标号 pgdt 所指向的内存位置包含了 GDT 的基地址和界限值。现在，我们的任务是重新从标号 pgdt 处取得 GDT 的基地址，为其添加描述符，并修改

它的大小，然后用 lgdt 指令重新加载一遍寄存器 GDTR，使修改生效。

但是，如果忽略了一件事，你可能不会得逞。标号 pgdt 所指向的内存区域位于主引导程序内，而我们当前正在保护模式下执行主引导程序。保护模式下的代码段只是用来执行的，是否能读出，取决于其描述符的类别字段，但无论如何它都不能写入。

对代码段实施保护的意思是通过代码段描述符不能修改段中的内容，但不意味着通过其他描述符做不到。想想看，我们拥有一个指向全部 4GB 内存空间的描述符，标号 pgdt 所指向的内存位置不单单是在主引导程序内，同时也是 4GB 内存空间的一部分。

如图 15-4 所示，标号 pgdt 在数值上等于它距离段首的偏移量，也就是编译阶段的汇编地址。主引导程序的物理起始地址是 0x00007C00，故 pgdt 在 4GB 段内的偏移量是 0x00007C00＋pgdt。

这样，为了得到 GDT 的基地址，代码清单 15-1 第 96 行，使用了指令

```
        mov esi, [0x7c00 + pgdt + 0x02]
```

注意，指令中的表达式是在编译阶段计算的。默认的段寄存器是 DS，当这条指令执行时，处理器用 DS 描述符高速缓存器中的 32 位线性基地址 0x00000000 加上用该表达式计算出的偏移量来访问内存。

现在可以创建与内核相关的其他段描述符。首先是公共例程段。如图 15-5 所示，内核头部偏移 0x04 处的一个双字，就是公共例程段的起始汇编地址。由于内核被加载的物理地址是由 EDI 寄存器指向的，所以，第 99 行，直接访问 4GB 内存段，从该偏移位置取出公共例程段的起始汇编地址。

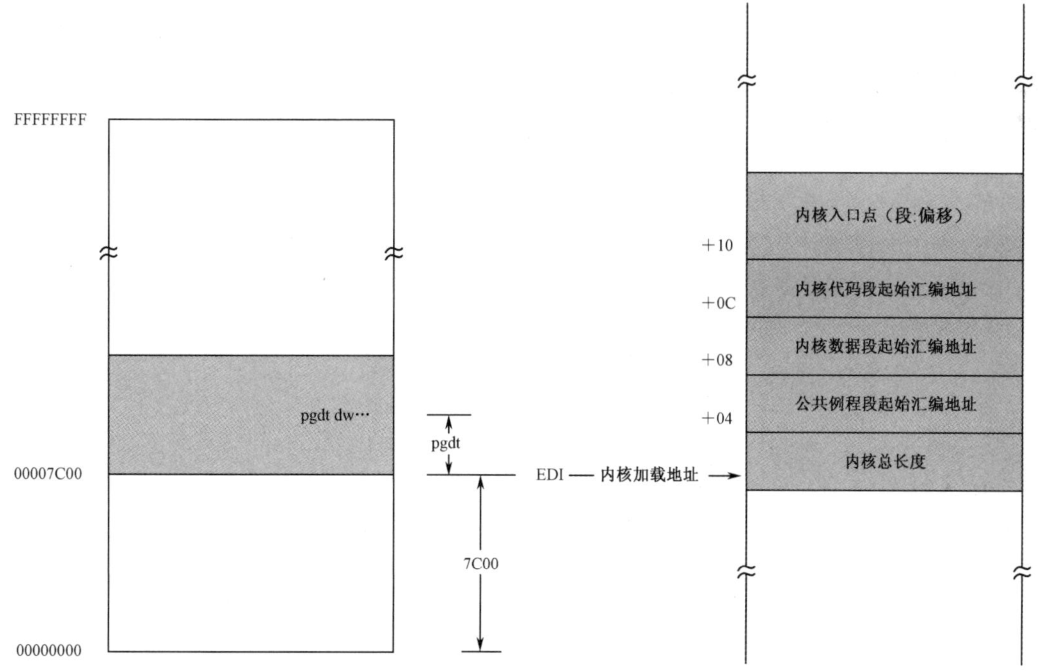

图 15-4 通过 4GB 数据段访问代码段内的数据　　　　图 15-5 内核头部的组成

创建描述符还需要知道段界限。在内核中，各个段有着确定的先后次序，而且是紧挨着的。公共例程段的后面是内核数据段，用内核数据段的起始汇编地址，减去公共例程段的起始汇编

地址，再减 1，就是公共例程段的段界限，这就是第 100～102 行所做的工作。对于向上扩展的段来说，段界限在数值上等于段的长度减 1，这个必须要清楚。

第 103 行，用公共例程段的起始汇编地址，加上内核的加载地址，就是公共例程段的基地址。

在已经知道某个内存段的细节时，写出它的描述符是很容易的。比如，如果已经知道栈的基地址是 0x00007C00，粒度是 4KB，大小是 8KB，那么，它的描述符就可以直接给出：

```
0x00CF96007C00FFFD
```

问题是，这种清楚明白的情形不常见。在百分之九十以上的场合，段的信息只有在程序运行的时候才能确定，它们都是在程序运行时，根据实际情况得到的随机值。为此，就需要利用指令来以不变应万变，"拼凑"出描述符来。

既然是灵活的方法，还能以不变应万变，就应该定义成过程，以方便在需要的时候随时调用。在这里，我们的方法是使用过程 make_gdt_descriptor。

过程 make_gdt_descriptor 位于代码清单 15-1 的 195～214 行，调用该过程需要三个参数，分别是段的线性基地址、段界限和段的属性值。段的线性基地址用寄存器 EAX 传入；段界限用寄存器 EBX 传入，但只用其低 20 位；段属性用寄存器 ECX 传入，各属性位在寄存器 ECX 中的分布和它们在描述符高 32 位中的时候一样，其他和段属性无关的位都清零。

因此，第 104 行，将段属性值 0x00409800 传送到寄存器 ECX。结合第 12 章的图 12-4，可以知道，这是一个 P＝1、D＝1、G＝0、DPL＝0、S＝1，TYPE＝1000 的（代码）段描述符。第 105 行，调用过程创建描述符，下面来看看具体的创建过程。

代码清单 15-1 的第 201～203 行用于构造描述符的低 32 位。首先是将 32 位段基地址从寄存器 EAX 复制一份给寄存器 EDX，过一会儿构造描述符的高 32 位时，还要用到基地址。

描述符的低 32 位中，高 16 位是基地址；低 16 位是段界限，所以，第 202～203 行，将寄存器 EAX 中的 32 位基地址左移 16 次，使基地址部分就位。然后，把寄存器 BX 中的段界限用 or 指令安排就位。这样，描述符的低 32 位就构造完毕了。

相比之下，描述符的高 32 位构造起来比较麻烦。如图 15-6 所示，描述符高 32 位的标准形态是有两个基地字段和一个段界限字段。基地址在寄存器 EDX 中有备份，执行第 205～207 行的指令后，会使基地址部分在两边就位。

bswap 是字节交换指令（Byte Swap），在标准的 32 位处理器上只允许 32 位的寄存器操作数，其格式为

```
bswap r32
```

处理器执行该指令时，按如下过程操作（DEST 是指令中的操作数，TEMP 是处理器内的临时寄存器）：

```
TEMP ← DEST
DEST[7:0] ← TEMP[31:24];
DEST[15:8] ← TEMP[23:16];
DEST[23:16] ← TEMP[15:8];
DEST[31:24] ← TEMP[7:0];
```

接下来，要在描述符的高 32 位中装配段界限字段。第 209、210 行，先清除寄存器 EBX 的低 16 位，然后同寄存器 EDX 合并。这里是假设寄存器 EBX 的高 12 位为全零，所以用了 xor bx,bx 指令。实际上，安全的做法是使用指令

```
and ebx, 0x000f0000
```

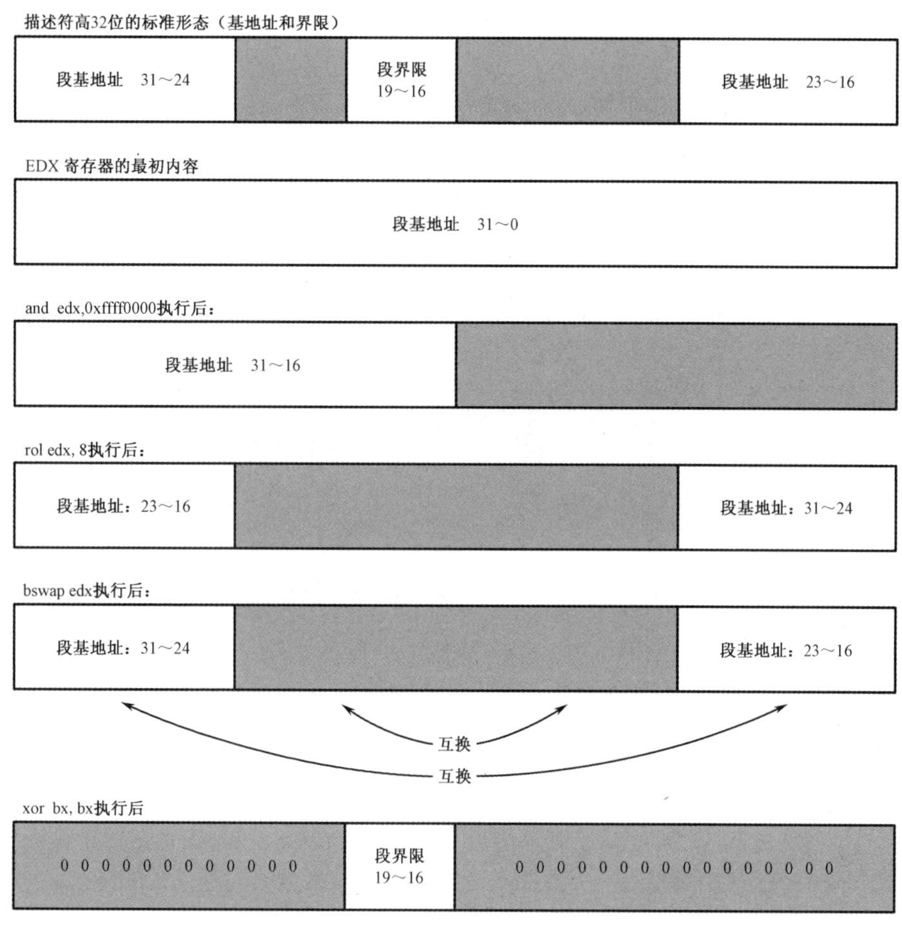

图 15-6 描述符高 32 位的构造过程

最后，第 212 行，将寄存器 ECX 中的段属性与寄存器 EDX 中的描述符高 32 位合并。至此，我们就在 EDX:EAX 中得到了完整的 64 位描述符。第 214 行，ret 指令将控制返回到调用者。

现在，回到主程序，来看第 106、107 行，寄存器 ESI 的内容是 GDT 的基地址，这两条指令访问 4GB 的段，定位到 GDT，在原先的基础上，再添加一个描述符，就是我们刚刚创建的描述符。

第 110～129 行，用于安装内核数据段和内核代码段的描述符，也采用了相同的过程，不再一一讲解。

第 131 行，通过 4GB 的数据段访问 pgdt，修改它的界限值。现在，GDT 中已经有 8 个描述符，故其总长度为 64 字节。相应的，界限值为 63。

第 133 行，通过 4GB 的数据段访问 pgdt，重新加载 GDTR，使上面那些对 GDT 的修改生效。

至此，内核已经全部加载完毕，图 15-7 是内核加载完成之后的 GDT 布局。

第 135 行，通过 4GB 的数据段访问内核的头部，用间接远转移指令从给定的入口进入内核执行。观察图 15-5，再参考代码清单 15-2 就可以明白，在内核头部偏移 0x10 处，是 6 字节的内核入口点。前面是 32 位的段内偏移地址，后面是 16 位的段选择子，指向内核代码段。在这里，段选择子来自一个符号常量而不是直接使用数值。使用固定的数值不是一个好主意，怕的是往后内核有重大调整时，会改变描述符的次序。在这种情况下，如果别处改了，这里忘了修改，就一定会出现问题。

图 15-7　内核加载完成后的 GDT 布局

15.3　在内核中执行

现在转到代码清单 15-2，这是内核的主体部分。

从主引导程序转移到内核之后，处理器会从第 532 行开始执行，因为这里是内核的入口。

第 532、533 行，初始化段寄存器 DS，使它指向内核数据段。然后，第 535、536 行，调用公共例程段内的一个过程来显示字符串。该 call 指令属于直接远转移，指令中给出了公共例程段的选择子和段内偏移量。字符串是在第 366 行，用标号 message_1 声明，并初始化了一段文字，意思是，“如果你看到这段信息，那么这意味着我们正在保护模式下运行，内核已经加载，而且显示例程工作得也很完美。”

显示例程 put_string 位于公共例程段内，是在第 37 行定义的。基本上，它的代码组成和工作原理都和从前一样，但也有不同之处。首先，这里的代码是 32 位的，字符串的地址由 DS:EBX 传入，过程返回时用 retf 指令，而不是 ret。这意味着，必须以远过程调用的方式使用它。

和往常一样，put_string 在内部调用了另一个过程 put_char，但这个例程和从前相比也稍有不同。首先，进入例程时，使用了新的指令 pushad，在 32 位操作尺寸下执行该指令时，处理器自动按顺序压入 EAX、ECX、EDX、EBX、ESP （原始值）、EBP、ESI 和 EDI。相应的，在例程返回时，使用了 popad 指令，它将自动按相反的顺序弹出数据到上述寄存器。

除此之外，访问显存时，不是将逻辑段地址传送到段寄存器，而是段选择子。注意，第 110～113 行，movsw 用于在两个内存区域间传送双字数据（一次传送 2 字节）。不管是 movsb，还是 movsw，抑或是 movsd，如果当前的默认操作尺寸是 16 位的，都是把由 DS:SI 指定的源操作数传送到由 ES:DI 指定的目的地。但是，当处理器使用 32 位操作尺寸工作时，源和目的则分别是 DS:ESI 和 ES:EDI。

再回到 539 行，下面的工作是显示处理器品牌信息。

处理器的功能是强劲的，这个没有人怀疑。同时，在处理器内部也隐藏着太多的秘密，除了处理器的型号，还有大量的特性信息，比如高速缓存的数量、是否具备温度和电源管理功能、逻辑处理器的数量、高级可编程中断控制器的类型、线性（物理）地址的宽度、是否具有多媒体扩展和单指令多数据指令等特性。

处理器功能强了是好事，大家都很欢喜。麻烦在于，很多新功能是处理器更新换代的产物，只存在于最新的版本中，旧的处理器没有。比如多媒体扩展指令可以加速多媒体的处理速度，但用了新指令的软件不能运行在旧的处理器上，因为它们不支持。可怕之处在于，没有人知道自己的软件被终端销售商卖给了谁，更不知道那个谁用的是什么处理器。

因此，你的软件应当准备两套方案，而且，在决定使用哪套方案之前，必须探测和挖掘处理器内部的秘密，好知道该怎么办。INTEL 公司显然洞悉了市场上发生的一切，它们给出的方案是使用 cpuid 指令。

cpuid 指令（CPU Identification）用于返回处理器的标识和特性信息。寄存器 EAX 用于指定要返回什么样的信息，也就是功能。有时候，还要用到寄存器 ECX。cpuid 指令执行后，处理器将返回的信息放在寄存器 EAX、EBX、ECX 或者 EDX 中。

cpuid 指令是从 80486 处理器的后期版本开始引入的，从此以后，每款处理器都会对可以返回的信息有所扩充。原则上，在使用 cpuid 指令前，先要检测处理器是否支持该指令；接着再用 cpuid 指令检测是否支持所需要的功能。

如图 15-8 所示，在 32 位处理器上，原先的标志寄存器 FLAGS 也相应地扩充到了 32 位，以支持更多的标志。扩充之后的标志寄存器称为 EFLAGS 寄存器，它的 ID 标志位（位 21）如果为“0”，则不支持 cpuid 指令；反之，该处理器支持 cpuid 指令。80486 处理器已经很久远了，我想没有谁还在使用这样的计算机，况且它已经停产。一般情况下，不需要检测处理器是否支持 cpuid 指令。

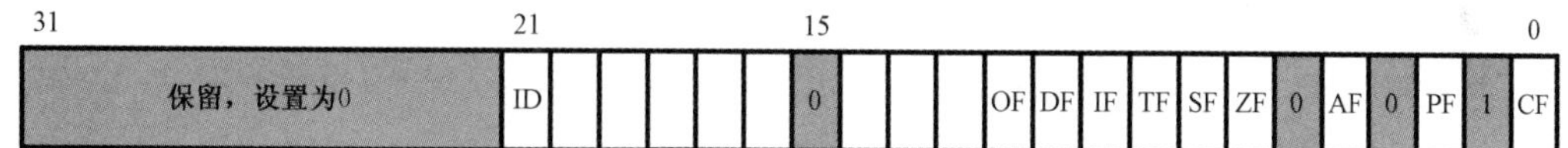

图 15-8 扩展到 32 位长度的标志寄存器 EFLAGS

图 15-8 中，灰色的部分是保留位，通常设置为固定的值。EFLAGS 还包括更多的标志位，图中未予显示，仅在以后用到的时候一一介绍。

为了探测处理器最大能够支持的功能号，应该先用 0 号功能来执行 cpuid 指令：

```
    mov eax, 0
    cpuid
```

处理器执行后，将在寄存器 EAX 返回最大可以支持的功能号。同时，还在寄存器 EBX、ECX 和 EDX 中返回处理器供应商的信息。对于 INTEL 处理器来说，返回的信息如下：

```
    EBX ← 0x756E6547 (对应字符串“Genu”，“G”在 BL 中，其他类推)
    EDX ← 0x49656E69 (对应字符串“ineI”，“i”在 DL 中，其他类推)
    ECX ← 0x6C65746E (对应字符串“ntel”，“n”在 CL 中，其他类推)
```

组合起来就是“GenuineIntel”。

要返回处理器的品牌信息，需要使用 0x80000002～0x80000004 号功能，分三次进行。注意，该功能仅被奔腾 4（Pentium 4）之后的处理器支持，所以，正确的做法是先用 0 号功能执行 cpuid 指令，以判断自己的处理器是否支持。代码清单 15-2 并没有这样做，因此可视为一个反面典型。

第 539～558 行，分别用三种功能号执行 cpuid 指令，返回三组字符串，共 48 个字符，依次保存在核心数据段中，起始位置是由标号 cpu_brand 指定的。第 385 行，声明了标号 cpu_brand，并初始化了 49 字节，足以容纳这些数据。品牌信息写入后，还剩余一字节，保持其初值 0，这就形成了一个零终止的字符串。

从处理器返回的数据都是现成的 ASCII 码。第 560～565 行，先在屏幕上留出空行，再显示处理器品牌信息，然后再留空，以突出要显示的内容。

15.4 用户程序的加载和重定位

好了，现在我们可以开始加载用户程序了。

用户程序加载之前，要先显示一段信息，意思是要加载用户程序了。这是第 567、568 行的工作。字符串位于内核数据段中，第 371 行声明了标号 message_5 并初始化了字符串。

第 569 行用于指定用户程序的起始逻辑扇区号，这个起始逻辑扇区号 50 是直接在指令中指定的。在指令中直接指定数值不是一个好习惯，正确的做法是用伪指令 equ 声明成常数，并放到整个程序的起始部分以便修改。

内核的主要任务就是加载和执行用户程序。多任务系统必须要创建多个任务，所以这样的工作会反复进行。为了方便，一般要定义成可反复调用的过程。在这里，我们也是这样做的，过程的名字叫 load_relocate_program。该过程位于第 391 行，作用是加载和重定位用户程序。从代码清单中可以看出，它是内核代码段的一个内部过程。

15.4.1 用户程序的结构

用户程序必须符合规定的格式，才能被内核识别和加载。通常情况下，流行的操作系统会规定自己的可执行文件格式，一般都比较复杂，这种复杂性和操作系统自身的复杂性是息息相关的。

现在转到代码清单 15-3，来看看用户程序的结构。

所有操作系统的可执行文件都包括文件头，这里也不例外。事实上，这也是我们熟悉的、一贯的做法。在文件头内的偏移 0 处，是一个双字，指示了用户程序的大小，以字节为单位。

偏移量为 0x04 处的双字是头部的长度，以字节为单位。

偏移量为 0x08 处的双字，是用户程序入口点的 32 位段内偏移量。

偏移量为 0x0c 处的双字，是用户程序代码段的起始汇编地址。当内核完成对用户程序的加载和重定位后，将把该段的选择子回填到这里（仅占用低字部分）。这个回填的段选择子和偏移量为 0x08 处的双字一起，共同组成一个 6 字节的入口点，内核用这个入口点转移控制到用户程序。

偏移量为 0x10 处的双字，是用户程序代码段的长度，以字节为单位。

偏移量为 0x14 处的双字，是用户程序数据段的起始汇编地址，当内核完成用户程序的加载和重定位后，将把该段的选择子回填到这里（仅占用低字部分）。

偏移量为 0x18 处的双字，是用户程序数据段的长度，以字节为单位。

偏移量为 0x1c 处的双字是用户程序栈段的起始汇编地址，当内核完成用户程序的加载和重定位后，将把该段的选择子回填到这里（仅占用低字部分）。

偏移量为 0x20 处的双字是用户程序栈段的长度，以字节为单位。

除了加载和重定位用户程序，内核还应当提供一些例程供用户程序调用。操作系统对于普通用户来说，是赏心悦目的界面和快捷直观的操作方式，对程序员来说，则是一个巨大的例程库，节省了时间，减少了工作量，甚至不需要直接访问硬件。

操作系统提供的是应用程序编程接口（Application Programming Interface，API），这是一大堆例程（过程），需要的时候直接调用即可。问题在于，它们在操作系统内部，对任何人来说都是不可见的，更别想知道它们的入口地址。但是，call 指令是需要直接或间接提供一个地址的。另外，即使你知道它们的地址，调用的时候也有风险，因为操作系统也需要升级换代，这些地址可能改变。当你的程序在新操作系统上工作时，就要出问题。

为了使开发人员能够利用它所提供的 API，操作系统至少要公开它们。在早期的系统中，这些 API 以中断号的方式公布，因为它们是通过软中断进入的。不过，另一种可行的办法是使用符号名。比如，操作系统提供了一个例程，用于显示光标跟随的字符串，那么，它可以公布一个符号名：

```
        PrintString
```

当然，它肯定不会同时公布一个段地址和偏移地址，因为它也不能保证地址不会变化。在操作系统的开发手册中，会列出它支持的所有符号名。

回到代码清单 15-3 中来。

内核要求，用户程序必须在头部偏移量为 0x28 的地方构造一个表格，并在表格中列出所有要用到的符号名。每个符号名的长度是 256 字节，不足部分用 0x00 填充，这意味着每个符号名的长度最多可以是 256 个字符。在用户程序加载后，内核会分析这个表格，并将每个符号名替换成相应的内存地址，这就是过程的重定位。为了方便起见，我们把该表格叫作“符号—地址检索表”（Symbol-Address Lookup Table，SALT）。不要上网搜索这个词，也不要查别的资料，这不是一个标准，是我自己随心所欲、特立独行的产物。

第 27、30 和 33 行声明了三个标号，并分别初始化了三个符号名，每一个 256 字节，不足部分是用 0 填充的。每个符号名都以“@”开始，这并没有任何特殊意义，仅仅在概念上用于表示“接口”的意思。为了计算需要填充多少个 0，它们都使用了相似的表达式，比如：

```
        times 256-($-PrintString) db 0
```

这里，先计算出符号名的实际字符数，即$-PrintString，再用 256 减去实际字符数，就得到了伪指令 db 的重复次数（需要追加多少个用于填充的 0）。

SALT 表可大可小，内核需要知道它在哪里结束。第 24 行，用于初始化 SALT 表的项数，也就是符号名的数量，它是用表格的总长度除以每个符号名的长度（256）得到的。

事实上，即使是大多数汇编语言，也不需要亲自构造文件头，那是链接器（Linker）的工作。但是，链接器是为流行的操作系统服务的，用于构造他们可以识别的可执行文件格式。我们不想把问题搞得太复杂，就本书的篇幅和宗旨来说，迎合“流行”所要花费的代价实在太大，管中窥豹、点到即止不是很好吗？

15.4.2 计算用户程序占用的扇区数

再次回到代码清单 15-2。

用户程序的加载是在例程 load_relocate_program 内进行的，该过程需要用寄存器 ESI 传入用户程序的起始逻辑扇区号。当过程返回时，在寄存器 AX 内包含了指向用户头部段的选择子。

第 400、401 行，因为在过程中要用到 DS 和 ES，故将其原先的内容压栈保存。

为了得到用户程序的大小，需要先预读它的第一个扇区，第 403～408 行就在做这件事。首先，使段寄存器 DS 指向内核数据段；然后，调用读硬盘的过程 read_hard_disk_0 来预读用户程序。进入过程前，寄存器 EAX 的内容是用户程序的起始逻辑扇区号；数据的存放地点是内核缓冲区 core_buf，它位于内核数据段中，是在第 380 行声明和初始化的。在内核中开辟出一段固定的空间，对于分析、加工和中转数据都比较方便。

接下来的工作是计算用户程序到底占用了多少个扇区。用户程序的总大小就在头部内偏移量为 0x00 的地方，因此，第 411 行直接访问内核缓冲区取得这个双字。

用户程序的大小（总字节数）不一定恰好是 512 的整数倍。也就是说，最后一个扇区未必是满的。因此，如果直接除以 512，可能会使结果（除法的商）比实际的扇区数少一。通常情况下，需要判断除法的余数，根据余数是否为零，来决定实际的扇区总数，这不可避免地要使用判断和条件转移指令。

在早先的处理器中，转移指令是影响处理器速度的重大因素之一，因为它会使流水线中那些已经预取和译码的指令失效。在较晚的处理器中，普遍采用了分支预测技术，但并不总能保证预测是准的。因此，最好的办法就是尽量不使用转移指令。为了帮助程序员部分地戒掉使用转移指令的欲望，处理器引入了条件传送指令 cmov*cc*。

cmov*cc* 指令是从 P6 处理器族开始引入的，因此并非所有处理器都支持它。如果你想知道确切的结果，可以先以 1 号功能执行 cpuid 指令：

```
mov eax, 1
cpuid
```

当处理器执行这两条指令后，会在寄存器 EBX、ECX 和 EDX 返回丰富的信息，以指示各种详尽的处理器特性。此时，检查寄存器 EDX 的第 16 位（bit 15），当它是“1”时，表明处理器支持 cmov*cc* 指令。

条件传送指令既有条件转移指令的多样性，又执行的是传送操作。但是，和 mov 指令不同的是，它的目的操作数部分只允许是 16 位或者 32 位通用寄存器，源操作数部分只能是相同宽度的通用寄存器或者一个内存地址，以下是几个常用的例子：

```
cmovz ax, cx                          ;为零则传送
cmovnz eax, [0x2000]                  ;不为零则传送
cmove ebx, ecx                        ;相等则传送
cmovng cx, [0x1000]                   ;不大于则传送
cmovl edx, ecx                        ;小于则传送
```

条件传送指令是很多的。在第 7 章的表 7-1 中，列举了所有的条件转移指令。完整的 cmov*cc* 指令列表，可以在表 7-1 的基础上，将那些指令的首字母“j”换成“cmov”即可。

cmov*cc* 指令不影响寄存器 EFLAGS 中的任何标志位。相反地，它的执行过程要依赖于这些标志，就像条件转移指令一样。

言归正传，为了不使用条件转移指令而又能算出用户程序实际占用的扇区数，需要一点技巧。考察一下，你会发现，所有能被 512 整除的数，其最低端的 9 个比特都是“0”。比如：

```
0x200（对应的十进制数为 512）   -> 0000 0010 0000 0000B
0x400（对应的十进制数为 1024）  -> 0000 0100 0000 0000B
```

```
0x600（对应的十进制数为1536） -> 0000 0110 0000 0000B
0x800（对应的十进制数为2048） -> 0000 1000 0000 0000B
0xE00（对应的十进制数为3584） -> 0000 1110 0000 0000B
```

很好，第 412 行，将用户程序的总大小从寄存器 EAX 传送到寄存器 EBX，等于是做个备份，因为后面还要用到；第 413、414 行，先用 and 指令将其最低的 9 个比特清零，等于是去掉那些不足 512 的零头，然后，再将其加上 512，等于是将那些零头凑整。

但是，若人家原本就是 512 的整数倍，你这么做无疑是多加了一个扇区。因此，第 415、416 行，先测试寄存器 EAX 的最低 9 个比特，如果测试的结果是它们不全为零，则采用凑整的结果；如果为全零，则 cmov*cc* 指令什么也不做，依然采用用户程序原本的长度值。

15.4.3 简单的动态内存分配

下面的工作是把用户程序从硬盘上读到内存中。我们以前的做法是指定一个区域，比如物理地址 0x100000，然后把程序加载到那里。如果要加载的程序很多，这就会成为一种需要仔细规划的工作，每个程序加载到哪里，都需要一一指定。

在流行的操作系统里，内存管理是一项重要而又严肃的工作，不用说也相当复杂。它要记住所有可以分配的内存，将它们分成块。这样，当要求分配内存时，内存管理程序将查找并分配那些大小相符的空闲块；当占用这些块的程序终止执行后，还要负责回收它们，以便再用于分配；当内存空间紧张，找不到空闲块，或者空闲块的大小不能满足需求时，内存管理程序还要负责查找那些很少被访问的块，将其中的数据移到硬盘上，腾出空间来满足当前的需求。下次当这些块再次被用到时，再用同样的办法从硬盘调回内存。

讲了这么多，你可能以为我们现在就要写一个内存管理程序。不，不会的，这不太现实。就我们目前的需求来说，只需要一个简单的内存分配程序就可以了，这就是 allocate_memory 例程。

allocate_memory 例程位于代码清单 15-2 的公共例程段中，它仅仅需要通过寄存器 ECX 传入希望分配的字节数。当过程返回时，寄存器 ECX 包含了所分配内存的起始物理地址。

allocate_memory 的内存分配策略非常简单。请看代码清单 15-2 的第 339 行，在内核数据段中声明了标号 ram_alloc，并初始化为一个双字 0x00100000，这就是可用于分配的初始内存地址。很显然，这个位置正好在 1MB 之外。每次请求分配内存时，allocate_memory 过程仅简单地返回该内存单元的值，作为所分配内存的起始地址。同时，将这个值加上所分配的长度，作为下次分配的起始地址写回该内存单元。

因此，在进行了必要的现场压栈保护之后，第 243～251 行，先使段寄存器 DS 指向内核数据段以访问标号 ram_alloc 所指向的内存单元；然后，计算下次可用于分配的起始内存地址并存放到寄存器 EAX 中；最后，在 ECX 中得到本次分配到的起始内存地址，这个值将返回给调用者。当然，在这个过程中没有检测是否超越了实际拥有的物理内存。我们的程序都非常小，现在哪台计算机没有几十 MB、几百 MB 甚至几 GB 的内存呢？

原则上，将寄存器 EAX 中的值写回 ram_alloc 所指向的双字单元即可。不过，32 位的计算机系统建议内存地址最好是 4 字节对齐的，这样做的好处是访问速度最快。为此，在将寄存器 EAX 的值写回内存之前，最好使之成为可被 4 整除的值，这种数值的特点是最低两比特为“0”。

第 253～258 行，先将寄存器 EAX 的内容传送到 EBX 进行备份；接着，强制 EBX 中的地址对齐在下一个 4 字节边界，对齐之后的值肯定会比原先大；然后，看一看原始分配的起始地址（在寄存器 EAX 中）是否是 4 字节对齐的，如果不是，就采用对齐之后的值；如果原本就是 4 字节对齐的，那么，依然采用原值；最后，将这个值写回到原内存单元中，作为下次内存分配的起始地址。

过程 allocate_memory 是用 retf 指令返回的。因此，它只能通过远过程调用来进入。

15.4.4 段的重定位和描述符的创建

接着回到 load_relocate_program 过程。

在 15.4.2 节里，我们算出了用户程序的总长度，而且已经被调整为可以被 512 整除的数。第 418、419 行，用这个数值去调用 allocate_memory 过程分配内存。分配到手的内存块，起始地址在寄存器 ECX 中。

第 420 行，将寄存器 ECX 的内容传送到 EBX，其动机是作为起始地址从硬盘上加载整个用户程序。

第 421 行，将该首地址压栈保存，其目的是用于在后面访问用户程序头部。

第 422～424 行，用户程序的总长度除以 512，得到它所占用的扇区总数。

第 425 行，将扇区数传送到寄存器 ECX，用于控制后面的循环次数。该循环是用来加载整个用户程序的。

第 427、428 行，使段寄存器 DS 指向 4GB 的内存段，这样就可以加载用户程序了。

第 430～434 行，循环读取硬盘以加载用户程序。读取的次数由 ECX 控制；加载之前，其首地址已经位于寄存器 EBX。起始逻辑扇区号原本是通过寄存器 ESI 传入的，循环开始之前已经传送到寄存器 EAX（第 430 行）。

既然用户程序已经全部读入内存，现在的任务就是根据它的头部信息来创建段描述符。

第 437 行，从栈中弹出用户程序首地址到寄存器 EDI，它是在前面第 421 行压入的，该地址也是用户程序头部的起始地址。

第 438～442 行，读用户程序头部信息，根据这些信息创建头部段描述符。在主引导程序里，有一个创建描述符的例程，在内核中，也编写了一个同样的例程 make_seg_descriptor，甚至它们所用的指令都一模一样。它属于公共例程段，是在第 312 行定义的。

该过程要求用寄存器 EAX 传入段的基地址，这是第 438 行的工作。段界限由寄存器 EBX 传入，第 439、440 行访问 4GB 内存段，从用户程序头部偏移 0x04 处取出段长度，减 1 后形成段界限。第 441 行用于给出头部段的属性值。

从过程返回时，EDX：EAX 中包含了 64 位的段描述符。紧接着，第 443 行调用公共例程段内的另一个过程 set_up_gdt_descriptor，把该描述符安装到 GDT 中。

set_up_gdt_descriptor 也属于公共例程段，是在第 267 行定义的，它需要通过 EDX:EAX 传入描述符作为唯一的参数。该过程返回时，寄存器 CX 中包含了那个描述符的选择子。

要在 GDT 内安装描述符，必须知道它的物理地址和大小。而要知道这些信息，可以使用指令 sgdt（store global descriptor table），它用于将寄存器 GDTR 的基地址和边界信息保存到指定的内存位置。sgdt 指令的格式为

```
sgdt m
```

其中，m 是一个 6 字节内存区域的首地址。该指令不影响任何标志位。

第 336、337 行，在内核数据段中，声明了标号 pgdt，并初始化了 6 字节，供 sgdt 指令使用。低 2 字节用于保存 GDT 的界限（大小）；高 4 字节用于保存 GDT 的 32 位物理地址。

回到例程 set_up_gdt_descriptor 中。第 270～280 行，在压栈保存了 DS 和 ES 的原始内容后，使 DS 指向内核数据段。紧接着，使用 sgdt 指令取得 GDT 的基地址和大小。

第 282、283 行，使段寄存器 ES 指向 4GB 内存段以操作全局描述符表（GDT）。

下面的工作是计算描述符的安装地址。这个地址可以这样计算：先得到描述符表的界限值，将它加 1，得到描述符表的总字节数，这实际上也是新描述符在 GDT 内的偏移量。然后，用 GDT 的线性地址加上这个偏移量，就是用于安装新描述符的线性地址。

第 285 行，先访问内核数据段，取得 GDT 的界限值。注意，这里出现了一个新指令 movzx，其作用是带零扩展的传送（Move with Zero-Extend），指令格式为

```
movzx r16, r/m8
movzx r32, r/m8
movzx r32, r/m16
```

也就是说，movzx 指令的目的操作数部分只能是 16 位或者 32 位的通用寄存器，源操作数部分只能是 8 位或者 16 位的通用寄存器，也可以是一个包含了 8 位或者 16 位操作数的内存地址。而且，很有意思的是，目的操作数和源操作数的大小是不同的。这里有几个例子：

```
movzx cx, al
movzx eax, byte [0x2000]
movzx ecx, bx
```

对于上面的第一个例子，如果指令执行前，寄存器 AL 的内容是 0xC0，那么，指令执行后，寄存器 CX 的内容为 0x00C0；对于第二个例子，处理器访问段寄存器 DS 所指向的段，从偏移地址 0x2000 处取得一字节，左边添加 24 个“0”，使之扩展到 32 位，然后传送到寄存器 EAX；对于第三个例子，如果指令执行前，寄存器 BX 的内容为 0x55AA，那么，指令执行后，寄存器 ECX 的内容为 0x000055AA。

另一个非常有用的指令是 movsx，意思是带符号扩展的传送（Move with Sign-Extension），指令格式为

```
movsx r16, r/m8
movsx r32, r/m8
movsx r32, r/m16
```

和 movzx 不同，movsx 在执行扩展时，用于扩展的比特取自源操作数的符号位。比如

```
mov al, 0x08
movsx cx, al        ;CX=0x0008，因为AL的最高位是“0”

mov al, 0xf5
movsx ecx, al       ;ECX=0xFFFFFFF5，因为AL的最高位是“1”
```

GDT 的界限是 16 位的，允许 64KB 的大小，即 8192 个描述符，似乎不需要使用 32 位的寄存器 EBX。事实上，还是需要的，因为后面要用它来计算新描述符的 32 位线性地址，加法指令 add 要求的是两个 32 位操作数。

第 286 行，将 GDT 的界限值加 1，就是 GDT 的总字节数，也是新描述符在 GDT 内的偏移量。不过，很奇怪的是，我们用的是指令

```
inc bx
```

而不是

```
        inc ebx
```

这是为什么呢？

这是有道理的。就一般的情况来说，在这里用这两条指令的哪一条，都没有问题。但是，如果这是启动计算机以来，第一次在 GDT 中安装描述符，可能就会产生问题。在初始状态下，也就是计算机启动之后，这时还没有使用 GDT，寄存器 GDTR 中的基地址为 0x00000000，界限为 0xFFFF。

当寄存器 GDTR 的界限部分是 0xFFFF 时，表明 GDT 中还没有描述符。因此，将此值加 1，结果是 0x10000，由于该寄存器的界限部分只有 16 位，所以只能容纳 16 位的结果，即 0x0000，这就是第一个描述符在表内的偏移量。

同样的道理，因为寄存器 EBX 中的内容是 GDT 的界限值 0x0000FFFF，如果执行的是指令

```
        inc ebx
```

那么，寄存器 EBX 中的内容将是 0x00010000，以它作为第一个描述符的偏移量显然是不对的。相反，如果执行的是指令是

```
        inc bx
```

那么，因为寄存器 BX 只有 16 位，故，结果为 0x0000，进位被丢弃（决不会影响 EBX 寄存器的高 16 位）。此指令执行后，寄存器 EBX 的内容是 0x00000000。

第 287 行，用计算出来的偏移量加上 GDT 的基地址，结果就是新描述符的线性地址。事实上，这三行或许可以按以下方法来简单处理，就没那么啰唆了：

```
        xor ebx, ebx
        mov bx, [pgdt]                  ;GDT 界限
        inc bx                          ;GDT 总字节数，也是下一个描述符偏移
        add ebx, [pgdt + 2]             ;下一个描述符的线性地址
```

但是，少用一条指令似乎更好，谁知道呢！

既然已经知道新描述符应该安装在哪里，第 289、290 行，访问段寄存器 ES 所指向的 4GB 内存段，将 EDX:EAX 中的 64 位描述符写入由寄存器 EDI 所指向的偏移处。

第 292～294 行，访问内核数据段，将 GDT 的界限值加上 8，然后用 lgdt 指令重新加载 GDTR，使新的描述符生效。寄存器 GDTR 中的界限值总是单数（8 的整数倍减 1），包括它的初始值 0xFFFF。所以，每次只要加上新描述符的实际大小就能得到正确的界限值。

最后，第 296～301 行，根据 GDT 的新界限值，来生成相应的段选择子。具体的算法是，取得 GDT 的当前界限值，除以 8，余数丢弃。描述符的索引是从 0 开始编号的，界限值总是比 GDT 的总字节数小 1。因此，界限值除以 8，一定会有余数（余 7，丢弃不用），商就是我们所要得到的描述符索引号。最后，将索引号左移 3 次，留出 TI 位和 RPL 位（TI＝0，指向 GDT，RPL＝00），这就是要生成的选择子。

第 303～310 行，恢复调用之前的现场，返回调用者。返回时用了 retf 指令，因此，本过程只能通过远过程调用的方式进入。

继续回到过程 load_relocate_program。

安装了用户程序头部段的描述符后，第 444 行，将该段的选择子写回到用户程序头部，供用户程序在接管处理器控制权之后使用。实际上，在内核向用户程序转交控制权时，也要用到。

第 447～474 行，用于重定位用户程序代码段、数据段和栈段，并创建和安装相应的段描述符，整个过程都是一样的，也很容易理解。注意，用户程序的栈段采用向上扩展的段，而不

是向下扩展的段。

15.4.5 重定位用户程序内的符号地址

为了使用内核提供的例程，用户程序需要建立一个符号—地址对照表（SALT）。这样，当用户程序加载后，内核应该根据这些符号名来回填它们对应的入口地址，这称为符号地址的重定位。显然，重定位的过程就是字符串匹配和比较的过程。

为了对用户程序内的符号名进行匹配，内核也必须建立一张符号—地址对照表（SALT）。

内核的 SALT 表位于代码清单 15-2 的内核数据段中，从第 342 行开始，一直到第 361 行结束。实际上，这个表是可以根据需要扩展的。

如图 15-9 所示，用户程序内的 SALT 表，每个条目是 256 字节，用于容纳符号名，不足 256 字节的，用零填充。内核中的 SALT 表，每个条目则包括两部分，第一部分也是 256 字节的符号名；第二部分有 6 字节，用于容纳 4 字节的偏移量和 2 字节的段选择子，因为符号名是用来描述例程的，这 6 字节就是例程的入口地址。

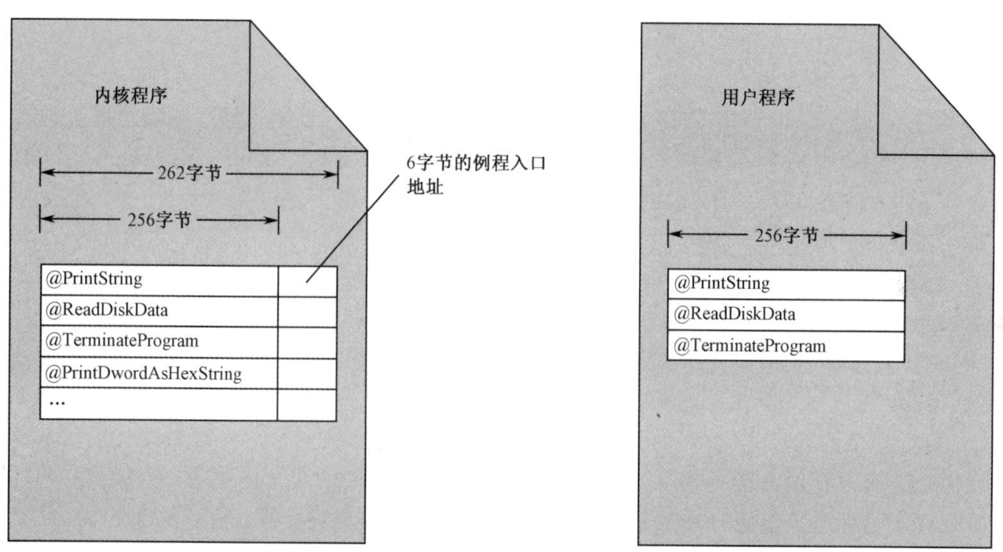

图 15-9 内核和用户程序内的符号表结构

举个内核中的例子：

```
    salt_1  db  '@PrintString'
            times 256-($-salt_1) db 0
            dd  put_string
            dw  sys_routine_seg_sel
```

这是内核 SALT 表的第一个条目。它初始化了一个 256 字节的符号名，该名称的前 12 个字符是“@PrintString”，因为不足 256 字节，后面填充 244 个 0。

在该条目的后面，先是一个双字，初始化为 put_string 例程的段内偏移量。这就是说，PrintString 其实就是 put_string 的别名，调用 PrintString，其实是调用 put_string 例程。在用户程序内，只能通过远过程调用来进入该例程，所以，该条目的最后是一个字，用公共例程段的选择子来初始化，因为 put_string 例程位于公共例程段。

在内核 SALT 表中，比较有意思的是最后一个条目：

```
salt_4  db  '@TerminateProgram'
        times 256-($-salt_4) db 0
        dd  return_point
        dw  core_code_seg_sel
```

在这里，从名字可以看出，“TerminateProgram”的意思是终止程序。当用户程序调用该过程时，意味着结束用户程序，将控制返回到内核。

当用户程序终止并返回时，返回点位于标号 return_point 所在的位置。该标号位于第 582 行，属于内核代码段。在这一行之前，是内核将控制权交给用户程序的指令。

内核的 SALT 表是静态的，适用于所有要加载的用户程序，理所当然地要比用户程序的 SALT 表大，因为它要提供所有可被用户程序调用的过程列表。至于用户程序，根据需要，它只会列出自己用到的那些。

在用户程序加载时，内核的任务是比对这两张 SALT 表，并将用户程序 SALT 表中的符号名替换成相应的入口地址。为了便于说明，用户程序的 SALT 表简称 U-SALT，内核的 SALT 表简称 C-SALT。

基本的算法是使用内外层循环，外循环依次从 U-SALT 表中取出条目，每取出一个条目，就进入内循环进行比对；内循环遍历 C-SALT 中的每个条目，同外循环输入的条目进行比对。

比对的过程就是两个字符串的比较过程，可以使用 cmps 指令（Compare String Operands）。该指令有 3 种基本的形式，分别用于字节、字和双字的比较：

```
cmpsb              ;字节比较
cmpsw              ;字比较
cmpsd              ;双字比较
```

如果当前的默认操作尺寸是 16 位的，源字符串的首地址由 DS:SI 指定，目的字符串的首地址由 ES:DI 指定；如果默认的操作尺寸是 32 位的，则分别是 DS:ESI 和 ES:EDI。在处理器内部，cmps 指令的操作是把两个操作数相减，然后根据结果设置标志寄存器中相应的标志位。

取决于标志寄存器 EFLAGS 中的 DF 位，如果 DF=0，表明是正向比较，也就是按地址递增的方向比较，这些指令执行后，SI（ESI）和 DI（EDI）的内容分别加 1、加 2 和加 4；否则，如果 DF=1，表明是反向比较，这些指令执行后，SI（ESI）和 DI（EDI）的内容分别减 1、减 2 和减 4。

单纯的 cmps 指令只比较一次，它属于推一下才动一动的那种类型。所以，需要加指令前缀 rep 使比较连续进行。连续比较的次数由寄存器 CX（ECX）控制，如果默认的操作尺寸是 16 位的，使用寄存器 CX；如果默认的操作尺寸是 32 位的，使用寄存器 ECX，举个例子：

```
[bits 32]
rep cmpsd
```

该指令执行时，每次比较 4 字节，连续比较直至寄存器 ECX 的内容为零。

问题是，用 rep 前缀比不出个所以然来，你就是重复比较 100000 次，也看不出两个字符串哪里不同。所以，针对 cmps 指令，应当使用 repe（repz）和 repne（repnz）前缀，前者的意思是“若相等（为零）则重复”，后者的意思是“若不等（非零）则重复”。但无论是哪种情况，总的比较次数由 CX/ECX 控制，表 15-1 显示了这几种控制手段的区别。

表 15-1 重复前缀

重复前缀	终止条件一	终止条件二
rep	CX/ECX＝0	无
repz/repe	CX/ECX＝0	ZF＝0
repnz/repne	CX/ECX＝0	ZF＝1

可见，repe/repz 用于搜索第一个不匹配的字节、字或者双字，repne/repnz 用于搜索第一个匹配的字节、字或者双字。无论如何，匹配和不匹配的位置分别由寄存器 SI/ESI 和 DI/EDI 指示。

言归正传，我们继续回到代码清单 15-2 中来。

如图 15-10 所示，为了重定位 U-SALT，我们打算用 DS:ESI 指向 C-SALT，用 ES:EDI 指向 U-SALT。第 477、478 行，访问 4GB 内存段，从用户程序头部偏移为 0x04 的地方取出刚刚安装好的头部段选择子，并使段寄存器 ES 指向用户程序头部段，因为 U-SALT 位于用户程序头部段内。

第 479、480 行，使段寄存器 DS 指向内核数据段，因为 C-SALT 位于内核数据段中。

第 482 行，清标志寄存器 EFLAGS 中的方向标志 DF，使 cmps 指令按正向进行比较。

实施比较的算法我们已经介绍过了。外循环的作用是依次从 U-SALT 中取出各个条目，因此，第 484 行，将取的次数（条目的个数）从用户程序头部取出，传送到寄存器 ECX。

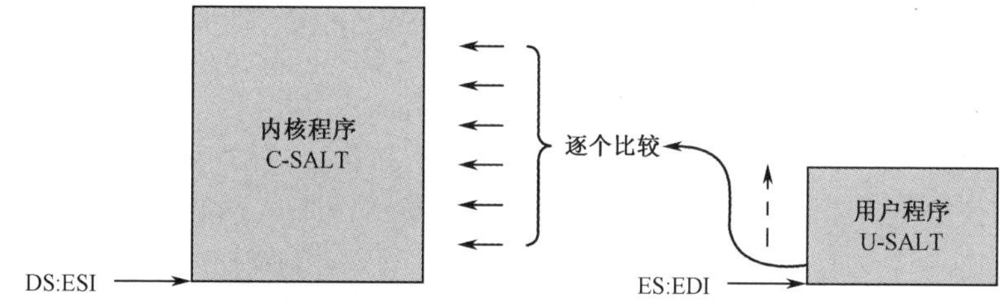

图 15-10 U-SALT 和 C-SALT 的比对过程

接着，第 485 行，用于将 U-SALT 在头部段内的偏移量传送到寄存器 EDI。刚才我们已经使段寄存器 ES 指向了头部段。

外循环的结构如下所示，这是从代码清单中抽出来的，行号也保持不变。

```
486  .b2:
487          push ecx
488          push edi
489

             ;此处放置内循环代码，用于实际进行比较。

512          pop edi
513          add edi,256
514          pop ecx
515          loop .b2
```

由于内循环也要使用寄存器 ECX 和 EDI，并有可能破坏它们的内容，因此，在进入内循环之前，要对它们压栈保护，以便退出内循环后继续使用。外循环的任务是从 U-SALT 中依次取出表项，因此，当内循环完成比对后，第 512、513 行，从栈中弹出寄存器 EDI 的原始内容，并加上 256，以指向下一个条目。第 514、515 行，从栈中弹出寄存器 ECX 的原值。loop 指令将 ECX 的内容减 1，根据结果判断是否继续循环。

对于外循环所指向的每个条目，内循环要用它和 C-SALT 中的所有条目进行比对，内循环的代码如下：

```
490         mov ecx,salt_items
491         mov esi,salt
492   .b3:
493         push edi
494         push esi
495         push ecx

             ;这里放置实际进行比对的代码

506         pop ecx
507         pop esi
508         add esi,salt_item_len
509         pop edi
510         loop .b3
```

每次从外循环进入内循环时，都要重新设置比对次数，并重新使寄存器 ESI 指向 C-SALT 的开始处，这是第 490、491 行的工作。标号 salt_item_len 是在第 363 行声明的，并用一个表达式初始化。每个条目的长度都是相同的，用当前汇编地址减去标号 salt_4 的汇编地址，即$-salt_4，就是每个条目的长度（字节数）。事实上，这个数值是在编译阶段由编译器计算的，在数值上等于 262。

标号 salt_items 是在第 364 行声明的，并初始化为一个表达式。该表达式的意思是，用整个 C-SALT 的长度，除以每个条目的长度，就是条目的个数。

对于内循环的每次执行，都要把 ESI、EDI 和 ECX 压栈保护，以免在比对的过程中用到并破坏这些寄存器。每次比对结束后，第 506～509 行，依次弹出这些寄存器的值，并把 ESI 的内容加上 C-SALT 每个条目的长度（262 字节），以指向下一个 C-SALT 条目。第 510 行，loop 指令执行时，将 ECX 的内容减 1 并判断是否继续循环。

第 497～503 行，是整个比对过程的核心部分。每当处理器执行到这里时，DS:ESI 和 ES:EDI 都各自指向 C-SALT 和 U-SALT 中的某个条目：

```
497         mov ecx,64
498         repe cmpsd
499         jnz .b4
500         mov eax,[esi]
501         mov [es:edi-256],eax
502         mov ax,[esi+4]
503         mov [es:edi-252],ax
504   .b4:
```

因为每个条目的符号名部分是 256 字节，每次用 cmpsd 指令比较 4 字节，故每个条目至多需要比对 64 次。第 497 行把立即数 64 传送到寄存器 ECX 以控制整个比对过程。

第 498 行，开始比对，直到发现一个不相符的地方。

如果两个字符串相同，则需要连续比对 64 次，而且，在比对结束时，ZF=1，表示最后 4 字节也相同；如果两个字符串不同，比对过程会提前结束，且 ZF=0。在最坏的情况下，这两个字符串可能只有最后 4 字节是不同的。在这种情况下，也需要比对 64 次，但 ZF=0。

无论哪种情况，如果在退出 repe cmpsd 指令时 ZF=0，即表明两个字符串是不同的。所以，第 499 行，如果 ZF=0，则表明两个字符串不同，直接转移到内循环的末尾，以开始下一次内循环。

如果两个字符串是相同的，那么，比较指令执行后，寄存器 ESI 正好指向 C-SALT 每个条目后的入口数据。要知道，C-SALT 中的每个条目是 262 字节，最后的 6 字节分别是偏移量和段选择子。

因此，现在的任务是将这结尾的6字节传送到U-SALT当前条目的开始部分，这是第500～503 行的工作。最后的结果是，U-SALT 中的当前条目，其开始的 6 字节被改写为一个入口地址。

15.5 执行用户程序

在 load_relocate_program 过程的最后，第 517 行，把用户程序头部段的选择子传送到寄存器 AX。第 519～528 行，从栈中弹出并恢复各个寄存器的原始内容，并返回到调用者。寄存器 AX 中的选择子是作为参数返回到主程序的。主程序将用它来找到用户程序的入口，并从那里进入。

从 load_relocate_program 过程返回后，第 572、573 行用于在屏幕上显示信息，表示加载和重定位工作已经完成。

第 575 行，保存内核的栈指针。这是通过将寄存器 ESP 的当前值写入内核数据段中来完成的。写入的位置是由标号 esp_pointer 指示的，位于第 382 行，初始化为一个双字。在进入用户程序后，用户程序应当切换到它自己的栈。从用户程序返回时，还要从这个内存位置还原内核栈指针。

第 577 行，使段寄存器 DS 指向用户程序头部。这是通过将用户程序头部段选择子传送到 DS 来办到的。在用户程序头部段内偏移 0x08 处，是用户程序的入口点，分别是 32 位的偏移量和 16 位的代码段选择子。第 579 行，执行一个间接远转移，进入用户程序内接着执行。

现在转到代码清单 15-3。

用户程序的入口点是在第 62 行。进入用户程序开始执行时，段寄存器 DS 是指向头部段的。第 63、64 行，使段寄存器 FS 指向头部段，因为后面要调用内核过程，而这些过程都要求使用 DS，所以要把 DS 解放出来。

第 66～67 行，切换到用户程序自己的栈，并初始化栈指针寄存器 ESP。栈段的选择子已经在程序加载期间回填到标号 stack_seg 这里，可直接取出并传送到段寄存器 SS；栈指针寄存器 ESP 的值来自标号 stack_end，这个标号代表的数值是它相对于栈段起始处的偏移量，而且这是一个向上扩展的栈段，故 stack_end 可以直接作为栈顶指针。

第 69 行，设置段寄存器 DS 到用户程序自己的数据段。数据段的选择子已经在程序加载期间回填到标号 data_seg 这里，可直接取出并传送到段寄存器 DS。

第 71、72 行，调用内核过程显示字符串，以表明用户程序正在运行中。该内核过程要求用 DS:EBX 指向零终止的字符串。

第 74～76 行，调用内核过程，从硬盘读一个扇区。从内核代码清单可以知道，ReadDiskData 过程的内部名称是 read_hard_disk_0。所以，ReadDiskData 需要传入两个参数，第一个是寄存器 EAX，传入要读的逻辑扇区号；第二个是 DS:EBX，传入缓冲区的首地址，毕竟读出来的数据要有个地方保存。缓冲区位于用户程序的数据段中，是在第 41 行用标号 buffer 声明的，并初始化了 1024 字节的空间。要读的逻辑扇区号是 100，在此之前，我们应当在这个扇区里写一些东西。这件事我们马上就要讲到。

第 78～82 行，先调用内核过程显示一个题头，接着，再次调用内核过程显示刚刚从硬盘读出的内容。

在做完了上述事情之后，用户程序的任务也就完成了。第 84 行，调用内核过程，以返回到内核。

再次回到代码清单 15-2。

在内核中，用户程序的返回点位于第 582 行。

在重新接管了处理器的控制权后，第 583、584 行，使段寄存器 DS 重新指向内核数据段。

第 586～588 行，切换栈，使栈段寄存器 SS 重新指向内核栈段，并从内核数据段中取得和恢复原先的栈指针位置。

第 590、591 行，显示一条消息，表示现在已经回到了内核。

对于一个操作系统来说，下面的任务是回收前一个用户程序所占用的内存，并启动下一个用户程序。但是，我们现在无事可做，所以，第 596 行，使处理器进入停机状态。别忘了，在进入保护模式之前，我们已经用 cli 指令关闭了中断，所以，除非有 NMI 产生，否则处理器将一直处于停机状态。

15.6 代码的编译、运行和调试

首先编译本章所有的源程序文件，它们是 c15_mbr.asm、c15_core.asm 和 c15_app.asm，这将分别生成 c15_mbr.bin、c15_core.bin 及 c15_app.bin。

使用配书工具 FixVhdWr 分别将这些二进制文件写入虚拟硬盘。c15_mbr.bin 的起始逻辑扇区号是 0，因为它是主引导代码；c15_core.bin 的起始逻辑扇区号是 1；c15_app.bin 的起始逻辑扇区号是 50。除了 c15_mbr.bin，其他文件的写入位置可以改变，但前提是要修改使用它们的源代码。

用户程序的功能是读取逻辑扇区 100，并显示其内容。为此，需要找一个文本文件，并将它写入该扇区。在配书源代码中，提供了一个文本文件 diskdata.txt，其大小是 512 字节。如图 15-11 所示，它包含了 512 字节的英文文本。

不强迫你一定要使用这个文件。你完全可以选用其他文件，文件的内容也无所谓，但最好是可读的 ASCII 字符。

使用配书工具 FixVhdWr 将你采用的文本文件写入虚拟硬盘，逻辑扇区号是 100。如果你采用的是其他文件，它或许很长，会连续写入多个扇区。这无所谓，用户程序只读取第一个。

最后，启动虚拟机时，如果一切正常，所显示的画面将如图 15-12 所示。

具有讽刺意味的是，我在这里大书特书、侃侃而谈 INTEL 的处理器，但是，从截图上可以看出，我用的处理器却是 AMD 生产的。至于你的计算机用了什么处理器，你自己看看吧，屏幕上的显示会说明一切的。

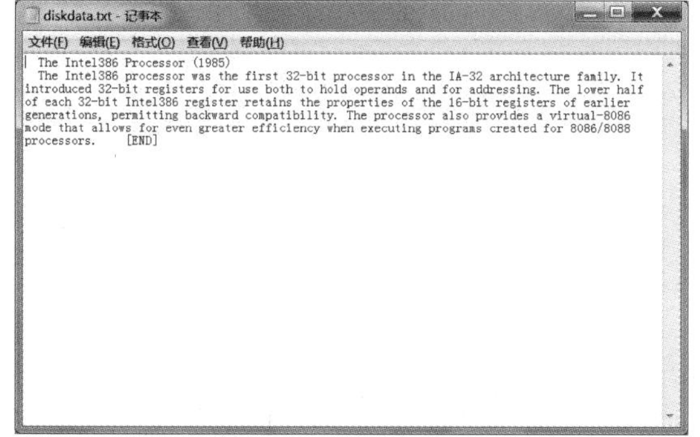

图 15-11 diskdata.txt 文件的内容

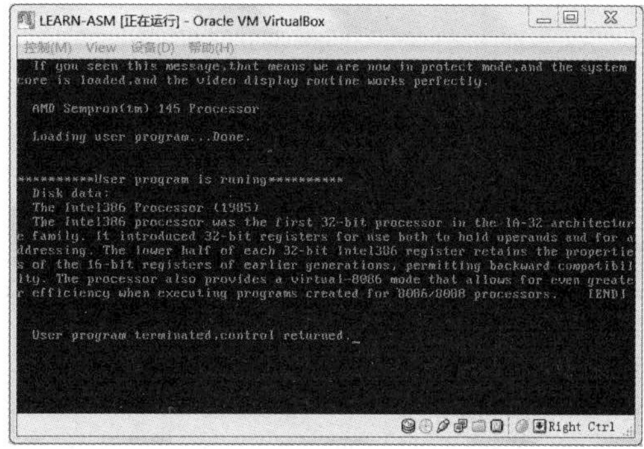

图 15-12 本章程序的运行结果

随着程序代码量的增大，程序的编写和调试也会变得越来越困难。特别是当问题发生的时候，追查出错的位置和错误的原因都需要花费大量的时间、消耗大量的精力。

有时候，最简单的方法却很有效。比如，可以写一个特殊的过程，用来显示某个寄存器的内容。如果你的程序运行时出了问题，可以在有重大嫌疑的指令前后安排一些调用该过程的代码，看看是哪里不正常。这些用于调试程序的位置，叫作检查点。

为了方便调试程序，代码清单 15-2 提供了一个过程 put_hex_dword，用于以十六进制的形式显示寄存器 EDX 的内容。

该过程位于第 205 行，它的工作原理很简单，寄存器 EDX 是 32 位的，从右到左，将它以 4 位为一组，分成 8 组。每一组的值都在 0～15（0x0～0xf）之间，我们把它转换成相应的字符 0～F 即可。

为了将数值转换成可显示的 ASCII 码，可以使用处理器的查表指令 xlat（Table Look-up Translation），该指令要求事先在 DS:BX（或 EBX）处定义一个用于转换编码的表格，如果当前默认的操作尺寸是 16 位的，使用寄存器 BX；如果默认的操作尺寸是 32 位的，使用寄存器 EBX。指令执行时，处理器访问该表格，用寄存器 AL 的内容作为偏移量，从表格中取出一字节，传回寄存器 AL。

代码清单 15-2 定义的表格在第 378 行。在那里，声明了标号 bin_hex，并初始化了 16 个字符，这是一个二进制到十六进制的对照（检索）表。偏移（索引）为 0 的位置是字符“0”；偏移（索引）为 0x0f 的位置是字符“F”。

第 212、213 行，使段寄存器 DS 指向内核数据段，因为对照表 bin_hex 位于内核数据段中。

第 215 行，使寄存器 EBX 指向检索（对照表）的起始处。

转换过程使用了循环，每次将寄存器 EDX 的内容循环左移 4 位，共需要循环 8 次。每次移位后的内容被传送到寄存器 EAX，并用 and 指令保留低 4 位，高位清零。第 221 行，xlat 指令用寄存器 AL 中的值作为索引访问对照表，取出相应的字符，并回传到寄存器 AL。

每次从检索（对照）表中得到一个字符，就要调用 put_char 过程显示它。但 put_char 过程需要使用寄存器 CL 作为参数。因此，第 223 行，在显示之前先要将寄存器 ECX 压栈保护。

xlat 指令不影响任何标志位。

本 章 习 题

在本章中，用户程序自己指定了栈空间。现在，修改内核程序和用户程序，用户程序不指定栈空间，由内核程序为用户程序动态分配 4KB 的栈空间。

第 16 章

任务和特权级保护

在保护模式下，通过将内存分成大小不等的段，并用描述符对每个段的用途、类型和长度进行指定，就可以在程序运行时由处理器硬件施加访问保护。比如，当程序试图让处理器去写一个可执行的代码段时，处理器就会阻止这种企图；再比如，当程序试图让处理器访问超过段界限的内存区域时，处理器也会引发异常中断。

段保护是处理器提供的基本保护功能，但对于现实的需求来说，仍是不够的。

首先，当一个程序老老实实地访问只属于它自己的段时，基本的段保护机制是很有效的。但是，一个失控的程序，或者一个恶意的程序，依然可以通过追踪和修改描述符表来达到它们访问任何内存位置的目的。比如说，如果用户程序知道 GDT 的位置，它可以通过向段寄存器加载操作系统的数据段描述符，或者在 GDT 中增加一个指向操作系统数据区的描述符，来修改只属于操作系统的私有数据。对于处理器那种和 3 岁小孩相仿的智力，所有这一切都是合法的。

其次，32 位处理器是为多任务系统而设计的。所谓多任务系统，是指能够同时执行两个以上程序的系统，即使前一个程序没有执行完，其他程序也可以开始执行。在单处理器系统中，多个程序并不可能真的同时执行，但是，处理器可以在多个任务之间周期性地切换和轮转。这样，它们都处于走走停停的状态，快速的处理器加上高效的任务切换，在外界看来，多个任务都在同时运行。

多任务系统，对任务之间的隔离和保护，以及任务和操作系统之间的隔离和保护都提出了要求，这可以看作对段保护机制的进一步强化。同时，在多任务系统中，操作系统居于核心软件的位置，为各个任务服务，负责任务的加载、创建和执行环境的管理，并执行任务之间的调度，对操作系统的保护显得尤为重要。事实上，对于这种要求，基本的段保护机制已经远远不够了。

综上所述，本章的学习目标是：

1．通过演示如何创建一个任务，并使之投入运行来学习任务的概念及其组成要素，包括任务的全局空间和局部空间、TSS、LDT、特权级等；

2．必须了解特权级不是指任务的特权级，而是指组成任务的各个部分的特权级。比如，任务的全局部分一般是 0、1 和 2 特权级别的，任务的私有部分一般是 3 特权级别的；

3．必须清楚 CPL、DPL 和 RPL 的含义，以及不同特权级别之间的控制转移规则；

4．熟悉调用门的用法；

5．掌握一些在 Bochs 下调试程序的新手段；

6．学习一些新的 x86 处理器指令，包括 lldt、ltr、pushf/pushfd、popf/popfd、ret *n*/retf *n*、arpl 等，同时，了解象 jmp 和 call 这样的传统指令是如何被赋予一些新功能的。

16.1 任务的隔离和特权级保护

16.1.1 任务、任务的 LDT 和 TSS

程序（Program）是记录在载体上的指令和数据，总是为了完成某个特定的工作，其正在执行中的一个副本，叫作任务（Task），有时候也称之为进程（Process）。这句话的意思是说，如果一个程序有多个副本正在内存中运行，那么，它对应着多个任务，每个副本都是一个任务。在上一章里，内存中运行的用户程序就是任务，而内核程序就是操作系统的缩影。

一直以来，我们把所有的段描述符都放在 GDT 中，而不管它属于内核还是用户程序。如图 16-1 所示，为了有效地在任务之间实施隔离，处理器建议每个任务都应当具有自己的描述符表，称为 LDT（Local Descriptor Table，局部描述符表），并且把专属于自己的那些段放到 LDT 中。

和 GDT 一样，LDT 也是用来存放描述符的。不同之处在于，LDT 只属于某个任务。或者说，每个任务都有自己的 LDT，每个任务私有的段，都应当在 LDT 中进行描述。另外，LDT 的第一个描述符，也就是 0 号槽位，也是有效的、可以使用的。

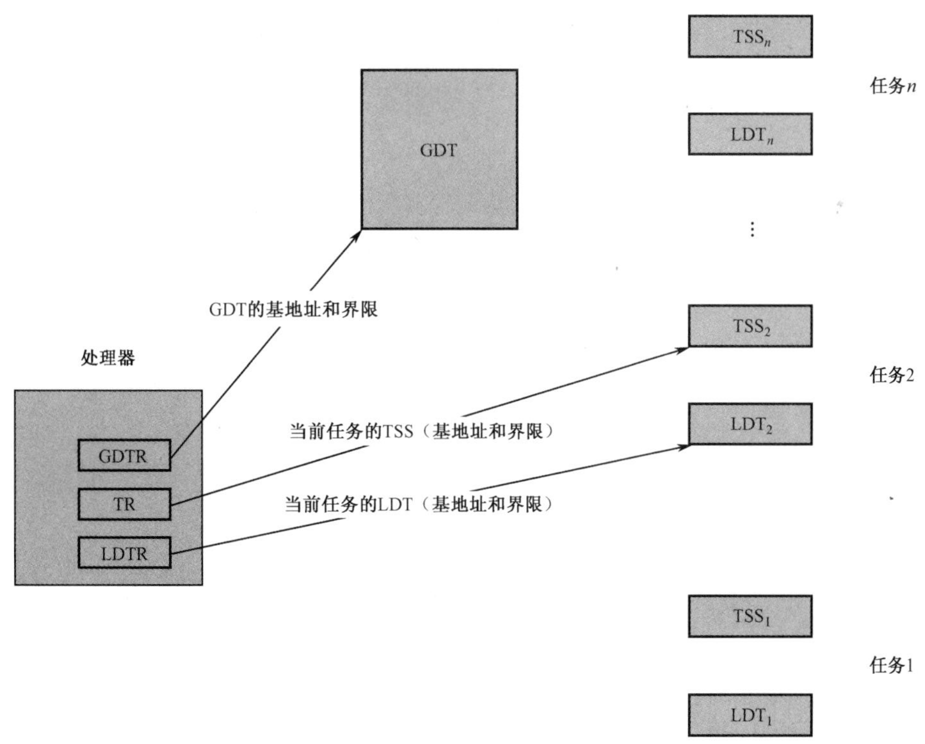

图 16-1 多任务系统的组成

为了追踪全局描述符表（GDT），访问它内部的描述符，处理器使用了寄存器 GDTR。这是可以理解的，正如其名称所暗示的那样，全局描述符表（GDT）是全局性的，为所有任务服务，是它们所共有的，我们只需要一个全局描述符表（GDT）就够了。

和 GDT 不同，局部描述符表（LDT）的数量则不止一个，具体有多少，视任务的多少而定。为了追踪和访问这些 LDT，处理器使用了局部描述符表寄存器（LDT Register，LDTR）。

在一个多任务的系统中，会有很多任务在轮流执行，正在执行中的那个任务，称为当前任务（Current Task）。因为寄存器 LDTR 只有一个，所以，它只用于指向当前任务的 LDT。每当发生任务切换时，LDTR 的内容被更新，以指向新任务的 LDT。和 GDTR 一样，LDTR 包含了 32 位线性基地址字段和 16 位段界限字段，以指示当前 LDT 的位置和大小。

我们知道，在访问内存之前需要先指定一个段，方法是向段寄存器传送一个段选择子，这称为“引用一个段”，像这样：

```
mov cx, 0x0008
mov ds, cx
```

回到第 12 章，看一下图 12-10，段选择子的位 2 是表指示器（Table Indicator，TI），若 TI=0，表示从 GDT 中加载描述符；TI=1，表示从当前任务的 LDT 中加载描述符。

很显然，0x0008 的二进制形式为 0000 0000 0000 1000，其 TI 位是“0”，所以，处理器将访问 GDT，从 1 号槽位取得描述符，并传送到段寄存器 DS 的描述符高速缓存器。

再看这个例子：

```
mov cx, 0x005c
mov ds, cx
```

0x005C 的二进制形式为 0000 0000 0101 1100，这很容易看出 TI 位是“1”，索引号为 11（十进制）。处理器执行以上指令时，必然会访问当前任务的 LDT（该 LDT 在内存中的位置由 LDTR 指定），从它的 11 号槽位取出描述符，并传送到段寄存器 DS 的描述符高速缓存器中去。

很显然，因为段选择子是 16 位的，而且只有高 13 位被用作索引号来访问 GDT 或者 LDT，所以，每个 LDT 所能容纳的描述符个数为 2^{13}，即 8192 个。或者换句话说，每个 LDT 只能定义 8192 个段。又因为每个描述符的长度是 8 字节，LDT 的长度最大为 64KB。

在一个多任务的环境中，当任务切换发生时，必须保护旧任务的运行状态，或者说是保护现场，保护的内容包括通用寄存器、段寄存器、栈指针寄存器 ESP、指令指针寄存器 EIP、状态寄存器 EFLAGS，等等。否则的话，等下次该任务又恢复执行时，一切都会变得茫然而毫无头绪。

为了保存任务的状态，并在下次重新执行时恢复它们，每个任务都应当用一个额外的内存区域保存相关信息，叫作任务状态段（Task State Segment，TSS）。如图 16-2 所示，任务状态段 TSS 具有固定的格式，最小尺寸是 104 字节，**图中所标注的偏移量是十进制的**。处理器固件能够识别 TSS 中的每个元素，并在任务切换的时候读取其中的信息，具体的细节将在后面讲述。

和 LDT 一样，处理器用寄存器 TR 来指向当前任务的 TSS。和 GDTR、LDTR 一样，寄存器 TR 在处理器中也只有一个。当任务切换发生的时候，寄存器 TR 的内容也会跟着指向新任务的 TSS。这个过程是这样的：首先，处理器将当前任务的现场信息保存到由寄存器 TR 指向的 TSS；然后，再使寄存器 TR 指向新任务的 TSS，并从新任务的 TSS 中恢复现场。

比较奇怪的是，为什么这个寄存器叫 TR，而不是 TSSR。原因很简单，TSS 是一个任务存在的标志，用于区别一个任务和其他任务。所以，这个寄存器叫作任务寄存器（Task Register，TR）。

16.1.2 全局空间和局部空间

现代的计算机，如果没有操作系统支持，它也可以在编程爱好者的操作下运行得很好，但恐怕不太可能像比尔·盖茨所认为的那样，每个桌子上一台。

31	15	0	
I/O映射基地址	（保留）	T	100
（保留）	LDT段选择子		96
（保留）	GS		92
（保留）	FS		88
（保留）	DS		84
（保留）	SS		80
（保留）	CS		76
（保留）	ES		72
EDI			68
ESI			64
EBP			60
ESP			56
EBX			52
EDX			48
ECX			44
EAX			40
EFLAGS			36
EIP			32
CR3（PDBR）			28
（保留）	SS2		24
ESP2			20
（保留）	SS1		16
ESP1			12
（保留）	SS0		8
ESP0			4
（保留）	前一个任务的指针（TSS）		0

图 16-2　32 位的任务状态段

在多任务系统中，操作系统肩负着任务的创建，以及在任务之间进行调度和切换的工作。不过，更为繁重和基础的工作是对处理器、设备及存储器的管理。

从程序编写者的角度看，操作系统是他们可以信赖的朋友。首先，他们不必关心自己的程序是如何加载到内存并开始运行的，操作系统自然会处理好这些事情；其次，对设备的访问涉及大量的硬件细节，而且极为烦琐，操作系统能够肩负起设备管理的职责，并提供大量的例程和数据供应用程序调用。使用操作系统提供的这些服务，可以极大地简化程序的编写，并能够在访问设备时消除潜在的竞争和冲突。

比如说，当中断发生时，不可能由某个任务来进行处理，而只能由操作系统来提供中断处理过程，并采取适当的操作，以进行一些和所有任务都有关系的全局性管理工作，如空闲内存的查找和分配、回收已终止任务的内存空间、设备访问的排队和调度，等等。

准确地说，操作系统包含一个基本的内核部分，用来提供基础服务。每个任务也都执行自己的代码，访问自己的数据，但还需要使用操作系统内核的服务。当任务执行自己的代码时，它处于用户态；当任务需要使用内核的服务时，要进入内核的代码执行，此时处于内核态。

从这个意义上说，内核在功能上是每个任务的组成部分。除此之外，在内存中，内核占用一部分空间，而每个任务自己的代码和数据也占用一部分空间。由于内核是所有任务的组成部分，而且在内存中只有一份，它就变成了所有任务共享的部分。

这就是说，如图 16-3 所示，每个任务实际上包括两个部分：全局部分和私有部分。全局部分是所有任务共有的，含有操作系统的软件和库程序，以及可以调用的系统服务和数据；私有部分则是每个任务各自的数据和代码，与任务所要解决的具体问题有关，彼此并不相同。

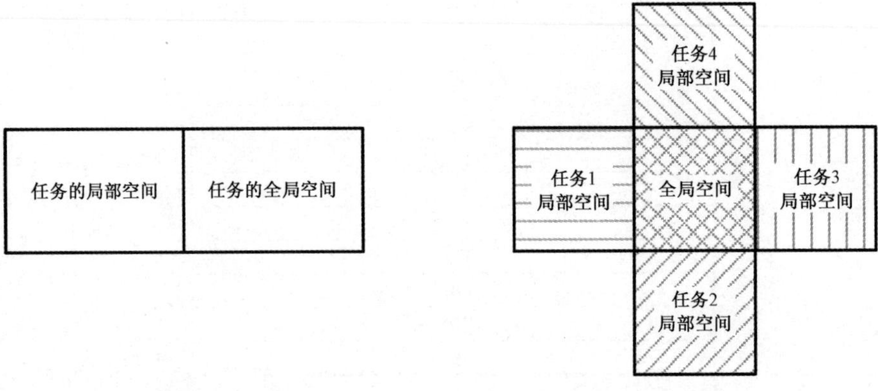

（a）每个任务的全局空间和局部空间　　（b）多任务系统的全局空间和局部空间

图 16-3　任务的全局空间和局部空间

任务实际上是在内存中运行的，所以，所谓的全局部分和私有部分，其实是地址空间的划分，即全局地址空间和局部地址空间，简称全局空间和局部空间。

地址空间的访问是依靠分段机制来进行的。具体地说，需要先在描述符表中定义各个段的描述符，然后再通过描述符来访问它们。因此，全局地址空间是用全局描述符表（GDT）来指定的，而局部地址空间则是由每个任务私有的局部描述符表（LDT）来定义的。

从程序员的角度来看，任务的全局空间包含了操作系统的段，是由别人编写的，但是他可以调用这些段的代码，或者获取这些段中的数据；任务局部空间的内容是由程序员自己创建的。通常，任务会在自己的局部空间运行，当它需要操作系统提供的服务时，转入全局空间执行。

我们知道，段寄存器（CS、SS、DS、ES、FS 和 GS）由 16 位的选择器和不可见的描述符高速缓存器组成，代入选择器的内容是描述符的选择子（Selector）。选择子的位 2 是表指示器 TI，若 TI＝0，指向 GDT，表示当前正在访问的段描述符位于 GDT 中；否则指向 LDT，表示当前正在访问的段描述符位于 LDT 中。选择子的高 13 位指定描述符的索引号，也就是描述符在描述符表中的编号，从 0 开始。

每个段描述符都对应着一个内存段。很显然，在一个任务的全局地址空间上，可以划分出 2^{13} 个段，也就是 8192 个段。因为 GDT 的 0 号描述符不能使用，故实际上是 8191 个段，但这无关紧要。又因为段内偏移是 32 位的，段的长度最大的 4GB，因此，一个任务的全局地址空间，其总大小为 $2^{13}\times2^{32}=2^{45}$ 字节，即 32TB。

同样的道理，局部描述符表 LDT 可以定义 2^{13} 个，也就是 8192 个描述符，每个段的最大长度也是 4GB，故，一个任务的局部地址空间为 $2^{13}\times2^{32}=2^{45}$ 字节，同样是 32TB。

这样一来，每个任务的总地址空间为 $2^{45}+2^{45}=2^{45}\times2=2^{45}\times2^{1}=2^{46}$ 字节，即 64TB。在一个只有 32 根地址线的处理器上，无论如何也不可能提供这样巨大的存储空间，但是，不要紧张，这只是虚假的，或者说虚拟的地址空间。操作系统允许程序的编写者使用该地址空间来写程序，即，使用虚拟地址或者逻辑地址来访问内存，就像它真的拥有这么巨大的地址空间一样。

上面一段话可以这样理解：编译器不考虑处理器可寻址空间的大小，也不考虑物理内存的大小，它只是负责编译程序。当程序编译时，编译器允许生成非常巨大的程序。但是，当程序超出了物理内存的大小时，或者操作系统无法分配这么大的物理内存空间时，怎么办呢？

同一块物理内存，可以让多个任务，或者每个任务的不同段来使用。当执行或者访问一个新的段时，如果它不在物理内存中，而且也没有空闲的物理内存空间来加载它，那么，操作系统将挑出一个暂时用不到的段，把它换出到磁盘中，并把那个腾出来的空间分配给马上要访问的段，并修改段的描述符，使之指向这段内存空间。下一次，当被换出的那个段马上又要用到时，再按相同的办法换回到物理内存。所有这一切，任务（如果它有思维的话）和程序的编写者是不必关心的，这就是虚拟内存管理的一般方法。

16.1.3 特权级保护概述

引入 LDT 和 TSS，只是从任务层面上进一步强化了分段机制，从安全保障的角度来看，只相当于构建了可靠的硬件设施。

当然，仅有设施是不够的，还需要规章制度，还要有人来执行，处理器也一样。为此，在分段机制的基础上，处理器引入了特权级，并由固件负责实施特权级保护。

特权级（Privilege Level），也叫特权级别，是存在于描述符及其选择子中的一个数值，当这些描述符或者选择子所指向的对象要进行某种操作，或者被别的对象访问时，该数值用于控制它们是否允许进行这样的操作和访问。

INTEL 处理器可以识别 4 个特权级别，分别是 0 到 3，较大的数值意味着较低的特权级别，反之亦然。如图 16-4 所示，这是 INTEL 处理器所提供的 4 级环状保护结构。

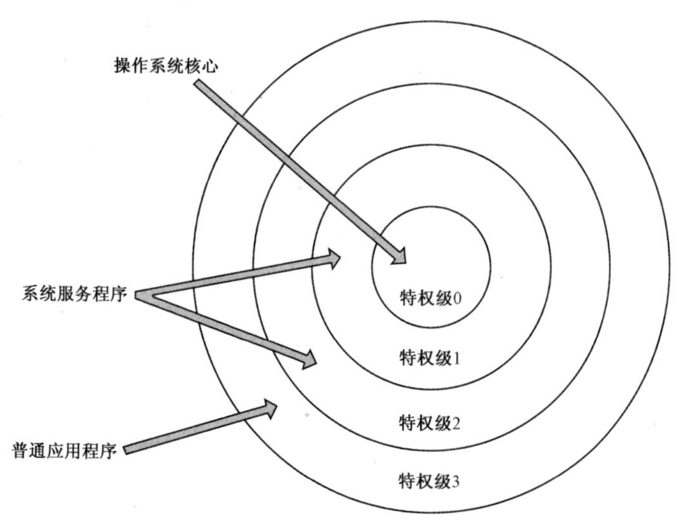

图 16-4 处理器的 4 级环状保护结构

通常，因为操作系统是为所有程序服务的，可靠性最高，而且必须对软硬件有完全的控制权，所以它的主体部分必须拥有特权级 0，并处于整个环形结构的中心。也正是因为这样，操作系统的主体部分通常又被称作内核（Kernel、Core）。

特权级 1 和 2 通常赋予那些可靠性不如内核的系统服务程序，比较典型的就是设备驱动程序。当然，在很多比较流行的操作系统中，驱动程序与内核的特权级别相同，都是 0。

应用程序的可靠性被视为是最低的，而且通常不需要直接访问硬件和一些敏感的系统资源，调用设备驱动程序或者操作系统例程就能完成绝大多数工作，故赋予它们最低的特权级别 3。

实施特权级保护的第一步，是为所有可管理的对象赋予一个特权级，以决定谁能访问它们。回到第 12 章，看图 12-4。图中，每个描述符都有一个 2 比特的 DPL 字段，可以取值为 00、01、10 和 11，分别对应特权级 0、1、2 和 3。DPL 是每个描述符都有的字段，故又称描述符特权级（Descriptor Privilege Level）。描述符总是指向它所描述的目标对象，代表着该对象，因此，该字段实际上是目标对象的特权级。

比如，对于数据段来说，DPL 决定了访问它们所应当具备的最低特权级别。如果有一个数据段，其描述符的 DPL 字段为 2，那么，只有特权级为 0、1 和 2 的程序才能访问它。当一个特权级为 3 的程序也试图去读写该段时，将会被处理器阻止，并引发异常中断。对任何段的访问都要先把它的描述符加载到段寄存器，所以这种保护手段很容易实现。

我们知道，32 位处理器的段寄存器，实际上由 16 位的段选择器和描述符高速缓存器组成，而且后者是不能直接访问的。正因为我们接触不到描述符高速缓存器，所以，为了方便，当我们提到段寄存器的时候，指的就是段选择器。

在实模式下，段寄存器存放的是段地址；而在保护模式下，段寄存器存放的是段选择子，段地址则位于描述符高速缓存器中。当处理器正在一个代码段中取指令和执行指令时，那个代码段的特权级叫作当前特权级（Current Privilege Level，CPL）。正在执行的这个代码段，其选择子位于段寄存器 CS 中，其最低两位就是当前特权级的数值。

一般来说，操作系统是最先从 BIOS 那里接收处理器控制权的，进入保护模式的工作也是由它做的，而且，最重要的是，它还肩负着整个计算机系统的管理工作，所以，它必须工作在 0 特权级别上，当操作系统的代码正在执行时，当前特权级 CPL 就是 0。

相反，普通的应用程序则工作在特权级别 3 上。没有人愿意将自己的程序放在特权级 3 上，但是，只要你在某个操作系统上面写程序，这就由不得你。应用程序编写时，不需要考虑 GDT、LDT、分段、描述符这些东西，它们是在程序加载时，由操作系统负责创建的，应用程序的编写者只负责具体的功能就可以了。应用程序的加载和开始执行，也是由操作系统所主导的，而操作系统一定会将它放在特权级 3 上。当应用程序开始执行时，当前特权级 CPL 自然就会是 3。

这实际上就是把一个任务分成特权级截然不同的两个部分，全局部分是特权级 0 的，而局部空间则是特权级 3 的。这种划分是有好处的，全局空间是为所有任务服务的，其重要性不言而喻。为了保证它的安全性，并能够访问所有软硬件资源，应该使它拥有最高的特权级别。当任务在自己的局部空间内执行时，当前特权级 CPL 是 3；当它通过调用系统服务，进入操作系统内核，在全局空间执行时，当前特权级 CPL 就变成了 0。总之，很重要的一点是，不能僵化地看待任务和任务的特权级别。

不同特权级别的程序，所担负的职责及在系统中扮演的角色是不一样的。计算机系统的脆弱性在于一条指令就能改变它的整体运行状态，比如停机指令 hlt 和对控制寄存器 CR0 的写操作，像这样的指令只能由最高特权级别的程序来做。因此，那些只有在当前特权级 CPL 为 0 时才能执行的指令，称为特权指令（Privileged Instructions）。典型的特权指令包括加载全局描述符表的指令 lgdt（它在实模式下也可执行，以方便为进入保护模式做准备）、加载局部描述符表的指令 lldt、加载任务寄存器的指令 ltr、读写控制寄存器的 mov 指令、停机指令 hlt 等十几条。

除了那些特权级敏感的指令，处理器还允许对各个特权级别所能执行的 I/O 操作进行控制。通常，这指的是端口访问的许可权，因为对设备的访问都是通过端口进行的。如图 16-5 所示，在处理器的标志寄存器 EFLAGS 中，位 13、位 12 是 IOPL 位，也就是输入/输出特权级（I/O Privilege Level），它代表着当前任务的 I/O 特权级别。

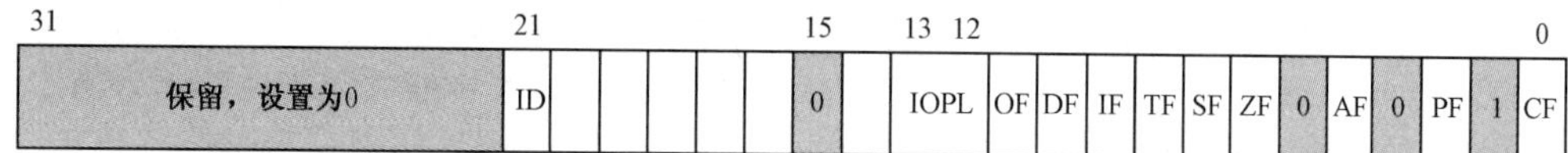

图 16-5 寄存器 EFLAGS 中的 IOPL 位

任务是由操作系统加载和创建的，与任务相关的信息都在它自己的任务状态段（TSS）中，其中就包括一个寄存器 EFLAGS 的副本，用于指示与当前任务相关的机器状态，比如它自己的 I/O 特权级 IOPL。在多任务系统中，随着任务的切换，前一个任务的所有状态被保存到它自己的 TSS 中，新任务的各种状态从其 TSS 中恢复，包括寄存器 EFLAGS 的值。

处理器不限制 0 特权级程序的 I/O 访问，它总是允许的。但是，可以限制低特权级程序的 I/O 访问权限。这是很重要的，操作系统的功能之一是设备管理，它可能不希望应用程序拥有私自访问外设的能力。

代码段的特权级检查是很严格的。一般来说，控制转移只允许发生在两个特权级相同的代码段之间。如果当前特权级为 2，那么，它可以转移到另一个 DPL 为 2 的代码段接着执行，但不允许转移到 DPL 为 0、1 和 3 的代码段执行。不过，为了让特权级低的应用程序可以调用特权级高的操作系统例程，处理器也提供了相应的解决办法。

第一种方法是将高特权级的代码段定义为依从的。回到第 12 章，在那一章里，表 12-1 给出了段描述符的 TYPE 字段。代码段描述符的 TYPE 字段有 C 位，如果 C=0，这样的代码段只能供同特权级的程序使用；否则，如果 C=1，则这样的代码段称为依从的代码段，可以从特权级比它低的程序调用并进入。

但是，即使是将控制转移到依从的代码段，也是有条件的，要求当前特权级 CPL 必须低于，或者和目标代码段描述符的 DPL 相同。即，在数值上，

```
CPL≥目标代码段描述符的 DPL
```

举例来说，如果一个依从的代码段，其描述符的 DPL 为 1，则只有特权级别为 1、2、3 的程序可以调用，而特权级为 0 的程序则不能。除非是远过程返回或者中断返回，在任何时候，都不允许将控制从较高的特权级转移到较低的特权级。

依从的代码段不是在它的 DPL 特权级上运行的，而是在调用程序的特权级上运行的。就是说，当控制转移到依从的代码段上执行时，不改变当前特权级 CPL，段寄存器 CS 的 CPL 字段不发生变化，被调用过程的特权级依从于调用者的特权级，这就是为什么它被称为“依从的”代码段。

除了依从的代码段，另一种在特权级之间转移控制的方法是使用门。门（Gate）是另一种形式的描述符，称为门描述符，简称门。和段描述符不同，段描述符用于描述内存段，门描述符则用于描述可执行的代码，比如一段程序、一个过程（例程）或者一个任务。

实际上，根据不同的用途，门的类型有好几种。不同特权级之间的过程调用可以使用调用门；中断门/陷阱门是作为中断处理过程使用的；任务门对应着单个的任务，用来执行任务切换。在本章里，我们重点介绍的是调用门（Call Gate）。

所有描述符都是 64 位的，调用门描述符也不例外。在调用门描述符中，定义了目标过程

（例程）所在代码段的选择子，以及段内偏移。要想通过调用门进行控制转移，可以使用 jmp far 或者 call far 指令，并把调用门描述符的选择子作为操作数。

使用 jmp far 指令，可以将控制通过门转移到比当前特权级高的代码段，但不改变当前特权级别。但是，如果使用 call far 指令，则当前特权级会提升到目标代码段的特权级别。也就是说，处理器是在目标代码段的特权级上执行的。但是，除了从高特权级别的例程（通常是操作系统例程）返回，不允许从特权级高的代码段将控制转移到特权级低的代码段，因为操作系统不会引用可靠性比自己低的代码。

说了这么多，好像这是我们头一回接触特权级似的。

事实上，它是老朋友了，从第 12 章我们写第一个保护模式程序开始，我们就在创建 DPL 为 0 的描述符，只不过从来没有向大家介绍。远的就不说了，就说上一章，也就是第 15 章，这一章比较典型，既有内核程序，也有用户程序（应用程序）。

参见代码清单 15-1，也就是源程序 c15_mbr.asm，第 24～37 行，创建了初始的几个段描述符：

```
;创建 1#描述符，这是一个数据段，对应 0~4GB 的线性地址空间
mov dword [ebx+0x08],0x0000ffff          ;基地址为 0，段界限为 0xFFFFF
mov dword [ebx+0x0c],0x00cf9200          ;粒度为 4KB，数据段，DPL=00

;创建保护模式下初始代码段描述符
mov dword [ebx+0x10],0x7c0001ff          ;基地址为 0x7C00，界限 0x1FF
mov dword [ebx+0x14],0x00409800          ;粒度为字节，代码段，DPL=00

;建立保护模式下的栈段描述符
mov dword [ebx+0x18],0x7c00fffe          ;基地址为 0x7C00，界限 0xFFFFE
mov dword [ebx+0x1c],0x00cf9600          ;粒度为 4KB，栈段，DPL=00

;建立保护模式下的显示缓冲区描述符
mov dword [ebx+0x20],0x80007fff          ;基地址为 0xB8000，界限 0x07FFF
mov dword [ebx+0x24],0x0040920b          ;粒度为字节，数据段，DPL=00
```

注意代码中的粗体部分，对照一下段描述符的格式，你会发现，这些段描述符的 DPL 都是 0。也就是说，我们将这些段的特权级定为最高级别。

特权级保护机制只在保护模式下才能启用，而进入保护模式的方法是设置 CR0 寄存器的 PE 位。而且，处理器建议，在进入保护模式后，执行的第一条指令应当是跳转或者过程调用指令，以清空流水线和乱序执行的结果，并串行化处理器，就像这样：

```
jmp 0x0010:flush
```

转移到的目标代码段是刚刚定义过的，描述符特权级 DPL 为 0。要将控制转移到这样的代码段，当前特权级 CPL 必须为 0。不过，这并不是问题。进入保护模式之后，处理器自动将当前特权级 CPL 设定为 0，以 0 特权级的身份开始执行保护模式的初始指令。

参见第 12 章里的图 12-10，段选择子实际上由三部分组成，分别是描述符的索引号、表指示器 TI 和 RPL 字段。在以上指令中，段选择子 0x0010 的 TI 位是 0，意味着目标代码段的描述符在 GDT 中。该选择子索引字段的值是 2，指向（GDT 中的）2 号描述符。

GDT 中的 1 号描述符是保护模式下的初始代码段描述符，特权级 DPL 为 0，而当前特权

级 CPL 也是 0，从初始的 0 特权级转移到另一个 0 特权级的代码段，这是允许的。转移之后，jmp 指令中的选择子 0x0010 被加载到段寄存器 CS，其低两位采用目标代码段描述符 DPL 的值。也就是说，控制转移之后，当前特权级仍为 0。

这里遗漏了一样东西，尽管它对于处理器的特权级检查来说很重要，但更多的时候是个累赘。那就是选择子中的 RPL 字段。

RPL 的意思是请求特权级（Requested Privilege Level）。我们知道，要将控制从一个代码段转移到另一个代码段，通常是使用 jmp 和 call 指令，并在指令中提供目标代码段的选择子，以及段内偏移量（入口点）。而为了访问内存中的数据，也必须先将段选择子加载到段寄存器 DS、ES、FS 或者 GS 中。不管是实施控制转移，还是访问数据段，这都可以看成一个请求，请求者提供一个段选择子，请求访问指定的段。从这个意义上来说，RPL 也就是指请求者的特权级别（Requestor's Privilege Level）。

在绝大多数时候，请求者都是当前程序自己，因此，CPL＝RPL。要判断请求者是谁，最简单的方法就是看谁提供了选择子。以下是两个典型的例子：

代码清单 15-1 中的第 55 行：

```
        jmp 0x0010:flush
```

在这里，提供选择子 0x0008 的是当前程序自己。

再比如同一代码清单中的第 59、60 行：

```
        mov eax, 0x0008                   ;加载数据段（0～4GB）选择子
        mov ds, eax
```

非常清楚的是，这同样是当前程序自己拿着段选择子 0x0008 来“请求”代入段寄存器 DS，以便在随后的指令中访问该段中的数据。

但是，在一些并不多见的情况下，RPL 和 CPL 并不相同。如图 16-6 所示，特权级为 3 的应用程序希望从硬盘读一个扇区，并传送到自己的数据段，因此，数据段描述符的 DPL 同样会是 3。

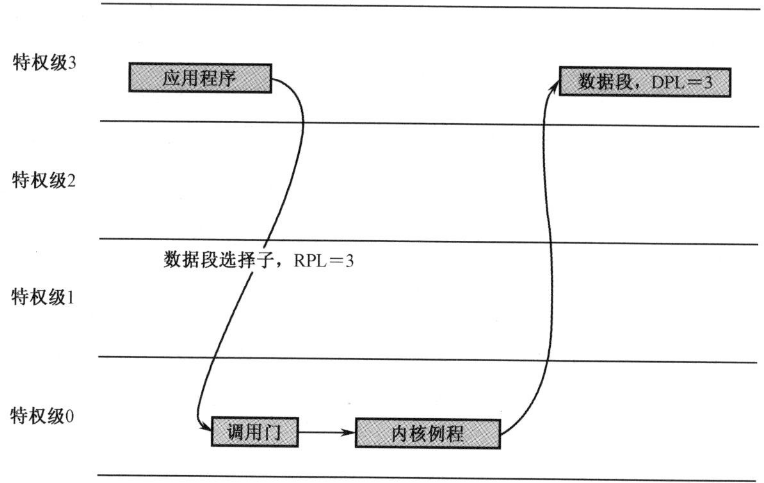

图 16-6　请求特权级 RPL 和当前特权级 CPL 不相同的例子

由于 I/O 特权级的限制，应用程序无法自己访问硬盘。好在位于 0 特权级的操作系统提供了相应的例程，但必须通过调用门才能使用，因为特权级间的控制转移必须通过门。假设，通

过调用门使用操作系统例程时，必须传入 3 个参数，分别是寄存器 CX 中的数据段选择子、寄存器 EBX 中的段内偏移，以及寄存器 EAX 中的逻辑扇区号。

高特权级别的程序可以访问低特权级别的数据段，这是没有问题的。因此，操作系统例程会用传入的数据段选择子代入段寄存器，以便代替应用程序访问那个段：

```
        mov ds, cx
```

在执行这条指令时，寄存器 CX 中的段选择子，其 RPL 字段的值是 3，当前特权级 CPL 已经变成 0，因为通过调用门实施控制转移可以改变当前特权级。显然，请求者并非当前程序，而是特权级为 3 的应用程序，RPL 和 CPL 并不相同。

不过，上面的例子只是表明 RPL 有可能和 CPL 并不相同，但并没有说明引入 RPL 到底有什么必要性，它似乎是多余的，没有它，程序也能正常工作，不是吗？如果你是这样想的，那就来看看下面这个例子。

如图 16-7 所示，人类的可恶之处是无孔不入，总爱钻空子。想象一下，应用程序的编写者通过钻研，知道了操作系统数据段的选择子，而且希望用这个选择子访问操作系统的数据段。当然，不可能在应用程序里访问操作系统数据段，因为那个数据段的 DPL 为 0，而应用程序工作时的当前特权级为 3，处理器会很机警地把来访者拒之门外。

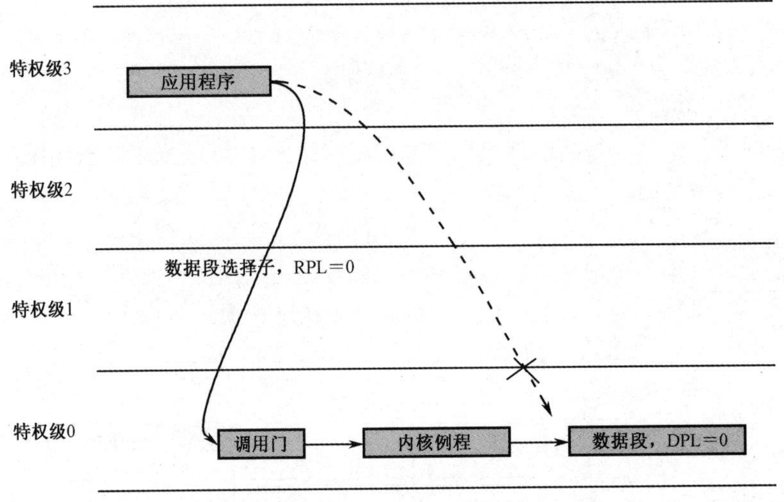

图 16-7　在特权级检查中引入 RPL 的必要性

但是，可以借助于调用门。调用门工作在目标代码段的特权级上，一旦处理器的执行流离开应用程序，通过调用门进入操作系统例程时，当前特权级从 3 变为 0。当那个不怀好意的程序将一个指向操作系统数据段的选择子通过寄存器 CX 作为参数传入调用门时，当前特权级已经从 3 变为 0，可以从硬盘读出数据，并且允许向操作系统数据段写入扇区数据，它得逞了！

处理器的智商很低，它不可能知道谁是真正的请求者。作为最聪明的灵长类动物，你当然可以通过分析程序的行为来区分它们，但处理器不能。因此，当指令

```
        mov ds, ax
```

或者

```
        mov ds, cx
```

执行时，寄存器 AX 或者 CX 中的选择子可能是操作系统自己提供的，也可能来自恶意的用户

程序，这两种情况要区别对待，但已经超出了处理器的能力和职权范围。

怎么办？

看得出来，单纯依靠处理器硬件无法解决这个难题，但它可以在原来的基础上多增加一种检查机制，并把如何能够通过这种检查的自由裁量权交给软件（的编写者）。

引入请求特权级（RPL）的原因是处理器在遇到一条将选择子传送到段寄存器的指令时，无法区分真正的请求者是谁。但是，引入 RPL 本身并不能完全解决这个问题，这只是处理器和操作系统之间的一种协议，处理器负责检查请求特权级 RPL，判断它是否有权访问，但前提是提供了正确的 RPL；内核或者操作系统负责鉴别请求者的身份，并有义务保证 RPL 的值和它的请求者身份相符，因为这是处理器无能为力的。

因此，在引入 RPL 这件事上，处理器的潜台词是，仅依靠现有的 CPL 和 DPL，无法解决由请求者不同而带来的安全隐患。那么，好吧，再增加一道门卫，但前提是，操作系统只将通行证发放给正确的人。

操作系统的编写者很清楚段选择子的来源，即，真正的请求者是谁。当它自己读写一个段时，这没有什么好说的；当它提供一个服务例程时，3 特权级别的用户程序给出的选择子在哪里，也是由它定的，它也知道。在这种情况下，它所要做的，就是将该选择子的 RPL 字段设置为请求者的特权级（可以使用 arpl 指令，将在本章的后面介绍）。剩下的工作就看处理器了。每当处理器执行一个将段选择子传送到段寄存器（DS、ES、FS、GS）的指令，比如：

```
        mov ds, cx
```

时，会检查以下两个条件是否都能满足。

- 当前特权级 CPL 高于或者和数据段描述符的 DPL 相同。即，在数值上，CPL≤数据段描述符的 DPL；
- 请求特权级 RPL 高于或者和数据段描述符的 DPL 相同。即，在数值上，RPL≤数据段描述符的 DPL。

如果以上两个条件不能同时成立，处理器就会阻止这种操作，并引发异常中断。

按照 INTEL 公司的说法，引入 RPL 的意图是“确保特权代码不会代替应用程序访问一个段，除非应用程序自己拥有访问那个段的权限”。多数读者都只在字面上理解这句话的意思，而没有意识到，这句话只是如实地描述了处理器自己的工作，并没有保证它可以鉴别 RPL 的有效性。

最后，我们来总结一下基本的特权级检查规则。

首先，将控制**直接**转移到非依从的代码段，要求当前特权级 CPL 和请求特权级 RPL 都等于目标代码段描述符的 DPL。即，在数值上，

```
        CPL＝目标代码段描述符的 DPL
        RPL＝目标代码段描述符的 DPL
```

一个典型的例子就是使用 jmp 指令进行控制转移：

```
        jmp 0x0012:0x00002000
```

因为两个代码段的特权级相同，故，转移后当前特权级不变。

其次，要将控制直接转移到依从的代码段，要求当前特权级 CPL 和请求特权级 RPL 都低于，或者和目标代码段描述符的 DPL 相同。即，在数值上，

```
        CPL≥目标代码段描述符的 DPL
        RPL≥目标代码段描述符的 DPL
```

控制转移后，当前特权级保持不变。

通过门实施的控制转移，其特权级检查规则将在相应的章节里详述。

第三，高特权级别的程序可以访问低特权级别的数据段，但低特权级别的程序不能访问高特权级别的数据段。访问数据段之前，肯定要对段寄存器 DS、ES、FS 和 GS 进行修改，比如

```
mov fs, ax
```

在这个时候，要求当前特权级 CPL 和请求特权级 RPL 都必须高于，或者和目标数据段描述符的 DPL 相同。即，在数值上，

```
CPL≤目标数据段描述符的 DPL
RPL≤目标数据段描述符的 DPL
```

最后，**处理器要求，在任何时候，栈段的特权级别必须和当前特权级 CPL 相同**。因此，随着程序的执行，要对段寄存器 SS 的内容进行修改时，必须进行特权级检查。以下就是一个修改段寄存器 SS 的例子：

```
mov ss, ax
```

在对段寄存器 SS 进行修改时，要求当前特权级 CPL 和请求特权级 RPL 必须等于目标栈段描述符的 DPL。即，在数值上，

```
CPL＝目标栈段描述符的 DPL
RPL＝目标栈段描述符的 DPL
```

0 特权级是最高的特权级别，当一个系统的各个部分都位于 0 特权级时，各种特权级检查总能够获得通过，就像这种检查和检验并不存在一样。所以，处理器的设计者建议，如果不需要使用特权机制的话，可以将所有程序的特权级别都设置为 0，就像我们一直所做的那样。

❑ 小结

1．程序员在写程序时，不需要指定特权级别。当程序运行时，操作系统将程序创建为任务局部空间的内容，并赋予较低特权级别，比如 3，操作系统对应着任务全局空间的内容。如果有多个任务，则操作系统属于所有任务的公共部分；

2．当任务运行在局部空间时，可以在各个段之间转移控制，并访问私有数据，因为它们具有相同的特权级别，但不允许直接将控制转移到高特权级别的全局空间的段，除非通过调用门，或者目标段是依从的代码段；

3．当通过调用门进入全局空间执行时，操作系统可以在全局空间内的各个段之间转移控制并访问数据，因为它们也具有相同的特权级别。同时，操作系统还可以访问任务局部空间的数据，即低特权级别的数据段。但除了调用门返回，不允许将控制转移到低特权级别的局部空间内的代码段；

4．任何时候，当前栈的特权级别必须和 CPL 是一样的。进入不同特权级别的段执行时，要切换栈，这是以后要讲述的内容。

◆ **检测点 16.1**

1．选择填空：x86 处理器提供了 4 个特权级别 0、1、2 和 3。较小的数字拥有较（ ）的特权级别，其中 3 特权级是最（ ）的低权级别。可选择答案：A.低 B.高

2．将控制转移到另一个代码段时，如果目标段不是依从的，并且转移时不通过门，则 CPL、RPL 和 DPL 之间的关系必须符合____________________的条件；如果目标段是依从的，则必须符合____________________的条件。

3．如果当前特权级别 CPL 为 2，那么，它可以访问 DPL 为______的数据段。

16.2 代码清单 16-1

本章有配套的汇编语言源程序，并围绕这些源程序进行讲解，请对照阅读。
本章代码清单：16-1（保护模式微型核心程序）
源程序文件：c16_core.asm

16.3 内核程序的初始化

本章没有提供主引导程序，因为我们要继续使用上一章的主引导程序。毕竟，主引导程序只用来加载内核程序，并执行前期的内核初始化工作。主引导程序工作在 0 特权级。

现在，让我们来分析本章代码清单 16-1，这是前一章内核程序的修改版本，使用了任务、LDT、TSS 和特权级等最新的处理器特性和工作机制。在代码清单中，一开始的常数定义及程序头部的格式和前一章也完全相同，这是可以理解的，作为主引导程序和内核程序的协议部分，它们总应该是稳定不变的。

文件起始部分的常数定义了内核所有段的选择子。很显然，这些选择子的 RPL 字段都是 0，内核请求访问自己的段，请求特权级应当为 0。

内核的入口点在第 793 行。在执行到这里的时候，主引导程序已经加载了内核，并对它进行了前期的初始化工作。

因为加载的是内核程序，而内核应当工作在 0 特权级，所以主引导程序在初始化内核时，所创建的描述符，其目标特权级 DPL 都为 0，如图 16-8 所示。注意，这些描述符都是在 GDT 中创建的，图中左边是各描述符在 GDT 中的偏移量，右边是各个描述符的选择子。

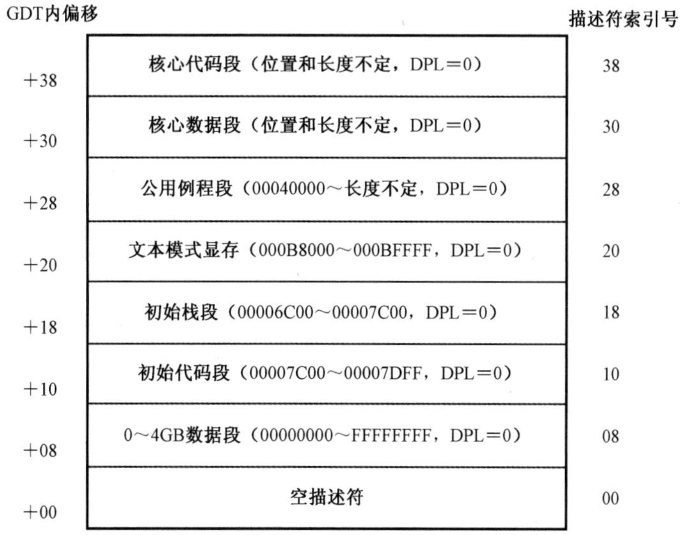

GDT内偏移		描述符索引号
+38	核心代码段（位置和长度不定，DPL=0）	38
+30	核心数据段（位置和长度不定，DPL=0）	30
+28	公用例程段（00040000～长度不定，DPL=0）	28
+20	文本模式显存（000B8000～000BFFFF，DPL=0）	20
+18	初始栈段（00006C00～00007C00，DPL=0）	18
+10	初始代码段（00007C00～00007DFF，DPL=0）	10
+08	0～4GB数据段（00000000～FFFFFFFF，DPL=0）	08
+00	空描述符	00

图 16-8　内核加载完成后的 GDT 布局

这些描述符所指向的段，有的是代码段，有的是数据段。如果是数据段，则只有内核自己才能访问，因为其描述符的 DPL 是 0，低特权级别的程序访问这些段时，会被阻止以防出现安全问题；如果是代码段，则通常只有 0 特权级的程序才能将控制转移到该段，也就是说，只能从内核其他正在执行的部分转移到该段执行，因为它们的特权级别相同。

第 797～827 行，用于在屏幕上显示初始的信息，包括一个欢迎信息和一个处理器品牌信息。

16.3.1　调用门

在上一章里，内核的主要功能是加载和重定位用户程序，并将处理器的控制权移交过去。用户程序执行完毕，还要重新回收控制。现在我们已经知道，在上一章里，内核赋予用户程序的特权级别是 0，所以用户程序是在 0 特权级上运行的。也正是因为如此，当用户程序通过 U-SALT 表中的符号地址直接调用内核例程时，才会通过特权级检查。

在本章里，内核也做同样的工作。不同之处在于，它将用户程序的特权级定为 3，也就是最低的特权级别。没有人愿意将自己的程序放在特权级 3 上，但系统核心一定会将它放在特权级 3 上。

尽管保护模式非常复杂，但这并没有加重用户程序（应用程序）编写者（程序员）的负担，因为他们不必考虑底层的很多东西，这也是为什么本章没有提供用户程序代码清单的原因。事实上，本章将继续沿用第 15 章的用户程序，只不过要作为一个任务进行加载，加载的方法和上一章是不同的。而且，运行时的特权级别是 3，不再是上一章中的 0。

为了方便应用程序的编写，内核通常要提供大量的例程供它们调用。例如，在第 15 章中，用户程序可以调用内核例程@PrintString 和@ReadDiskData。为此，用户程序需要定义 SALT 表，并在表中填写例程的符号名。之后，再由内核将符号名转换成入口地址，也就是该例程所对应的段选择子和段内偏移量。

例程是由内核提供的，它们的特权级通常就是内核的特权级。在上一章里，内核程序和用户程序都运行在 0 特权级，而且都是普通的段间控制转移，所以，在用户程序内直接调用内核例程，这不会有任何问题。

但是，考虑一下，在本章中，用户程序运行时的特权级别将会是 3。由于处理器禁止将控制从特权级低的程序转移到特权级高的程序，因此，如果还像以前那样直接调用内核例程，百分之百不会成功，一定会引发处理器异常中断。但是，现实的需求也不能不予考虑，任何操作系统都应当提供大量的功能调用服务。为此，需要安装调用门。

调用门（Call-Gate）用于在不同特权级的程序之间进行控制转移。本质上，它只是一个描述符，一个不同于代码段和数据段的描述符，可以安装在 GDT 或者 LDT 中。该描述符的格式如图 16-9 所示，下面是低 32 位，上面是高 32 位。

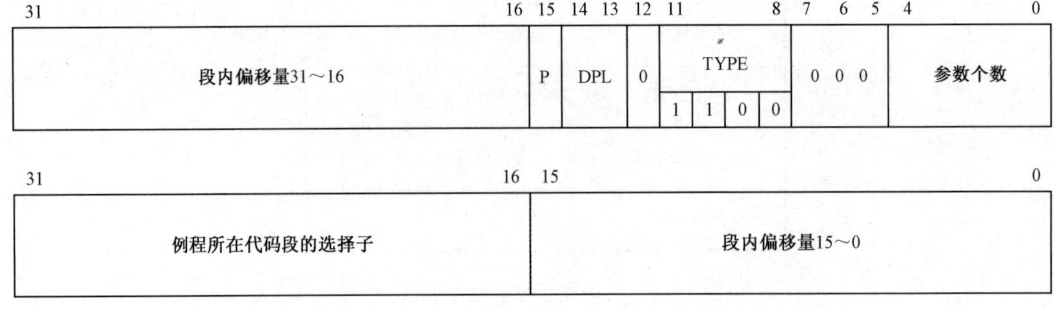

图 16-9　调用门描述符的格式

如图 16-9 所示，调用门描述符给出了例程所在代码段的选择子，而不是 32 位线性地址。有了段选择子，就能访问描述符表得到代码段的基地址，这样做无非是间接了一点，但却可以在通过调用门进行控制转移时，实施代码段描述符有效性、段界限和特权级的检查。

例程在代码段中的偏移量也是在描述符中直接指定的，只是被分成了两个 16 位的部分。很显然，在通过调用门调用例程时，不使用指令中给出的偏移量。

描述符中的 TYPE 字段用于标识门的类型，共 4 比特，值“1100”表示调用门。

描述符中的 P 位是有效位，通常应该是“1”。当它为“0”时，调用这样的门会导致处理器产生异常中断。对于操作系统来说，这个机关可能会很有用。比如，为了统计调用门的使用频率，可以将它置“0”。然后，每当因调用该门而产生异常中断时，在中断处理程序中将该门的调用次数加 1，同时把 P 位置“1”。对于因 P 位为“0”而引起的中断来说，它们属于故障中断，从中断处理过程返回时，处理器还会重新执行引起故障的指令。此时，因 P 已经为“1”，所以可以执行。就当前的例子而言，因为在提供调用门服务的同时，还要统计门的调用次数，故，可以在该调用门所对应的例程中将 P 位清零。这样，下一次该门被调用时，又会重复以上过程。

通过调用门实施特权级之间的控制转移时，可以使用 jmp far 指令，也可以使用 call far 指令。如果是后者，会改变当前特权级 CPL。因为栈段的特权级必须同当前特权级保持一致，因此，还要切换栈，即，从低特权级的栈切换到高特权级的栈。比如，一个特权级为 3 的程序必须使用自己的 3 特权级栈工作。当它通过调用门进入 0 特权级的代码段执行时，当前特权级由 3 变为 0。此时，栈也要跟着切换，从 3 特权级的栈切换到 0 特权级的栈。这主要是为了防止因栈空间不足而产生不可预料的问题，同时也是为了防止栈数据的交叉引用。

为了切换栈，每个任务除了自己固有的栈，还必须额外定义几套栈，具体数量取决于任务的特权级别。0 特权级任务不需要额外的栈，它自己固有的栈就足够使用，因为除了调用返回，不可能将控制转移到低特权级的段；1 特权级的任务需要额外定义一个描述符特权级 DPL 为 0 的栈，以便将控制转移到 0 特权级时使用；2 特权级的任务则需要额外定义两个栈，描述符特权级 DPL 分别是 0 和 1，在控制转移到 0 特权级和 1 特权级时使用；3 特权级的任务最多额外定义 3 个栈，描述符特权级分别是 0、1 和 2，在控制转移到 0、1 和 2 特权级时使用。

不要担心，这些额外的栈，也会由操作系统加载程序时自动创建，本章的源代码就演示了这一过程。想想看，如果这一切都由你来做，你一定不会把自己程序的特权级别定得很低，以至于还要切换栈段，对不对？

这些额外创建的栈，其描述符位于任务自己的 LDT 中。同时，还要在任务的 TSS 中登记，原因是，栈切换是由处理器固件自动完成的，处理器需要根据 TSS 中的信息来完成这一过程。如图 16-2 所示，在 TSS 内，从偏移 4～24 处登记有特权级 0 到 2 的栈段选择子，以及相应的 ESP 初始值。任务自己固有的栈信息则位于偏移量为 56（ESP）和 80（SS）的地方。

任务寄存器 TR 总是指向当前任务的任务状态段 TSS，其内容为该 TSS 的基地址和界限。在切换栈时，处理器可以用 TR 找到当前任务的 TSS，并从 TSS 中获取新栈的信息。

通过调用门使用高特权级的例程服务时，调用者会传递一些参数给例程。如果是通过寄存器传送，这没有什么可说的。不过，要传递的参数很多时，更经常的做法是通过栈进行。调用者把参数压入栈，例程从栈中取出参数。在高级语言里，这是一贯的做法。

例程需要什么参数，先压入哪个参数，后压入哪个参数，这是调用者和例程之间的约定，调用者是清楚的。否则，它不会调用这个例程。但是，这一切对于处理器来说是懵懂的。特别是，当栈切换时，参数还在旧栈中。为了使例程能获得参数，必须将参数从旧栈复制到新栈中。

参数的复制工作是由处理器固件完成的，但它必须事先知道参数的个数，并根据该数量决定复制多少内容。所以，调用门描述符中还有一个参数个数字段，共 5 比特。就是说，至多允许传送 31 个参数。

栈切换前，段寄存器 SS 指向的是旧栈，ESP 指向旧栈的栈顶，即最后一个被压入的过程参数；栈切换后，处理器自动替换寄存器 SS 和 ESP 的内容，使它们分别为新栈的选择子和新栈的栈顶（最后一个被复制的参数）。这一切，对程序的编写者来说是透明的。所谓“透明”，就是说，程序员不用关心栈的切换和参数的复制，他即使不知道还有栈切换这回事，也不会影响程序编写工作。因为，举个例子来说，在栈切换前，

```
pop edx
```

可以得到最后一个被压入的参数，在栈切换后，这条指令同样可以得到那个参数，尽管栈段和栈顶指针已经改变。

调用门描述符中的 DPL 和目标代码段描述符的 DPL，用于决定哪些特权级的程序可以访问此门。具体的规则是必须同时符合以下两个条件才行：

- 当前特权级 CPL 和请求特权级 RPL 高于，或者和调用门描述符特权级 DPL 相同。即，在数值上

```
CPL≤调用门描述符的 DPL
RPL≤调用门描述符的 DPL
```

- 当前特权级 CPL 低于，或者和目标代码段描述符特权级 DPL 相同。即，在数值上

```
CPL≥目标代码段描述符的 DPL
```

举个例子，如果调用门描述符的 DPL 为 2，那么，只有特权级为 0、1 和 2 的程序才允许使用该调用门，特权级为 3 的程序使用此门将引发处理器异常中断。

如图 16-10 所示，调用门的 DPL 是特权级检查的下限。除此之外，目标代码段的特权级也

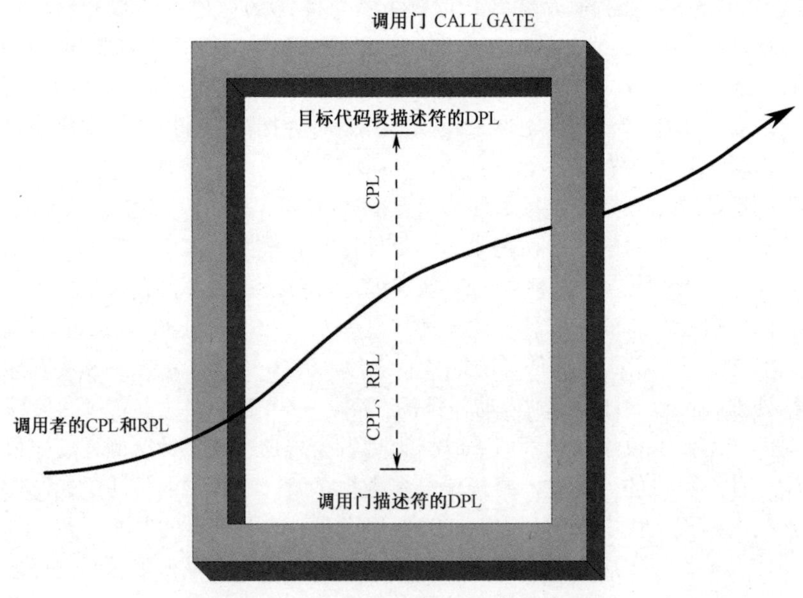

图 16-10　调用门的基本特权级检查规则

是需要考虑的因素。调用门描述符中有目标代码段的选择子，它指向目标代码段的描述符。当一个程序通过调用门转移控制时，处理器还要检查目标代码段描述符的 DPL，该 DPL 决定了调用门特权级检查的上限。也就是说，只有那些特权级低于或者等于目标代码段 DPL 的程序才允许使用此门。

调用门描述符中有一些字段没有使用，固定为“0”。

16.3.2 调用门的安装和测试

第 830～844 行用于安装调用门。安装的调用门供其他特权级的程序使用，这些调用门用来描述一些例程，这些例程在上一章里使用过，相信都不会陌生。在上一章里，所有对外公开的例程都以字符串的形式定义在 SALT 表中，该表位于内核数据段。

内核数据段中的 SALT 表简称 C-SALT，位于代码清单 16-1 的第 388～407 行，属于内核数据段。该表由多个条目组成，每个条目 262 字节，其中，前 256 字节是例程的名字，后 6 字节是例程的地址（前 4 字节是例程在目标代码段内的偏移量，后 2 字节是例程所在代码段的选择子）。

所有例程都位于公共例程段中，而公共例程段的 DPL 是 0。为了使其他特权级的程序也能使用这些例程，必须将 C-SALT 表中的例程地址转换成调用门。

转换过程使用了循环。转换时需要定位每个条目，故，第 830 行用于将 C-SALT 表的起始偏移地址传送到寄存器 EDI，这是第一个条目的位置，以后每次加上 262，就能对准下一个条目。

循环次数是由条目数量控制的，条目数是常数 salt_items，位于第 410 行，第 831 行的指令用于将它作为立即数传送到寄存器 ECX。

循环的结构是这样的：

```
832     .b3:
833         push ecx

            ;这里是具体执行转换的指令

842         add edi,salt_item_len      ;指向下一个 C-SALT 条目
843         pop ecx
844         loop .b3
```

因为在转换过程中要用到寄存器 ECX，所以在每次循环的一开始，要先压栈保存寄存器 ECX 的值，然后，在 loop 指令执行前恢复。

在循环体内，第 834 行，用于将每个条目（例程）的 32 位段内偏移传送到寄存器 EAX。每个条目的长度是 262 字节，而它的偏移地址则位于 256 字节处。第 835 行，用于获取条目（例程）所在代码段的选择子，它位于条目内第 260 字节处。

创建调用门描述符的工作实际上是调用过程 make_gate_descriptor 来完成的。该过程位于第 356 行，属于公共例程段。调用该过程时，需要传入三个参数，分别是寄存器 EAX 中的 32 位偏移地址、寄存器 BX 中的代码段选择子，以及寄存器 CX 中的门属性。调用门的属性字段是 2 字节的长度，通过寄存器 CX 传入门属性时，必须保证各属性位都在原始位置。在我们的代码中，每次通过寄存器 CX 传入的值是

```
836         mov cx,1_11_0_1100_000_00000B
```

很显然，P=1，DPL=3，即，特权级高于或等于 3 的代码段可以调用此门，参数的数量为 0，也就是不需要通过栈传递参数。

下面我们来看一看例程 make_gate_descriptor 都做了些什么。

第 365、366 行，先在寄存器 EDX 中得到 32 位偏移量的复制品，然后将它的低 16 位用 CX 中的属性值覆盖，形成调用门描述符的高 32 位。

第 368～370 行，将寄存器 EAX 的高 16 位清除，只留下 32 位偏移量的低 16 位。接着，将寄存器 EBX 逻辑左移 16 次，使得段选择子位于它的高 16 位。最后，用 or 指令将这两个寄存器合并，就得到了调用门描述符的低 32 位。

第 375 行，retf 指令使得控制返回调用者。注意，从这条指令可以看出，该过程必须以远调用的方式使用。

回到内核代码段。

第 839、840 行，在调用了例程 make_gate_descriptor 后，立即调用了另一个例程 set_up_gdt_descriptor 来安装刚才创建的调用门描述符。在 GDT 中安装描述符的过程和前一章相同，不再赘述。显然，调用门描述符是在 GDT 中创建的，并用寄存器 CX 返回该描述符的选择子，即调用门选择子。

第 841 行，将返回的调用门选择子回填到条目内，用以覆盖原先的代码段选择子。

取决于 C-SALT 表的大小，循环过程会进行多次。在本章中，C-SALT 表中共有 4 个条目，这 4 个调用门安装之后，GDT 的布局如图 16-11 所示。

GDT内偏移		描述符索引号
+58	调用门（@TerminateProgram，DPL=3）	58
+50	调用门（@PrintDwordAsHexString，DPL=3）	50
+48	调用门（@ReadDiskData，DPL=3）	48
+40	调用门（@PrintString，DPL=3）	40
+38	核心代码段（位置和长度不定，DPL=0）	38
+30	核心数据段（位置和长度不定，DPL=0）	30
+28	公共例程段（00040000～长度不定，DPL=0）	28
+20	文本模式显存（000B8000～000BFFFF，DPL=0）	20
+18	初始栈段（00006C00～00007C00，DPL=0）	18
+10	初始代码段（00007C00～00007DFF，DPL=0）	10
+08	0～4GB数据段（00000000～FFFFFFFF，DPL=0）	08
+00	空描述符	00

图 16-11 安装调用门后的 GDT 布局

第 847、848 行对刚安装好的调用门进行测试，看它好不好用。测试的结果是在屏幕上显示一行文字，意思为“系统范围内的调用门已经安装”。

标号 salt_1 指向 C-SALT 表中第一个条目的起始处，在此基础上增加 256，就是它的地址部分。现在我们已经知道，该条目对应着公共例程段中的 put_string 过程，用于显示零终止的字符串。

表面上，这是一条普通的间接绝对远调用指令 call far，通过指令中给出的地址操作数，可以间接取得 32 位的偏移地址和 16 位的代码段选择子，这样的指令我们太熟悉了。但是，处理器在执行这条指令时，会用该选择子访问 GDT/LDT，检查那个选择子，看它指向的是调用门描述符，还是普通的代码段描述符。如果是前者，就按调用门来处理；如果是后者，还按一般的段间控制转移处理。

在这里，因为 salt_1 条目的选择子已经被替换成调用门选择子，所以处理器按调用门的方式来执行控制转移。通过调用门实施控制转移时，处理器只用选择子部分，salt_1 条目中给出的 32 位偏移量部分被丢弃。原因很简单，通过调用门进行控制转移不需要偏移量，偏移量已经在调用门描述符中给出了。不单是间接绝对远调用，直接绝对远调用也是这样，如果选择子指向的是调用门，偏移量也会被忽略，例如：

```
        call 0x0040:0x0000c000
```

在这个例子中，因为是通过调用门实施控制转移，故，处理器将忽略偏移量 0x0000c000。

借助调用门，使用 call 指令将程序的执行流从低特权级的代码段转入高特权级的代码段时，如果那是个非依从的代码段，当前特权级也随之变为目标代码段的特权级。不过，如果调用者和被调用者的特权级相同，则特权级不会变化。在当前的例子中，是从内核代码段调用公共例程段的例程，尽管也是通过调用门，但它们的特权级都是 0。所以，在控制转移的过程中不会发生栈切换，仅仅是把返回地址 CS 和 EIP 压入当前栈。当执行 retf 指令后，处理器从栈中恢复 CS 和 EIP 的原始内容，于是又返回到原先的代码段接着执行。

事实上，能够通过调用门发起控制转移的指令还包括 jmp，但只用在不需要从调用门返回的场合下，而且不改变当前特权级。也就是说，目标代码是在当前特权级上执行的。

通过调用门进行控制转移的特权级检查，既要在转移前进行，还要在控制返回时进行。完整的特权级检查过程将在本章的后面进一步说明。

◆ **检测点 16.2**

1. 通过调用门转移控制时，CPL、RPL 和目标代码段描述符的 DPL 必须在数值上符合____________的条件；CPL、RPL 和调用门描述符的 DPL 必须在数值上符合____________的条件。即，只能通过调用门将控制转移到与当前特权级相同或者更高的代码段。

2. 调用门描述符只能安装在 GDT 中吗？如果某调用门描述符的值是 0x0000CC0000552FC0，那么，目标代码段的选择子是_____，段内偏移量为_____，描述符的特权级是_____，目标代码段的特权级是_____，要通过此门转移控制，CPL 和 RPL 要符合什么条件才行？

16.4 加载用户程序并创建任务

16.4.1 任务控制块和 TCB 链

继续讲解代码清单 16-1。

第 850、851 行是以传统的方式调用内核例程显示字符串。即使不通过调用门，特权检查也是照常进行的，而且更为严格。把控制从较低的特权级转移到较高的特权级，通过调用门尚有可能，但直接的控制转移则在任何时候都是不允许的。当然，在这里，是从 0 特权级的内核代码段进入同样是 0 特权级的公共例程段，能够通过特权级检查。

在内核初始化完成后，和第 15 章一样，接下来的工作就是加载和重定位用户程序（应用程序），并移交控制权。按处理器的要求标准，要使一个程序成为“任务”，并且能够参与任务切换和调度，那不是简简单单就能行的，必须要有 TSS，可选的，还应当有一个 LDT。而为了创建这两样东西，又需要更多的东西。所以，加载和执行用户程序的活儿，比起从前是麻烦了不少。不信？一会儿就要做这件事，到时候你就知道了。

加载程序并创建一个任务，需要用到很多数据，比如程序的大小、加载的位置等。当任务执行结束，还要依据这些信息来回收它所占用的内存空间（在本书中没有体现，但一个合格的操作系统必须实现该功能）。还有，多任务系统是多个任务同时运行的，特别是在一个单处理器系统中，为了在任务之间切换和轮转，必须能追踪到所有正在运行的任务，记录它们的状态，或者根据它们的当前状态来采取适当的操作（在本书的第 17 章，将学习任务的切换和轮转技术）。

为了满足上面的要求，内核应当为每个任务创建一个内存区域，来记录任务的信息和状态，称为任务控制块（Task Control Block，TCB）。任务控制块不是处理器的要求，是我们自己为了方便而发明的。如图 16-12 所示，这是任务控制块的结构，很明显，这里有两种大小的方格，较窄的格子代表 16 位的数据宽度，即 1 个字；而较宽的格式代表 32 位的数据宽度，即 2 个字或者说一个双字。注意，不要纠结于表中的内容和细节，有个大概印象即可。

偏移	15 … 0
+0x46 -> / +0x44 ->	头部选择子
+0x40 ->	2特权级栈的初始ESP
+0x3E ->	2特权级栈选择子
+0x3A ->	2特权级栈基地址
+0x36 ->	2特权级栈以4KB为单位的长度
+0x32 ->	1特权级栈的初始ESP
+0x30 ->	1特权级栈选择子
+0x2C ->	1特权级栈基地址
+0x28 ->	1特权级栈以4KB为单位的长度
+0x24 ->	0特权级栈的初始ESP
+0x22 ->	0特权级栈选择子
+0x1E ->	0特权级栈基地址
+0x1A ->	0特权级栈以4KB为单位的长度
+0x18 ->	TSS选择子
+0x14 ->	TSS基地址
+0x12 ->	TSS界限值
+0x10 ->	LDT选择子
+0x0C ->	LDT基地址
+0x0A ->	LDT当前界限值
+0x06 ->	程序加载基地址
+0x04 ->	任务状态
+0x00 ->	下一个TCB基地址

图 16-12　任务控制块 TCB 的结构

为了能够追踪到所有任务，应当把每个任务控制块 TCB 串起来，形成一个链表（链表是一种数据结构，有一门计算机课程就叫《数据结构》）。

代码清单 16-1 的第 438 行，声明了标号 tcb_chain 并初始化为一个双字，初始的数值为零。实际上，它是一个指针，用来指向第一个任务的 TCB 线性基地址。当它为 0 时，表示任务的数量为 0，也就是没有任务。在创建了第一个任务后，应当把该任务的 TCB 线性基地址填写到这里。

每个 TCB 的第一个双字，也是一个双字长度的指针，用于指向下一个任务的 TCB。如果该位置是 0，表示后面没有任务，这是链上的最后一个任务；否则，它的数值就是下一个任务的 TCB 线性基地址。如图 16-13 所示，所有任务都按照被创建的先后顺序链接在一起，从 tcb_chain 开始，可以依次找到每一个任务。

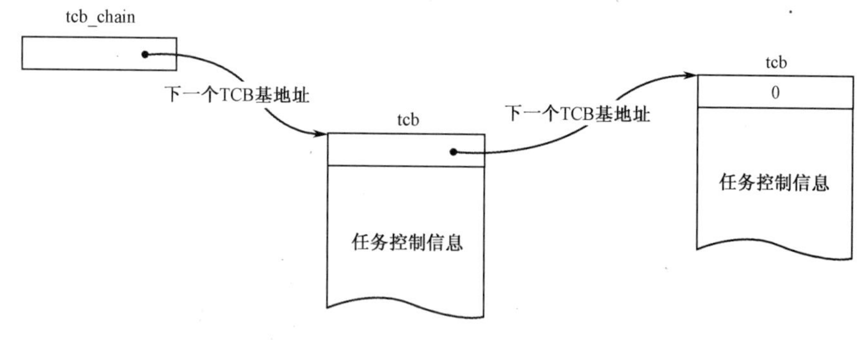

图 16-13　任务控制块链

第 854～856 行，用于分配创建 TCB 所需要的内存空间，并将其挂在 TCB 链上。如图 16-12 所示，当前版本的 TCB 结构需要 0x46 字节的内存空间。

将新 TCB 追加到链表上的工作是由过程 append_to_tcb_link 来完成的，位于代码清单 16-1 的第 753～790 行，属于内核代码段的内部（近）过程，图 16-14 是它的整个流程图。

过程 append_to_tcb_link 的工作思路是遍历整个链表，找到最后一个 TCB，在它的 TCB 指针域里填写新 TCB 的首地址。它需要用 ECX 作为传入的参数，ECX 的内容应当为新 TCB 的线性地址。

这里有一个小小的麻烦。链首指针 tcb_chain 是在内核数据段声明并初始化的，只能知道它在段内的偏移，而不知道它的线性地址，因此，只能通过内核数据段访问，而无法通过线性地址来访问；相反的，链上的每个 TCB，其空间都是动态分配的，只能通过线性地址来访问。

因此，在将两个段寄存器和两个通用寄存器压栈保护之后，第 760～763 行，我们令段寄存器 DS 指向内核数据段以读写链首指针 tcb_chain，而 ES 指向整个 4GB 内存空间，用于遍历和访问每个 TCB。

第 765 行，要追加的 TCB 一定是链表上最后一个 TCB，故其用于指向下一个 TCB 的指针域必须清零，以表明自己是链上最后一个 TCB。每个 TCB 的空间都是动态分配的，其首地址都是线性地址，只能用由段寄存器 ES 所指向的 4GB 段来访问。

第 768～770 行，观察链首指针 tcb_chain 是否为 0。若为 0，则表明整个链表为空，直接转移到第 781 行的标号.notcb 处，在那里，直接将链首指针指向新的 TCB，恢复现场后直接返回调用者。

第 772～776 行，若链首指针不为 0，表明链表非空，需要顺着整个链找到最后一个 TCB。和链首指针 tcb_chain 不同，每个 TCB 需要用 4GB 的段来访问，也就是使用段寄存器 ES。

首先，将链表中要访问的那个 TCB 的线性地址传送到寄存器 EDX；然后，访问它的 TCB 指针域，看它是否为 0。如果不为 0，表明它不是链中最后一个 TCB，后面还有其他 TCB，于是将控制转移到.searc，令寄存器 EDX 指向下一个 TCB，继续搜寻。

若为零，表明它就是链上最后一个 TCB，第 778 行，用 ECX 的内容填写其 TCB 指针域，让它指向新的 TCB。完成后，第 779 行，直接转移到标号.retpc 处，恢复现场并返回调用者。

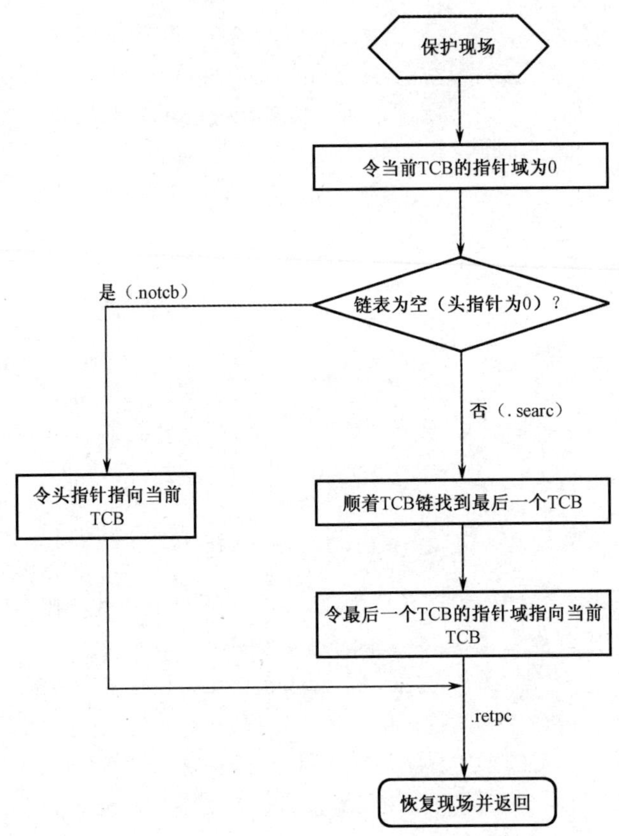

图 16-14　向 TCB 链上追加任务控制块的流程

16.4.2　使用栈传递过程参数

下面的工作是加载和重定位用户程序，依然是在过程 load_relocate_program 中进行。该过程需要传入两个参数，分别是用户程序的起始逻辑扇区号，及其任务控制块 TCB 的线性地址。和上一章不同的是，参数不是用寄存器传入的，而是采用栈。事实上，这是更为流行和标准的做法。原因很简单，寄存器数量有限，况且还要在过程内部使用，当传入的参数很多时，栈是最好的选择。

第 858～861 行，先以双字的长度将立即数 50 压入当前栈，这是用户程序的起始逻辑扇区号。在前面，我们已经知道 push 指令可以压入立即数。因此，在这里，压入栈中的内容将是双字 0x00000032（十进制数 50）。接着，再压入当前任务控制块 TCB 的 32 位线性地址。最后，进入过程 load_relocate_program 内部执行。该过程位于第 488 行，是（当前）内核代码段的内部过程。

第 492～497 行，先做一些保护现场的工作，然后将栈指针寄存器 ESP 的内容复制到寄存器 EBP，以访问栈中的参数。栈的访问有两种，一种是隐式的，由处理器在执行诸如 push、pop、call、ret 等指令时自动进行。隐式地访问栈需要使用指令指针寄存器 ESP。另一种访问栈的方式不依赖于先进后出机制，而是把栈看成一般的数据段，直接访问其中的任何内容。在这种方式下，需要使用栈基址寄存器 EBP。这里有个例子，比如，从栈中读取一个双字，该数据在栈中的偏移量是由寄存器 EBP 指向的：

```
        mov edx, [ebp]
```

在 32 位模式下，处理器执行这条指令时，用段寄存器 SS 描述符高速缓存器中的 32 位基地址，加上寄存器 EBP 提供的 32 位偏移量，形成 32 位线性地址，访问内存取得一个双字，传送到寄存器 EDX。很显然，用寄存器 EBP 来寻址时，不需要使用段超越前缀“SS:”，因为寄存器 EBP 出现在指令中的地址部分时，默认使用段寄存器 SS。

如图 16-15 所示，这是用寄存器 ESP 的内容初始化 EBP 后的栈状态。

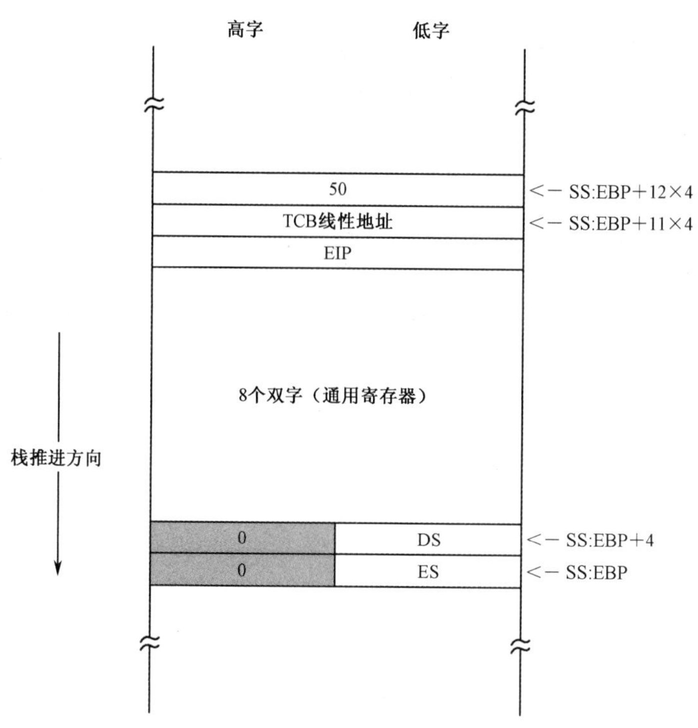

图 16-15　执行 mov ebp,esp 指令后的栈状态

当前的栈顶位置是 SS:EBP，指向一个双字，是段寄存器 ES 的内容，因为最近一次的压栈操作是

```
        push es
```

在 32 位模式下，访问栈用的是栈指针寄存器 ESP，而且，每次栈操作的默认操作数大小是双字。处理器在执行压栈指令时，如果发现指令的操作数是段寄存器（CS、SS、DS、ES、FS、GS），那么，将先执行一个内部的零扩展操作，将段寄存器中的 16 位值扩展成 32 位，高 16 位是全零，然后再执行压栈操作。当然，出栈指令 pop 会执行相反的操作，将 32 位的值截短为 16 位，并传送到相应的段寄存器。

相应地，SS:EBP+4 的位置是段寄存器 DS 的压栈值。因为栈是向下推进的，故较早压入的内容反而位于高地址方向，回溯它们需要增加 EBP 的值。

从 SS:EBP+8 的位置开始，是 pushad 指令压入的 8 个双字，其中就包括 EBP 在压栈时的原始内容。

再往上，是调用者的返回地址。因为 load_relocate_program 是一个内部过程，是用 32 位相对近调用（第 861 行）进入的，故只压入了 EIP 的内容，而没有压入段寄存器 CS 的内容。

好了，现在终于到了我们感兴趣的地方。当初调用 load_relocate_program 过程的时候，压入了两个参数，分别是任务控制块 TCB 的线性地址，以及用户程序的起始扇区号。从图 16-15 中可以看出，TCB 线性地址是栈中的第 11 个双字（从 0 开始算起）。也正是因为如此，TCB 线性地址在栈中的位置是 SS:EBP＋44。

同样的道理，用户程序起始逻辑扇区号在栈中的位置是 SS:EBP＋48。记好这两个数的位置，一会儿我们就要多次从栈中访问它们。

16.4.3 加载用户程序

当用户程序被读入内存，并处于运行或者等待运行的状态时，就视为一个任务。任务有自己的代码段和数据段（包括栈），这些段必须通过描述符来引用，而这些描述符可以放在 GDT 中，也可以放在任务自己私有的 LDT 中，但最好是放在 LDT 中。GDT 用于存放各个任务公有的描述符，比如公共的数据段和公共例程。

每个任务都允许有自己的 LDT，而且可以定义在任何内存位置。所以，我们现在要做三件事：

- 分配一块内存，作为 LDT 来用，为创建用户程序各个段的描述符做准备；
- 将 LDT 的大小和起始线性地址登记在任务控制块 TCB 中；
- 分配内存并加载用户程序，并将它的大小和起始线性地址登记到 TCB 中。

第 499、500 行，令段寄存器 ES 指向 4GB 内存段。

第 502 行，先从栈中取得 TCB 的线性首地址。注意，因为源操作数部分使用的是基址寄存器 EBP，故该指令默认使用段寄存器 SS 来访问内存（栈）。

接着，第 505～508 行，申请分配 160 字节的内存空间用于创建 LDT，并登记 LDT 的初始界限和起始线性地址到 TCB 中。LDT 的界限也是 16 位的，只允许 8192 个描述符。和 GDT 一样，界限值是表的总字节数减 1，因为我们刚创建 LDT，总字节数为 0，所以，当前的界限值应当是 0xFFFF（0 减 1）。

我们的用户程序很简单，不会划分为太多的段，160 字节的空间可以安装 20 个描述符，应当足够了。如图 16-12 所示，LDT 的线性起始地址登记在 TCB 内偏移 0x0C 处，LDT 的界限登记在 TCB 内偏移 0x0A 处。TCB 当初也是动态分配的，需要通过段寄存器 ES 指向的 4GB 段来访问。

第 511～516 行，先将用户程序头部读入内核缓冲区中，根据它的大小决定分配多少内存。具体的方法和策略在上一章已讲解过了，唯一需要说明的是，在调用过程 sys_routine_seg_sel:read_hard_disk_0 之前，用户程序的起始逻辑扇区号是从栈中取得的。

第 519～528 行，根据用户程序的实际大小申请分配内存空间，并将用户程序加载的线性基地址登记到 TCB 中（参考图 16-12）。

一旦知道了用户程序的总大小，接下来，第 530～543 行的工作就是加载整个用户程序，这和上一章也是相同的。唯一不同的是，第 539 行，从栈中重新取得用户程序的起始逻辑扇区号。

16.4.4 创建局部描述符表

用户程序已被加载到内存中，现在该是在 LDT 中创建段描述符的时候了。

第 545 行，从 TCB 中取得用户程序在内存中的基地址，这要访问 TCB。不过，早在第 502 行，我们就已经让 ESI 寄存器指向了 TCB 的基地址。当然，TCB 的基地址位于栈中，也可以从栈中取得。

第 548～552 行，因为用户程序头部的起始地址就是整个用户程序的起始地址，故将寄存器 EDI 的内容传送到寄存器 EAX，作为过程 sys_routine_seg_sel:make_seg_descriptor 的第一个参数，即段的起始地址。接着，从头部中取得用户程序头部段的长度，作为第二个参数传送到寄存器 EBX。因为段界限是段的长度减 1，故还要将寄存器 EBX 的内容减 1。最后，作为第三个参数，在寄存器 ECX 中置入段的属性。请参考段描述符的格式，可以知道，这是一个 32 位的可读写数据段，字节粒度，尤其重要的是，其描述符特权级 DPL 为 3，即最低的特权级。这是可以理解的，谁也不愿意使自己的特权级为 3，但这由不得你，谁让你落在操作系统的手上，由它来负责加载呢！

调用过程 sys_routine_seg_sel:make_seg_descriptor 后，会在 EDX:EAX 中返回 64 位的段描述符。第 555、556 行用于调用另一个过程 fill_descriptor_in_ldt，把刚才创建的描述符安装到 LDT 中。

fill_descriptor_in_ldt 是当前内核代码段的内部（近）过程，位于第 445 行，用于在当前任务的 LDT 中安装描述符。它需要传入两个参数，一个是要安装的描述符，由 EDX:EAX 共同提供；另一个是当前任务控制块的基地址，由寄存器 EBX 提供。它用这个地址来访问 TCB 以获得 LDT 的基地址和当前的大小（界限值），并在安装描述符后更新 LDT 的界限值。

第 449～452 行，执行例行的寄存器保护工作，将过程中用到的各个寄存器压栈保护。

第 454～457 行，先使段寄存器 DS 指向 4GB 的内存段；然后，访问 TCB，从中取出 LDT 的基地址传送到寄存器 EDI。

新描述符的线性地址可以用 LDT 的基地址加上 LDT 的总字节数得到。第 459～464 行，计算用于安装新描述符的线性地址，并把它安装到那里。在这里，寄存器 ECX 有两个相关联的用途，一个是在第 463 和 464 行寻址内存，以安装描述符；另一个是在第 460、461 行用于计算 LDT 的大小，但只能使用其 16 位的 CX 部分。想想看，当第一次在 LDT 中安装描述符时，LDT 的界限值是 0xFFFF，加 1 之后，总大小是 0x0000，进位部分要丢弃。对寄存器 CX 的操作不会影响到寄存器 ECX 的高 16 位。即使寄存器 CX 产生了进位，进位也会丢弃，而决不会跑到寄存器 ECX 的高 16 位。注意以下指令执行结果的不同：

```
xor ecx, ecx    ;ecx←0
mov cx, 0xffff
inc cx          ;ecx=0

xor ecx, ecx    ; ecx←0
mov cx, 0xffff
inc ecx         ;ecx=0x00010000
```

和 GDT 不同，LDT 的 0 号槽位也是可用的。原因在于，其选择子的 TI 位是“1”，所以不可能会有一个全零的选择子指向 LDT。这就是说，一个指向 LDT 的选择子代入段寄存器时，它不可能是因程序员粗心大意而未初始化的。

第 466、467 行，将 LDT 的总大小（字节数）在原来的基础上增加 8 字节，再减 1，就是新的界限值。第 469 行，将这个新的界限值更新到 TCB 中。

第 471～474 行，将描述符的界限值除以 8，余数丢弃不管，所得的商就是当前新描述符的索引号。

第 476～478 行，将 CX 寄存器中的索引号逻辑左移 3 次，并将 TI 位置 1，表示指向 LDT，这就得到了当前描述符的选择子。

接着回到过程 load_relocate_program 中。

过程 fill_descriptor_in_ldt 在 LDT 中安装描述符后，用寄存器 CX 返回一个选择子。第 558～560 行，用于将选择子的请求特权级 RPL 设置为 3，登记到 TCB，并回填到用户程序头部。在 LDT 中安装的描述符，通常只由用户程序自己使用，即，在请求访问这些段时，请求者是用户程序自己。因此，其选择子的 RPL 和用户程序的特权级始终一致。

16.4.5 重定位 U-SALT 表

接着回到代码清单 16-1 中。

从第 563 行开始，一直到第 596 行结束，分别是创建用户程序代码段、数据段和栈段描述符，并将它们安装在 LDT 中。除了往 LDT 中安装描述符，以及其他一些细节上的差别，这部分代码和上一章相比，大体上是一致的，都很好理解，不需要一一详述。但是，必须要说明的是，在这个过程中所创建的段描述符，其特权级 DPL 都是 3，而且，这些段描述符的选择子，其请求特权级 RPL 也都是 3。

从第 599 行开始，到第 640 行结束，用于重定位用户程序的 U-SALT 表。和第 15 章相比，绝大多数代码都是相同的，具体的工作流程也几乎没有变化。当然，因为涉及特权级，个别的差异还是有的。

U-SALT 位于用户程序头部段。为了访问它，第 15 章的做法是先用段寄存器 ES 指向用户程序头部段，再访问该段内的 U-SALT 表。当然，前提是用户程序头部段的描述符已经安装并开始生效。

在本章中，用户程序各个段的描述符位于 LDT 中，尽管已经安装，但还没有生效（还没有加载局部描述符表寄存器 LDTR）。在这种情况下，只能通过 4GB 的段来访问 U-SALT。所以，第 599、600 行用于令段寄存器 ES 指向 4GB 的内存段。在前面的代码中，是令寄存器 EDI 指向用户程序起始加载地址的，这也就是用户程序头部段的起始线性地址。因为 U-SALT 的条目数位于头部段内偏移 0x24 处，故，程序中用以下指令来取得该条目数（第 607 行）：

```
        mov ecx, [es:edi + 0x24]
```

同样的道理，U-SALT 表位于头部段内偏移 0x28 处，要想得到 U-SALT 表的线性基地址，使寄存器 EDI 指向它，程序中使用的是以下指令（第 608 行）：

```
        add edi, 0x28
```

具体的重定位过程在第 15 章里已经讲得很清楚了，无非就是找到名字相同的 C-SALT 条目，把它的地址部分复制到 U-SALT 的对应条目中。在第 15 章里，复制的是 16 位的代码段选择子和 32 位的段内偏移。在本章中，这些地址不再是普通的段选择子和段内偏移，而是调用门选择子和段内偏移。

当初，在创建这些调用门时，选择子的 RPL 字段是 0。也就是说，这些调用门选择子的请求特权级是 0。当它们被复制到 U-SALT 中时，应当改为用户程序的特权级（3）。

第 625、626 行，因为 ESI 寄存器指向当前条目的地址部分，所以 4 字节之后的地方是该地址的选择子部分，需要首先传送到寄存器 AX；紧接着，修改它的 RPL 字段，使该选择子的请求特权级为 3。

16.4.6 创建 0、1 和 2 特权级的栈

任务在运行时，需要调用内核或者操作系统的例程。这可以认为是从同一个任务的局部地址空间转移到全局地址空间工作。而且，在这个过程中涉及特权级的变化，需要通过调用门。

通过调用门的控制转移通常会改变当前特权级 CPL，同时还要切换到与目标代码段特权级相同的栈。为此，必须为每个任务定义额外的栈。对于当前的 3 特权级任务来说，应当创建特权级 0、1 和 2 的栈。而且，应当将它们定义在每个任务自己的 LDT 中。

这些额外的栈是动态创建的，而且需要登记在任务状态段（TSS）中，以便处理器固件能够自动访问到它们。但是，现在的问题是还没有创建 TSS，有必要先将这些栈信息登记在任务控制块（TCB）中暂时保存。

第 642 行，从栈中取得当前任务的 TCB 基地址，它是作为过程参数压在当前栈中的。

现在，我们开始创建 0 特权级的栈段。要创建的栈段是向上扩展的段，段界限的粒度以 4KB 为单位。这样的话，如果栈的尺寸是 4KB，那么，段界限的值是 0。所以，第 645、646 行将段界限 0 传送到 ECX，再从 ECX 写入任务控制块 TCB。

接下来是申请一个 4KB 的内存空间，并用作栈段。第 647～648 行，将界限值加 1，再将加 1 后的值左移 12 位，相当于乘以 4096。这样就得到了栈段的长度，以字节为单位。

接着，第 649～650 行，我们调用例程 allocate_memory 来申请内存，传入的参数在 ECX 中，并且用 ECX 返回所分配内存的线性地址。为了不破坏 ECX 的内容，在申请内存之前，要先压栈保护 ECX。内存申请之后，第 651 行，将返回的线性地址保存到 TCB 中。

现在，基本的准备工作都做完了，可以创建这个栈段的描述符了。第 652～654 行，先将栈段的线性地址存放到 EAX 中，再从 TCB 中取回栈段的界限值，再指定描述符的属性值，这个属性值的含义是向上扩展的数据段，界限值以 4KB 为粒度，段是可读可写的，描述符的特权级 DPL 是 0。即，只有 0 特权级的程序才能访问这个段。

参数准备好之后，第 655～657 行，调用例程 make_seg_descriptor 来创建描述符。描述符是用 EDX 和 EAX 返回的，紧接着，调用例程 fill_descriptor_in_ldt 将它安装在当前任务的局部描述符表 LDT 中。

例程 fill_descriptor_in_ldt 返回一个当前描述符的选择子，而且它的 RPL 字段是 0，这是默认设置，应该根据实际的请求者来加以更改。这是一个 0 特权级的栈段，实际的请求者应该是 0 特权级的程序，所以这个选择子的 RPL 字段可以保持它原来的 0 不变。这条被注释掉的 OR 指令原本用于设置请求特权级，但它是不必要的。

第 659 行，将栈段的选择子登记在 TCB 中。第 660 行，在 TCB 中记录初始的 0 特权级栈指针。当初我们在第 649 行压入了栈段的总字节数，对于一个向上扩展的段来说，初始的栈指针应该设置为栈的总大小（总字节数）。所以，我们直接将栈的总字节数弹出到 TCB 中。ESI 是 TCB 的线性基地址，在 TCB 中，偏移 0x24 的位置用来记录 0 特权级的初始栈指针。

第 663～678 行是创建 1、2 特权级的栈，并将它们的信息登记在 TCB 中，并使用了和上面相同的方法。要注意，为它们分配的特权级别是各不相同的，段选择子的请求特权级也是不同的。

16.4.7 安装 LDT 描述符到 GDT 中

尽管局部描述符表（LDT）和全局描述符表（GDT）都用来存放各种描述符，比如段描述

符，但这掩盖不了它们也是内存段的事实。简单地说，它们也是段。但是，因为它们用于系统管理，故称为系统的段或系统段。

全局描述符表（GDT）是唯一的，整个系统中只有一个，所以只需要用寄存器 GDTR 存放其线性基地址和段界限即可；但 LDT 不同，每个任务一个，所以，为了追踪它们，处理器要求在 GDT 中安装每个 LDT 的描述符。当要使用这些 LDT 时，可以用它们的选择子来访问 GDT，将 LDT 描述符加载到寄存器 LDTR。在一些人看来，这个理由很牵强，这么做也很别扭。但是，如果不这样，处理器将没有机会来做存储器和特权级的保护工作。

第 699～702 行，调用公共例程段的过程 make_seg_descriptor 创建 LDT 描述符。作为传入的参数，寄存器 EAX 的内容是从 TCB 中取出的 LDT 基地址，寄存器 EBX 的内容是从 TCB 中取出的 LDT 长度，寄存器 ECX 的内容是描述符的属性，各属性位与它们在描述符高 32 位中相同，无关的位要清零。如图 16-16 所示，这是 LDT 描述符的格式。

LDT 本身也是一种特殊的段，最大尺寸是 64KB。段基地址指示 LDT 在内存中的起始地址，段界限指示 LDT 的范围；描述符的 G 位是粒度位，适用于 LDT 描述符，以表示 LDT 的界限值是以字节为单位，还是以 4KB 为单位。即使是以 4KB 为单位，它也不能超过 64KB 的大小。

D 位（或者叫 B 位）和 L 位对 LDT 描述符来说没有意义，固定为 0。

AVL 和 P 位的含义和存储器的段描述符相同。

LDT 描述符中的 S 位固定为 0，表示系统的段描述符或者门描述符，以相对于存储器的段描述符（S=1），因为 LDT 描述符属于系统的段描述符。

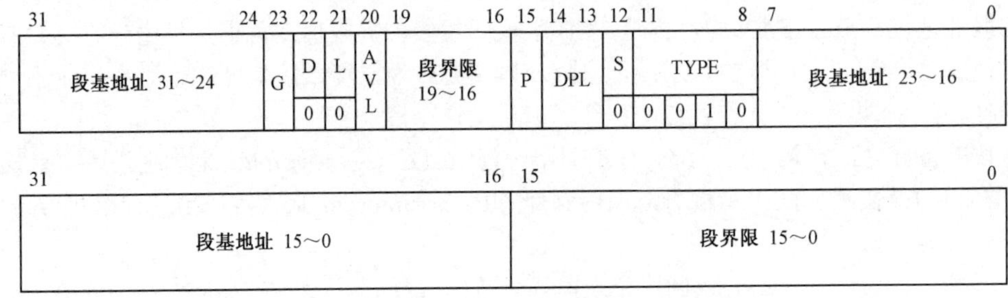

图 16-16　LDT 描述符的格式

在描述符为系统的段描述符时，即，在 S=0 的前提下，TYPE 字段为 0010（二进制），表明这是一个 LDT 描述符。

因此，传送到寄存器 ECX 的属性值 0x00408200 表示这是一个 LDT 描述符，描述符特权级 DPL 为 0，其他无关的位都已清零。

过程返回后，创建的描述符在 EDX:EAX 中。第 703、704 行，立即调用过程 set_up_gdt_descriptor 安装此描述符到全局描述符表 GDT 中。然后，将返回的描述符选择子写入任务控制块 TCB 中的相应位置。

16.4.8　任务状态段 TSS 的格式

到目前为止，任务的所有内存段都已创建完毕，除了任务状态段（TSS）。现在就来创建 TSS。在此之前，先来全面了解一下 TSS 的各个组成部分。

如图 16-2 所示，TSS 内偏移 0 处是前一个任务的 TSS 描述符选择子。和 LDT 一样，TSS

也有对应的描述符（TSS 描述符），而且必须安装在全局描述符表（GDT）中。在多任务系统中，从一个任务切换到另一个任务时，任务之间就形成了嵌套关系。在 TSS 内偏移为 0 的位置可以用来记录和追踪前一个任务。即，在这里记录前一个任务的 TSS 描述符的选择子。

SS0、SS1 和 SS2 分别是 0、1 和 2 特权级的栈段选择子，ESP0、ESP1 和 ESP2 分别是 0、1 和 2 特权级栈的栈顶指针。这些内容应当由任务的创建者填写，且属于填写后一般不变的静态部分，进行特权级之间的控制转移时，处理器用这些信息来切换栈。

CR3 和分页有关，有关分页的知识将在第 19 章讲述。此处一般由任务的创建者填写，如果没有使用分页，可以为 0。

偏移为 32～92 的区域是处理器各个寄存器的快照部分，用于在进行任务切换时，保存处理器的状态以便将来恢复现场。在一个多任务环境中，每次创建一个任务时，操作系统或者内核至少要填写 EIP、EFLAGS、ESP、CS、SS、DS、ES、FS 和 GS，当该任务第一次获得执行时，处理器从这里加载初始执行环境，并从 CS:EIP 处开始执行任务的第一条指令。在此之后的任务运行期间，该区域的内容由处理器固件进行更改。在本章中，只有一个任务，而且自进入保护模式时就开始运行了，只不过一开始是在 0 特权级的全局空间执行。所以，这部分内容不需要填写。

LDT 段选择子是当前任务的 LDT 描述符选择子。由内核或者操作系统填写，以指向当前任务的 LDT。该信息由处理器在任务切换时使用，在任务运行期间保持不变。

T 位用于软件调试。在多任务的环境中，如果 T 位是“1”，每次切换到该任务时，将引发一个调试异常中断。这是有益的，调试程序可以接管该中断以显示任务的状态，并执行一些调试操作。现在只需要将这一位清零即可。

I/O 映射基地址用于决定当前任务是否可以访问特定的硬件端口，对它的解释说来话长。

是这样的，我们知道，特权指令是只有 0 特权级的程序才可以执行的指令，执行这些指令会影响整个机器的状态。

现有的特权指令也许是处理器的设计者精心挑选的，因为即使较低特权级的程序不使用它们，这些程序也能运行得很好，简直是非常好。不过，另外一些候选的指令就没那么幸运了，尽管它们也适合作为特权指令，但其他特权级的程序同样需要它们。

一个典型的例子是硬件端口的输入输出指令 in 和 out，它们应该对特权级别为 1 的程序开放，因为设备驱动程序就工作在这个特权级别。不过，这样做依然是不合理的，因为即使是特权级为 3 的程序，在需要快速反应的场合，也需要直接访问某些硬件端口。所以，如果需要，它们也可以向 2、3 特权级的程序开放。

处理器可以访问 65536 个硬件端口。如果只对应用程序开放那些它们需要的端口，而禁止它们访问另一些敏感的端口，操作系统肯定会对此持欢迎态度，因为这有利于设备的统一管理，同时也很安全。

每个任务都有寄存器 EFLAGS 的副本，其内容在任务创建的时候由内核或者操作系统初始化，在多任务系统中，每次当任务恢复运行时，就由处理器固件自动从 TSS 中恢复。

寄存器 EFLAGS 的 IOPL 位决定了当前任务的 I/O 特权级别。如果当前特权级 CPL 高于，或者和任务的 I/O 特权级 IOPL 相同时，即，在数值上，

```
        CPL≤IOPL
```

时，所有 I/O 操作都是允许的，针对任何硬件端口的访问都可以通过。

相反，如果当前特权级 CPL 低于任务的 I/O 特权级 IOPL，也并不意味着所有的硬件端口

都对当前任务关上了大门。事实上，处理器的意思是总体上不允许，但个别端口除外。至于个别端口是哪些端口，要找到当前任务的 TSS，并检索 I/O 许可位串。

如图 16-17 所示，I/O 许可位串（I/O Permission Bit String）是一个比特序列，或者说是一个比特串，最多允许 65536 比特，即 8KB。从第 1 比特开始，各比特用它在串中的位置代表一个端口号。因此，第 1 比特代表 0 号端口，第 2 比特代表 1 号端口，第 3 比特代表 2 号端口，…，第 65536 比特代表第 65535 号端口。

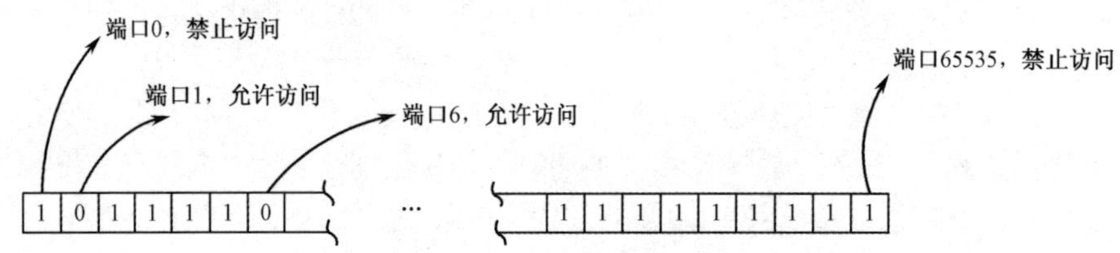

图 16-17　最大长度的 I/O 许可位串

每比特的取值决定了相应的端口是否允许访问。为 1 时，禁止访问；为 0 时，允许访问。

处理器检查 I/O 许可位的方法是先计算它在 I/O 许可位映射区的字节编号，并读取该字节，然后进行测试。比如，当执行指令

```
        out 0x09, al
```

时，处理器通过计算就可以知道，该端口对应着 I/O 许可位映射区第 2 字节的第 2 比特（位 1）。于是，它读取该字节，并测试那一位。

同其他和任务相关的信息一样，I/O 许可位串位于任务的 TSS 中。如图 16-18 所示，任务状态段 TSS 的最小长度是 104 字节，保存着最基本的任务信息，但这并不是它的最大长度。

事实上，整个 TSS 还可以包括一个 I/O 许可位串，它所占用的区域称为 I/O 许可位映射区。如图 16-18 所示，在 TSS 内偏移为 102 的那个字单元，保存着 I/O 许可位串（I/O 许可位映射区）的起始位置，从 TSS 的起始处（0）算起。因此，如果该字单元的内容大于或者等于 TSS 的段界限（在 TSS 描述符中），则表明没有 I/O 许可位串。在这种情况下，如果当前特权级 CPL 低于当前的 I/O 特权级 IOPL，执行任何硬件 I/O 指令都会引发处理器异常中断。说明一下，和 LDT 一样，必须在 GDT 中创建 TSS 的描述符，TSS 描述符中包括了 TSS 的基地址和界限，该界限值包括 I/O 许可位映射区在内。

非常重要的一点是，I/O 端口是按字节编址的。这句话的意思是，每个端口仅被设计用来读写一字节的数据，当以字或者双字访问时，实际上是访问连续的 2 个或者 4 个端口。比如，当从端口 *n* 读取一个字时，相当于同时从端口 *n* 和端口 *n*+1 各读取一字节。即，

```
        in ax, 0x3f8
```

相当于同时执行

```
        in al, 0x3f8
        in ah, 0x3f9            ;仅为示例，x86 处理器不允许使用寄存器 AH
```

由于这个原因，当处理器执行一个字或者双字 I/O 指令时，会检查许可位串中的 2 个，或者 4 个连续位，而且要求它们必须都是“0”，否则引发异常中断。麻烦在于，这些连续的位可能是跨字节的。即，一些位于前一字节，另一些位于后一字节。为此，处理器每次都要从 I/O 许可位映射区读连续的 2 字节。

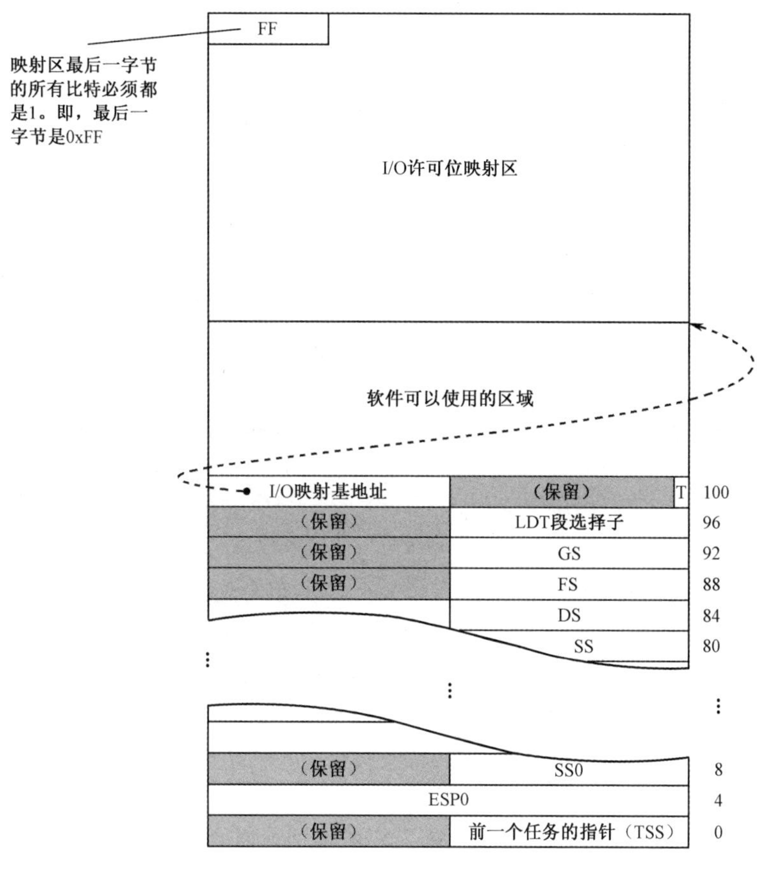

图 16-18　TSS 中的 I/O 许可位映射区

这种操作方式直接导致了另一个问题。即，如果要检查的比特在最后一字节中，那么，这个 2 字节的读操作将会越界。为防止这种情况，处理器要求 I/O 许可位映射区的最后必须附加额外的一字节，并要求它的所有比特都是“1”，即 0xFF。当然，它必须位于 TSS 的界限之内。

处理器不要求为每个 I/O 端口都提供位映射。对于那些没有在该区域内映射的位，处理器假定它对应的比特是“1”。例如，要是 I/O 许可位映射区的长度是 11 字节，那么，除去最后一个所有比特都是“1”的字节，前 10 字节映射了 80 个端口，分别是端口 0 到端口 79，访问更高地址的端口将引发异常中断。

显然，寄存器 EFLAGS 中的 IOPL 位对于控制任务的 I/O 特权来说是很重要的。通常，IOPL 位由内核或者操作系统根据任务的实际需要进行初始化。尽管不存在对寄存器 EFLAGS 整体写入或者读出的指令，但存在将标志寄存器入栈和出栈的指令：

```
        pushf/pushfd
        popf/popfd
```

pushf 并不是一条新指令。事实上，早在 8086 处理器的时代就已经有了，用于将 16 位的标志寄存器 FLAGS 压栈，机器指令码为 9C。在 8086 处理器上执行时，SP 寄存器的内容减去 2，然后将 FLAGS 的内容保存到栈段，操作数的大小是 1 个字。同样地，popf 指令把当前栈中的栈顶内容弹出到寄存器 FLAGS。

到了 32 位处理器时代，pushf 指令如何操作取决于当前默认的操作尺寸。如果当前的操作尺寸是 16 位的，pushf 压入的是 EFLAGS 的低 16 位。如果要压入整个 32 位的 EFLAGS，需要指令前缀 66，即

```
66 9C
```

如果当前的操作尺寸是 32 位的，pushf 压入的是整个 32 位的 EFLAGS，即使有指令前缀，也不会只压入低 16 位，多总比少好，只压入低 16 位没有太大意义，徒增处理器的负担。

为了区分寄存器 EFLAGS 在 16 位操作尺寸下的两种压栈方式，编译器引入了符号 pushfd。本质上，它们对应着同一条指令，当你使用 pushf 时，编译器就知道，应当编译成无前缀的机器码 9C；当使用 pushfd 时，编译器会编译成 66 9C。下面的例子很好地展示了它们之间的区别：

```
[bits 16]
pushf                   ;编译后是 9C，16 位操作
pushfd                  ;编译后是 66 9C，32 位操作


[bits 32]
pushf                   ;编译后是 9C，32 位操作
pushfd                  ;编译后同样是 9C，32 位操作
```

可见，在 32 位操作尺寸下，pushf 和 pushfd 是相同的。上面的讨论同样适用于 popf 和 popfd 指令。

通过将寄存器 EFLAGS 的内容压入栈，局部修改后，再弹出到 EFLAGS，可以间接地改变它的各种标志位。对多数标志位的修改不会威胁到整个系统的安全，比如，你修改了 ZF 标志，这有什么用呢？唯一的后果可能是搬石头砸自己程序的脚。

但是，如果修改了 IOPL 位和 IF 位，就不同了。能够修改这两个标志的指令是

```
popf  iret  cli  sti
```

注意，没有包括 pushf 指令，原因来自一个阴险的想法：你可以执行 pushf 指令，但我不允许你执行 popf 和 iret 指令，你就生气吧！另外，中断是由操作系统或者内核统一管理的，cli 和 sti 指令不能由低特权级的程序随便执行。遗憾的是，这些指令并不是特权指令，原因很简单，其他特权级的程序也离不开它们。

最好的办法是用 IOPL 本身来控制它们。如果当前特权级 CPL 高于，或者和当前 I/O 特权级 IOPL 相同，即，在数值上

```
CPL≤IOPL
```

则允许执行以上 4 条指令，也允许访问所有的硬件端口。否则，如果当前特权级 CPL 低于当前的 I/O 特权级 IOPL，则执行 popf 和 iret 指令时，会引发处理器异常中断；执行 cli 和 sti 时，不会引发异常中断，但不改变标志寄存器的 IF 位。同时，是否能访问特定的 I/O 端口，要参考 TSS 中的 I/O 许可位映射串。

16.4.9 创建任务状态段 TSS

回到代码清单 16-1，我们来创建任务状态段 TSS。

第 707～711 行，申请 104 字节的内存用于创建 TSS。很显然，我们是要创建一个标准大小的 TSS。照例，要把 TSS 的基地址和界限登记到任务控制块（TCB）中，将来创建 TSS 描述符时用得着。TSS 的界限值是 16 位的，是它的大小（总字节数）减 1，这就是第 709 行的目的。

注意，界限值必须至少是 103，任何小于该值的 TSS，在执行任务切换时，都会引发处理

器异常中断。

第 714～730 行，登记 0、1 和 2 特权级栈的段选择子，以及它们的初始栈指针。所有的栈信息都在 TCB 中，先从 TCB 中取出，然后填写到 TSS 中的相应位置。

第 732、733 行，登记当前任务的 LDT 描述符选择子。在任务切换时，处理器需要用这里的信息找到当前任务的 LDT。LDT 对任务来说并不是必需的，如果高兴，也可以把属于某个任务的段定义在 GDT 中。如果没有 LDT，这里应该填写 0。

第 735 行，填写 T 位，以及 I/O 许可位映射区的地址。这个双字填写后，T=0，I/O 许可位映射区的地址为 103，这意味着不存在该区域。如果 I/O 许可位映射区在 TSS 内的偏移大于或者等于 TSS 的界限值，意味着不存在 I/O 许可位映射区。

16.4.10 安装 TSS 描述符到 GDT 中

和局部描述符表（LDT）一样，也必须在 GDT 中安装 TSS 的描述符。这样做，一方面是为了对 TSS 进行段和特权级的检查，另一方面也是执行任务切换的需要。当 call far 和 jmp far 指令的操作数是 TSS 描述符选择子时，处理器执行任务切换操作。

如图 16-19 所示，这是 TSS 描述符的格式，和 LDT 描述符差不多，除了 TYPE 位。

TSS 描述符中的 B 位是“忙”位（Busy）。在任务刚刚创建的时候，它应该为二进制的 1001，即，B 位是 0，表明任务不忙。当任务开始执行时，或者处于挂起状态（临时被中断执行）时，由处理器固件把 B 位置 1。

任务是不可重入的。就是说，在多任务环境中，如果一个任务是当前任务，它可以切换到其他任务，但不能从自己切换到自己。在 TSS 描述符中设置 B 位，并由处理器固件进行管理，可以防止这种情况的发生。

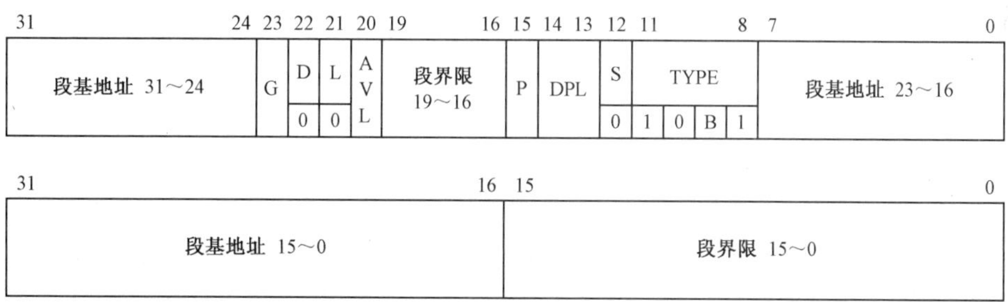

图 16-19 TSS 描述符的格式

第 738～743 行，先调用公共例程段内的过程 make_seg_descriptor 创建 TSS 描述符，它需要传入三个参数。先从 TCB 中取出 TSS 的基地址，传送到寄存器 EAX；寄存器 EBX 的内容是 TSS 的界限；寄存器 ECX 的内容是描述符属性值，0x00008900 表明这是一个 DPL 为 0 的 TSS 描述符，字节粒度。接着，调用公共例程段内的另一个过程 set_up_gdt_descriptor 安装此描述符到 GDT 中，并将返回的描述符选择子登记在 TCB 中。TSS 描述符选择子的 RPL 字段为 0。

16.4.11 带参数的过程返回指令

至此，任务创建完毕，可以从过程 load_relocate_program 返回了。

在过程返回之前，即，在执行 ret 指令之前，需要恢复现场，也就是按相反的顺序将刚进入过程时压入栈的内容出栈。这是第 745～748 行的工作。

如图 16-20 所示，当执行 ret 指令时，栈恢复到刚进入过程时的状态，即，只有返回地址和调用者传递给过程的参数。因为当初是采用 32 位相对近调用进入过程 load_relocate_program 的，故仅将 EIP 压栈，没有压入段寄存器 CS 的内容。

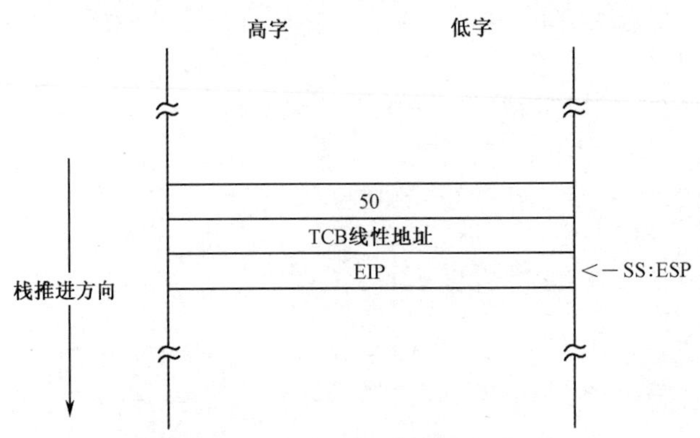

图 16-20　执行 ret 指令时的栈状态

再来看，一旦 ret 指令执行完毕，控制将返回到调用者，且栈中只剩下两个参数。按道理，这两个参数是由调用者压入的，应该再由调用者弹出即可：

```
push dword 50                          ;用户程序位于逻辑 50 扇区
push ecx                               ;压入任务控制块起始线性地址
call load_relocate_program             ;调用过程
add esp,8                              ;过程返回后，调整栈指针使之越过参数
```

不过，最好的解决办法是在过程返回时，顺便弹出参数。这样做是可行的，过程的编写者最清楚栈中有几个参数。如果希望过程在返回时弹出参数，使寄存器 ESP 指向调用过程前的栈位置（使栈平衡），可以使用带操作数的过程返回指令：

```
ret imm16
retf imm16
```

这两条指令都允许 16 位的立即数作为操作数，不同之处仅仅在于，前者是近返回，后者是远返回。立即数是 16 位的，而且一般总是偶数，原因是栈操作总是以字或者双字进行的，它指示在将控制返回到调用者之前，应当从栈中弹出多少字节的数据。

因此，第 750 行，当该指令执行时，除了将控制返回到过程的调用者，还要调整栈的指针，即

```
ESP←ESP+8
```

之所以指令的操作数是 8，是因为要弹出 2 个双字。

16.5　用户程序的执行

16.5.1　通过调用门转移控制的完整过程

现在我们转到代码清单 16-1 的第 863、864 行，在调用过程 load_relocate_program 创建任

务之后，显示一条成功的消息。

接下来的工作是将控制转到用户程序那里。我们创建的是一个 3 特权级的任务，所以这是一个从 0 特权级到 3 特权级的控制转移。或者，换一种更体面的说法，是从任务自己的 0 特权级全局空间转移到 3 特权级局部空间执行。通常情况下，这既不允许，也不太可能。

办法总还是有的，只不过稍微有一点曲折，那就是假装从调用门返回。先来看看完整的调用门控制转移和返回过程是怎样的。

首先，通过调用门实施控制转移，可以使用 jmp far 和 call far 指令。指令执行时，描述符选择子必须指向调用门，32 位偏移量被忽略。但，无论采用哪种控制转移指令，都会使用表 16-1 的特权检查规则。注意，表中的比较关系都是**数值上的**。

表 16-1　调用门的特权级检查规则

指　　令	特权检查规则
call far	CPL≤调用门描述符的 DPL，RPL≤调用门描述符的 DPL 对于依从和非依从的代码段：CPL≥目标代码段描述符的 DPL
jmp far	CPL≤调用门描述符的 DPL，RPL≤调用门描述符的 DPL 若目标代码段是依从的：CPL≥目标代码段描述符的 DPL 若目标代码段是非依从的：CPL＝目标代码段描述符的 DPL

从表 16-1 中可以看出，当使用 jmp far 指令通过调用门转移控制时，要求当前特权级和目标代码段的特权级相同。原因是用 jmp far 指令通过调用门转移控制时，不改变当前特权级 CPL。

相反，使用 call far 指令可以通过调用门将控制转移到较高特权级别的代码段。之所以说“可以”，是因为，如果目标代码段是依从的，则和 jmp far 指令一样，不改变当前特权级别；否则，如果目标代码段是非依从的，则在目标代码段的特权级别上执行。

其次，当使用 call far 指令通过调用门转移控制时，如果改变了当前的特权级别，则必须切换栈。即，从当前任务的固有栈切换到与目标代码段特权级相同的栈上。栈的切换是由处理器固件自动进行的。

当前栈是由段寄存器 SS 和栈指针寄存器 ESP 的当前内容指示的；要切换到的新栈位于当前任务的 TSS 中，处理器知道如何找到它。在栈切换前，处理器要检查新栈是否有足够的空间完成本次控制转移。栈切换过程如下：

① 使用目标代码段的 DPL（也就是新的 CPL）到当前任务的 TSS 中选择一个栈，包括栈段选择子和栈指针。

② 从 TSS 中读取所选择的段选择子和栈指针，并用该选择子读取栈段描述符。在此期间，任何违反段界限检查的行为都将引发处理器异常中断（无效 TSS）。

③ 检查栈段描述符的特权级和类型，并可能引发处理器异常中断（无效 TSS）。

④ 临时保存当前栈段寄存器 SS 和栈指针 ESP 的内容。

⑤ 把新的栈段选择子和栈指针代入寄存器 SS 和 ESP，切换到新栈。

⑥ 将刚才临时保存的 SS 和 ESP 的内容压入当前栈，如图 16-21 所示。

⑦ 依据调用门描述符“参数个数”字段的指示，从旧栈中将所有参数都复制到新栈中。如果参数个数为 0，不复制参数，如图 16-21 所示。

⑧ 将当前段寄存器 CS 和指令指针寄存器 EIP 的内容压入新栈，如图 16-21 所示。通过调用门实施的控制转移一定是远转移，所以要压入 CS 和 EIP。

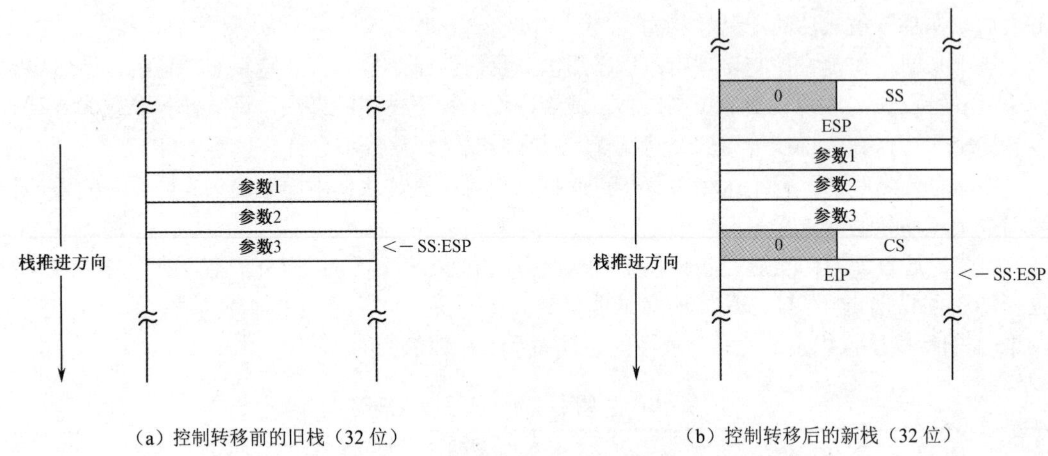

（a）控制转移前的旧栈（32 位）　　（b）控制转移后的新栈（32 位）

图 16-21　特权级间控制转移时的栈切换

⑨ 从调用门描述符中依次将目标代码段选择子和段内偏移传送到寄存器 CS 和 EIP，开始执行被调用过程。

相反，如果没有改变特权级别，则不切换栈，继续使用调用者的当前栈，只在原来的基础上压入当前段寄存器 CS 和指令指针寄存器 EIP 的内容，如图 16-22 所示。

再次，如果通过调用门的控制转移是使用 jmp far 指令发起的，结果就是肉包子打狗，有去无回。而且，没有特权级的变化，也不需要切换栈。相反，如果通过调用门的控制转移是使用 call far 指令发起的，那么，可以使用远返回指令 retf 把控制返回到调用者。

从同一特权级返回时，处理器将从栈中弹出调用者的代码段选择子和指令指针。尽管它们通常是有效的，但是，为了安全起见，处理器依然会进行特权级检查。

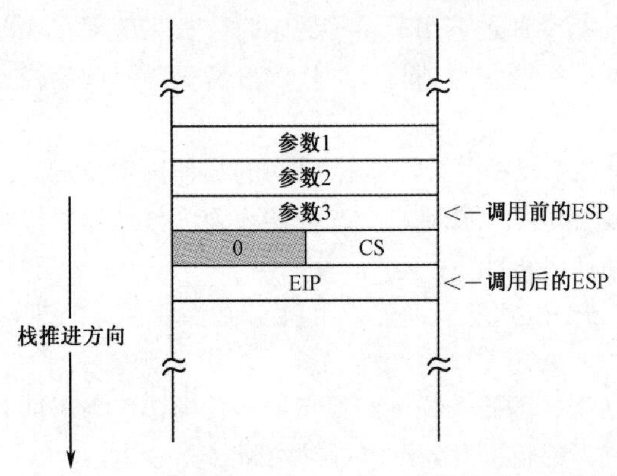

图 16-22　相同特权级控制转移前后的栈变化

要求特权级变化的远返回，只能返回到较低的特权级别上。控制返回的全部过程如下：

① 检查栈中保存的寄存器 CS 的内容，根据其 RPL 字段决定返回时是否需要改变特权级别。

② 从当前栈中读取寄存器 CS 和 EIP 的内容，并针对代码段描述符和代码段选择子的 RPL 字段实施特权级检查。

③ 如果远返回指令是带参数的，则将参数和寄存器 ESP 的当前值相加，以跳过栈中的参数部分。最后的结果是寄存器 ESP 指向调用者 SS 和 ESP 的压栈值。注意，retf 指令的字节计

数值必须等于调用门中的参数个数乘以参数长度。

④ 如果返回时需要改变特权级，从栈中将 SS 和 ESP 的压栈值代入段寄存器 SS 和指令指针寄存器 ESP，切换到调用者的栈。在此期间，一旦检测到有任何界限违例的情况都将引发处理器异常中断。

⑤ 如果远返回指令是带参数的，则将参数和寄存器 ESP 的当前值相加，以跳过调用者栈中的参数部分。最后的结果是调用者的栈恢复到平衡位置。

⑥ 如果返回时需要改变特权级，检查寄存器 DS、ES、FS 和 GS 的内容，根据它们找到相应的段描述符。要是有任何一个段描述符的 DPL 高于调用者的特权级（返回后的新 CPL），即，在数值上，

```
段描述符的DPL<返回后的新CPL
```

那么，处理器将把数值 0 传送到该段寄存器。

那么，这是为什么呢？

特权级检查不是在实际访问内存时进行的，而是在将选择子代入段寄存器时进行的。下面这两条指令可以非常清楚地说明这一点：

```
mov ds, ax                    ;进行特权级检查
mov edx, [0x2000]             ;不进行特权级检查
```

要想访问内存中的数据，必须先指定一个段。即，将选择子代入某个段寄存器。正是因为如此，处理器只在将选择子代入段寄存器时进行一次特权级检查，而在此之后的普通内存访问时，不进行特权级检查。处理器的意思是，只要你能进入大门，就证明你的确是这里的主人，随后你干什么它都不会干涉。

现在做一个假设，假设一个 3 特权级的应用程序通过调用门请求 0 特权级的操作系统服务。在进入操作系统例程后，当前特权级 CPL 变成 0。在该例程内，操作系统可能会访问自己的 0 特权级数据段以进行某些内部操作。当然，它也必须先执行将选择子代入段寄存器的操作：

```
mov ds, ax                    ;操作系统自己的选择子
```

按道理，安全的做法是先将旧的 DS 值压栈，用完后再出栈。像这样：

```
push ds
mov ds, ax
……
pop ds
retf
```

但是，如果操作系统例程没有这么做，一定有它的道理，而处理器也无权干涉。唯一可以预料的是，当控制返回到应用程序时，段寄存器 DS 依然指向操作系统数据段。因此，应用程序就可以直接在 3 特权级下访问操作系统的数据段：

```
mov edx, [0x000c]
```

这是因为，特权级检查只在引用一个段的时候进行。即，只在将选择子传送到段寄存器的时候进行。只要通过了这一关，后面那些使用这个段寄存器的内存访问就都是合法的。

为了解决这个问题，在执行 retf 指令时，要检查数据段寄存器，根据它们找到相应的段描述符。要是有任何一个段描述符的 DPL 高于调用者的特权级（返回后的新 CPL），那么，处理器将把数值 0 传送到该段寄存器。使用这样的段寄存器访问内存，会引发处理器异常中断。

特别需要注意的是，任务状态段（TSS）中的 SS0、ESP0、SS1、ESP1、SS2、ESP2 域是

静态的，除非软件进行修改，否则处理器从来不会改变它们。举个例子，当处理器通过调用门进入 0 特权级的代码段时，会切换到 0 特权级栈。返回时，并不把 0 特权级栈指针的内容更新到 TSS 中的 ESP0 域。下次再次通过调用门进入 0 特权级代码段时，使用的依然是 ESP0 的静态值，从来不会改变。这就是说，如果你希望通过 0 特权级栈返回数据，就必须自己来做这件事，比如，在返回到低特权级别的代码段之前，手工改写 TSS 中的 ESP0 域。

16.5.2 进入 3 特权级的用户程序的执行

接着回到代码清单 16-1 中。

任务寄存器 TR 总是指向当前任务的任务状态段（TSS），而寄存器 LDTR 也总是指向当前任务的 LDT。TSS 是任务的主要标志，因此要使寄存器 TR 指向任务；而使用 LDTR 的原因是可以在任务执行期间加速段的访问。

在多任务环境中，随着任务的切换，每当一个任务开始运行时（成为前台活动任务），寄存器 TR 和 LDT 的内容都会更新，以指向新的当前任务。

现在的问题是，我们只有一个任务，而且是个 3 特权级的任务，不能用任务切换的方法使它开始运行。这个问题可以表述为：如何从任务的 0 特权级全局空间转移到它自己的 3 特权级空间正常执行？

答案是先确立身份，即，使寄存器 TR 和 LDTR 指向这个任务，然后假装从调用门返回。和当前任务有关的信息都在它的任务控制块（TCB）中。因此，第 866、867 行，先令段寄存器 DS 指向 4GB 的内存段。

第 869、870 行，加载任务寄存器 TR 和局部描述符表寄存器（LDTR）。

如图 16-23 所示，寄存器 TR 和 LDTR 都包括 16 位的选择器部分，以及描述符高速缓存器部分。选择器部分的内容是 TR 和 LDT 描述符的选择子；描述符高速缓存器部分的内容则指向当前任务的 TSS 和 LDT，以加速这两个段（表）的访问。

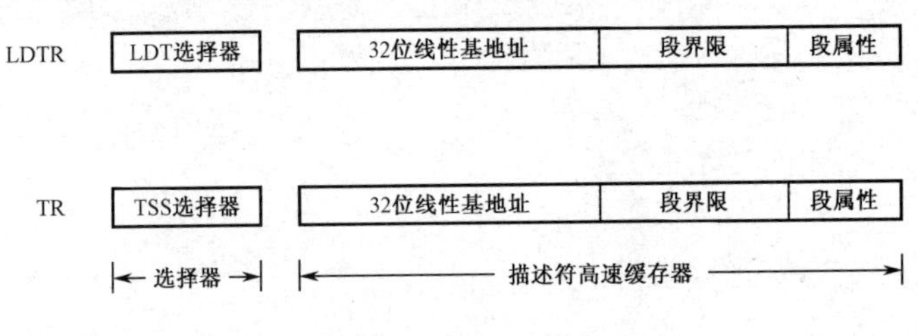

图 16-23 LDTR 和 TR 寄存器

加载任务寄存器 TR 需要使用 ltr 指令。这条指令的格式为

```
ltr r/m16
```

这条指令的操作数可以是 16 位通用寄存器，也可以是指向一个 16 位单元的内存地址。但不管是寄存器还是内存单元，其内容都是 16 位的 TSS 选择子。

在将 TSS 选择子加载到寄存器 TR 之后，处理器用该选择子访问 GDT 中对应的 TSS 描述符，将段界限和段基地址加载到任务寄存器 TR 的描述符高速缓存器部分。同时，处理器将该 TSS 描述符中的 B 位置“1”，也就是标志为“忙”，但并不执行任务切换。

该指令不影响寄存器 EFLAGS 的任何标志位，但属于只能在 0 特权级下执行的特权指令。

加载局部描述符表寄存器（LDTR）使用的是 lldt 指令，其格式和 ltr 是一样的：

```
lldt r/m16
```

其操作数也和 ltr 指令一样，但是，指向的是 16 位 LDT 选择子。ltr 和 lldt 指令执行时，处理器首先要检查描述符的有效性，包括审查它是不是 TSS 或者 LDT 描述符。在将 LDT 选择子加载到寄存器 LDTR 之后，处理器用该选择子访问 GDT 中对应的 LDT 描述符，将段界限和段基地址加载到 LDTR 的描述符高速缓存器部分。寄存器 CS、SS、DS、ES、FS 和 GS 的当前内容不受该指令的影响，包括 TSS 中的 LDT 选择子字段。

如果执行这条指令时，代入 LTR 选择器的选择子，其高 14 位是全零，寄存器 LDTR 的内容被标记为无效，而该指令的执行也将不声不响地结束（即不会引发异常中断）。当然，后续那些引用 LDT 的指令都将引发处理器异常中断（对描述符进行校验的指令除外），例如，将一个指向 LDT 的段选择子代入段寄存器。

最后，如图 16-24 所示，这是一个任务的全景图，给出了与一个任务相关的各个组成部分。

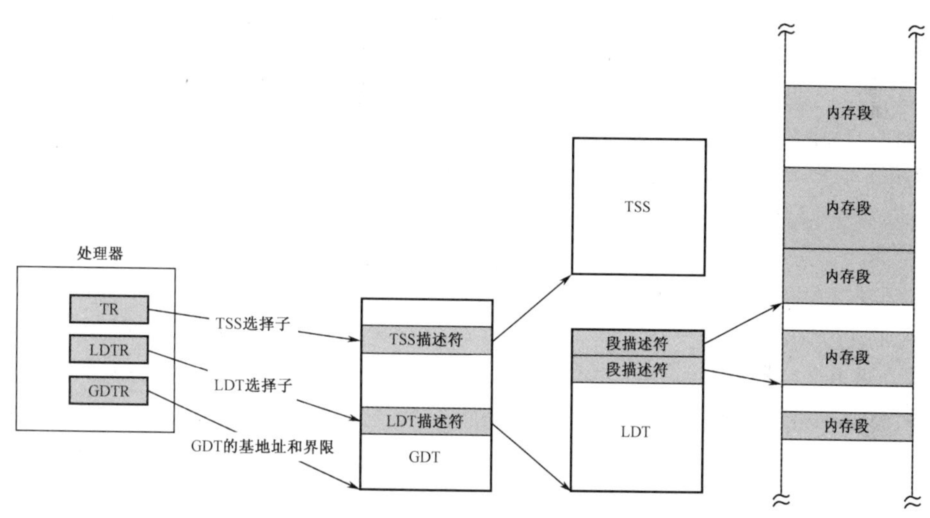

图 16-24　与任务相关的各部分逻辑关系

注意了，现在，局部描述符表（LDT）已经生效，可以通过它访问用户程序的私有内存段了。

第 872 行，访问任务的 TCB，从中取出用户程序头部段选择子，并传送到段寄存器 DS。该选择子 RPL 字段的值为 3，即，请求特权级为 3；TI 位是“1”，指向任务自己的 LDT。这两条指令执行后，段寄存器 DS 就指向用户程序头部段。

第 875～879 行，从用户程序头部内取出栈段选择子和栈指针，以及代码段选择子和入口点，并将它们顺序压入当前的 0 特权级栈中。这部分内容要结合第 15 章的用户程序头部来分析（代码清单 15-3）。

第 881 行，执行一个远返回指令 retf，假装从调用门返回。于是控制转移到用户程序的 3 特权级代码开始执行。注意，这里所用的 0 特权级栈并非是来自 TSS。不过，处理器不会在意这个。下次，从 3 特权级的段再次来到 0 特权级执行时，就会用到 TSS 中的 0 特权级栈了。

现在回到上一章，看代码清单 15-3。

用户程序现在是工作在它的局部空间里。它可以通过调用门请求系统服务来显示字符串，或者读取硬盘数据，这都没有问题。这些指令可以再次加深我们对调用门的理解，请读者自行分析。

唯一的问题是，当它最后用 jmp far 指令将控制权返回到内核时，可能行不通了。这条指令是

```
        jmp far [fs:TerminateProgram]          ;将控制权返回到系统
```

这确实是一个调用门。而且，通过 jmp far 指令使用调用门也没有任何问题。问题在于，当控制转移到内核时，当前特权级没有变化，还是 3，因为使用 jmp far 指令通过调用门转移控制是不会改变当前特权级别的。

再回到本章，看代码清单 16-1。

返回点是在第 883 行。当前特权级是 3，以这样低的特权级别来执行第 884、885 行的指令，一定会引发处理器异常中断:

```
        mov eax, core_data_seg_sel
        mov ds, eax
```

在这里，当前特权级 CPL 为 3，选择子 core_data_seg_sel 的请求特权级 RPL 为 0，目标代码段的特权级 DPL 为 0，因为当前特权级 CPL 低于目标代码段的 DPL，就算请求特权级 RPL 和目标代码段的 DPL 相同，也不可能通过特权级检查，并导致处理器异常。

异常和异常中断的处理将在后面的章节讲述，我们现在还没有任何接管和处理异常中断的机制，所以，本章的程序运行时，虚拟机将抛出错误信息。要想本章的程序正常执行，需要将上面的 jmp 指令改成

```
        call far [fs:TerminateProgram]          ;将控制权返回到系统
```

还需要特别提醒的是，进入 3 特权级的用户程序局部空间时，任务的 I/O 特权级 IOPL 是 0，任务没有 I/O 操作的特权。

最后，将本章的源代码编译，并从第 1 个逻辑扇区开始，将编译后的文件写入虚拟硬盘。如果你用的虚拟硬盘文件还是第 13 章用过的那个，这就是唯一要做的工作；否则，还要写入第 13 章的主引导程序、用户程序和数据文件。具体方法参见上一章。最后，启动虚拟机，应该能观察到虚拟机的出错信息。但如果将代码清单 15-3 中的

```
        jmp far [fs:TerminateProgram]
```

改成

```
        jmp far [fs:TerminateProgram]
```

则可以正常执行并观察到如图 16-25 所示的画面。

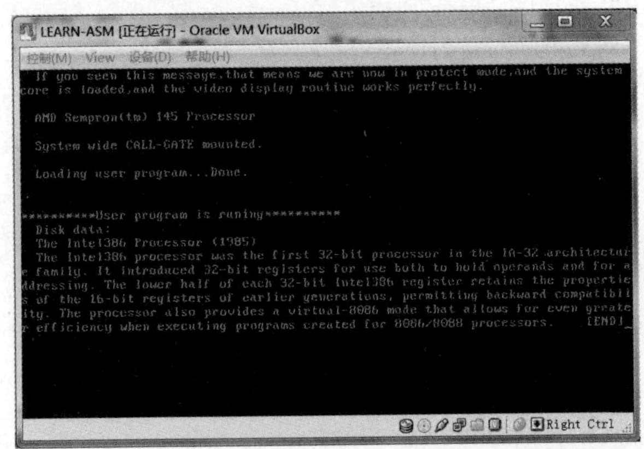

图 16-25 本章程序的运行结果

16.5.3 检查调用者的请求特权级 RPL

在本章的最后，我们回过头来聊一聊与请求特权级 RPL 有关的问题。通过这个话题的深入，你会更进一步了解处理器引入 RPL 的原因和意义。

为了访问一个段，首先需要将段选择子代入段寄存器，这也是处理器进行特权级检查的大好机会：

```
        mov fs, cx
```

在绝大多数情况下，请求访问一个段的程序也是段选择子的提供者。就是说，当前特权级和请求特权级是相同的，即，RPL＝CPL。

一般来说，用户程序的特权级别很低，而且不能执行 I/O 操作。假设操作系统提供了一个例程，可以从用户程序那里接受三个参数：逻辑扇区号、数据段选择子和段内偏移量，然后读硬盘，并把数据传送到用户程序的缓冲区内。为了使用户程序可以调用此例程，操作系统把它定义成调用门。

一般来说，用户程序会提供一个 RPL 为 3 的段选择子给操作系统例程。通过调用门实施控制转移后，当前特权级 CPL 变成 0，实际的请求者是用户程序，选择子的请求特权级 RPL 为 3，要访问的段属于用户程序，其描述符的 DPL 为 3，在数值上符合 CPL≤DPL，并且 RPL≤DPL 的条件，可以正常执行。

人类总爱钻空子。想象一下，用户程序的编写者通过钻研，知道了内核数据段的选择子，而且希望用这个选择子访问内核数据段。当然，他不可能在用户程序里访问内核数据段，因为那个数据段的 DPL 为 0，而用户程序工作时的当前特权级为 3，处理器会很机警地把来访者拒之门外。

但是，他可以借助于刚才那个调用门。特别是，他提供的是一个 RPL 为 0 的选择子，而且该选择子指向操作系统的段描述符。此时，当前特权级 CPL 为 0，请求特权级 RPL 为 0，目标数据段描述符的 DPL 为 0，同样符合在数值上符合 CPL≤DPL，并且 RPL≤DPL 的条件，并且允许向内核数据段写入扇区数据，他得逞了！

我知道，有人会说，通过调用门进入内核例程时，用户程序的代码段选择子就作为返回地址压在栈中，代码段选择子的低 2 位就是用户程序的特权级。因此，可以改造处理器固件，使它能够访问栈，用这个特权级来进行特权级检查。

但是，有这种认识的朋友忘了，处理器的智商很低，它不可能知道谁是真正的请求者。你当然可以通过分析程序的行为来区分它们，但处理器不能。因此，当指令

```
        mov ds, ax
```

或者

```
        mov ds, cx
```

执行时，寄存器 AX 或者 CX 中的选择子可能是内核自己提供的，也可能来自恶意的用户程序，是不是合法，这两种情况要区别对待，不能一棍子打死。所以，这已经超出了处理器的能力和职权范围。

怎么办？

还记得在本章的前面，在讨论 RPL 时，我是怎么说的？我说的是，RPL 只是在原来的基础上多增加了一种检查机制，并把如何能够通过这种检查的自由裁量权交给软件（的编写者）。

引入请求特权级 RPL 的原因是处理器在遇到一条将选择子传送到段寄存器的指令时，无法区分真正的请求者是谁。但是，引入 RPL 本身并不能完全解决这个问题，这只是处理器和

操作系统之间的一种协议，处理器负责检查请求特权级 RPL，判断它是否有权访问，但前提是提供了正确的 RPL；内核或者操作系统负责鉴别请求者的身份，并有义务保证 RPL 的值和它的请求者身份相符，因为这是处理器无能为力的。

因此，在引入 RPL 这件事上，处理器的潜台词是，仅依靠现有的 CPL 和 DPL，无法解决由请求者不同而带来的安全隐患。那么，好吧，再增加一道门卫，但前提是，操作系统只将通行证发放给正确的人。

为了帮助内核或者操作系统核查请求者的身份，并提供正确的 RPL 值，处理器提供了 arpl 指令。arpl 指令的作用是调整段选择子 RPL 字段的值（Adjust RPL Field of Segment Selector），其格式为

```
arpl r/m16,r16
```

该指令比较两个段选择子的 RPL 字段，目的操作数可以是包含了 16 位段选择子的通用寄存器，或者指向一个 16 位单元的内存地址，该字单元里存放的是段选择子；源操作数只能是包含了段选择子的 16 位通用寄存器。

该指令执行时，处理器检查目的操作数的 RPL 字段，如果它在数值上小于源操作数的 RPL 字段，则设置 ZF 标志，并增加目的操作数 RPL 字段的值，使之和源操作数 RPL 字段的值相同。否则，ZF 标志清零，而且除此之外什么也不会发生。

arpl 是典型的操作系统指令，它通常用于调整应用程序传递给操作系统的段选择子，使其 RPL 字段的值和应用程序的特权级相匹配。在这种情况下，传递给操作系统的段选择子是作为目的操作数出现的；而应用程序的段选择子是作为源操作数出现的（可以从栈中取得）。arpl 也可以在应用程序中使用。

这样，为了防止恶意的数据访问，操作系统应该从当前栈中取得用户程序的代码段选择子（调用者代码段寄存器 CS 的内容）作为源操作数，并把作为参数传递进来的数据段选择子作为目的操作数，来执行 arpl 指令，把数据段选择子的请求特权级 RPL 调整（恢复）到调用者的特权级别上。

一旦调整了请求特权级，那么，当前特权级 CPL 为 0，请求特权级 RPL 为 3，数据段描述符特权级 DPL 为 0，数值上并不符合 CPL≤DPL 且 RPL≤DPL 的条件，禁止访问，并引发处理器异常中断。

引入 RPL 检查机制和 arpl 指令，主要是防止对段的不安全访问，不管是恶意的，还是因为编程疏漏而引起的。不管怎么说，一旦引入了 RPL 检查机制，它就会处处起作用，同时也就成了编写程序时不得不考虑和妥善处理的问题。

16.5.4 在 Bochs 中调试程序的新方法

随着本书内容的深入，程序会越来越复杂，但一般不会出什么问题，因为我都调试好了。当然，你可能想在此基础上做一些改动，实现其他一些功能。在这种情况下，每次运行时能得到预期结果的可能性微乎其微。不过不用担心，使用本书前面讲过的调试技术，你一定能够找到问题所在。比如，你可以使用“info gdt”指令查看 GDT 中的段描述符和门描述符。

本章中涉及两个新的系统寄存器 LDTR 和 TR，要查看它们的内容，可以使用以前讲过的 Bochs 调试指令“sreg”；为了查看局部描述符表 LDT 的所有内容，可以使用“info ldt”；要查看任务状态段 TSS 的内容，可以使用“info tss”。注意，显示 LDT 和 TSS 的内容时，Bochs 要先从处理器的寄存器 TR 和 LDTR 获取基地址和界限信息。因此，显示的是**当前任务**的 LDT 和

TSS。如图 16-26 所示，这里显示了在执行代码清单 16-1 的第 869 行“ltr [ecx+0x18]”之后，用“info tss”命令显示的 TSS 状态。

```
Bochs for Windows - Console
(0) [0x000000000004141f] 0038:000000000000049f (unk. ctxt): mov ds, ax
      : 8ed8
<bochs:110> n
Next at t=17860191
(0) [0x0000000000041421] 0038:00000000000004a1 (unk. ctxt): ltr word ptr ds:[ecx
+24]  : 0f005918
<bochs:111> n
Next at t=17860192
(0) [0x0000000000041425] 0038:00000000000004a5 (unk. ctxt): lldt word ptr ds:[ec
x+16] : 0f005110
<bochs:112> info tss
tr:s=0x68, base=0x00000000001048e8, valid=1
ss:esp(0): 0x0024:0x00000000
ss:esp(1): 0x002d:0x00000000
ss:esp(2): 0x003e:0x00000000
cr3: 0x00000000
eip: 0x00000000
eflags: 0x00000000
cs: 0x0000 ds: 0x0000 ss: 0x0000
es: 0x0000 fs: 0x0000 gs: 0x0000
eax: 0x00000000  ebx: 0x00000000  ecx: 0x00000000  edx: 0x00000000
esi: 0x00000000  edi: 0x00000000  ebp: 0x00000000  esp: 0x00000000
ldt: 0x0060
i/o map: 0x0067
<bochs:113>
```

图 16-26 用 info tss 命令显示 TSS 段的内容

◆ **检测点 16.3**

如图 16-26，为什么在该任务的 TSS 中，所有段寄存器和通用寄存器的值都是 0 而不影响任务的执行？

本 章 习 题

1．修改代码清单 16-1 和 15-3，使用户程序能够正常返回到内核，并在显示消息后停机。

2．修改代码清单 16-1 和 15-3，使得通过调用门请求读取硬盘扇区的服务时，通过栈传递参数。而且，传递的参数分别是逻辑扇区号、数据段选择子和段内偏移。要求使用 arpl 指令。

第 17 章

协同式任务切换

从 80286 开始的处理器是面向多任务系统而设计的。所谓多任务系统，是指能够同时执行两个以上任务的系统。即使前一个任务没有执行完，下一个任务也可以开始执行。

在多任务系统中，每个任务都有各自的局部描述符表（LDT）和任务状态段（TSS）。在局部描述符表中存放着专属于任务局部空间的段的描述符。可以在多个任务之间切换，使它们轮流执行，从一个任务切换到另一个任务时，具体的切换过程可以由处理器固件负责进行，也可以由操作系统软件进行。

从任务切换的时机来讲，有两种基本的策略，一种是协同式的，从一个任务切换到另一个任务，需要当前任务主动地请求暂时放弃执行权，或者在通过调用门请求操作系统服务时，由操作系统"趁机"将控制转移到另一个任务。这种方式依赖于每个任务的"自律"性，当一个任务失控时，其他任务可能得不到执行的机会。

另一种是抢占式的，在这种方式下，可以安装一个定时器中断，并在中断服务程序中实施任务切换。硬件中断信号总会定时出现，不管处理器当时在做什么，中断都会适时地发生，而任务切换也就能够顺利进行。在这种情况下，每个任务都能获得平等的执行机会。而且，即使一个任务失控，也不会导致其他任务没有机会执行。

抢占式多任务将在下一章讲解，本章先介绍多任务任务切换的一般工作原理，掌握任务切换的几种方法，以及它们各自的特点。

17.1　本章代码清单

本章有配套的汇编语言源程序，并围绕这些源程序进行讲解，请对照阅读。

本章代码清单：17-1（保护模式微型核心程序），源程序文件：c17_core.asm

本章代码清单：17-2（动态加载的用户程序），源程序文件：c17_app.asm

17.2　任务切换前的设置

在上一章里，有关特权级间的控制转移落墨较多，容易使读者混淆了它和任务切换之间的区别。如图 17-1 所示，所有任务共享一个全局空间，这是内核或者操作系统提供的，包含了系统服务程序和数据；同时，每个任务还有自己的局部空间，每个任务的功能都不一样，所以，局部空间包含的是一个任务区别于其他任务的私有代码和数据。

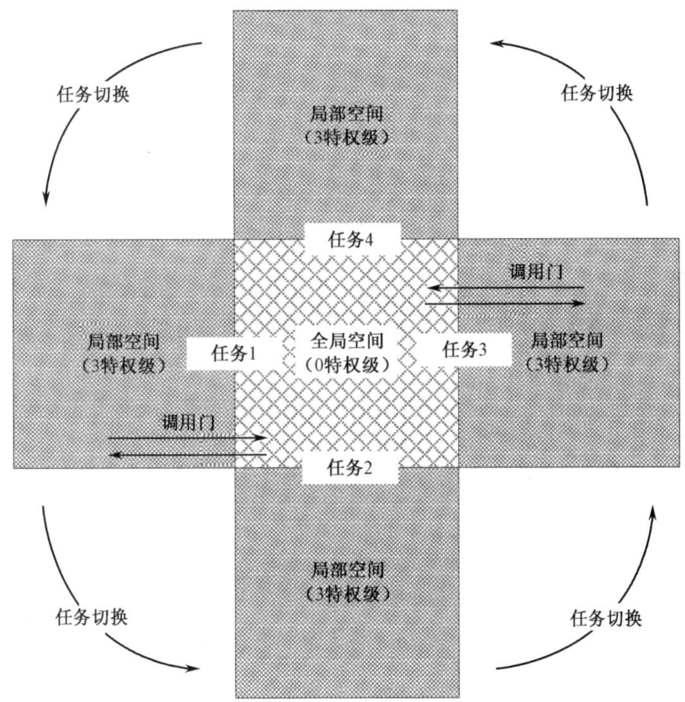

图 17-1 任务切换和任务内特权级间的控制转移

在一个任务内，全局空间和局部空间具有不同的特权级别。使用门，可以在任务内将控制从 3 特权级的局部空间转移到 0 特权级的全局空间，即，从用户态进入内核态，以使用内核或者操作系统提供的服务。

任务切换是以任务为单位的，是指离开一个任务，转到另一个任务中去执行。任务切换相对来说要复杂得多，当一个任务正在执行时，处理器的各个部分都和该任务息息相关：段寄存器指向该任务所使用的内存段；通用寄存器保存着该任务的中间结果，等等。离开当前任务，转到另一个任务开始执行时，要保存旧任务的各种状态，并恢复新任务的运行环境。

这就是说，要执行任务切换，系统中必须至少有两个任务，而且已经有一个正在执行中。在上一章中，我们已经创建过一个任务，那个任务的特权级别是 3，即最低的特权级别。一开始，处理器是在任务的全局空间执行的，当前特权级别是 0，然后，我们通过一个虚假的调用门返回，使处理器回到任务的局部空间执行，当前特权级别降为 3。

事实上，这是没有必要的，这样做很别扭。首先，处理器在刚进入保护模式时，是以 0 特权级别运行的，而且执行的一般是操作系统代码，也必须是 0 特权级别的，这样才能方便地控制整个计算机。其次，任务并不一定非得是 3 特权级别的，也可以是 0 特权级别的。特别是，操作系统除了为每个任务提供服务，也会有一个作为任务而独立存在的部分，而且是 0 特权级别的任务，以完成一些管理和控制功能，比如提供一个界面和用户进行交互。

既然是这样，当计算机加电之后，一旦进入保护模式，就直接创建和执行操作系统的 0 特权级任务，这既自然，也很方便。然后，可以从该任务切换到其他任务，不管它们是哪个特权级别的。

既然如此，我们在这一章里就要首先创建 0 特权级别的操作系统（内核）任务。

本章同样没有主引导程序，还要使用第 15 章的主引导程序，内核部分有一些改动，增加了和任务切换有关的代码。

现在来看代码清单 17-1。

和往常一样，在本章中，主引导程序首先开始执行。主引导程序用来创建一些必要的段描述符，然后进入保护模式，最后加载内核程序，为内核程序创建每个段的描述符，最后将控制转移到内核。

内核的入口点在第 915 行。在内核中，先将段寄存器 DS 设置为内核数据段，将 ES 设置为 4G 字节内存段，然后显示处理器品牌信息，接着安装为整个系统服务的调用门。以上流程都和上一章完全相同，就不用详细解释了。

安装调用门之后就可以开始创建内核任务。我们说过，内核本身要作为一个独立的任务而存在，我们称之为内核任务，而且我们要在内核任务和普通的用户任务之间来回切换。内核任务的另一个重要工作是创建其他任务，管理它们，所以称作任务管理器，或者叫程序管理器。

和创建普通任务一样，内核任务也有自己的任务控制块 TCB，所以我们要为内核任务创建一个任务控制块 TCB，并将它加入 TCB 链表。

第 976 行，首先我们在 ECX 里指定 TCB 的大小，第 977 行分配内存。内存分配之后就等于已经创建了 TCB，第 978 行将刚刚创建的 TCB 加入 TCB 链表。ECX 中保存了 TCB 的线性地址，但是 ECX 还有别的用处，所以第 979 行将这个线性地址转存到 ESI，腾出 ECX 供后面的指令使用。

我们说过，任务控制块 TCB 是我们自己定义的数据结构，对处理器来说，它不是必需的。对于一个任务来说，它必须有自己的任务状态段 TSS，这是一个任务存在的标志，是必须要有的。为此，第 982 行指定 TSS 的基本长度 104，然后第 983 行调用 allocate_memory 为 TSS 分配内存空间。

内存分配之后，第 984 行用于将 TSS 的线性地址保存到任务控制块 TCB 内，保存的位置是在 TCB 中偏移为 0x14 的地方。TCB 的地址是 4GB 空间里的线性地址，需要把这个线性地址当成 4GB 段内的偏移量。为此，这里使用了段超越前缀 ES，而 ES 正指向 4G 字节内存段。

第 987～991 行用于填写内核任务的 TSS。

我们说过，任务的局部描述符表 LDT 是可选的，有也行，没有也可以。内核任务是黏附在内核之上的，没有自己独立的段，所以不需要 LDT。换句话说，内核任务是不需要局部描述符表 LDT 的。因为这个原因，第 987 行将 TSS 中的 LDT 选择子设置为 0，表明没有 LDT。

第 988 行填写 I/O 许可位映射区在 TSS 中的偏移。对于内核任务来说，它不需要 I/O 许可位映射区，因为内核任务工作在 0 特权级，0 特权级始终可以进行任何 I/O 操作。因此，填写的数值是 103，等于内核 TSS 的界限值。我们说过，如果 I/O 许可位映射区在 TSS 内的偏移大于或者等于 TSS 的界限值，意味着不存在 I/O 许可位映射区。

第 989 行在 TSS 中填写 TSS 反向链。在上一章里我们讲过，它用于记录任务之间的嵌套关系，在本章下一节（第 17.3 节）还将继续介绍。对本书和流行的操作系统而言，这个位置是没用实际用处的，只是了解就行了，我们直接将它置 0。

第 990 行，将 TSS 内偏移为 28 的双字清 0。这个位置和分页有关，现在还没讲分页，所以不用管它；第 991 行，将 TSS 内偏移为 100 的字清 0，实际上是为了设置 T 标志位，这个我们以前讲过的。

为了使用调用门，需要设置 0、1 和 2 特权级的栈段选择子及初始栈指针。但对于内核任务来说，这是不必要的。原因很简单，内核任务的特权级是 0，根本不需要，也不可能转移或者说调用低特权级的代码。所以这一部分根本不会被用到。既然用不到，就不用设置了。

填写了 TSS 之后，我们需要创建 TSS 描述符，并生成一个选择子，这是第 996～1000 行的工作。我们先在 EAX 中指定 TSS 的线性地址，在 EBX 中指定 TSS 的界限值；在 ECX 中指定属性值，然后调用 make_seg_descriptor 创建 TSS 描述符。紧接着，调用 set_up_get_descriptor 将它安装到 GDT 中，TSS 描述符必须安装在 GDT 中，安装之后用 CX 返回 TSS 选择子。这一段代码我们很熟悉，是以前讲过的。

第 1001～1002 行将返回的 TSS 选择子登记在任务控制块 TCB 中偏移为 0x18 的地方，再将任务的状态设置为忙。在 TCB 中偏移为 0x04 的地方用来表示任务状态。如果这个字的内容是 0，表明任务处于就绪状态。就绪状态的任务还没有执行，但一切准备就绪，可以随时开始执行。如果这个字的内容是 0xFFFF，表明任务正在执行中，是当前任务，状态为忙。我们当前正在内核任务中执行，所以应当将内核任务这个字设置为忙状态，也就是 0xFFFF。

任务寄存器 TR 中的内容是任务存在的标志，该内容也决定了当前任务是谁。为了表明当前正在任务中执行，所要做的最后一个工作是将当前任务的 TSS 选择子传送到任务寄存器 TR 中。所以，第 1006 行加载任务寄存器 TR，为当前正在执行的 0 特权级内核任务后补手续。加载任务寄存器只需要提供任务的 TSS 选择子，内核任务的 TSS 选择子当前正位于 CX。执行这条指令后，处理器用该选择子访问 GDT，找到相对应的 TSS 描述符，将其 B 位置“1”，表示该任务正在执行中（或者处于挂起状态）。同时，还要将该描述符传送到寄存器 TR 的描述符高速缓存器中。

现在，内核任务就名正言顺地成了当前任务。为此，第 1009～1010 行显示信息来宣布一下：

```
    [CORE TASK]: I am running at CPL=0.Now,create user task and switch to it.
```

信息文本位于内核数据段中，代码清单的第 519 行声明了标号 core_msg1，并初始化了以上的字符串。本章后面还有其他一些字符串，也是在内核数据段声明和初始化的，不再赘述。

方括号中显示了信息的来源，是内核任务。这段话的意思是“我正运行在 0 特权级，现在要创建并切换到用户任务”。

让任务之间对话，这是本章的特点，有助于更好地理解任务切换过程。既然要创建另外的任务，并执行任务切换，我们就来看看实际上是怎么做到的。

17.3 任务切换的方法

对多任务的支持是现代处理器的标志之一。为此，INTEL 处理器提供了多种方法，以灵活地在各个任务之间实施切换。

尽管如此，处理器并没有提供额外的指令用于任务切换。事实上，用的都是我们熟悉的老指令和老手段，但是扩展了它们的功能，使之除了能够继续执行原有的功能，也能用于实施任务切换操作。

首先，x86 处理器的硬件可以自动进行任务切换，你只需要给出新任务的 TSS 选择子或者任务门选择子即可。这个切换过程相对简单，但是处理器固件要进行各种检查工作，非常耗时。因为这个原因，在现实中，硬件任务切换就成了摆设，在流行的操作系统，诸如 Windows 和 Linux 中，从来没有用过。也正是因为没有人用，所以，在 64 位的处理器上，除非是在传统的保护模式下运行原有的 32 位程序，否则不再支持硬件切换。

在本书第 1 版中，全面介绍了硬件任务切换，但这容易使读者产生误会，以为处理器固件执行的任务切换是主流的方法，而且会花费太多不必要的精力学习这些内容。在这一版中，由于以上原因，对硬件任务切换的内容做了适当的删减，而且在本书最后一章添加了软件任务切换的内容。本章重点介绍 jmp 指令发起的硬件任务切换，对硬件任务切换的其他方法只需要有一个整体认识即可。

利用处理器硬件执行任务切换的方法有很多种，第一种任务切换的方法是借助于中断，这也是现代抢占式多任务的基础。原因很简单，只要中断没有被屏蔽，它就能随时发生。特别是定时器中断，能够以准确的时间间隔发生，可以用来强制实施任务切换。毕竟，没有哪个任务愿意交出处理器控制权，也没有哪个任务能精确地把握交出控制权的时机。

我们知道，在实模式下，内存最低地址端的 1KB 是中断向量表，保存着 256 个中断处理过程的段地址和偏移地址。当中断发生时，处理器把中断号乘以 4，作为表内索引号访问中断向量表，从相应的位置取出中断处理过程的段地址和偏移地址，并转移到那里执行。

在保护模式下，中断向量表不再使用，取而代之的，是中断描述符表。不要害怕，它和 GDT、LDT 是一样的，用于保存描述符。唯一不同的地方是，它保存的是门描述符，包括中断门、陷阱门和任务门。如果你觉得这些术语太过于陌生，那就回忆一下调用门，这些门和调用门是非常类似的。当中断发生时，处理器用中断号乘以 8（因为每个描述符占 8 字节），作为索引访问中断描述符表，取出门描述符。门描述符中有中断处理过程的代码段选择子和段内偏移量，这和调用门是一样的。接着，转移到相应的位置去执行。

一般的中断处理可以使用中断门和陷阱门。回忆一下调用门的工作原理，它只是从任务的局部空间转移到更高特权级的全局空间去执行，本质上是一种任务内的控制转移行为。与此相同，中断门和陷阱门允许在任务内实施中断处理，转到全局空间去执行一些系统级的管理工作，本质上，也是任务内的控制转移行为。

但是，在中断发生时，如果该中断号对应的门是任务门，那么，性质就截然不同了，必须进行任务切换。即，要中断当前任务的执行，保护当前任务的现场，并转换到另一个任务去执行。

即使不用任务门，也可以在中断处理过程中执行任务切换，只不过这种切换是由操作系统软件自行实施的，而不是由处理器固件进行的。

如图 17-2 所示，这是任务门（Task-Gate）描述符的格式。从图中可见，相对于其他各种描述符，任务门描述符中的多数区域没有使用，所以显得特别简单。

任务门描述符中的主要组成是任务的 TSS 选择子。任务门用于在中断发生时执行任务切换，而执行任务切换时必须找到新任务的任务状态段（TSS）。所以，任务门应当指向任务的 TSS。为了指向任务的 TSS，只需要在任务门描述符中给出任务的 TSS 选择子就可以了。

任务门描述符中的 P 位指示该门是否有效，当 P 位为“0”时，不允许通过此门实施任务切换；DPL 是任务门描述符的特权级，但是对因中断而发起的任务切换不起作用，处理器不按特权级施加任何保护。

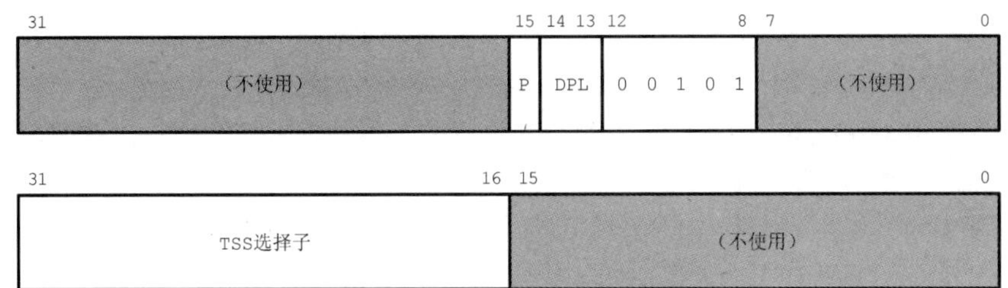

图 17-2　任务门描述符的格式

这样，当中断发生时，处理器用中断号乘以 8 作为索引访问中断描述符表。当它发现这是一个任务门（描述符）时，就知道应当发起任务切换。于是，它取出任务门描述符；再从任务门描述符中取出新任务的 TSS 选择子；接着，再用 TSS 选择子访问 GDT，取出新任务的 TSS 描述符。在转到新任务执行前，处理器要先把当前任务的状态保存起来。当前任务的 TSS 是由任务寄存器 TR 的当前内容指向的，所以，处理器把每个寄存器的“快照”保存到由 TR 指向的 TSS 中。然后，处理器访问新任务的 TSS，从中恢复各个寄存器的内容，包括通用寄存器、标志寄存器 EFLAGS、段寄存器、指令指针寄存器 EIP、栈指针寄存器 ESP，以及局部描述符表寄存器 LDTR 等。最终，任务寄存器 TR 指向新任务的 TSS，而处理器旋即开始执行新的任务。一旦新任务开始执行，处理器固件会自动将其 TSS 描述符的 B 位置“1”，表示该任务的状态为忙。

当中断发生时，可以执行常规的中断处理过程，也可以进行任务切换。尽管性质不同，但它们都要使用 iret 指令返回。前者是返回到同一任务内的不同代码段；后者是返回到被中断的那个任务。问题是，处理器如何区分这两种截然不同的返回类型呢？

如图 17-3 所示，32 位处理器的 EFLAGS 有 NT 位（位 14），意思是嵌套任务标志（Nested Task Flag）。每个任务的 TSS 中都有一个任务链接域（指向前一个任务的指针，参见上一章 TSS 的结构），可以填写为前一个任务的 TSS 描述符选择子。如果当前任务寄存器 EFLAGS 的 NT 位是“1”，则表示当前正在执行的任务嵌套于其他任务内，并且能够通过 TSS 任务链接域的指针返回到前一个任务。

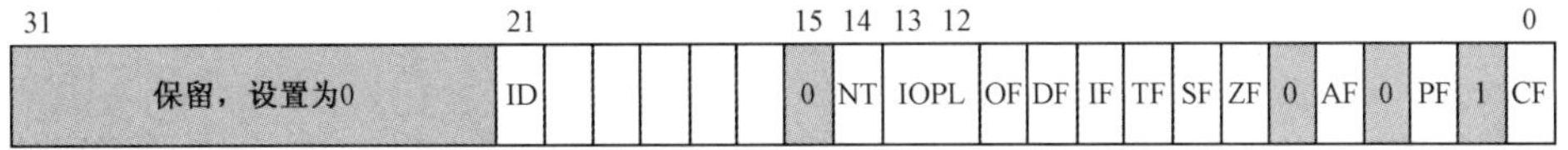

图 17-3　标志寄存器 EFLAGS 的 NT 位

因中断而引发任务切换时，取决于当前任务（旧任务）是否嵌套于其他任务内，其寄存器 EFLAGS 的 NT 位可能是“0”，也可能是“1”。不过这无关紧要，因为处理器不会改变它，而是和其他寄存器一道，写入 TSS 中保护起来。另外，当前任务（旧任务）肯定处于“忙”的状态，其 TSS 描述符的 B 位一定是“1”，在任务切换后同样保持不变。

对新任务的处理是，要把老任务的 TSS 选择子填写到新任务 TSS 中的任务链接域，同时，将新任务寄存器 EFLAGS 的 NT 位置“1”，以允许返回（转换）到前一个任务（老任务）继续执行。同时，还要把新任务 TSS 描述符的 B 位置“1”（忙）。

可以使用 iret 指令从当前任务返回（切换）到前一个任务，前提是当前任务的 EFLAGS 的 NT 位必须是“1”。无论任何时候处理器碰到 iret 指令，它都要检查 NT 位，如果此位是 0，表明是一般的中断过程，按一般的中断返回处理，即，中断返回是任务内的（中断处理过程虽然属于操作系统，但属于任务的全局空间）；如果此位是 1，则表明当前任务之所以能够正在执行，是因为中断了别的任务。因此，应当返回原先被中断的任务继续执行。此时，由处理器固件把当前任务寄存器 EFLAGS 的 NT 位改成“0”，并把 TSS 描述符的 B 位改成“0”（非忙）。在保存了当前任务的状态之后，接着，用新任务（被中断的任务）的 TSS 恢复现场。

除了因中断引发的任务切换，还可以用远过程调用指令 call，或者远跳转指令 jmp 直接发起任务切换。在这两种情况下，call 和 jmp 指令的操作数是任务的 TSS 描述符选择子或任务门。以下是两个例子：

```
call 0x0010:0x00000000
jmp 0x0010:0x00000000
```

当处理器执行这两条指令时，首先用指令中给出的描述符选择子访问 GDT，分析它的描述符类型。如果是一般的代码段描述符，就按普通的段间转移规则执行；如果是调用门，按调用门的规则执行；如果是 TSS 描述符，或者任务门，则执行任务切换。此时，指令中给出的 32 位偏移量被忽略，原因是执行任务切换时，所有处理器的状态都可以从 TSS 中获得。注意，任务门描述符可以安装在中断描述符表中，也可以安装在全局描述符表（GDT）或者局部描述符表（LDT）中。

如果是用于发起任务切换，call 指令和 jmp 指令也有不同之处。使用 call 指令发起的任务切换类似于因中断发起的任务切换。这就是说，由 call 指令发起的任务切换是嵌套的，当前任务（旧任务）TSS 描述符的 B 位保持原来的“1”不变，寄存器 EFLAGS 的 NT 位也不发生变化；新任务 TSS 描述符的 B 位置“1”，寄存器 EFLAGS 的 NT 位也置“1”，表示此任务嵌套于其他任务中。同时，TSS 任务链接域的内容改为旧任务的 TSS 描述符选择子。

如图 17-4 所示，假设任务 1 是整个系统中的第一个任务。当任务 1 开始执行时，其 TSS 描述符的 B 位是“1”，寄存器 EFLAGS 的 NT 位是“0”，不嵌套于其他任务。

当从任务 1 切换到任务 2 后，任务 1 仍然为“忙”，寄存器 EFLAGS 的 NT 位不变（在其 TSS 中）；任务 2 也变为“忙”，寄存器 EFLAGS 的 NT 位变为“1”，表示嵌套于任务 1 中。同时，任务 1 的 TSS 描述符选择子也被复制到任务 2 的 TSS 中（任务链接域）。

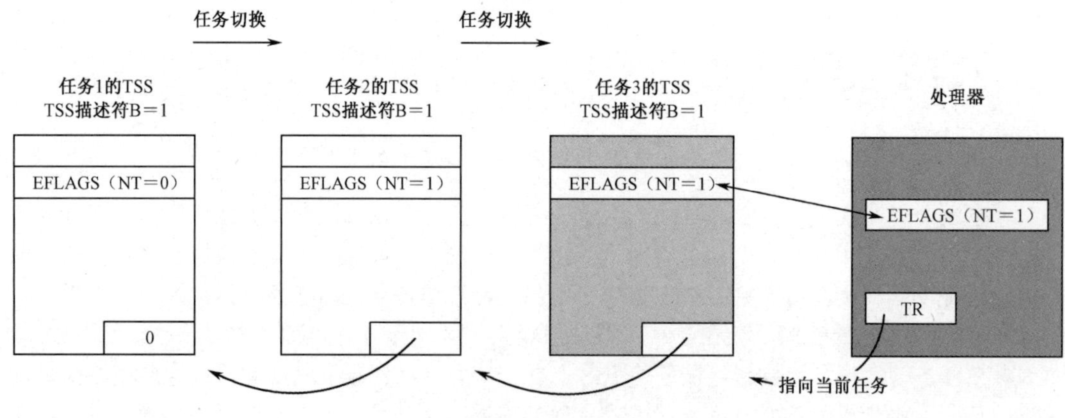

图 17-4 任务嵌套

最后是从任务 2 切换到任务 3 执行。和从前一样，任务 2 保持“忙”的状态，寄存器 EFLAGS 的 NT 不变（在其 TSS 中）；任务 3 成为当前任务，其 TSS 描述符的 B 位变成“1”（忙），寄存器 EFLAGS 的 NT 位也变成“1”，同时，其 TSS 的任务链接域指向任务 2。

用 call 指令发起的任务切换，可以通过 iret 指令返回到前一个任务。此时，旧任务 TSS 描述符的 B 位，以及寄存器 EFLAGS 的 NT 位都恢复到“0”。

和 call 指令不同，使用 jmp 指令发起的任务切换，不会形成任务之间的嵌套关系。执行任务切换时，当前任务（旧任务）TSS 描述符的 B 位清零，变为非忙状态，寄存器 EFLAGS 的 NT 位不变；新任务 TSS 描述符的 B 位置“1”，进入忙的状态，寄存器 EFLAGS 的 NT 位保持从 TSS 中加载时的状态不变。

任务是不可重入的。

任务不可重入的本质是，在执行任务切换时，新任务的状态不能为忙。这里有两个典型的情形：

第一种情形，执行任务切换时，新任务不能是当前任务自己。试想一下，如果允许这种情况发生，处理器该如何执行现场的保护和恢复操作？

第二种情形，如图 17-4 所示，不允许使用 call 指令从任务 3 切换到任务 2 和任务 1 上。如果不禁止这种情况的话，任务之间的嵌套关系将会因为 TSS 任务链接域的破坏而错乱。

处理器是通过 TSS 描述符的 B 位来检测重入的。因中断、iret、call 和 jmp 指令发起任务切换时，处理器固件会检测新任务 TSS 描述符的 B 位，如果为“1”，则不允许执行这样的切换。

17.4 用 jmp 指令发起任务切换的实例

保护模式下的中断和异常中断处理要在第 18 章才能详细阐述；和中断有关的任务切换也将在第 18 章介绍。在本章，我们重点关注的是用 call、jmp 和 iret 指令发起的任务切换。

回到代码清单 17-1 中。

内核任务显示了自己的信息之后，接下来创建一个或多个用户任务。像往常一样，我们先要创建一个任务控制块 TCB。第 1013、1014 行，分配内存以创建 TCB；第 1015 行，将 TCB 中的任务状态设置为就绪，因为它不会立即投入运行。在 TCB 内，偏移为 0x04 的地方指示任务状态。状态是我们自己定义的，跟处理器无关。我们用 0 表示任务就绪；0xFFFF 表示任务为忙；0x3333 表示任务已经终止。第 1016 行，将用户任务的 TCB 加入 TCB 链表中。

现在我们开始加载和重定位用户程序，并将它创建为任务。第 1018～1021 行，将用户程序在硬盘上的起始逻辑扇区号，以及 TCB 的线性地址压入栈中，紧接着调用 load_relocate_program。

在例程 load_relocate_program 中，第 582～686 行，像往常一样，我们首先要创建局部描述符表 LDT，加载用户程序，创建用户程序每个段的描述符，并将它们安装到 LDT 中。这段代码和上一章是相同的，毕竟，在这一章里，用户程序有所改变，但主要是程序的功能发生了变化，程序的结构并没有变化，尤其是，头部段的结构并没有任何变化。

第 689～730 行重定位用户程序的符号—地址检索表。需要说明的是，在用户程序的头部段中，符号—地址检索表添加了一个新的符号 InitTaskSwitch，它用来主动发起任务切换，从当前任务切换到另一个任务。可以想象，在内核程序的符号—地址检查表中，也有这个符号。

确实如此，在第 492 行，内核的符号—地址检索表中定义了符号@InitTaskSwitch，从表项的内容可以看出，它位于公共例程段，对应的例程是 initiate_task_switch。

对用户程序符号—地址检索表的处理还是这一段代码，和上一章相比完全相同，没有任何区别。表的条目可以变化，但是处理它的代码不用改变，我们只需要知道符号—地址检索表的起始位置，以及表的条目数就可以了。

第 732～786 行创建 0、1 和 2 特权级的栈段描述符和选择子，这是为通过调用门转移控制而准备的。代码还是以前的代码，也没有任何变化。

第 788～794 行创建 LDT 描述符并安装在 GDT 中，同时将返回的 LDT 描述符选择子登记在任务控制块 TCB 中。

第 797～857 行创建任务状态段 TSS，并在 TSS 中登记相关的信息。有关 TSS 的结构，请参见第 16 章的图 16-2。

第 804～832 行在 TSS 中依次填写任务反向链，以及 0、1 和 2 特权级的栈段选择子，还有初始栈指针。然后，登记任务的 LDT 选择子、I/O 许可位映射区偏移、T 标志和 CR3。CR3 和分页有关，以后再说。

在上一章，内核还没有成为一个独立的任务，而单纯只是用户任务的全局部分。所以，用户程序加载之后，我们是模拟调用门返回，从全局部分返回私有部分。在这一章，内核自身也成了一个独立的任务，而且在这个时候，内核任务是当前正在执行的任务。所以，当我们创建了用户任务之后，将使用任务切换的方式，从内核任务切换到用户任务。切换到用户任务时，一定会从用户任务的 TSS 中恢复现场，即使是用户任务第一次执行。那么，为了确保任务的第一次切换能够成功，我们应该在 TSS 中设置哪些必要的内容呢？

首先是 0、1 和 2 特权级的栈段选择子，以及初始的栈指针（已经在前面设置过了）；然后是通用寄存器的内容，每当任务切换时，要从这里恢复到对应的寄存器。在任务第一次执行时，这些内容大部分都不重要，因为通用寄存器的内容是随着程序的执行而不断变化的，而且从来也不需要提前准备好。

标志寄存器 EFLAGS 和指令指针寄存器 EIP 需要提前设置。标志寄存器中的个别标志，比如 IOPL 字段，对任务的执行比较重要。同时，指令指针寄存器 EIP 需要设置为用户任务入口点的段内偏移量。这样，当第一次切换到用户任务时，就可以从它的入口点开始执行。

段寄存器 GS、FS、DS、SS、ES 可以提前设置，或者在用户任务开始执行后再进行初始化也不迟。CS 很特殊，必须在这里设置而且必须设置为用户任务入口点的代码段选择子。这样，当第一次切换到用户任务时，就可以从它的入口点开始执行。

最后，如果用户任务有自己的 LDT，还必须在 TSS 里填写 LDT 选择子；如果有 I/O 许可位映射区，还必须在这里设置映射区的偏移量。

在内核程序中，第 835～848 行用于从用户程序头部中取出每个段的选择子，并填写到 TSS 里。首先，从栈中取出 TCB 的基地址；然后，通过 4GB 的内存段访问 TCB，取出用户程序加载的起始地址，这也是用户程序头部的起始地址。

接着，依次登记指令指针寄存器 EIP 和各个段寄存器的内容。因为这是用户程序的第一次执行，所以，TSS 中的 EIP 域应该登记用户程序的入口点，CS 域应该登记用户程序入口点所在的代码段选择子。

第 850～854 行将 TSS 中的 ES、FS 和 GS 部分统统设置为 0。在用户任务开始执行后，如果需要，可以随时对它们进行设置。

第 856、857 行，先将寄存器 EFLAGS 的内容压入栈，再将其弹出到 TSS 中 EFLAGS 域。注意，这是当前内核任务寄存器 EFLAGS 的副本，新任务将使用这个副本作为初始的 EFLAGS。一般来说，此时寄存器 EFLAGS 的 IOPL 字段为 00，将来新任务开始执行时，会用这个副本作为处理器寄存器 EFLAGS 的当前值，并因此而没有足够的 I/O 特权。

再往下看，第 860～865 行创建 TSS 描述符，并把它安装在全局描述符表 GDT 中。安装之后在 CX 里返回 TSS 的选择子，我们将它登记在任务控制块 TCB 中，将来在任务切换的时候需要使用它。最后，ret 指令使控制从当前例程返回，完成用户任务的创建工作。

我们回到返回点，在创建了一个任务之后，我们还可以继续创建其他任务。在程序中，被注释掉的部分（第 1023～1032 行）用于创建另一个任务。这部分指令是可以执行的，而且没有任何问题，我建议你试试，把前面的分号去掉，看看执行之后有什么效果。这部分指令实际上是重新加载同一个程序，这是合法的。可以用同一个程序来创建很多任务，它们之间都是独立的。

现在，我们已经拥有了一个用户任务，接下来，在内核任务中，我们构造了一个任务管理的循环，用来发起从内核任务到其他任务的切换，回收已终止任务的资源，或者也可以选择创建新的任务。

在多任务系统中，所有任务都是平等地参与任务切换，包括内核任务。切换到用户任务时，用户任务执行，切换到内核任务时，内核任务执行。只不过用户任务做自己的私事，而内核任务的工作是对整个系统进行管理。

现在正在执行的任务是内核任务。创建了第一个用户任务后，返回点是标号.do_switch。在这里，内核任务调用例程 initiate_task_switch 主动发起一个任务切换。

例程 initiate_task_switch 用来执行任务调度。如果某个任务想把处理器的控制权让给别的任务，自己休息一会儿，它可以调用这个内核例程，这样就可以让别的任务获得执行机会。因为这是主动放弃执行权，任务切换靠的是自觉自律、互相配合，所以叫协同式任务切换。

例程 initiate_task_switch 位于内核的公共例程段，既不需要传入参数，也不输出任何东西，它只是执行任务调度，其基本的方法是从任务链表中找到下一个状态为空闲的任务，然后切换到这个任务。我们来看一下这个过程是如何实现的。

我们知道，所有任务都有一个任务控制块 TCB，而且它们是串在一起的，形成一个链表。链表上的每个 TCB 内记录着下一个 TCB 的线性地址，如果这个线性地址为 0，意味着它是链表上的最后一个 TCB。

除了下一个 TCB 的线性地址，每个 TCB 内还记录着当前任务的状态。状态为 0xFFFF 表明任务为忙，也就是当前正在执行。如果状态是 0，意味着任务是就绪的，可以随时切换到它。如果任务的状态是 0x3333，表明任务已经终止，不能切换到这样的任务，而只能由内核回收它的资源。

为了简单起见，我们的任务调度策略很简单，那就是，顺着 TCB 链表，找到当前正在执行的任务，也就是状态为 0xFFFF 的任务。然后，继续顺着链表往后寻找，直至找到一个就绪的任务，也就是状态为 0 的任务，并切换到这个任务。随着任务的切换，两个任务的状态也改变了。所以要将旧任务的状态从 0xFFFF 改为 0，将新任务的状态从 0 改成 0xFFFF。

这里有两个特殊情况。首先，如果链表中只有一个任务，那它肯定是状态为忙的任务。此时，无法执行任务切换；另一种情况是，因为我们每次是先找状态为忙的任务（当前任务所对应的链表节点），然后再找就绪任务。如果状态为忙的任务位于链表末端，那么，我们必须返回链表的头部，从头开始寻找状态为就绪的任务。

显然，我们的任务调度策略就是不改变链表节点，任务的切换有点像击鼓传花，每个任务都有被公平切换的机会。

现在进入例程 initiate_task_switch，它从代码清单 17-1 的第 356 行开始，用来主动发起任务切换。例程一开始，我们先压栈保护所有通用寄存器，以及 DS 和 ES。然后，令 ES 指向内核数据段，令 DS 指向 4G 字节内存段。

为什么要访问内核数据段呢？因为，链表第一个节点的线性地址保存在内核数据段中。另外，在链表中，每个节点的地址都是线性地址，只能通过 4G 字节的内存段来访问。

第 369 行，访问内核数据段，从标号 tcb_chain 那里取得链表第一个节点的线性地址，保存到 EAX。接下来，我们从这个节点开始，寻找状态为忙的任务，也就是当前正在执行的任务。第 373 行，判断当前节点的状态是不是 0xFFFF。如果是，则它就是当前任务，是忙任务，于是，第 374 行的 cmove 指令将 TCB 的线性地址传送到 ESI 保存起来供后面使用。cmove 指令只有在比较结果相等的时候才会执行传送操作。

如果比较的结果是相等的，也就是找到了状态为忙的任务，不但 cmove 指令会执行传送操作，jz 指令也会发生转移，转移到标号.b1 处，寻找一个就绪的任务。

相反的，如果比较的结果是不相等，也就是没找到状态为忙的任务，则 cmove 指令不执行传送操作，jz 指令也不会发生转移，而是继续执行第 376、377 行，从当前 TCB 中取得下一个 TCB 节点的线性地址（在每个节点内，偏移为 0 的地方就保存着下一个节点的线性地址），然后用 jmp 指令再返回到.b0，继续沿着链表寻找为忙的任务。

注意，在这个循环中，我们并没有判断是否已经到达链表尾部。这可能是一个隐患或者错误。但是请想一想，在任何时候，系统中都会有一个状态为忙的任务。如果系统中只有一个任务，它必然是内核任务，而且状态为忙。所以，如果链表中找不到一个状态为忙的任务，说明更严重的问题已经出现了，在这里纠错是无济于事的。

回到正题。一旦找到了状态为忙的当前任务，那么，需要寻找一个就绪的任务，而且它必须位于当前忙节点的下游。从标号.b1 开始，EAX 中保存了当前忙节点的线性地址。第 381 行，取得下一个节点的线性地址并保存在 EBX 中。和上面不同，这里必须要判断是否已经到达链表尾部，因为链表中可能不存在就绪任务。想想看，系统中可能只有一个任务而且它是内核任务。

第 382 行判断下一个 TCB 的线性地址是否为 0。为 0 就说明当前节点是链表最后一个节点，需要转移到标号.b2 处，从链表开头重新反向寻找。

如果下一个节点是存在的，那么，第 384 行判断它的状态是不是就绪。如果就绪，第 385 行的 cmove 指令将这个节点的线性地址传送到 EDI。接着，jz 指令转移到标号.b3 处，执行任务切换。如果不是就绪任务的节点，则 cmove 指令不会传送，jz 指令也不会转移，而是继续往下执行第 387 行，把这个节点的线性地址传送到 EAX，jmp 指令返回.b1 处继续顺着链表往下寻找。

我们话分两头，先来看到达链表尾部时的处理。在标号.b2 处，重新从 tcb_chain 这里取出链表首节点的线性地址到 EBX。然后第 391～399 行从首节点开始，寻找就绪状态的节点。如果找到了，就把它的线性地址传送到 EDI，然后转移到标号.b3 处执行任务切换；如果没有找到，而且下一个节点的线性地址是 0，表明又到了链表尾端，同时也意味着链表中不存在就绪任务，jz 指令转移到标号.return 处，返回调用者，而且本次并没有执行任务切换。

无论在什么时候，只要程序的执行能够到达标号.b3，说明正在执行的任务和就绪任务都已经找到了，而且 ESI 中保存着忙任务的 TCB 线性地址；EDI 保存着就绪任务的 TCB 线性地址。于是，第 403～404 行将当前（忙）任务和就绪任务的状态反转，忙任务的状态从 0xFFFF 反转为 0，就绪任务的状态从 0 反转为 0xFFFF。反转操作使用 not 指令，我们知道，not 指令将操作数的每一比特反转，0 反转为 1，1 反转为 0。所以，如果原来是 0xFFFF，反转之后是 0；如果原先是 0，反转之后是 0xFFFF。

重新设置了两个任务的状态之后，第 405 行，jmp far 指令发起任务切换。

总体上，任务切换有两种方式，一种是通过处理器硬件执行任务切换，一种是软件自己执行任务切换。通过处理器硬件执行任务切换比较简单，但是处理器内部要执行各种复杂的检查工作，比较费时，所以没有操作系统使用。

硬件任务切换本身有多种方法，可以使用 jmp far 指令，也可以使用 call far 指令，还可以在中断及中断返回时执行任务切换。同时，为了完善硬件任务切换，还引入了一个新的描述符，叫作任务门。因为操作系统不使用硬件任务切换，所以，我们只重点介绍 jmp far 指令发起的硬件任务切换。

在程序中，这是一条间接绝对远转换指令，转移的目标位置需要访问内存得到。EDI 保存的是就绪任务的 TCB 线性地址，在 TCB 内，偏移为 0x14 的地方，保存着任务的 TSS 基地址和 TSS 选择子，一共 6 字节。

和往常一样，在保护模式下，这条指令取出刚才那 6 字节，用其中的选择子到 GDT 中寻找对应的描述符。但是它会发现，这是一个 TSS 描述符，而不是普通的代码段描述符。此时，处理器就知道，应该发起任务切换，而且忽略段内偏移量部分。

使用 jmp far 执行任务切换时，处理器固件要做很多检查和设置工作。比如检查新任务 TSS 描述符的 P 位是否为 1（任务状态段 TSS 是否在内存中），TSS 描述符中的界限值是否有效；B 位是否为 0（任务不忙）。然后，清除旧任务的 B 位，保存当前任务（旧任务）的状态到它的任务状态段 TSS 中。保存的内容包括所有通用寄存器、所有段寄存器（16 位选择器部分）、寄存器 EFLAGS，以及指令指针寄存器 EIP。

注意，当前任务的代码段寄存器 CS 指向内核公共例程段，指令指针寄存器 EIP 指向下一条指令 pop es。因此，保存当前任务的状态时，保存的 CS 是指向公共全程段的；保存的 EIP 是指向这条 pop es 指令的。当下一次任务又切换回来时，还是从这条 pop es 指令继续执行。

保存了旧任务的状态之后，接下来，处理器固件还要设置新任务的 B 位（置为 1）；用新任务的 TSS 选择子和 TSS 描述符加载任务寄存器 TR；从新任务的 TSS 中将状态数据加载（恢复）到处理器的各个寄存器，包括寄存器 LDTR、PDBR（控制寄存器 CR3）、寄存器 EFLAGS、寄存器 EIP、通用寄存器，以及所有段寄存器。

完成以上工作之后，开始执行新任务。在当前系统中，第一次任务切换时，是从内核任务切换到用户任务。用户任务创建时，在 TSS 中登记的 CS 是用户程序代码段，登记的 EIP 是其入口点在代码段内的偏移量。所以，第一次从内核任务切换到用户任务后，就从其入口点开始执行。

来看代码清单 17-2。

用户任务的入口点位于标号 start 这里，也就是第 69 行。当初创建用户任务时，记录在 TSS 中的 DS 是指向用户程序头部段的。任务切换后，会从 TSS 中恢复到 DS。也就是说，用户任务开始执行时，DS 是指向用户程序头部段的，第 71、72 行把它传送到 FS 保存，其主要目的是保存指向头部段的指针以备后用，同时，腾出段寄存器 DS 来完成后续操作。毕竟在访问数据段时，不加段超越前缀会方便很多。紧接着，第 74、75 行让 DS 指向用户程序自己的数据段。

接下来的工作是显示问候语，并报告自己的当前特权级别。在用户程序的数据段中，从标号 message_1 开始分 5 行定义了一个字符串。第 1 行是回车和换行；第 2 行和第 3 行都是字符串；第 4 行有自己的标号 cpl，在 cpl 这里是一个数值为 0 的字节，它有特殊的用处，将来要替换成一个数字字符，我们马上就要讲到。最后一行是句点、回车换行，以及一个字符串的终止标志 0。

我们知道，段寄存器 CS 的低 2 位是当前特权级 CPL。第 77 行将 CS 的内容传送到 AX，再用第 78 行保留 AL 的低 2 位，其他比特清零；第 79 行将它加上 0x30，转换成可显示和打印的字符编码。于是，我们就在 AL 中得到了用数字字符表示的当前特权级。紧接着，第 80 行访问用户程序数据段，把这个表示当前特权级的数字字符保存到标号 cpl 处。

保存之后，第 82、83 行调用接口例程 PrintString 打印标号 message_1 处的字符串，其显示效果为：

```
        [USER TASK]: Hi! nice to meet you,I am run at CPL=3.
```

括号中显示了消息来源，来自用户任务，这段话的意思是“嗨！遇到你很高兴，我的当前特权级 CPL 为 3”。

打印了这个字符串之后，第 85、86 行又打印另一个字符串，这个字符串也位于用户程序数据段内，是从标号 message_2 处开始定义的，其打印效果为：

```
        [USER TASK]: I needs to have a rest...
```

消息同样来自用户任务，它的意思是“我现在需要休息一会儿。”

打印两个字符串之后，用户任务也没什么别的事做，于是调用接口例程 InitTaskSwitch 请求任务调度，实际上就是要发起任务切换。通过这个接口，调用的是内核例程 initiate_task_switch。

我们知道，可以使用一个时钟中断，周期性地发起任务切换。如果不使用中断，则每个任务都应该在适当的时候主动转换到其他任务，以免计算机的操作者发现别的任务都僵在那里没有任何反应。如果每个任务都能自觉地做到这一点，那么，这种任务切换机制被称为是协同式的。

一般来说，可以在任务内的任何地方设置一条任务切换指令，以发起任务切换。当然，如果你是为某个流行的操作系统写程序，必须听从操作系统设计者的建议，他们的软件开发指南上会告诉你怎么做。

就目前来说，系统中只有两个任务，一个内核任务，一个用户任务。所以，本次任务切换将切换到内核任务。

回到代码清单 17-1。

当初我们是在第 405 行切换到用户任务的。在保存内核任务的状态时，保存的 EIP 是指向第 408 行的 pop es 指令的，内核恢复执行时，就继续从这条指令开始执行，然后通过 retf 指令返回到当初调用这个例程的地方。

第 1038 行是内核任务的返回点，在此处，内核任务显示一行文本：

```
        [CORE TASK]: I am working!
```

显然，这是内核任务在说话，它说：“我正在工作！”。显示的字符串位于内核数据段，是在标号 core_msg2 处定义的。

显示了字符串之后，内核任务可以做一些管理工作，比如创建新的任务。第 1042～1050 行就是用来创建一个新的任务，但是我们把它注释掉了，你可以去掉前面的分号，然后运行一下看看效果。

在整个系统中，任务切换来切换去，有些任务完成了自己的工作，会退出并终止运行。因此，内核任务的另一个工作是对已经终止的任务进行清理，回收它占用的资源。清理工作是通过调用例程 do_task_clean 来完成的，这个例程位于内核公共例程段。

例程 do_task_clean 位于第 452 行，它主要的工作是搜索 TCB 链表，找到状态为“终止”的节点，然后将这个节点从链表中拆除，同时回收任务占用的各种资源，包括它占用的内存空间。为简单起见，这些工作我们都没有做，所以这个例程是空的，只是简单地用 retf 指令返回。

我们的目标只是演示任务切换的过程，因此，第 1055～1066 行用来搜索 TCB 链表，看还有没有就绪任务。如果有的话，就切换到那个任务，没有的话就停机。

第 1055 行，取得链表中首节点的线性地址。第 1056～1061 行组成一个循环，在 TCB 链表中搜索处于就绪状态的节点（任务）。如果找到就绪状态的节点，则转到标号.do_switch 去执行任务管理循环，否则就继续顺着链表搜索，直至链表末端。

事实上在这个时候，系统中有两个任务，当前任务是内核任务，另一个是用户任务，而且用户任务处于就绪状态。所以第 1058 行的 jz 指令将控制转移到标号.do_switch，并再次切换到用户任务执行。

来看代码清单 17-2，现在我们转到用户程序。

用户任务恢复执行后，返回点是第 90 行。此处的两条指令用来显示一条消息，显示的文本位于用户程序数据段，是在标号 message_3 这里定义的，其内容为：

```
        [USER TASK]: I am back again.Now,I must exit...
```

这句话的意思是：“我又回来了。现在，我必须退出了。”

在任何一个用户任务中，一旦完成了自己的工作，就可以终止运行，并把控制权交回到内核。比如我们这个用户任务，它已经没什么事情可做，只能显示一条消息，然后终止程序。

为了终止程序，交回控制权，第 93 行，用户程序必须调用接口例程 TerminateProgram 重新进入内核。通过内核的符号—地址检索表可知，它对应的内核例程是 terminate_current_task。顾名思义，就是终止当前任务。

回到代码清单 17-1，来看内核程序。

例程 terminate_current_task 位于内核的公共例程段，它的工作很简单，就是将当前任务的状态设置为已终止。具体地说，就是从 TCB 链表中找到当前任务，然后将它的状态设置成 0x3333，并切换到另一个就绪任务。注意，执行此例程时，当前任务仍在运行中，而且是在当前任务的全局空间运行，因此，此例程其实也是当前任务的一部分。

这个例程类似于它前面的 initiate_task_switch，它们有很多相似的地方。首先，我们设置 DS 和 ES，为访问链表首节点及后续的节点做准备。接着，第 425 行从内核数据段取得链表第一个节点的线性地址。

第 428～432 行组成一个循环，寻找链表中状态为忙的任务，也就是当前任务。如果找到了，就转到标号.s1 处执行，而且 EAX 里是这个节点的线性地址。

在标号.s1 处，将这个节点的状态改成十六进制的 0x3333，表示它已经终止，可以删除和清理。接着，第 439～444 行组成一个循环，从链表的起始处往后寻找一个状态为就绪的任务。如果找到了，就转到标号.s3 处执行，并且 EBX 里是这个节点的线性地址。

在标号.s3 处，将这个节点的状态改成忙，然后用 jmp far 指令切换到这个任务。由于目前只有两个任务，因此，用户任务终止后，本次任务切换将切换回内核任务。

返回点位于内核程序的第 1038 行，从这里开始再次显示内核消息，然后执行清理工作。接着再次判断任务链表中是否还有就绪任务。这一次肯定是找不到就绪任务了，于是只能显示一条信息，然后停机。

显示的信息来自标号 core_msg3，在内核数据段，其内容为：

```
[CORE TASK]: No task to be switched,sleep!
```

这句话的意思是“没有可以切换的任务，睡觉！”最后，处理器执行 halt 指令，终于变消停了。

17.5 处理器在实施任务切换时的操作

硬件任务切换被 32 位处理器的固件支持，但流行的操作系统并不使用它，所以这方面的内容只需要大体掌握即可（包括本节的内容）。

总体上来说，处理器用以下四种方法将控制转移到其他任务：

- 当前程序、任务或者过程执行一个将控制转移到 GDT 内某个 TSS 描述符的 jmp 或者 call 指令；
- 当前程序、任务或者过程执行一个将控制转移到 GDT 或者当前 LDT 内某个任务门描述符的 jmp 或者 call 指令；
- 一个异常或者中断发生时，中断号指向中断描述表内的任务门；
- 在寄存器 EFLAGS 的 NT 位置位的情况下，当前任务执行了一个 iret 指令。

jmp、call、iret 指令或者异常和中断，是程序重定向的机制，它们所引用的 TSS 描述符或者任务门，以及寄存器 EFLAGS NT 标志的状态，决定了任务是否切换，以及如何发生。

在任务切换时，处理器执行以下操作：

① 从 jmp 或者 call 指令的操作数、任务门或者当前任务的 TSS 任务链接域取得新任务的 TSS 描述符选择子。最后一种方法适用于以 iret 发起的任务切换。

② 检查是否允许从当前任务（旧任务）切换到新任务。数据访问的特权级检查规则适用于 jmp 和 call 指令，当前（旧）任务的 CPL 和新任务段选择子的 RPL 必须在数值上小于或者等于目标 TSS 或者任务门的 DPL。异常、中断（除了以 int *n* 指令引发的中断）和 iret 指令引起的任务切换忽略目标任务门或者 TSS 描述符的 DPL。对于以 int *n* 指令产生的中断，要检查 DPL。

③ 检查新任务的 TSS 描述符是否已经标记为有效（P=1），并且界限也有效（大于或者等于 0x67，即十进制的 103）。

④ 检查新任务是否可用，不忙（B=0，对于以 call、jmp、异常或者中断发起的任务切换）或者忙（B=1，对于以 iret 发起的任务切换）。

⑤ 检查当前任务（旧任务）和新任务的 TSS，以及所有在任务切换时用到的段描述符已经安排到系统内存中。

⑥ 如果任务切换是由 jmp 或者 iret 发起的，处理器清除当前（旧）任务的忙（B）标志；如果是由 call 指令、异常或者中断发起的，忙（B）标志保持原来的置位状态。

⑦ 如果任务切换是由 iret 指令发起的，处理器建立 EFLAGS 寄存器的一个临时副本并清除其 NT 标志；如果是由 call 指令、jmp 指令、异常或者中发起的，副本中的 NT 标志不变。

⑧ 保存当前（旧）任务的状态到它的 TSS 中。处理器从任务寄存器中找到当前 TSS 的基地址，然后将以下寄存器的状态复制到当前 TSS 中：所有通用寄存器、段寄存器中的段选择子、刚才那个寄存器 EFLAGS 的副本，以及指令指针寄存器 EIP。

⑨ 如果任务切换是由 call 指令、异常或者中断发起的，处理器把从新任务加载的寄存器 EFLAGS 的 NT 标志置位；如果是由 iret 或者 jmp 指令发起的，NT 标志位的状态对应着从新任务加载的寄存器 EFLAGS 的 NT 位。

⑩ 如果任务切换是由 call 指令、jmp 指令、异常或者中断发起的，处理器将新任务 TSS 描述符中的 B 位置位；如果是由 iret 指令发起的，B 位保持原先的置位状态不变。

⑪ 用新任务的 TSS 选择子和 TSS 描述符加载任务寄存器 TR。

⑫ 新任务的 TSS 状态数据被加载到处理器。这包括寄存器 LDTR、PDBR（控制寄存器 CR3）、寄存器 EFLAGS、寄存器 EIP、通用寄存器，以及段选择子。载入状态期间只要发生一个故障，架构状态就会被破坏（因为有些寄存器的内容已被改变，而且无法撤销和回退）。所谓架构，是指处理器对外公开的那一部分的规格和构造；所谓架构状态，是指处理器内部的各种构件，在不同的条件下，所建立起来的确定状态。当处理器处于某种状态时，再施加另一种确定的条件，可以进入另一种确定的状态，这应当是严格的、众所周知的、可预见的。否则，就意味着架构状态遭到了破坏。

⑬ 与段选择子相对应的描述符在经过验证后也被加载。与加载和验证新任务环境有关的任何错误都将破坏架构状态。注意，如果所有的检查和保护工作都已经成功实施，处理器提交任务切换。如果在从第 1 步到第 11 步的过程中发生了不可恢复性的错误，处理器不能完成任务切换，并确保处理器返回到执行发起任务切换的那条指令前的状态。如果在第 12 步发生了不可恢复性的错误，架构状态将被破坏；如果在提交点（第 13 步）之后发生了不可恢复性的错误，处理器完成任务切换并在开始执行新任务之前产生一个相应的异常。

⑭ 开始执行新任务。

在任务切换时，当前任务的状态总要被保存起来。在恢复执行时，处理器从寄存器 EIP 的保存值所指向的那条指令开始执行，这个寄存器的值是在当初任务被挂起时保存的。

任务切换时，新任务的特权级别并不是从那个被挂起的任务继承来的。新任务的特权级别是由其段寄存器 CS 的低 2 位决定的，而该寄存器的内容取自新任务的 TSS。因为每个任务都有自己独立的地址空间和任务状态段 TSS，所以任务之间是彼此隔离的，只需要用特权级规则控制对 TSS 的访问就行，软件不需要在任务切换时进行显式的特权级检查。

任务状态段 TSS 的任务链接域和寄存器 EFLAGS 的 NT 位用于返回前一个任务执行，当前寄存器 EFLAGS 的 NT 位是“1”，表明当前任务嵌套于其他任务中。无论如何，新任务的 TSS 描述符的 B 位都会被置位，旧任务的 B 位取决于任务切换的方法。表 17-1 给出了不同条件下，B 位、NT 位和任务链接域的变化情况。

表 17-1 不同任务切换方法对 B 位、NT 位和任务链接域的影响

标志或 TSS 任务链接域	jmp 指令的影响	call 指令或中断的影响	iret 指令的影响
新任务的 B 位	置位。原先必须为零	置位。原先必须为零	不变。原先必须被置位
旧任务的 B 位	清零	不变。原先必须是置位的	清零
新任务的 NT 标志	设置为新任务 TSS 中的对应值	置位	设置为新任务 TSS 中的对应值
旧任务的 NT 标志	不变	不变	清零
新任务的任务链接域	不变	用旧任务的 TSS 描述符选择子加载	不变
旧任务的任务链接域	不变	不变	不变

17.6　程序的编译和运行

首先，虚拟硬盘主引导扇区依然保留和上一章相同的内容。然后，编译本章中提供的两个源程序并写入虚拟硬盘。按要求，从逻辑扇区 1 开始写入内核程序，从逻辑扇区 50 写入用户程序。

完成后，启动虚拟机，应该可以看到图 17-5 所示的画面。

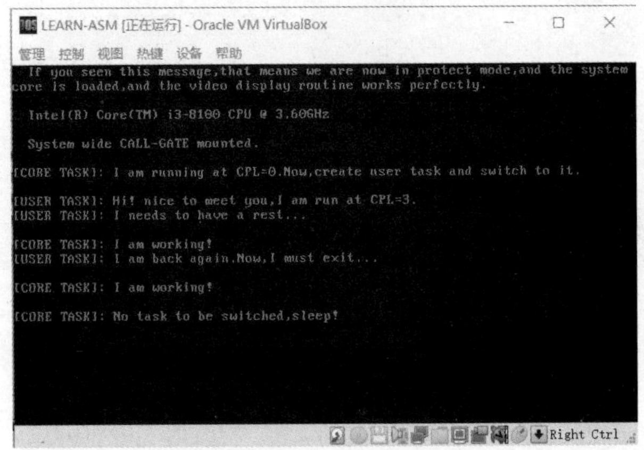

图 17-5　本章程序运行结果

本 章 习 题

在本章的系统中添加第三个任务，观察任务的切换和屏幕输出。

第 18 章

中断和异常的处理与抢占式多任务

这一章的主题是抢占式多任务，既然是抢占，就需要依靠一个无条件发生的中断信号。所以，这一章的程序和上一章相比变化不大，大多数内容还是沿用上一章，只不过是添加了与中断处理有关的代码。

中断和异常中断的内容是很重要的，但是从本书开篇到现在，我们只是讲过实模式下的中断和中断处理。在保护模式下，中断和异常的处理同样很重要，而且和实模式相比，在某些方面还有很大的不同。

本章的目标是：

1．了解保护模式下 x86 处理器中断和异常中断的工作机制，知道中断和异常中断的分类，认识中断描述符表 IDT、中断门和陷阱门；

2．了解使用硬件中断实施抢占式多任务切换的原理和过程；

3．学习几条新的 x86 处理器指令，包括 lidt、bound、nop 和 ud2 等。

18.1　中断和异常

18.1.1　中断和异常概述

你应该对中断并不陌生，毕竟我们已经学习过它的知识，也用它来写过程序。中断和异常的作用是指示系统中的某个地方发生了一些事件，需要引起处理器的注意。当中断和异常发生时，典型的结果是迫使处理器离开当前的执行流程，将控制转移到中断处理程序执行。中断处理结束后，可通过中断返回指令回到被中断的位置继续执行而不失连续性。

1．中断（Interrupt）

中断包括硬件中断和软中断。

硬件中断是由外围硬件设备发出的中断信号引发的，以请求处理器提供服务。当 I/O 接口发出中断请求时，会被像 8259A 和 I/O APIC 这样的中断控制器收集，并发送到处理器。硬件中断完全是随机产生的，与处理器的执行并不同步。当中断发生时，处理器要先执行完当前的指令，然后才对中断进行处理。

软中断是由 int *n* 指令引发的中断处理，*n* 是中断号或者叫类型码。

2. 异常（Exception）

异常就是我们在介绍 16 位汇编语言时所说的内部中断。它们是处理器内部产生的中断，表示在指令执行的过程中遇到了错误的状况。当处理器执行一条非法指令，或者因条件不具备，指令不能正常执行时，将引发这种类型的中断。以上所列的情况都是异常情况，所以内部中断又叫异常或者异常中断。比如，在执行除法指令 div/idiv 时，遇到了被 0 除的情况（除数是 0）；再比如，使用 jmp 指令发起任务切换时，指令的操作数不是一个有效的 TSS 描述符选择子。

异常分为三种，第一种是指令执行异常，或者叫程序错误异常，指处理器在执行指令的过程中，检测到了程序中的错误，并由此而引发的异常。

第二种是程序调试异常，它们是为调试程序而特意准备的礼物。这类异常通常由 into、int3 和 bound 指令主动发起，实际上也是软件引发的异常。这些指令允许在指令流的当前点上检查实施异常处理的条件是否满足。举个例子来说，into 指令在执行时，将检查寄存器 EFLAGS 的 OF 标志位，如果满足为“1”的条件，则引发异常。

第三种是机器检查异常。这种异常是处理器型号相关的，也就是说，每种处理器都不太一样。比如奔腾 4、至强和 P6 处理器族就实现了机器检查架构，用于检测和报告与硬件有关的总线错误、奇偶校验错误、高速缓存错误，等等。当检测到有错误时，将引发此类异常。

根据异常情况的性质和严重性，异常又分为以下三种，并分别实施不同的处理。

- 故障（Faults）。故障通常是可以纠正的，比如，当处理器执行一个访问内存的指令时，发现那个段或者页不在内存中（P＝0），此时，可以在异常处理程序中予以纠正（分配内存，或者执行磁盘的换入换出操作），返回时，程序可以重新启动并不失连续性。为了做到这一点，当故障发生时，处理器把机器状态恢复到引起故障的那条指令之前的状态，在进入异常处理程序时，压入栈中的返回地址（CS 和 EIP 的内容）是指向引起故障的那条指令的，而不像通常那样指向下一条指令。如此一来，当中断返回时，将重新执行引起故障的那条指令，而且不再出错（如果引起异常的情况已经妥善处置）。这意味着，异常并不总是意味着坏消息，相反，很多时候，它是有益的，就像益虫。如果没有异常，虚拟内存管理将无从谈起。
- 陷阱（Traps）。陷阱中断通常在执行了截获陷阱条件的指令之后立即产生，如果陷阱条件成立的话。陷阱通常用于调试目的，比如单步中断指令 int3 和溢出检测指令 into。陷阱中断允许程序或者任务在从中断处理过程返回之后继续进行而不失连续性。因此，当此异常发生时，在转入异常处理程序之前，处理器在栈中压入陷阱截获指令的下一条指令的地址。
- 终止（Aborts）。终止标志着最严重的错误，诸如硬件错误、系统表（GDT、LDT 等）中的数据不一致或者无效。这类异常总是无法精确地报告引起错误的指令的位置，在这种错误发生时，程序或者任务都不可能重新启动。一个比较典型的终止类异常是“双重故障”（中断号为 8），当发生一次异常后，处理器在转入该中断的处理程序时，又发生另外的异常（如该中断处理程序所在的段不在内存中，或者栈溢出）。对于中断处理程序来说，很难从栈中获得有关如何纠正此类错误的明确信息，往往是发生极为重大的错误时才伴随着这种异常，所以再继续执行引起此异常的程序或任务已相当困难，操作系统通常只能把该任务从系统中抹去。

中断和异常发生时，处理器将挂起当前正在执行的过程或者任务，然后执行中断和异常处理过程。返回时，处理器恢复程序或者任务的执行，而且被打断的程序或任务的执行不失连续性，除非遇到一个终止类型的异常。对于某些异常，处理器在转入异常处理程序之前，会在当前栈中压入一个称为错误代码的数值，帮助程序进一步诊断异常产生的位置和原因。

表 18-1 列出了 INTEL 处理器在保护模式下的中断和异常。

表 18-1 保护模式下的中断和异常向量分配

向量	助记	描　述	类型	错误代码	来　源
0	#DE	除法错	故障	无	div 或 idiv 指令
1	#DB	保留			
2	-	NMI	中断	无	不可屏蔽的外部中断
3	#BP	断点	陷阱	无	int3 指令
4	#OF	溢出	陷阱	无	into 指令
5	#BR	对数组的引用超出边界	故障	无	bound 指令
6	#UD	无效或未定义的操作码	故障	无	ud 2 指令，或保护的操作码
7	#NM	设备不可用（无数学协处理器）	故障	无	浮点或者 wait/fwait 指令
8	#DF	双重故障	终止	有（0）	任何会产生异常的指令、NMI 或者硬件中断
9		协处理器段超越（保留）。协处理器执行浮点运算时，至少有两个操作数不在一个段内（跨段）	故障	无	浮点指令
10	#TS	无效 TSS	故障	有	任务切换或访问 TSS
11	#NP	段不存在	故障	有	加载段寄存器或者访问系统段
12	#SS	栈段故障	故障	有	栈操作或者加载段寄存器 SS
13	#GP	常规保护	故障	有	任何内存引用或其他保护检查
14	#PF	页故障	故障	有	任何内存引用
15	-	由 INTEL 处理器保留，不能使用		无	
16	#MF	x87 FPU（浮点处理单元）浮点处理错误	故障	无	x87 FPU 浮点指令或 Wait/Fwait 指令
17	#AC	对齐检查	故障	有（0）	任何内存数据引用
18	#MC	机器检查	终止	无	错误代码（如果有的话）和来源是处理器型号相关的
19	#XM	SIMD（单指令多数据）浮点异常	故障	无	sse/sse 2/sse 3 浮点指令
20～31		INTEL 公司保留，建议不要使用			
32～255		用户自定义的中断	中断		外部中断，或者 int *n* 指令

当中断和异常发生时，NMI 和异常的向量是由处理器自动给出的；硬件中断的向量是由中断控制器芯片送给处理器的；软中断的向量是由指令中的操作数给出的。

从 80486 之后开始，处理器内部一般集成了浮点运算部件 x87 FPU，不再需要安装独立的数学协处理器，所以有些和浮点运算有关的异常可能不会产生（比如向量为 9 的协处理器段超越故障）。wait 和 fwait 指令用于主处理器和浮点处理部件（FPU）之间的同步，它们应当放在浮点指令之后，以捕捉任何浮点异常。

从 1993 年的 Pentium 处理器开始，引入了用于加速多媒体处理的多媒体扩展技术（Multi-Media eXtension，MMX），该技术使用单指令多数据（Single-Instruction，Multiple-Data，SIMD）执行模式，以便于在 64 位的寄存器内实施并行的整数计算。在之后的岁月里，随着处理器的更新换代，该项技术也多次扩展，第一次扩展被称为 SSE（SIMD Extension），第二次是 SSE2，第三次是 SSE3。和 SIMD 有关的异常是从 Pentium Ⅲ处理器开始引入的。

bound（Check Array Index Against Bounds）指令用于检查数组的索引是否在边界之内，其格式为

```
        bound r16, m16
        bound r32, m32
```

其具有两个操作数，目的操作数是寄存器，包含了数组的索引；源操作数必须指向内存位置，在那里包含了两个成对出现的字或者双字，分别是数组索引的下限和上限。如果执行 bound 指令时，数组的索引小于下标的下限，或者大于下标的上限，则产生异常。

ud2（Undefined Instruction）指令是从 Pentium Pro 处理器开始引入的，它只有操作码而没有操作数，机器代码为 0F 0B。

```
        ud2             ;机器码 0F 0B
```

执行该指令时，会引发一个无效操作码异常。该指令没有别的用处，典型地用于软件测试。尽管异常是用该指令故意引发的，但是，在转入异常处理程序时，压入栈中的指令指针是指向该指令的，而非下一条指令。

18.1.2 中断描述符表、中断门和陷阱门

在实模式下，位于内存最低端的 1KB 内存，是中断向量表（IVT），定义了 256 种中断的入口地址，包括 16 位段地址和 16 位段内偏移量。当中断发生时，处理器要么自发产生一个中断向量，要么从 int *n* 指令中得到中断向量，或者从外部的中断控制器接受一个中断向量。然后，它将该向量作为索引访问中断向量表。具体的做法是，将中断向量乘以 4，作为表内偏移量访问中断向量表，从中取得中断处理过程的段地址和偏移地址，并转到那里执行。

在保护模式下，处理器对中断的管理是相似的，但并非使用传统的中断向量表来保存中断处理过程的地址，而是中断描述符表（Interrupt Descriptor Table，IDT）。顾名思义，在这个表里，保存的是和中断处理过程有关的描述符，包括中断门、陷阱门和任务门。

任务门的格式我们已经在前面的章节里介绍过了，中断门和陷阱门的格式如图 18-1 所示。

事实上，调用门、任务门、中断门和陷阱门的描述符非常相似，从大的方面来说，因为都用于实施控制转移，故都包括 16 位的目标代码段选择子，以及 32 位的段内偏移量。由图 18-1 中可见，中断门和陷阱门仅仅有一比特的差别。中断门和陷阱门描述符只允许存放在 IDT 内，任务门可以位于 GDT、LDT 和 IDT 中。

和实模式下的中断向量表（IVT）不同，保护模式下的 IDT 不要求必须位于内存的最低端。事实上，在处理器内部，有一个 48 位的中断描述符表寄存器（Interrupt Descriptor Table Register，IDTR），保存着中断描述符表在内存中的线性基地址和界限。如图 18-2 所示，和 GDT 一样，因为整个系统中只需要一个 IDT 就够了，所以，GDTR 与 IDTR 不像 LDTR 和 TR，没有也不需要选择器部分。

这就意味着，中断描述符表 IDT 可以位于内存中的任何地方，只要 IDTR 指向了它，整个中断系统就可以正常工作。为了利用高速缓存使处理器的工作性能最大化，建议 IDT 的基地址是 8 字节对齐的（地址的数值能够被 8 整除）。处理器复位时，IDTR 的基地址部分为 0，界限部分的值为 0xFFFF。16 位的表界限值意味着 IDT 和 GDT、LDT 一样，表的大小可以是 64KB，但是，事实上，因为处理器只能识别 256 种中断，故通常只使用 2KB，其他空余的槽位应当将

描述符的 P 位清零。最后，与 GDT 不同的是，IDT 中的第一个描述符也是有效的。

中断门

31～16	15	14 13	12 8	7 5	4 0	
中断处理过程在目标代码段内的偏移量31～16	P	DPL	0 D 1 1 0	0 0 0	（不使用）	+4

31～16	15～0	
目标代码段描述符选择子	中断处理过程在目标代码段内的偏移量15～00	+0

陷阱门

31～16	15	14 13	12 8	7 5	4 0	
中断处理过程在目标代码段内的偏移量31～16	P	DPL	0 D 1 1 1	0 0 0	（不使用）	+4

31～16	15～0	
目标代码段描述符选择子	中断处理过程在目标代码段内的偏移量15～00	+0

D位为0时，表示16位模式下的门，用于兼容早期的16位保护模式；为1时，表示32位的门。

图 18-1 中断门和陷阱门描述符的格式

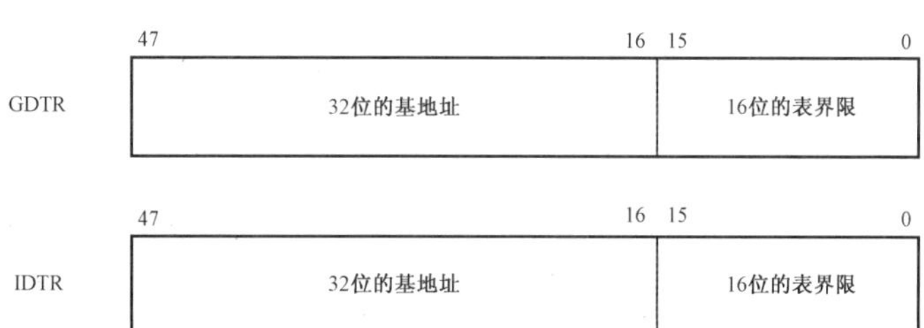

图 18-2 中断描述符表寄存器 IDTR

如图 18-3 所示，在保护模式下，当中断和异常发生时，处理器用中断向量乘以 8 的结果去访问 IDT，从中取得对应的描述符。因为 IDT 在内存中的位置是由 IDTR 指示的，所以这很容易做到。

注意，从图 18-3 中可以看出，这里没有考虑分页，也没有考虑门描述符是任务门的情况，因为任务门的处理比较特殊。中断门和陷阱门中有目标代码段描述符的选择子，以及段内偏移量。取决于选择子的 TI 位，处理器访问 GDT 或者 LDT，取出目标代码段的描述符。接着，从目标代码段的描述符中取得目标代码段所在的基地址，再同门描述符中的偏移量相加，就得到了中断处理程序的 32 位线性地址。如果没有开启分页功能，该线性地址就是物理地址；否则，送页部件转换成物理地址。注意，当处理器用中断向量访问 IDT 时，要访问的位置超出了 IDT 的界限，则产生常规保护异常（#GP）。

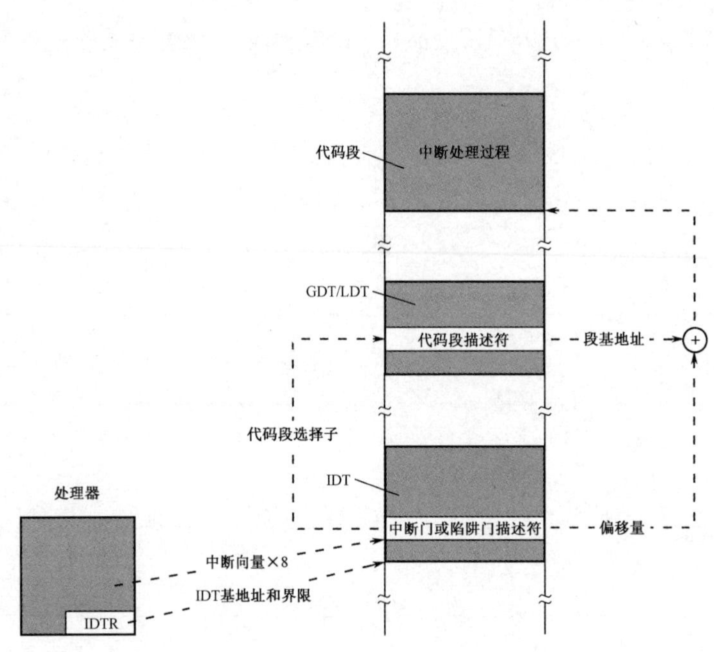

图 18-3 保护模式下的中断处理过程

18.2 本章代码清单

本章有配套的汇编语言源程序，并围绕这些源程序进行讲解，请对照阅读。

本章代码清单：18-1（保护模式微型核心程序），源程序文件：c18_core.asm

本章代码清单：18-2（动态加载的用户程序/任务一），源程序文件：c18_app0.asm

本章代码清单：18-3（动态加载的用户程序/任务二），源程序文件：c18_app1.asm

本章中，主引导程序依然使用第 15 章的 c15_mbr.asm。本章有自己的内核程序，以及两个用户程序。这一章的主题是抢占式多任务切换，既然是抢占，就需要依靠一个无条件发生的中断信号。所以，这一章的程序和上一章相比变化不大，大多数内容还是沿用上一章，只不过是添加了与中断处理有关的代码。

18.3 内核的加载和初始化

18.3.1 创建中断描述符表

先来看代码清单 18-1，这是内核程序。

在这一章里，内核的入口点位于第 960 行，是从标号 start 这里开始的。执行到这里的时候，处理器已经进入保护模式，准备创建内核任务和用户任务并执行任务切换。在此之前，我们必须先准备好保护模式下的中断系统。否则的话，一旦发生中断，后果不可预料。

在进入保护模式之前，我们已经在主引导程序里用 cli 指令关掉了外部硬件中断，只有在初始化中断系统之后，能才使用 sti 指令开放硬件中断，并享受中断的好处。

初始化中断系统的主要工作是创建中断描述符表，并安装了中断处理程序。在此期间，不允许用 sti 指令开放中断，也不能调用公共例程段内的 put_string 例程，原因在于这个例程在本章中有一点点变化，即，在进入例程时用 cli 指令屏蔽了中断，在例程返回前（第 53 行）用 sti 开放了中断。在中断系统初始化完成前，开放中断一定会出现问题。

但是，为什么 put_string 例程要这样做呢？这很容易理解。在多任务系统中，如果前一个任务正在这个例程内执行，正在打印字符串，但还没有打印完所有的字符，中断信号来了，执行任务切换，切换到下一个任务执行。那么，对于被中断的任务来说，剩余的字符只能等到下一次再获得执行权时才能继续输出。如果多个任务都出现这种情况，那么它们的打印输出是什么样子，可想而知，肯定是交错的。为避免这种情况，必须在打印字符串时关闭中断，直至完整地输出一个字符串，然后再开放中断。

中断描述符表是内存里的一个区域，一个内存块。要创建中断描述符表，必须要访问整个 4GB 内存空间，所以第 964～965 行使段寄存器 ES 指向 4GB 内存段。在此之前，我们让段寄存器 DS 指向内核自己的数据段，因为后面还要访问内核数据段，提前做个准备。

在内核程序的开始部分（第 13 行）增加了一个常量 idt_linear_address，被定义为 0x1F000。我们这一章要创建中断描述符表，那么这个常量就用于指定中断描述符表 IDT 的线性地址。由于增加了一个中断描述符表，故本章的内存布局稍有变化，如图 18-4 所示。

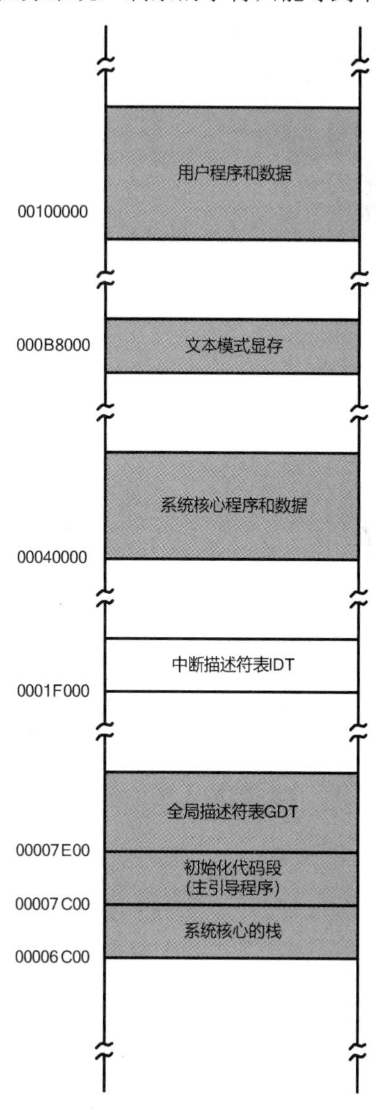

图 18-4　本章的系统内存布局

前面说过，在保护模式下，前 20 个中断向量基本上都是留给处理器内部异常的。原则上，每个异常都需要根据产生的原因单独处理，都需要编写独立的中断处理过程。作为一个正常的、有价值的内核，它必须这样做。但我们这里只是一个简单的内核，只是为了说明问题，所以，所有这些异常都用同一个例程来处理。也就是说，我们只提供了一个例程，用来处理所有异常。

在程序中，这个通用的异常处理程序是 general_exception_handler，起始于第 472 行，属于公用例程段。它很简单，只做两件事，先显示错误信息，然后停机。尽管“异常”两个字听起来是发生了不正常的状况，但并非所有异常都意味着坏消息。实际上，有些异常是有益的，是不可或缺的，我们需要通过它们来执行诸如虚拟内存管理等工作。但是，我们这个系统很简单，不可能面面俱到，也不可能利用异常实施复杂的管理工作，发生异常就意味着无法继续执行，唯一的异常处理办法就是停机。

中断或者异常发生时，不是直接调用中断或者异常处理程序，而是先用中断向量到中断描述符表中寻找对应的描述符，也就是中断门或者陷阱门。然后从中断门或者陷阱门中间接找到中断处理过程。这意味着，我们必须为这个通用的异常处理过程创建中断门，并安装在中断描述符表中。

中断门是在第 971～974 行创建的。首先，将通用异常处理过程在公共例程段内的偏移量传送到 EAX；将公共例程段的选择子传送到 BX；再将中断门的属性值传送到 CX。0x8e00 指示这是一个 32 位的中断门描述符，门的特权级别为 0。准备好三个参数之后，调用 make_gate_descriptor 创建中断门。该过程不但可以用于创建调用门描述符，还可以用来创建中断门、陷阱门和任务门的描述符。

创建的中断门描述符是用 EDX 和 EAX 返回的，需要安装在中断描述符表中，而这个表还没有创建呢。

创建中断描述符表很简单，只需要指定这个表的起始线性地址，并从这个地址开始安装中断门和陷阱门就可以了。

第 976～983 行用来安装对应于 20 个处理器异常的中断门。首先，常量 idt_linear_address 代表中断描述符表的线性地址，我们把它传送到 EBX。即，EBX 指向中断描述符表的起始处。ESI 用来提供表内的偏移量，偏移量从 0 开始计算，你可以将它看成中断向量，或者说中断号。中断号是从 0 开始的，每个中断号所对应的中断门或者陷阱门占 8 字节，因此，用于安装中断门的线性地址是 EBX+ESI×8，被放在 ES 所指向的 4GB 段内作为偏移量。

中断门的低 32 位和高 32 位是分别安装的，而且只安装前 20 个中断向量所对应的中断门，这些中断向量都指向同一个中断处理过程。通过递增 ESI 的值，并将它和 19 比较，就可以控制循环的次数。

x86 处理器允许 256 个中断，除了前 20 个异常，后面还有 236 个中断向量。这些中断向量中，有一部分是 INTEL 公司保留的，另一部分是用户自定义的，留给外部硬件，或者用于软件中断。接下来，我们还要为后面的 236 个中断安装对应的中断门。每个中断向量都需要一个中断门，而且都有自己单独的中断处理程序，这是毫无疑问的。

但是，在这一部分中断向量中，大多数都没有使用。一方面，我们不使用软件中断；另一方面，即使有些硬件能够产生中断信号，也无事可做。所以，通常来说，需要让它们全都指向同一个中断处理过程，然后，如果有些中断向量需要特殊处理，再修改中断描述符表，为它们单独安装自己的中断门，并指向它们自己的中断处理程序。

在程序中，第 986～997 行用于安装通用的中断门，而且所有中断门都指向同一个中断处理程序。通用的中断处理程序是 general_interrupt_handler，它位于第 460 行。这个中断处理过程很简单，只是给 8259A 中断控制器芯片发送中断结束命令，然后返回。你可能说了，并非所有中断都是来自 8259 芯片啊。但是，这是一个通用的中断处理过程，没办法区分，所以只能统一做这样的处理了。

注意，在此处，中断返回用的是 iretd，而不是 iret，这里有什么区别吗？

实际上区别不大。用 bits 32 编译时，它们的机器码都是 CF，指令执行时，处理器按照 32 位的尺寸执行出栈和返回操作（恢复现场时，每次从栈中弹出一个双字）。用 bits 16 编译时，iret 的机器码是 CF，指令执行时，处理器按照 16 位的尺寸执行出栈和返回操作（恢复现场时，每次从栈中弹出一个字）；iretd 的机器码是 66 CF，执令执行时，处理器按照 32 位尺寸执行出栈的返回操作（恢复现场时，每次从栈中弹出一个双字）。下面的示例展示了它们之间的区别：

```
[bits 16]
iret                    ;编译后的机器码为 CF
iretd                   ;编译后的机器码为 66 CF

[bits 32]
iret                    ;编译后的机器码为 CF
iretd                   ;编译后的机器码为 CF
```

第 986～989 行，我们先将刚才那个通用中断处理过程在公共例程段内的偏移量传送到 EAX，再将公共例程段的段选择子传送到 BX，将门的属性值传送到 CX，0x8e00 意味着这是一个中断门。然后，调用 make_gate_descriptor 创建中断门，门描述符是用 EDX 和 EAX 联合返回的。

第 991～997 行，和前面一样，这段程序在中断描述符表中安装 236 个中断门，对应着剩余的 236 个中断向量。安装的门是相同的，来自 EDX 和 EAX。安装过程由一个循环来控制，安装的次数由 ESI 指定，而且它也是中断向量号。这个中断向量号的初始值来自前一段代码执行后的结果（20），其最大值为 255，一共循环 236 次。

通用的中断和异常处理过程基本上什么也不做，但这一章需要用中断来实施任务切换。采用的是哪一个中断信号呢？我们用的是实时时钟中断，默认的中断号是 0x70。也就是说，当发生 0x70 号中断时，不是执行通用的中断过程，而是执行它自己的中断处理过程。实时时钟中断的处理过程是 rtm_0x70_interrupt_handle，它位于内核的公共例程段，主要工作是执行任务切换，或者说是执行任务调度工作。

我们现在需要创建 0x70 号中断的中断门，并安装在中断描述符表中，以替换原先那个通用中断处理过程的中断门。第 1000～1003 行，准备参数并调用 make_gate_descriptor 创建中断门。紧接着，第 1005～1007 行，将中断门安装在中断描述符表中。

到现在为止，我们已经在中断描述符表中安装了 256 个中断门。除了 0x70 号中断，其他中断门都指向默认的中断处理过程或者异常处理过程。0x70 号中断的中断门是独立的，而且指向它自己独立的中断处理过程。

那么，当中断发生时，处理器如何找到中断描述符表呢？我们知道，处理器内部有一个寄存器，叫作中断描述符表寄存器 IDTR，它保存着中断描述符表的线性基地址及长度。现在，应该把中断描述符表的基地址和界限值加载到中断描述符表寄存器（IDTR）中。加载中断描述符表寄存器 idtr 需要使用 lidt 指令，其格式为

```
lidt m
```

在这里，*m* 是一个内存地址，在此地址处有 6 字节的数据。其中，前 2 字节保存着中断描述符表的 16 位界限值，后 4 字节保存着中断描述符表的 32 位线性地址。指令执行时，处理器访问内存，取出这 6 字节，传送到处理器内部的 IDTR。

和 lgdt 指令一样，该指令在实模式下也可以执行，以便于在进入保护模式之前就做好与中断有关的准备工作。在初始状态下（处理器加电或者复位之后），IDTR 的基地址部分被初始化为 0x00000000；界限值为 0xFFFF。注意，LIDT 指令不影响任何标志位。

在内核数据段中，标号 pidt 这里开辟了 6 字节的空间。其中，前 2 字节是中断描述符表的界限值；后 4 字节是中断描述符表的线性地址。界限值和线性地址是在程序中填写的，所以这里初始化为 0。

代码清单 18-1 第 1010 行，向标号 pidt 所在的内存位置写入中断描述符表的界限值，它等于描述符的个数（256）乘以 8 减去 1；紧接着，第 1011 行向 pidt+2 的内存位置写入中断描述符表的线性基地址。IDT 的基地址已经定义为常量 idt_linear_address，可直接使用。

最后，第 1012 行，用 lidt 指令加载 IDTR 寄存器。一旦设置了中断描述符表（IDT），并加载了 IDTR 寄存器，处理器的中断机制就开始起作用了。比如，要是有处理器内部异常发生，就会调用相应的异常处理过程。如果标志寄存器的 IF 位是 1，允许外部中断，那么硬件中断也能得到相应的处理。不过，依目前的状态，还不宜开放硬件中断。

18.3.2 8259A 芯片的初始化

截至目前，中断描述符表 IDT 已经准备好了，而且处理器的中断描述符表寄存器 IDTR 也已经加载完毕，理论上，现在就可以开放中断并对随时到来的中断信号进行处理。但是，事情并没有完，这里还有一个问题，那就是，在保护模式下，如果计算机系统的可编程中断控制器芯片还是 8259A，那就得重新进行初始化。事实上，8259A 并没有过时，在单处理器系统中，它依然健在。

重新初始化 8259A 芯片的原因是其主片的中断向量和处理器的异常向量冲突。计算机启动之后，主片的中断向量为 0x08～0x0F；从片的中断向量是 0x70～0x77，在以 8086 为处理器的系统中，这没有什么问题，在 32 位处理器上，0x08～0x0F 已经被处理器用作异常向量。

好在 8259A（以及 I/O APIC）都是可编程的，允许重新设置中断向量。根据 INTEL 公司的建议，中断向量 0x20～0xFF（32～255）是用户可以自由分配的部分。那么，我们可以设置 8259A 的主片，把它的中断向量改成 0x20～0x27，这样就没问题了。

对 8259A 编程需要使用初始化命令字（Initialize Command Word，ICW），以设置它的工作方式，共有 4 个初始化命令字，分别是 ICW1～ICW4，都是单字节命令。ICW1 用于设置中断请求的触发方式，以及级联的芯片数量；ICW2 用于设置每个芯片的中断向量；ICW3 用于指定用哪个引脚实现芯片的级联；ICW4 用于控制芯片的工作方式。

对 8259A 芯片的编程不是本书的重点，因为这涉及它的内部构造和工作原理，说来话长。同时，这还是一个令人厌恶的芯片，只分配了两个端口，设置起来拐弯抹角，很麻烦。不像有些芯片，每个端口对应着一个命令字，比较简单。

主片的端口号是 0x20 和 0x21，从片的端口号是 0xA0 和 0xA1，要发送初始化命令字给 8259A 芯片，对于主片来说，需要先向 0x20 端口发送 ICW1，而对于从片来说，这个端口是 0xA0。这是一个标志，每次 8259A 芯片接到 ICW1 时，都意味着一个新的初始化过程开始了。

从 0x20/0xA0 端口接受命令字 ICW1 后，8259A 芯片期待从 0x21/0xA1 端口接受命令字 ICW2。但是，它是否期待 ICW3 和 ICW4，还要看 ICW1 的内容。如图 18-5 所示，ICW1 的位 0 决定了是否有 ICW4 命令，位 1 指示是否为多片级联。如果是多片级联，那么，必定有 ICW3 命令。这样一来，8259A 芯片就知道，在接受了 ICW2 命令之后，是否还要在相同的端口（0x21/0xA1）上依次再接受 ICW3 和 ICW4。

注意，在图 18-5 中，深色的比特位表示它已被保留，或者不用，使用图中所标注的固定值（0 或 1）；有些比特虽然不是深色，但也标注了固定值（0 或 1），这些位是有意义的，可以设置或改变，具体的含义可参考芯片手册。但是，之所以在这里采用固定值，是因为就目前的应用环境来说，这是比较通用的合理设置。

来看代码清单 18-1。

第 1015、1016 行，先向 8259A 主片发送 ICW1，端口号是 0x20。从命令上看，这里需要 ICW4，而且指定了多芯片级联方式，中断信号的采集用的是边沿触发方式。因为是多芯片级联，故需要 ICW3。

第 1017、1018 行，通过另一个端口 0x21 向主片发送 ICW2 命令。如图 18-5 所示，ICW2 命令用于设置芯片的中断向量号。芯片每个引脚的中断向量号不需要单独设置，只需要一个起始向量号即可。ICW2 的低 3 位不用，固定为 0，仅高 5 位有效。在这里，ICW2 的值是 0x20，对应着二进制数 00100000，高 5 位是 00100。此时，该芯片的 8 个中断引脚就分别对应着中断向量号 0x20～0x27。

再举个例子，如果 ICW2 的高 5 位是 01101，那么，加上低 3 位的全“0”，它对应的二进制数就是 01101000，即 0x68，该芯片的中断向量为 0x68～0x6F。

第 1019、1020 行，依然通过端口 0x21 向主片发送 ICW3 命令。如图 18-5 所示，发送给主片的命令和发送给从片的命令，是不相同的。因为这里是在设置主片，故该命令字的 7 比特分别表示那个引脚是否连着从片。从命令字上看，是 0x04，即二进制的 00000100，也就是说，该芯片的第 3 个引脚连着从片。

第 1021、1022 行，依然通过端口 0x21 向主片发送 ICW4 命令。如图 18-5 所示，我们发送的命令字是 0x01，这表示要求采用非自动结束方式。对于单片使用的场合，采用自动结束方式较为方便，但多片级联的场合，应当采用非自动结束方式。

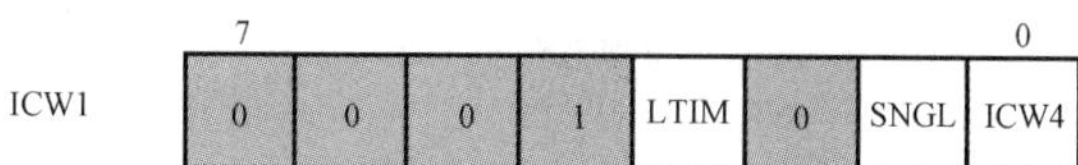

• ICW4——为“0”表示本次初始化不需要发送ICW4命令；为“1”表示必须发送。
• SNGL——为“0”表示系统中有多个级联在一起的8259A芯片；为“1”表示单片使用。
• LTIM——为“0”表示芯片是边沿触发的；为“1”表示电平触发。

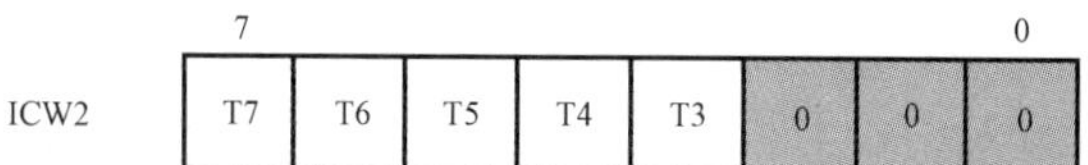

• 通过对高5位（T7～T3）进行设置，以改变该芯片起始的中断向量。比如，当ICW2为0x20时，该芯片的8个引脚分别对应着中断向量0x20～0x27。

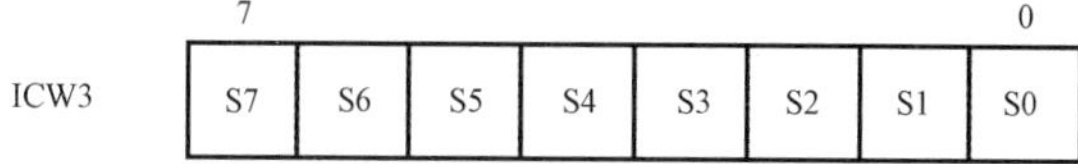

• 对主片发送时，S7～S0对应着芯片的8个引脚。某引脚为了“1”时，表示有从片和它相连。
• 对从片发送时，S7～S3无效，S2～S0组成一个3位二进制数，表示从片连至主片的哪个引脚。

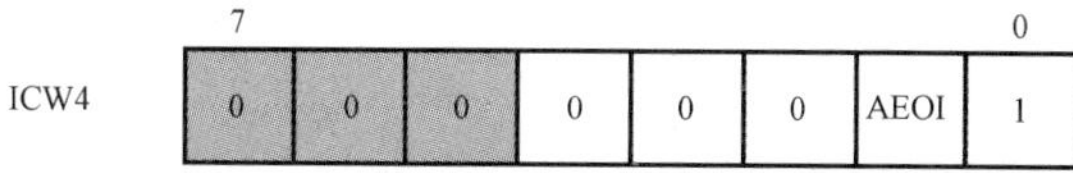

• AEOI——为“0”时，表示非自动结束方式，要求在中断处理过程中明确地向8259A芯片写中断结束命令EOI；为“1”时，表示自动结束方式。一般只在多芯片级联的时候才使用非自动结束方式。

图 18-5　8259A 芯片的初始化命令字

第 1024～1031 行，这些代码用于设置和主片相连的从片，方法大致相同，读者自行分析。

第 1034～1046 行，这段代码专门用于设置和 0x70 号时钟中断有关的硬件状态，包括 RTC

和 8259A。对 RTC 的设置包括允许它产生哪些中断信号，并读一下它的寄存器 C。寄存器 C 在每次读取后自动清零，如果没有清零，RTC 将不会产生中断信号；对 8259A 的设置主要是打通它和 RTC 之间的中断信号通路。这段代码是从第 10 章原封不动地抄来的，在那一章里已经做过讲解，这里不再赘述。

第 1048 行，用 sti 指令设置寄存器 EFLAGS 的 IF 位，开放硬件中断。

中断是计算机系统中一个必不可少的恶魔，不用它便罢，一旦放出了它，就好比打开了潘多拉魔盒。从此之后，如果你处理不当，各种奇怪的程序问题都有可能出现，而且神出鬼没，不容易找到它发生的根源。

这是可以理解的。在一个顺序工作的程序中，很容易用调试工具找到错误指令和出错原因。但是，中断是随机发生的，而且不能确定在中断发生时，处理器将控制转移到了哪里。如果中断处理过程和被中断的程序有着逻辑上的关联，包括状态的依赖和数据的共享和争用，等等，就很不容易发现错误的原因。

18.3.3 中断和异常处理程序的保护

在中断门和陷阱门中指定了段选择子和段内偏移量，用这个段选择子访问 GDT 或者 LDT，取出目标代码段的描述符，再从这个描述符中取出目标代码段的线性基地址，加上段内偏移量，就是中断处理过程的入口地址，就可以进入中断处理过程执行了。

但是，在进入指定的中断处理过程前，和通过调用门实施的控制转移一样，处理器要对中断和异常处理程序进行特权级保护。当目标代码段描述符的特权级（可以用门描述符中的段选择子从 GDT 或 LDT 中找到）低于当前特权级 CPL 时，即，在数值上，

```
CPL＜目标代码段的 DPL
```

时，不允许将控制转移到中断或异常处理程序，违反此规则将引发常规保护异常（#GP）。

不过，中断和异常处理程序的特权级保护也有一些特别之处。具体表现在：

- 因为中断和异常的向量只是一个代表中断号码的数字，没有 RPL 字段，故当处理器进入中断或异常处理程序，或者通过任务门发起任务切换时，不检查 RPL。
- 中断门、陷阱门也有自己的描述符特权级 DPL，即门的 DPL，参见图 18-1。但是，通常情况下不针对该 DPL 进行检查，除了用软中断 int *n* 和单步中断 int3，以及 into 引发的中断和异常。在这种情况下，当前特权级 CPL 必须高于，或者和门的特权级 DPL 相同，即，在数值上，

```
CPL≤门描述符的 DPL
```

这主要是为了防止低特权级的软件通过软中断指令访问一些只为内核服务的例程，如页故障处理。相反的，对于硬件中断和处理器检测到异常情况而引发的中断处理，不检查门的 DPL。

中断和异常是随机产生的，不可预测。但是，有一点是可以确定的，即，它总是发生在某个任务内，是在某个任务正在执行的时候产生的，即使整个系统内只有一个任务。

当中断和异常发生时，任务可能正在特权级别为 0 的全局空间（内核）中执行，也可能正在特权级别为 3 的局部空间内执行。因此，当处理器将控制转移到中断或异常处理程序时，如果处理程序运行在较高的特权级别上（数值上较低的），那么，将切换栈：

- 根据处理程序的特权级别，从当前任务的 TSS 中取得栈段选择子和栈指针。处理器把旧栈的选择子和栈指针压入新栈。毕竟，中断处理程序也是当前任务的一部分。
- 处理器把 EFLAGS、CS 和 EIP 的当前状态压入新栈。

- 对于有错误代码的异常，处理器还要把错误代码压入新栈，紧挨着 EIP 之后，如图 18-6（b）所示。

如果中断处理程序的特权级别和当前特权级别一致，则不用切换栈。

- 处理器把 EFLAGS、CS 和 EIP 的当前状态压入当前栈。
- 对于有错误代码的异常，处理器还要把错误代码压入当前栈，紧挨着 EIP 之后，如图 18-6（a）所示。

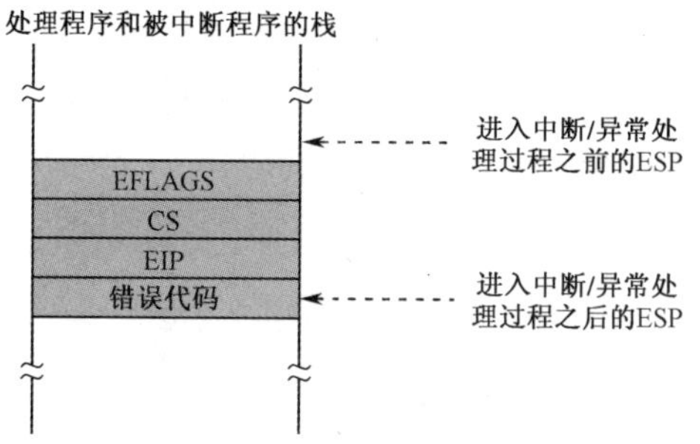

（a）特权级别不变时的栈使用情况

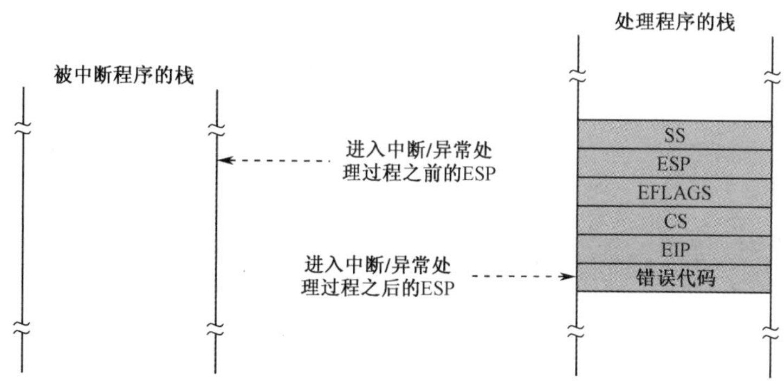

（b）特权级别变化时的栈使用情况

图 18-6 控制转移到中断/异常处理程序时的两种栈使用情况

中断门和陷阱门的区别不大，通过中断门进入中断处理程序时，寄存器 EFLAGS 的 IF 位被处理器自动清零，以禁止嵌套的中断，当中断返回时，将从栈中恢复寄存器 EFLAGS 的原始状态。陷阱中断的优先级较低，当通过陷阱门进入中断处理程序时，寄存器 EFLAGS 的 IF 位不变，以允许其他中断优先处理。

寄存器 EFLAGS 的 IF 位仅影响硬件中断，对 NMI、异常和 int *n* 形式的软件中断不起作用。

18.3.4 中断任务

当中断和异常发生时，如果根据中断向量从 IDT 中找到的描述符是任务门，则不是进行一般的中断处理过程，而是发起任务切换。本节的内容是本书第 1 版就有的，但是，由于流行的操作系统并不使用硬件任务切换和任务门，而且 64 位处理器的 IA-32e 模式不再支持硬件任务切换和任务门，所以本节的内容并不十分重要，有所了解即可。

如图 18-7 所示，这是通过中断发起硬件任务切换的原理。用中断发起任务切换，直觉上的好处是方便。比如，因为硬件中断的发生是客观的，很容易用它来实现一个剥夺式的、抢占式的多任务系统（硬件调度机制）。

不过，这并不是它最主要的目的。想象一下，当前任务正在执行的时候，突然发生了终止类型的异常，比如双重故障（#DF），会怎么样。在这种情况下，要想用 iretd 指令返回到那个任务继续正常执行已无可能。在这种情况下，如果把双重故障的处理程序定义成任务，会非常恰当。当双重故障发生时，执行任务切换，切换到内核任务中去，从容地把发生故障的任务从系统中抹去，回收内存空间，并重新调度其他任务的执行，会是最好的解决办法。具体地说，在中断机制中使用任务门可以获得以下好处：

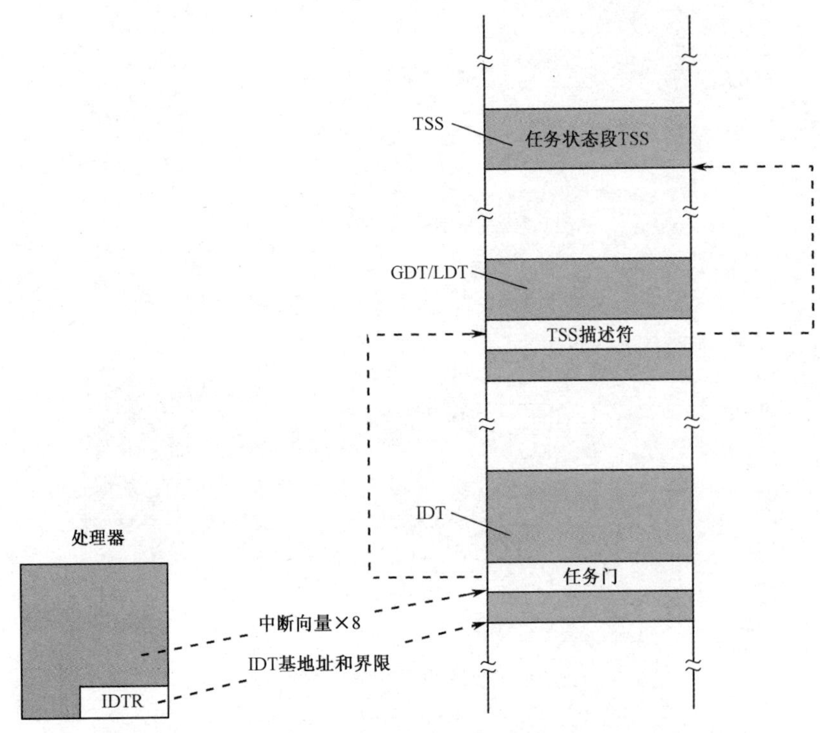

图 18-7　通过中断发起硬件任务切换

- 被中断的那个程序或任务的整个执行环境可以被完整地保存起来（保存到它的 TSS 中）。
- 由于接管控制的是一个新的任务，因此，可以使用一个全新的 0 特权级栈。这可以有效地防止因当前任务的 0 特权级栈遭到破坏而使系统崩溃。
- 由于是切换到一个新任务，因此，它有一个独立的地址空间。

当然，和一般的中断处理过程相比，利用中断发起任务切换也有不利的一面，那就是速度很慢，毕竟要保存大量的机器状态，并进行一系列特权级和内存访问的检查工作。

因中断和异常而发起任务切换时，不再保存 CS、EIP 的状态，但是，在任务切换工作完成后，处理器要把错误代码压入新任务的栈中（如果有错误代码的话）。

任务是不可重入的，因此，在进入中断任务之后和执行 iretd 指令之前，必须关中断，以防止因相同的中断再次发生而产生常规保护异常（#GP）。

作为对任务门的保护，和中断门、陷阱门一样，只对通过 int3、int *n* 和 into 指令发起的任务切换实施特权级检查，即，只有在数值上符合以下条件，才允许通过以上指令发起任务切换：

```
CPL≤任务门的 DPL
```

在其他异常和硬件中断的情况下，不检查任务门的特权级。另外，由于是任务切换，不对目标代码段的特权级别进行检查。

18.3.5 错误代码

有些异常产生时，处理器会在异常处理程序或中断任务的栈中压入一个错误代码。通常，这意味着异常和特定的段选择子或中断向量有关。

如图 18-8 所示，压入栈中的错误代码是 32 位的，但高 16 位不用。

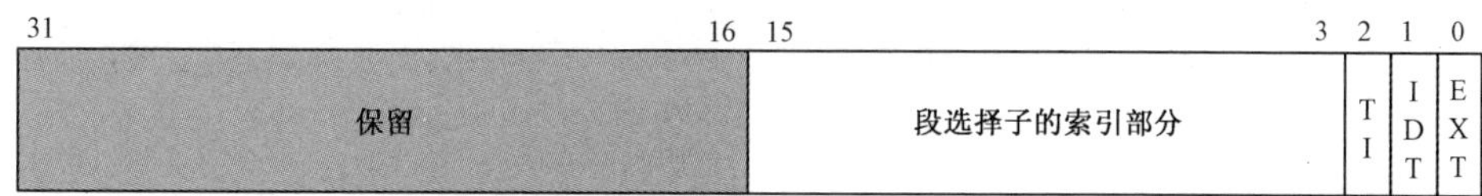

图 18-8 错误代码的格式

EXT 位的意思是，异常是由外部事件引发的（External Event）。此位置位时，表示异常是由 NMI、硬件中断等引发的。

IDT 位用于指示描述符的位置（Descriptor Location）。为“1”时，表示段选择子的索引部分（错误代码的位 15～3）是指向中断描述符表（IDT）的；为“0”时，表示段选择子的索引部分指向 GDT 或者 LDT。

TI 位仅在 IDT 位是“0”的情况下才有意义。此位是“0”时，表示段选择子的索引部分指向 GDT，否则，指向 LDT。

段选择子的索引部分用于指示 GDT/LDT 内的段描述符，或者 IDT 内的门描述符，它就是我们平时所用的段选择子的高 13 位。

有时候，错误代码可能是全零（空），这表示异常的产生并非由于引用了一个特定的段。当然，也可能确实是在引用一个段的时候发生的，而且由于那个段的描述符是空描述符。所谓引用一个段，通常是执行了这样的指令：

```
mov ecx, 0x0008
mov ds, ecx
```

注意，当通过 iret/iretd 指令从中断处理程序返回时，处理器并不会自动弹出错误代码。因此，对于那些有异常代码的异常处理过程来说，必须在执行 iret/iretd 指令前，先从栈中移去（或弹出）错误代码。否则，处理器在执行 iret/iretd 指令时，加载（弹出）到 CS 和 EIP 中的返回地址就是错的。

对于外部异常（通过处理器引脚触发），以及用软中断指令 int *n* 引发的异常，处理器不会压入错误代码，即使它原本是一个有错误代码的异常。分配给外部中断的向量号在 31～255 之间，出于特殊的目的，外部的 8259A 或者 I/O APIC 芯片可能会给出一个 0～19 的向量号，比如 13（常规保护异常#GP），并希望进行异常处理。在这种情况下，处理器并不会像通常那样压入错误代码。同样的，用软中断指令

```
        int 0x0d                ;向量号13，常规保护异常#GP
```

有意引发的异常，也不会压入错误代码。

18.3.6 用定时中断实施任务切换

我们知道，计算机主板上有实时时钟芯片 RTC，可以定时产生更新周期结束中断信号。可以设置 RTC 芯片，使得它每次更新 CMOS 中的时间信息后，便发出这个中断信号。在本书的前半部分，刚开始引入中断的概念时，我们用过这个中断。

RTC 芯片的中断线和 8259A 从片的第 1 个引脚相连，该引脚对应的中断向量已经被我们设置为 0x70，它的处理过程是 rtm_0x70_interrupt_handle。

回到代码清单 18-1。

在用第 1048 行的 sti 指令开放中断后，中断随时可能发生。假定在执行第 1150 行的 mov 指令时发生了 0x70 号中断，那么，这条指令执行完之后，立即响应中断。按照我们前面所讲的，用中断号 0x70 到中断描述符表中取出中断门，进行特权级检查，然后进入 0x70 号中断的处理过程执行。

这个时候，我们还没有创建任何任务，任务寄存器 TR 的内容是无效的。但是没有关系，0x70 号中断的处理过程位于内核公共例程段，公共例程段的特权级是 0，而当前特权级也是 0，所以不需要切换栈，自然也不需要访问任务状态段 TSS 并从中获取栈段选择子和栈指针。

来看 0x70 号中断的处理过程 rtm_0x70_interrupt_handle，由于是硬件中断，因此，第 483～485 行，先要向 8259A 芯片发送中断结束命令 EOI，否则它不会再向处理器发送另一个中断“通知”。

说实在的，用实时时钟的更新周期结束中断来实施任务切换并不是一个好主意。和别的中断相比，它更啰唆，因为必须读一下 CMOS 芯片内的寄存器 C，使它复位一下，才能使 RTC 产生下一个中断信号。否则，它只产生一次中断信号。因此，第 487～489 行就用来做这个工作。如果对此不熟悉，建议回到本书的前面复习一下。

0x70 号中断处理的主要工作是执行任务切换，因此，第 492 行，调用 initiate_task_switch 执行任务调度。这个例程和上一章不太一样，做了一点修改。在上一章里，进入这个例程之后，我们没有判断任务控制块链表是否为空。这是因为，上一章我们是协同式任务切换，对这个例程的调用总是在某个任务内部进行，所以不用担心任务控制块链表为空。

但是，在这一章里，对这个例程的调用是在中断处理过程内部进行，当中断发生时，系统中可能还不存在任何任务。因此，在这一章里，第 376～377 行是新增加的，用来判断任务控制块链表是否为空，如果为空，则转到标号.return 处，直接返回。除这两行外，其他都和上一章相同，任务切换的过程是一样的。

在多任务系统中，同时有很多任务等待调度。为了记住都有哪些任务，我们使用了任务控制块（TCB），并把它们穿在一起，形成 TCB 链，链上的每个 TCB 称为节点。第 16 章里，图 16-12 给出了 TCB 的基本结构。在这一章里，我们继续使用这个版本的 TCB。

在中断内实施任务切换，可以使用 jmp 指令，从当前正在运行的任务切换到另一个空闲任务。中断的发生是随机的，但是，要在中断处理过程内执行任务切换，处理器必须正在执行一个任务。

如图 18-9 所示，当中断发生时，任务可能正在局部空间执行，也可能正在全局空间内执行，即在内核中执行，毕竟内核被映射到每个任务地址空间的高 2GB。无论是在任务的局部空间执行，还是在全局空间执行，当中断发生时，因为中断处理过程位于内核中，因此，控制都会转移到任务的全局空间，去执行当前的中断处理过程 rtm_0x70_interrupt_handle。

所有任务都共用同一个全局空间，因此，中断处理过程 rtm_0x70_interrupt_handle 也只有一份。尽管如此，当某个任务成为正在执行的当前任务时，它便拥有了该中断处理过程。每个任务在执行该过程时都有自己独立的机器状态和寄存器状态，并使用自己私有的 0 特权级栈段。所以，这里面不存在任何冲突和混乱的情况。

在图 18-9 中，我们是假定中断发生在任务的局部空间。也就是说，任务正在自己的局部空间内执行。此时，将转到全局空间内执行内核的中断处理过程。

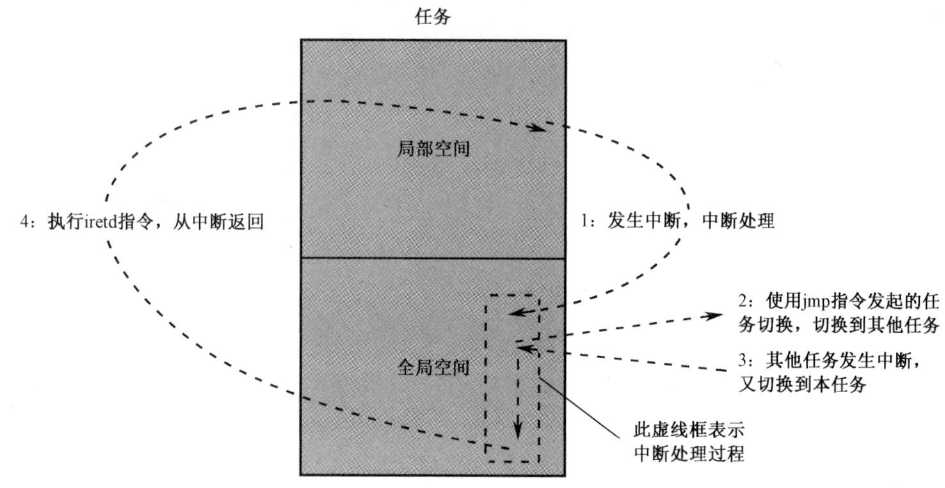

图 18-9 利用硬件中断实施任务切换的全过程

中断处理过程的主要功能是确定下一个应该被执行的任务，并切换到那个任务。整个过程如下：

① 遍历 TCB 链，找到当前任务，也就是寻找那个状态值为 0xFFFF 的节点。如果找不到，或者链表为空，则直接转到步骤⑥。

② 如果找到了，则从当前任务的节点开始继续向后寻找一个状态为空闲的节点，即，状态值为 0x0000 的节点。如果找到，则转到步骤④。

③ 如果到达链表末端也没有找到，则返回链表头，从头寻找，直至再次遇到当前任务的节点。如果还没有找到，直接转到步骤⑥。

④ 如果找到了，将当前任务的状态置为 0x0000，将新任务的状态置为 0xFFFF。

⑤ 使用 jmp 指令从当前任务切换到新任务。

⑥ 执行 iretd 指令，中断返回。

接着看图 18-9，一旦找到了当前为忙的任务，以及那个空闲任务，则按图中所示，使用 jmp 指令发起任务切换，切换到新任务。

另外，非常明显的是，当中断发生、控制转移到其他任务的时候，当前（旧）任务的状态是停留在中断处理过程中的，该任务的 TSS 可以保存这一状态。当下一次从其他任务切换到这个任务后，将继续执行未完成的中断处理过程，并在过程的最后执行 iretd 指令，于是返回到当初发生中断的地方继续执行。在图 18-9 中，是返回到任务的局部空间执行。

18.4 内核任务的创建

回到代码清单 18-1，从第 1050 行开始，下面的内容和上一章相比大同小异。

首先，第 1050～1051 行用来显示一条信息，信息的内容来自标号 message_0，这是在内核数据段定义的，表明我们已经进入保护模式，而且中断描述符表已经设定。

接着，像往常一样，显示处理器品牌信息，安装调用门，对调用门进行测试，然后开始创建内核任务。和上一章不同，创建任务之前，必须先禁止中断（第 1104 行），以防止在处理任务控制块和任务控制块链表期间发生中断。如果任务还没有完整地创建就发生任务切换，就有可能触发异常，从而导致系统崩溃。

内核任务创建后，第 1135、1136 行，用 ltr 指令将内核任务设置为当前任务，然后开放中断。紧接着，第 1139、1140 行，显示一条信息，表明内核任务已经创建并正在运行中。信息的内容来自标号 core_msg1，是在内核数据段定义的。

此时，0x70 号中断始终在发生着。当内核任务创建后，尽管系统中已经有了一个任务，但是可以想象，只有 1 个任务是无法执行任务切换的。

18.5 用户任务的创建和执行

继续来看代码清单 18-1。

第 1143～1153 行用来创建第一个用户任务，这个程序来自硬盘的逻辑 50 扇区，将来我们写虚拟硬盘时，一定要将它写在这个位置。在创建每个任务之前，还是要关闭中断；任务创建之后再开放中断。用户程序的结构与上一章相同，所以，加载的方法也是一样的，例程 load_relocate_program 和上一章相同。

现在，系统中有两个任务，而且当前任务是内核任务。内核任务继续往下执行。如果在执行完第 1153 行的 sti 指令，开放了中断之后，立即发生了 0x70 号中断，将执行任务切换。执行中断处理过程和任务调度例程时，当前任务是内核任务，所以要保存内核任务的状态到它的任务状态段 TSS；然后，将用户任务的状态从任务状态段 TSS 恢复到处理器，任务寄存器 TR 指向用户任务，用户任务就成了当前任务。

来看代码清单 18-2，这是第一个用户程序。

这是用户任务的第一次执行，所以是从用户任务的入口点开始执行，入口点在第 59 行。从入口点进入后，先设置段寄存器 DS，然后，第 67～70 行组成一个无限循环，因为它是用 jmp 指令组成的循环。这个无限循环做什么呢？很显然，它是反复调用 PrintString 打印输出字符串。字符串位于数据段，是一串逗号。因此，当前用户任务的工作是，一旦轮到当前任务执行，就开始不停地打印输出同一个字符串：

```
[USER TASK]: ,,,,,,,,,,,,,,,,,,,,,,,,,
```

显然，这一章的用户程序是无法终止的，因为第 72 行永远没有机会执行。这没有关系，我们只是为了演示任务切换，这只是一个例子。如果需要，你可以修改它，使它变得复杂。

在第一个用户任务的执行期间，如果发生了 0x70 号中断，则又转到中断处理过程，并发起任务切换。这一次是在用户任务中执行中断处理过程的，当前任务是用户任务。执行中断处理过程和任务调度例程时，当前任务是用户任务，所以要保存用户任务的状态到它的任务状态段 TSS；然后，将内核任务的状态从任务状态段 TSS 恢复到处理器，任务寄存器 TR 指向内核任务，内核任务就成了当前任务。

现在，再次转到代码清单 18-1，来看内核程序。

恢复执行的内核任务从哪里恢复执行呢？一定是从第 416 行的 pop es 开始执行的。这是因为上一次任务切换时，被保存起来的指令指针指向这条指令。现在，内核任务的执行从这里开始，返回到中断处理过程 rtm_0x70_interrupt_handle，再从中断处理过程返回到内核任务中上次发生 0x70 号中断的地方，即，第 1156 行的 nop 指令。这里一共有三条 nop 指令，它们是为了说明任务切换而特意添加的。

nop 是一个无操作（No operation）指令，不执行任何操作，机器码是十六进制的 90。这条指令纯粹是消磨处理器时间，看起来好像没有任何意义。但是，在某些特殊情况下又离不开它。举个例子来说，在调试器中，可能需要动态地修改一个正在执行的程序。假定这是内存中正等待执行的一段机器指令序列：

```
…… 8A 0B 08 C9 74 08 ……
```

其中，08 C9 是一个完整的指令，但我们想把它去掉。此时，最好的办法就是将这两个字节改成十六进制数字 90 90，即，改成两个 nop 指令。

添加三条 nop 指令的意图是，我们可以假定处理器在执行这三条指令期间发生了 0x70 号中断。于是，处理器又一次在内核任务中执行中断处理过程并发起任务切换，切换到刚才那个用户任务。此时，由于当前任务是内核任务，所以要保存内核任务的状态到它的任务状态段 TSS；然后，将用户任务的状态从任务状态段 TSS 恢复到处理器，任务寄存器 TR 指向用户任务，用户任务就成了当前任务。

恢复执行的用户任务从哪里恢复执行呢？从第 416 行的 pop es 指令开始。因为上一次任务切换时，被保存起来的指令指针指向这条 pop 指令。现在，用户任务的执行从这里开始，返回到中断处理过程，再从中断处理过程返回到用户任务中上次发生 0x70 号中断的地方继续执行，继续打印字符串。

下一次，当内核任务恢复执行时，将执行代码清单 18-1 的第 1161～1171 行创建另一个用户任务。这个用户任务是从硬盘的逻辑 100 扇区加载的，它对应的程序是代码清单 18-3。在后面，我们把编译后的程序写入硬盘时，应当从逻辑 100 扇区开始写入。

第二个用户程序在结构上和第一个用户程序相同，不同之处仅仅在于，它反复打印输出的是一串字母“C”：

```
[USER TASK]: CCCCCCCCCCCCCCCCCCCCCCC
```

一旦第三个任务创建完毕并开放了中断，系统中就有三个任务在轮流执行。内核任务执行到最后是一个无限循环，也就是代码清单 18-1 的第 1173～1182 行，这是一个循环。无论什么时候切换到内核任务，内核任务获得执行权的时候，都会反复执行这段代码。

在这个循环中，首先显示一个字符串，表明内核任务正在执行：

```
[CORE TASK]: I am working!
```

显示了字符串之后，再调用例程 do_task_clean 来清理已经终止的任务，然后停机。停机可以降低处理器的功耗，但是它会被中断信号唤醒。一旦被中断信号唤醒，则立即用 jmp 指令重新开始下一轮循环。如果是 0x70 号中断，则继续执行任务切换。

18.6 程序的编译和执行

分别编译本章提供的 4 个代码清单，并生成相应的 BIN 文件。

将文件 c15_mbr.bin 写入虚拟硬盘的逻辑 0 扇区，从逻辑 1 扇区开始写入文件 c18_core.bin，从逻辑 50 扇区开始写入 c18_app0.bin；从逻辑 100 扇区开始写入 c18_app1.bin。

启动虚拟机，正常情况下，程序的运行结果与图 18-10 类似。

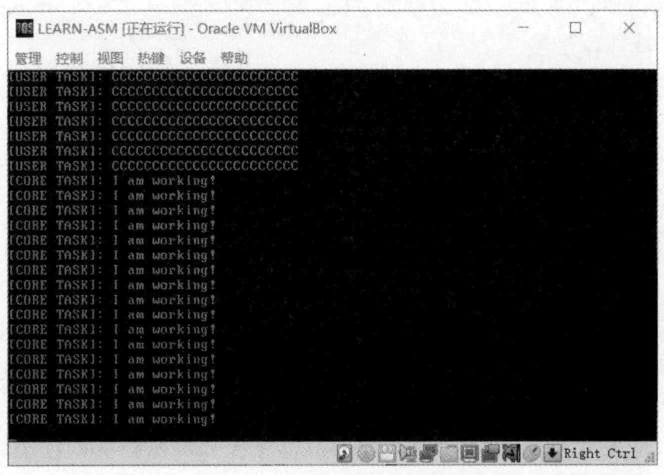

图 18-10　本章程序的运行结果

本 章 习 题

用 Bochs 调试本章的程序，探索在中断处理过程内设置断点的技巧。

第 19 章

分页机制和动态页面分配

INTEL 处理器访问内存的基本策略是分段。在实模式下，段的起始位置必须对齐在 16 字节边界上，而且段的长度最大为 64KB。

进入 32 位保护模式之后，进一步强化了分段功能，并提供了保护机制。此时，段可以起始于任何位置，段的长度可以扩展到处理器的最大寻址范围边界。典型的，早期的 32 位处理器拥有 32 根地址线，因此，段的长度可以扩展到 4GB。

在 32 位保护模式下，对段的访问本着“先登记，后访问”的原则进行。登记就是在 GDT 或 LDT 中登记段的描述符，规定了段的地址和边界，以及访问权限；访问时，则需要拿着一个段描述符的选择子才行，这就是传说中的“虎符”。处理器用段界限和特权级别来审查对段的访问，任何非法的造访行为都会被处理器阻止，并立即拉响警报，也就是所谓的异常中断。

一般来说，人们使用计算机要先安装一个操作系统。在这种情况下，段是由操作系统负责管理的。操作系统加载应用程序，根据程序的要求，为它创建一个或多个段，然后把控制权交给它。

当同时运行的程序和任务很多时，内存可能就不够用了。这时，操作系统的价值就体现出来了。每个段描述符有 A 位，每当访问一个段时，处理器会将其置位。A 位的清零由操作系统定时进行，它可以借此机会统计段的访问频度。当内存不够用时，它可以将那些较少访问的段换出到磁盘上，以腾出空间来给马上要运行的段使用。一旦某个段被挪到磁盘上，操作系统应当将其描述符的 P 位清零。过一段时间，当这个段又被访问时，因其描述符的 P 位是“0”，处理器引发段不存在异常（中断号为 11）。这类中断通常是由操作系统负责处理的，它会用同样的方法腾出空间，将这个段的内容从磁盘调入内存。当这类中断返回时，处理器会再次执行引发异常的那条指令（而不是下一条指令），于是程序又能继续执行了。

但是，因为每个段的长度不定，在分配内存时，随着段在内存中的调入和调出，内存空间会变得支离破碎。到最后，虽然总的可用空间很大，但并不连续。当一个较大的段要调入内存时，虽然内存里确实还有剩余可用空间，但找不到一个长度足够的连续空间来存放这个段。相反的，如果内存中的空闲区域远远大于要加载的段，则虽然分配会成功，但太过于浪费。为了解决以上问题，从 80386 处理器开始，引入了分页机制。

分页功能从总体上说，是用长度固定的页来代替长度不一定的段，借此解决因段长度不同而带来的内存空间管理问题。尽管操作系统也可以用软件来实施固定长度的内存分配，但太过于复杂，由处理器固件来做这件事，可以使速度和效率最大化。

本章的学习目标是：

1．了解页目录、页表的结构和作用，清楚为什么当我们访问一个段中的某单元时，处理器能准确地知道它在哪个页，以及页内位置的基本原理；

2．了解开启分页机制的方法和需要的准备工作；

3．了解任务的全局空间和局部空间是如何与它的页目录建立映射关系的；

4．学习按需分配页面（动态分配页面）的一般方法；

5．因为在分页机制下无法使用物理地址工作，因此，需要掌握用线性地址访问页目录表和页表，并修改目录项及页表项的手段；

6．学习用 Bochs 调试分页机制下的程序；

7．学习若干新的 x86 指令，包括 bts、btr、btc 和 bt 等。

19.1 分页机制概述

19.1.1 简单的分页模型

分段的内存管理模式我们再熟悉不过了，因为这是我们一贯的工作方式。如图 19-1 所示，在处理器中有负责分段管理的**段部件**。每个程序或任务都有自己的段，这些段都用段描述符定义。随着程序的执行，当要访问内存时，就用段地址加上偏移量，段部件就会输出一个线性地址。在单纯的分段模式下，线性地址就是物理地址。

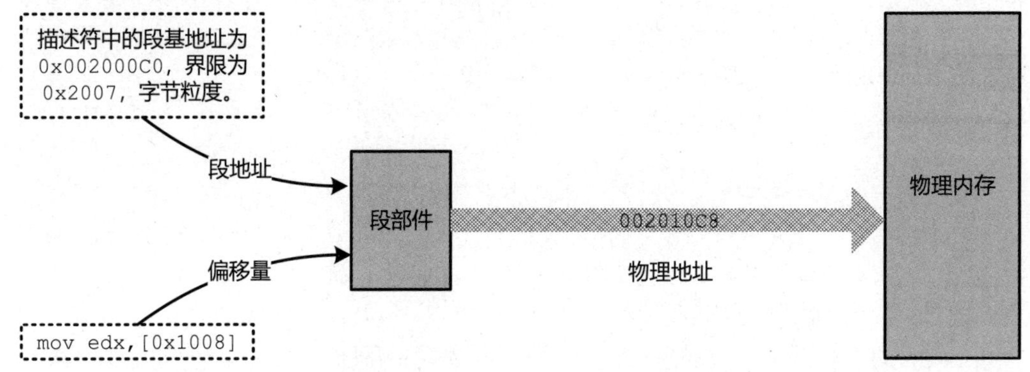

图 19-1　分段机制下的线性地址就是物理地址

正如图 19-1 所示，描述符中的段基地址为 0x002000C0，界限值为 0x2007。因为段的粒度是字节，故该段的长度为 8200 字节。当访问内存时，用段基地址 0x002000C0 加上段内偏移量 0x1008，段部件就会形成线性地址 0x002010C8，这也是物理地址。

我们知道，在多任务环境下，所有任务共用一个全局空间，这个全局空间的尺寸最多可以达到 32TB。这个空间源于我们可以在全局描述符表 GDT 中定义 8192 个段描述符（当然，第一个描述符是不能使用的），而且假定每个段描述符对应一个 4GB 的段。

我们还知道，在多任务环境下，每个任务都有自己独立的局部空间，这个局部空间的尺寸最多可以达到 32TB。这个空间源于我们可以在每个任务的局部描述符表 LDT 中定义 8192 个段描述符，而且假定每个段描述符对应一个 4GB 的段。

显然，对每个任务来说，它可以有 16384 个段描述符，对应着最多 64TB 的空间。但是，典型的 32 位 x86 处理器只能访问 4GB 物理内存，而且是所有任务共享共用的。在这种情况下，如果段描述符的 P 位是 1，表明这个段已经位于物理内存中；如果 P 位是 0，意味着它位于磁盘上，等待读入物理内存（如果物理内存中有自由空间，可直接读入，否则需要将其他段从物理内存调出，并将其 P 位清零）。

在这种内存管理方式下，所有任务共用一个 4GB 物理内存。尽管名义上每个任务有 64TB 的存储空间，但这只是通过磁盘和物理内存之间的置换进行的。

在本章的开头说过，因为每个段的长度不定，在分配内存时，随着段在内存和磁盘之间的调入调出，内存空间会变得支离破碎。到最后，虽然总的可用空间很大，但并不连续。当一个较大的段要调入内存时，虽然内存里确实还有剩余可用空间，但找不到一个长度足够的连续空间来存放这个段。相反地，如果内存中的空闲区域远远大于要加载的段，则虽然分配会成功，但太过于浪费。为了解决以上问题，从 80386 处理器开始，引入了分页机制。

为了支持分页功能，从 32 位处理器开始内置了页管理部件，简称**页部件**，而且页部件是可以选择开启和关闭的。

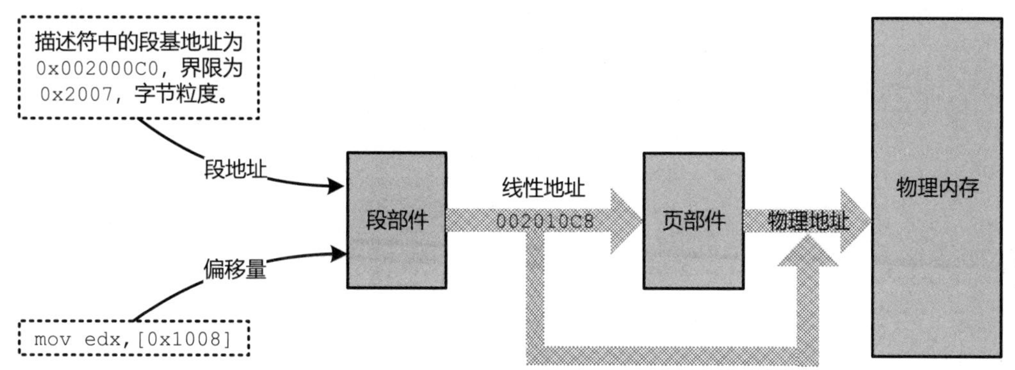

图 19-2 开启分页后，由页部件将线性地址转换为物理地址

如图 19-2 所示，如果页部件没有开启，或者说没有开启页功能，段部件发出的线性地址就是物理地址，直接送到物理内存；如果开启了页部件，则段部件发出的线性地址被送往页部件，需要通过页部件转换为物理地址才能用于访问物理内存。

一旦决定采用页式内存管理，就应当把 4GB 内存分成大小相同的页。但是，页在物理内存中位置是有讲究的，并不是在内存中随便找个位置，说："来，页就从这里开始！"事实上，不是这样的。如图 19-3 所示，页的最小单位是 4KB，也就是 4096 字节，用十六进制数表示就是 0x1000。因此，第 1 个页的物理地址是 0x00000000，第 2 个页的物理地址是 0x00001000，第 3 个页的物理地址是 0x00002000，…，最后一个页的物理地址是 0xFFFFF000。这样，可以将 4GB 内存划分为 1048576（0x100000）个页。很显然，页的物理地址，其低 12 位始终为全零。

段管理机制对于 INTEL 处理器来说是最基本的，任何时候都无法关闭。也就是说，即使启用页管理功能，分段机制依然是起作用的，段部件也依然工作。相反的，在保护模式下，页功能是可选的。

分页机制也没有增加程序员的负担，程序依然是按段来组织的。问题在于，如何将较大的段映射到大小相同的页面上呢？

无论是否开启分页，处理器的段部件都无法关闭，程序也依然是分段的，段也依然是用各自的描述符来描述的，而每个任务的全局部分依然是 32TB，局部空间也依然是 32TB。

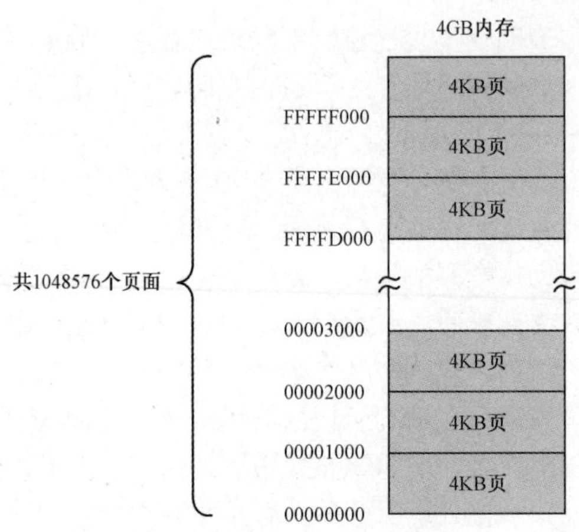

图 19-3　将 4GB 内存划分成以 4KB 为单位的页

但是，分段和分页是两个环节。由于段部件无法关闭，所以我们在写程序的时候必须和往常一样，先定义和安装段描述符，再通过这些段描述符以段地址加偏移量的方式来访问内存。在引入分页功能之前，这些段是在物理内存中定义的，或者说这些段位于物理内存中。

但是，引入并开启了页功能之后，物理内存是按照页来访问的，不是按照段来访问的，不能再用于定义段。此时，我们就需要假想一个新的 4GB 内存空间，并在这个假想的内存中分段，再将这个段拆分并映射到物理内存中的页。在这里，假想的内存空间也叫虚拟的内存空间，我们称之为虚拟内存。

这意味着，每个任务的 32TB 全局空间和 32TB 局部空间不再是映到 4GB 物理内存，而是映射到 4GB 虚拟内存。值得强调的是，开启分页后，所有任务的地址空间是强制分离的。所以，也就等于为每个任务都提供了 4GB 的虚拟内存。即，要求每个任务都有自己独立的 4GB 虚拟内存，而不是共用同一个 4GB 虚拟内存。

从容量上说，每个任务的虚拟内存和真实的物理内存一样大。对于只能访问 4GB 物理内存的计算机系统来说，每个任务的虚拟内存也是 4GB，线性地址范围是 0 到 0xFFFFFFFF。因为每个任务是由全局部分和私有部分组成的，所以，这个 4GB 的虚拟内存空间也被分成两部分，从线性地址 0 到 0x7FFFFFFF 的这 2GB，属于任务的私有内存空间；从 0x80000000 到 0xFFFFFFFF 的这 2GB，属于任务的全局内存空间。

如图 19-4 所示，在一个多任务的系统中，所有任务共享一个全局部分，所以，这意味着，所有任务也共享一个 2GB 虚拟内存空间，线性地址的范围是 0x80000000 到 0xFFFFFFFF。同时，每个任务又都有自己独立的 2GB 虚拟内存空间，线性地址范围也都是 0 到 0x7FFFFFFF。

我们说过，每个任务都有 64TB 的空间，这可以理解为程序的总大小。为了将任务的 64T 空间映射到它自己的 4GB 虚拟内存，可以使用覆盖和替换的方式，轮流使用这 4GB 虚拟内存。但现实中几乎不可能有这么大的程序，一个程序能有 4GB 就很大了。所以，我们不需要考虑如何将 64TB 的程序映射到 4GB 虚拟内存，而只是假定它能够完全映射到 4GB 虚拟内存。

为每个任务引入独立的 4GB 虚拟内存，并将任务的数据和代码整体映射到 4GB 虚拟内存，这只是第一步。

在现实中，任务对应于一些文件，其中最重要的是两类文件：可执行文件，以及可执行文件执行时所用的其他文件。可执行文件中包含了代码段、数据段和栈段的定义，以及段的实际内容；其他文件可以是工作文档、图片、视频、音乐等，它们可以被加载到数据段中进行处理，就像我们以前曾经加载和显示文本一样。

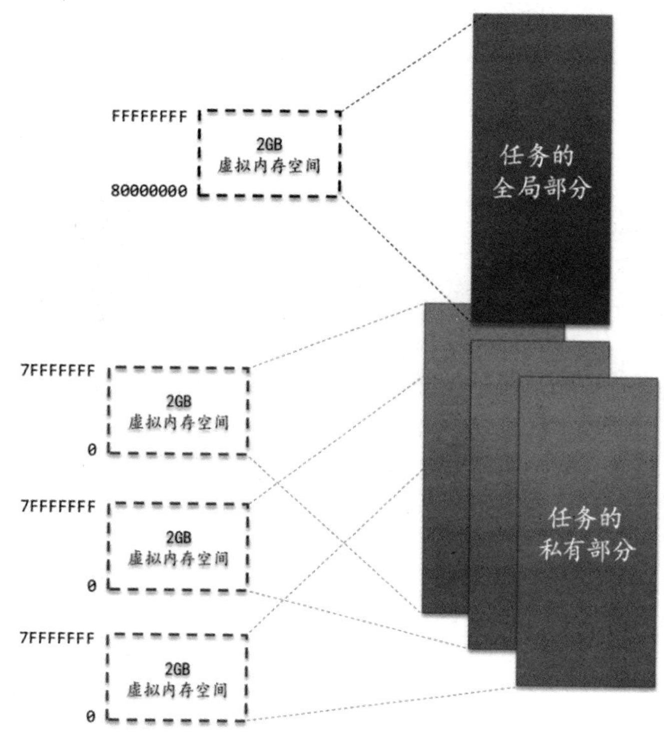

图 19-4 虚拟地址空间的划分

内核有自己的可执行文件和其他文件，这些文件是所有任务共享的，只有一份；相反的，每个任务都有自己独立的可执行文件及其他文件。当任务执行时，要先把可执行文件中的段映射到任务自己的虚拟内存。

所谓映射，就是计算每个段在虚拟内存中的位置和长度，并创建和安装它们的描述符。内核的段来自内核自己的可执行文件，而且会映射到虚拟内存的高 2GB。任务私有部分的段来自它自己的可执行文件，而且映射到虚拟内存的低 2GB。

当一个程序加载时，操作系统既要在虚拟内存中分配段空间，又要在物理内存中分配相应的页面。因此，第一个步骤是寻找空闲的段空间。如图 19-5 所示，作为一个示例，假设已经成功找到并分配了段空间，其中第二个段的长度是 12606 字节。

为了搞清楚这个段如何拆分，我们先来看一下物理内存。物理内存是 4GB，可以从逻辑上分成若干等份，这叫作分页，每一份都是一页。页的长度最小是 4KB，因此，可以算出，4GB 内存空间可以被划分成 1048576 个页面。

一旦将物理内存分页，那么，就可以将虚拟内存中的段按 4KB 进行拆分，并加载到物理内存中的页。在这个例子中，段的长度是 12606，它需要几个页呢？很容易看出，需要在物理内存中分配 4 个页，前 3 个页全部占满了，但最后一个页只使用了 318 字节。这很正常，即使最后只剩下 1 字节，也必须分配一个页。

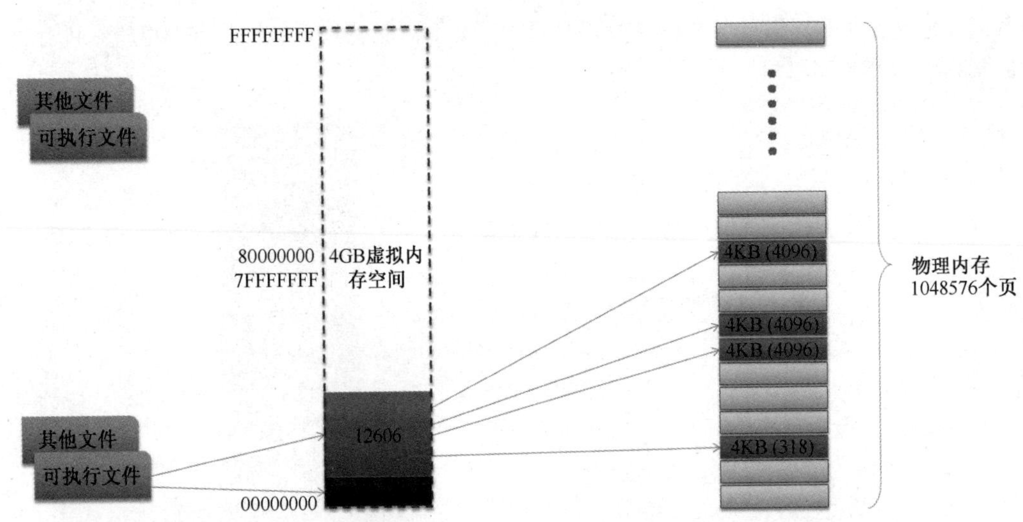

图 19-5　将虚拟内存中的段拆分并对应到物理内存中的页

注意，段是连续的，但分配的页不需要是连续的。就像这里，这 4 个页在内存中的位置并不在一起。页不连续的原因很简单，在系统运行的过程中，有些任务终止了，它们占用的页被释放掉；新任务创建时，要随机寻找空闲的页。所以，空闲的页和被占用的页是随机交错的，无法保证分配到的页位于什么地方。

你可能有些担心，对段的访问是连续的，为这个段分配的页不是连续的，那么，如果要访问的数据正好跨两个页，在访问的时候会不会出问题呢？不要担心，处理器可以处理这个问题。

对内存的分页是逻辑上的，而不是物理上的。如图 19-3 所示，页的起始位置也有要求，第一个页起始于物理地址 0；第 2 个页起始于物理地址 0x1000；第 3 个页起始于物理地址 0x2000，后面的页以此类推，最后一个页起始于物理地址 0xFFFFF000。显然，页物理地址的十六进制形式的最后三位都是 000。这很重要，这是非常重要的特点，一定要记住。另外，再说一次，4GB 内存可以分出 1048576 个页。对于目前这种 4KB 分页方式来说，每个页的起始地址必须是 4096，或者十六进制数 0x1000 的整数倍。

为什么要引入虚拟内存，而且要把程序映射到虚拟内存呢？原因很简单，INTEL 处理器是用分段机制工作的，段管理机制对于 INTEL 处理器来说是最基本的，任何时候都无法关闭。所以，我们必须按照处理器的要求分段，只不过在分页模式下，段是安排在虚拟内存中的。

将程序映射到虚拟内存的主要工作是规划所有段在内存中的布局和位置，并根据这些信息来创建段描述符。举个例子来说，操作系统读取和分析任务的可执行文件，决定把某个段放在虚拟内存中从线性地址 0x002000c0 开始的地方。由于段的大小是 8200 字节，所以段结束于线性地址 0x002020c7。

需要注意的是，这只是规划一个位置，并不会把段中的数据或者代码加载到这个地方，毕竟它只是虚拟内存，而不是物理内存。在做了这样的安排之后，操作系统为这个段创建一个描述符。描述符中的基地址是 0x002000c0，段的界限值为 0x2007，粒度是字节，段是向上扩展的。描述符创建之后，通常是安装在任务的局部描述符表 LDT 中的，当然，这个无关紧要。

在虚拟内存中分段是因为处理器按分段机制工作，需要创建段描述符，然后，在程序运行的时候，再用这些描述符来访问内存。实际上，这个过程我们已经非常熟悉了，对吧？现在，我们以图 19-1 为例，来看看处理器是如何访问内存的。我们是访问程序中的一个数据段，从段内偏移为 1008 的地方取出一个双字，然后传送到寄存器 EDX。

在段寄存器 DS 的描述符高速缓存器内，记载了段的基地址、段界限。在这里，段的基地址为 0x002000c0，界限值为 0x2007。在执行这条指令时，段管理部件用段的基地址 0x002000c0 加上偏移量 0x1008，然后输出一个线性地址 0x002010c8。在没有开启分页功能时，我们不使用虚拟内存，直接在物理内存中分段，段部件输出的地址就是物理地址，直接用于访问物理内存。

相反的，如图 19-2 所示，如果开启了页功能，我们将使用虚拟内存，段部件输出的是线性地址，这个地址是虚拟内存中的地址，要传送到页管理部件，将线性地址转换为物理地址，然后用于访问物理内存。段部件发出的线性地址是用来访问虚拟内存的，用来访问虚拟内存中的段。这个段的起始线性地址是 0x002000c0，结束的地址是 0x002020c7。

如图 19-6 所示，如果虚拟内存分页的话，我是说假如我们给虚拟内存分页，那么，由于页地址必须是 0x1000 的整数倍，所以这个段跨越了三个页面，分别是地址为 0x00200000 的页、地址为 0x00201000 的页，以及地址为 0x00202000 的页。这个段从第一个页面内偏移为 0xc0 的地方开始，在第三个页面内偏移为 0xc7 的地方结束。

显然，段部件发出的每个线性地址，它的前五个数字后面加三个 0，就是页地址；后面三个数字实际上是页内偏移。举个例子，如果段部件发出的线性地址是 0x002010cc，那么，前五个数字是 00201，后面加三个 0，就得到页地址 0x00201000，线性地址后面的三个数字 0cc 就是页内偏移。

当一个程序加载时，操作系统既要在左边的虚拟内存中分配段空间，又要在右边的物理内存中分配相应的页面。现在，操作系统在物理内存中搜索可用的空闲页，还真找到了，这三个页面的物理地址分别是 0x00002000、0x00004000 和 0x00007000。

接下来，需要将虚拟内存空间中的段拆分，然后映射到物理内存中的页。实际上，我们可以把这种映射关系看成页与页的对应关系：虚拟内存中地址为 0x00200000 的页和物理内存中地址为 0x00002000 的页对应；虚拟内存中地址为 0x00201000 的页和物理内存中地址为 0x00004000 的页对应；虚拟内存中地址为 0x00202000 的页和物理内存中地址为 0x00007000 的页对应。

注意，正如我们前面已经说过的，段必须是连续的，但不要求所分配的页都是连续的、挨在一起的。事实上，在开机之后，会运行不同的程序，这都要分配页。然后，有些程序关闭了，页面要回收。几个回合下来，空闲的页零零散散地分布在物理内存中，一般不会是连续的。分配页面时，操作系统会搜索那些空闲的页，并分配给程序使用。

我们知道，虚拟内存是我们假设的内存，最终访问的是物理内存中的页。在开启分页时，段部件发出的线性地址被送到页部件，页部件将它转换为物理地址。这个转换过程是如何进行的呢？

很显然，页部件只需要将线性地址拆分成页地址和页内偏移，再将页地址修改为真实的页地址即可。比如说，如果段部件发出的线性地址是 0x002010cc，那么，从图中可以看出，要访问的数据实际上位于物理内存中地址为 0x00004000 的页。所以，页部件将线性地址中的前 5 个数字 00201 改成 00004，最终，页部件将发出物理地址 0x000040cc 去访问物理内存。

那么，页部件又是如何知道某个线性地址对应于物理内存中的哪个页呢？这肯定需要在分配物理页的时候记录这两者之间的对应关系。

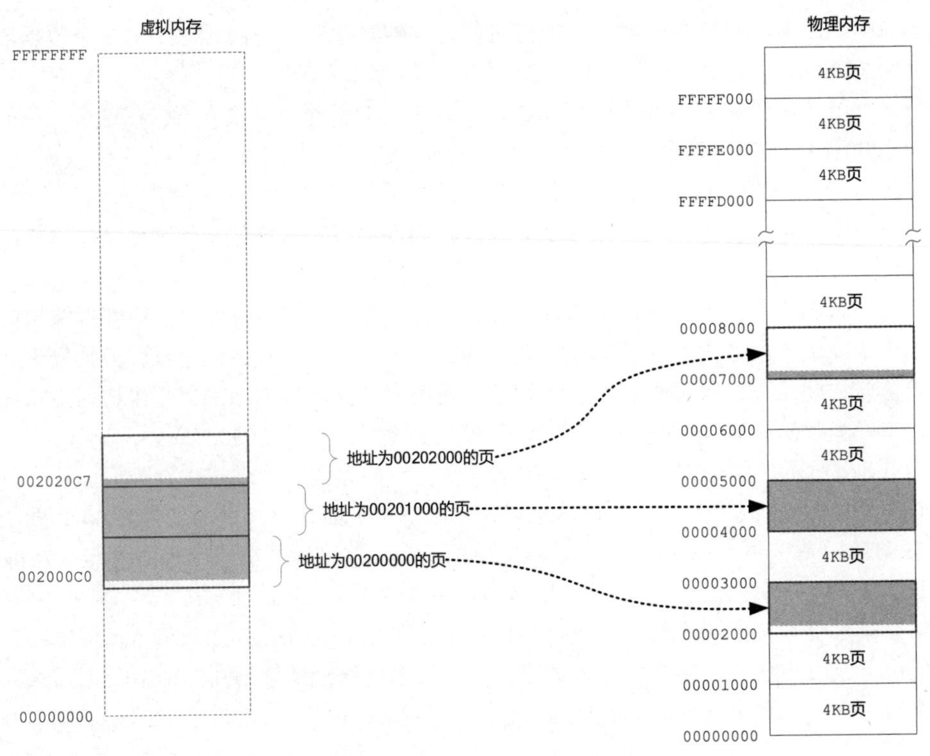

图 19-6　如何将虚拟内存中的段映射为物理内存中的页

既然线性地址的前五个数字，也就是前 20 位对应着一个物理页地址的前 20 位，那么，我们在物理内存中建立一个表格，然后，用线性地址的前 20 位作为索引访问这个表格。如图 19-7 所示，索引号 0x00000 对应表格的第一行；索引号 0x00001 对应表格的第 2 行，后面依次类推。显然，最大的索引号是 0xFFFFF，所以，这个表格一共有 1048576 行。当然，每一行都是一个表项，表项的内容是物理页地址的前 20 位。

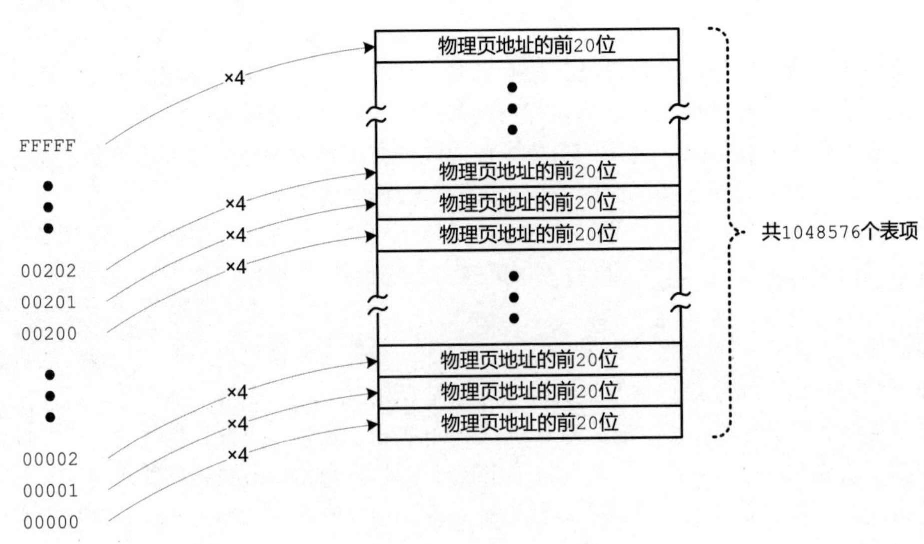

图 19-7　理想中的物理页地址索引表

这个表格的用法是这样的：还是上面的例子，加载程序时，首先在虚拟内存中规划和安排段并创建段描述符。这时可以知道，如果虚拟内存分页的话，这个段需要三个虚拟页，虚拟页地址的前 20 位分别是 00200、00201 和 00202。

当然，还需要在物理内存中分配物理页，我们假设分配的物理页地址分别是 0x00002000、0x00004000 和 0x00007000。

接下来，如图 19-8 所示，操作系统用线性地址的前 20 位作为索引，访问表格，将对应的物理页地址写入对应的表项。写入时，只写入物理页地址的前 20 位。因此，索引为 00200 的表项，其内容是 00002；索引为 00201 的表项，其内容是 00004；索引为 00202 的表项，其内容为 00007。

需要注意的是，每个表项占 4 字节，因此，访问这个表的时候，需要将索引号乘以 4 以得到表内的偏移量。

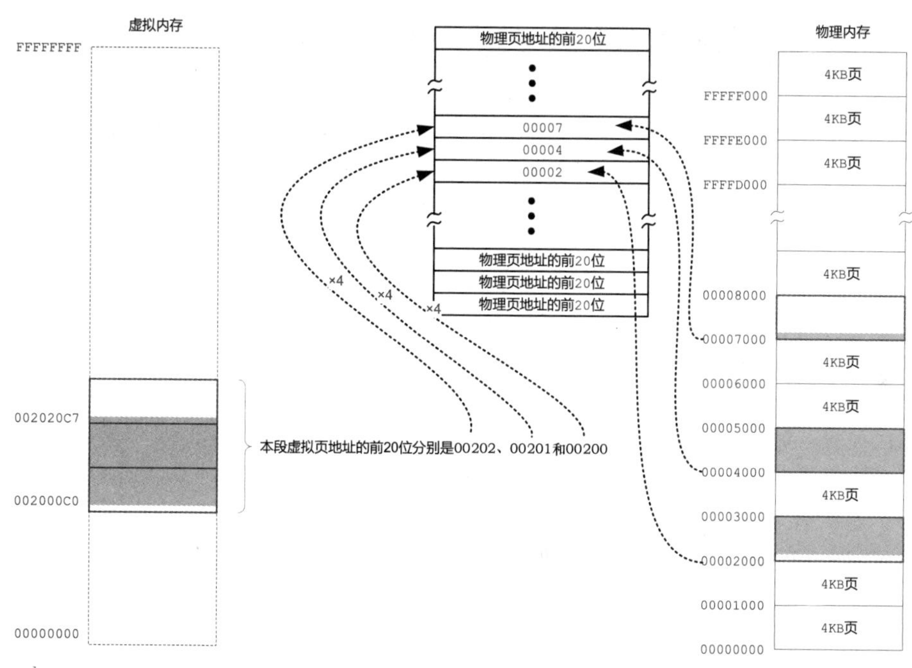

图 19-8　理想中的物理页分配和索引表格的填写

反过来，如图 19-9 所示，当任务执行的时候，段部件用段描述符高速缓存器里的段地址加上指令中提供的偏移量，形成线性地址，并传送到页部件。在这里，段地址是 0x002000c0，指令中提供的偏移量是 0x1008，所以段部件发出的线性地址是 0x002010c8。

页部件取出线性地址的前 20 位作为索引号，在这里，索引号是 00201。索引号再乘以 4，就是表内的偏移量，从这个表中取出物理页地址的前 20 位。在这里，取出的是 00004，所以物理页的地址是 0x00004000。

线性地址的低 12 位是页内偏移，在这里是 0c8，它和刚才得到的物理页地址 0x00004000 相加，形成物理地址 0x000040c8，去访问物理内存。

显然，页部件在将线性地址转换为物理地址时，需要查表，我们姑且称之为页映射表。操作系统所要做的，就是寻找空闲页面，把它分配给需要的段，并在页映射表内登记这个页。

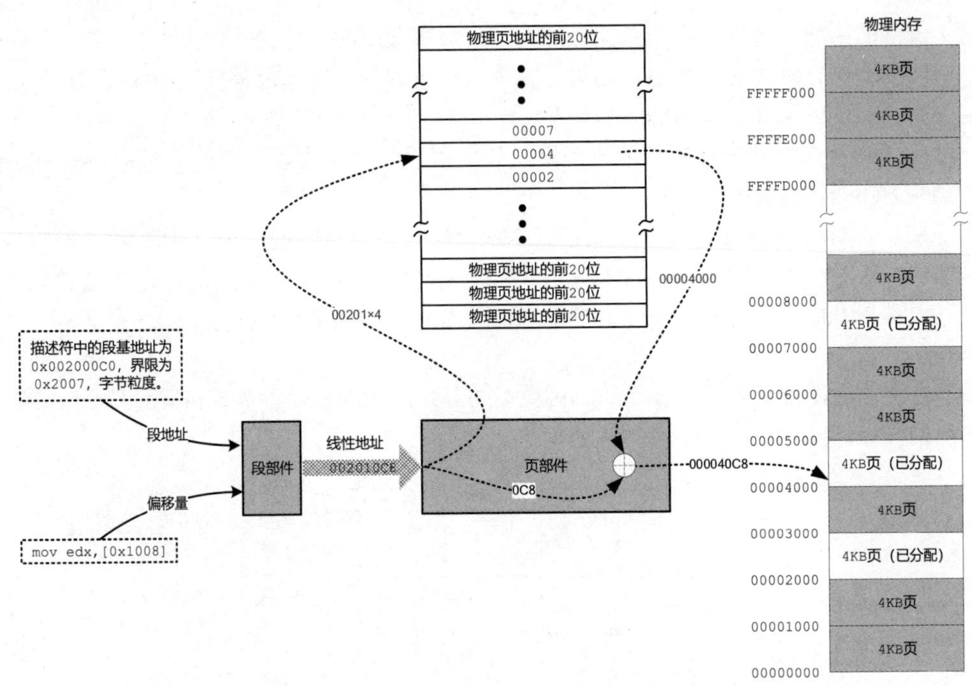

图 19-9　理想中的线性地址转换过程

基于以上特点，同时为了充分挖掘分页内存管理的潜力，如图 19-10 所示，一般来说，每个任务都可以拥有 4GB 的虚拟内存空间；同时，每个任务都有自己的页映射表。比如在这里，任务 A 有自己独立的 4GB 虚拟内存空间，同时也有自己独立的页映射表；任务 B 也有自己独立的 4GB 虚拟内存空间，也有自己独立的页映射表。但是，物理内存始终只有一个。从这里可以看出，物理内存中的页可能分属于不同的任务。

在整个系统中，物理页面是统一调配的。考虑这样一种情景：任务 A 有一个段，段基地址为 0x00050000，段长度为 3000 字节，操作系统为它分配了一个物理地址为 0x08001000 的页。过了一会儿，另一个任务 B 加载了，它也有一个段，段基地址也是 0x00050000，段长度为 4096 字节。此时，操作系统则分配另一个不同的、物理地址为 0x00700000 的页。在这种情况下，在任务 A 内访问线性地址 0x00050006，访问的其实是物理地址 0x08001006；在任务 B 内访问同样的线性地址时，访问的其实是物理地址 0x00700006。

你可能会想，每个任务都有 4GB 虚拟内存空间，而物理内存只有一个，最大也才 4GB，理论上根本不够分的。事实上，的确不够分配。但是，操作系统可以将暂时不用的页退避到磁盘，调入马上就要使用的页，通过这种手段来实现分页内存管理。这就是为什么内存容量较小时，程序越来越慢，硬盘工作指示灯不停地闪烁的原因。

以上，就是基本的**段页式**内存管理机制。

◆　**检测点 19.1**

1．如果系统中同时存在两个任务，那么，它们有可能使用相同的线性地址来访问内存吗？比如说，在执行任务 A 时，段部件发出的线性地址是 0x60FF7008；在执行任务 B 时，段部件发出的地址也是 0x60FF7008。

2．如果两个任务使用相同的线性地址访问内存，那么，它们会访问到物理内存中的同一个位置吗？请使用一个具体的例子来加以说明。

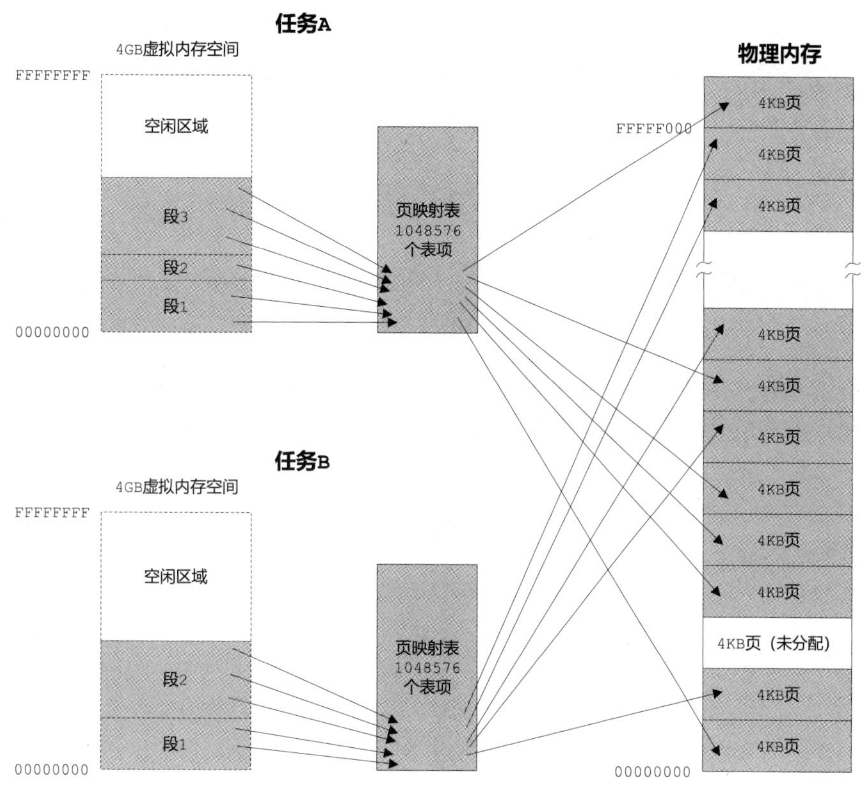

图 19-10 理想中的分页系统

19.1.2 页目录、页表和页

第一个支持分页内存管理模式的 INTEL 处理器是 80386，那个时候，分页机制是很简单的。几十年弹指一挥间，处理器变得更为强大，而分页机制也变得复杂。但因为兼容方面的原因，最初的分页机制是所有处理器都支持的，从最初的分页机制开始学习，可以很容易进一步理解其他分页机制，毕竟它们是一脉相承的。

在上一节里，为了完成从虚拟地址（线性地址）到物理地址的转换，理想中的页映射表一共有 1048576 个表项，表的索引从 0 到 0xfffff。每个表项都是 32 位的，共 4 字节，用来存储物理页地址。如此一来，这个表的总大小是 4MB。在二十世纪八十年代，一台 80386 计算机的主流配置是拥有 2MB 内存。这点内存空间，连这个页映射表都存放不了，更何况，每个任务都有一个这样的页映射表。

你可能会建议先划出一小块内存给它，然后，根据需要再动态扩展。听起来不错，但这是不可能的。原因很简单，我们知道，每个任务分为全局部分和私有部分，所以，虚拟内存的低一半属于私有部分，高一半对应着内核。私有部分所占用的物理页地址登记在页映射表的低一半，全局部分占用的物理页登记在页映射表的高一半。不管页映射表的高一半有几个表项，为了访问它们，低一半的表项都必须存在，即使它们并不对应着实际的物理页。

因为这个原因，显然，页映射表从一开始就必须完全定义，而且不可避免地要占用 4MB 内存空间。为了解决这个问题，同时又不会浪费宝贵的内存空间，处理器设计了层次化的分页结构。

分页结构层次化的主要手段是不采用单一的映射表，取而代之的是页目录表和页表。如图 19-11 所示，首先，因为 4GB 的虚拟内存空间对应着 1048576 个 4KB 的页，可以随机地抽取这些页，将它们组织在 1024 个页表内，每个页表可以容纳 1024 个页。页表内的每个项目叫作页表项，占 4 字节，存放的是页的物理地址，故每个页表的大小是 4KB，正好是一个标准页的长度。

注意，页在页表内的分布是随机的，哪个页位于哪个页表中，这是没有规律的。在一个真实的系统中，老任务不断被关闭，新任务不断被创建并投入运行，页面的回收和再分配没有什么规律可言。

由于页表中存放的是页的物理地址，故每个页表项占 4 字节，这样，每个页表占 4096 字节，正好是一个物理页的大小，可以很方便地用一个物理页来定义每个页表。

如图 19-11 所示，在将 1048576 个页归拢到 1024 个页表之后，接着，再用一个表来指向 1024 个页表，这就是页目录表（Page Directory Table，PDT），和页表一样，页目录项的长度为 4 字节，填写的是页表的物理地址，共指向 1024 个表页，所以页目录表的大小是 4KB，正好是一个标准页的长度。

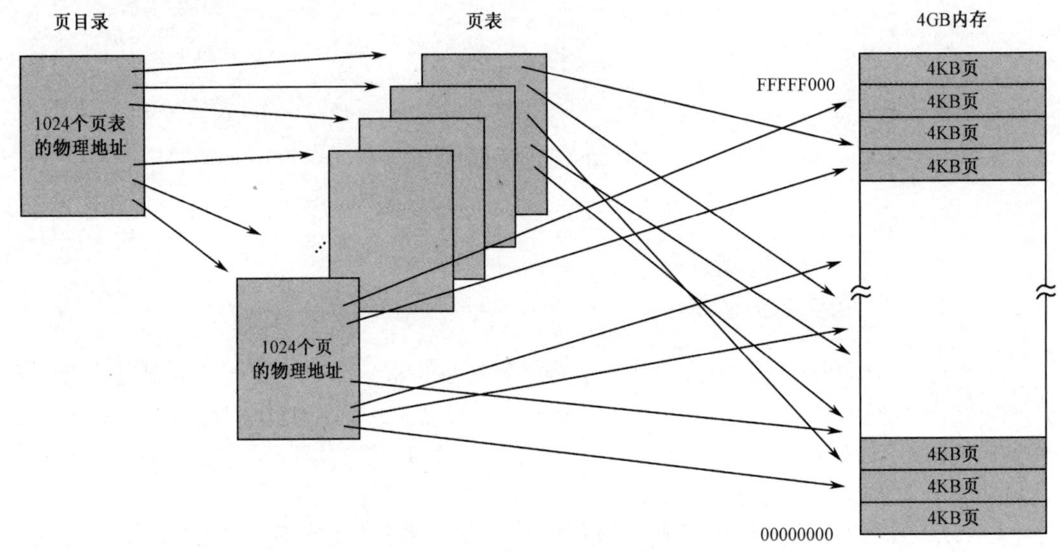

图 19-11　页目录、页表和页的对应关系

这样的层次化分页结构是每个任务都拥有的，或者说，每个任务都有自己的页目录表和页表。如图 19-12 所示，在处理器内部，有一个控制寄存器 CR3，存放着当前任务的页目录表的物理地址，故又叫作页目录基址寄存器（Page Directory Base Register，PDBR）。

每个任务都有自己的任务状态段（TSS），它是任务的标志性结构，存放了和任务相关的各种数据，其中就包括了 CR3 寄存器域，存放了任务自己的页目录表物理地址。当任务切换时，处理器切换到新任务开始执行，而 CR3 的内容也被更新，以指向新任务的页目录表。相应的，页目录又指向一个个的页表，这就使得每个任务都只在自己的地址空间内运行。

从图 16-12 中还可以看出，页目录和页表也是普通的页，混迹于全部的物理页中。它们和普通页的不同之处仅仅在于功能不一样。当任务撤销之后，它们和任务所占用的普通页一样会被回收，并分配给其他任务。

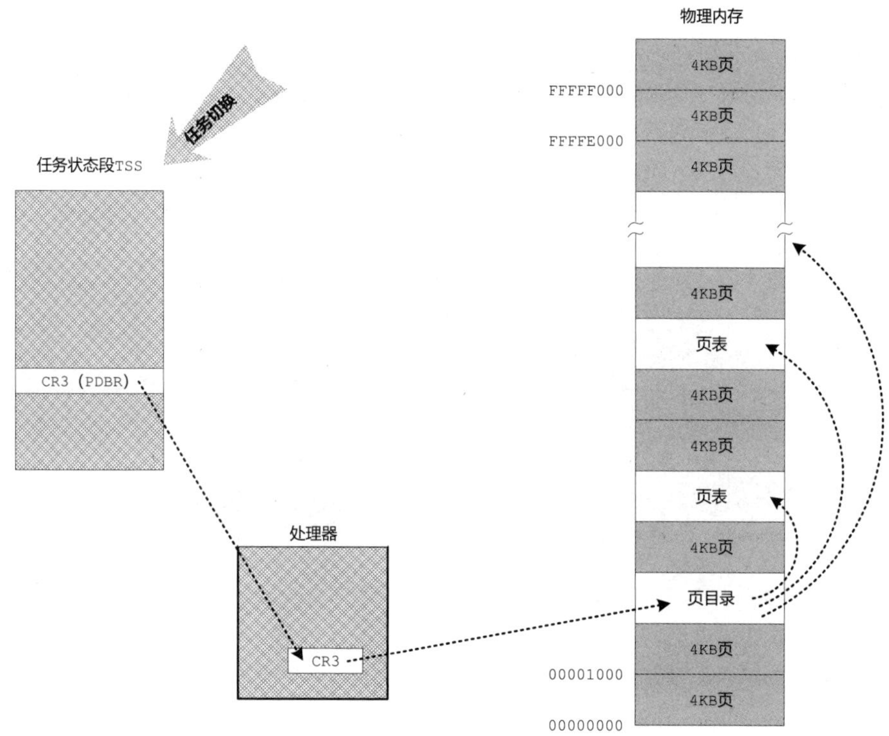

图 19-12 整个分页系统的全局视图

19.1.3 地址变换的具体过程

对于 INTEL 处理器来说，有关分页，最简单和最基本的机制就是这些：寄存器 CR3 给出了页目录的物理基地址；页目录给出了所有页表的物理地址，而每个页表给出了它所包含的页的物理地址。好了，该清楚的都清楚了，唯一还不明白的，应该是如何用这种层次性的分页结构把线性地址转换成物理地址？

这里有个例子。

假如某个任务加载后，操作系统根据它的实际情况，在其 4GB 虚拟地址空间里创建了一个段，段的起始地址为 0x00800000，段界限值为 0x5000，字节粒度。当该任务执行时，段寄存器 DS 指向该段。又假设执行了下面一条指令：

```
mov edx,[0x1050]
```

此时，段部件会输出线性地址 0x00801050。在没有开启分页机制时，这就是要访问的物理内存地址，但现在开启了分页机制，所以，这是一个虚拟地址，要经过页部件的转换，才能得到物理地址。

如图 19-13 所示，在处理器内部，页部件将段部件送来的 32 位线性地址截成 3 段，分别是高 10 位、中间 10 位和低 12 位。高 10 位是页目录的索引，中间 10 位是页表的索引，低 12 位则作为页内偏移来用。

当前任务页目录的物理地址在处理器的寄存器 CR3 中，假设它的内容为 0x00005000。段管理部件输出的线性地址是 0x00801050，其二进制的形式为

0000 0000 1000 0000 0001 0000 0101 0000

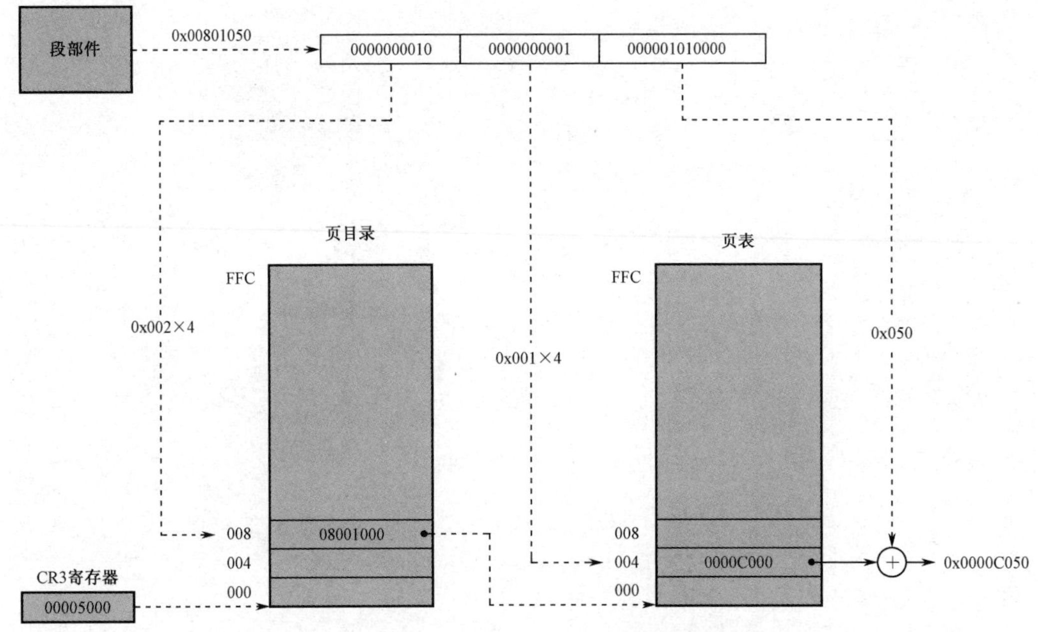

图 19-13　页部件把线性地址转换为物理地址的例子

在这里，高 10 位为 0000000010，也就是十六进制的 0x002，它是页目录表内的索引，处理器将它乘以 4（因为每个目录项为 4 字节），作为偏移量访问页目录。最终，处理器从物理地址 00005008 处取得页表的物理地址 0x08001000。

线性地址的中间 10 位为二进制的 0000000001，即 0x001，处理器要用它作为页表内的索引来取得页的物理地址。处理器将该索引值乘以 4，作为偏移量访问页表。最终，处理器又从物理地址 08001004 处取得页的物理地址，这就是我们一直努力寻找的那个页。

页的物理地址是 0x0000C000，而线性地址的低 12 位是数据所在的页内偏移量。故处理器将它们相加，得到物理地址 0x0000C050，这就是线性地址 0x00801050 所对应的物理地址，要访问的数据就在这里。

注意，**这种变换不是无缘无故的，而是事先安排好的**。当任务加载时，操作系统先创建虚拟的段，并根据段地址的高 20 位决定它要用到哪些页目录项和页表项。然后，寻找空闲的页，将原本应该写入段中的数据写到一个或者多个页中，并将页的物理地址填写到相应的页表项中。只有这样做了，当程序运行的时候，才能以相反的顺序进行地址变换，并找到正确的数据。

◆　**检测点 19.2**

在分页模式下，某程序运行时，段部件发出一个线性地址 0x0C005032 访问内存数据。如果该线性地址对应的物理页是 0x0000A000，页表的物理地址是 0x00003000，那么，操作系统在此程序开始运行前，是如何安排与该线性地址相关的页目录项和页表项的？

19.2　本章代码清单

本章有配套的汇编语言源程序，并围绕这些源程序进行讲解，请对照阅读。

本章代码清单：19-1（保护模式微型核心程序），源程序文件：c19_core.asm

这一章共有 4 个程序文件：主引导程序还是沿用第 15 章的 c15_mbr.asm，没有任何变化；c19_core.asm 是本章提供的内核程序文件，提供内核服务功能，并创建内核任务；利用分页机制工作是内核的事情，加载和执行时是否使用了分页技术，对用户程序的编写没有影响，用户程序的编写者也不需要知道，所以用户程序还是沿用上一章的 c18_app0.asm 和 c18_app1.asm，用来创建两个用户任务。

19.3 使内核在分页机制下工作

19.3.1 创建内核的页目录表和页表

必须说明的是，必须在保护模式下才能启动页功能。和往常一样，首先进入保护模式执行的是内核程序，而且，我们要先让内核在分页机制下工作。

本章依然没有提供新的主引导程序，这意味着，还要用以前的主引导程序，同时还意味着，内核程序的总体结构没有变化，否则主引导程序又怎么可能按往常的方式加载它呢。

内核的入口点是在代码清单 19-1 的第 1205 行，即标号“start”处。执行到这里的时候，主引导程序已经创建了内核的大部分要素：全局描述符表（GDT）、公共例程段、内核数据段、内核代码段、内核栈，还包括一个用于访问全部 4GB 内存空间的段。

内核的总体结构和它在内存中的布局，从第 15 章以来就没什么变化，而且第 15 章还曾经给出了一幅内核的内存布局图。为了方便，这里用另一种形式再次展示一下，如图 19-14 所示。

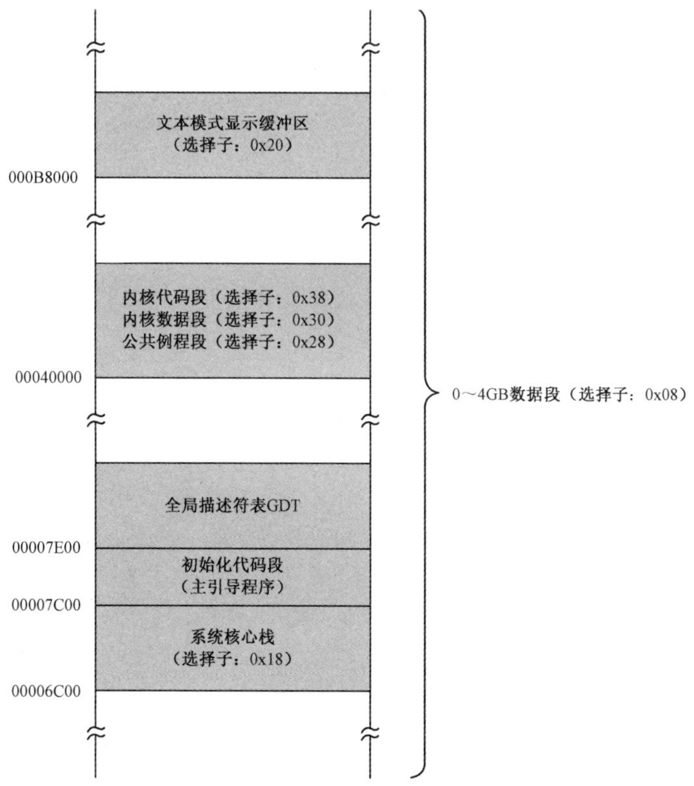

图 19-14 内核加载之后的内存布局

其中，各个段在内存中的位置、段描述符和描述符的选择子，都没有变化，可以和前面的章节对照一下。强调这些，只是要表明，即使是在分页机制下工作，对以往的代码和内存分配都没有什么影响。

接着回到代码清单 19-1 中来。

进入内核之后，首先初始化中断系统，创建中断描述符表 IDT 并安装中断门。其中，0x70 号中断是特殊处理的，要安装它自己独立的中断服务例程。然后，初始化中断控制器和实时时钟芯片。中断系统初始化完成后，现在可以开放中断，并显示一条信息，表明我们的内核正运行在保护模式下，并且中断描述符表 IDT 已经安装。显示完这条信息后，紧接着，我们又显示了处理器品牌信息。

显示了处理器品牌信息后，我们便可以开启分页功能。不过，分页功能不是那么容易开启的，需要做一些准备工作，首先就是准备页目录表和页表，而且必须先创建内核的页目录和页表，它是所有任务所共有的，用来执行必要的系统管理工作。一旦开启分页功能，任何内存访问都要进行线性地址和物理地址的转换，包括内核。因此，要想内核正常运行，必须创建它自己的页目录和页表。可是问题在于，内核已经加载完毕，它的所有部分都已经位于内存中。你可能觉得奇怪，这怎么会是个问题呢？

在一个理想的系统中，事情的顺序应该是这样的：先创建页目录和页表，然后对程序进行分析，在虚拟内存中规划每个段的位置，创建段描述符。

创建段描述符之后就可以访问它所对应的段，但这个段在虚拟内存中，是不存在的，处理器的页部件从段部件输出的线性地址中提取前 20 位，作为索引，访问页目录表和页表，看对应的页是否存在。如果不存在，则从物理内存中搜索可用的页，并将页的物理地址填写到页表中，这样就可以访问这个页；如果对应的页已经存在，则可以直接找到物理页，访问这个物理页。

但是现在的情况正好相反，内核是在开启页功能之前加载的，它的内容在内存中的位置已经固定，已经占用了特定的物理页，但这个时候页目录和页表却还没有创建。

在这种情况下，要想让当前的执行流程在开启分页后还能正常进行，就必须让段部件发出的线性地址等于页部件发出的物理地址。

比如，在开启页功能之前，GDT 在内存中的基地址是 0x00007E00，在开启分页之前，它就是全局描述符表的物理地址，段部件输出的线性地址就是物理地址。在开启页功能之后，它还在那个内存位置，这就要求页部件输出的物理地址和段部件输出的线性地址相同。一句话，要求线性地址等于物理地址才行。

注意，进入分页模式之后，所有东西的地址都成了线性地址，包括 GDT、LDT 和 TSS 的地址，等等。

其实这也好办。不像流行的操作系统，我们的内核非常小，这是没有办法的事，我们的任务不是写一个操作系统，我们只是模拟一个操作系统，能说明问题即可。

也正是因为我们的内核很小，所以低端 1MB 的空间对它来说已经绰绰有余了。如此一来，我们只需要将低端 1MB 内存特殊处理，使这一部分内存的线性地址和经过页部件转换之后的物理地址相同即可。这样做的好处是，内核不用做任何变动即可在分页机制下正常工作。

对页目录和页表在内存中的位置没有什么限制，在哪里都行，前提是属于有效的可用内存范围，如果只安装了 1GB 的物理内存，而想把页目录放到 2GB 的位置，是不行的。而且，页目录和每个页表都必须占用一个自然页，也就是说，它们的物理地址的低 12 位必须全是零。

在页目录中，一个目录项对应着一个页表，而一个页表可以容纳 1024 个页，一个页 4KB，这就是说一个页表可以管理 4MB 内存。所以，对于我们的这个内核来说，它太小了，太简单了，只需要一个页表就行了，还用不完。换句话说，内核只需要一个页目录和一个页表就足够了。

如图 19-15 所示，在低端 1MB 内存中，大部分都是我们熟悉的内容。除此之外，在中断描述符表和内核加载的区域之间，是一片空白。因此，我们可以将内核的页目录表放在物理地址 0x00020000 处；而把内核的第一个页表放在物理地址 0x00021000 处。顺便说一下，在中断描述符表后面，是内核任务的任务控制块 TCB，这个我们放在后面讲。

既然我们的目的清楚了，也知道该怎么干，那么，回到代码清单 19-1，先来创建页目录表和页表。

第 1331～1337 行，访问段寄存器 ES 所指向的 4GB 数据段，用 0x00020000 作为偏移量，访问页目录，将所有目录项清零。

如图 19-16 所示，这是页目录项和页表项的格式。可以看出，在页目录和页表中，只保存了页表或者页物理地址的高 20 位。原因很简单，页表或者页的物理地址，都要求必须是 4KB 对齐的，以便于放在一个页内，故其低 12 位全是零。在这种情况下，可以只关心其高 20 位，低 12 位安排其他用途。

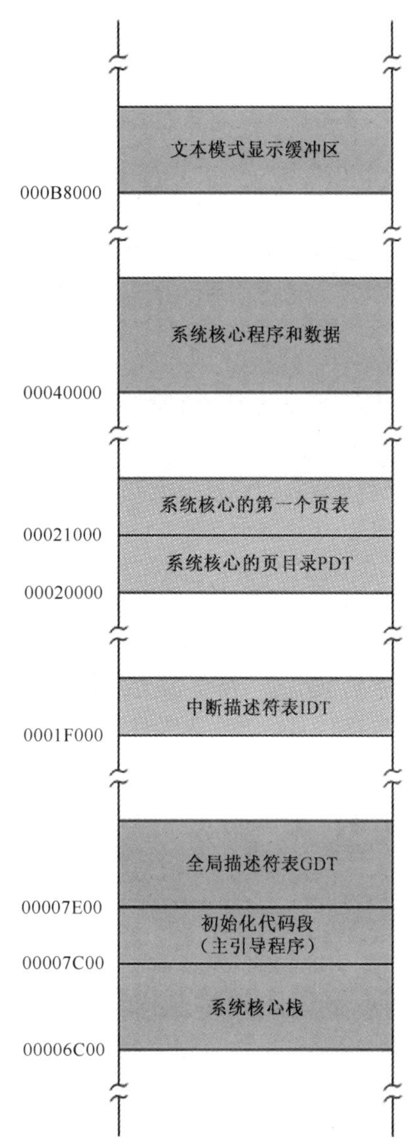

图 19-15 加入页目录和页表后的低端 1MB 内存布局

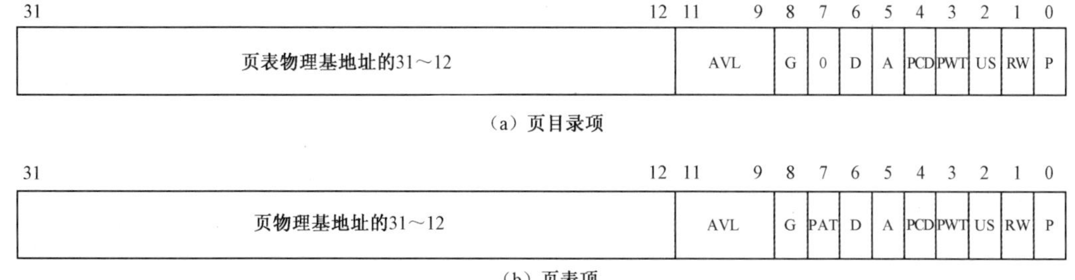

图 19-16 页目录项和页表项的组成

- P（Present）是存在位，为“1”时，表示页表或者页位于内存中。否则，表示页表或者页不在内存中，必须先予以创建，或者从磁盘调入内存后方可使用。
- RW（Read/Write）是读/写位。为“0”时表示这样的页只能读取，为“1”时，可读可写。
- US（User/Supervisor）是用户/管理位。为“1”时，允许所有特权级别的程序访问；为“0”时，只允许特权级别为 0、1 和 2 的程序访问，特权级别为 3 的程序不能访问。
- PWT（Page-level Write-Through）是页级通写位，和高速缓存有关。“通写”是处理器高速缓存的一种工作方式，这一位用来间接决定是否采用此种方式来改善页面的访问效率。由于高速缓存的知识将在《x64 架构的汇编语言和操作系统基础》一书中介绍，所以在本章中该位直接清零。
- PCD（Page-level Cache Disable）是页级高速缓存禁止位，用来间接决定该表项所指向的那个页是否使用高速缓存策略。同样，在本章中，该位将被清零。
- A（Accessed）是访问位。该位由处理器固件设置，用来指示此表项所指向的页是否被访问过。这一位很有用，可以被操作系统用来监视页的使用频率，当内存空间紧张时，用以将较少使用的页换出到磁盘，同时将其 P 位清零。然后，将释放的页分配给马上就要运行的程序，以实现虚拟内存管理功能。
- D（Dirty）是脏位。该位由处理器固件设置，用来指示此表项所指向的页是否写过数据。
- PAT（Page Attribute Table）页属性表支持位。此位涉及更复杂的分页系统，和页高速缓存有关，可以不予理会，在普通的 4KB 分页机制中，处理器建议将其置“0”。
- G（Global）是全局位。用来指示该表项所指向的页是否为全局性质的（比如，属于所有任务共有的内核部分）。如果页是全局的，那么，它将在高速缓存中一直保存（也就意味着地址转换速度会很快）。因为页高速缓存容量有限，只能存放频繁使用的那些表项。而且，当因任务切换等原因改变寄存器 CR3 的内容时，整个页高速缓存的内容都会刷新。
- AVL 位被处理器忽略，软件可以使用。

回到代码清单 19-1 中来。

将页目录清零的原因，主要是使所有目录项的 P 位为“0”。目录项用于定位对应的页表，如果其 P 位是“0”，表明该页表并不在内存中，在地址变换时将引发处理器异常中断。

在建立了一个为空的页目录表之后，第 1340 行，将页目录表的物理地址登记在它自己的最后一个目录项内。页目录最大 4KB，最后一个目录项的偏移量是 0xFFC，即十进制数 4092。页目录需要频繁地进行修改，为了方便用线性地址访问页目录表自身，需要使用这项技术，马上我们就要讲到。注意，填写的内容是 0x00020003，该数值的前 20 位是物理地址的高 20 位；P＝1，页是位于内存中的；RW＝1，该目录项指向的页表可读可写。还要注意到，US 位是“0”，故此目录项指向的页表不允许特权级为 3 的程序和任务访问。

注意，这将浪费一个页目录表项，同时使得最高端的 4MB 内存无法访问（0xFFC00000～0xFFFFFFFF）。不过，即使不浪费，一般的软件也不会涉足这个区域。

如图 19-17 所示，内核占用着内存的低端 1MB，线性地址范围是 0x00000000～0x000FFFFF，共 256 个 4KB 页，占用了页目录表的第 1 个目录项，以及该目录项下属页表的前 256 个页表项。第 1343 行，修改页目录内第 1 个目录项的内容，使其指向页表，页表的物理地址是 0x00021000，该页位于内存中，可读可写，但不允许特权级别为 3 的程序和任务访问。

第 1346～1356 行，将内存低端 1MB 所包含的那些页的物理地址按顺序一个一个地填写到页表中，当然，仅填写 256 个页表项。第 1 个页表项对应的是线性地址 0x00000000～0x00000FFF，填写的内容是第 1 个页的物理地址 0x00000000；第 2 个页表项对应的是线性地址 0x00001000～0x00001FFF，填写的是第 2 个页的物理地址 0x00001000；第 3 个页表项对应的是线性地址 0x00002000～0x00002FFF，填写的是第 3 个页的物理地址 0x00002000……如此一来，这部分内存的线性地址就和物理地址一样了。

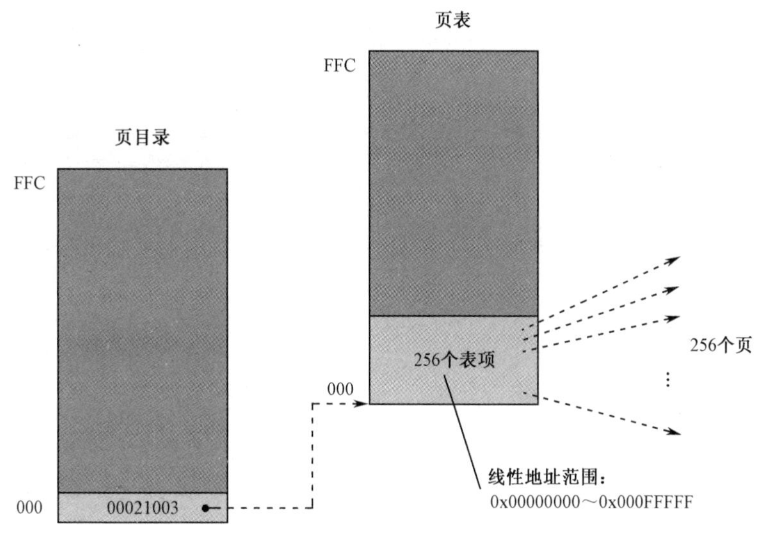

图 19-17 内核所占用的低端 1MB 内存分页效果

这部分代码还是很容易看懂的，我们用寄存器 EBX 指向页表基地址；用寄存器 EAX 保存页的物理地址，初始为 0x00000000，每次按 0x1000 递增，以指向下一个页；寄存器 ESI 用于定位每一个页表项。

参见图 19-16，因为页的物理地址是 4KB 对齐的，故其低 12 位全为零，在写入页表项时，仅保存它的前 20 位，低 12 位是页属性。在实际写入每个页表项之前，先将页的物理地址转存到寄存器 EDX，并将属性值加到其低 12 位上。属性值是 3，故 P＝1，RW＝1；US＝0，特权级别为 3 的程序和任务不能访问这些页。

尤其注意第 1352 行的指令：

```
    mov [es: ebx + esi * 4], edx
```

再重复一次，请务必注意，32 位处理器允许在寻址时使用一个倍率因子，在这里是乘以 4，表达式的计算不在编译期间进行，而在指令执行的时候进行。

页表的前 256 个表项填写之后，寄存器 EBX 的当前值是 256，它又被用于第 1358～1362 行，接着处理其余的表项，使它们的内容为全零。即，将它们置为无效表项。

页目录和页表都已创建，它们的表项也都安排妥当，第 1365、1366 行，将页目录表的物理基地址传送到控制寄存器 CR3，也就是页目录表基地址寄存器 PDBR，该寄存器的组成如图 19-18 所示。

由于页目录表必须位于一个自然页内，故其物理基地址的低 12 位是全零，处理器的设计者认为，既然如此，只登记它的高 20 位即可。低 12 位，除了 PCD 和 PWT 位，都没有使用。这两位用于控制页目录的高速缓存特性，请参照前面的解释。在本章中，为了方便，这两位一律为“0”。

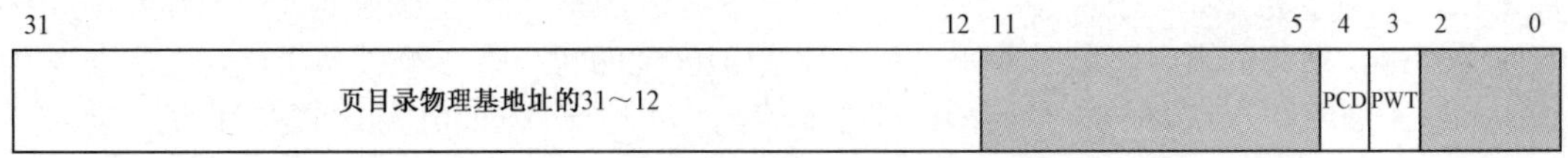

图 19-18　控制寄存器 CR3（PDBR）的组成

从表面上看，和控制寄存器有关的传送指令和普通的传送指令一样。实际上，这是两种不同类型的指令，操作码是不一样的。控制寄存器是在有了 32 位处理器之后才开始出现的，故其长度至少是 32 位。在 32 位处理器上，和控制寄存器有关的传送指令，其格式为：

```
        mov CR0～CR7,r32              ;从 32 位通用寄存器传送到控制寄存器
        mov r32,CR0～CR7              ;从控制寄存器传送到 32 位通用寄存器
```

没错，最新的处理器内共有 8 个控制寄存器，从 CR0 到 CR7，至于它们都有什么用，别好奇，等看完这本书后，你再慢慢学习吧。汇编语言的一个缺点是无法区分不同指令间的细微差别。在这里，尽管也使用了助记符号“mov”，但实际上，它和一般的传送指令有所区别。

看来全都准备停当了，现在就开启页功能。如图 19-19 所示，控制寄存器 CR0 的最高位，也就是位 31，是 PG（Page）位，用于开启或者关闭页功能。当该位清零时，页功能被关闭，从段部件来的线性地址就是物理地址；当它置位时，页功能开启。只能在保护模式下才能开启页功能，当 PE 位清零时（实模式），设置 PG 位将导致处理器产生一个异常中断。

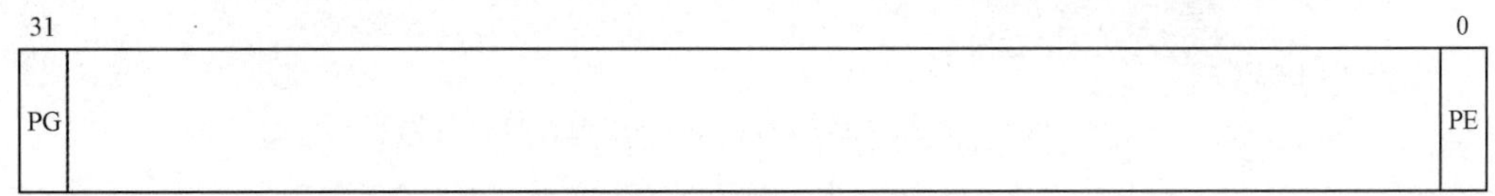

图 19-19　控制寄存器 CR0 的 PG 位

第 1370～1372 行，先读取控制寄存器 CR0 的原始内容，然后，将其最高位置“1”，其他各位保持原来的数值不变。接着，将修改后的内容重新传回寄存器 CR0，这直接导致处理器工作在分页机制下。从这一瞬间开始，段部件产生的地址就不再被看成物理地址，而是要送往页部件进行变换，以得到真正的物理地址。

注意，现在内核工作在分页机制的一个特殊情况下，即，线性地址和经过页部件转换后的物理地址相同，这是精心安排后的结果。举个例子，如果要访问全局描述符表 GDT 内的第 2 个描述符。在开启页功能之前，GDT 的线性地址是 0x00007E00，第 2 个描述符的线性地址则是 0x00007E08。在开启页功能之后，依然要保证转换后的物理地址和线性地址一样，仍是 0x00007E00 和 0x00007E08。好，线性地址送到页部件，页部件用线性地址的高 10 位在页目录中查找页表；再用线性地址的中间 10 位在页表中查找页。经过转换，找到了包含该数据的页，页的物理地址是 0x00007000。于是，将页地址和线性地址的低 12 位（0xE08）拼凑在一起，形成最终的 0x00007E00 和 0x00007E08。

可以在 Bochs 中用“creg”命令查看控制寄存器 CR0 和 CR3 的内容，具体方法请参见本章 19.6.2 节；也可以输入一个线性地址，来查看它所对应的物理页，具体方法请参见本章 19.6.3 节；要查看当前页表中的全部内容，可以用“info tab”命令，请参见本章 19.6.4 节。

19.3.2 任务全局空间和局部空间的页面映射

和往常一样，接下来的工作是加载用户程序，并创建一个任务。

每个任务都有自己独立的 4GB 虚拟地址空间。这话说来简单，大家也都能在理论的层面上理解，但从来没有实现过，今天我们就来实践一回。

但是细一琢磨，这里面有个问题。

每个任务都有自己的页目录表和页表，当任务创建时，它们一同被创建。当任务执行时，页部件使用它们访问任务自己的私有内存空间（页面）。但是，任务的页目录表和页表不能只包含任务的私有页面。如果不是这样，当任务调用内核服务时，或者换句话说，进入 0 特权级的全局地址空间执行时，地址转换将无法进行，因为任务的页目录表和页表里没有登记内核所占用的那些物理页面。

还记得吗，我们一直在说，任务的 4GB 地址空间包括两个部分：局部空间和全局空间，全局空间是所有任务共用的。很明显，内核就是所有任务共用的，它应当属于每个任务的全局空间。

一般来说，公平起见，全局地址空间占据着任务 4GB 地址空间的高 2GB，对应的线性地址范围是 0x80000000～0xFFFFFFFF；而局部地址空间则使用低 2GB，对应的线性地址范围是 0x00000000～0x7FFFFFFF。如图 19-20 所示，地址空间的分配必须在每个任务的页目录中体现，页目录的前半部分指向任务自己的页表；后半部分则指向内核的页表。否则的话，当转到内核中执行时，是无法完成地址转换的，因为找不到对应的目录项和页表项。

在任何任务内，在任何时候，如果段部件发出的线性地址高于或等于 0x80000000，指向和访问的就是全局地址空间，或者说内核。

为此，我们要修改内核自己的页目录表，甚至是内核各个段的描述符，将内核挪到虚拟地址空间的高端，也就是虚拟地址空间中，从 0x80000000 开始的一段连续区域。也许你并未安装这么多物理内存，但是，没有关系，我都说了，这是线性地址空间，或者叫虚拟地址空间。

如图 19-21 所示，这是映射到虚拟内存高端地址后的内核布局图。首先，系统核心栈原来是从线性地址 0x00007c00 往下延伸，但现在映射到了 0x80007c00，这个映射需要修改这个段在 GDT 中的描述符，将它的基地址部分在原来的基础上增加 0x80000000。

主引导程序原先是从线性地址 0x00007c00 开始的，现在映射到 0x80007c00。当然，由于主引导程序已经执行过了，已经没有用处了，这个映射是被动的。我们可以修改这个代码段在 GDT 中的描述符，将它的基地址部分在原来的基础上增加 0x80000000。实际上因为这个段不再使用，改不改都可以。

全局描述符表 GDT 原先是从线性地址 0x00007e00 开始的，现在映射到 0x80007e00。开启分页后，处理器对 GDT 的访问需要使用线性地址，也必须进行地址转换，所以必须修改全局描述符表寄存器 GDTR，将它的基地址部分在原来的基础上增加 0x80000000。

中断描述符表 IDT 原先是从线性地址 0x0001f000 开始的，现在映射到 0x8001f000。这个映射首先需要修改中断描述符表寄存器 IDTR，将它的基地址部分在原来的基础上增加 0x80000000。除此之外，还必须修改这个表中所有的门描述符，将门描述符的基地址部分在原来的基础上增加 0x80000000。

既然是内核的整体映射，所以理论上还映射了内核的页目录表和页表，映射后的线性地址分别是 0x80020000 和 0x80021000。但是，这两个地址没有什么用，是不能用来访问页目录和页表的。这是因为，这是两个线性地址，要用页目录和页表转换成物理地址，但你现在恰恰需要访问页目录和页表来生成转换用的表项！这就陷入了一个怪圈。

系统核心部分原先是从线性地址 0x00040000 开始的，映射后的线性地址是 0x80040000。

这部分内容是由公共例程段、内核数据段及内核代码段组成的，要访问映射后的这几个段在 GDT 中的描述符，将它们的基地址部分在原来的基础上增加 0x80000000。

最后是文本模式的显示缓冲区。映射前，它是从线性地址 0x000b8000 开始的，映射后，它是从线性地址 0x800b8000 开始的。要访问这个段，在屏幕上显示信息，必须修改这个段在 GDT 中的描述符，将它的基地址部分在原来的基础上增加 0x80000000。

需要强调的是，这是虚拟内存的布局，而不是真实的物理内存，内核现在是位于物理内存的低端 1MB，我们只是将它映射到这个高端，只是让段部件发出的线性地址高于 0x80000000。经页部件转换后，访问的还是原先那些页面。

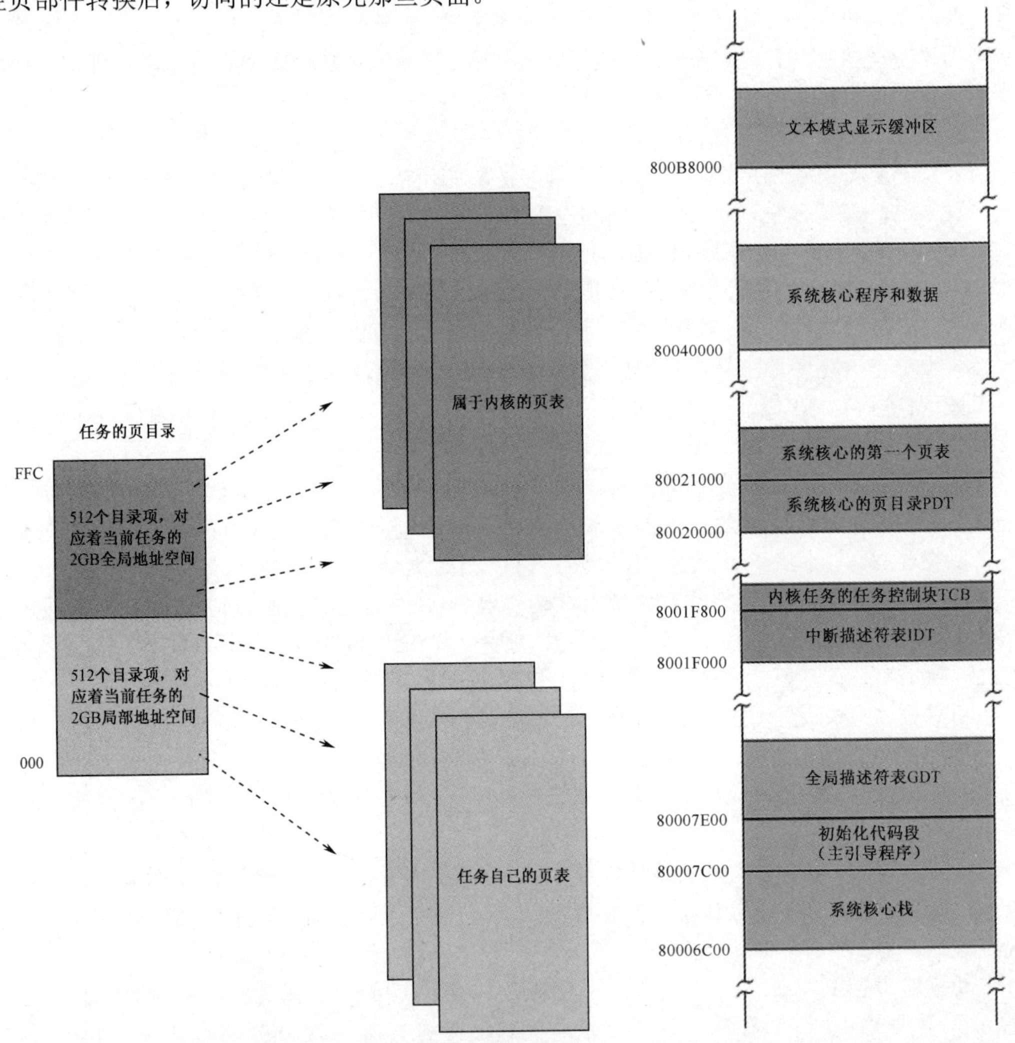

图 19-20　通过页目录和页表来实现地址空间的分配　　图 19-21　映射到高端地址后的系统核心布局

我们的内核很小，占据了物理内存的低端 1MB，物理地址范围是 0 到 0xFFFFF。同时，我们也把它映射在虚拟内存的低端 1MB，线性地址范围也是 0 到 0xFFFFF。这部分内存空间通过内核页目录表的第 1 个表项，以及该表项所指向的页表来访问。当然了，我们只使用了该页表的前 256 个表项，这些表项指向内核所占据的 256 个物理页。

将内核映射到虚拟内存的高端之后，其线性地址范围是 0x80000000～0x800FFFFF。这个范围内的地址，其二进制形式的高 10 位都是 1000000000，即十六进制的 0x200，乘以 4 之后是 0x800，去访问页目录表。所以，我们需要在页目录表内偏移为 0x800 的地方填写一个目录项，用来转换这些地址。因为内核占用的物理页没有改变，内核的数据和代码仍然在原来的页内，而这些页登记在原先的页表中，所以，这个目录项也指向原先的页表。即，这个页目录项的内容也是 0x00021003。

如此一来，在内核的页目录表中，有两个目录项是指向同一个页表的。换句话说，当段部件发出的线性地址是 0x00000000～0x000FFFFF，或者 0x80000000～0x800FFFFF 的时候，这两套地址都用于访问同一段物理内存，也就内核。现在，我们的第一个任务是，在内核的页目录内偏移为 0x800 的地方添加一个数值为 0x00021003 的目录项。

为了修改页目录表 PDT，需要访问它，知道它的物理地址。但是，当前已经开启了分页功能，在分页机制下，程序只能使用线性地址，访问内存必须使用页目录和页表，通过它们转换之后的地址才是能够发送到内存芯片的物理地址，你自己知道页目录表的物理地址，这没有用。

或者，说得更清楚一点，你访问的是页目录表，但却还要通过页目录表进行地址转换之后才能访问页目录表。这有点自相矛盾，除非页目录表中有一个目录项能指向页目录表自己。否则，访问一个并未在页目录表和页表内登记的页，会引发处理器异常中断。

说起来挺复杂的，但做起来却非常简单。在程序中，第 1381 行用来完成页目录表的修改。注意我们是临时修改了程序，将前面的 5 条指令注释掉，替换为这一条指令。

在本书第 1 版中，这部分内容是采用迂回的方法来讲解的，所以对页目录表的修改也是迂回的，用了 5 条指令。这一次我们要换一种直截了当的方法来讲解了，所以只需要一条指令。在这条指令中，使用了段超越前缀 ES。ES 当前是指向 4GB 内存段的，所以，这条指令执行后，段部件发出的线性地址是 0xFFFFF800，这就是我们要修改的那个页目录项的线性地址。

首先，处理器的页部件用 CR3 定位页目录表。段部件发出的线性地址是 0xFFFFF800，如图 19-22 所示，页部件先取出其二进制形式的高 10 位，这 10 位的值是十六进制的 0x3FF。页部件将它乘以 4，得到页目录表内的偏移 0xFFC，访问页目录表，取出页表的物理地址。

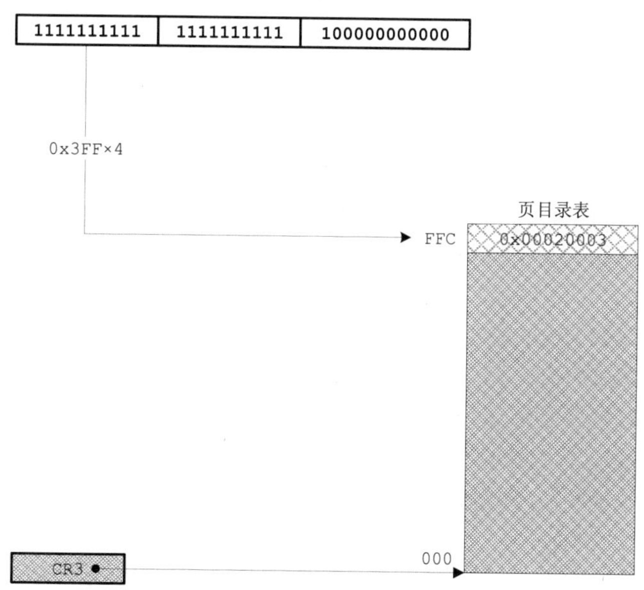

图 19-22 使用线性地址访问和修改页目录表（图示 1）

早在开启分页之前，我们就已经将页目录内最后一个表项修改为 0x00020003。这是什么意思呢？如图 19-23 所示，通过页目录表找到的页表，仍然是页目录表自己！这就是把页目录表当成页表来用。

因此，页部件取出线性地址的中间 10 比特，将它的数值乘以 4，作为偏移量，去访问页表——但实际上访问的依然还是页目录表。中间 10 位的值是 0x3FF，乘以 4 之后是 0xFFC，从页表中取出页的物理地址——但实际上是从页目录表中取出页的物理地址。也就是说，最终要访问的物理页，其实是页目录表。

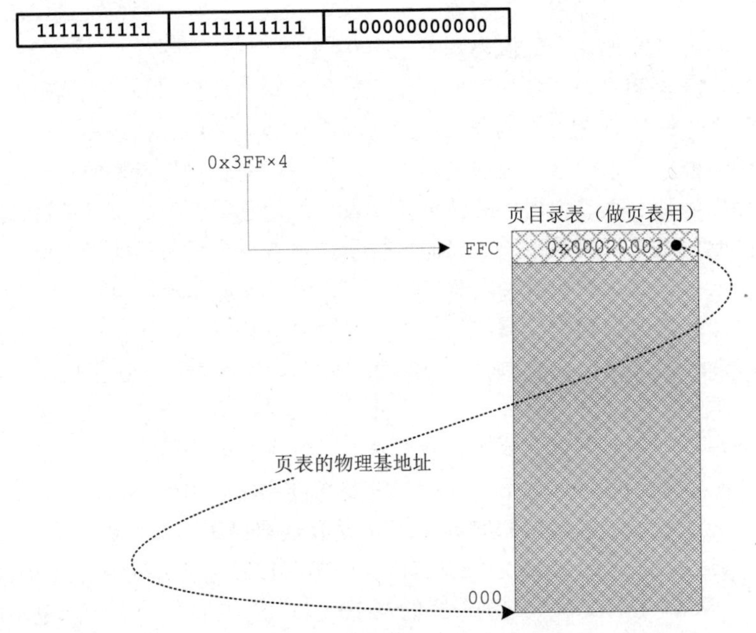

图 19-23　使用线性地址访问和修改页目录表（图示 2）

如图 19-24 所示，处理器从这里取出页的物理地址——其实就是页目录表的物理地址，加上线性地址的低 12 位作为页内偏移量。页内偏移量不是页目录或者页表的索引，不需要乘以 4，而是直接用于访问页内的代码和数据。低 12 位的值是 0x800，要访问的页是页目录表自身，所以，最终要访问的目标是在页目录表内偏移为 0x800 的那个双字。

在程序中，我们将这个双字设置为 0x00021003。也就是说，让这个页目录项指向原先的页表，这就把内核从虚拟内存的低端映射到了高端。当然，这是主要工作，后面还有一些细节需要处理。

从以上叙述可以看出，如果页目录表的最后一个目录项指向当前页目录表自己，那么，无论任何时候，当线性地址的高 20 位是 0xFFFFF 时，访问的就是页目录表自己。

修改页目录表的原理就是这样。最终，页目录表内有两个目录项都指向同一个页表，如图 19-25 所示。不过，尽管指向的是同一个页表，这两个目录项所映射的**线性地址是不一样的**，旧表项依然对应着线性地址 0x00000000～0x000FFFFF；新表项则对应着一个高端的地址范围 0x80000000～0x800FFFFF。

这回，你应该很清楚了，为什么处理器会使用层次化的分页结构，而不是用 4MB 内存组建单一的页映射表。如果采用后者，将不得不至少保留 2MB 的内存空间。当然，这对于现在的计算机来说算不了什么，但是，在 1978 年，80386 处理器刚刚问世的时候，拥有 2MB 物理内存还是一种非常奢侈的想法。即使是在 15 年之后的 1993 年，在我使用的计算机上也才有 2MB 物理内存，已经是相当不错的，那台计算机花了 7000 多元。

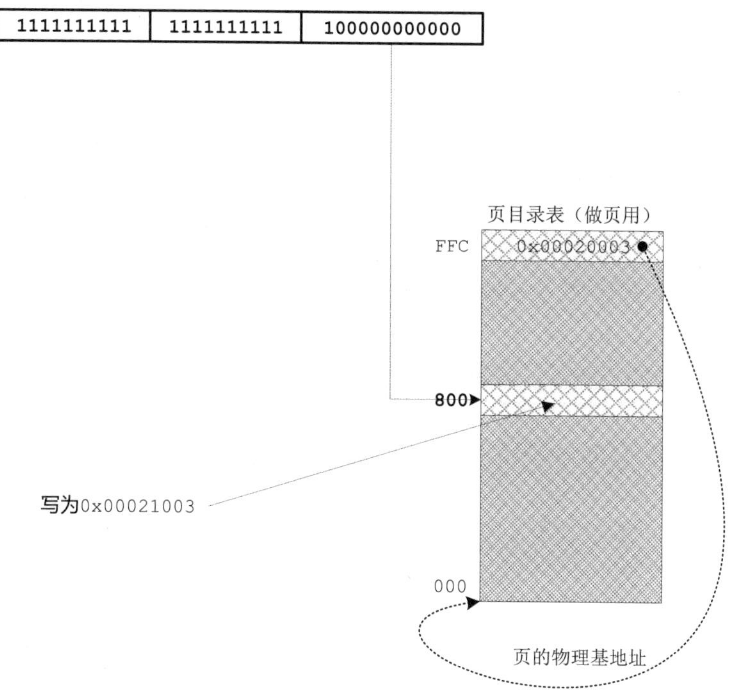

图 19-24 使用线性地址访问和修改页目录表（图示 3）

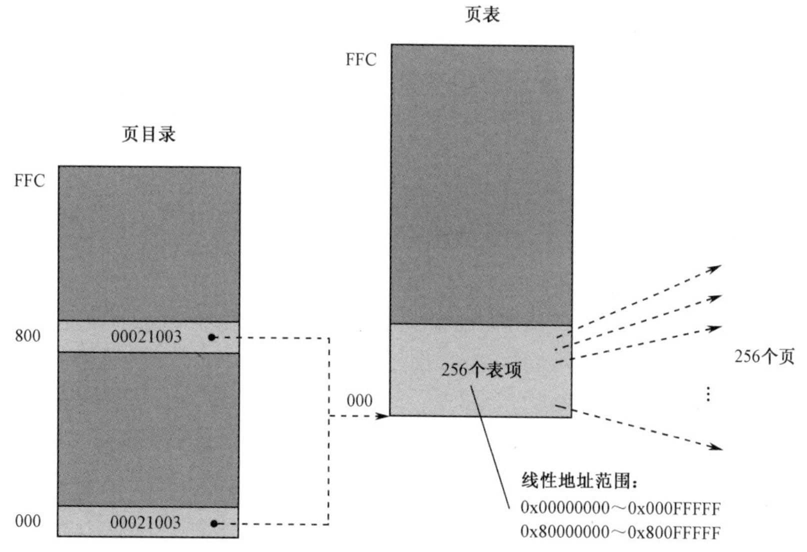

图 19-25 将内核映射到高端地址后的页目录表

仅仅修改页目录表是没有用的，如果段部件给出的线性地址并不在 0x80000000 以上，是没有用的。因此，必须修改与内核有关的段描述符，包括全局描述符表（GDT）自己的线性地址。一旦开启页功能，除页目录表和页表的地址外，其他所有地址都是线性地址，即使是在访问 GDT 和 LDT 的时候，内核就更不用说了，不可能因为它靠近硬件就能搞特殊。

修改段描述符很简单，只需要将其中的基地址部分加上 0x80000000 即可。比如 GDT，原先的地址是 0x00007E00，现在则要改为 0x80007E00。说起来容易做起来难，段描述符中的基地址不是连续的，处于高低两个双字中的不同位置，重新计算比较麻烦。

幸运的是，0x80000000 是一个有趣的数，仅最高位是“1”，其余 31 比特都是“0”。因此，只需要访问全局描述符表（GDT），将所有描述符高字部分的最高位置“1”即可。

第 1384～1386 行，先取得 GDT 的线性基地址，并传送到寄存器 EBX，准备开始访问 GDT 内的段描述符。

第 1388～1393 行，依次找到内核栈段、文本模式下的视频缓冲区段、公共例程段、内核数据段和内核代码段的描述符，并将每个描述符的最高位改成“1”。在这里，寄存器 EBX 提供了 GDT 的基地址；0x10、0x18、0x20 等这些数提供了每个描述符在表内的偏移量；在偏移量的基础上加 4，就是每个描述符的高 32 位。唯一没有修改的是 0～4GB 内存段的描述符，它本身就是为访问整个内存空间而存在的，不需要修改。

尽管全局描述符表（GDT）很重要，但处理器不会对它有任何照顾，开启分页功能后，访问 GDT 也同样需要使用线性地址。因此，第 1395 行，将 GDT 的基地址映射到内存的高端，即，加上 0x80000000。第 1397 行，将修改后的 GDT 基地址和界限值加载到全局描述符表寄存器（GDTR），使修改生效。

同样的道理，第 1400～1402 行，用来修改中断描述符表寄存器 IDTR，毕竟中断描述符表已经被映射到虚拟内存的高端了。

我们知道，段寄存器实际上由段选择器和描述符高速缓存器组成。当取指令和执行指令时，或者访问内存中的数据时，处理器不会每次都重新加载段寄存器，而是使用 CS、SS、DS、ES、FS 和 GS 描述符高速缓存器中的内容。

所以，当你改变了 GDT 的基地址，或者修改了段描述符之后，这些修改不会立即反映到段寄存器的描述符高速缓存器，对程序的运行没有任何影响。

但是，当执行一个段间转移指令，或者往段寄存器里加载一个新的段描述符选择子时，处理器将会访问 GDT 或者 LDT，并刷新段寄存器描述符高速缓存器的内容。因此，为了使处理器转移到内存的高端位置执行，需要显式地刷新段寄存器的内容。

代码段寄存器 CS 的刷新一般使用转移指令完成。因此，第 1404 行，使用远转移指令 jmp 跳转到下一条指令的位置接着执行。这将导致处理器用新的段描述符选择子 core_code_seg_sel（0x38）访问 GDT，从中取出修改后的内核代码段描述符，并加载到其描述符高速缓存器中。同时，这也直接导致处理器开始从内存的高端位置取指令执行。

第 1407～1411 行，重新加载段寄存器 SS 和 DS 的描述符高速缓存器，使它们的内容变成修改后的数据段描述符。注意，这些段在内存中的物理位置并没有改变。特别是栈段，因为仅仅是线性地址变了，栈在内存中的物理位置并没有发生变化，所以栈指针寄存器 ESP 仍指向正确的位置。段寄存器 ES 没有修改，因为它指向整个 0～4GB 内存段，内核需要有访问整个内存空间的能力。段寄存器 FS 和 GS 没有使用。

第 1415、1416 行，显示一条消息，告诉屏幕前的人，已经开启了分页功能，而且内核已经被映射到线性地址 0x80000000 以上。需要特别说明的是，即使是在分页机制下，相对于上一章，过程 put_string 及其嵌套过程 put_char 也没有做任何修改，但依然工作得很好。原因很简单，尽管文本模式的显示缓冲区基地址已经映射到一个较高的地址 0x800B8000，但是，向该区域内的任何一个单元，比如线性地址 0x800B8020 写字符时，页部件最终会在页表内找到显示缓冲区所在的那个页，页的物理地址是 0x000B8000。用页的物理地址加上 12 位的页内的偏移量 0x020，就是最终的物理地址 0x000B8020。

第 1420～1438 行，安装供用户程序使用的调用门，并显示安装成功的消息。这一段代码和上一章相同，没有做任何修改。门描述符的创建只涉及目标代码段的选择子和例程在段内的偏移量。虽然内核已经被映射到虚拟内存的高端，但是门描述符内只使用了目标代码段的选择子和目标例程在段内的偏移量，它们不受内存映射的影响，所以这段代码不用做任何修改。

19.4　创建内核任务

19.4.1　内核的虚拟内存分配

接下来的工作是创建内核任务，实际上，是将内核的一部分作为任务来执行。内核任务有自己的任务控制块 TCB，而且它的内存空间不是动态分配的，而是明确指定的。

按照我们的规划，内核任务的任务控制块位于物理地址 0x0001F800，在中断描述符表 IDT 的上面。我们现在已经将内核整体映射到虚拟内存的高端，所以这个任务控制块在映射之后的线性地址是 0x8001F800。在程序中直接使用数字可能有些突兀，不明所以，所以我们将这个线性地址定义为常量 core_lin_tcb_addr，它是在程序的开始处定义的，第 1441～1442 行，我们将这个线性地址保存到 ECX，然后，通过 ES 所指向的 4GB 段访问内核的 TCB，在 TCB 内偏移为 04 的地方，将任务的状态设置为 0xFFFF，也就是忙。我们现在是在内核中执行，实际上可以认为是在内核任务中执行。既然当前任务是内核任务，所以它的状态是忙。

来看一下任务控制块 TCB 的结构，如图 19-26 所示，在本章里，我们在 TCB 的后面新增了一个成分，它就是偏移为 0x46 的双字，用来保存下一个可用于分配的线性地址，所以在本章中，任务控制块 TCB 的长度增加到 0x4A。

在我们前面的章节里，所有任务，包括内核，都共用同一个 4GB 物理内存空间。但是现在，每个任务都有自己独立的 4GB 虚拟内存空间。任务创建时，需要分配内存，以加载任务自己的代码和数据；在任务执行期间，也可能会根据需要临时分配内存空间。分配内存时，都只在任务自己的虚拟内存空间里进行，这是需要强调的。

所谓内存分配，首先是在任务自己的虚拟内存中分配和占用一个线性地址范围。内存分配通常是从线性地址 0 开始的。换句话说，是从任务自己的 4GB 虚拟内存的起始处分配的。所以，任务创建时，任务控制块 TCB 的这个双字通常是 0。

任务加载时，需要分配内存来存放代码和数据。举个例子来说，如果需要分配 1MB 内存，那么，在这个任务的虚拟内存空间里，占用的线性地址范围是 0 到 0xFFFFF。分配了线性地址范围后，还需要在物理内存中分配足够的物理页，然后在页目录和页表中登记线性地址与页地址的对应关系。如此一来，就可以用分配的线性地址来访问物理内存了。

回过头来，因为刚才已经分配了 1MB 内存，线性地址范围是 0 到 0xFFFFF，所以，下一个可用于分配的线性地址是 0x100000，需要登记在任务控制块 TCB 中。下一次需要分配内存时，就知道从哪个线性地址开始继续分配。

回到代码清单 19-1，第 1443 行用于登记内核的起始可分配线性地址，或者说下一个可用于分配的线性地址。对于内核来说，下一个可用于分配的线性地址是 core_lin_alloc_at。它是一个常量，也是在程序的起始处定义的。

偏移	15 … 0
+0x4A ->	下一个可用于分配的线性地址
+0x46 ->	头部选择子
+0x44 ->	2特权级栈的初始ESP
+0x40 ->	2特权级栈选择子
+0x3E ->	2特权级栈基地址
+0x3A ->	2特权级栈以4KB为单位的长度
+0x36 ->	1特权级栈的初始ESP
+0x32 ->	1特权级栈选择子
+0x30 ->	1特权级栈基地址
+0x2C ->	1特权级栈以4KB为单位的长度
+0x28 ->	0特权级栈的初始ESP
+0x24 ->	0特权级栈选择子
+0x22 ->	0特权级栈基地址
+0x1E ->	0特权级栈以4KB为单位的长度
+0x1A ->	TSS选择子
+0x18 ->	TSS基地址
+0x14 ->	TSS界限值
+0x12 ->	LDT选择子
+0x10 ->	LDT基地址
+0x0C ->	LDT当前界限值
+0x0A ->	程序加载基地址
+0x06 ->	任务状态
+0x04 ->	下一个TCB基地址
+0x00 ->	

图 19-26　本章中的 TCB 结构

显然，在内核任务中分配内存，是从虚拟内存空间的高端进行的。这样做的原因很简单，内核是所有任务共有的，它占据了每个任务地址空间的高端，低端是每个任务私有的。所以，在内核中分配内存，只能从虚拟内存的高端开始。

在创建了内核任务的任务控制块之后，第 1445 行调用例程 append_to_tcb_link 将它加入任务控制块链表中。这个例程在本章中做了一点修改，但改动不大，只是在修改链表之前先关闭了硬件中断，在修改之后又开放了硬件中断。在本章中，一旦将任务控制块加入链表中，它就会参与任务切换，而这个时候修改链表是危险的，所以必须在链表完全修改前，禁止硬件中断，从而禁止任务切换。

创建了内核任务的任务控制块之后，接下来要创建内核任务的任务状态段 TSS，这是处理器的要求，对于任何一个任务来说，任务状态段都是不可或缺的。创建任务状态段 TSS 所需要的内存是动态分配的，而且必须在内核的虚拟内存空间里分配。

首先，第 1450 行用 ECX 指定需要分配的内存数量，104 是 TSS 的基本长度。接着，第 1451 行调用例程 allocate_memory 分配内存。该例程依然位于公共例程段，但和上一章相比有很大不同。在上一章里，所有任务共用同一个 4GB 物理内存，而内存分配也在其中进行；在这一章里，每个任务都有自己独立的 4GB 虚拟内存空间，所以，是在当前任务自己的虚拟内存空间里分配的。进入例程时，要求用 ECX 指定需要分配的字节数；例程返回时，用 ECX 返回所分配内存的起始线性地址，这个线性地址是当前任务自己的虚拟内存空间里的线性地址。

因为是在当前任务的虚拟内存空间里分配的，所以，需要搜索任务控制块链表，找到当前任务的任务控制块，从中取得可用于分配的起始线性地址，然后从这个地址开始分配。

当前任务一定是状态为忙的任务。首先，第 442～443 行，让 DS 指向内核数据段，接着，第 445 行从内核数据段的 tcb_chain 这里取得链表首节点的线性地址。

接着，第 447～448 行让 DS 指向 4GB 内存段，第 451～455 行遍历整个链表，寻找状态为忙的节点。节点的遍历过程我们以前都讲过，所以这里不再详细解释。

一旦找到状态为忙的节点，那么，下一步，我们将节点的线性地址，也就是任务控制块 TCB 的线性地址传送到 EBX，然后调用例程 task_alloc_memory 分配内存。从这条指令的代码段选择子可以看出，例程 task_alloc_memory 也位于内核公共例程段。

这个例程是在指定任务的虚拟内存空间中分配内存的，这意味着它并不一定是在当前任务的虚拟内存空间里分配的，所以要指定是在哪个任务的虚拟内存空间中分配的。正是因为这样，进入例程时，要用 EBX 指定任务控制块 TCB 的线性地址，这就决定了是在哪个任务的虚拟内存空间里分配的。同时，还要用 ECX 指定所要分配的字节数。

在例程 task_alloc_memory 内，第 393～394 行使段寄存器 DS 指向 4GB 内存段，为访问任务控制块 TCB 做准备。然后，第 396 行访问指定的任务控制块，从偏移为 0x46 的位置取出本次分配的起始线性地址。EBX 保存了任务控制块的线性地址，而偏移为 0x46 的位置则保存了在这个任务内分配内存时可用的线性地址。取得的线性地址依然保存在 EBX 中，由于我们接下来还要用到 EBX，会破坏它，所以，第 397 行，我们将这个线性地址复制到 EAX 加以保护。

第 398 行的 add 指令用来得到下一次内存分配时所使用的线性地址，它是用本次分配所使用的线性地址加上要求分配的字节数来得到的。相加的结果要记录在任务控制块 TCB 中以便于下次内存分配时使用，但是这个工作是在例程返回前才做，所以只能先用第 400 行的 push 指令把它压栈保护。

现在我们已经得到了本次分配的起始线性地址，以及下次分配可以使用的线性地址。接下来，我们需要为这个范围内的线性地址分配物理页，并把它们的对应关系记录在页目录表和页表中。为此，需要调用另一个例程 alloc_inst_a_page。

我们知道，每个线性地址都有一个页与之对应，只不过这个页可能还不存在，需要分配。因为页的基本长度是 4KB，所以，将一个线性地址加上 0x1000，也就是十进制的 4096，得到的线性地址将对应着另一个不同的页。基于这个原理，我们使用一个循环，首先为本次分配的起始线性地址安装物理页，这是在第 406 行调用例程 alloc_inst_a_page 来完成的。

紧接着，第 408 行将线性地址加上 0x1000，这个新的线性地址将对应着另一个不同的页。加到什么时候为止呢？这取决于要分配多少内存。ECX 里保存着下一次分配可使用的线性地址，这是线性地址增加的上限。所以，第 409 行对这两个线性地址进行比较。如果增加之后的线性地址小于或等于下次分配可用的线性地址，则继续转到标号.next 处进行下一轮循环。

注意，因为线性地址的低 12 位是页内偏移，为了方便比较，在循环开始前，第 403、404 行的两条 and 指令将线性地址的低 12 位清零。

内存和物理页的分配原理及分配过程，我们将在后面通过分析例程 alloc_inst_a_page 来解释。内存和物理页分配之后，我们从栈中恢复 ECX，它原先保存着下次内存分配可以使用的线性地址。注意，第 400 行的注释是“to B”，第 413 行的注释是“B”，表明它们是遥相呼应的，是成对关系，一个压入，一个弹出。弹出并恢复 ECX 的内容后，我们要把它保存到任务控制块 TCB 中，以便于下次内存分配。但是在此之前，我们必须先将这个地址对齐，而且建议至少按 4 字节对齐。换句话说，要求这个线性地址必须能够被 4 整除。

能够被 4 整除的数，其二进制形式的最低两位必然为 00。所以，第 415 行，这条 test 指令判断 ECX 的低两位是不是 11，十进制数字 3 的二进制形式为 11。

test 指令执行逻辑与运算，如果 ECX 的低两位是 00，那么，test 指令执行后，逻辑与操作的结果为 0，标志寄存器 EFLAGS 的零标志位 ZF 为 1，说明 ECX 中的线性地址是按 4 字节对齐的，转到标号.align 处执行；否则，说明 ECX 中的线性地址不是按 4 字节对齐的，跳转动作不会发生，继续往下执行，执行对齐操作。

对齐操作很简单粗暴，第 417、418 行，它直接将 ECX 加 4，然后用 and 指令强制低两位变成 00。如此一来，生成的线性地址和原先相比只大不小，而且是按 4 字节对齐的。

无论线性地址原先就是对齐的，还是我们强制对齐的，都会来到标号.align 这里执行。在这里，我们从栈中恢复 EBX。第 421 行的注释是“A”，第 390 的注释是“to A”，这两行也是对应的，原先是将任务控制块 TCB 的线性地址压栈，现在是出栈。

恢复了任务控制块的线性地址后，第 423 行，访问任务控制块，在偏移为 0x46 的位置，将下次分配时所用的线性地址保存起来。

当前例程要求用 ECX 返回本次分配的起始线性地址，但这个地址保存在 EAX 中。所以，第 424 行将它从 EAX 传送到 ECX。最后，retf 指令返回到例程的调用者。

以上，为了方便讲解，我们有意略过了例程 alloc_inst_a_page，这个例程也位于内核公共例程段，用来为指定的线性地址分配一个物理页，这个线性地址是在进入例程时用 EBX 传入的。线性地址的高 10 位是页目录表索引，需要用它来检查对应的页目录项是否存在，如果存在，意味着已经有对应的页表；如果不存在就创建一个新的页表，并将页表的物理地址写入这个目录项。

回到代码清单 19-1，来看例程 alloc_inst_a_page。首先，第 292、293 行令段寄存器 DS 指向 4GB 内存段，为我们后面用线性地址访问页目录表和页表自身做准备。为了让段部件输出一个指定的线性地址，就必须将这个线性地址放在一个基地址为 0 的段内作为偏移量。

现在开始检查该线性地址所对应的页目录项，或者说页表是否存在。EBX 中是传入的线性地址，为了不破坏线性地址，因为后面还要使用它，第 296 行，我们将它复制到 ESI。

我们已经知道，线性地址的高 10 位是页目录表索引，由处理器用来在线性地址到物理地址转换的过程中选择一个页目录项。如果我们自己要访问这个目录项，那就得把页目录当成一个自然页，并将线性地址的高 10 位乘以 4，当成页内偏移。

同时我们已经学过并且知道，要访问页目录表自身，把页目录表当成一个页来访问，线性地址的高 20 位是 0xFFFFF，低 12 位是页偏移。所以，要访问线性地址所对应的页目录项，需要把线性地址右移 22 次，也就是把页目录索引移到最右边，然后再左移 2 次，相当于乘以 4。移动之后，再将高 20 位设置为 0xFFFFF。

在程序中，我们先用第 297 行的 and 指令将线性地址的低 22 位清零，只保留页目录索引。然后，再用第 298 行将它右移 20 次。这相当于右移 22 次，再左移 2 次，左移 2 次是乘以 4。因为实际上只移动了 20 次，所以，有些比特没有被挤出去。为了使没有被挤出去的比特也为 0，前面那条 and 指令还是必要的。

现在，线性地址的低 12 位是页目录内的偏移，于是我们就可以用第 299 行将高 20 位设置成 0xFFFFF。这样就得到了被访问的那个页目录项的线性地址。第 301 行的 test 指令测试这个页目录项的内容，看它的最低位，也就是 P 位是否为 1。如果为 1，表明这个页目录项已经存在，转到标号.b1 处执行；如果为 0，表明这个页目录项还没有创建，必须先创建。

要创建页目录项，只需要填写一个物理页即可，所以必须先分配物理页。因为这个原因，我们先调用例程 allocate_a_4k_page 分配一个物理页。例程返回时，将返回页的物理地址。

返回的物理地址只需要保留前 20 位，低 12 位是属性位，页的属性值用第 306 行的 or 指令设置为 0x007，即，US＝1，特权级别为 3 的程序也可以访问；RW＝1，页是可读可写的；P＝1，页已经位于内存中，可以使用。我们现在是为内核任务的任务状态段 TSS 分配内存，TSS 只能由特权级为 0 的内核访问，它所在的页也只能由特权级为 0 的内核访问，但这里为什么允许特权级别为 3 的程序访问呢？

当然了，原则上是不允许的，但是，这个例程是通用的，既要用于为内核分配页面，也用于为 3 特权级的用户任务分配页面。3 特权级的用户任务要求所分配页面的 U/S 位是 1，不然的话无法访问。

对于前者，要求将所分配页面的 U/S 位清零；对于后者，要求将所分配页面的 U/S 位置置 1，这两者难以兼顾。为了不把事情搞复杂而又能说明问题，用当前过程所分配的页面，US 位一概设置成“1”。

刚分配的页是作为页表使用的，它应当登记在页目录表内，作为目录项存在。现在，寄存器 ESI 中的内容就是该目录项的线性地址。那么第 307 行将目录项的内容修改为页表的物理地址。

创建了页表之后，它应当是空白的，需要将全部页表项清零。很显然，这要访问页表，把页表当成普通页来访问。如何做到呢？

首先，第 310 行，将线性地址复制到 EAX。

第 311 行将线性地址的低 22 位清零。也就是将中间 10 位和低 12 位清零，只保留高 10 位的页目录索引。

接着，第 312 行将清零后的结果右移 10 次，这将使得页目录索引位于中间 10 位，它两边都是全零。

最后，第 313 行再将高 10 位设置为全“1”。

在页部件转换这个地址时，高 10 位的值是 0x3FF，乘以 4，得到 0xFFC，访问页目录内最后一个目录项，从中取得页表的物理地址。这个目录项填写的实际上是页目录表自身的物理地址。所以，这实际上是将页目录表当成页表来用。

线性地址的中间 10 位是页表索引，但现在实际上是页目录索引。将这个索引乘以 4，从这里取出页的物理地址，但实际上取得的是我们要访问的那个页表的物理地址。所以，这实际上是将页表当成物理页来用。

线性地址的低 12 位是页内偏移，但此时访问的是页表，是把页表当成页。页内偏移的初始值为 0，所以是访问页表内的第一个表项。每次将这个偏移部分加 4，就依次得到后面的页表项。

在程序中，我们用 loop 指令组成一个循环以访问全部的页表项。页表内最多可以有 1024 个页表项，所以将 ECX 设置为 1024 来控制循环次数。EAX 是页表项的线性地址，每次循环都将线性地址加 4，得到下一个页表项，第 316 行用来将每个页表项清零。循环结束后，所有页表项都变成全零，即，全部是无效的页表项。

不管线性地址对应的页目录项是原先就有效，还是我们用新创建的页表设置了页目录项，程序都会执行到标号.b1 处，从这里开始将检查页表，看对应的页表项是否有效。当然了，对于我们前面新创建的页表来说，所有页表项都是无效的，但在这里是统一处理的。

要想判断与线性地址对应的页表项是否有效，必须访问页表自身，将页表当成一个普通的页来访问。如何做到这一点呢？

首先，将线性地址的低 12 位清零，只保留高 10 位的页目录索引和中间 10 位的页表索引；

接着，再右移 10 次。右移后，高 10 位的页目录索引变成页表索引，中间 10 位的页表索引跑到低 12 位，而且低 2 位是“00”。这相当于什么呢？相当于低 12 位的值是页表索引乘以 4。

最后，再将高 10 位设置为全“1”。此时，这个线性地址就是我们要访问的那个页表项的线性地址。

在页部件将以上线性地址转换为物理地址时，高 10 位的值是 0x3FF，乘以 4，得到 0xFFC，访问页目录内最后一个目录项，从中取得页表的物理地址，这个目录项填写的实际上是页目录表自身的物理地址。所以，这实际上是将页目录表当成页表来用。

线性地址的中间 10 位是页表索引，但现在实际上是页目录索引。处理器将这个索引乘以 4，从这里取出页的物理地址，但实际上取得的是我们要访问的那个页表的物理地址。所以，这实际上是将页表当成物理页来用。

线性地址的低 12 位是页内偏移，但此时访问的是页表，是把页表当成页。而且，这个页内偏移实际上是页表索引乘以 4，用来访问指定的页表项。

回到程序中，按照上述方法，第 322～328 行，先将线性地址复制到 ESI，再清空低 12 位，右移 10 次，再将高 10 位设置成 0x3FF。然后用 test 指令访问该线性地址对应的页表项，通过测试它的 P 位，看它是不是有效的页表项。如果是有效的页表项，说明以前就已经为这个线性地址分配了物理页面，不用再次分配，因此直接转到标号.b2 处，从这里返回到调用者；如果不是有效的页表项，需要调用例程 allocate_a_4k_page 分配一个物理页面，并返回该页面的物理地址。

返回页面的物理地址后，只使用前 20 位，低 12 位是页属性。第 332 行，将属性值用 or 指令设置为 7。最后，第 333 行，将页面的物理地址写入页表项。写完之后，内存分配就完成了，返回到调用者。

19.4.2 页面位映射串和空闲页的查找

无论是分配页表还是物理页，都要调用例程 allocate_a_4k_page，它负责分配物理页面。对于每个任务来说，内存分配包括两个互相联系的部分：首先在任务自己的虚拟内存空间里分配，然后将它映射到物理内存中的页。

尽管每个任务都拥有 4GB 虚拟内存空间，也可以自由分配这些空间，但是，物理内存是有限的，或者用页的视角来说，物理页的数量是有限的。

写这本书的时候，拥有 4GB 的物理内存并不是一件值得羡慕的事情。但是，所谓水涨船高，要知道，现在的程序也极其庞大，而且往往都在内存中同时运行着。为了分配页，需要跟踪哪些页已经分配，哪些页是空闲的，这对操作系统来说是必做的事情。

很容易想到，操作系统必须在刚刚获得计算机控制权的时候，就检测实际的物理内存数量，并建立一张表格，标明页的物理地址及其是否空闲。当有程序申请内存时，就寻找这样的空闲页，并将其标记为已分配。

内存空间来自插在主板上的内存条，按照新的工业标准，每个内存条上焊有一个很小的只读存储器，用于标明该内存条的容量和工作参数。作为一个 PCI/PCIE 设备，软件可以读取它，以获得计算机上的物理内存容量。然后建立上述的页分配表。

如果你的计算机上真的有 4GB 物理内存，那么，它可以划分为 1048576（2^{20}）个页。如果每个表项占一字节，则需要 1MB 内存来创建该表。显然，这有些不划算。为了简单，可以使用位串来指示页的分配情况。

如图 19-27 所示，可以用一个长的比特串，叫作页映射位串，来指示每个页的位置及分配情况。取决于你所拥有的实际内存数量（页数），该串最多可以有 1048576 比特，由于每字节包含 8 比特，所以，共需要 131072 字节，也就是 128KB。

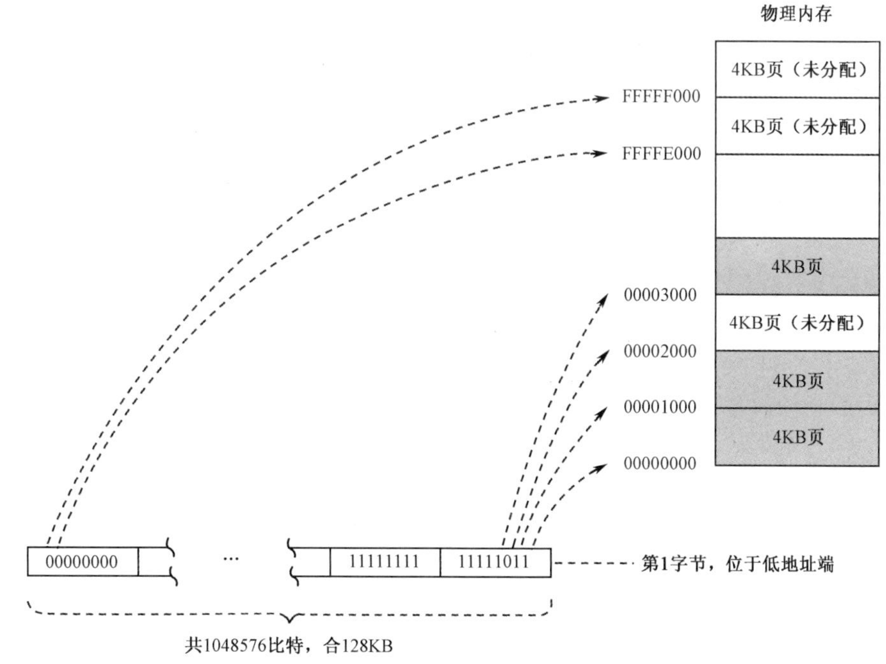

图 19-27 页映射位串

比特在位串中的位置，决定了它所映射的页在哪里。如图 19-27 所示，位 0 对应的是物理地址为 0x00000000 的页，位 1 对应的是物理地址为 0x00001000 的页，位 2 对应的是物理地址为 0x00002000 的页，…，最后一比特对应的是最后一个页，即物理地址为 0xFFFFF000 的页。

除了用比特所在的位置决定页的位置，比特的值决定了页的分配情况。当某比特为“0”

时，表示它所对应的页未分配，是可以分配的空闲页；否则，就表明那个页已经被占用了，不能再分配给任何程序。

在本章中，没有检测实际可用内存的代码，仅仅假定我们只有 2MB 的物理内存可用。2MB 的内存，可分为 512 个页，需要 512 比特的位串。在实际的程序中，没有声明位串的方法，只能声明字节、字、双字等。因此，只能用连续的字节或字数据来形成位串。

回到代码清单 19-1 中，第 718 行，声明了标号 page_bit_map，并初始化了 64 字节的数据。这 64 字节首尾相连，形成一个 512 比特的位串。对照图 19-27，第 1 字节的位 0 对应着物理地址为 0x00000000 的页，第 1 字节的位 1 对应着物理地址为 0x00001000 的页，…，第 2 字节的位 0 对应着物理地址为 0x00008000 的页，依次类推。

耐心一点，仔细观察这个页映射位串，你会发现前 32 字节的值差不多都是 0xFF。这并不奇怪，它们对应着最低端 1MB 内存的那些页（256 个页），它们已经整体上划归内核使用了，没有被内核占用的部分多数也被外围硬件占用了，比如 ROM -BIOS。

当然，如果你眼很尖的话，也会发现其中混杂了两字节的 0x55。这又是怎么回事呢？

回到前面，看图 19-15，尽管画得不明显，但是依然能看出，在物理地址 0x00030000～0x00040000 之间，是一段较为连续的空闲区，共 64KB，可划分为 16 个页，页的物理地址为 0x00030000～0x00040000，就对应着这两字节。本来，这两字节都应当是 0x00，以表明是可以分配的空闲页。不过，为了表明大的、连续的线性地址空间不必对应着连续的页，我们有意将空闲的页在物理上分开，因为 0x55 的二进制形式是 01010101。同样的做法也出现在后面的 64 个页中。

当然，这么做未必合理，因为低端 1MB 内存已经完整地分配给了内核，在内核的页表中，已经有页表项指向这 16 个页。如果我们再把它分配给其他任务，那么，该任务的页表项也势必指向这 16 个页，等于重复分配。不过，请放心，这 16 个页内核是不会用到的，因此，分配给其他任务也无妨。

回到代码清单 19-1 中，来看过程 allocate_a_4k_page 是怎么搜索页映射位串并分配页的。

页映射位串位于内核数据段中。第 257、258 行，先令段寄存器 DS 指向内核数据段。

接着，第 260～266 行，从头开始搜索位串，查找空闲的页。具体地说，就是找到第一个为“0”的比特，并记下它在整个位串中的位置。搜索位串用到了指令 bts。

bts（Bit Test and Set）指令测试位串中的某比特，用该比特的值设置 EFLAGS 寄存器的 CF 标志，然后将该比特置“1”。它最基本的两种格式为

```
bts r/m16, r16
bts r/m32, r32
```

在这里，目的操作数可以是 16/32 位的通用寄存器，或者指向一个包含了 16/32 位实际操作数的内存单元，用于指定位串；源操作数可以是 16/32 位的通用寄存器，用于指定待测试的比特在位串中的索引（位置）。

如果目的操作数是通用寄存器，那么，指定的位串就是该寄存器的内容（长度为 16 比特或者 32 比特）。在这种情况下，根据操作数的长度，处理器先求得源操作数除以 16 或者 32 的余数，并把它作为要测试的比特的索引。然后，从位串中取出该比特，传送到寄存器 EFLAGS 的 CF 位。最后，将该比特置位。

则如果目的操作数是一个内存地址，那么，它给出的是位串在内存中的起始地址，或者说该位串第 1 个字或者双字的地址。同样的，源操作数用于指定待测试的比特在串中的位置。因为串在内存中，所以其长度可以最大限度地延伸，具体的长度取决于源操作数的尺寸，毕竟它

用于指定测试的位置。如果源操作数是 16 位通用寄存器，位串最长可以达到 2^{16} 比特；如果源操作数是 32 位的通用寄存器，则位串最长可以达到 2^{32} 比特。无论如何，在这种情况下，指令执行时，处理器会用目的操作数和源操作数得到被测比特所在的那个内存单元的线性地址。然后，取出该比特，传送到寄存器 EFLAGS 的 CF 位。最后，将原处的该比特置位。

除此之外，这两种指令格式的区别还在于具体操作时，处理器读取的数据的长度。挑选比特的工作是在处理器内部进行的，要先从内存中读取含有指定比特的字或双字。第一种指令格式进行的是 16 位的内存操作，处理器读的是一个字；第二种指令格式进行的是 32 位的内存操作，处理器读的是一个双字。

bts 指令并不孤独，同类型的指令还有 btr、btc 和 bt，它们的区别如表 19-1 所示。

表 19-1 bts、btr、btc、bt 指令对照表

指 令	英文全称	基本功能	对其他标志位的影响
bts	Bit Test and Set	将指定位置的比特传送到 CF 标志位，然后将其置位	ZF 标志位不受影响，对 OF、SF、AF 和 PF 标志的影响未定义
btr	Bit Test and Reset	将指定位置的比特传送到 CF 标志位，然后将其复位（清零）	
btc	Bit Test and Complement	将指定位置的比特传送到 CF 标志位，然后将其取反	
bt	Bit Test	将指定位置的比特传送到 CF 标志位	

回到代码清单 19-1。

搜索空闲页是一个机械的工作，要先从位串的第 1 比特开始。第 260 行，先将寄存器 EAX 清零，这表明我们要从位串的第 1 比特开始搜索。

第 262 行，执行 bts 指令。这将使指定的比特被传送到标志寄存器的 CF 位，同时那一位被置“1”。置“1”是必做的工作，如果它原本就是“1”，这也没什么影响；如果它原本是“0”，那么，它就是我们要找的比特，它对应的页将被分配，而将它置“1”是应该的。

第 263 行，判断位串中指定的位是否原本为“0”。如果答案是肯定的，那么，太好了，于是转到第 272 行执行，准备退出当前过程；如果不是，那么，第 264～266 行，将 EAX 的内容加 1，准备测试位串中的下一比特。在此之前，要先判断是否已经测试了位串中的所有比特，以防止越界。page_map_len 是一个用伪指令 equ 声明的常数，位于第 726 行，它的值就是位串的字节数。将它乘以 8，就是位串的比特数。在最坏的情况下，没有找到可以用于分配的空闲页，则显示一条错误消息，并停机。当然，对于一个流行的操作系统来说，这样做是不对的，正确的做法是看哪些已分配的页较少使用，然后将它换出到磁盘，腾出空间给当前需要的程序，到时候再换回来。不过，这已经超出了本书的主题范围。

如果情况乐观，会找到一个可以分配的空闲页，也就是一个为“0”的比特。第 273 行，将该比特在位串中的位置数值乘以页的大小 0x1000（或者十进制数 4096），就是该比特所对应的那个页的物理地址。

找到了可用的页，任务也就完成了。第 280 行用于返回到当前过程的调用者。可以看出，这是公共例程段内的内部过程，仅供同一段内的其他过程使用。返回时，页的物理地址位于寄存器 EAX 中。

最后我们来总结一下内存分配的全过程。内存分配的一个特定场景是当前任务为自己分配内存，这要在当前任务的虚拟地址空间里分配，要分配和占用当前任务自己的一部分线性地址范围。

为当前任务分配内存需要调用例程 allocate_memory，当前任务实际上是状态为忙的任务，所以这个例程的工作是从任务控制块 TCB 中寻找状态为忙的节点，也就是获得当前任务的任务控制块 TCB。紧接着，例程 allocate_memory 用任务控制块的线性地址作为参数，调用另一个例程 task_alloc_memory。例程 task_alloc_memory 访问指定的任务控制块 TCB，取出并确定本次内存分配的线性地址范围，然后调用例程 alloc_inst_a_page。

例程 alloc_inst_a_page 对当前任务的页目录和页表进行检查，看是否存在与线性地址对应的条目。这是有必要的，因为上次内存分配可能已经涵盖了本次内存分配所需要的空间，在这种情况下，对应的页目录项、页表项及物理页都已经存在，所以本次内存分配就可以提前结束而不需要做任何实际的内存分配工作。

相反的，如果相关的表项不存在，那么，就需要先调用例程 allocate_a_4k_page，在物理内存中查找并返回空闲的物理页，然后，例程 alloc_inst_a_page 在页目录和页表中创建条目，登记线性地址与物理页的对应关系。至此，内存分配的工作就完成了。

19.4.3 内核任务的确立

回到代码清单 19-1。

内存分配之后，用 ECX 返回本次分配的起始线性地址。第 1452 行，将这个线性地址保存到内核任务的任务控制块 TCB 中，这是为以后访问任务控制块及执行任务切换做准备。登记的位置是任务控制块内偏移为 0x14 的地方。

我们现在位于系统启动的过程中，正在执行的这段代码用来初始化内核并确立内核任务，它是内核任务的一部分，所以当前任务是内核任务。但是实际情况是，内核任务还没有正式确立，因为它没有填写完整的 TSS 信息，也没有在 GDT 中创建 TSS 描述符，任务寄存器 TR 也没有指向它。没关系，现在我们就来完成这些工作。

首先，我们需要在任务状态段 TSS 里登记一些基本信息。第 1455 行登记反向链字段。TSS 中的反向链用于在硬件任务切换中，由处理器来跟踪和反向切换到上一个任务。这种形式的硬件任务切换我们是不用的，所以直接置 0。

第 1456、1457 行将寄存器 CR3 的内容保存到内核的 TSS 中。这个很重要，从其他任务切换到内核任务时，需要从这里恢复内核任务的页目录表基地址。

第 1458 行登记内核任务的 LDT 选择子到 TSS 中。内核任务不需要 LDT，所以置 0。

第 1459 行实际上用来将 TSS 的 T 位置 0。

因为内核任务具有最高特权级，可以访问任何硬件端口，所以在它的 TSS 中不需要 I/O 位图部分。第 1460 行，将 I/O 许可位图在 TSS 中的偏移量设置为 TSS 的实际大小 103。

在 TSS 中还有很多信息，在这里是不需要填写的。第一次任务切换，一定是从内核任务切换到其他任务，此时，将把内核任务的当前执行状态保存到 TSS 中。换句话说，没有填写的信息将在第一次任务切换时，由处理器自动填写。

创建和设置了 TSS 之后，下一步的工作是创建它的描述符，即 TSS 描述符，并安装在全局描述符表 GDT 中，这是第 1465～1470 行的工作。安装之后，将返回的 TSS 选择子填写在内核任务的任务控制块 TCB 中，在后面可用于任务切换。

对于处理器来说，任务寄存器 TR 所指向的任务是当前任务。所以，我们还要把 CX 中的

TSS 描述符选择子加载到任务寄存器 TR，第 1474 行就用于完成这个工作。

至此，内核任务就完全确立为当前任务。第 1477、1478 行显示一条信息，表明内核任务已经创建（确立）。

19.5　用户任务的创建和切换

19.5.1　用户任务的虚拟内存分配策略

确立了内核任务之后，下一步的工作是创建用户任务，这样就可以演示任务切换。和从前一样，这需要先创建一个任务控制块 TCB。

继续来看代码清单 19-1。第 1481 行，新的任务控制块是 74 字节，用十六进制表示是 0x4a，我们将它保存到 ECX 中，作为参数调用内存分配例程 allocate_memory。

例程返回时，用 ECX 返回本次分配的起始线性地址。第 1483、1484 行，我们用这个线性地址访问任务控制块，预先设置任务的状态，以及用户任务可分配的起始线性地址。从这两条指令可以看出，用户任务的初始状态是就绪（0）；从这条指令可以看出，用户任务的起始可分配线性地址是 0。用户任务有自己的 4GB 虚拟地址空间，在用户任务内部分配内存时，可以从线性地址 0 开始分配。

创建了任务控制块 TCB 之后，就可以调用例程 load_relocate_program 来完成用户任务的整个创建过程。进入这个例程时，需要通过栈传递两个参数，分别是用户程序在硬盘上的起始逻辑扇区号，以及任务控制块的起始线性地址。在这里，用户任务起始于逻辑 50 扇区，任务控制块 TCB 的起始线性地址保存在 ECX 中。

创建用户任务的工作包括哪些方面呢？很多。首先第一步的工作就是分配内存，将用户任务对应的程序加载进来。

我们说过，从现在开始，每个任务的内存地址空间是独立的，彼此是分开的，每个任务都有自己独立的 4GB 虚拟内存空间，而不是像从前那样，共用一个 4GB 内存空间。

这意味着，虽然任务是不同的，但它们很可能通过段部件发出相同的线性地址。举个例子来说，每个任务都可能通过段部件输出一个线性地址 0x0b00c503 去访问内存。但是，段部件发出的线性地址用于访问每个任务自己的 4GB 虚拟内存，这是没有问题的。

那么，每个任务的 4GB 虚拟内存是如何实现的呢？虚拟内存毕竟不是真实的内存，它只是一套内存地址的转换机制，是通过页目录和页表实现的。每个任务都有自己独立的页目录表和页表，里面记录了线性地址与物理页的对应关系。对每个任务来说，4GB 虚拟内存里的每个线性地址，都有一个物理内存中的页与之对应，这种对应关系记录在每个任务自己的页目录表和页表中。

因此，即使每个任务都发出相同的线性地址，但由于这些线性地址对应着不同的物理页，所以最终访问的是不同的物理页。

创建用户任务的工作包括加载用户程序，要加载用户程序必须先分配内存。内存分配包括创建用户任务自己的页目录表和页表，并分配对应的物理页。内存分配之后，要把用户程序从硬盘上读出，写入分配来的内存。在分页模式下，访问内存必须通过段部件和页部件，必须使用刚才创建的页目录表和页表进行地址转换。

但是不行，因为它们不是处理器当前正在使用的页目录和页表。当前任务是内核任务，处理器正在使用内核任务的页目录和页表。如此一来，就不可能通过用户任务的页目录表和页表进行地址转换，也就无法访问为用户任务分配的内存。

你可能说了，切换到用户任务的页目录和页表，再去加载程序不就行了？这是不可能的。内核任务正在执行，它的执行依赖于页目录和页表的地址转换。一旦改变了页目录和页表，内核任务就执行不下去了。

那么我们应该怎么办呢？在给出解决方案之前，我们先来看一下内核任务与用户任务是如何将虚拟地址空间映射到物理内存空间的。

每个任务都有自己独立的 4GB 虚拟内存，其中，虚拟内存的高 2GB 是全局空间，对应于内核；虚拟内存的低 2GB 是局部空间，是任务的私有部分。比如对于某个任务 A 来说，有自己独立的 4GB 虚拟内存，也有自己独立的页目录表和页表。如图 19-28 所示，页目录表的低一半，也就是对应于 0～2GB 的部分，通过页表指向自己私有的那些页面。

任务 A 是需要访问内核服务的，要想访问到内核，它的页目录表中必须有指向内核页表的项目。因此，如图 19-28 所示，页目录表的高一半，也就是对应于 2～4GB 的这一半，指向内核的页表。如此一来，访问高端内存时，访问的就是内核所占用的页面。访问低端内存时，访问的是任务 A 自己的页面。

对于其他任务，比如任务 B，情况也是如此。如图 19-28 所示，任务 B 有自己独立的 4GB 虚拟内存。任务 B 有自己独立的页目录表和页表，页目录表的低一半，也就是对应于 0～2GB 的部分，通过页表指向自己私有的那些页面。

任务 B 是需要访问内核服务的，要想访问到内核，它的页目录表中必须有指向内核页表的项目。因此页目录表的高一半，也就是对应于 2～4GB 的这一半，指向内核的页表。如此一来，访问高端内存时，访问的就是内核所占用的页面。访问低端内存时，访问的是任务 B 自己的页面。

显然，对于所有任务来说，页目录的后半部分，也就是对应于 2～4GB 的这一半，都是一模一样的，都对应着内核。这充分说明，内核是所有任务的组成部分，是所有任务共有的，为所有任务服务。

在这里，还有一个特殊的任务，也就是内核任务。内核与内核任务不是一回事。内核任务作为一个独立的任务，也有自己独立的 4GB 虚拟内存空间。按道理，和别的任务一样，高端是内核，低端是内核任务的私有部分。但是为了方便用户任务的创建，我们做了特殊设计。

首先，内核任务占据了其 4GB 虚拟内存的高端，低端空着没有使用。因此，如图 19-28 所示，在内核任务的页目录表中，0～2GB 的这一半是空的，而 2～4GB 的这一半指向内核的页表。

你可能奇怪，对每个任务来说，虚拟内存的高端必须映射到内核，这样才能使用内核提供的服务，但是内核任务占据了其虚拟内存的高端，怎么使用内核服务呢？

答案是，内核与内核任务是捆绑在一起的，共享 4GB 虚拟内存的高端。其实从内核程序就可以看出，内核与内核任务的代码是混合在一起的。因为这个原因，在所有任务的页目录表中，包括内核任务自己的页目录表中，高一半的表项实际上既包含了内核的表项，也包含了内核任务的表项。同时，因为这种深度的捆绑，所以，在内核的页表中，既包含了内核所占用的物理页面，也包含了内核任务私有的物理页面。

不过没有关系，只有内核任务才会使用页目录表高一半的全部表项，而其他用户任务只会使用与内核有关的表项。

在内核任务的虚拟内存里，既然低 2GB 是空的，是不用的，所以，在页目录表中，对应的这一半也是空的，也没有使用，那么，在创建用户任务时，我们可以先在内核任务的低 2GB 空间里分配内存。这毫无疑问会在页目录表的这一部分创建表项，同时还会创建一些与这部分页目录项对应的页表，并分配物理页。因为是在创建用户任务嘛，所以还要从硬盘读入用户程序，并写入分配来的内存中，也就是写入这些分配来的物理页中。

等这些工作做完之后，再将内核任务的页目录表复制一份，作为被创建的那个用户任务的页目录表。此时，用户任务的虚拟内存的高 2GB 被映射到内核，这是因为其页目录表的高一半指向内核的页表。与此同时，刚才创建的那些页表也归用户任务所有，因为页目录表中的低一半指向这些页表。

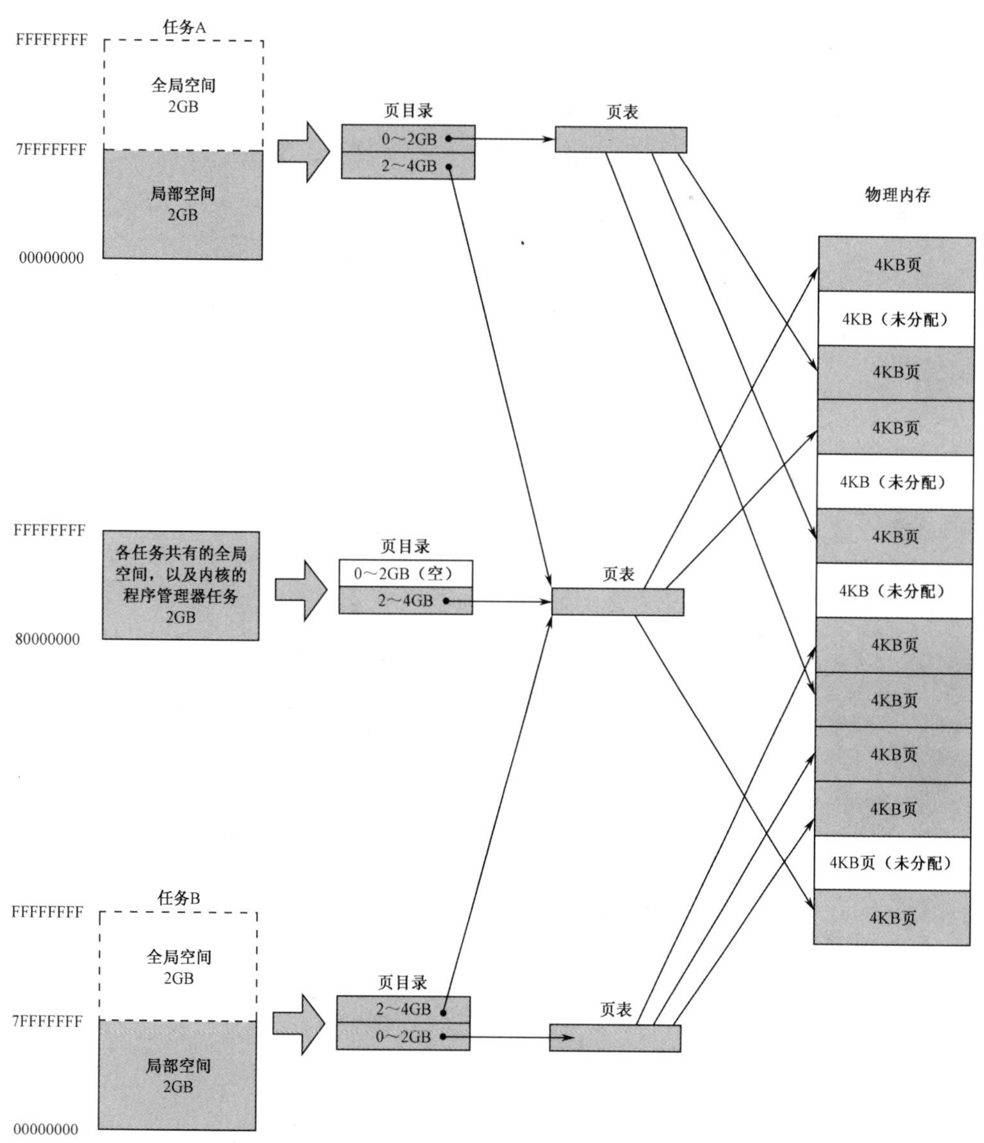

图 19-28 多任务环境下的页目录表和页表映射

至于内核任务的页目录表，我们应该在复制之后，将它的低一半清空。这样，内核任务的页目录表就不会指向刚刚创建的那个用户任务的页表。

19.5.2 用户任务的虚拟地址空间分配

回到代码清单 19-1，进入例程 load_relocate_program 加载和重定位用户程序。我们知道，进入这个例程时是用栈来传递参数的，所以，要想在后面的任何时候访问参数，就必须维护一个刚进入例程内部时的栈指针位置。为此，第 849 行，保存进入例程时的栈指针，为访问栈中的参数做准备。

接着，第 851、852 行，让段寄存器 ES 指向 4GB 内存段，因为在创建用户任务的过程中，需要通过这个段来访问和安装很多东西。

我们说过，要创建用户任务，为用户任务分配内存，需要借用内核任务的页目录表，在内核任务的页目录表中创建相关表项，然后再把这个页目录表复制一份给用户任务。那么，我们现在是在内核任务中执行，当前例程也是内核任务的一部分，当前正在使用内核任务的页目录表。此时，需要先清空内核任务页目录表的前半部分。

为什么要先做清空的动作呢？这是因为，我们需要假定以前创建过用户任务。此时，内核任务页目录表的前半部分是有内容的，还保留着前一个用户任务的相关表项。如果不予以清除，那么，在内存分配的时候，内存分配例程会以为以前已经分配过，会保留以前的相关表项。

现在我们开始清空内核任务页目录表的前半部分，第 855 行用来指定页目录表自身的线性地址。我们以前说过，页目录表自身的起始线性地址是 0xFFFFF000，我们将它传送到 EBX，准备访问页目录表。表内偏移是在第 856 行用 ESI 指定的。偏移是从 0 开始的，这条指令将 ESI 清零。

第 857～861 行组成一个循环，用来清空页目录表的前半部分，清空方法是将每个页目录项设置为全零。第 860 行用来控制循环的次数，确保只清空前 512 个页表项。

紧接着，第 863、864 行很奇怪，它们将页目录表基址寄存器 CR3 的内容传送到 EBX，然后再从 EBX 传回 CR3。看起来，这是没有实际意义的操作，为什么要这么干呢？

我们知道，开启页功能时，处理器的页部件要使用页目录表和页表把线性地址转换成物理地址，而访问页目录表和页表是相当费时间的。因此，把页表项预先存放到处理器中，可以加快地址转换速度。

为此，处理器专门构造了一个特殊的高速缓存装置，叫作转换速查缓冲器（Translation Lookaside Buffer，TLB）。事实上，对该缓冲器的命名可谓五花八门，从“转换旁路缓冲器”、“转换后备缓冲区”到“快表”，不一而足。

如图 19-29 所示，这是 TLB 的结构，它很像一个表格，这个表格有很多行，每行又分成两大部分，第一部分是标记，其内容为线性地址的高 20 位；第二部分是页表数据，包括属性、访问权和页物理地址的高 20 位。

在分页模式下，当段部件发出一个线性地址时，处理器用线性地址的高 20 位查找 TLB 中的行，看哪一行的标记部分与这个线性地址的高 20 位相同。如果找到匹配项（命中），则直接使用其数据部分的物理地址作为转换用的地址；如果检索不成功（不中），则处理器还得花时间访问内存中的页目录表和页表，找到那个页表项，然后将它填写到 TLB 中，以备后用。TLB 容量不大，如果它装满了，则必须淘汰掉那些用得较少的项目。

TLB 中的属性位来自页表项，比如页表项中的 D 位（脏位）等；访问权位来自页目录项和对应的页表项，比如 RW 位和 US 位等。问题是，就 RW 位和 US 位来说，页目录项和对应的页表项都有这两位，以哪一个为准呢？在分页机制中，对页的访问控制按最严格的访问权执行。对于某个线性地址，如果其页目录项的 RW 位是“0”，而其页表项的 RW 位是“1”，则按 RW 位是“0”执行。也就是说，TLB 中的访问权，是页目录项和页表项中，对应访问权的逻辑与。

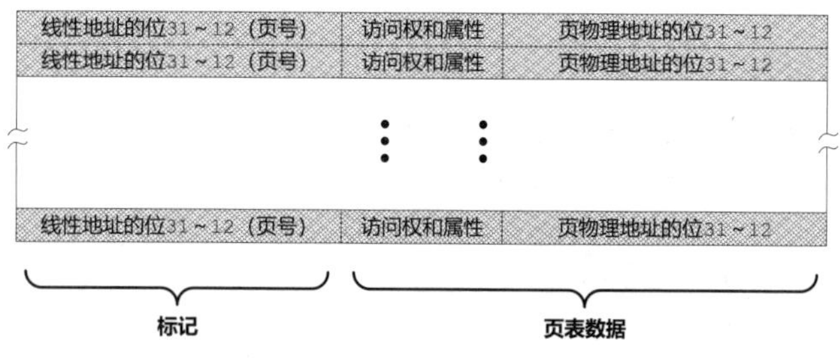

图 19-29　转换速查缓冲器 TLB 的结构

处理器仅仅缓存那些 P 位是“1”的页表项，而且，TLB 的工作和寄存器 CR3 的 PCD 位和 PWT 位无关，不受这两位的影响。另外，对于页表项的修改不会同时反映到 TLB 中。是的，这是很糟糕的，如果内存中的页表项已经修改，但 TLB 中的对应条目还没有更新，那么，转换后的物理地址必定是错误的。

记得第一次在分页模式下写程序时，我遇到过这个问题。因为没有更新 TLB，程序总是出错，总是产生异常（对这件事，网友周卫平应该是记得的）。在用 Bochs 软件单步跟踪程序的执行时，发现页目录项对应的页表项并不是我刚刚设置的。尽管你知道 TLB，也知道它的原理，但是，很多时候，也许只有在花了几天工夫，熬了几夜之后，你才终于发现问题出在一个你明白但却忽略了的地方。

在本章里，内核任务页目录表的前一半用于创建用户任务，所以是频繁更新的。在创建一个用户任务时，必须先清除这部分页目录项，并刷新 TLB。否则，处理器将使用缓存的表项来访问内存，这将产生错误。

TLB 的内容（条目）是软件不可直接访问的，所以你不能直接更改或者刷新它的内容，但有其他办法来刷新。比如，将寄存器 CR3 的内容读出，再原样写入，这样就会使得 TLB 中的所有条目失效。当然，这是比较直接的做法。当任务切换时，因为要从新任务的 TSS 中加载 CR3，也会隐式地导致 TLB 中的所有条目无效。

注意，上述方法对于那些标记为全局（G 位为“1”）的页表项来说无效，不起作用。被设置为全局的页表项意味着它应该始终被缓存在 TLB 中。

19.5.3　创建用户任务的 LDT

在前面，我们已经清空了页目录表的前半部分，为了使对应的 TLB 条目失效，需要重新加载 CR3。刷新了 TLB 之后，就可以分配内存并加载用户程序了。因为程序加载后需要创建段描述符，并且这些描述符要安装到用户任务自己的局部描述符表 LDT 中，所以在这里是先创建用户任务的 LDT。LDT 用来存放描述符，它也是需要内存空间的，所以要先为 LDT 分配内存。

每个任务都有自己的任务状态段 TSS、任务控制块 TCB，以及局部描述符表 LDT。TSS 和 TCB 应该创建在内核的地址空间里，这是为了保证内核能够访问到它们，并对任务进行管理。因为内核被映射到每个任务的全局部分，所以任务自己也可以访问到它们。

不过，用户任务的局部描述符表 LDT 不需要被内核访问，只有用户任务自己才使用它。为此，可以在用户任务自己的私有空间里分配内存创建LDT。在用户任务自己的局部地址空间里分配内存很简单。在每个任务的任务控制块 TCB 中，记录着下一次分配所使用的线性地址，通常一开始是 0，也就是从线性地址 0 开始分配内存。

回到代码清单 19-1。

第 866 行，我们先通过 ebp 访问栈，从栈中取出用户任务 TCB 的线性地址保存到 ESI。接着，调用例程 task_alloc_memory 分配内存。

例程 task_alloc_memory 是在指定任务的虚拟地址空间里分配的内存，需要访问用 EBX 传入的任务控制块，确定本次内存分配起始于哪个线性地址，并根据分配的内存数量确定一个线性地址范围。如果指定的任务正是当前任务自己，那么它就是为当前任务自己分配内存，并在当前任务自己的页目录和页表中安装相关的表项。

在例程 task_alloc_memory 内，调用另一个例程 alloc_inst_a_page 来分配和安装与线性地址对应的物理页。例程 alloc_inst_a_page 首先检查当前任务的页目录表和页表，看一下与线性地址对应的条目是否存在。如果存在，说明以前分配过，不需要再次分配，直接返回；如果不存在，那么，需要调用例程 allocate_a_4K_page 在物理内存中查找并返回空闲的物理页地址。

无论如何，例程 alloc_inst_a_page 都是在当前任务的页目录和页表中登记线性地址和物理页地址的对应关系的，这一点很重要。

除了当前任务为自己分配内存，再来看一个问题。在一个任务被创建并开始运行之前，需要先创建这个任务自己的虚拟内存空间，并在这个虚拟空间里分配内存，用来加载这个任务的代码和数据。用户任务的创建是内核任务的工作，所以，需要由内核任务代替用户任务来完成内存分配。因为这个原因，我们前面说过，需要借用内核任务页目录的前半部分来分配内存。内存分配完成，用户任务创建之后，再将内核任务的页目录表复制一份给用户任务，这就行了。

由内核任务代替用户任务分配内存时，需要直接调用例程 task_alloc_memory，并传递用户任务的任务控制块 TCB 作为参数。毕竟，内存分配都是在用户任务自己的虚拟内存空间进行的，需要从用户任务自己的 TCB 中取得本次分配所使用的线性地址。

虽然是为用户任务分配内存，但却是在内核任务的页目录表中登记了相关表项。这没有关系，我们前面已经说过，内存分配之后，再将内核任务的页目录表复制一份给用户任务，那么，用户任务的页目录表中就获得了这些表项，等于是用户任务已经拥有了分配来的内存，也就是物理页面。

回到程序中，第 870 行指定本配的内存数量为 160 字节，用户任务的 LDT 就位于这段分配来的内存空间里。注意，这不是 LDT 的尺寸，LDT 只是位于这段空间里，只是占用了这段空间的一部分。那么，160 字节足够用于创建 LDT 吗？就我们这个小小的用户任务来说，足够了，还用不完。

调用例程 task_alloc_memory 分配内存之后，用 ECX 返回所分配内存的起始线性地址，在这里是 LDT 的起始线性地址。第 872 行将它保存到 TCB 中以备后用。接着，还要保存 LDT 的初始界限值 0xFFFF 到 TCB 中以备后用。对于 GDT 或者 LDT 来说，界限值等于表的长度减 1。因为我们还没有安装任何描述符，所以 LDT 的长度为 0，用 0 减去 1，保留 16 位的结果，就是 LDT 的初始界限值 0xFFFF。

19.5.4 用户程序的加载

为 LDT 分配了内存之后，接下来就可以从硬盘上读取用户程序。首先，我们需要读取用户程序头部，根据头部判断用户程序总共有多少字节，这样才能知道读取几个扇区，也才能知道应该分配多少内存空间给用户程序。

读取的用户程序头部是存放在内核数据段中的，所以第 876、877 行让段寄存器 DS 指向内核数据段，这样就可以访问内核数据段中的缓冲区。

第 879 行，从栈中取得用户程序在硬盘上的起始逻辑扇区号。内核数据段中的缓冲区是在标号 core_buf 处定义的，我们将它的段内偏移量传送到 EBX，接着调用例程 read_hard_disk_0 读取第一个扇区，这个扇区里包含了用户程序头部的信息。

接着，第 884～889 行，从用户程序头部取得用户程序的总大小并使之成为 512 的整数倍，毕竟是要按照扇区来读的，而不是按照实际的字节数来读的。

一旦知道了用户程序的总大小，第 891～894 行用来分配内存空间。因为是在用户任务自己的虚拟内存空间里分配，所以要调用例程 task_alloc_memory。内存分配之后，将它的起始地址保存到 TCB 中。

第 897～900 行将用户程序的总字节数换算成总扇区数，毕竟读硬盘是按扇区读的。换算之后，第 902～909 行就开始从硬盘上一个扇区一个扇区地读，并写入我们分配来的内存中。请在脑海里想象一个从线性地址到物理内存的转换过程，虽然我们在写内存时用的是线性地址，但实际上是写入我们分配来的物理页面中，处理器的页部件正在实施这种转换。

加载完用户程序之后，就开始创建每个段的描述符，并安装在用户任务自己的局部描述符表 LDT 中，这是第 911～962 行的工作，这些段描述符包括头部段、代码段、数据段和栈段。这些代码和以前相同，都是从用户程序头部中取出段的起始汇编地址，根据程序加载的线性地址，换算成每个段实际的起始线性地址，然后根据段的属性创建描述符，并创建一个 3 特权级的段选择子。

19.5.5 重定位 U-SALT 并复制页目录表

加载了用户程序之后，我们开始重定位符号地址检索表 SALT。用户任务的符号地址检索表在头部段中，需要访问头部段，但头部段现在不能访问。为什么呢？

当前任务是内核任务，而不是用户任务，现在考虑一下，用户程序的什么东西能访问，什么东西不能访问。我们是在内核任务的低 2GB 虚拟空间里分配内存并加载用户程序的，所以加载之后的内容是可以访问到的。不过，这是借助于内核任务的地址空间来访问的。

用户程序是由多个段组成的，我们可以访问这些段吗？换句话说，我们已经创建了用户程序的段描述符和选择子，我们可以用这些段选择子来访问对应的段吗？答案是不可以，因为这些段描述符位于局部描述符表 LDT。只有当处理器的局部描述符表寄存器 LDTR 指向这个 LDT 时，才可以访问这些段。问题在于，当前任务是内核任务，而不是用户任务，局部描述符表寄存器 LDTR 并没有设置为我们前面创建的 LDT，因为这并不是内核任务的 LDT，内核任务没有 LDT。所以，我们现在无法通过段选择子来访问刚才创建的段。

因为这个原因，这里和前一章不同，头部段描述符已安装，但还没有生效，故只能通过 4GB 段访问用户程序头部。为此，第 965～969 行用来使段寄存器 ES 指向 4GB 内存段，使 DS 指向内核数据段，分别用于访问用户任务的符号地址检索表及内核的符号地址检索表。符号地址检索表的重定位过程和以前相比大同小异，这里不再多说，可以看看指令的注释，自己慢慢分析一下。

需要特别说明的是，在内核的符号地址检索表中，添加了一个新的接口名字 malloc，它实际上对应着例程 allocate_memory。我们知道，allocate_memory 用于当前任务为自己分配内存，而且是在当前任务的虚拟内存空间里分配的，是在当前任务自己的页目录表和页表中登记相关信息。

将这个接口名字放在符号地址检索表中，就意味着用户程序可以通过这个接口调用内存分配例程 allocate_memory，为当前任务分配内存，这是很有用的。学过 C 语言的人都知道它有一个动态内存分配函数 malloc，实际上这个接口就对应着 C 语言里的 malloc 函数。

接下来我们创建调用门所使用的三个特权级的栈，每个栈的长度是 4KB。不过需要注意的是，栈空间在用户任务自己的虚拟内存中，所以是在用户任务自己的虚拟内存空间里分配的，因为我们调用的是例程 task_alloc_memory。同时，每个栈段的描述符也安装在用户任务自己的局部描述符表 LDT 中。

现在，我们已经在用户任务的局部描述符表 LDT 中安装了全部的描述符，接下来还要创建 LDT 自己的描述符并安装在全局描述符表 GDT 中，这是第 1068～1073 行的工作。

第 1076～1080 行创建用户任务的任务状态段 TSS 并填写必要的内容。首先是为 TSS 分配内存，这个内存是在内核中分配的，因为内核任务必须能够访问到它，对用户任务进行管理，包括执行任务切换，所以内存分配是调用例程 allocate_memory 进行的。

创建了 TSS 之后，现在可以填写必要的内容，这些内容用于在第一次切换到这个用户任务时，恢复必要的处理器信息，比如 CS 和 EIP 的内容，它决定了从哪里开始执行用户任务。由于很多信息是保存在用户任务的任务控制块 TCB 中的，所以，第 1083～1109 行用来访问 TCB，从中取出相关数据并保存到 TSS 中，具体有哪些内容可以参照指令的注释。

同样的，第 1112～1134 行用来访问用户程序头部，从中取出相关数据并保存到 TSS 中。第 1136、1137 行将标志寄存器的当前内容复制一份给用户任务。

最后，第 1140～1145 行用来创建 TSS 描述符，并登记在全局描述符表 GDT 中。TSS 描述符必须登记在全局描述符表 GDT 中。登记之后，再将 TSS 描述符的选择子保存到用户任务的 TCB 中，将来要利用这个选择子执行任务切换。

现在考虑一下，在分配内存时，名义上是在用户任务自己的虚拟内存空间里分配的，但是借用了内核任务的页目录表，所以是在内核任务的低 2GB 虚拟内存空间里分配的。当用户任务的加载和创建工作接近尾声时，需要将内核任务的页目录表复制一份，作为用户任务的页目录表。如此一来，用户任务虚拟内存的高端就映射为内核，低端就是我们前面已经分配的内存，这里面有我们已经加载和重定位之后的用户程序，以及它的每个段。

要复制内核任务的页目录表，需要调用例程 create_copy_cur_pdir。这个例程位于公共例程段，用来创建新的页目录表，并复制当前页目录的内容。进入例程时，不需要传入参数；例程返回时，用 EAX 返回新页目录的物理地址。

代码清单 19-1 的第 355～357 行，进入例程后，我们首先使段寄存器 DS 和 ES 都指向 4GB 内存段，这是为访问两个页目录表做准备。后面的批量传送指令 repe movsd 要求使用两个段寄存器 DS 和 ES，所以我们必须把这两个页目录表分别放在由 DS 和 ES 所指向的两个段中。

第 359 行，我们调用例程 allocate_a_4k_page 分配一个空闲的物理页，例程返回后，用 EAX 返回这个页面的物理地址。那么，如何访问这个页面呢？在分页模式下，即使知道页的物理地址也不行，因为在分页模式下访问内存依靠的是线性地址而不是物理地址，而且地址转换是通过页目录表和页表进行的。为此，我们必须在页目录表和页表中登记这个页。如此一来，线性地址也就确定了。

首先，我们将页物理地址的低 12 位改成属性，属性值为 0x007，即，US=1，允许特权级别为 3 的用户程序访问该页；RW=1，页是可读可写的；P=1，页位于物理内存中。为了能够访问到该页，我们把它的物理地址登记到当前页目录表的倒数第 2 个目录项。我们只知道这个表项在页目录表内的偏移是 0xFF8，但我们需要通过线性地址来访问这个表项。那么，这个表项的线性地址是多少呢？我们来推演一下。

如果线性地址的前 10 位是 0x3FF，它乘以 4，得到 0xFFC，从页目录表内偏移为 0xFFC 的地方取出页表物理地址。但这个表项存放的是页目录表自身的物理地址，所以页目录表也是页表。

接着，如果中间 10 位是 0x3FF，乘以 4 后，得到 0xFFC，访问的是页表内偏移为 0xFFC 的表项，但这里实际上访问的是页目录表内偏移为 0xFFC 的表项。于是，最终要访问的物理页，还是页目录表自身。

线性地址的低 12 位，是页内偏移。如果它是 0xFF8，则访问的是页内偏移为 0xFF8 的位置，在这里实际上访问的是页目录表内偏移为 FF8 的这个位置。

至此我们知道，当前页目录表内倒数第 2 个目录项的线性地址是 0xFFFFFFF8。

因此，第 362 行，将附加了属性的页地址登记到该目录项。登记之后，再用第 364 行的 invlpg 指令刷新处理器的转换速查缓冲器 TLB。那么，为什么要这么做呢？

原因很简单，这个页目录项位于内核任务的页目录表中，每当我们创建一个用户任务时，都用它来指向新任务的页目录表。我们修改这个表项时，修改的是内存中的表项，但这个表项在处理器内部的 TLB 中还有一个缓存，而这个缓存的内容通常指向上一个任务的页目录表。所以，我们需要强制刷新这个表项的缓存，让它与内存中我们刚修改的内容保持一致。或者说，让处理器重新缓存我们刚才修改的表项。

和刷新整个 TLB 不同，invlpg 指令用于刷新 TLB 中的单个条目，即 Invalidate TLB Entry，使 TLB 中的指定条目失效。当然，要做到这一点，必须指定一个线性地址。invlpg 指令的格式为

```
invlpg m
```

也就是说，该指令的操作数是一个内存地址。指令执行时，处理器将确定是哪个页面包含了这个线性地址，然后更新与这个页面对应的 TLB 条目。

注意，指令中的操作数必须是以内存地址的形式给出的，而不是一个立即数。因此，如果操作数是 0xFFFFFFF8，那么指令的格式为 invlpg [0xfffffff8]，而不是 invlpg 0xfffffff8。

我们知道，TLB 是一个附加的硬件机构，只有在处理器正常访问内存时才会导致它的填充和更新。因此，处理器用一个访问内存的操作来促使 TLB 条目的更新会更方便。

0xFFFFFFF8 是当前页目录表内的倒数第 2 个目录项的线性地址，每次都用它来指向新任务的页目录表。当任务 A 创建完毕后，它指向任务 A 的页目录表；当任务 B 创建时，它依然指向任务 A 的页目录表。虽然我们刚才已经改写了它，使它指向新任务的页目录表，但这个更改只在内存中有效，还没有反映到 TLB 中。如果不刷新 TLB 中的这个条目，那么，后面的所有操作，都是针对前一个任务的页目录表进行的，这就麻烦了。是的，我遇到过这个问题。

因此，我们用 invlpg 指令来明确地刷新 TLB 的对应条目。invlpg 是特权指令，在保护模式下执行时，当前特权级 CPL 必须为 0。该指令不影响任何标志位。

接着往下看，我们下面的任务是在两个页目录表之间操作，将当前任务页目录表的所有表

项复制到新创建的页目录表中。在分页模式下，即使知道物理地址也不行，因为在分页模式下访问内存依靠的是线性地址而不是物理地址。要访问这两个页目录表，当然必须使用它们的线性地址。问题在于，这两个表的线性地址是多少呢？

对于内核任务的页目录表，也就是当前任务的页目录表，它的线性地址是 0xFFFFFFF0。而对于新创建的页目录表，它的线性地址是 0xFFFFE000。但是，为什么是这个地址呢？

如果线性地址的前 10 位是 0x3FF，它乘以 4，从页目录表内偏移为 0xFFC 的地方取出页表物理地址。但这个表项存放的是页目录表自身的物理地址，所以页目录表也是页表。

接着，如果中间 10 位是 0x3FE，乘以 4 后，访问的是页表内偏移为 0xFF8 的表项，但这里实际上访问的是页目录表内偏移为 0xFF8 的表项。无论如何，从这里取出的是页的物理地址。

线性地址的低 12 位，是页内偏移。页内偏移从 0 开始，一直到 0xFFF，一共是 4KB。

至此我们知道，当前页目录表内倒数第 2 个目录项的线性地址是 0xFFFFE000。

既然两个表的线性地址都有了，那么，使用带重复前缀的 movsd 指令做表间复制工作最为方便。第 366～370 行按处理器的要求，设置好寄存器 ESI 和 EDI，用它们保存当前页目录表和新页目录表的线性地址；设置寄存器 ECX 的内容为传送的次数（目录项数）；cld 指令设置传送的方向为正向，即，ESI 和 EDI 在每次传送后递增。最后，执行 movsd 指令，自动进行复制工作。要注意 movsd 指令执行时要求源操作数和目的操作数各自位于 DS 和 ES 所指向的段中，ESI 和 EDI 的线性地址被用作段内偏移量。DS 和 ES 指向 4GB 的段，段的基地址是 0。

复制工作完成后，例程返回，返回后将执行代码清单 19-1 的第 1150 行，这条指令将新页目录表的物理地址填写到用户任务的任务状态段 TSS 中，也就是 CR3 或者说 PDBR 域。将来执行任务切换时，将从 TSS 中恢复新任务的页目录表指针。

最后，ret 8 指令从栈中弹出参数，并返回到调用者。

19.5.6 切换到用户任务执行

在加载和重定位用户程序之后，用户任务就处于就绪状态，随时可以执行，唯一需要的就是将执行权切换给它、让渡给它。不过，在本章中，任务切换是自动进行的，由一个实时时钟信号驱动。时钟芯片每秒钟发出一个中断信号，中断发生时，处理器执行我们设置好的中断处理过程，而这个中断处理过程就用于执行任务切换。

回忆一下，任务切换时，是从任务控制块 TCB 链表中找到当前任务的，也就是状态为忙的任务，将它的状态改为就绪；然后再从这个节点开始继续往后寻找一个就绪的任务，将它的状态设置为忙，再切换到它。

回到代码清单 19-1。

现在，链表中只有一个任务，就是当前的内核任务。第 1489 行，为了执行任务切换，用户任务创建之后，紧接着调用例程 append_to_tcb_link，将新任务的任务控制块 TCB 加入 TCB 链表中。

注意，在此处，我们没有执行任务切换的指令，但任务切换随时可能发生。这是因为时钟中断随时就会出现，而任务控制块链表中有两个节点，一个为忙，一个为就绪。所以，在例程 append_to_tcb_link 返回后，任务切换可能发生，可能切换到用户任务执行。利用中断实施抢占式任务切换，我们已经在上一章里详细做了说明，这里不再重复。

无论如何，一旦从用户任务重新切换到内核任务，内核任务重新开始往下执行。为了更好地演示多任务切换，我们可以创建更多的任务。所以，第 1492～1501 行，我们又用同样的方法创建了另一个用户任务，这个用户任务是从硬盘逻辑扇区 100 开始加载的，所以在系统启动前，我们应该提前在硬盘的这个位置写入。

同样的，当例程 append_to_tcb_link 返回时，将有三个任务开始切换并轮流执行。下一次，再从其他任务切换回内核任务时，内核任务继续往下执行，并进入一个特殊的循环。

所以，每当内核任务获得执行权时，它将首先显示一条信息，表明自己正在执行。显示的信息来自标号 core_msg2 处的文本，它位于内核数据段。

显示信息之后，可以调用例程 do_task_clean 执行一个任务管理工作，主要是执行任务清理，清理那些已经终止的任务，回收它们占用的资源。

最后，用 hlt 指令停机，以降低处理器的功耗。一旦中断发生，处理器重新开始执行，它将回到这个循环的起始处重新执行。在这个循环的过程中也会发生任务切换，切换到其他任务执行，然后再次切换回来，这是毫无疑问的。

最后来说一说用户程序。在本章中有两个用户程序，分别是 c18_app0 和 c18_app1。从名字上就可以知道，我们用的还是上一章的两个用户程序，没有做任何修改，所以也没有必要多说。

19.6 程序的编译、执行和调试

19.6.1 本章程序的编译和运行方法

编译代码清单 19-1，将生成的 c19_core.bin 写入虚拟硬盘的逻辑 1 扇区，其他保持不变（第 15 章的 c15_mbr.bin 写入虚拟硬盘的逻辑 0 扇区；将上一章的 c18_app0.bin 和 c18_app1.bin 分别写入虚拟硬盘的逻辑 50 扇区和逻辑 100 扇区）。

程序写入后，启动 VirtualBox，就可以观察到运行结果，如图 19-30 所示。典型的，三个任务轮流执行并在屏幕上输出。

图 19-30 本章程序运行效果

19.6.2 查看 CR3 寄存器的内容

为了方便程序的调试，Bochs 提供了一些命令，用来查看与分页有关的机器状态。比如，可以在向页目录基地址寄存器 PDBR（即控制寄存器 CR3）写入页目录物理地址后查看它的内容。方法我们前面讲过，就是使用 Bochs 的调试命令“creg”。

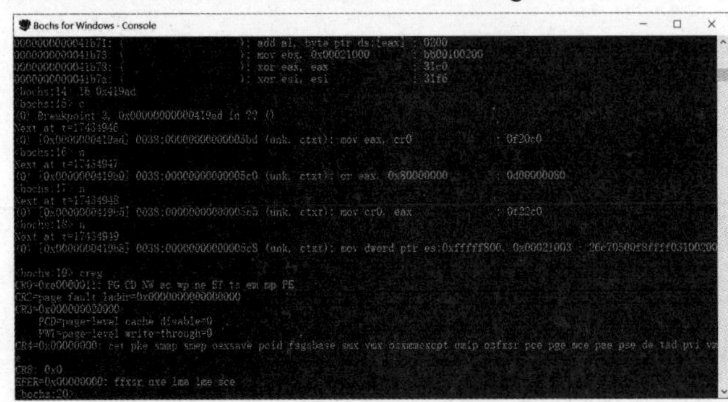

图 19-31　开启了分页模式后的控制寄存器状态

如图 19-31 所示，这是在执行了代码清单 19-1 中以下指令后的控制寄存器状态：

```
    mov eax,0x00020000          ;PCD=PWT=0
    mov cr3,eax

    mov eax,cr0
    or eax,0x80000000
    mov cr0,eax                 ;开启分页机制
```

从图 19-31 中可以清楚地看到，由于已经处于分页模式下（必须要先处于保护模式），所以 CR0 的 PE 位和 PG 位都已处于置位状态，控制寄存器 CR3 中的内容是当前任务页目录的物理地址，即，0x20000，PCD=0，页级缓存禁用是关闭的（即，允许页级缓存）；PWT=0，页级通写被禁用。

19.6.3　查看线性地址对应的物理页信息

一旦进入分页模式，可以用“page”命令查看线性地址到物理页的映射信息。比如，如图 19-32 所示，这里显示了线性地址 0x7e08 所对应的物理页信息。

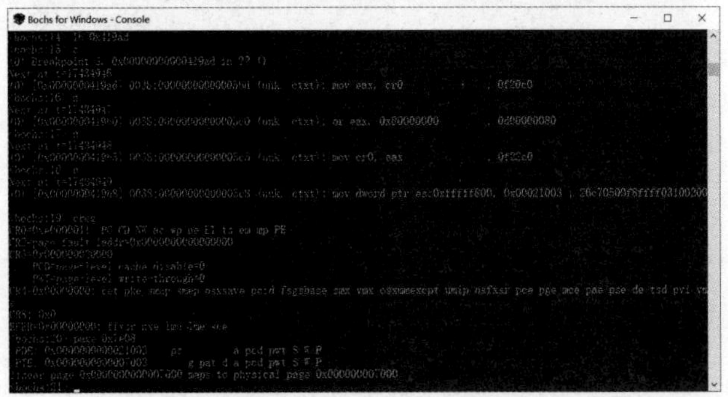

图 19-32　查看线性地址到物理页的映射信息

如图 19-32 所示，与线性地址 0x7e08 对应的页表，其物理地址登记在页目录表中，是作为页目录项 PDE 存在的，该目录项 PDE 的内容是 0x21003。即，页表的物理地址是 0x21000。与线性地址 0x7e08 对应的物理页，其地址登记在页表中，是作为页表项 PTE 存在的，该页表项 PTE 的内容是 0x7003。这就是说，与线性地址 0x7e08 相对应的页是 0x7000。

19.6.4 查看当前任务的页表信息

可以查看当前任务的页表，显示线性地址和物理地址（页）的全部映射关系。要做到这一点，可以使用 Bochs 的调试命令“info tab”。如图 19-33 所示，这是在本章中初次进入分页模式后的页表信息，为了让你知道“info”命令如何使用，我们先用“help info”来显示帮助信息。

如图 19-33 所示，虚拟内存空间的低端 1MB，即线性地址 0x00000000～0x000FFFFF，对应着物理地址 0x00000000～0x000FFFFF。这是可以理解的，因为在初次进入分页模式时，我们需要建立这低端 1MB 内存空间的一一映射，使线性地址和物理地址相同。

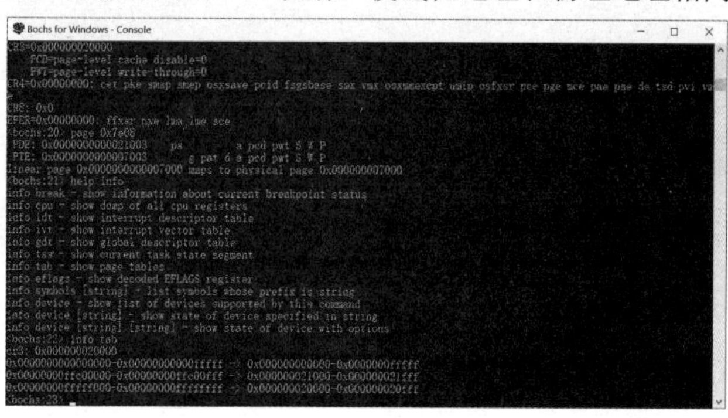

图 19-33 初次进入分页模式后的页表信息

为了用线性地址来修改页表的内容，我们把页表当成普通的页，把页目录表当成页表来用。在这种情况下，页表的线性首地址是 0xFFC00000。因此，0xFFC00000～0xFFC00FFF 这段 4KB 的线性地址区间对应的是页表的实际物理地址 0x00021000～0x00021FFF。

为了用线性地址访问和修改页目录表自己，页目录表的最后一个目录项，登记的是页目录表自己的物理地址。因此，页目录表的线性地址是 0xFFFFF000。即，0xFFFFF000～0xFFFFFFFF 这段 4KB 线性地址区间对应着实际的物理地址区间 0x00020000～0x00020FFF。

19.6.5 使用线性（虚拟）地址调试程序

开启了分页模式之后，程序开始使用线性地址工作。相应的，在调试程序时，有时候只能知道线性地址，而不知道物理地址。在这种情况下，Bochs 允许你使用线性地址工作。

举个例子，我们以前一直用“xp”命令来显示内存单元的内容。相应地，“x”命令则显示一个线性地址单元里的内容。

如图 19-34 所示，开启分页，并将内核映射到高端之后，我们用 x 命令显示线性地址 0x40000 处的双字。在开启分页后，低端 1MB 物理内存的物理地址和线性地址相同，所以这个线性地址转换为物理地址后也是 0x40000。我们知道，内核是从这个物理地址开始加载的，而且内核程序的第一个双字是它的总大小。从这里也可看出，内核的总长度是 7028（0x1b74）字节。

当内核映射到高端后，线性地址 0x40000 对应的高端线性地址为 0x80040000，所以，我们也可以用 x 命令显示线性地址 0x80040000 处的双字，但结果是一样的。

既然线性地址 0x40000（0x80040000）是从物理地址 0x40000 映射的，那么如图 19-34 所示，我们仍可以像从前一样，用 xp 命令搭配物理地址 0x40000 来显示相同的内容。

同样的，我们知道，内核页目录表的物理地址是 0x20000，这也是它的线性地址。当内核被映射到高端之后，对应的线性地址是 0x80020000。同时，由于页目录表的最后一个表项指向当前页目录表自身，故当前页目录表还有另一个线性地址 0xfffff000。

如图 19-34 所示，我们分别使用物理地址 0x20000、线性地址 0xfffff000 和 0x80020000 来显示当前页目录表内第一个目录项的内容。

```
Bochs for Windows - Console
(0) [0x000000041a37] 0038:0000000000000647 (unk. ctxt): mov eax, 0x00000030     ; b830000000
<bochs:35> n
Next at t=17434967
(0) [0x000000041a3c] 0038:000000000000064c (unk. ctxt): mov ds, ax              ; 8ed8
<bochs:36> n
Next at t=17434968
(0) [0x000000041a3e] 0038:000000000000064e (unk. ctxt): sti                     ; fb
<bochs:37> n
Next at t=17434969
(0) [0x000000041a3f] 0038:000000000000064f (unk. ctxt): mov ebx, 0x000006e8     ; bbe8060000
<bochs:38> x 0x40000
[bochs]:
0x0000000000040000 <bogus+       0>:    0x00001b74
<bochs:39> x 0x80040000
[bochs]:
0x0000000080040000 <bogus+       0>:    0x00001b74
<bochs:40> xp 0x40000
[bochs]:
0x0000000000040000 <bogus+       0>:    0x00001b74
<bochs:41> xp 0x20000
[bochs]:
0x0000000000020000 <bogus+       0>:    0x00021023
<bochs:42> x 0xfffff000
[bochs]:
0x00000000fffff000 <bogus+       0>:    0x00021023
<bochs:43> 0x80020000
<bochs:44> x 0x80020000
[bochs]:
0x0000000080020000 <bogus+       0>:    0x00021023
<bochs:45>
```

图 19-34　使用线性地址显示内存数据

除了在显示内存数据的时候使用线性地址，也可以在知道指令线性地址的时候，用线性地址设置断点，其命令是“lb”或者“vb”。具体使用方法，请使用 Bochs 的帮助命令“help”（help lb、help vb）。

本 章 习 题

代码清单 18-2（c18_app0.asm）的第 69 行是通过调用门进入系统核心显示字符串的指令：

```
69    call far [fs:PrintString]
```

请以该指令的执行过程为例，说明为什么必须将系统核心映射到每个任务的 4GB 地址空间内才行？

第 20 章

平坦内存模型和软件任务切换

我们知道，分段有自己的保护机制，分页同样引入了保护机制。按照原先的设想，将它们结合起来，就形成了段页式内存管理机制。但是在实践中，既分段又分页是不必要的，而且太过于复杂，利用分页系统提供的保护机制就已经足够了。但是，分段功能是处理器固有的，任何时候都无法关闭，所以，一个变通的方法就是只分一个段，段的长度是 4GB，这就是我们通常所说的平坦内存模型。引入平坦模型简化了内存管理和程序设计。

在本书的前面，我们一直使用硬件任务切换，即由处理器固件提供的任务切换功能。但是在现实中，流行的操作系统并不使用硬件任务切换，这里面最根本的原因是它非常慢，需要进行一系列烦琐的内部检查和处理。既然不使用硬件任务切换，那自然是自行在任务之间切换，我们称之为软件任务切换。

非但如此，在流行的操作系统上，通常也不使用调用门，而是采用软中断或者快速系统调用的方式提供系统服务，原因还是速度。通过调用门实施控制转移实在是太慢了，大家都愿意采用更便捷的方法，比如 32 位 Linux 通过 0x80 号中断提供系统服务；而在 64 位的系统中则采用 64 位处理器提供的快速系统调用机制。

本章的学习目标是：

1．了解什么是平坦内存模型，以及平坦内存模型下的程序组织和内存访问特点；

2．学习通过软件实施任务切换的方法和步骤；

3．学习如何通过软中断提供系统调用服务，以及如何在用户程序中使用这种服务。

20.1 多段模型和平坦模型

20.1.1 多段模型和段页式内存管理

一直以来，我们都工作在分段的内存管理模型上。如图 20-1 所示，在保护模式下，首先按程序的结构分段，创建各个段的描述符，用描述符指向物理内存中的各个段。描述符中的基地址给出了段的起始物理地址，界限值给出了段的长度（边界），属性值指示了段的类型和特权级别等性质。

在这个时代，虚拟内存管理的方法是段的换入换出。用到哪个段的时候，再将它调入物理内存，将 P 位置 1。如果内存不够，只需要将某个段换出到磁盘，将 P 位清零，腾出空间给需要访问的段。

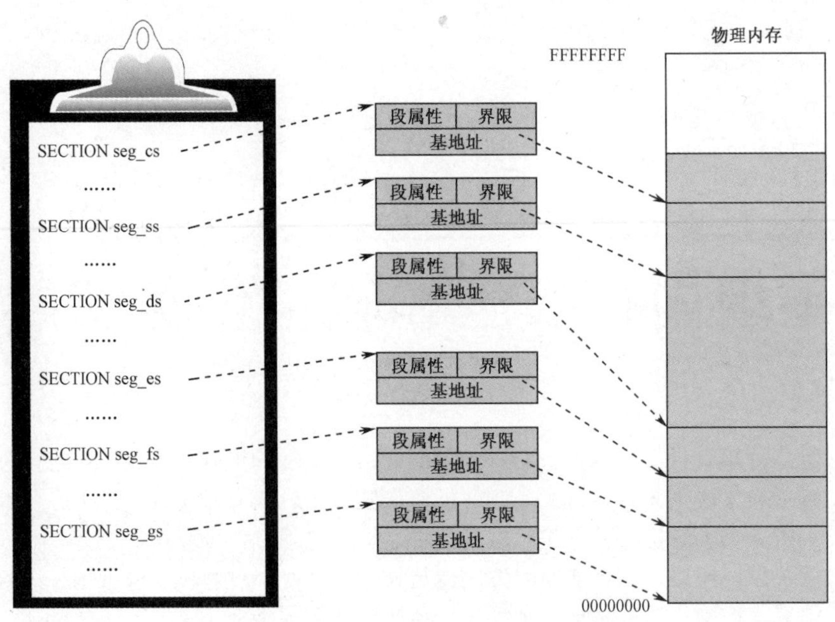

图 20-1　传统的多段模型（未开启页功能）

传统的多段模型（Multi-Segment Model）适用于开启了页功能之后的系统环境。如图 20-2 所示，首先依然是按程序的结构分段，创建各个段的描述符。但是，段是在任务自己的虚拟地址空间内分配的，而不是在物理内存中分配的。因此，段描述符中的基地址是段的线性地址，或者说是虚拟地址。

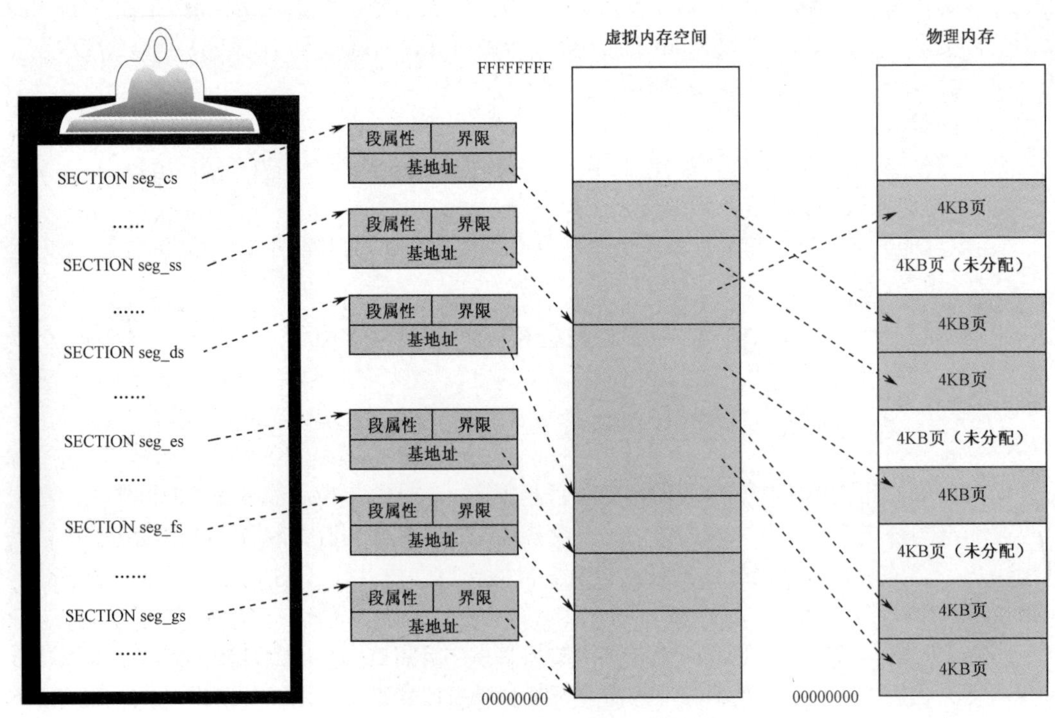

图 20-2　分页机制下的多段模型

因为开启了页功能，虚拟地址空间上的段要映射到物理内存中的一个或多个页。段是连续的，但它所占用的页不要求是相邻的。在未开启页功能之前，段基地址和段偏移相加产生的线性地址就是物理地址，开启页功能之后，线性地址还要经页部件转换后，才能得到实际的物理地址。

为什么要分段？这是个问题。

分段的做法是随着 8086 处理器的流行和广泛应用而兴起的。那个时候，处理器是 16 位的，只能处理 16 位的地址数据，因此，可访问的内存空间是 64KB。为了访问 1MB 的内存，只能分段。如此一来，可以将控制从一个段转移到另一个段，也可以通过将新段的基地址加载到数据段寄存器（DS 和 ES），来访问另一个段中的数据。总之，通过这种笨拙的、变通的、迂回的方法，就能间接地获得访问 1MB 内存的能力。

在 8086 处理器上增加分段机制还有一个额外的好处，那就是可以用很简单的方法实现程序的重定位，让程序在内存中的位置自由浮动，而又不影响它的访问和执行。但是，这只是一个附加的礼物，因为即使不分段，也有办法实现程序的自由浮动和重定位，只是肯定会麻烦很多。

任何事情只要一流行，就会被认为是必然的，而不管它事实上有多不合理。到了 32 位处理器时代，分段的方法依然被完整地保留下来了。也许是真的动了脑筋、花了心思，处理器的设计者居然找到了分段模型的好处，那就是可以防止一个程序访问不属于自己的段。

但是，由于分页功能的出现，弱化了人们关于分段机制是否合理的信心。内存的访问是通过页目录表和页表进行的，每个任务都有自己的页目录表和页表，操作系统控制着物理页的分配权，除非它把一个页分配给某个任务，并填写到那个任务的页目录表和页表里，否则，那个任务不可能拥有访问那个内存位置的能力。

尽管处理器的设计者一直在宣称，把分段和分页机制结合在一起，将获得最大强度的保护功能，但是，事实上，在现实的软件设计者那里，多段模型已经不那么吃香了。

首先，和 8086 不同，32 位和 64 位处理器拥有完整的地址线，不需要分段就可以访问全部内存。当然，程序的浮动和重定位将不可能再依赖于分段机制，但并不是没有其他办法，不使用分段机制也能实现程序的浮动和重定位。

其次是我们刚才所说的，分段加重了内存管理的负担。在分页时代，段在虚拟内存里的换入换出是一个没有必要的工作，所以每个任务固定拥有独立的 4GB 虚拟内存，任务的最大尺寸也是 4GB，一次性就可以完成从程序到 4GB 虚拟内存的映射工作，以后只需要对页面进行管理即可。

最后一个原因，我们知道，物理页有自己的属性，也可以进行特权级管理并执行换入换出等调度工作。这样一来，依靠分段所执行的特权级管理就不是必需的选择了。

20.1.2 平坦模型

不分段的内存管理模型称为平坦模型（Flat Model）。尽管说是不分段，但你千万不要信以为真，分段是 INTEL 处理器的固有机制，处理器总是按“段地址＋偏移量”来形成线性地址，不可能绕开这种工作机制。

因此，如图 20-3 所示，所谓的平坦模型，就是将全部 4GB 内存整体上作为一个大段来处理，而不是分成小的区块。在这种模型下，所有段都是 4GB，每个段的描述符都指向 4GB 的段，段的基地址都是 0x00000000，段界限都是 0xFFFFF，粒度为 4KB。

在这种基本的平坦模式下，程序在编写的时候不分段，即，只保留一个段，代码和数据都在这个段内，相互邻接，但一般并不交叉。很显然，在这种模式下，不能享受到段保护机制的好处，段界限和数据访问的检查仍然进行，但从不会产生违例的情况。原因很简单，每个段描述符的基地址都是 0，实际使用的段界限都是 0xFFFFFFFF，就任务内的地址空间而言，对任何内存位置的访问都是合法的。

需要强调的是，在 32 位保护模式下，平坦模型并不是不分段，也不是只分一个段，而是说所有段的大小都是 4GB，所有段描述符的基地址都是 0，段界限为最大。

实际上，在整个系统中只需要定义两个段即可，一个是代码段，一个是数据段（栈段也使用普通的数据段）。对保护模式来说，平坦模型不是处理器的工作模式，它只是我们采用的一种内存访问手段。你只要不再采用多段模型，只要把整个内存看成一个段，就可以认为是使用了平坦模型。顺便说一下，对 64 位处理器来说，如果是工作在 64 位模式下，则平坦模型不是可选的，而是强制使用的。

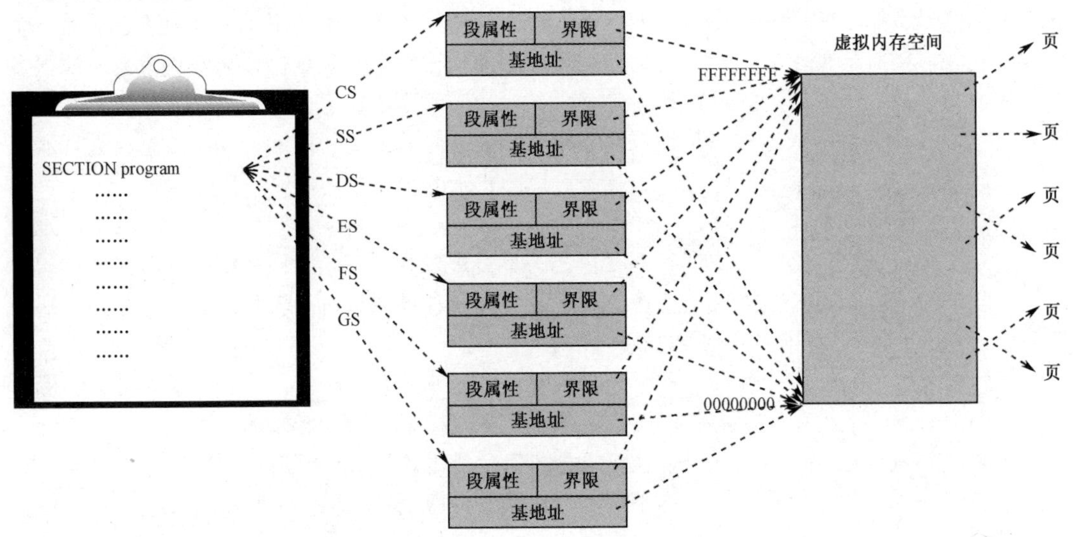

图 20-3　基本的平坦模型

20.2　本章代码清单

本章有配套的汇编语言源程序，并围绕这些源程序进行讲解，请对照阅读。

本章代码清单：20-1（主引导程序），源程序文件：c20_mbr.asm

本章代码清单：20-2（保护模式微型核心程序），源程序文件：c20_core.asm

本章代码清单：20-3（用户程序一），源程序文件：c20_app0.asm

本章代码清单：20-4（用户程序二），源程序文件：c20_app1.asm

这一章的程序以上一章所使用的程序为基础，同样演示了分页和多任务切换，但是做了大幅度的修改，以适应平坦模型。

20.3　初始化系统并加载内核

像往常一样，我们的这个系统首先是从主引导程序开始运行的。先来看代码清单 20-1，在程序的一开始首先定义了两个常量 core_base_address 和 core_start_sector，它们分别是内核加载的起始物理地址和内核程序在硬盘上的起始逻辑扇区号。

主引导程序定义了段 mbr，但不具备实际意义，它的作用是组织代码，用来计算段内标号的汇编地址。毕竟在段的定义中有 vstart 子句，而且指定了一个起始的虚拟地址 0x00007c00。因此，段内标号的汇编地址将从 0x7c00 开始算起。

在主引导程序中（代码清单 20-1），第 11～13 行，我们将 DS 和 SS 设置为 0，而主引导程序加载的实际物理地址是 0x7c00。或者说，主引导程序在数据段内的起始偏移量是 0x7c00。如此一来，访问段内标号时，可以直接将标号作为段内偏移量来使用（而不需要再加上 0x7c00）。

20.3.1 定义平坦模型下的段描述符

接下来的工作是创建全局描述符表 GDT 并安装必要的段描述符，但需要决定 GDT 的位置在哪里。这个位置我们是在程序中指定的，主引导程序的后面开辟了一个双字，指定了 GDT 的物理地址 0x00008000。前面的一个字用来指定界限值，界限值要在程序中根据描述符的数量来填写。在这里定义 6 字节的作用一方面是可以修改 GDT 的位置，另一方面也是为了将来加载全局描述符表寄存器 GDTR。

主引导程序执行时是实地址模式，使用逻辑地址。所以，第 17～23 行，从标号 pgdt 那里取得 GDT 的物理地址，换算成逻辑地址。逻辑段地址传送到 DS，段内偏移量传送到 EBX。

接下来创建并安装段描述符。和从前不同，这里只创建了 4 个段描述符，分别是 0 特权级的代码段描述符、0 特权级的数据段描述符、3 特权级的代码段描述符和 3 特权级的数据段描述符。这些段描述符除了 DPL 和段类型不同外，其他属性都相同。即，基地址都是 0，段界限都为最大值 0xFFFFF，粒度是 4KB。

在平坦模型下，既然段已经最大，那就不需要创建多个段也能访问全部内存。但是，段是有类型和特权级别的，代码段只能用来执行，数据段只能用来读写；内核工作在 0 特权级，只能访问 0 特权级的段，用户任务工作在 3 特权级，只能访问 3 特权级的段。所以，我们至少需要创建以上 4 个段描述符，尽管这些段都具有相同的 4GB 长度。

你可能觉得奇怪，为什么不提供 1、2 特权级的代码段和数据段描述符呢？这是不需要的，在多数流行的系统中只使用了 0 特权级和 3 特权级，这就足够了。同时，尽管栈段是特殊的数据段，但是也可以用普通的数据段作为栈段，就像我们一直所做的那样。

创建和安装描述符之后，我们加载全局描述符表寄存器 GDTR，进入保护模式。jmp 指令用新创建的代码段描述符刷新段寄存器 CS。在这里，0x0008 是 4GB 代码段的选择子，因为这个段的基地址为 0，所以标号 flush 代表的段内偏移量应当也是一个物理地址。因为主引导程序是从物理地址 0x7c00 开始加载的，通过分析可知，标号 flush 处的物理地址是 0x7c8c。

在当前段的定义中有 vstart=0x00007c00 子句，所以标号 flush 的汇编地址是 0x7c00 加上它距离段起始处的偏移，其结果也正是它在内存中的物理地址 0x7c8c。严格地说，这条指令可以说明平坦模型下内存访问特点，即，如果没有开启分页，段内偏移量就是物理地址。

接下来，第 63～69 行，我们又用新创建的数据段描述符刷新 DS、ES、FS、GS 和 SS。如此一来，所有这些段寄存器都指向同一个 4GB 的段。这里还设置了新的栈指针，我们是用 0 特权级的、向上扩展的 4GB 数据段作为栈段，从物理地址 0x7c00 开始，上面是主引导程序，栈向下推进。

接下来我们开始加载内核程序，完成内核的初始化。但是在此之前，我们需要先知道内核的布局，先了解一下在本章中我们对内核程序做了哪些修改。

20.3.2 平坦模型下的内核程序

现在来看代码清单 20-2，这是内核程序。

和上一章的内核程序一样，在内核程序的开始部分定义了常量。但是定义的常量比上一章要少，这是因为本章使用了平坦模型，简化了程序的设计。

还记得吗，在主引导程序中，我们已经安装了 4 个段描述符，那么，前 4 个常量就是这几个段描述符的选择子。前两个段选择子由内核使用，故选择子的 RPL 字段为 0；后两个段选择子由用户任务使用，故选择子的 RPL 字段为 3。

后面三个常量分别被定义为中断描述符表的高端起始线性地址、内核地址空间中可用于分配的高端起始线性地址，以及内核任务的 TCB 的高端线性地址，这些常量我们在后面用到的时候再做说明。

内核程序是运行在平坦模型下的，原则上不需要分段，或者只分一个段即可。此时，这个段也只是一个容器，不会为它创建段描述符，对内核的访问也不是通过这个段来进行的。按照这个要求，在内核程序中，所有段的定义都应该取消。我们就是要求内核的所有内容，包括代码和数据，都组织在一起，作为一个整体来加载和执行。当内核的程序加载到内存之后，要通过 4GB 的段来访问和执行。如何通过 4GB 的段来访问和执行，这是我们后面还要详细说明的内容。

无论是不分段，还是只分一个段，其目的很简单，那就是要让程序中的标号统一编址，都具有连续的汇编地址。例如，在代码清单 20-2 中，第一个标号 core_length 的汇编地址是 0；第二个标号 core_entry 的汇编地址是 4；第三个标号 put_string 的汇编地址是 8，后面的标号依次类推，它们的汇编地址都是相对于程序开头的偏移量。

但是，我们规定内核的加载位置是物理地址 0x00004000，而且已经在主引导程序中将其定义为常量 core_base_address（见代码清单 20-1）。开启分页模式后，我们将低端 1MB 内存映射到虚拟内存的高端，从 0x80000000 开始。所以映射之后，内核的起始线性地址是 0x80040000。

既然内核是从这个线性地址开始映射的，那么，在内核程序中，所有标号的汇编地址都应该以这个地址为基准。所以第一个标号 core_length 的汇编地址是 0x80040000；第二个标号 core_entry 的汇编地址是 0x80040004；第三个标号 put_string 的汇编地址是 0x80040008，后面的标号依次类推。

为此，我们可能需要取消内核程序中的所有段定义。不过，我们还有别的办法。内核程序是在上一章的基础上修改的，它原先是分段的，我们可以保留并继续使用原先的段定义，但需要略加修改。

首先，在第一个段（内核头部）的定义中添加 vstart=0x80040000 子句。于是，段内所有标号的汇编地址都从 0x80040000 开始延续。不过，这只对当前段有效，而在平坦模型下，我们需要程序中的所有标号都统一编址。这怎么办呢？

很好办，只需要在其他段的定义后面加一个 vfollows 子句，用来指定段内的汇编地址延续上一个段的虚拟地址或者线性地址，而不是重新从 0 开始。这就是说，在公共例程段的定义中要加上 vfollows=header；在内核数据段的定义中要加上 vfollows=sys_routine；在内核代码段的定义中要加上 vfollows=core_data。在最后一个段 core_tail 的定义中没有任何子句，这是必要的，毕竟我们希望段内标号 core_end 代表的汇编地址应当是它相对于程序起始处的偏移量，这个偏移量代表整个内核程序的总字节数。

再回到公共例程段，加上 vfollows 子句后，标号 put_string 的汇编地址不再是以前的 0，而是延续上一个段中的 core_entry，是 0x80040008。

显然，从表面上看，在本章中，内核程序依然是分段的，但这些段不再具有往常的功能，而是只具有形式上的意义，只是用来分隔程序中的不同内容的，比如用来分隔代码和数据。

在平坦模型下，程序不分段，或者只分一个段的好处是显而易见的，因为所有段都是 4GB 的，我们只需要在系统启动时，让段寄存器 CS 指向 4GB 的代码段，让 DS、ES、FS 和 SS 都指向 4GB 的数据段，从此之后，再也不用管分段的事情，也不再需要让它们一会儿指向这个段，一会儿指向那个段，所有段寄存器都指向当前任务的全部内存空间。

同时，因为任务的代码的数据都是连续编址的，是不分段的，或者只分一个段，当我们将程序加载到任务的内存空间后，每条指令和每个数据在整个 4GB 内存空间里的偏移量也就确定了。因为段的基地址始终为 0，这些偏移量也就是它们的线性地址。我们在程序中只需要按以往的方式访问数据，处理器也按照以往的方式执行指令。指令的执行和数据的访问当然还是用段的基地址加上偏移量，但是段的基地址始终为 0，所以也就没有必要再管段寄存器的事情了。

我们可以仔细浏览一下内核程序，以及用户程序，你会发现，在整个程序中基本不存在任何加载段寄存器的指令。从经验上来说，平坦模型大大简化了程序设计。

在平坦模型下，内核程序的另一个变化是，由于不分段（或者说只分一个段），所有内容，包括例程和数据，它们的地址都是连续的，对这些例程的调用不再是直接绝对远调用，而是采用相对近调用。同时，每个例程也不再用 retf 远返回，而是用 ret 返回。

举个例子来说，代码清单 20-2 的第 874 行调用了例程 make_gate_descriptor：

```
        call make_gate_descriptor
```

是这一个相对近调用，而在上一章里，它采用的是直接绝对远调用，因为这个例程位于公共例程段：

```
        call sys_routine_seg_sel:make_gate_descriptor
```

由于已经采用相对近调用，所以，这个例程现在是用 ret 返回的（代码清单 20-2 的第 302 行）。

内核中的例程和例程调用较多，而且都做了上述修改，在这里无法一一列举，但是你在阅读程序的时候应当明白是怎么回事，以免造成困惑。

20.3.3　加载内核程序

回到代码清单 20-1（主引导程序），开始加载内核程序。在此之前，我们已经让所有段寄存器都指向 4GB 的段，而内核程序也是不分段的，所以，直接将内核程序加载到物理内存中即可，不需要分段，也不需要重定位。

内核程序的加载是第 72～98 行的工作，这段代码和前面的章节是相同的，无非是先读取内核程序头部，判断内核程序的大小，再将它全部读入。

和从前一样，内核加载的位置是 core_base_address，它被定义为 0x00040000，这是一个物理地址。从上一章里我们知道，低端 1MB 内存还要被映射到虚拟内存的高端，所以内核的虚拟内存地址是 0x80040000。当然，这是分页之后的事了。

代码清单 20-2 的第 17 行定义了内核程序的头部。和从前一样，内核程序的头部记载了内核程序的总大小，以及内核的入口点。前面说过，内核程序的总大小取自内核程序中的最后一个标号 core_end，该标号位于内核程序的最后一个段中，这个段的定义中没有 vfollows 子句，所以，在这个段内，标号 core_end 的汇编地址不是延续上一个段或者前面的任何段，而是相对内核程序的起始位置，从 0 开始计算的。因此，这个标号的汇编地址就是整个内核程序的总大小或者说总字节数。

内核入口点的数值取自标号 start 的汇编地址，它等于 0x80040000 加上标号 start 相对于内核程序起始处的偏移量。注意入口点没有段地址。在平坦模型下，程序执行时，代码段寄存器 CS 指向 4GB 的代码段，基地址始终为 0，所以不需要记录段地址。

回到代码清单 20-1，加载内核之后就准备开启分页，这是第 100～141 行的工作。首先，我们创建内核的页目录表和页表，并初始化必要的目录项和页表项。页目录表的物理地址是 0x00020000，第 107 行，我们先令最后一个页目录项指向页目录表自己，即，该项所对应的页表就是当前页目录表，这是为修改页目录表而设的。接着，第 109～114 行，在页目录表内创建两个目录项，分别对应着两个不同的起始线性地址 0x00000000 和 0x80000000。但是实际上，它们都指向同一个页表。其中，前一个目录项只在开启页功能的时候使用，作为临时过渡。

页表的物理地址是 0x00021000，它的前 256 个页表项必须一一对应于物理内存最低端的 256 个页，这是内核能正常工作的基本要求。在程序中，我们使用循环（第 120～127 行）来建立这种一对一的映射关系。

接着，第 130～131 行，将内核页目录表的物理地址传送到控制寄存器 CR3，这是在开启页功能之前必须要做的事情。然后，第 134～137 行，将全局描述符表（GDT）映射到虚拟内存的高端。这也是一一映射的，GDT 的新地址应当是线性地址 0x80000000 加上它原先的地址。

准备工作完成后，第 139～141 行，正式开启分页功能。

现在已经工作在分页模式下了，和从前不同的是，不需要重新加载段寄存器 CS、SS、DS、ES、FS 和 GS 以刷新它们的描述符高速缓存器，因为所有这些段都是 4GB 的。

关于在分页模式下工作，所有该做的工作都做了，但还是忽略了一个问题，那就是内核栈，应当将它映射到虚拟内存的高端。因此，第 146 行，通过把栈指针寄存器 ESP 的内容在原来的基础上增加 0x80000000 来做到这一点。

现在，内核已经加载，并且被映射到了虚拟内存的高端，第 148 行的 jmp 指令将控制转移到内核。注意，这是一个 32 位间接绝对近转移，而不是远转移（段间转移），在指令中没有使用关键字“far”。远转移在段间进行，需要 16 位的目标代码段选择子，以及 32 位段偏移量。在平坦模型下，所有东西都在一个大的 4GB 段内，从一个地方转移到另一个位置去执行，自然是段内转移了。换句话说，在平坦模型下，不存在段间转移。

事实上，这条指令有两个功能，一是转移到内核去执行，二是将处理器的执行流转移到虚拟内存的高端。内核已经从硬盘上加载了，加载的位置是线性地址 0x80040000。内核程序有一个头部，记载了内核的大小和入口点。在内核程序内，偏移为 0x00000004 的地方，记载着内核要执行的第一条指令的偏移量，但没有段选择子。

因此，当这条 jmp 指令执行时，处理器要先访问 DS 所指向的 4GB 数据段，从线性地址 0x80040004 处取得一个 32 位的段内偏移量，传送到寄存器 EIP。说时迟，那时快，内核就开始执行了。

对 32 位处理器来说，平坦模型只是我们采用的一种内存访问手段。你只要不再采用多段模型，只要把整个内存看成一个段，就可以认为是使用了平坦模型。

20.4 内核的初始化

20.4.1 进入内核并初始化中断系统

由于已经通过入口点进入了内核，现在我们来看代码清单 20-2。

进入内核之后，第 867～868 行，我们先打印提示信息，提示信息来自标号 message_0，它的内容为

```
        Setup interrupt system and system-call......
```

这句话表明我们要设置中断系统和系统调用。

你可能还记得，中断系统初始化完成之前是不能调用例程 put_string 的。在多任务系统中，为了防止多个任务同时在屏幕上输出文本，进入这个例程时，会用 cli 指令关闭中断，而在退出这个例程之前再用 sti 指令开放中断。在内核初始化阶段，由于中断系统尚未准备就绪，开放中断将导致严重问题。

不过没有关系，在本章中我们使用了一个小小的技巧，这样它就可以在任何时候调用。具体的做法是，在进入例程后，我们在原先的 cli 指令前添加了 pushfd 指令（第 35 行），同时将例程后面对应的 sti 指令删除，代之以 popfd 指令（第 48 行）。

这样的修改是必要的，毕竟我们意识到在对待标志寄存器的问题上不能过于武断。进入例程前，标志寄存器的中断标志 IF 是什么状态，我们不知道，但是当前例程需要 IF 标志清零，所以必须压栈保存整个 EFLAGS，然后执行 cli 指令。在例程返回时候，再用 popfd 指令恢复 EFLAGS 原先的状态（实际上也就恢复了中断标志 IF 原先的状态），而不是武断地用 sti 指令开放中断。

接下来我们初始化中断系统，创建中断描述符表 IDT，并安装对应于 20 个异常和 236 个普通中断的中断门。和从前一样，中断描述符表的安装位置是物理地址 0x1f000，位于低端 1MB 之内。

和上一章不同的是，本章是在开启了分页，并将低端 1MB 映射到虚拟内存高端之后，才开始创建中断描述符表的，而且此时内核已经在高端运行了。因此，我们为中断描述符表指定的线性地址是其在高端的线性地址 0x8001f000。我们需要用这个高端线性地址来创建和访问中断描述符表。这个地址已经被定义为常量 idt_linear_address，它是在内核程序的起始处定义的。

中断门和陷阱门的创建与安装过程和上一章相同，基本上不需再解释。门描述符的创建依然是通过调用例程 make_gate_descriptor 来完成的，但就像我们前面说过的那样，这条 call 指令在平坦模型下已经改成相对近调用了，而不是以前的直接绝对远调用。即，指令中不再需要段选择子。我们是在平坦模型下调用的例程，因为内核程序是按照平坦模型来组织的，所有例程的地址都是它们在 4GB 虚拟内存里空间里的线性地址，并被当成 4GB 段内的偏移量。

和从前一样，0x70 号实时时钟中断是特殊处理的，它有自己独立的中断处理程序，需要安装它自己独立的中断门。

和从前不同的是，第 910～917 行，还安装了一个新的中断门，对应于中断向量 0x88，用来提供系统调用服务。

20.4.2 软中断和系统调用

我们知道，由于特权级保护的原因，用户任务通常只能调用内核提供的服务来完成一些特殊的工作，用户任务调用内核服务的途径就是系统调用。典型的系统调用就是调用门，用户任务可以通过调用门进入内核，来完成特定的工作，这个过程就是所谓的“调用系统服务”。

不过，通过调用门实施控制转移，从 3 特权级的用户态进入 0 特权级的内核态，开销很大，速度很慢，毕竟处理器在此期间要进行复杂的检查工作。因此，流行的操作系统基本上不使用调用门提供系统服务。取而代之的是，在 32 位系统中，它们更愿意使用软中断。顺便说一下，为了顺应这种要求，后来的 32 位处理器引入了 sysenter 指令，64 位处理器进一步引入了快速系统调用指令 syscall（在我的下一本书《x64 架构的汇编语言和操作系统基础》中介绍）。

所谓软中断，就是用 int 指令引发的中断。软中断指令包括

```
int n
into
int3
int1
```

int *n* 指令产生一个对中断向量 *n* 所对应的中断或者异常处理过程的调用，$0 \leqslant n \leqslant 255$；into 产生一个对溢出异常（#OF，向量号为 4）所对应的异常处理过程的调用；int3 产生一个对断点异常（#BP，向量号为 3）所对应的异常处理过程的调用；int1 产生一个对调试异常（#DB，向量号为 1）所对应的异常处理过程的调用。

通过软中断指令发起中断处理时，处理器用指定的中断向量号作为索引从中断描述符表 IDT 中选择对应的中断门或者陷阱门，然后通过门进入中断或者异常处理过程执行。

要想说明如何通过软中断进行系统调用，我们可以看一下代码清单 20-4（c20_app1.asm）。在这个程序中，为了像往常一样打印字符串，我们不是通过调用门，而是通过一个软中断。即，第 27 行的

```
int 0x88
```

你可能会问，系统调用的中断号为啥是 0x88 呢？没有什么特殊原因，这是我自己定的，如果你愿意，也可以改成其他中断向量，但不要使用那些被处理器内部异常占用的向量号。

操作系统通常会提供大量的系统服务，不可能为每个系统服务都使用单独的中断向量。实际上，操作系统只使用一个中断向量号，但是会要求应用程序通过某个寄存器（比如 EAX）来指定具体的系统服务功能。

如表 20-1 所示，在我们的这个系统中，一共提供了 6 种系统服务功能。功能号是用 EAX 来指定的，0 号功能是打印字符串；1 号功能是读 0 号硬盘，等等。根据不同的功能，可能还需要用其他寄存器传入更多的参数，比如通过系统调用请求 0 号功能时，还必须用 EBX 传入字符串的线性地址。系统调用功能表应当向程序员公布，这样他们就知道如何写程序请求系统服务了。

表 20-1　系统调用（int 0x88）功能表

功能号（EAX）	功能描述	输入	输出
0	打印字符串（带光标跟随）	EBX=字符串的线性地址	无
1	读 0 号硬盘	EAX=逻辑扇区号 EBX=目标缓冲区线性地址	EBX=EBX+512

续表

功能号（EAX）	功能描述	输入	输出
2	以 16 进制形式打印一个双字	EDX=要转换并显示的数字	无
3	终止当前任务	无	无
4	发起任务切换	无	无
5	在当前任务的地址空间里分配内存	ECX=希望分配的字节数	ECX=所分配内存的起始线性地址

在代码清单 20-4 中，第 25 行，我们用 EAX 指定 0 号功能，即，打印字符串；用 EBX 指定了字符串的线性地址，紧接着执行软中断，请求系统调用服务，这将进入内核执行，即，进入内核态，在屏幕上打印指定的字符串。

20.4.3 系统调用的安装及其工作原理

回到代码清单 20-2（内核程序）。

在安装了与实时时钟中断处理过程对应的中断门之后，第 910～917 行，我们安装与系统调用对应的中断门。由于系统调用的中断号是 0x88，所以在这里是安装 0x88 号中断的中断门。从这段代码可以看出，为中断门指定的段选择子是 4GB 内存段的选择子，段基地址为 0；中断处理过程（系统调用入口）在这个段内的偏移量来自标号 int_0x88_handler 的汇编地址。

硬件中断可以在任何时候发生，并转去执行中断处理过程。换句话说，对硬件中断的处理不受当前特权级的影响。但是，每一个 int *n*、into 和 int3 指令在执行时，如果当前特权级 CPL 在数值上大于从 IDT 中选择的那个门描述符的 DPL，则将产生一般保护异常#GP。

为了能够在 3 特权级的用户程序中执行 0x88 号软中断，它对应的中断门的 DPL 必须为 3，而不是通常的 0。正因为如此，第 912 行，我们为中断门指定的属性值为 0xee00，它表明这是一个 32 位的中断门，而且 DPL 为 3。

初始化中断系统之后，我们加载中断描述符表寄存器 IDTR，设置 8259A 中断控制器，开放中断，然后，第 925～927 行，对刚安装好的系统调用进行测试。即，用系统调用的 0 号功能显示文本 “Done.”，表明中断系统和系统调用已经设置完毕。

系统调用是通过向量号为 0x88 的软中断进入的，我们知道，中断处理时，要离开当前正在执行的程序，转入中断处理程序执行。在这个过程中，如果改变了当前特权级，则必须切换栈，毕竟栈的特权级在任何时候都必须和当前特权级保持一致，这是一个硬性规定。栈切换时，是从任务状态段 TSS 中选取一个对应的栈段选择子和栈指针，但我们现在并没有初始化 TSS。不过没有关系，现在我们正在内核中执行，当前特权级为 0，目标代码段的 DPL 也是 0，不会切换栈。

0x88 号中断的处理过程是 int_0x88_handler，开始于当前程序的第 680 行。这个例程非常简单，只有两条指令，但要讲清楚它的工作原理，却说来话长。

因为是通过单一的 0x88 号中断进入的，而我们又想实现多种系统调用功能，所以要用 EAX 来指定功能号，每个功能都用一个例程来处理和完成。如此一来，我们可以把这些例程的入口地址组织起来，形成一个表格，再用功能号作为索引来找到它对应的例程的入口地址。

代码清单 20-2 的第 705 行，从标号 sys_call 开始，保存了 6 个例程的汇编地址，它们的功能可以对照表 20-1。虽然在这里登记的是它们的汇编地址，但是我们知道，在平坦模型下，它们的汇编地址实际上也是它们的线性地址，可直接作为 4GB 段内的偏移量来用。

从高级语言的角度来看，从标号 sys_call 开始的这 6 个双字类似数组，数组的每个元素都是一个双字长度的例程入口地址。因此，回到例程 int_0x88_handler，第 682 行，我们直接用 EAX 作为数组索引，从标号 sys_call 这里取出对应的入口地址。数组的起始地址是 sys_call，每个元素的长度是 4 字节，所以要用功能号 EAX 乘以 4。这是一个间接绝对近调用，将访问 DS 所指向的 4GB 内存段，从偏移为“eax * 4 + sys_call”的地方取出一个段内偏移量，传送到 EIP，但并不改变段寄存器 CS。

当我们调用 0 号功能打印字符串时，取得的是例程 put_string 的入口地址，从而转入这个例程执行。在平坦模型下，这个例程也必须进行修改，它原先需要段寄存器 DS 指向字符串所在的那个段，但是在平坦模型下不需要了，因为段始终都是 4GB 的段，基地址始终都为 0。所以，我们只需要传入字符串在 4GB 段内的线性地址即可。唯一需要说明的是，在平坦模型下，显存不再是一个独立的段，而是放在 4GB 的内存段进行操作的，而且用的是高端线性地址。显存的物理起始地址为 0xb8000，由于低端 1MB 物理内存已经被映射到高端了，映射后，显存在虚拟内存高端的起始线性地址为 0x800b8000。

字符的写入操作是用例程 put_char 完成的，在平坦模型下需要指定写入位置的线性地址。比如第 94 行，用 0x800b8000 加上字符在显存内的偏移 EBX，就得到了目标位置的线性地址，这和从前是完全不同的，你不妨对比一下从前的程序。同样，后面那些对显存的操作也是用线性地址完成的，包括第 107、108、114 行，都使用了相同的策略。

20.4.4 任务状态段 TSS 的新用法

继续来看代码清单 20-2。

第 966～992 行显示处理器品牌信息，然后创建任务状态段 TSS 的描述符。我们知道，任务状态段 TSS 是一块内存区域，在多任务环境下，每个任务都应当有自己的 TSS，而且这块内存通常是动态分配的。回忆一下，TSS 的功能主要包括以下几个方面：

1. 在任务切换时，保存当前任务的状态（寄存器的内容），从新任务的 TSS 中恢复新任务的状态及 LDT；

2. 在当前任务内实施特权级之间的转移（从用户态进入内核态）时，需要切换栈。处理器从当前任务的 TSS 中选取对应的栈段选择子和栈指针，完成栈切换；

3. 处理器用 TSS 的 I/O 许可位图控制当前任务的 I/O 访问权限。

在本章，由于采用了软件任务切换，我们不准备为每个任务都指定一个 TSS，所有任务可以共用同一个 TSS。这样做的原因是，第一，节省空间；第二，任务切换时不需要重新加载任务寄存器 TR，节省时间。

那么，在一个多任务的系统中只使用一个 TSS 意味着什么呢？需要注意什么呢？首先，不能用 TSS 来保存和恢复任务的状态，毕竟这个 TSS 不再专属于某个任务。不过没关系，考虑到每个任务都有自己的任务控制块 TCB，因此，既然决定使用软件任务切换，那就可以将旧任务的状态保存到它自己的 TCB 中，并从新任务的 TCB 中恢复它的状态；

其次，每个任务在执行时，都可能会因中断或者通过调用门实施特权级之间的控制转移，从用户态进入内核态，而且必须切换栈。由于在整个系统中只有一个 TSS，在从旧任务切换到新任务时，TSS 中的 SS0、SS1、SS2、ESP0、ESP1 和 ESP2（参见图 16-2）都应当由新任务负责替换和更新；

再次，从旧任务切换到新任务时，TSS 中的 LDT 选择子（参见图 16-2）也应当由新任务负责替换和更新；

最后，TSS 中的 I/O 许可位图部分也应当在任务切换时由新任务加以修改。当然，这一部分内容也可以保持固定，如此一来，所有任务都共用相同的 I/O 许可位图，所有任务的 I/O 许可权都是相同的。

由于我们只使用一个 TSS，也就不需要动态分配内存，而是直接在标号 tss 这里开辟了一段空间（第 733 行）。

为了初始化 TSS 的内容，首先应当把它全部清零，再设置个别字段。代码清单 20-2 的第 995～1000 行就用来做这个工作。我们为 TSS 保留的空间是 128 字节，折合 32 个双字，我们把立即数 32 传送到 ECX 来控制循环次数。标号 tss 代表的汇编地址等于 TSS 的线性地址，所以在平坦模型下可直接用标号 tss 访问 TSS。EBX 提供偏移，每次写入一个双字长度的 0。

前面说过，由于在整个系统中只有一个 TSS，在从旧任务切换到新任务时，TSS 中的 SS0、SS1、SS2、ESP0、ESP1 和 ESP2（参见图 16-2）都应当由新任务负责替换和更新。但是在平坦模型下，所有段都是 4GB 的段，所以 SS0、SS1 和 SS2 是不需要替换和更新的，设置为一个固定的数据段选择子即可。

进一步，在我们的系统中只使用了 0 和 3 这两个特权级，所以 SS1 和 SS2 是用不到的，可以忽略，只需要将 SS0 设置成一个固定的、RPL 字段为 0 的、指向 4GB 数据段的选择子即可。在程序中，第 1004 行，我们将 TSS 中的 SS0 设置为 flat_core_data_seg_sel，而且以后不用再动。

第 1005 行，在 TSS 内偏移为 102 的那个字被填写为 TSS 的界限值 103。我们知道，如果该字单元的内容大于或者等于 TSS 的段界限（在 TSS 描述符中），则表明没有 I/O 许可位串。由于不存在 I/O 许可位图，所有任务都具有相同的 I/O 权限：用户态执行时不允许 I/O 访问。

接下来，第 1008～1012 行，创建 TSS 描述符并安装在 GDT 中，创建的方法和从前一样。创建了 TSS 描述符之后，第 1015 行，用 ltr 指令加载任务寄存器 TR。此后，TR 就固定地指向这个唯一的 TSS。

TSS 的初始化和基本设置工作完成后，第 1017、1018 行，显示一条信息，告诉屏幕前的人我们已经完成了 TSS 的设置。

现在，我们将创建并确立内核任务，之所以说是确立，是因为我们当前实际上正在内核中执行，也相当于内核任务正在执行，只不过没有正式的名分。

内核任务有自己的任务控制块 TCB，它的位置是固定的，我们指定的是物理地址 0x1f800。由于低端 1MB 物理内存已经被映射到高端，因此，映射之后，它在虚拟内存高端里的线性地址是 0x8001f800。在程序中，我们已经将它定义为常量 core_lin_tcb_addr，而且是在内核程序的开头定义的。

由于采用了平坦模型，任务的创建过程得到了简化，所以我们对任务控制块 TCB 也做了大幅度的修改。如图 20-4 所示，新版的任务控制块只保留了原先的少数内容，其中，“下一个 TCB 基地”用来形成一个 TCB 链表；“任务状态”用来管理任务调度；“下一个可分配的线性地址”用来在任务的虚拟地址空间里分配内存。

除以上内容外，剩余的部分是新增的，在任务切换的时候使用，用来保存任务状态。所谓保存任务状态，说白了就是把寄存器的内容保存起来以便将来恢复。注意，在这幅图中，窄的格子代表 16 位的数据宽度，宽的格子（除标有“保留”的格子外）代表 32 位的数据宽度，左侧的表内偏移量是采用十进制的。

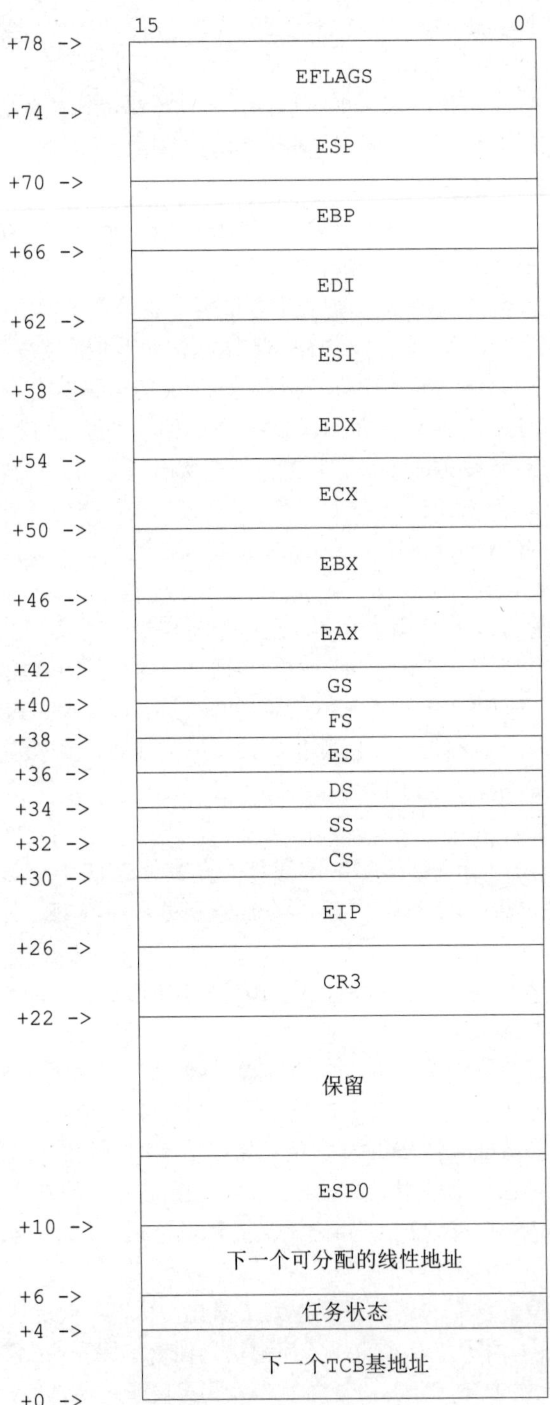

图 20-4　在平坦模型下使用的新版任务控制块 TCB

为了设置内核任务的 TCB，第 1021 行将其线性地址传送到 ECX。第 1022 行将内核任务的状态设置为忙；第 1023 行登记内核任务的起始可分配线性地址 core_lin_alloc_at，这是一个常量，在内核程序开头定义的。内核任务虽然是一个独立的任务，但与内核是绑定在一起的，即，占据着所有其他任务的全局部分。在内核任务中分配内存，也就等于是在其他任务的全局部分分配内存。第一次在任务的全局空间分配内存时，从这个线性地址开始分配，同时增加这个地址，以用于后续的内存分配。

注意，我们并没有填写 TSS 中的 LDT 选择子及三个特权级的栈指针。这是不需要的。首先，内核任务没有局部描述符表；其次，除非是调用门或者中断返回，它从不将控制转移到其他特权级。

设置了 TCB 之后，我们调用例程 append_to_tcb_link 将它添加到任务控制块链表中，以便对任务进行管理，并在将来执行任务切换。在平坦模型下，这个例程也做了修改，由于是在 4GB 的大段内访问每个 TCB 节点的，所以不需要在段之间切换，也就不需要重新加载数据段寄存器。在进入例程时，原先的 cli 指令前添加了 pushfq 指令，退出例程前的 sti 指令被改为 popfd 指令。除了以上修改，其他方面没有本质变化，可参照前一章的内核程序加以分析。

一旦确立了内核任务，就应该显示一条信息表明此事。第 1027、1028 行，打印一行文本，表明内核任务已经创建。

20.5 用户任务的创建

完成内核的初始化之后，接下来的工作是创建一个以上的用户任务。在本章中，用户任务的创建工作依然是用例程 load_relocate_program 来完成的，但是这个例程在本章已经大幅度简化。在平坦模型下，任务的创建过程不再需要做很多工作。

继续来看代码清单 20-2。

在调用 load_relocate_program 之前，需要先创建用户任务的任务控制块 TCB。在本章中使用了新版的 TCB，它的尺寸是 78 字节，但我们实际分配了 128 字节。

内存分配是在第 1031、1032 行完成的，由于任务控制块 TCB 是由内核使用的，所以它必须在全局空间分配，这就是为什么要调用例程 allocate_memory 实施内存分配。

例程 allocate_memory 及其调用的其他子例程在本章中都做了修改，但这些修改不是因为内存分配方法的改变，而是不再以分段的方式访问内存，以适应平坦模型。例程 allocate_memory 本身是使用 4GB 的段来访问链表的节点的，所以不需要切换或者加载段寄存器，例程得以简化。这个例程调用了 task_alloc_memory，例程 task_alloc_memory 也不需要切换和加载段寄存器，也得到了简化；这个例程调用了 alloc_inst_a_page，例程 alloc_inst_a_page 又调用了 allocate_a_4k_page，它们都不需要切换或者加载段寄存器，也得到了简化，这就是使用平坦模型的好处。

在平坦模型下，所有东西都不是在某个较小的段中来访问的，而是都有自己的线性地址，我们只需要将它们的线性地址放在 4GB 的段中作为偏移量，所以我们只需要一个 4GB 的段即可。

用户任务的 TCB 创建后，需要做一个简单的初始化。首先是填写任务的初始状态为就绪，接着填写用于内存分配的起始线性地址。在任务自己的虚拟内存空间里分配时，是从线性地址 0 开始分配的。

20.5.1 平坦模型下的用户程序结构

准备好任务控制块 TCB 之后，就可以调用例程 load_relocate_program 加载用户程序了。这个例程也针对平坦模型做了很多修改。

进入例程后，和往常一样，先清空内核任务页目录表的前半部分。对页目录表的访问是通过它的线性地址进行的，我们不需要关注段的问题，在平坦模型下，这个线性地址就是 4GB 段内的偏移量。

接着我们读取和加载用户程序，这需要用到用户程序在硬盘上的起始逻辑扇区号，以及任务控制块 TCB 的线性地址，而这两个参数位于栈中偏移量为 ebp+10*4 和 ebp+9*4 的地方，这和从前不同，以前是 ebp+12*4 和 ebp+11*4。为什么不同呢，因为在平坦模型下，我们进入例程后没有压入段寄存器 DS 和 ES，相比之下栈中少了这两样东西。

读取和加载用户程序需要在用户任务自己的虚拟内存空间里分配内存。和往常一样先要读取用户程序头部，判断一下程序的总大小。

我们来看一下用户程序的组成（代码清单 20-3 及 20-4）。在平坦模型下，用户程序的组织和以前不同。以 c20_app0 为例，它现在也是不分段的，或者说只分一个段。虽然在程序中看起来是分段的，但这些段的定义只具有形式上的意义，只是起到分隔的作用，毕竟在段的定义中有 vfollows 子句，段内的汇编地址是延续了上一个段。

第一个段的定义中有 vstart 子句，并指定了 0，说明我们要求用户程序在加载时，不但是加载到它自己的虚拟内存空间，而且起始的线性地址必须是 0，也就是从线性地址 0 开始加载。

最后一个段的定义中没有任何子句，那么，段内标号 program_end 的汇编地址是它相对于程序开头的偏移量。所以，它的汇编地址在数值上就是程序的总大小。因此，在用户程序头部，偏移为 0 的位置，是用户程序的总大小，它的值取自标号 program_end。在头部中偏移为 4 的地方是用户任务入口点，它的值取自标号 start，这个标号位于后面的代码段。在平坦模型下，入口点不需要段选择子，代码段始终是 4GB 的段。

因为在本章中采用系统调用而不是调用门，所以取消了符号地址检索表。

◆ **检测点 20. 1**

在这里，标号 start 所代表的汇编地址实际上也是一个线性地址，为什么？

20.5.2 用户任务的创建过程

回到内核程序（代码清单 20-2）中。

在本章中，我们不需要为用户任务创建 TSS 和 LDT。不创建 TSS 的原因前面说过，因为我们使用软件任务切换，所以只在整个系统中保留一个 TSS；至于 LDT，原则上每个任务都可以有自己的 LDT，但是，在平坦模型下我们不再为程序分段，不再为每个任务创建独立的段描述符，所以 LDT 也就失去了存在的意义。

由于我们的系统只支持两个特权级别：0 和 3，用户任务至少需要两个栈空间，一是它固有的栈，即，3 特权级的栈；另一个是 0 特权级的栈，因中断或者调用门从 3 特权级的用户态进入 0 特权级的内核态时，切换到这个栈。

用户任务的栈不是在程序编写时指定的（在用户程序中没有定义栈段），所以，这个栈需要动态创建。第 794～798 行，先是在用户任务自己的虚拟内存空间里分配内存，分配的数量是 4096 字节（4KB）。分配之后，下一次分配时使用的线性地址就保存在 TCB 中偏移为 6 的地方，它被用作栈顶指针，所以还要填写到 TCB 中偏移为 70 的 ESP 域。

接下来，第 801～805 行，再用相同的方法创建用于中断和调用门的 0 特权级栈空间。分配之后，下一次分配时使用的线性地址就保存在 TCB 中偏移为 6 的地方，在 TCB 内偏移为 10 的地方用来填写这个栈指针（ESP0 域）。

因为我们是借助内核任务的页目录表为用户任务分配内存的，所以，我们还要把内核任务的页目录表拷贝一份给用户任务，这同样是通过调用例程 create_copy_cur_pdir 来完成的。这个例程在平坦模型下做了修改，主要是去掉了保存和加载段寄存器 DS、ES 的指令，有兴趣的话将本例程和上一章做个对比就知道它是如何简化的了，简化的原理我们已经说过很多次了。

例程 create_copy_cur_pdir 返回为用户任务分配的页目录表的物理地址，这个地址需要保存到用户任务的 TCB 中，即，TCB 中偏移为 22 的 CR3 域。

最后，第 812～822 行用来补充填写 TCB 中的相关部分：CS 域填写 3 特权级的代码段选择子；SS、DS、ES、FS 和 GS 域填写 3 特权级的数据段选择子。此时此刻，内核任务的页目录表和新任务的页目录表相同，用户任务是从线性地址 0 开始加载的。因此，第 818 行，从当前 4GB 段内偏移为 4 的地方，可取出用户任务入口点的线性地址。第 819 行，将这个入口点填写到 TCB 内偏移为 26 的 EIP 域。

第 820、821 行用入栈出栈的方式，将标志寄存器的当前内容填写到 TCB 内偏移为 74 的 EFLAGS 域。

最后，ret 指令返回到调用者。

20.6　软件任务切换

从例程 load_relocate_program 返回之后，第一个任务就创建完成了，不过它还不能参与任务切换，毕竟它的 TCB 还未添加到 TCB 链表中。ECX 中保存着 TCB 的线性地址，第 1039 行，调用例程 append_to_tcb_link 将任务控制块 TCB 加入 TCB 链表中。此时，任务链表中已经有两个任务了，任务切换随时会发生。

任务切换是实时时钟中断处理过程的一部分，每秒一次的更新周期结束中断发生时，将执行例程 rtm_0x70_interrupt_handle。在此例程内部，像往常一样，给 8259A 芯片发送 EOI 命令，再读一下 RTC 的寄存器 C，这样就可以保证中断能够继续发生。以上工作完成后，在当前例程的后面暴露了我们此行的真正目的：调用例程 initiate_task_switch 发起任务切换。

例程 initiate_task_switch 是从第 530 行开始的，用来主动发起任务切换。和从前一样，需要找到当前任务的节点，即，状态为忙的节点。然后，再从这个节点开始向后寻找一个状态为就绪的节点。如果找不到，则回到链表头，从头寻找。

链表首节点的线性地址原先保存在内核数据段中，通过标号 tcb_chain 取得。tcb_chain 的汇编地址以前是它在内核数据段中的偏移量，但现在是它在整个 4GB 虚拟内存中的线性地址，所以我们是在平坦模型下，用 4GB 的段来访问的。至于其他 TCB 节点，和从前一样，依然是通过 4GB 的段来访问的。如此一来，我们就再也不用考虑段的问题了，也不再在段之间来回切换，大大简化了内存访问和程序设计。

无论如何，如果找不到状态为就绪的节点，则意味着链表中只有一个状态为忙的节点，或者有多个节点，但是其他节点的状态都是终止。如果找到了一个状态为就绪的节点，则程序的执行将到达标号.b3 处，从这里开始执行任务切换。此时，ESI 指向当前任务（旧任务）的 TCB；EDI 指向新任务（就绪任务）的 TCB。

20.6.1 保存当前任务的状态

从标号.b3 开始的第 574～589 行，保存当前任务的状态到其 TCB 中。保存的内容应当包括页目录表指针 CR3、所有段寄存器、指令指针寄存器 EIP 和所有通用寄存器。但是实际上，指令指针寄存器 EIP 未保存。原因很简单，任务切换是在中断处理过程内进行的，将来这个任务恢复执行时，还原点依然在这个中断处理过程内，并通过"中断返回"回到中断前的地方。为此，第 581 行，TCB 中的 EIP 域实际上保存的是标号.return 的汇编地址。

◆ **检测点 20. 2**

在这里，标号.return 代表的汇编地址实际上也是一个线性地址，为什么？

另一个需要注意的地方是，通用寄存器只保存了 ECX、EDX、EBP 和 ESP。为什么不保存其他 4 个寄存器呢？原因是它们正在被使用。不过没关系，在进入中断处理过程后，第 533～536 行，已经将它们压栈保存了。将来任务恢复执行后，是从标号.return 处接着执行第 595～598 行，这样就从栈中弹出并恢复了它们原先的内容。

为了保存标志寄存器，第 588 行将它压栈，第 589 行将它弹出到 TCB 中偏移为 74 的 EFLAGS 域。最后，第 590 行，反转任务的状态，从 0xffff（忙）反转为 0（就绪）。

20.6.2 恢复并执行新任务

继续来看代码清单 20-2。

在保存了当前任务的状态后，第 592 行转入例程 resume_task_execute 恢复并执行新任务。在进入这个例程时，EDI 指向新任务的 TCB，而且我们不需要保护任何通用寄存器，毕竟这些寄存器的内容将从新任务的 TCB 中恢复。

恢复并执行新任务，就是恢复新任务原先被打断时的执行环境，并从被打断的地方继续开始执行。第 493、494 行从新任务的 TCB 中取出 0 特权级栈指针，并写入 TSS 的 ESP0 域。当新任务开始执行后，如果要从 3 特权级进入 0 特权级执行，就用这个栈指针来切换栈。

第 496、497 行从新任务的 TCB 中取出页目录表指针，传送到 CR3，如此一来就恢复并切换到新任务的地址空间了。

第 499～508 行从新任务的 TCB 中恢复除 CS、SS、EIP、EDI 和 ESP 外的段寄存器和通用寄存器。没有恢复 EDI 的原因是它正在用于内存访问，需要延后恢复；没有恢复 SS 和 ESP 的原因是这样做有可能导致异常：栈段的特权级必须与当前特权级 CPL 一致，这是硬性要求。任务切换是在内核中进行的，此时此刻特权级为 0，但是从 TCB 中取出的栈段选择子的 RPL 字段可能为 3，与当前特权级不符，不能贸然向段寄存器 SS 加载。

但是问题来了，既然任务切换在内核中进行，当前特权级 CPL 必然为 0，栈段的特权级必须和当前特权级一致，也必然为 0。这就是说，任务切换时，保存在 TCB 中的栈段选择子的 RPL 必然为 0；反过来说，从 TCB 中恢复的栈段选择子的 RPL 当然也为 0——怎么可能与当前特权级不符呢？

问得好。任务切换时，如果从 TCB 中恢复的内容来自上次任务切换时所保存的内容，那当然是一致的。但是，如果新任务从来没有执行过，这是新任务的第一次执行，即，从 TCB 中恢复的内容来自该任务创建时指定的内容，当前特权级 CPL 就和 TCB 中的栈段选择子的 RPL 不一致了。回忆一下 load_relocate_program 例程，用户任务创建时，TCB 中的 SS 域填写的段选择子是一个常量 flat_user_data_seg_sel，这个段选择子的 RPL 字段是 3，选择的是用户任务的固有栈。

再来看，至于为什么没有恢复 CS 和 EIP，原因就更简单了：它们是不能或者无法直接修改的，只能用 jmp、call、iret、ret 等指令间接修改。

这就是说，为了恢复新任务的执行，必须使用上述指令中的一个来完成，而本章选择的是中断返回指令 iretd（第 527 行）。聪明的你应该已经明白了我的意思：在栈中构造一个 iretd 指令需要的栈帧，从而模拟一个中断返回。

然而，这个栈帧如何构造，取决于即将恢复到段寄存器 SS 中的栈段选择子。更确切地说，取决于这个栈段选择子的 RPL 字段是 0 还是 3。

在保护模式下，因发生中断而转入中断处理时，如果特权级不发生改变，则不需要切换栈，只在栈中依次压入 EFLAGS、CS 和 EIP 的内容。相反，如果特权级发生了变化，则处理器自动切换栈，并且压入原先的栈段选择子和栈指针，再压入 EFLAGS、CS 和 EIP 的内容。

处理器执行 iretd 指令时，将用栈中的 CS 的 RPL 字段与当前特权级 CPL 比较，如果是一致的，说明当初未切换栈，只从栈中弹出并恢复 EIP、CS 和 EFLAGS 即可；如果不一致，则说明当初切换了栈，除了要从栈中弹出并恢复 EIP、CS 和 EFLAGS，还要从栈中弹出并恢复原先的栈段选择子（这当然会重新加载段描述符到 SS 的描述符高速缓存器）和栈指针。

代码清单 20-2 的第 510 行，对于即将恢复执行的新任务，要检测其 TCB 中的 SS 域，主要是测试其最低两个比特（RPL 部分）是否同时为 1，所以 test 指令的源操作数是立即数 3。由于 CS 和 SS 的 RPL 部分一致，所以不必非得测试 TCB 的 SS 域，测试 TCB 的 CS 域也可以。

如果测试的结果是 SS 的 RPL 为 3，意味着转到新任务执行时，SS 和 ESP 需要由处理器在执行 527 行的 iretd 指令时自动从栈中恢复。为此，转到标号.to_r3 执行，从 TCB 中取出栈段选择子和栈指针，压入栈中。

如果测试的结果是 SS 的 RPL 不为 3（那就是为 0 了），意味着第 527 行的 iretd 指令只从栈中弹出 EIP、CS 和 EFLAGS，SS 和 ESP 只能我们自己手工恢复。即，第 512、513 行，从 TCB 中取出栈段选择子和栈指针，分别传送到 SS 和 ESP。

无论如何，程序的执行最终会到达标号.do_sw 处。在这里，我们向栈中压入 iretd 指令所需要的基本部分：EFLAGS、CS 和 EIP。

最后，第 524 行，反转新任务的状态，从就绪（0）反转为忙（0xffff）；第 525 行，从 TCB 中恢复 EDI 的原始内容。

第 527 行，执行 iretd 指令，模拟中断返回，这将进入并恢复新任务的执行。

20.7 内核任务的执行

继续来看代码清单 20-2。

我们说过，一旦将第一个用户任务的 TCB 加入 TCB 链表（第 1039 行），任务链表中就有了两个任务，任务切换随时就会发生了。中断是个随机的异步事件，发生的时机不可预测，所以我们只能说它有可能在这个时候发生。如果发生了，将转入用户任务执行，但用户任务执行一段时间后又将切换回内核任务。

无论如何，内核任务都会继续从第 1042 行继续执行，从这里开始将创建另一个用户任务，其过程和创建第一个用户任务相同，只是用户程序的起始逻辑扇区号不同。

第二个用户任务创建完毕后，将有三个任务在切换和执行。在内核任务执行时，它将继续往下执行，在下面执行一个任务管理循环，我们在上一章里讲过的，这里不再多说。从实际的执行效果来看，每当内核任务执行时，就在屏幕上反复打印这样一行信息：

```
[CORE TASK]: I am working!
```

20.8 用户任务的执行

这一章有两个用户任务，分别对应着代码清单 20-3 和代码清单 20-4。这两个用户任务的功能基本相同，都是在屏幕上打印文本，不过第一个用户任务采用了不同的方法。

来看代码清单 20-3（源文件 c20_app0.asm）。

用户程序的基本结构前面已经讲过，它虽然是分段的，但这些段只具有形式上的意义，只起分隔不同内容的作用。在第一个段的定义中有 vstart=0 子句，而且我们要求程序的加载位置是其虚拟地址空间的起始处（线性地址 0），因此，在程序内，所有标号的汇编地址都等于它在运行时的线性地址。

这一章的用户程序很短小，为了更好地演示分页（即，如果程序很大时，连续的内存空间如何分散到彼此不相邻的页面），我们在程序中的第 17 行保留了 20KB 的空白区域。

在用户任务第一次执行时，从入口点 start 进入。在程序的一开始用软中断请求系统调用服务的 5 号功能。对照表 20-1 可知，这是请求在当前任务自己的虚拟内存空间里分配内存。翻阅一下内核程序，系统调用的 5 号功能在内核中对应着例程 allocate_memory，用于内存分配，而且用于当前任务为自己分配内存，是在当前任务自己的虚拟内存空间里分配的。

本次分配的长度是 128 字节，软中断返回后，用 ECX 返回所分配内存的起始线性地址。接下来，第 32 行～36 行从数据段中复制字符串到刚分配的内存里。movsb 指令要求段寄存器 DS 和 ES 分别代表源字符串所在的段，以及目标内存所在的段，但是在平坦模型下，所有段都是 4GB 的段，而且 DS 和 ES 正指向 4GB 的段，在这里用不着重新指定，所以这里没有出现任何修改这两个段寄存器的指令。

movsb 指令要求 ESI 指向源字符串，EDI 提向目标内存位置，在平坦模型下，这两个地址都应当是线性地址。源字符串在数据段，来自标号 message_1，在本系统中，这个标号的汇编地址就等于它的线性地址。

字符串复制之后，我们使用系统调用服务的 0 号功能打印复制后的字符串

```
[USER TASK]: ,,,,,,,,,,,,,,,,,,,,,,,,
```

打印工作是重复进行的，这是个无限循环。

再来看代码清单 20-4（c20_app1.asm），它的内容和第一个用户程序基本相同，只是少了内存分配和字符串的复制，它直接打印数据段中的字符串

```
[USER TASK]: CCCCCCCCCCCCCCCCCCCCCCCC
```

本章的两个用户任务是无法终止的，因为我们使用了无限循环，但是按道理来说用户任务

是应该能够终止的，而且我们提供了终止用户任务的方法，那就是使用系统调用的 3 号功能。

从内核程序中可知，系统调用的 3 号功能对应着例程 terminate_current_task，用来终止当前任务。这个例程不是这一章新增的，以前就有，但是在本章做了修改。首先，在平坦模型下，该例程不再需要用 DS 和 ES 在不同的段之间来回切换就可以访问 TCB 链表中的每个节点。

其次，和往常一样，该例程寻找当前任务的 TCB 节点，即，状态为忙的那个节点。找到这个节点后，将其状态设置为“已终止”，然后切换到其他任务。和从前不同，任务切换是通过转移到例程 resume_task_execute 完成的。

本 章 习 题

1. 在本章的多任务系统中只用了一个 TSS，任务切换时，用新任务的 0 特权级栈指针替换这个 TSS 的 ESP0 域，而不是使用一个固定值。请用一个具体的情景说明，如果不这样做会有什么问题。

2. 在本章中，任务切换是借助于 iretd 指令发起的。请想一想、试一试，看还有没有别的办法可以用来执行软件任务切换。